网络信息资源开发

王兰成　编著

国防工業出版社

·北京·

内 容 提 要

网络信息资源开发运用着一代又一代的信息技术与方法。通过合理组织使网络信息资源有序化,有效管理形成各种信息知识产品,提供给广大用户使用和提升信息利用价值。本书将网络信息资源开发分为四个主题时期,一是数据管理系统时期的信息资源管理与计算机应用,二是信息管理系统时期的信息资源组织与信息处理技术,三是知识管理系统时期的信息资源集成与网络知识管理,四是智能化管理系统时期的网络新型资源挖掘利用与管理。当前,网络信息资源开发正向管理规范化、开发系统化和利用科学化发展。全书在总结研究成果的基础上,从基础理论、开发方法、利用实践等方面对网络信息资源开发的关键问题进行科学和系统性梳理,介绍网络信息资源组织、网络信息资源采集、网络信息资源加工、网络信息资源分析、网络信息资源挖掘、网络信息资源检索、网络信息资源服务和专门网络信息资源利用等研究内容。

图书在版编目(CIP)数据

网络信息资源开发 / 王兰成编著. --北京 : 国防工业出版社,2025. 7. -- ISBN 978-7-118-13768-2

Ⅰ. G255. 76

中国国家版本馆 CIP 数据核字第 2025X28Z88 号

※

国防工业出版社出版发行

(北京市海淀区紫竹院南路 23 号　邮政编码 100048)

三河市天利华印刷装订有限公司印刷

新华书店经售

*

开本 710×1000　1/16　**插页** 4　**印张** 30　**字数** 540 千字

2025 年 7 月第 1 版第 1 次印刷　**印数** 1—1500 册　**定价** 149. 00 元

国防书店:(010)88540777　　书店传真:(010)88540776

发行业务:(010)88540717　　发行传真:(010)88540762

—面向数据管理的计算机软硬件和数据库信息处理为网络信息资源开发提供了环境支撑和技术基础。

—互联网迅速发展使信息资源开发的重点转向对网络信息组织、网络信息检索之方法技术的创新研究。

—基于语义处理的信息挖掘、知识图谱为网络信息资源的深度开发提供手段并推动知识管理技术进步。

—大数据和人工智能技术拓展了网络新型资源朝着开发规范化、利用科学化和管理智慧化的方向发展。

序　言

20世纪80年代末以来，伴随着现代信息技术设备、条件和局域网、互联网日新月异的发展，网络信息资源呈现出数量剧增、来源广泛、类型复杂、传递极快等特点，还面临着网络信息无序、网络信息污染、网络信息安全等问题。较长时间里，国内外的研究属于分散、局部型的研究，整体的综合深入研究不足。网络信息资源开发，就是利用一代又一代的信息技术与方法，经过合理的组织使网络信息资源有序化，经过有效的管理形成各种信息知识产品，提供给广大用户使用并提升信息利用价值。根据笔者对我国信息管理全系统的长期跟踪与研究，本书将网络信息资源开发划分为如下的四个主题时期，分别汇编笔者在各个时期所取得的主要成果，形成本书的四篇共十八章内容。

第一篇是数据管理系统时期（1987年至1996年），资源共享、方便利用、系统管理等新理论促使信息管理机构从收藏中心进入服务中心时代。该篇主题为信息资源管理与计算机应用。研究成果主要是：第一章文献资源计算机管理，包括文献信息系统数据库模型、情报自动化系统多机环境、资料订购辅助决策；第二章文献信息数据库设计，包括数据库查询关系技术、智能情报数据库系统、重复字段倒排档处理、文献流通管理数据库；第三章信息数据库检索查询，包括情报检索快速查找算法、数据库查询无损联结；第四章计算机文献管理自动化，包括索引数据排序系统、情报管理系统软件集成、文献索引数据压缩与检索。数据管理的信息处理技术和计算机数据库应用成果，为网络信息资源开发提供了环境支撑和技术基础。

第二篇是信息管理系统时期（1996年至2005年），信息管理技术促进了信息资源组织、信息资源加工和信息资源服务的深入研究。该篇主题为信息资源组织与信息处理技术。研究成果主要是：第五章数据库与信息处理，包括全文数据库开发应用、情报检索软件平台规范、数据库主题信息检索；第六章文献信息资源组织方法，包括书目资源信息描述机制、主题等级概念知识库、异构档案信息互转换、文档关系模式数据获取；第七章WEB数据库信息处理，包括异构数据集成与检索、数据库多级信息检索、文献信息管理系统设计；第八章文献信息自动标引，包括信息自动标引分词算法、档案词表自动标引控制、文本知识标引优化设计。互联网的迅速发展使信息技术的研究和应用重点转向网络化集中，网络信息资源开发取得了一批高质量的研究成果。

第三篇是知识管理系统时期（2005年至2014年），用信息化手段对网络信息资源进行整合管理与开发利用取得了成果。该篇主题为信息资源集成与网络知识管理。研究成果主要是：第九章数字信息群知识集成与组织，包括信息资源管理领域知识集成、数字资料网页知识集成、知识集成环境档案信息组织、知识服务网站信息构建；第十章数字信息群知识处理与检索，包括词义知识环境自动标引改进、范畴分类主题知识检索、词素语义主题知识检索、网络信息链接及主题相关；第十一章网络舆情分析与内容管理，包括网络舆情分析系统、网络舆论引导预见力、网络舆情情报集成分析；第十二章计算机知识管理本体技术，包括文献检索系统本体方法、本体知识集成应用系统、本体检索模型知识呈现、情感本体舆情倾向性分析；第十三章网络档案信息整理与知识服务，包括语义异构档案信息整合、档案敏感信息安全开发、档案登记备份系统工程、档案知识服务网站建构。数字信息群知识集成研究取得的成果，为网络信息资源的深度开发提供了课题支撑和方法基础。

第四篇是智能化管理系统时期（2014年至2023年），信息机构的大数据集成服务、社会化媒体资源的信息搜索挖掘、网络舆情的内容分析管理和新型信息资源的建设利用等取得了研究成果。该篇主题为网络新型资源的挖掘利用与管理。研究成果主要是：第十五章网络新型资源大数据管理，包括新型学科资源共享与开发、图片资料加工规范处理、文献索引数据标引与检索、信息机构大数据集成服务；第十六章社会化媒体档案信息资源开发，包括新媒体档案信息资源建设、数字档案管理技术发展、档案社会化媒体信息挖掘、社会媒体资源搜索可视化；第十七章网络舆情管理与信息发掘技术，包括舆情事件内容关联分析、网络舆情情报支援系统、网络舆情管理知识图谱方法、网络论坛特征词权重计算；第十八章专门网络信息资源开发利用，包括网络政工新型资源开发利用、索引峰会网站信息资源建设、网络涉军舆情大数据信息服务、档案网络资源搜索知识图谱应用；第十九章智慧化时代网络信息资源管理，包括人工智能信息索引编制技术、社会化媒体信息整合元数据集成、网络舆情事理图谱构建及应用、多学科协同网络舆情创新研究。网络信息开发技术拓展了网络新型资源的应用深度和广度，智慧化时代的网络信息资源正朝着管理规范化、开发系统化和利用科学化方向发展。

全书四篇内容基本上与后记所述相呼应。在编修和广泛吸纳相关研究成果的基础上，本书从基础理论、开发方法、利用实践等几个方面对网络信息资源开发的关键问题进行了多视角、多方向的研究，涵盖了网络信息资源组织、网络信息资源采集，网络信息资源加工、网络信息资源分析、网络信息资源挖掘、网络信息资源检索、网络信息资源服务和专门网络信息资源利用等具体问题。笔者自1980年计算机及信息控制工程求学伊始，一直研究计算机信息管理和网络资源开发，围绕“数、智、网、情”从事科研教学工作，四十余载栉风沐雨，四十余载春华秋实。本书内容可以说是笔者长期研究攻关的成果汇编，或是说笔者指导毕业了50名博士硕士研究生的经验总结，也可以说笔者有幸完成了一个个国家和省部级项目的收获体会。因此，本书比较适用于信息管理与信息系统、计算机技术与应用、图书情报与档案管理、网络舆情与信息传播、索引和政治工作信息化等有关专业领域师生。笔者期盼为广大科技工作者进行学术交流提供一些参考。本书存在缺点甚至错误，恳请读者不吝批评和指正。笔者邮箱：wanglancheng@163.com。

杨柳依依处处春，千帆竞渡马加鞭。

王兰成 谨识

2023年立夏初稿、

2025年立春修稿于上海

目　　录

第一篇　信息资源管理与计算机应用
——数据管理系统时期

第二篇　信息资源组织与信息处理技术
——信息管理系统时期

第四篇 网络新型资源的挖掘利用与管理——智能化管理系统时期

第一篇　信息资源管理与计算机应用——数据管理系统时期

20世纪80年代中后期，信息管理学界对相关领域的基础理论、信息资源、建设管理和技术应用等一系列问题展开了探索和研究。经过十年的积累，其学科研究不断深入，成果不断发表。资源共享、方便利用、系统管理等新理论促使信息管理机构从收藏中心进入服务中心时代。随着计算机和网络技术的发展，文献资源的保障体系和集成管理系统开始建立，情报学与其他学科融合的趋势日益明显，逐渐产生并发展了信息资源管理、网络信息管理和知识管理等新兴交叉的研究领域。数据管理的信息处理技术和计算机数据库应用成果，为网络信息资源开发提供了环境支撑和技术基础。

第一章　文献资源计算机管理

第一节　文献信息系统数据库模型

本节分析研究数据库模型的局限性及早期文献信息系统应用发展中的缺陷，探讨文献情报数据库的若干新模型新特点，给出建立在函数数据语义模型上的文献信息系统应用。

文献信息系统是信息系统的一个分支，其包含文献信息的生产、管理和服务。从产业上讲，它包括图书馆、档案馆、情报中心、报社、出版社等，是一定空间和时间内记录与传递知识的重要手段。文献信息系统赖以生存和发展的基本支撑环境是文献情报数据库，其质量直接影响整个系统的生命力。文献情报数据库存放题录或文摘，目的是向用户提供文献情报线索。联机数据库的品种、文献数量和追溯年限是衡量联机检索系统规模的重要标志，在当时计算机条件下数据库系统本身也需要研究和发展。微型机系统所使用的文献情报数据库中，许多采取自建数据库的方法生成，因而在建库和选库过程中，考虑的是数据存储和压缩、数据最小重复、数据库更新、数据库结构和使用、数据校对和专业范围等问题。该时期的文献情报数据库的研究不仅关注流行的数据库三大模型，还探研新的文献情报数据库模型。

一、基于通用文献情报数据库模型的图书馆流通管理系统

因图书馆流通管理系统的业务活动可以相对独立，有系统性也比较成熟，是各种文献自动化系统中比较成功的系统。流通系统中主要收集和处理的文献情报数据是：有关借阅者情况的数据，如姓名、单位、部门、电话、借阅权限等；有关可借图书情况的数据，如书名、作者、出版社、出版时间、索书号、分类号等；有关借阅情况的数据，如借期、还期等。因此，可以抽出若干主要属性建成一个简化的流通系统，其借阅情况的文档 DAMS 如下：

书目信息				附加信息		借阅情况		读者情况	
书名 A	作者 B	出版社 C	价格 D	编号 E	索书号 F	借期 G	借阅证 H	姓名 I	职业 J

1. 规范化设计

上述文档设计的关系模式显然是非规范化的,依据传统的基于无损连接分解理论的规范化方法重新组织上述文档。下面是规范化设计的具体步骤。

(1) 经 1NF,消除子字段:

DAMS(A,B,C,D,E,F,G,H,I,J);

(2) 经 2NF,部分消除数据冗余和更新异常:

DAMS(A,B,C,D,E,F,G,H,I,J)= DAMS(E,F,A,B,C,D)+DAMS1(H,I,J)+DAMS2(F,H,G);

(3) 经 3NF,进一步消除更新异常和数据冗余:

DAMS(E,F,A,B,C,D)= DAMS(E,A,B,C,D)+DAMS3(F,E);

(4) DAMS 已不能用更小的关系替代,所以关系模式:DAMS1(H,I,J),DAMS2(F,H,G),DAMS3(F,E)和 DAMS(E,A,B,C,D)是 5NF。

重新组织文档如下:

读者文档

借阅证号	姓名	职业

借阅文档

索书号	借阅证号	借期

对照号文档

索书号	编号

书目文档

编号	书名	作者	出版社	价格

2. 文献流通系统数据库

下面分析基于上述关系的文献流通系统数据库。

(1) 规范化是必需的。为了解决数据冗余和潜在的更新、维护异常问题,便于计算机处理,数据库的规范化设计是必需的。这在当时已能比较好地解决了,但规范程度是否一定达到 5NF,还要综合分析各种因素,包括用户的检索需求。

(2) 解决多对多的联系。一位读者可以借阅多种书,一种书可以被多位读者借阅,这是一个多对多的联系,在上述原始关系中难以直接处理,为此引入编号。由索书号和借阅证号联合确定借阅情况,编号反映了一种书,而编号和索书号是一个联系。因此原始关系化为多个 1 对多的联系,实际上在上述规范化设计中已完成。

(3) 一个数据库文件中各记录的字段必须是一样的。文献资料包括图书、情报和档案等,它们具有很多公共属性,如资料名称、出版责任者、文献识别号等,但又各具特性,如价格适用于公开发行的图书,而不适用于档案文件;密级则适用于档案文件,而不适用于图书等。现在普遍采用的方法是对每种文献分别建立自己的数据库,这样对文献一体化的研究和信息的利用是不便利的。一种改进办法是把共同属性建立在一个数据库中,而分别标注指引有关特性的文档。但这种办法也有缺陷,文献情报数据库的特点在于记录数量大、类型多,大量文档的频繁分层,一是难以控制,二是增加用户的负担。

(4) 已定义的字段中数据值是不能空缺的。在上述流通文档中,有些记录的价格是空缺的,如交流性的或内部图书。若是一体化的文献情报数据库,则更多的存在这个问题。解决的办法可以是标记一下作特别处理,但无疑浪费了存储空间,且更重要的是不能作为索引关键字了。

(5) 某字段的不同记录数据类型必须是一致的,如各种书的书价单位可以是人民币、港币、美元等。一种办法是分成若干字段,但又带来大量空间的浪费和下文所述的问题。若注以某种标记,又给统计和检索带来不便。又如,作者字段中出现了"团体责任者"和"个人责任者"重名,那么该项就不能作为索引关键字,尽管设计中没有问题。一种办法是分成两个作者项,但又不能预测将来的发展,所以是难以控制的。

(6) 检索用户要求苛刻。通过规范化设计,将原始的一个流通关系分解成四个关系,增加了大量的记录结构,给检索用户带来困难,用户必须首先了解众多记录结构,才能提出正确的查询。如检索或统计某天借书的书目和读者具体信息,则要涉及所有关系。这对文献情报领域推广计算机应用是不利的。

(7) 任意两条记录可以互换有其局限性。关系数据库的一条重要性质是数据库文件的任意两行或两列可以互换,这在某些应用中是不理想的。如上述流通文档中需要统计某种职业的读者(此类读者假设借书证号是连续的)借书信息,因为文档中这些记录是无序的,所以每次要查遍有关数据库文件,计算机的开销也很大。

二、文献情报数据库模型的局限性

上面列举了图书流通系统数据库模式的一些问题和可能解决方法中,有些方法并不理想。在 20 世纪末,一些文献剖析了第一代数据库模型的局限性,以下系统地对文献情报数据库模型的局限性进行分析。

1. 不是所有的实体与记录都一一对应

实体是客观存在的事物,无论是关系模型,还是网状、层次模型,都要求记录与实体对应,然而在文献信息系统中很多对象不能与记录一一对应。具体如下。

(1) 存在多个记录对应一个实体集,如书目信息集合、借阅信息集合等都是实体集合。书名在这些集合的交集中,某一具体的书需要书目信息记录、附加信息记录和借阅信息记录等来描述这个实体,因而带来若干问题。如读者按其职业分类有研究生、本科生、教师、副教授等,这些子集中研究生和教师、教师和副教授均可重叠,对提问共有多少读者则无法计算,并且不能确定子集总数。

(2) 存在一个记录对应了非实体集。上例已述多对多联系化为多个 1 对多联系,书和读者均是实体,规范化设计中引入了一个"索书号—编号"对照表的关联记录,如把此类关联也视为实体,一般是难以接受的。

(3) 存在不同记录对应一个实体集。在公开发行的文献中,通常把价格列为文献情报数据库中的一项,作为字段处理,没有对应的记录,而价格是实在的实体,引起了概念模糊。如果在第一代数据库模型中分解,又增加了大量存储空间。

(4) 存在一个记录对应多个实体。发展文献一体化和提高情报的利用效益,考虑文献情报数据库由图书、档案、专利、期刊等字段组成的文件关系。一个这种类型的记录可以认为是图书记录、档案记录、专利记录和期刊记录之一,对应的实体是图书、档案、专利和期刊。前面已述第一代数据库设计中带来种种困难。

2. 不是所有实体字段和数据同质

不是每个实体都具有定义的属性,不同记录的某字段也不一定有同类型的值。第一代文献情报数据库设计中已用了若干解决方法,但都不理想,即使检索利用困难,又破坏了数据库的性能。原因在于多数是由实体的内在因素引起的,而非记录格式设计不好。

3. 记录结构不能表达语义

下列的三个关系描述了读者、刊物(情报刊名)、文件(情报题录)和条件(索取条件)四个实体集及其联系。

读者(读者姓名,索取条件)::={(杨品成,技术 8 级)};

查询(读者姓名,情报题录)::={(杨品成,ASCII 码信息压缩)};

情报(情报刊名,责任部门,索取条件,情报题录,专利批准日期)::={(情报新技术文集 A,国防科工委情报三室,技术 8 级,ASCII 码信息压缩,910518)}。

读者关系反映了读者和索取条件两个实体间的联系,读者关系中的记录只是读者的一部分信息,如(杨品成,技术 8 级)仅说明(杨品成)的索取情报条件。(杨品成)也只是关联符,在执行连接运算时,仅起关联作用,可以想象用一个其他代号来取代(杨品成)也能起到关联作用。因此,(读者)标识了一个关系,没有语义信息,若不完全了解关系结构,想得到所有读者情况是困难的。

在第一代文献情报数据库中,实体用记录表示,记录结构的描述和记录字段的信息是分离的,所以记录不适于表达语义信息。

4. 无序记录结构表现实体历史有缺陷

文献情报系统中,有许多历史性有序的记录,如图书馆自动化系统中的例行事务处理一般是当天最后一次运算,依赖于当天借还结果得到;历史档案文件数据库存放大量历史性记录,需要大量区间查询,如在连续一个月内收到的(中组部)文件数量。可见记录有序是重要的,记录有序能更好地保证数据完整性,系统开销小。

大量的文献情报历史性记录特点是:数据增删改不多,有大量的追查和区间查询要求,有数据的历史性,因此属性有序、记录有序是重要的。

5. 一些文献情报检索对数据库有特殊要求

中文文献情报检索系统是主要的应用系统之一,它要求能处理可变长记录和重复字段,而一些数据库管理系统不提供这种功能,因此不能用于情报检索。有许多文献情报检索系统是在文件系统上开发的,不可避免地存在文件系统本身的一些缺陷。

6. 文献情报数据库结构是决定其应用系统发展的条件之一

文献情报系统中,复杂的计算并不多,主要是对大量文字型数据进行频繁的传输、分类、查询、排版、制表和数据库维护等工作,因此其描述和加工数据功能要强。有文献列举了微型机数据库管理系统软件选择的种种条件,如在数据库结构设计完毕,能否做较大的改变?如可以,有多大的难度?有一个好的数据库结构,才能设计出方便灵活、有生命力的应用系统。在第一代数据库关系模型中,只能通过属性的简单组合来表示实体之间的联系,这类数据库模型中的结构过于简单,又缺少知识,对于实体及其联系的自然语义理解不能作为数据操作的依据,给用户带来一些不便,同时对发展智能化文献情报检索也是不利的。

三、函数数据语义模型及在文献情报中的应用

函数就是实体之间的联系。函数数据模型(FDM)是该时代语义模型中的一种,模式着重描述实体间的函数关系。FDM 的特点是基于图形的模式表示方法。FDM 的数据定义和数据操作语言是 DAPLEX,它是数据库技术中全新的函数式语言。这里,用 FDM 和 DAPLEX 设计上节所述的例子和若干应用。需要说明,实体名用汉字表示仅为方便,当时 DAPLEX 尚无汉化。

在 FDM 中,读者、刊物、文件和条件都作为实体,实体之间的联系以函数表示,读者姓名、索取条件、情报题录和刊名是 FDM 系统内的标准实体,表示为字符串。上例的实体间联系用 FDM 表示的图形模式见图 1-1-1,其中函数名已标在实体和实体的连线上,标号和下述 DAPLEX 语句一一对应。

根据 FDM 模型的表示,写出 DAPLEX 的定义语句形式输入计算机。下面列出该例的 FDM 表示和 DAPLEX 语句:

(1) 读者是实体:DECLARE 读者( )→实体。

(2) 函数 Name 把读者映射到读者的姓名(串):DECLARE. Name(读者)→字符串。

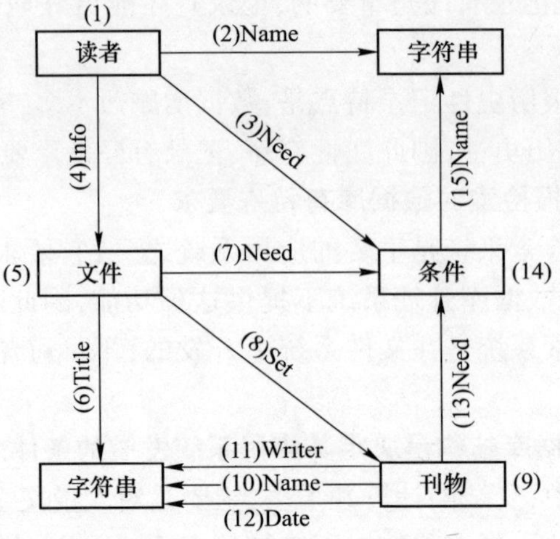

图 1-1-1　用 FDM 表示的实体间联系图形模式

(3) 函数 Need 把读者映射到读者索取情报的条件：DECLARE Need (读者)→条件。

(4) 函数 Info 把读者映射到该读者查询的文件的集合：DECLARE Info(读者)→文件。

(5) 文件是实体：DECLARE 文件( )→实体。

(6) 函数 Title 把文件映射到情报题录(串)：DECLARE Title(文件)→字符串。

(7) 函数 Need 把文件映射到索取该文件的条件：(因定义域不同，不会与(8)混淆) DECLARE Need(文件)→条件。

(8) 函数 Set 把文件映射到所属的刊物：DECLARE Set(文件)→刊物。

(9) 刊物是实体：DECLARE 刊物( )→实体。

(10) 函数 Name 把刊物映射到情报：DECLARE Name(刊物)→字符串 刊名(串)(定义域与(2)不同)。

(11) 函数 Writer 把刊物映射到刊物的责任部门(串)：DECLARE Writer (刊物)→字符串。

(12) 函数 Date 把刊物映射到刊物获准专利日期(串)：DECLARE. Date(刊物)→字符串。

(13) 函数 Need 把刊物映射到索取该刊物的条件：DECLARE Need (刊物)→条件。

(14) 条件是实体：DECLARE 条件( )→实体。

(15) 函数 Name 把条件映射到索取条件的名称(串)：DECLARE Name(条

件)→字符串。

下面应用 DAPLEX 的数据操作语言。考察下述查询:检索由(国防科工委情报三室)编辑出版的情报题录的所有(技术 8 级)读者的姓名,结果打印输出。

```
FOR EACH 读者
SUCH THAT FOR SOME INFO(读者)
WRITER(SET(文件))='国防科工委情报三室' and
NAME(NEED(文件))='技术 8 级'
PRINT NAME(读者)
```

从上述应用中,已看到函数语义模型的一些特点:

(1) 较第一代数据库模型更为直观,数据操作语言更接近自然语言,因此易学易用。它以直接的方式表示实体间的联系,不是像第一代数据库,先把实体转化为记录,把联系转化为指针或记录,按数据库模式和记录结构对记录进行操作。例如:SET(文件)自然是包含这类文件的刊物实体,WRITER(SET(文件))的合成函数也自然表示了该刊物的责任部门,WRITER(SET(文件))='国防科工委情报三室',用于查找符合给出条件的数据集。

(2) 较第一代数据库更容易修改和扩充。正是由于记录结构的描述和记录字段的信息是分离的,因此修改数据库结构、增删改记录数据是容易的。例如,在上例中增加一个读者工作部门的属性,只需在 FDM 模型中增加一个函数,即增加 DAPLEX 的一条语句:DECLARE DEPT(读者)→字符串。而在第一代数据库的关系模型中,需要先修改数据库结构,然后传递关系中的全部数据。

四、文献情报数据库模型的研究和发展

数据库模型的发展,一方面是深入研究现有的数据库模型,如网状、层次和关系模型都是第一代数据库模型,就像第五代计算机尚未推出和广泛应用之前,冯·诺依曼计算机体系也在不断研究和应用一样;另一方面是开发和研究新一代的数据库模型,因为只有新一代数据库模型才能从根本上影响和发展数据库技术,就像在传统的计算机上难以开发高效的智能化应用系统而研制新一代计算机一样。

第二代数据库模型多年来已取得了一定进展,文献情报数据库新模型的研究和运用处于萌芽阶段,但文献情报信息的管理和检索又是一个非常重要的应用领域。第二代数据库模型中有代表性的是语义模型和对象历史模型。语义模型又有多种,如前述函数数据模型,还有实体—联系模型、语义数据库模型、函数对象联系模型、三维信息空间模型等。

语义模型是面向对象的,这是它与面向记录的第一代数据库模型的根本区

别。前面已分析了建立第一代数据库模型上的文献情报系统存在许多本身不能克服的局限性,原因在于所有实体均由记录描述,实体间联系由记录或指针表示,查询通过对记录的操作命令实现,不能由用户指定实体,对实体进行操作而实现文献情报信息的管理和检索。语义模型解决了这些问题,因此建立在第二代数据库模型上的文献情报系统有以下优点。

(1) 描述方法、数据定义和操作语言更直观自然,便于文献情报系统的开发和使用。

(2) 文献情报数据库中的数据和数据库结构更容易维护和扩充。

(3) 第二代数据库模型有丰富的结构,可以方便表达文献情报系统的多种和复杂联系,能控制和支持派生数据,提高情报检索能力。考虑图 1-1-1 中增加函数 Needlnfo,它对某给定条件列出具备索取条件的读者能查询的所有情报题录:Needinfo(条件)→文件。然而这个结果完全可由“Need(文件)→条件”语句来推导,算法是:DERIVE DATA:y in Needlnfo(x) if Need(x)= y。再考虑图1-1-1中增加一个作为刊物子类的内部刊物实体,假设专利批准日期至今少于五年的是内部刊物,全部检索数据可快速由函数:“Date(刊物)→字符串”派生出来。

(4) 第二代数据库模型推动演绎数据库的研究,发展智能化的文献情报系统。就像智能程序设计需要一种智能化程序设计高级语言支持一样,好的数据库模型能更好地推动智能化数据库和应用系统的发展。

(5) 第二代文献情报数据库模型能较好地描述实体的历史,有效地解决文献情报信息的追查和对象历史特有的区间查询问题,更好地管理历史性的文献情报数据。前述第一代模型不能有效地描述实体的历史性记录。但是限于对象历史的数学模型较复杂,许多问题尚未解决,这里仅举例说明。对象历史的数学模型是:$T=(<S>, <I>, <E>, \varepsilon, f, \Sigma, \theta)$。在前面所述的流通系统中,$<S>$={借期},借期隐含了文献流通的情况,称为状态属性;$<I>$={借还状态}{最多借阅量}…,它们是用户特定的输入属性;$<E>$={当天借阅量}{借阅余量}……,它们是由系统计算得到的,称为评价属性;ε 是计算下一记录状态值的函数,{借还状态}是借还,则{借期}为上一记录状态值,若是闭馆整理等其他状态,则{借期}是第二天的表达,称为状态函数;f 为计算评价属性值的函数,一般依赖于历史数据,称为评价函数;Σ 是实体的一些限制条件或规律,如借阅余量不能是负数,等等;θ 包括初始记录值的限制和范用,如某用户开始借阅时,{借阅状态}只能是借,不可能是还。

(6) 文献情报计算量少,但品种多、数据量大、特性也多。上面已列举了第一代文献情报数据库的若干缺陷,许多是限于数据库模型的存储结构而不能解决。第一代文献数据库模型少，特殊场合不能完全替代文件系统。而第二代数据库模型为特殊的目的，可采用多种存储结构作为文献情报应用系统的存储环境，如普通文件结构、表结构、软盘驻留堆积结构等。第二代数据库模型的文献情报系统不仅能克服原有缺陷，还能提高计算机系统的效益。

人类进入了信息社会时代，数据库技术业已渗透文献情报信息处理的各个领域。文献情报现代化的进展，除了依靠文献情报的深入研究和以计算机为主的现代技术的作用，还取决于以数据库技术为主的计算机系统本身的发展。

第二节　情报自动化系统多机环境

> 本节分析比较基于联网情报自动化系统的两个典型多机环境的特点，引出多机环境系统的若干技术复杂性和解决方法，探讨性地给出大型情报自动化复合多机环境系统的实现方案。

计算机及计算机技术于20世纪末得到迅速发展，先进的、有条件的中小型情报自动化系统已从单机开始进入多用户微机或相当数量的微机联网，多终端中小型机环境的大型情报自动化系统也从实验室走向实用场景，从而实现大量信息的共享和统一管理，开拓大中小型图书情报部门和省级档案馆自动化管理的新领域。在这方面，图书馆自动化管理发展很快，一些文献介绍了深圳图书馆的MC-ILAS的微机多用户环境、深圳大学图书馆的SULICMIS的微机局域网环境和广东省中山图书馆的ZSLIAS的中小型机环境。中小型机环境也属于多用户多机环境的范畴，当时实现情报自动化系统的多机环境一般可以分成多用户系统和微机局域网两类。前者以(超级)微机为主机构成时，不能有效地承担中大型情报自动化系统的全部功能，此时应选择中型、(超级)小型机作为主机；后者比微机多用户系统性能高，适合中小型情报自动化系统，但对服务器有很高要求，还不能有效地完成大型情报自动化系统的整体功能。

一、联网情报自动化系统的两个典型环境

1. 多用户情报自动化系统

多用户情报自动化系统是一种以中小型机或高档微机为中心，连接多台终端设备组成的多个情报用户分时共用一台主机的系统，情报用户通过终端与主机打交道，每个情报用户占一台终端。多用户情报自动化系统组成如图1-1-2所示。

多用户情报自动化系统由主机、终端、多用户板、多用户操作系统和共享外

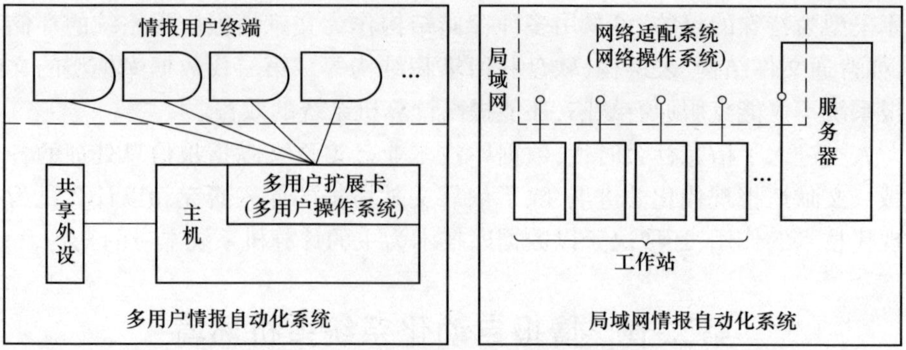

图 1-1-2　多用户情报自动化系统组成

设组成。

(1) 主机:决定处理速度,所有情报服务均由主机完成,各情报用户终端不做任何事。主机负担很重,要求有较高的处理速度和 I/O 吞吐率。主机还要求有高可靠性,因为主机出现故障,整个多用户系统全将瘫痪。处理中文情报常带有汉字硬字库,供多台终端共享。

(2) 终端:一般的非智能终端不具有情报服务处理能力,只带有接收键盘数据送到主机和接收主机数据送到显示器的功能。"国光"等一些汉字终端带有固化的常用汉字字模库,能适应多种方式的输入和汉字显示的需要。还有一种是用 PC 机作为仿真终端,其价格甚至比终端便宜,且能作为一台完整的微机来使用,只是使用和维护稍麻烦些。

(3) 共享外设:由主机统一管理,为所有情报用户终端共同享用。如大容量硬盘存储器、汉字打印机等。

(4) 多用户板(又称终端通信接口):决定通信速率。多用户扩展系统是主机提供的使控制台与多个终端连接的接口,PC 微机是在主板上插入各档的多用户卡。如某个情报自动化系统计划有 1 个检索用户,则至少要配一块 4 用户扩展卡。

(5) 多用户操作系统:确定兼容性和开放性及最低配置,对性能也有很大影响。多用户系统的软件配置比单机复杂,当时通常由主机上配置多用户操作系统(如 XENIX)来统一管理。中文情报处理须对操作系统进行汉字功能扩充。

2. 局域网情报自动化系统

微机局域网的发展也十分迅速。局域网情报自动化系统使得分散的单机系统可以互连起来实现情报信息和机器系统资源的共享。多用户系统中由于公用着一个 CPU,要对付越来越多的终端用户,整个系统功能则会下降,而在局域网系统中,由于每个用户工作台均为智能终端,增加用户则系统使用功能提高,局域网情报自动化系统比单机分时系统更显得经济有效。当然系统也有它的复杂性。局域网情报自动化系统的组成如图 1-1-2 所示,该系统由情报用户工作站、服务器、网络适配系统和网络操作系统组成。

(1) 网络适配系统(又称网卡):进行站点之间的通信。RS422 口是 EIA 标准,大量用于局域网。当时我国主要采用的是 Novell 和 3+网,它们的下三层都是以太网,并采用 Client/Server(客户机/服务器)的结构模式。

(2) 工作站:工作站可选任何一档的 PC,其中 286 较多使用,但处理汉字稍慢。带软驱的工作站使用最方便,检索用户可把自检结果或重要文件存入软盘,可以防止在硬盘中无意被删除或在服务器中被窃;只带硬盘工作站可以有效防止病毒侵入和数据拷走;无盘工作站便宜、维护方便,被作为一般检索终端使用,具体的选配应视当时的价格、经费和应用需要而定。

(3) 服务器:Client/Server 由处于后台的服务器和处于前台的客户机组成,服务器控制和管理网络信息,用户通过微机取得信息。这种结构使得高性能、有良好数据管理能力的主机使用方便、成本低,有图像接口的微机组成的网络能获得双方的优点。Novell 网不需专用服务器,3+网必须使用专用服务器。为了网上情报数据的安全和高性能,任何类型的服务器都不当作工作站使用,否则易造成死机而影响全局。还有一种 Station-Station(点对点)的对等结构的网络,如早期作者曾开发的有点对点通信的 OMNINET 专用服务器,使网络不依赖于任何一个关键性系统,这种结构的可靠性和即时性较高,扩充也容易。

(4) 网络操作系统:是一个多任务操作系统。如 Netware 是 Novell 公司设计的,摆脱了 DOS 单任务及 640KB 内存束缚,保证网上多用户的请求能得到高效的并发处理,推出的 Lite 适合小型点对点结构网络。

二、多用户与局域网情报自动化系统的比较

1. 多用户情报自动化系统的主要特点

(1) 对硬件环境而言,多任务机制可使用户们同时做几件事,如有检索文献用户,也有借还文献用户;任务处理可具优先级,如允许权限高的检索用户比权限低的用户先查找所要文献,主机仅将处理结果送到终端,速度快。但是,若多用户系统主机出问题则整个系统瘫痪,多个用户争用主机资源,导致用户进程时快时慢,检索等待时间不确定,用户终端增多时,系统性能迅速下降,必须考虑主机的升级换代。

(2) 对软件环境而言,当时可使用多种操作系统,UNIX 是开放式的操作系统,故应用程序的可移植性高。UNIX 功能强大,Shell 编程就似高级语言一样方

便，提高了软件开发效率；在UNIX状态下可运行DOS软件，很多管理检索软件可再利用。但是，两种不同风格的操作系统又增加了使用和管理的难度。UNIX是庞大的操作系统，对系统管理员有更高的要求，对系统程序员需要更多时间去掌握。

（3）对应用环境而言，集中的数据便于控制和管理，重要的情报终端用户无法拷走数据，具有良好的安全机制，UNIX下很难产生和传播病毒，只带键盘的终端可阻止传递软盘和病毒；用PC机做仿真终端，需要时可脱离多用户系统而成为一个完整的单机系统。但是，一般的非远程检索终端仍受集中式管理的时空限制，不够自由；非PC仿真终端当主机故障时，成了资源的浪费；缺少限制用户任意占用盘空间的方法。

2. 局域网情报自动化系统的主要特点

比较后发现，局域网情报自动化系统主要有以下特点：

（1）对硬件环境而言，各工作站均有处理能力，减轻了服务器负担；在服务器上存取文件速度比单机访问硬盘快很多，点对点结构网络风险分散，用户不完全依赖任何一个关键性系统；当增加用户时，一般只要增加一个新站点即可。但是，文件处理须传递到工作站，然后再送回服务器，增加了传输量；地点分散，工作站维护管理复杂，在Client/Server结构中，当服务器出故障时，整个网络便失去该服务器所承担的服务。

（2）对软件环境而言，如Novell网中原先DOS软件几乎全部可用，软件多、用途广、容易搞，已开发的单用户编写管理检索软件安装到共享目录中即可共享。但是，DOS没有多任务机制，容易产生冲突；DOS功能弱、性能差，16位的286或32位的386/486仍运行8位的操作系统，硬件资源浪费很大；DOS病毒太多，容易感染。

（3）对应用环境而言，比多用户系统灵活，无论是点对点中的每一个工作站，还是Client/Server中的全配置工作站，都是完整的微机，可独立操作，通过限制用户的磁盘空间，防止用户无限制地往服务器装载文件或生成许多临时文件。如Netware具有目录权限加密功能，可将服务器上的重要情报数据隐藏起来，Netware可抑制DOS病毒的发作和传播，保护了服务器。但是，数据分散不易控制和管理，如某些数据不能及时更新，会造成检索结果的不一致，Netware不能优先处理重要情报事件，中文情报处理易造成冲突和内存不够。

三、多机环境系统引出的若干技术复杂性

1. 单用户联网的分布系统存在着分布不一致性

微机装备最普遍的DOS操作系统是一种单用户系统，其上建立的早期

dBASE 系列、微机版的 ORACLE 等 DBMS 自然也是单用户的。由于是单用户系统,因此没有互相干扰,不存在并发控制的问题。把这种单用户数据库系统构成一个分布系统,即从一个站点可以查询、插入、修改另一站点的数据库,就存在信息相关的问题。例如,某情报中心的科技处和人事处都建立了自己的科技干部档案,两个数据库可能建在不同微机上,建库时间也不同,如果用局域网连接,两个处对档案中感兴趣的有些内容是相同的,如姓名、职称等。假定某助理馆员在A时间被提职为馆员,科技处即正式修改自己数据库中的职称,而人事处按上级规定可能要到B时间才能让财务科发该馆员的工资,故该数据库没修改。在A~B时间内,从科技处和人事处查馆员的职称是不一致的,显然这样的系统不能保证数据修改的一致性。

2. 局域网数据库系统和多用户数据库系统

这是个易混淆的概念,有的学者把局域网数据库系统归为分布式数据库范畴,有的则把局域网数据库系统与多用户数据库系统等同起来。Client/Server结构的局域网数据库系统存在多工作站、少服务站的结点不平等和不存在点对点通信,不能算是分布式数据库。局域网数据库系统从设计上看又接近于集中式多用户数据库,然而前者在物理设计中还必须考虑库文件相对于多个服务器的分布设计。例如,情报自动化系统用 Novell 等局域网数据库或多用户 dBASE 系列等多用户数据库管理系统建成,当情报数据急剧增加时,多用户系统试图提高主机性能,但数据库仍在主机中不变,而局域网数据库系统试图增加服务器。因为增加了服务站,数据库可能分布,必须考虑这种重分布的实现方法。

3. 网络和数据库产品的升级

当时3+网曾一度被作为推荐的网络产品,在国内一些情报部门应用。随着应用和环境要求的变化,网络功能要提高,有的单位瞄准了高水准的 Novell 网。这将带来一些浪费,实际上当时应注意到 Microsoft 公司的 LAN Manager 在国外的评价已超过了 Novell,更主要的是 Microsoft 公司提供了一整套程序将3+产品升级成 LAN Manager 产品,非但保留了原来的功能,还在不少方面得到了提高,符合当时国情。选择数据库管理系统也是一项重要的任务,ORACLE 和 Sybase 是高档的数据库系统,相对前者低版本来说,后者当时有更强的开放系统,易于将单位中已购置的不同机型加入网内。

四、应用实践和复合型多机环境的探讨

以下介绍该时期两个应用实例,探讨性地给出复合型多机环境的模型。

1. 多用户中西文书目数据库管理系统

多用户中西文书目数据库是浙江大学图书馆集成系统的主要组成部分,其

基本功能是数据输入、数据维护、数据输出和数据检索，系统的数据库结构是书目表、登录号表和可检项表三张数据表及有关的索引。该系统的运行环境：硬件环境是486微机为系统主机（内存4MB、主频58MB、外存200MB）；控制终端一台；PC仿VT100终端4台，PC机一台供打印，中西文打印机一台。这样配置的主要优点是成本低廉，在所有多用户系统中是最便宜的一种，主机采用486微机，使运行速度提高，而终端利用PC机仿真，与专门终端的功能相似，费用则大大降低。软件环境是XENIX操作系统（中西文兼容）、ORACLE DBMS（XENIX环境5.1板）和C语言。ORACLE系统具有功能完善、兼容性好、接口灵活等特点，其记录和字段均为可变长，适合处理长度相差悬殊的书目数据。该系统曾投入实际的编目工作。

2. 局域网微机汉字通用情报检索系统

Micro C-CDS/ISIS V3.0版是一个运行在微机局域网上的中西文兼容的通用情报检索系统。利用该系统，多个用户可在局域网环境下同时建立并管理若干个数据库，大大提高了微机工作效率，为各应用部门从单用户工作方式向多用户多作业方式过渡提供了有力的工具。3.0版能支持局域网的全部条件：多个用户可同时检索同一数据库，并在各自工作站上同时打印各自的检索结果，多个录入员在各自工作站上同时向一个数据库录入数据，这是通过数据锁定和记录锁定实现的；当一个用户对一个数据库执行写操作时，不允许其他用户对该数据库进行主文件备份/恢复、倒排文件更新或ISO格式的批式操作；当若干用户检索某一数据库时，允许其他用户更新该数据库的倒排文件。该系统的运行环境：硬件环境是PC286以上的各类微机、内存640KB以上的全配置（含硬、软驱）工作站，中西文打印机一台，软件环境是对应MS-DOSV3.0以上的中西文兼容操作系统及各种汉卡，网络环境是Novell、3COM。

3. 复合型情报自动化联网系统

多用户情报自动化系统的环境可归纳为低速价廉专用的低配置和高速多用途的高配置两类，局域网情报自动化系统的环境可归纳为点对点结构配置和客户机/服务器结构配置两类。中小型情报自动化系统的多机环境选择，价格已不是主要问题，因为硬件价格迅速下降而汉字终端的价格仍偏高，采用多用户系统并不比局域网系统经济。情报数据的安全性问题是要重视的，多用户集中管理数据比较安全，适合密级高的情报自动化系统或其子系统。同样配置的机器在局域网中比在多用户系统下速度快，局域网适合于要求快速检索服务器上情报数据库中的数据。

大型情报自动化系统比较复杂，由于传递和处理的数据量急速上升，除了数据库分布等软件要重新设计外，重要的在于选择更高性能的网络服务器或小型机,甚至中大型机作为主机,以提高整个大系统的 I/O 吞吐率,不至出现“瓶颈”。另一个问题就是最大限度地利用已建成的多用户系统或微机局域网资源。图 1-1-3 是一个大型情报自动化复合型多机环境系统,这种构造有时还要解决网关的技术问题。从中可看出,每种或几种业务管理即一个局域网或多用户系统,分类或定题情报检索即一个局域或多用户系统等等,中小型机负责大批量数据的处理和传输,它们既独立分工,又可联合互用,使整个系统的可靠性、灵活性和实用性大大增加。

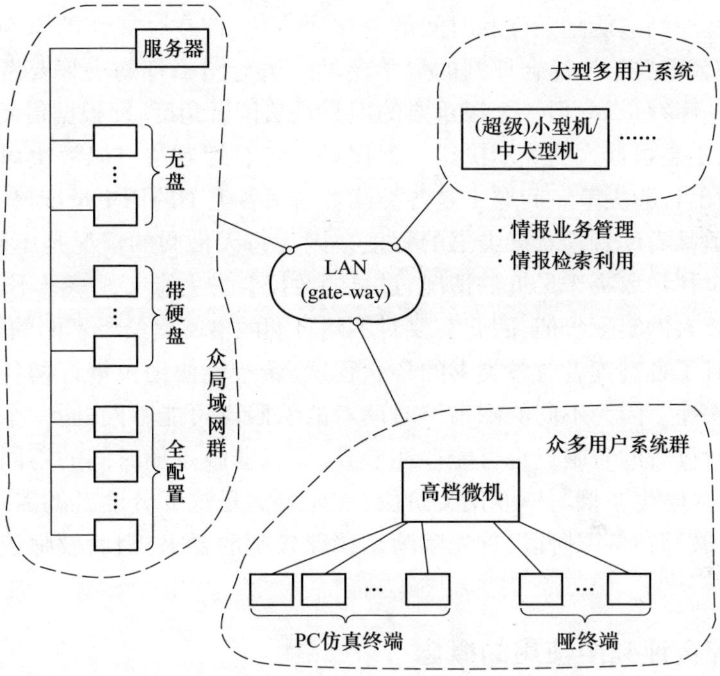

图 1-1-3　情报自动化系统的复合型多机环境

情报管理自动化依靠单机上积累的成果和经验,还不足以开发一个实际的联网系统。当时,我国为数众多的情报部门正在准备采用计算机管理,选型正确与否具有决定性的影响。本节研究讨论的范围限于微机的两类环境,不失一般性也探讨了大型情报自动化系统的复合型多机环境。作为一个实际可行的多用户系统或联网系统,从具体和全局两方面作研究比较;作为一个集成实现的小型系统向大型系统过渡时,不需全盘否定或抛弃而浪费资源,仍可作为大型系统的若干个子系统,配合或独立完成部分功能。

第三节　资料订购辅助决策

本节运用模糊综合评判法建立读者对图书欢迎程度和各类图书订购优先次序的数学模型,基于整个综合评判过程给出计算机实现订购决策过程的方法。模糊综合评判可用于实现对图书资料订购的部分决策。

图书资料订购是图书馆工作的重要组成部分。每个图书馆的图书订购都有一定的原则,制定这些原则的目的是使馆内藏书的质量和数量始终保持在最佳状态。这些原则应能随条件和时间的变化而变化,即在开放性的原则中引入模糊概念,这就需要给出综合评判的数学模型。进行图书订购决策要考虑很多因素,如资金、库存量等,但一个很重要的因素是从读者角度,即根据借阅图书情况来决策,而不是根据人的经验决定。运用模糊综合评判法可以解决以下两个问题,协助做出订购决策。问题 1 是各类读者借阅各类书的历史情况已知,现在需要迅速知道某类读者喜欢某类书的程度。因为每天借阅的情况是不同的,喜欢程度的确定往往取决于最近的情况、过早的数据会失去意义或意义不大,最近的数据具有较大的实际价值,因此需要对不同日期的借阅量给予不同的权数分配。问题 2 是有了各类读者对各类书的喜欢程度,希望能协助决策订购各类书的方法或优先次序。因为不同的图书馆对读者的着眼点可能不同,同一个图书馆的不同部门对读者的着眼点也可能存在差异,而且着眼点随时间的不同也可能变化。例如,大学生在撰写毕业论文阶段,首先要满足这部分读者的需求,权数分配应大些;教师在备课阶段,首先应满足授课教师的要求,因而教师读者的比例就要大些。

一、综合评判中使用的概念

1. 模糊子集

在下面所讨论的问题中,假设 U,V 为有限集。在普通集合论中,对于讨论范围 U,其中的任一元素 $u \in U$,设一个子集 $A \subseteq U$,则 $u \in A$ 或者 $u \notin A$,即只有两种关系。例如,哲学类的书、读者只有(喜欢,不喜欢)选择,这种关系不很灵活。如要表现(喜欢,较喜欢,不太喜欢,不喜欢)四个程度的喜欢,就要定义模糊集合来描述。模糊集合把普通集合中非 0 即 1 的绝对隶属关系灵活化了,其隶属程度可取 0~1 之间任一实数。

在反映某类读者对某类书的喜欢程度时,方法之一可以根据某类书的借阅量在总借阅量中的比例确定。如有下述第 i 类读者借阅第 m 类书情况的登记:

年　月　日

书类 / 读者	a_i	…	a_j	…	a_m
i	X_{i1}(册)	…	X_{ij}(册)	…	X_{im}(册)

则对第 i 类谈者,喜欢第 a_j 类书的程度 $=X_{ij}/\sum_{j=1}^{m}X_{ij}$,其中 X_{ij} 为第 i 类读者借阅第 j 类书的册数。上式已把程度量化成[0,1]之间的实数。

模糊集 $U=(u_1,u_2,\cdots,u_i,\cdots,u_m)$

$$=\left(\frac{X_{i1}}{\sum_i X_{i1}},\frac{X_{i2}}{\sum_i X_{i1}},\cdots,\frac{X_{ij}}{\sum_j X_{ij}},\cdots,\frac{X_{im}}{\sum_j X_{ij}}\right) \tag{1.1}$$

2. 模糊关系

设 U 是因素甲状态集,V 是因素乙状态集,若要同时考虑甲、乙两个因素,则可能状态集是由 U,V 中任意搭配的元素对(u,v) 构成的。如果给这种搭配施加某种限制,这种限制便表现了 U,V 之间的某种特殊关系,定义这个关系为 $U\times V$ 上的一个子集。在模糊数学中,模糊关系 $\boldsymbol{R}$ 是指对 $U\times V$ 的一个模糊子集的隶属程度。

考察各类书与借阅日期之间的关系, U 是时间的状态集,即 $U=(t_1,t_2,\cdots,t_n)$;V 是对应各类书的状态集,即 $V=(a_1,a_2,\cdots,a_m)$。$U\times V$ 的模糊子集 $\boldsymbol{R}$, 其隶属函数用矩阵表示为

$\boldsymbol{R}(u,v)$　$\boldsymbol{V}$/天　$\boldsymbol{U}$/类	a_1　a_2　……,　a_j　……　a_m
t_1 t_2 ⋮ ⋮ t_i ⋮ ⋮ t_n	$\begin{pmatrix} r_{11} & r_{12} & \cdots & r_{1j} & \cdots & r_{1m} \\ r_{21} & r_{22} & \cdots & r_{2j} & \cdots & r_{2m} \\ \vdots & \vdots & \vdots & \vdots & \vdots & \vdots \\ r_{i1} & r_{i2} & \cdots & r_{ij} & \cdots & r_{im} \\ \vdots & \vdots & \vdots & \vdots & \vdots & \vdots \\ r_{n1} & r_{n2} & \cdots & r_{nj} & \cdots & r_{nm} \end{pmatrix}$

若固定 i,r_{ij} 用上述 u_j 代入,则$(r_{11},r_{12},\cdots,r_{1m})=(u_1,u_2,\cdots,u_m)$ 反映了某一天某类读者对各类书的喜欢程度。如确定了所有天数的数据,则

$$
\begin{pmatrix}
r_{11} & r_{12} & \cdots & r_{1j} & \cdots & r_{1m} \\
r_{21} & r_{22} & \cdots & r_{2j} & \cdots & r_{2m} \\
\vdots & \vdots & \vdots & \vdots & \vdots & \vdots \\
r_{i1} & r_{i2} & \cdots & r_{ij} & \cdots & r_{im} \\
\vdots & \vdots & \vdots & \vdots & \vdots & \vdots \\
r_{n1} & r_{n2} & \cdots & r_{nj} & \cdots & r_{nm}
\end{pmatrix} \tag{1.2}
$$

表示了书(类)—日期(天)的对应关系。

3. 模糊变换

设 U 上的模糊子集 A 可表示为 n 维向量,即 $A=(a_1,a_2,\cdots,a_n)$,同样 V 上的模糊子集 B 可表示为 m 维向量,即 $B=(b_1,b_2,\cdots,b_m)$。再设 $\boldsymbol{R}$ 是 $U\to V$ 的一个模糊关系,则根据矩阵的复合运算,由 R 确定了一个变换:任给 U 上模糊子集 A,便可确定 V 上一个模糊子集 B,即

$$
B=A\circ R=(a_1,a_2,\cdots,a_n)\circ\begin{pmatrix} r_{11}\cdots\cdots r_{1m} \\ \cdots\cdots\cdots\cdots \\ r_{n1}\cdots\cdots r_{nm}\end{pmatrix}
$$

该复合运算的定义为

$$
b_{ik}=\bigvee_{j=1}^{m}[a_{ij}\wedge r_{jk}]
$$

例如,对问题 1,给出模糊子集 $A=(a_1,a_2,\cdots,a_n)$ 可以表示给 $U=(t_1,t_2,\cdots,t_n)$ 分配不同的权数,利用式(1.2),$B=A\circ R$ 就能反映某类读者对各类书的喜欢程度,下面将介绍这一过程。

二、综合评判确定喜欢程度的过程

先解决问题 1,然后用问题 1 求得的喜欢程度来解决问题 2。为了使问题简化,了解综合评判的方法,假设共有 5 类读者:(P,L,M,S,O)=(教授,讲师,研究生,大学生,其他);共有 4 类书籍:(A,B,C,D)。

就问题 1 来说,需要对某类读者喜欢某类书的程度做出综合评判。假设一个星期来的借书量是有价值的,对一个星期的借阅情况建立如下着眼点因素集合 U:

U=(星期一,星期二,星期三,星期四,星期五,星期六,星期日)

$=(t_1,t_2,t_3,t_4,t_5,t_6,t_7)$

根据借阅情况登记的历史数据,可以建立各类书籍的评语集合 V:

$$V=(A,B,C,D)$$

R 是从 U 到 V 的模糊关系，r_{ij} 表示从第 i 个因素（某天，$i=1,2,\cdots,7$）着眼，对被评对象（某类书）做出第 j 种（$j=1,2,3,4$）评语的可能程度。若固定 i，$(r_{i1}, r_{i2}, r_{i3}, r_{i4})$ 是 V 上的一个模糊集，表示从第 i 个因素着眼，对被评对象所做的单因素评判，故 $\boldsymbol{R}$ 也就是单因素评判所组成的矩阵。

在问题 1 中，对大学生 S 类读者，有以下借阅历史数据：

借阅量（册）／（V）书类／（U）时间	A	B	C	D
t_1	2	21	12	26
t_2	13	14	1	7
t_3	0	7	11	19
t_4	8	15	0	30
t_5	21	27	14	13
t_6	11	18	8	21
t_7	19	41	27	1

用式（1.1）计算喜欢程度，用式（1.2）构造 R_s：

$$R_s=\begin{pmatrix} 0.03 & 0.34 & 0.20 & 0.43 \\ 0.37 & 0.40 & 0.03 & 0.20 \\ 0 & 0.19 & 0.30 & 0.51 \\ 0.15 & 0.28 & 0 & 0.57 \\ 0.28 & 0.36 & 0.19 & 0.17 \\ 0.19 & 0.31 & 0.14 & 0.36 \\ 0.18 & 0.40 & 0.26 & 0.16 \end{pmatrix}$$

对同一对象、从不同因素着眼，可以得到截然不同的评价，各因素之间有不同的权衡，人的着眼点可以表现为 U 的一个模糊子集 A，u 对 A 的隶属度 $A(u)$ 即因素 u 被着眼的权重。假设某单位某部门认为更近的借阅量更能反映实质，那么对 U 的 7 个着眼因素权数分配为

$$A=\left(\frac{1}{28},\frac{2}{28},\frac{3}{28},\frac{4}{28},\frac{5}{28},\frac{6}{28},\frac{7}{28}\right)$$

这样可得出 S 类读者对各类书喜欢程度的综合评判：

$$B_s=A\circ R_s=(0.19,0.33,0.17,0.31)$$

一般还要对 B_s 进行向量归一化：

$$\overline{B'}_s = B_s = (0.19, 0.33, 0.17, 0.31)$$

结果表明：在大学生读者中，有 19%的人喜欢 A 类书，33%的人喜欢 B 类书，17%的人喜欢 C 类书，31%的人喜欢 D 类书，即次序为 B>D>A>C。

如果认为最早的数据更能反映实质，设：

$$A' = \left(\frac{7}{28}, \frac{6}{28}, \frac{5}{28}, \frac{4}{28}, \frac{3}{28}, \frac{2}{28}, \frac{1}{28}\right)$$

则产生截然不同结果：

$$\overline{B'}_s = B'_s = A' \circ R_s = (0.16, 0.32, 0.15, 0.37)$$

即喜欢程度的次序为 D>B>A>C。

因为同是上述部门，着眼因素 A 的权数分配不变，$A = (1/28, 2.28, 3/28, 4/28, 5/28, 6/28, 7/28)$ 则根据各类读者的借阅历史数可求出各个 $\boldsymbol{R}$。

三、综合评判协助做出订购决策过程

从上面的结果中，我们已经发现不同的读者对象对各类图书的喜欢程度是不一样的，教授喜欢看 C 类书，而大学生则更喜欢看 B 类书。那么从借阅情况看，到底应该如何安排订购各类书的优先次序呢？

在问题 2 中已提到不同单位对读者的着眼点有可能是不同的，现在继续用综合评判法来解决这个问题，以做出订购决策。

对 S 类读者建立新的着眼点因素集合：$U = (P, L, M, S, O)$，根据喜欢程度可以建立对应各类书的评语集合：$V = (A, B, C, D)$，$\boldsymbol{R}$ 是从 U 到 V 的模糊关系，r_{ij} 表示从第 $i(i = 1, 2, \cdots, 5)$ 个因素（某类读者）着眼，对被评对象（某类书）做出第 j 种评语的可能程度 $(j = 1, 2, 3, 4)$。显然，这个 $\boldsymbol{R}$ 就是上述归一化行向量 $\overline{B_P}$，$\overline{B_L}, \overline{B_M}, \overline{B_S}, \overline{B_O}$ 的集合：

$$\boldsymbol{R} = (\overline{B}_P, \overline{B}_L, \overline{B}_M, \overline{B}_S, \overline{B}_O)^{\mathrm{T}} = \begin{pmatrix} 0.24 & 0.16 & 0.41 & 0.19 \\ 0.30 & 0.18 & 0.23 & 0.29 \\ 0.18 & 0.32 & 0.25 & 0.25 \\ 0.19 & 0.33 & 0.17 & 0.31 \\ 0.53 & 0.18 & 0.21 & 0.08 \end{pmatrix}$$

现在问题就简单了，如果本单位服务读者的优先次序为：$P \to L \to M \to S \to O$，那么设定一个对各类读者的权数分配 A：

$$A = (5/15, 4/15, 3/15, 2/15, 1/15)$$

则

$$B = A \circ R = (0.2567, 0.2213, 0.2850, 0.2373)$$

归一化为 $\overline{B} = (0.26, 0.22, 0.28, 0.24)$。

这就是协助做出订购决策的结果,表明从整个图书馆流通情况看,A 类书欢迎程度为 26%,B 类书为 22%,C 类书为 28%,D 类书为 24%。因而这四类书的订购次序为 $C \to A \to D \to B$

上面的结果是给了教授较大的权益,因而首先订购教授读者喜欢看的 C 类书。如果给大学生读者较大的权益:$S \to M \to L \to P \to O \to A = (2/15, 3/15, 4/15, 5/15, 1/15)$,则 $\overline{B} = B = A \circ R = (0.24, 0.27, 0.23, 0.26)$。结果发生了变化,订购次序为 $B \to D \to A \to C$,显然,首先要订购大学生喜欢看的 B 类书。

从上述计算和分析可看出,人的主观因素对综合评判的影响是较大的,因此这些模糊关系和权数分配子集中的数据应客观准确地给出。然而,综合评判能帮助解决没有确切概念的事件,而且使得所有模糊运算有规可循,确能为图书订购起到一定的决策作用。

四、综合评判协助决策的计算机实现

从上面的计算中可以看到,采集的历史数据越多,读者分类越多,书目分类越细,将使模糊关系矩阵 $\boldsymbol{R}$ 变得很大,要迅速做出决策,人工计算非常困难,有时甚至是不可能的,借助于计算机就能解决这一问题。

一般用计算机实现图书馆自动化管理,在流通管理中大多建立了借阅情况登记表,只要有选择地采集这张表中的数据就能实现图书订购的部分决策。例如,在研制图书档案借阅管理系统中建立了如下数据库文件(借阅.DBF):

书　号	借书证号	借阅时间	归还时间
*H*319.5	*L*1026	1988.4.15	0
*J*632.11	*S*8049	1988.4.15	1988.6.15
*H*152.98	*S*6771	1988.4.16	0
⋮	⋮	⋮	⋮

表中的语法结构:

<书号>::=<书目分类><字符串>

<借书证号>::=<读者分类><数字字符串>

<归还时间>::=<日期字符串>(0 表示未归还)

下面给出计算机实现协助图书订购决策框图(图 1-1-4)。

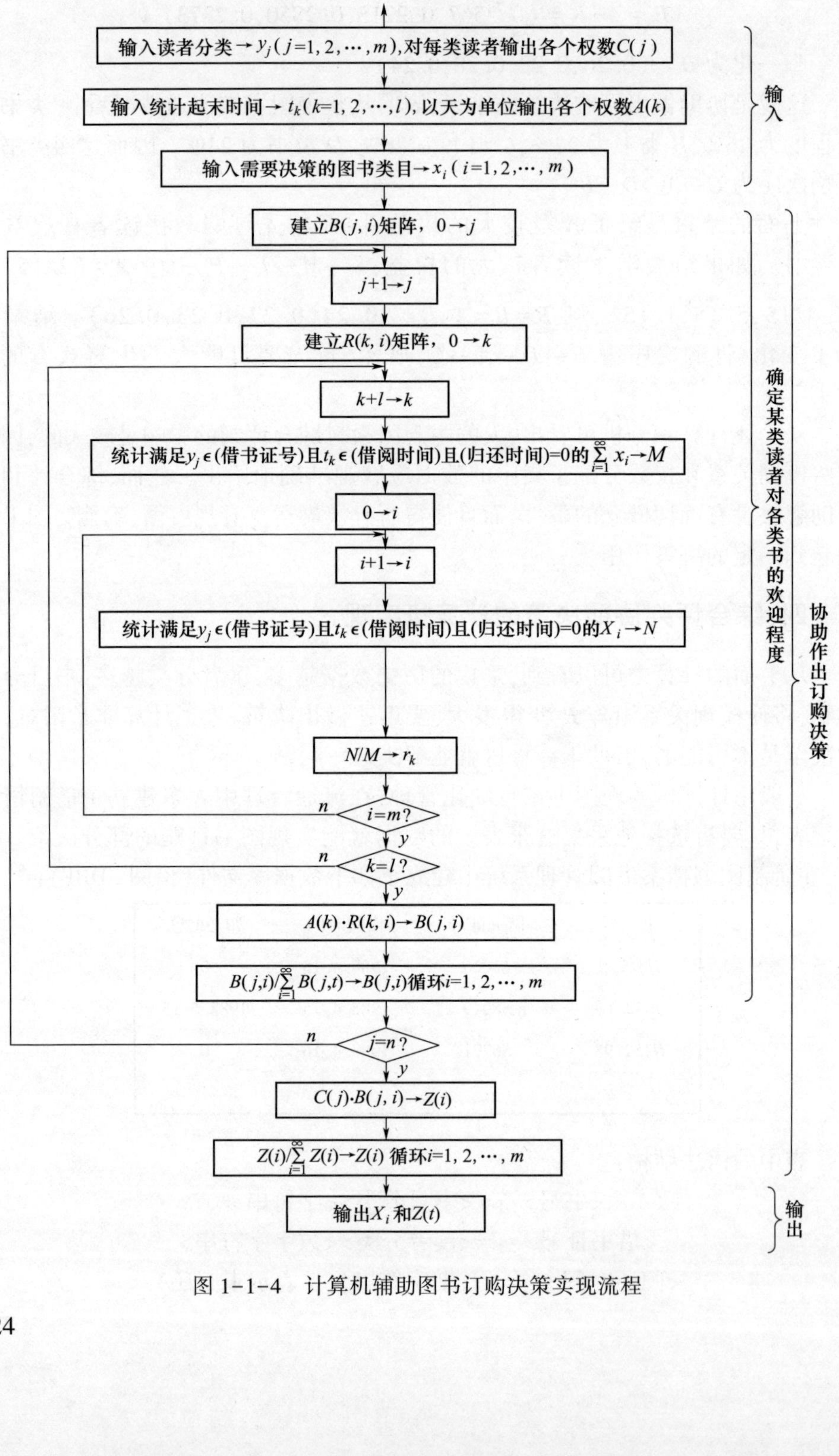

图 1-1-4　计算机辅助图书订购决策实现流程

上述框图的输入输出块图结构如下：

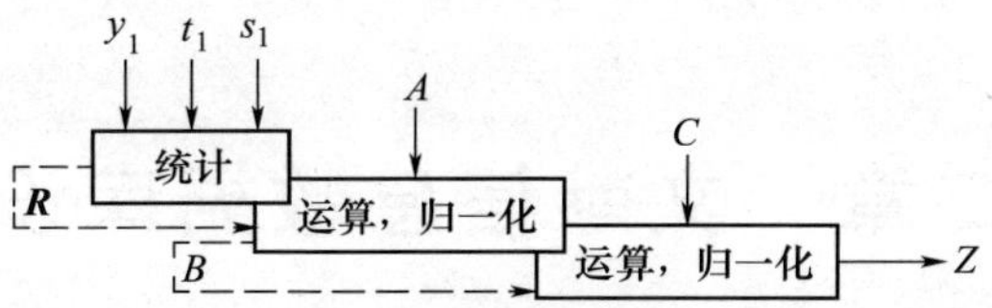

程序编制要根据本单位当时的具体情况进行,包括使用的数据库管理系统和高级语言。一般来说,DBMS 具有方便的查找功能,因此带条件的统计操作应在 DBMS 下完成,矩阵运算可以在计算机高级语言下进行,比较方便而迅速。

第二章　文献信息数据库设计

第一节　数据库查询关系技术

本节基于两个用自然语言表达的数据库复杂查询实例，分析研究复杂查询的关系代数表达式的表示和转换技术，设计实现关系代数基本运算的过程库和复杂查询的自动转换。

情报检索自动化一直是情报自动化系统的重要领域。随着科学技术的发展，情报用户对情报的需求越来越迫切，对数据库的查询要求也越来越复杂，甚至难以用人工检索语言来表达。对情报部门的工作人员来说也是如此，有些复杂的查询涉及用具体的语言表达复杂的句法和语法规则。该时期所使用的情报检索系统大多追求检索途径多、检索速度快这两项指标，为了提高文献情报的查全率和查准率，人们设计了不同的检索方式，如逻辑检索、追加检索，而对用户自然查询语言的研究却不多，所实现的系统更少。

一、数据库复杂查询实例

下面是两类分别面向情报检索用户和情报部门工作人员所提出的复杂查询要求的实例。

某情报部门的数据库包含以下三个关系：

(1) 登记(检索用户，情报部门) 记作 D(J,B)，D 中的记录(j,b) 表示检索用户 j 已在情报部门 b 登记注册；

(2) 提供(情报部门，情报内容) 记作 T(B,N)，T 中的记录(b,n) 表示情报部门 b 能够提供情报内容为 n 的情报；

(3) 评价(检索用户，情报内容) 记作 P(J,N)，P 中的记录(j,n) 表示情报检索用户 j 认为情报 n 有利用价值。

对情报检索用户而言，他们希望情报部门尽早提供所需的情报。情报部门开展定题服务，当满足条件时及时通知检索用户。下面是一个具体的查询要求：

【查询一】列出这样一类用户名单，凡是和他们有注册关系的情报部门至少能提供一种他们认为有用的情报。

对情报部门工作人员而言，评价情报部门所提供的情报价值是很重要的，其统计结果可以作为情报部门改善提供方法和调整存储结构的依据。下面是一个具体的查询要求：【查询二】列出这样一类用户名单，凡是和他们有手续关系的情报部门所提供的任何情报，他们都认为可利用。

考察上面两个查询，既涉及多库的关系操作，又涉及语言表达的复杂性，难以直接编程实现，难以给出用于实现的组合条件表达式，用的视图也难以刻画这些要求。这些复杂的自然查询语言须通过复杂的人工转换才能实现机器查询语言。关系数据库的关系代数及转换技术可有效地回避具体语言表达的复杂句法和语法规则，用简洁的数学表达式表示复杂查询的过程和结果。情报检索发展到今天，人们的研究向自然语言理解方向努力，关系代数及转换技术的应用使情报检索的编程更灵活、更易掌握。

二、关系代数和关系代数等价变换

关系代数分并、差、积、选择和投影五种基本运算，其他运算是它们的扩充。

并运算：$R \cup S = \{t \mid t \in R \vee t \in S\}$

差运算：$R - S = \{t \mid t \in R \wedge t \overline{\in} S\}$

积运算：$R \times S = \{t \mid t = \langle t_1, t_2 \rangle \wedge t_1 \in R \wedge t_2 \in S\}$

投影运算：$\pi_x(R) = \{t_x \mid t_y \in R_y \quad x \subset y\}$

选择运算：$\sigma_y(R) = \{t \mid t \in R \wedge F = t_{rxy}\}$

交运算：$R \cap S = \{t \mid t \in R \wedge t \in S\} = R - (R - S)$

连接运算：$R \mid \times \mid S = \sigma_{[i]\theta[j]}(R \times S)$

$[i]\theta[j]$

（θ 为关系运算符）

自然连接运算：

$$R \bowtie S = \begin{cases} (1)\, R \times S \\ (2)\ \text{选取}\ R._{ai} = S.\, a_i\ \text{的所有元组} \\ (3)\ \text{去掉重复属性} \end{cases}$$

关系模型的各种查询语言都能转换成关系代数表达式。当两个关系除关系名、属性次序和元组次序以外的内容都相同时，两个关系是相等的，它们含有同样的信息。关系模型虽有很多优点，也有一些不足。关系数据库系统以增加系统开销来换取对用户更多的方便，因而查询效率较低。而在大型数据库中检索，检索用户希望查询速度快，设计者希望系统空间开销尽量小。例如，情报检索常遇到选择和连接的条件，先选择后连接与先连接后选择虽然结果一样，但时空效率明显不同。设计者往往凭自己的经验,对某个(些)查询作表面优化,而且不同系统相同优化的查询可能会出现不同的实现方法。实际上,关系代数有一套等价变换规则,依据这些规则去优化关系代数表达式,也就实现了查询的优化。下面列出的是几个关系代数等价变换式:

$$R \cup S = S \cup R, R \bowtie S = S \bowtie R;$$

$$(R \cup S) \cap T = (R \cap T) \cup (S \cap T);$$

$$(R \times S) \times T = R \times (S \times T);$$

$$\sigma_x \sigma_y(R) = \sigma_{x \wedge y}(R) = \sigma_y(\sigma_x(R));$$

$$\pi_x(\pi_{yx}(R)) = \pi_x(R);$$

$$\sigma_F(R \times S) = \sigma_F(R) \times S \quad (F\text{与}S\text{属性无关});$$

$$\sigma_F(\pi_x(R)) = \pi_x(\sigma_F(R)) \quad (F\text{仅与}X\text{属性有关})。$$

情报检索软件利用这些可扩充的规则,实现查询自动优化,将节省大量劳力和系统资源,也为情报软件的自动生成奠定基础。

三、复杂查询的关系代数表达式表示

考察【查询一】。假设某情报检索用户 j 在需要的名单中,j 一定和某个情报部门 b 有登记关系,(j,b) 在关系 D 中;情报部门至少能提供一种情报 n,即 (b,n) 在关系 T 中;并且检索者 j 认为情报 n 有价值,则 (j,n) 在关系 P 中。因此,j 在 $\pi_j(D \bowtie T \bowtie P)$ 中。

$T \bowtie P$ 中也含有检索用户、情报部门和情报内容。(j,b,n) 表示情报部门能提供情报 n,且检索者认为 n 有用,但无法决定 j,b 有登记关系。j,b 有登记关系的充要条件是 (j,b) 在 D 中。因此,当且仅当 (j,b,n) 在 $D \bowtie T \bowtie P$ 中时,$\pi_j(D \bowtie T \bowtie P)$ 中列出的每一个值就是我们需要的一类检索用户名单。$\pi_j(D \bowtie T \bowtie P)$ 隐含计算这个答案的过程:先作两次连接运算,然后再投影到 j。

再考察【查询二】。情报部门要提供所有有价值情报,不能直接用上述连接方法,应先求出它的互补表达式 X。X 表示凡是和检索者有关系的情报部门都至少提供一种对该检索者没用的情报。参照【查询一】的构造,先将一切可能的情报检索用户和情报组成对子,从中求出检索者 j 认为情报 n 无价值的对子:$X' = \pi_j(D) \times \pi_n(T) - P$;仿【查询一】,得到:$X = \pi_j(X' \bowtie T \bowtie D)$。

【查询二】的结果由 $\pi_j(D) - X$ 得出:$\pi_j(D) - \pi_j(\pi_j(D) \times \pi_n(T) - P) \bowtie T \bowtie D)$。这个表达式已相当复杂,用传统方法难以直接写出。计算机可以自动分析、逐层优化该关系代数表达式以完成复杂的查询。

四、关系运算调用库过程的实现

为了设计实现复杂查询程序,首先要完成关系代数基本运算的程序实现。

而这类运算是有限的，受不同查询程序的调用，应把这些相应的转换程序作为过程库中的若干过程，类似 C 语言中头文件的效能。下面以 XBASE DBMS 为例，说明如何将关系代数基本运算转换为可调用程序库。

XBASE 中，将一种运算作为一个过程，各过程存放在过程文件（如 SRDB. PRG）中，设接口参数以“;”分隔。SRDB 包括下面的过程：

SRDB = {union(R∪S = U),difference(R—S = U),product(R×S = U),
projection(π_w(R) = U),selection(σ_w(R) = U,join(R×S) = U,…}

设关键字段名 A，关系 R，S 有相同模式，差运算的过程段是：

```
proc diff
  para R;S;A;U
  sele 2
  use &S inde &A alia P
  sele 1
  use &R
  copy &R to &U
  use &U inde &A
  set rela to &A into P
  do whil.not.eof()
    if &U→&A = &S→&A
    dele
      pack
    endi
    skip
  endd
retu
```

设 W 是 O 表示全部投影，W 是多个字段则以“,”分隔，投影运算的过程段是：

```
proc proj
  para R;W;U
  if W='O'
    copy &R to &U
  else
    copy &R to &U fiel &W
  endi
retu
```

设多项连接条件以“,”分隔，则 W_1，W_2 的自然连接过程段是：

```
proc join
  para R;S;W;U
  do whil at (',',W)<>0
    W1 =subs(W,1,at(',',W)-1)
    W2 =subs(W,at(',',W)+1)
    W='&'+W1+'= P→&'+W1+'.and.'+W2
endd
    W=subs(W,1,len(W)-len(W2))+'&'+W2+'= P→&'+W2
    sele 2
    use &S alia P
    sele 1
    use &R
    join with P to &U for &W
retu
```

其他过程段也类似完成,从而实现了关系代数基本运算到程序实现的自动转换。XBASE 命令没全部直接提供上述过程,有的意义不全相同。过程库的开发,使复杂查询表达式得以优化和检索软件自动实现趋于灵活方便。

五、数据库复杂查询的程序实现

有了关系代数基本运算的程序库过程,我们可以很方便地将复杂查询的代数表达式直接调用这些过程,从而完成复杂查询的程序实现。

前述【查询一】的关系代数表达式是:$\pi_j(D \bowtie T \bowtie P)$,先将 D 和 T 连接,结果暂存 M 中,然后 M 和 P 连接并投影到只含"检索用户"属性的关系 Q 上:

```
  set proc to srdb
  do join with'T';'D';'b';'M'
  do join with'M';'P';'j,n';'Q'
  clos proc
retu
```

前述【查询二】的关系代数表达式是:$\pi_j(\pi_j(D) \times \pi_n(T) - P) \bowtie T \bowtie D)$,先求关系 D 中 j 的投影存入 M,求出关系 T 中 n 投影存入 N,然后求 M 和 N 的笛卡儿积再存入 N,求 N 与 P 的差结果存入 N,求出 $N \bowtie T \bowtie D$ 存入 N,再求关系 N 中 j 的投影存入关系 U 中,最后做 M 与 U 的差运算,关系 N 最终存放所需的检索用户名单:

```
set proc to srdb
do proj with'D';'j';'M'              &&πj(D)=M
do proj with'T';'n';'N'              &&πo(T)=N
```

```
   do prod with'M';'N';'U'            & & prod 是 M×N=U 过程
   use U
   copy to N                          & & M×N=N
   do diff with'N';'P';'j';'U'        & & N-P=N
   use U
   copy to N
   do join with'T';'N';'n';'U'        & & N ⋈ T=U
   do join with'U';'D';'j,b';'N'      & & U ⋈ D=N
   do proj with'N';'j';'U'            & & n_j(N)=U
   do diff with'M';'U';'O';'N'        & & M-U=N
   clos proc
 retu
```

从这两个实际查询例子中已经看到,关系代数不仅是深入研究关系数据库的重要工具,也为程序设计和正确性证明的自动化作了必要准备。关系代数能够回避具体语言的复杂句法和语法规则,用简明的数学表达式表示查询的过程和结果,使情报检索的编程更灵活、更易掌握甚至自动化,特别是为自然语言表达的复杂查询自动转换成机器语言实现建立了良好的数学环境。

第二节　智能情报数据库系统

> 本节研究智能情报数据库系统提供文献数据、数值数据和事实数据的咨询服务,在 DBMS 增加逻辑推演功能使数据模型包含更多语义,在操作界面增加自然语言用户接口使数据库有智能检索功能。

智能情报数据库系统既是一个提供文献数据、数值数据和事实数据的咨询服务系统,又具有自行处理有关知识,推演出所需结论的功能。数据库系统是由数据库、数据库管理系统及数据库管理员三要素构成的系统。一个数据库系统可划分为两个部分,DBMS 部分接受 DBMS 调用并与数据库发生存取关系,用户界面即存取 DBMS 所采用的宿主语言或查询语言。随着情报数据库的发展,必然要提出智能问题,其背景大致如下:一是使情报数据库提供逻辑推演,做出希望的决策;二是使情报数据库系统提供最简单的操作并获得最理想的效率,如对自然语言的理解等,便于用户利用情报和计算机的推广普及。情报数据库系统强调情报的特殊性和实现技术,如数据模式、数据压缩、数据类型和表示方法等,突出基本操作的特殊性、查询表达式的优化和处理的优化等。在现有的 DBMS 部分增加逻辑推演功能,使数据库的数据模型包含更多的语义,在用户界面增加一个自然语言用户接口,可使数据库具有智能检索功能。

一、系统组成和语义数据模型

马里兰大学 J. Minker 研制了一个实验性关系数据库系统 DBS MRPPS3.0,该系统的语义网由外延 DB、内涵 DB、语义图、语义形式空间和词典五部分组成。在关系型数据管理技术的基础上,参照 MRPPS 系统结构,一种智能情报数据库系统组成如图 2-2-1 所示。其中,自然语言作为系统的输入输出接口,为人机通信提供方便,语法语义分析模块对系统中的知识定义和操作语言进行词法和语法分析,对用户问题的知识作语义检查,为下面的处理提供条件;推理查找机构检索情报库中现有的数据,利用情报库已有数据通过推理演绎给出期望解答,还可通过规则演绎检索由虚拟关系定义的情报数据;数据库管理模块主要对事实库进行处理,是通常的数据库管理系统,如提供关系数据库的投影、选择、连接等操作;规则库管理模块提供检索规则的功能,使被检索到的规则在语义上和用户的要求一致。另外,系统中还可增加学习功能,即使非事实情报数据库不断获取和更新知识。

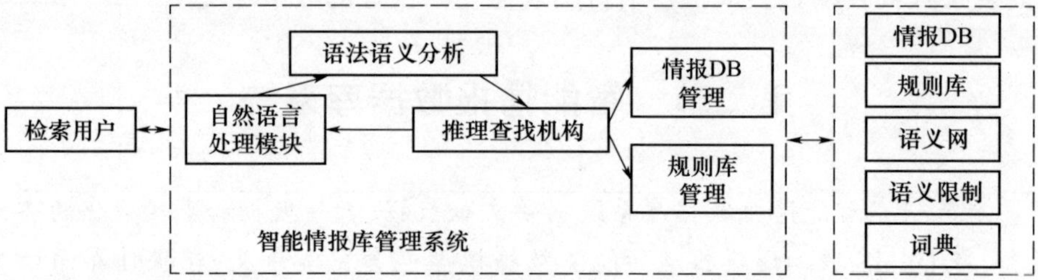

图 2-2-1　智能情报数据库系统

我们研究图 2-2-1 所示的智能情报数据库系统的语义数据模型。无论是建立自然语言接口还是逻辑演绎都要求情报数据库的数据模型包含更多的语义,一般的 DBMS 所支持的数据模型基本归为语法模型,即这种模型仅能表示数据的静态性质,没有数据相互解释能力。如档案文件目录数据库,可以通过 DBMS 检索出:“抗日战争时期关于×××文件”,但不能检索出“1937 年到 1945 年间关于×××文件”。虽然这是两个等价的检索要求,但无法得到相同结果。

语言理解中不仅要用到输入的信息,而且必须有相当的知识库作支援,只有把输入的信息和机器内已存储的信息相结合才能产生对语言的理解。例如,A 问 B“你去图书馆看书吗?”B 答 A:“我的自行车不见了”。短短的两句话,却包含了不少的知识和推理,比如,A 和 B 都必须知道图书馆能看书;图书馆离得较远,需要骑自行车去;B的自行车找不到了,所以不能去图书馆看书了。没有这些知识,以上的对话是没法理解的。因此,一个真正的智能情报数据库系统的语义网是相当复杂的,20世纪末国内一些工作者对智能情报DB系统提出了一些设想和开发的实验系统,有的将条件理想化,有的简化各种规则对规则的推演则更为困难,因此尚处于实验阶段。

为了使情报数据库的数据有动态性,必须研究系统数据语义学。一般数据库中的知识表达只是有关问题域语法模型的若干事实,这种访问DB的DML受限太多。很明显,智能情报数据库必须有超出通常DB所表示的知识具有启发性知识、经验估计或如何完成要求它完成的任务的各种提示。构造智能情报数据库系统语义数据模型方法有分布式模型、集中式模型等,易实现的是分布式模型,即将所有相关的命题排列在情报数据库中。另一种能真正方便表达知识的是运用智能程序设计中谓词逻辑、语义网等工具,即集中式模型,其优点在于减少数据冗余,使知识库便于扩充和更新。

二、智能情报数据库系统的自然语言处理

我们继续研究在用户界面上提供一个自然语言用户接口。DBMS一般都有规定的语句格式,不能处理自然语言。智能系统为情报数据库的发展提出了新课题,如情报的自动分词和自动标引、模糊推理检索和汉语自然语言理解等。

分词标引方法的主要关键是如何解决从标题中抽取有检索意义的关键词。由于汉语情报的词间没有明显间隔,因而无法用西文中的非用词表法。长期以来,许多工作者对汉语自动分词提出种种设想和方案,有的做了进一步实验。例如,上海交通大学课题组提出采用“逆向扫描、二字前进、最长组配”的自动分词方案及汉语题录自动标引系统,大连理工大学课题组在汉语科技文献标题的自动标引试验中提出了从语法和词法角度出发,采用最小匹配法用机器词典进行汉语词的自动切分,通过词典提供的语法信息,按特定的语法加工模式进行自动抽问和组词,逆向扫描的方法。另外还有学者在“论中文信息的五维模型”论文中提出的自动分词算法等。

为了和汉语自然语言理解统一,这里从汉语自然语言出发,提出一种分析汉语语法的设想,因为分析结果终可自动切分汉语句段,再用特定的语法加工模式进行自动抽词和组词完成汉语词标引。模糊推理可以通过转换成汉语语法限词和对目标贡献隶属度来完成,因此也归结为对汉语语法进行分析。

假设自然语言的处理是借助类似PROLOG语言的逻辑程序设计工具。自然语言中的一个简单句可表示为一个原子谓词公式,简单句中唯一的动词说明了若干名词所表示的个体之间的关系,动词和名词分别对应谓词和项。例如,简

单句 S1:“情报数据库技术结合人工智能方法”，可表示成原子谓词公式：结合(情报数据库，人工智能)；简单句 S2:“人工智能应用于情报数据库系统”，可表示成：应用(人工智能，情报数据库)。对一般汉语句子，用∞表示连词，则复合句由若干简单句用∞结合起来：简单句 1∞ 简单句 2∞ …∞ 简单句 n→复合句。如果连词∞与语义网中的连接词∧、→相对应，该复合句可以对应一个子句。如复合句 S:“如果情报数据库结合人工智能，或人工智能应用于情报数据库，则是情报系统的发展”。用“如果……则”，“或”与→、∧对应，则复合句 S 可表示成下列子句：S1∧S2→S。

如果把所有动词和连词定义为算符，而把可以充当个体的名词和句子都看作项，那么自然语言的一个句子，甚至一个段落或一篇文章，就是一个由众多算符和项构成的表达式，自然语言理解就是把这个表达式转换成某种标准形式，这就是语义网。一些文献介绍了可以形式上建立汉语语法模型。为了保持概念清晰，这里仅给出一个能描述具有主语、谓语、宾语、定语成分的汉语简单句和复合句的基本语法，然而这个语法随着研究深入能逐步扩充，不断完善。

定义：基本语法是一个五元组(V,S,P,F,R)，其中

V：单句集合{Vn,Vc,Va,Vv}；

S：语义范畴集合{<事>,<物>,……}；

P：句型集合{串(动词，连词，Si(∈S))}；

F：函数集合{f 1, f 2}。其中，f 1:Vn → S，用于定义每个名词属性；f 2:VvUVc → 幂{P}，用于定义动词或连词对应的句型。

R：项的构造规则{r1,r2,r3}。其中，r1：名词 n 是项，则属性为 f 1(n)；r2：t 是项，且属性 a(t) 含于 <物>，r 是名词或形容词，则“r 的 t”是项，“rt”也是项，属性仍为 a(t)；r3：P 是一句型，把 P 中每个 Si 用满足 a(ti) 含于 si 的项 ti 取代后是项，属性<事>。

符合该语法的合法句就是一个属性为<事>的项。

例如，设有语法(V,S,P,F,R)，其中

V={吴仲昌，他，老师，养鸡，书，希望，喜欢，给，因此}

S={<事>,<物)<人>,<工具>,<学科>}

P={<人喜欢事>,<人>希望<事>,<人>喜欢<物>,<人>给<人>物,<事>因此<事>}

下面划分语句 V，并定义 f1, f2。这部分语句相当于词典。

noun(吴仲昌,<人>)。

noun(他,<人>)。

noun(老师,<人>)。

noun(养鸡,<学科>)

noun(书,<工具>)。

verb (希望,(<人>希望<事>))。

verb(喜欢,(<人>喜欢<物>))。

Verb(给,(<人>给<人><物>))。

coni(因此,(<事>因此<事>))。

还要有相当知识语句,这里S中定义的组成和含于关系:

comb(<人>,<物>)。

comb(<学科>,<物>)。

comb(<工具>,<物>)。

sub(x,x)。

sub(x,y):-comb (x,z),sub(z,y)。

根据项的构造规则,可以验证:

"吴仲昌喜欢养鸡因此他希望老师给他养鸡书","吴仲昌希望他的养鸡老师喜欢他"都是属性为<事>的项,因此都是合法句。

这个基本语法虽然在一定程度上可分析比较复杂的汉语句子,但与实用要求相比还有距离。还需要知道,句子中名词词组所表示的个体与动词所表示的动词之间的语义关系,及汉语的省略和特殊成分等,因此这个语法需要扩充。

三、智能情报数据库系统的发展

大力发展数据库技术、分布式情报检索系统和智能检索是情报工作现代化的趋势。按照数据库系统的划分,我们对智能情报数据库系统作了些探讨,也对设计中遇到的一些技术课题作了些研究。文中介绍的一个为适应系统自然语言用户接口的分析汉语语法的方法,虽然比较简单,也不失为分析汉语的一条新途径的尝试。可以预见,随着人工智能和大数据技术研究的不断深入,智能情报数据库系统将继续研究和扩大计算机应用领域,使情报自动化处理进入新阶段。

第三节　重复字段倒排档处理

本节研究两种倒排文档的时空效益及互相转换问题,运用逆波兰变换和栈式集合算法实现重复字段倒排文档的检索。分离重复字段和实现快速检索是文献计算机检索中重要问题。

文献检索中,经常遇到主题词、责任者等重复字段的检索,早期的微型机数据库管理系统(如 DBASE)没有直接提供检索方法,因而给文献检索带来困难。

一、主题词重复字段的检索

对主题词重复字段的检索处理常见的有两种方法:

(1) 在文献库中同时建立多个主题词字段。即一个 n 个主题词的重复字段分解成 n 个非重复字段,这种方法由于某记录的主题词个数是随机的,多的可以 6 个以上, 势必会造成空间的很大浪费,而且检索式会成倍拉长。例如,原来检索式为,主题词=‘ABC’当分解为两个主题词时,主题词 1=‘ABC’ .or. 主题词 2=‘ABC’。更多的主题词项或多个主题词组配检索时,检索式长得难以接受。

(2) 不把主题词串分离,利用数据库管理系统提供的函数进行子串检索。这种方法有大量重复查找的问题,如原重复字段串 A1…A2,用户不知道排列方法,A2…A1 等查找途径都是无法成功的,而必须分两次查找。如果加用倒排文档进行快速检索,由于各重复字段串长短会出现悬殊不等,还将浪费大量空间。

对文献重复字段检索的较好方法是,首先对重复字段串进行分离,建立以词为单位的倒排文档。这种文档具有较高的时空效益,并可以在不同情况下便于转换和快速检索。因此,要对现有的检索方法和算法作些扩充。

二、重复字段倒排文档的建立和快速查找

建立倒排文档也就是对重复字段进行自动分离存放。

假设重复字段的字符串的形式为:<词串>〔<分割符><词串>〕(〔〕表示可省项)

输入变量或已定义的数据库该数据项中,分离即接受该字符串。以词为单位进行分割,连用所属的文献记录号一起存入倒排文档。

倒排文档的结构是:<FIELD with WORD><RECORD NO. >

分离过程如图 2-3-1 所示。

需要注意的是,当数据库中数据发生变化时,必须相应修改倒排文档,如可以预先对 DBASE 的修改命令进行扩充。DBASE 提供了顺序查找和索引查找的检索方法,索引查找比顺序查找快,倒排文档中相同查找字段的记录离散度越大,记录数越多,索引查找越有效。因此,对重复字段建立索引文件,就能实现快速检索。但是 DBASE 的 FIND 命令只能找到满足条件的第一条记录,不能处理其他记录,实际上主题词等重复字段往往是一次检索命中很多记录。我们用 FIND、SKIP 及逻辑运算命令实现了一个扩展 FIND 过程,调用这个过程可以得到两个返回值,其中命中的记录数可以快速检索所有查找的记录。保存结果库的结构是:<命中

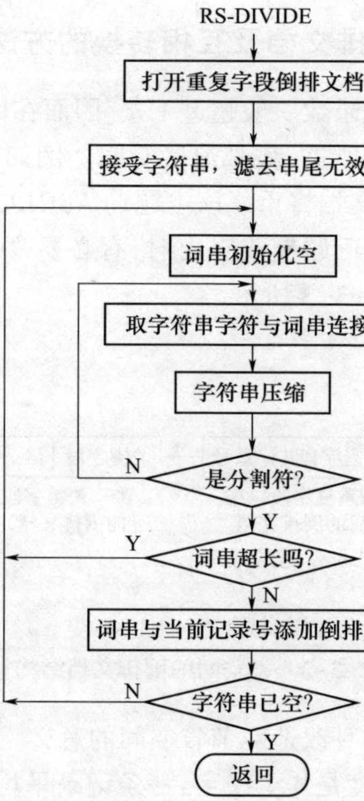

图 2-3-1　分离过程

的记录号>。扩展 FIND 过程和快速检索过程如图 2-3-2 所示。

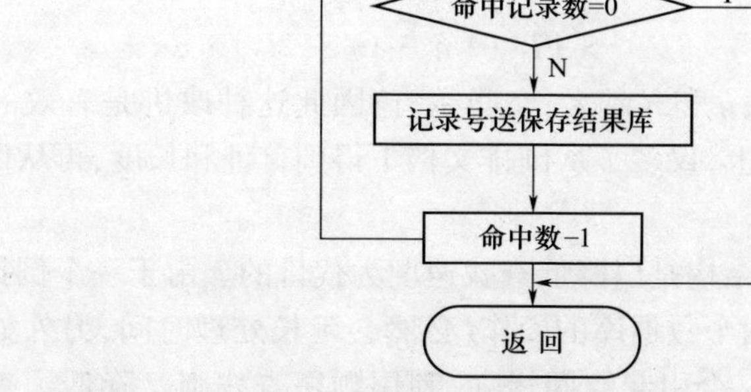

图 2-3-2　扩展 FIND 过程和快速检索实现流程

三、构造省空间的倒排文档及互相转换的方法

由于重复字段命中的记录数一般超过 1 条,因而在倒排文档中<FIELD with WORD>会出现重复,有时很严重,势必浪费空间。例如,一个主题词 ABC 在文献库中命中 100 篇,则倒排文档将重复该主题词 ABC100 次,即 100 条相同主题词字段的记录。因此当空间问题变成突出时,有必要改进倒排文档的结构。一种省空间的文档结构如图 2-3-3 所示。

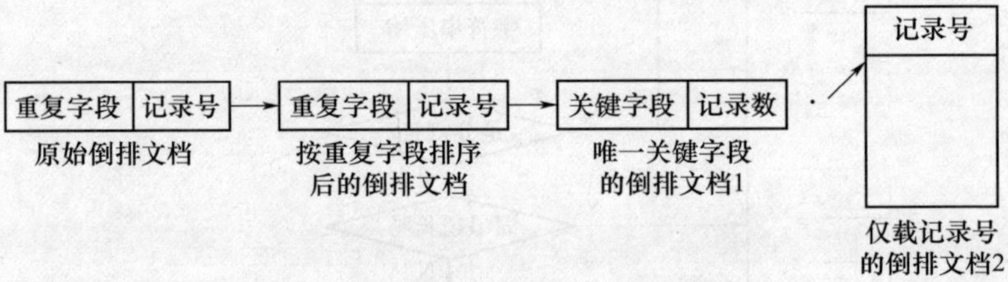

图 2-3-3　省空间的倒排文档结构

下面用一个例子说明这种改造对节省空间的意义。有 10000 条主题词倒排文档记录,主题词的平均长度是 4 个汉字,一条记录平均 4 个主题词,共有 2500 条不同的主题词记录,规定记录号 5 个字节(可对 10 万篇文献编号),因此记录数不会超过 5 个字节。利用原来倒排文档,占空间(8+5) * 10000;利用改造后的倒排文档,占空间(8+5+5) * 2500+5 * 10000,显然,改造后的倒排文档节省了 35000 字节空间。

一般地,令 l_1、l_3、l_2 分别为定义的字段、记录数、记录号的长度,n 为不同字段内容记录数,η 为重复字段的平均重复数,则

$$
\begin{aligned}
\text{倒排文档节省空间} &= (l_1 + l_2) \cdot n \cdot \eta - [(l_1 + l_3 + l_2) \cdot n + l_2 \cdot n \cdot \eta] \\
&= (l_1 \cdot \eta - l_1 - l_2 - l_3) \cdot n \\
&\qquad |l_3 < l_2| \\
&> [l_1 \cdot (\eta - 1) - 2l_2] \cdot n
\end{aligned}
$$

从上式可见,η 和 n 越大,空间越省,因此这种改进是有效的。这种结构的检索方法基本同上,仅多了从倒排文档 1 得到首址和长度,再从倒排文档 2 获取结果的过程。

这种省空间结构是以降低查找速度为代价的。由于一个倒排文档分成两个倒排文档,涉及两个数据库的操作,必然会延长处理时间,另外如果对倒排文档 1 建立索引文件又会引起空间增加,利用顺序查找则又降低了查找速度。所以

在不同情况下构造不同倒排文档,按不同的要求实现最优的检索。早期我们用 DBASE 命令开发了能在两种文档之间完成互相转换的程序 CONV(分库过程)和 DCONV(并库过程),如图 2-3-4 所示。

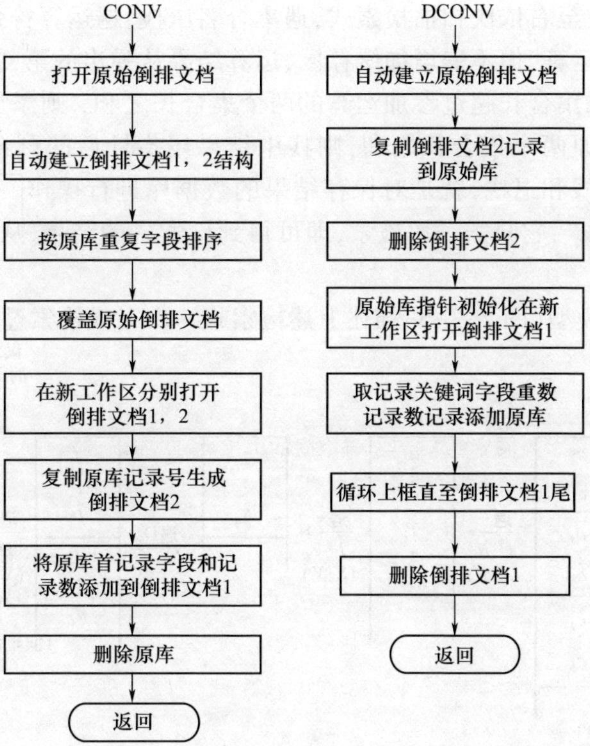

图 2-3-4　两种倒排文档之间的分库和并库过程

四、用栈式集合算法实现重复字段倒排文档的检索

在保存结果库中,存放了一组重复字段查找命中的记录号,对倒排文档的检索就是处理检索式,对检索式中的每个检索词进行查找,运算后得到检索式结果,这个结果也是一组记录号。如检索式 $(A+B*C)*D$,式中符号 A,B,C,D 都代表了集合,假定 A 命中的记录号是 $a_1,a_2,\cdots,a_n$,B 命中的记录号是 $b_1,b_2,\cdots,b_m$,C 命中的记录号是 $c_1,c_2,\cdots,c_k$,D 命中的记录号是 $d_1,d_2,\cdots,d_i$,则上述检索式是对以下集合的运算:

$$\{结果\}=(\{a_1,a_2,\cdots,a_n\}\cup\{b_1,b_2,\cdots,b_m\}\cap\{c_1,c_2,\cdots,c_k\})\cap\{d_1,d_2,\cdots,d_i\}$$

用逆波兰表示法变换这个检索式:

$$(A + B * C) * D \rightarrow ABC * \ + D *$$

因为 n、m、k、l 均有可能大于 256,因此用 DBASE 的变量来存放检索结果是不可能的,在快速检索重复字段 Rs-FIND 中, 把检索结果的记录号都送入保存结果库也就是这个目的。下面对经逆波兰变换后的检索式提出一种新的处理算法:从左至右依次扫描检索式,遇集合名压栈,遇运算符弹出栈顶,两个集合进行逻辑运算,但不需增加缓存区,运算结果从弹出的第二个集合首地址起存放,如结果集合长超过参加运算的两个集合长之和, 则添加压栈,如结果压栈后还不足原两个集合长之和,则栈中结果尾指针后的剩余记录被删除。这里所谓的压栈和退栈,就是对保存结果的数据库进行操作。这种算法称为“栈式集合算法”,它只需一次检索,即可得到检索式的结果,从而比以往的算法效率更高。

用栈集合模型(图 2-3-5)描述上述检索式一次完成检索过程,其中 i 是下标变量。

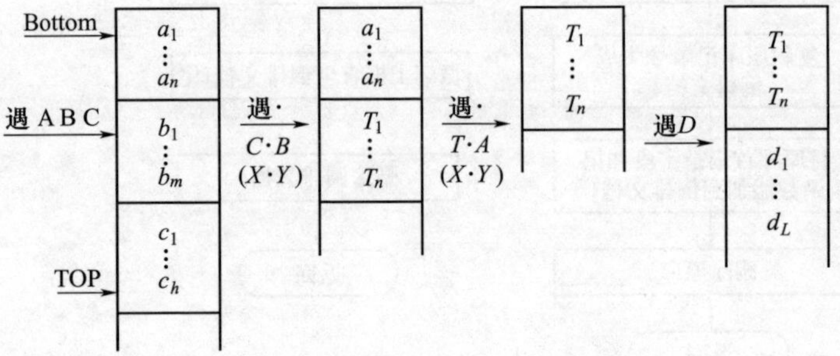

图 2-3-5　栈集合模型

用一组两个变量控制一个检索词的检索结果在栈中位置:(I_j, I_{j+1}),其中 I_j 表示第$(j+1)/2$ 个检索词检索结果起始记录号,I_{j+1} 表示相应命中的记录数。通常检索词不会超过 127 个,故取用这组变量能满足 DBASE 的规定。参加运算的两个集合为 X,Y, 每弹出栈顶两个集合,就是把两个集合依次作为 X,Y 集合。执行 X 和 Y 逻辑运算只需在保存结果库和一个临时变量中进行,方法是逐个取 X 中元素,是否归属 Y 集合,调整 X 集合,即“一取二查三维护”的过程。图 2-3-6 是用 DBASE 实现的重复字段倒排文档的检索方法。

综上对重复字段倒排文档的探讨以及实践,不仅解决了重复字段倒排文档的检索问题,而且为开发各种文献检索及自动化管理系统提供了必要的手段。

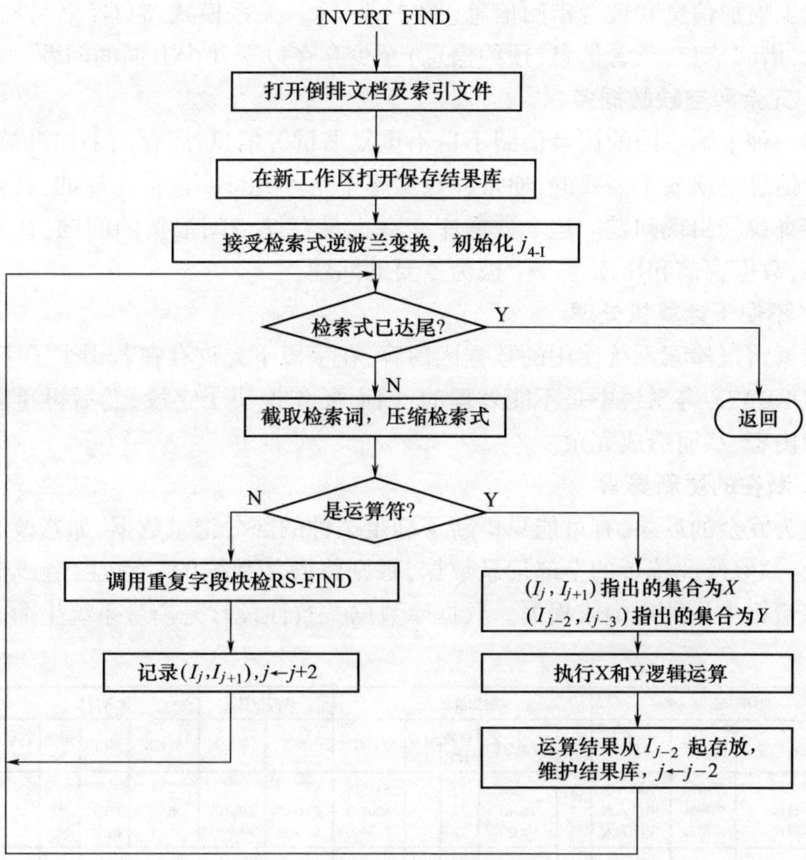

图 2-3-6　重复字段倒排文档检索的实现流程

第四节　文献流通管理数据库

本节对文献流通数据库设计进行综合分析，将 ER 图设计和依赖图合成规范设计机制引进文献流通数据库中，给出一个具体设计和实现的文献流通管理数据库。

在讨论如何设计一个好的文献流通数据库之前，先看看为什么能认为某些模式是不适当的。

一、一个示例

引进一个作为例子的文献流通管理数据库 WLG，它记录了图书书目信息、编目加工附加信息和读者借阅信息(图 2-4-1)。关系模式 WLG(书目信息,附加信息,借阅信息,读者信息,预约信息)至少存在以下几个方面的问题。

1. 冗余和空缺数据多

同一种书因不同的读者借阅不得不重复书目等信息;库存的书如没被借阅,其读者信息空缺或不需要的,通常在数据库中是不允许字段值空缺的,否则作为关键字查找会出现问题。这个数据库存在大量存储空间浪费的问题,在文献数据库中,数据存储和压缩是一个极为重要的问题。

2. 不便于计算机处理

根据情报检索系统使用的数据区内容,在字段下允许存在若干个子字段,这在类似 DBASE 等系统中是不能处理的,因而要先说明子字段,然后再重复一次子字段内容,从而造成冗余。

3. 潜在的更新异常

作为冗余的后果,有可能只更新了满足条件的部分记录数据,如修改某读者信息,必须修改此读者的全部记录数据,否则将破坏数据的一致性,造成借阅者或文献情报中心的麻烦或损失。数据库数据一致性设计是衡量系统生命力的关键之一。

书目信息			附加信息					借阅信息		读者信息				
书名A	作者B	出版社C	复本D	分类号E	借累计F	编号G	索书号H	读者证I	借期J	姓名K	部门L	可借M	已借N	预约者O
数据库概论	萨师宣	中国人大	2	TP361	72	1	620518							
数据库概论	萨师宣	中国人大	2	TP361	72	1	620519	051820	890412	张玉	计802	5	2	
数据库概论	萨师宣	中国人大	2	TP361	72	1	620519	040919	890603	李君	档520	5	2	
*图书馆现代化技术	黄万新	书目文献	2	G82	24	2	700943							051820
图书馆现代化技术	黄万新	书目文献	2	G82	24	2	700944	021724	890721	王少华	图518	5	1	021724
*图书馆现代化技术	黄万新	书目文献	2	TP27	24	2	700943	040919	890716	李君	档520	5	2	051820
图书馆现代化技术	黄万新	书目文献	2	TP27	24	2	700944							021724
计算机情报技术	江向东	机械工业	1	TP348/3	17	3	274000	051820	890412	张玉	计802	5	2	040919

* 本条记录的书属图书情报和计算机类,故有两个分类号。

图 2-4-1　一个文献流通管理数据库 WLG 示例

4. 潜在的维护异常

如果剔除仅借过此一种书的记录,则读者信息也删掉了,在以后了解或查找某些读者(如王姓读者)时将得不到结果,这就是删除异常;字段值不能空缺或因某种原因某索书号(如 620518)的书不能外借需删除该记录,以后当读者借这本书,增加读者信息时将找不到,这就是插入异常。它们都是潜在的维护异常。

对于图 2-4-1 的例子,如果 WLG 分解成 WLG1,WLG2:

WLG1(书目$\{A,B,C\}$,附加$\{D,\cdots,H\}$);

WLG2(借阅$\{I,J\}$,读者$\{K,\cdots,N\}$,预约$\{0\}$)。

则克服了上述的多个问题。然而这样的分解带来的一个新问题:为了找到借阅某书的读者信息,必须做 WLG1 和 WLG2 的联结,与单个 WLG 时仅需做选择和投影相比,代价更高。

二、文献流通数据库的 E-R 图设计

所谓 E-R 图设计方法,就是 P. S. Chen 提出的实体—联系方法。实体是读者、书等客观存在的事物,一个实体可以是若干个字段值的集合,通常用长方形表示,框内标实体名。联系是指实体之间的联系,某读者“借阅”某书,“借阅”就是实体“书”和实体“读者”之间的一个联系,通常用菱形表示,框内标联系名。联系还有一本书有唯一书名的一对一(1∶1)联系、一个读者可预约多种书的一对多(1∶m)联系和一个读者可借多本书且多个读者可借同一种书的多对多(m∶n)联系,在连接实体和联系的线上标出。实体的字段用圆来表示,圆中标字段名,并用线连接所属的实体。上述就是 E-R 图设计的一般方法。值得注意的是,E-R 图不是唯一的,它的特点是能较好地反映用户和设计者的意愿,简单清晰,与具体计算机实现没有关系,因而是数据库设计的常用方法。

上例的 E-R 图如图 2-4-2 所示,其描述了书目、读者、流通书三个实体集合信息。其中,书目和流通书通过“加工”这件事联系起来:一种书加工成多本书进入流通,一本流通书属于一种对应书;流通书和读者通过“借阅”联系:一个读者可借多本书,多个读者可借同一种书;书目和读者有“预约”联系:一个读者可预约多种书,多个读者可预约同一种书。

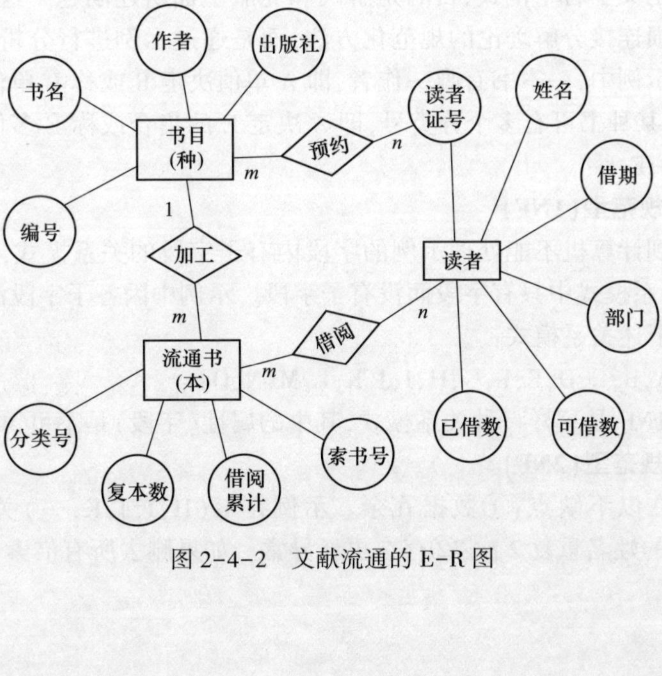

图 2-4-2　文献流通的 E-R 图

将 E-R 图转换成关系数据库模式是较容易的,将 x 个实体和 y 个联系对应 z ($z=x+y$)个关系。关系名用所转换的实体名、联系名或其他名,一个关系下的字段就是对应实体的字段或对应联系所有实体中的关键字。所有这些关系模式组成了关系数据库模式,通过图 2-4-2 转换(三个实体,三个联系)得到如下数据库模式:

书目(<u>编号</u>,书名,作者,出版社);

供借书(<u>索书号</u>,分类号,复本数,借阅累计);

读者(<u>读者证号</u>,姓名,部门,可借数,已借数,借期);

加工(<u>编号</u>,索书号)

预约(<u>编号</u>,<u>读者证号</u>);

借阅(<u>索书号</u>,<u>读者证号</u>)

其中,下划线字段是该关系的关键字。

六个关系组成的数据库模式设计,与原来图 2-4-1 的一个关系的原始设计法相比,有了很大改进,克服了上述多个问题。但得到的并不是最好的,例如,读者关系中如一个读者有 m 个借期,则姓名、部门、借书数据等数据大量冗余;同种不同本书的分类号是相同的,因此分类号与编号有关,而无须与索书号在同一关系中。如何设计更好的数据库模式,下面讨论规范化设计。

三、文献流通数据库设计的规范化

上述示例已清楚看到这个关系模式中存在许多函数依赖性。在数据库模式的设计中已定义了若干范式,目的是解决和克服上面所述问题。这里不详述传统的基于无损连接分解理论的规范化方法,而是通过示例进行分析并给出各规范的定义。示例中,一本书有唯一作者,即 A 单值决定 B 或称 B 单值依赖 A,表示为 A→B;某种书可有多个分类号,即 A 决定 E 的集合或称 E 多值依赖于 A,表示为 A→→E。

1. 第一规范型(1NF)

已经看到计算机不能处理示例的字段内有子字段的关系模式,须重新安排各字段,使关系模式中只有字段而没有子字段。示例中因各子字段没有重复,故容易转换成下述关系模式:

WLG (A,B,C,D,E,F,G,H,I,J,K,L,M,N,O)。

[定义]1NF 是这样一种关系模式,其中的属性(字段)是不可再分的。

2. 第二规范型(2NF)

1NF 存在以下缺点:①数据冗余。示例在 R(H,I,J,K,…)关系模式中,051820 读者的姓名重复 2 次;②存在更新异常。如果删去所有借索书号 620519

书的读者,则读者信息也丢失了。

分析:HI 是关键字,即 HI→HIJK,HI→J 成立,但 H→K 或 I→J 不成立,即 J 完全地依赖于 H;而 I→K,即 K 部分地依赖于 HI 中的 I。

∴ R 分解成 R1(I,K,…)和 R2 (H,I,J,…)。

同样,在 R′(H,I,J,G,…)中,书名和编号等重复数据,如把所有 051820 读者借的书记录删去,则 040919 的借阅信息丢失。

分析:HI 是关键字,HI→JGHI,HI→J,而 H→G。

∴ R′分解成 R2 (H,I,J) 和 R3 (H,G,…)。

因此,上面 1NF 分解成如下 2NF 模式:

WLG1(I,K,L,M,N);

WLG2(H,L,J);

WLG3 (G,H,A,B,C,D,E,F,O)。

[定义]一个 1NF 是 2NF,仅当其中所有非关键字都完全依赖于关键字(即不存在部分依赖)。

3. 第三规范型(3NF)

2NF 存在以下缺点:①更新异常。在 R(H,A,B)中,如把索书号 620518、620519 的记录删去,又丢失了著书作者的信息。②数据冗余。其中《数据库概论》一书的作者重复了多次[实际受复本影响是 2 次,另一次是受不同借阅者影响(已在 2NF 中解决)]。

分析:H→A,A→B,B 不是关键字,而 B 传递地(通过 A)依赖于 H。

∴ R 分解成 R3(H,A) 和 R4(A,B)。

在数据库设计中,还要考虑到像书名这样长度会相差很大的字段,重复 2 次占据很多空间,因而常增加一个编号或其他压缩,这里增加了 G 字段。

因此,上面 2NF 分解成下述 3NF:

WLG1(I,K,L,M,N);

WLG2(H,L,J);

WLG3 (H,G);

WLG4(G,A,B,C,D,E,F,O).

[定义]一个 2NF 是 3NF,仅当其中不存在非关键字传递地依赖于关键字。

4. 第四规范型(4NF)

3NF 还有缺点,如分类号和预约者的数据还没有消除数据冗余,进一步可想到将它们独立出来。

分析:G→→O,G→→E,上述问题是由一个以上的多值依赖引起的。

∴ 3NF 的 WLG4 可分解成:WLG4(G,E),WLG5(G,O),WLG6(G,A,B,C,

D,F)。

[定义] 一个 3NF 是 4NF,仅当其中没有一个以上多值依赖。

5. 第五规范型(5NF)

上述模式已不能再用较小的关系所替代,已是 5NF。关于 5NF 涉及较深理论且实际意义也不大。值得指出的是,规范化程度越高,以上所述问题相对越少,但查找数据和联结运算的代价就越高,因此规范化程度要适宜。设计数据库时,先要考察这个数据库中数据的特点和规律,搞清检索用户的常用检索途径,然后在减少冗余或潜在的更新异常和减小计算机开销之间进行权衡。

本示例通过规范化设计得到的结果如下:

WLG1 (I,K,L,M,N);WLG2(H,I,J);WLG3(H,G);

WLC4(G,E);WLG5 (G,O);WLG6(G,A,B,C,D,F)。

为了进行比较,下面重新描述了该示例在新关系模式下的记录数据(图 2-4-3)。

读者证I	姓名K	部门L	可借M	已借N
051820	张玉	计802	5	2
021724	王少华	图518	5	1
040919	李君	档520	5	2

WLG1

编号G	书名A	作者B	出版社C	复本D	借累计F
1	数据库概论	萨师宣	中国人大	2	72
2	图书馆现代化技术	黄万新	书目文献	2	24
3	计算机情报技术	江向东	机械工业	1	17

WLG6

索书号H	读书证I	借期J
620519	051820	890412
620519	040919	890603
700944	021724	890721
700943	040919	890716
274000	051820	890412

WLG2

索书号H	编号G
620518	1
620519	1
700943	2
700944	2
274000	3

WLG3

编号G	分类号E
1	TP361
2	G82
2	TP27
3	TP348/3

WLG4

编号G	预约者O
2	051820
2	021724
3	040919

WLG5

图 2-4-3 新关系模式下的记录数据

四、依赖图法合成规范的文献流通数据库模式

Smith H. C. 在 1985 年提出的依赖图方法,将数据库模式规范化进行合成,利用若干简单规则,就能达到 4NF。后来又设计了数据库模式自动设计的程序,当输入数据项集和下述的依赖清单时,能自动产生和优化依赖图,继而产生规范化的关系模式。因而广大数据库用户一旦掌握,则开发数据库很便利。依赖图法数据库模式设计分成分析描述、转换依赖图、优化依赖图和模式合成四个阶段。

1. 分析描述

这个阶段的任务是分析实体间联系,写出和修改依赖清单。如果需要描述

的字段很多,也可先按 E-R 图分片完成依赖图,最后组合成完整的依赖图。

本示例的字段间相互依赖描述及 11 条依赖清单如下:

① 每种书有确定的书名、作者和出版社:编号→书名+作者+出版社;

② 每本书有确定的索书号:编号→索书号;

③ 每种书有若干个分类号:编号→→分类号;

④ 每种书有确定的复本量:编号→复本数;

⑤ 根据借阅情况统计每种书的借阅累计次数:编号→借阅累计;

⑥ 每位读者有确定的读者证号,读者证号有确定的读者姓名和可借书量:(读者证号)→姓名+部门+可借数;

⑦ 每个部门有若干个读者:部门→→读者证号;

⑧ 每位读者有已借书量的情况:读者证号→已借数;

⑨ 每位读者有多种书可借:读者证号→→编号;

⑩ 每本书每位读者有确定的借期:读者证号+索书号→借期(已用②作了局部优化);

⑪ 每种书有若干个读者预约:编号→→读者预约。

因为每种书可由书名来确定,但书名长度相差很大,且书名(特别是中文)在数据输入和检索时都不方便,故增加一个确定每种书的属性“编号”,每个编号有确定的一种书;读者证号和读者是一一对应的,故用读者证号替换读者。依赖清单已对依赖描述作了修改和完善。

2. 转换依赖图

常用的函数依赖和对应的依赖图描述如下:

(1) $x \to y \quad x \to y$

(2) $x \to\to y \quad x \to y$

(3) $x \to y_1 y_2 \cdots y_n \quad x \to y_1 + y_2 + \cdots + y_n$

(4) $x_1 x_2 \cdots x_n \to y \quad x_1 + x_2 + \cdots + x_n \to y$

(5) $x_1 \to\to x_2, x_1 x_2 \to\to x_3, x_1 x_2 x_3 \to y \quad x_1 \to\to x_2 \to\to x_3 \to y$

(6) $x \to y, y \to z, x \to y \to z$

(7) $x \to\to y, y \to z \quad x \to\to y \to z$ (与(5)有区别)

此外,还有孤立块依赖图等。

根据这些规则,上述依赖清单转换成依赖图如图 2-4-4 所示。通过比较可知,“读者证”用了多圈以避免混淆。这个依赖图共有 15 个属性和 11 个依赖。

3. 优化依赖图

优化原则是简化依赖图以提高规范化程度,但对信息须是无损失的。优化依赖图的同时还须修改依赖清单。将常用的优化方法归纳如下:

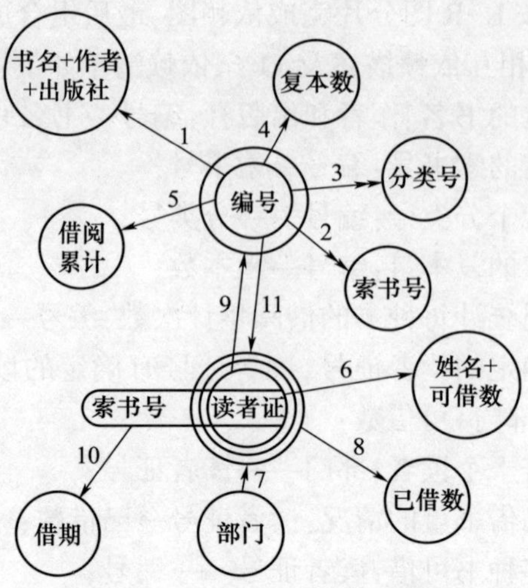

图 2-4-4 未经优化的依赖图

(1) 描述同一事实的单值依赖归在同一模式中。例如:依赖图中的复本数、借阅累计和书名+作者+出版社可归在一起。

(2) 表示相同的属性依赖选简。例如:“部门→→读者证”改成“读者证→→部门”。

(3) 去掉闭循环(双向或传递依赖)。例如:依赖 9 和 11 构成了闭循环,可以去掉一个。

经过上述优化后得到的本示例依赖图如图 2-4-5 所示(链上标号的意义已改变)。

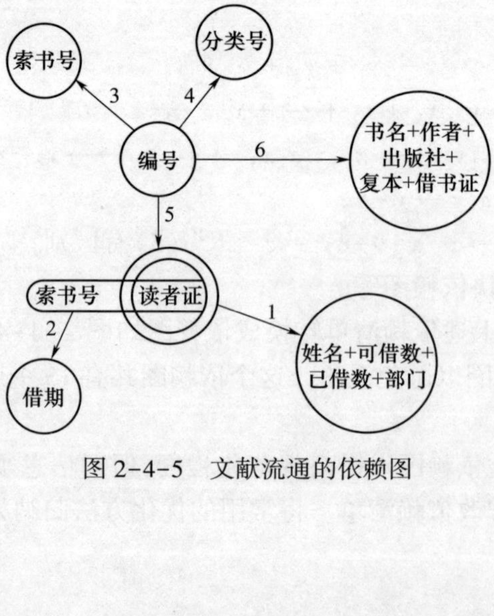

图 2-4-5 文献流通的依赖图

4. 模式合成

图 2-4-5 的依赖图可以证明已达到了 4NF（5NF）。规范数据模式的合成，根据以下规则进行：依次取出每条链，全部属性合成为一个关系模式，始点为关键字；如果链尾结点不再是其他链的始点，则此链上全部属性为关键字。本示例中没有孤立块，如有，则块中全部属性合成为一个模式，并全部属性均为关键字。由图 2-4-5 合成的关系模式如下：

R1 读者（读者证号，姓名，部门，可借数，已借数）

R2 借阅（索书号，读者证号，借期）

R3 书号表（编号，索书号）

R4 分类（编号，分类号）

R5 预约（编号，读者证号）

R6 书目（编号，书名，作者，出版社，复本数，借阅累计）

这里需要注意的是，以上划线字段为关键字段；链 5 的尾结点是双层圈，因此链 5 的尾结点不是链 1 或链 2 的始点。上面已介绍了依赖图合成数据库模式的基本方法，限于篇幅，其他一些改进方法不在此介绍。合成的关系模式与之前通过逐层规范化后的结果完全相同，从中可见，掌握和应用依赖图是很方便的，特别是在文献数据库设计中，属性多、数据冗余多、数据一致性要求高、计算机时效和空间都有限制，并且大部分应用软件是非数据库专家或专门人员来设计实现的，因此使用依赖图方法是必要的，也是可行的。

五、一个文献流通管理数据库的设计实现

文献流通的计算机管理是现代化文献中心的重要标志之一。它对于充分利用馆藏，最大限度地满足读者要求，提高服务质量和工作效率，及时收集和统计读者的反馈信息，以改进各部门的工作等方面都有重要作用。它还能大大减轻工作人员的繁重工作。作为一个现代化的文献中心，文献流通的计算机管理虽然是流通部门的事，但不是独立的，而应是整个文献中心自动化系统的一部分，因此数据库设计，不仅要考虑文献流通的需要，还要能满足查询、编目等需求。一个数据库的设计分成数据库需求分析、数据库逻辑设计、数据库物理设计和数据库实现。

1. 数据库需求分析

文献流通数据库需求分析实际上是自动化软件系统需求分析的一部分，通过系统分析员（情报人员或软件人员）反复权衡用户和设计者的要求，列出需求分析报告。如文献流通管理的若干需求信息包括：查询某读者已借的文献，查询某本书现在的去处，统计读者的借阅情况等。

2. 数据库逻辑设计

数据库逻辑设计要求设计关系数据库模式，它和下述数据库物理设计都是自动化软件系统设计的一部分。为了使叙述清晰，对数据库进行简化：书目信息包含书名、作者、出版社 3 项；进入流通过程的附加信息有复本数、分类号、编号、索书号和借阅累计 5 项；读者属性有姓名、部门、可借阅书数和已借数 4 项；反映借阅情况的属性有借阅和预约书的读者证号和借期 3 项。数据库共有 15 个属性，其描述见前示例。因为属性不太多，问题不太复杂，故不作 E-R 图分解。该数据库的关系模式采用规范化方法，逐层分解直至 4NF(5NF)方法，但用依赖图合成规范方法更方便。

3. 数据库物理设计

该时期数据库一般在 IBM-PC 微机和 DBASE 数据库管理系统下实现。DBASE 是一个小型关系型易用的数据库管理系统，在其上设计该数据库较简单，包括确定字段的标识符(字段名)、类型、长度和建立索引的字段等。本数据库中书名、作者、出版社、分类号、姓名、部门是字符型数据，借期是日期型数据，其余字段是数值型数据。

4. 数据库实现

数据库实现分两步工作，第一步是在计算机上建立数据库并输入数据，第二步是编制应用程序(实际上是自动化系统程序中的一部分)。因为文献数据量相当大，不仅要检验数据库设计的质量，还要试运行应用程序的正确性，因此通常是先输入一小批数据或复制一批数据，再运行和修改程序，试运行一段时间后满足了要求则输入大批量数据(也可在编制程序的同时进行)，直到投入使用。所以这两步工作既是交叉的，也是平行的。DBASE 用 CREATE、APPEND 等命令即可完成数据库建立和数据输入，用 MODIFY COMMAND 和 DO 等命令完成应用程序的编制、修改和执行。

针对上述的需求分析，下面介绍有关的实现方法。①查询某读者已借的文献。设入口数据为读者姓名 K，首先在 WLG1 中得到读者号 I，然后在 WLG2 中得到所有 I 的索书号 H，如需要书目信息再在 WLG3 中得到编号 C，最后在 WLG6 中查阅。可见，如有较多的查阅书目信息途径，尽管数据库已是 5NF，但计算机查找时间开销是大的。②查询某本书现在的去处，这同①类似做法。③统计读者的借阅情况。如要反映读者借阅时间，做 WLG1 和 WLG2 的联结；如要进一步反映所借文献信息，继续做与 WLG3 和 WLG6 的联结；如要知道分类号，还要做与 WLG4 的联结；如还要反映预约读者的情况，则还要做与 WLG5 的联结，其结果就是本示例的全表数据。可见，要求不同，其计算机联结的开销不同，有时会相当大。因此在设计数据库前，仔细研究用户的提问是必要的，而这点往往被忽略,如书目信息经常要知道分类号项数据,实际上一种书的分类号不会很多,一种书的多分类情况也不多,可以考虑 WLG4 和 WLG6 的合并,即原来这块 WLG 不再分解。

最后还有数据库的维护,它包含在自动化系统的维护过程中,这里不再叙述。

第三章 信息数据库检索查询

第一节 情报检索快速查找算法

本节基于数组划分引理的分析给出一种部分排序的快速查找算法 HSA，证明其在一些条件检索中的查找效率优于其他算法，研究设计并实现 HSA 在情报检索中的一些应用。

越来越多的情报系统软件是以数据库管理系统软件或数据库管理系统软件和计算机语言配合为支撑环境而开发的，但无论是早期的文件系统（它具有设计和使用灵活等特点），还是数据库查询技术本身的发展，都包含对数据快速查找的要求。因此，数组查找算法的研究是情报检索的基础，也是计算机技术的重要分支。以下在分析一个数组划分引理 Partition 的基础上，介绍一种无须全排序的快速查找算法（HSA），最后介绍该算法在情报检索中的应用。文中算法等均以 Pascal 语言编程给出。

一、数组划分引理

【已知】数组 X：array(1..N) of real，常量 b，e（$1\leqslant b<e\leqslant N$）；

【求】重排数组 X[b..e] 中的元素，并求出 i，j，使得 X[b..i-1] 中任一元素的值小于等于 x[j+1..e] 中任一元素的值，如图 3-1-1 所示。

图 3-1-1 数组划分引理

数组 X[b..e] 被划分成 X[b..j]、X[j+1..i-1] 和 X[i..e] 三个子段，比较它们的元素大小，X(b..j) 最小，X[j+1..i-1] 彼此相等，X[i..e] 最大，求上选数组划分的算法。

【Partition 算法】从 X 数组中任选一个元素（其值 r）作为比较的标准，分别从 X 的两端向内扫描，令 i，j 分别是扫描 X 的左、右端所用的下标变量，开始时分别为 b,e。扫描的同时重排 X,并保持 P_1:X[p]≤r≤X[q],其中 p∈[b,i],q∈[j,e]。扫描一直持续到 j<i 结束。

【Partition 程序】

```
   Procedure part(var X;array[1..N]of real;var i,j:integer;r:real;b,e:
integer);
   var t:real;
   begin
     i:=b;
     j:=e;
   while i<=j do
     begin
       while X[i]<r do
         i:=i+1;
       while X[j]>r do
         j:=j-1;
       while i<=j do
         begin
           t:=X[i];
           X[i]:=X[j];
           X[j]:=t;
           i:=i+1;
           j:=j-1;
         end;
       end;
     end.
```

二、快速查找算法 HSA

下面是情报检索中常遇到的一个问题,对于给定的 X:array[1..N]of real 和 k,其中 1≤k≤N,要求找到 X 中从小到大排序的第 k 个元素值 F_k。显然,这里有这样一种简单查找方法:先选用一种数组排序方法将 X 依小到大次序排序,此后数组中下标为 k 的元素组即为所求的 F_k。但是,这种全排序方法在 N 很大时,效率太低。问题的关键在于,我们只要找到第 k 个元素的值,并不要求全排序。因此,我们可以部分地重排数组 X,使得 F_k 恰好是数组中下标为 k 的元素值。换句话说,在下标小于 k 的元素都小于等于 F_k,在下标大于 k 的元素值都大于等于 F_k。

设在计算的中间状态,数组 X 已重排成[1,b],[b,e]和[e,N]三部分,并且 X[p] ≤X[h] ≤X[g],其中 h∈[b,e],p∈[l,b],q∈[e,N]。快速查找算法的

设计思想是让 b 逐步逼近 e,即[b,e]缩小,直至 b=e,即存在唯一元素 X[h]为止。这里考虑调用 Partition 算法过程。初始时,置 b=1,e=N,并选取(b+e) div 2 作为 r 的值,然后只要在 b<e 的情况下,循环执行 Paruition 过程。

【HSA 程序】

```
function hsa(X:array[1..N]of real;N,k:integer):real;
  var b,e,i,j:integer;r:real;
  begin
    b:=1;e:=N;
    while b<e do
      begin
       r:=X[(b+e) div 2];
       part(X,i,j,r,b,e);
       if (k<=i) or (i<=k) then
          else b:=i
       else
         begin
           b:=k;e:=k;
         end;
      end;
      hsa=X[k];
   end.
```

下图举例说明本算法的执行过程。设 A[1]=1,A[2]=0,A[3]=2,A[4]=3,A[5]=2,求数组 A 中按从小到大排序后的 A[2],即数组 A 中次小的值。显然 k=2。

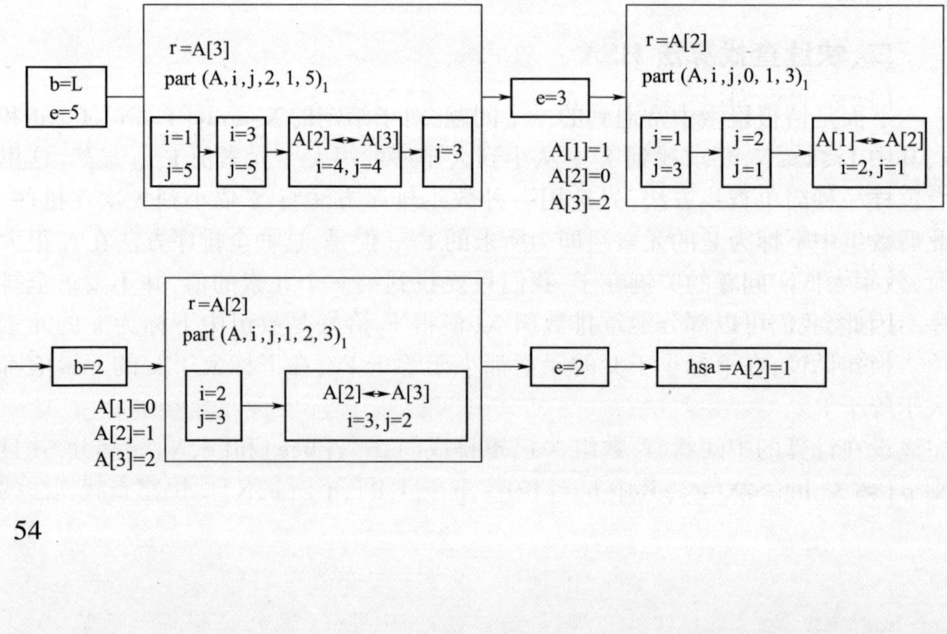

最后函数 hsa 返回值 1,即数组 A 中次小的值为 1。

大部分情报源构成的数据库是二维数组,然而上述 hsa 仅考虑了一维数组,要对程序进行加工,hsa 中增加一个 m 参数,仍以 hsa 命名。修改方法是,在过程中将 X 定义成二维数组,过程调用函数增加 M 项,执行中的 X 改成以确定的 M 的二维 X,包括修改 X[i]← →X[j]。

三、HSA 在情报检索中的应用

HSA 算法不仅提供了一种快速查找的方法,而且在情报检索等领域中得到应用。下面以"国际涡轮轴发动机数据库(ITEDB)"的数据检索为例进行说明。ITEDB 是以文件系统建立的发动机数据库,该库文件的数据结构内存映像为如下的一个二维数组表:

序号	公司	型号	……	始研时间(年)	首飞时间(年)	使用时间(年)	单台价格(百万美元)	至今产量(台)
1	TM	ARTOUST	……	1957	1959	1962	0.129	1715
2	TM	ASTAZOU	……	1965	1969	1975	0.127	2000
⋮	⋮	⋮	⋮	⋮	⋮	⋮	⋮	⋮

ITE:array[1..m,1..n]of real;其中 m 是列数常量,n 是行数常量,为了便于说明问题,不考虑数据项和记录的增加。下面是一些关于 ITEDB 的数据检索要求:

【检索 1】查询发动机始研时间最早的时间。

【检索 2】查询采用某发动机首飞时间最晚的时间。

【检索 3】查询单台价格最低和次低的发动机价格。

以上查询都比较简单,因为只要控制 m,直接调用 hsa 算法,不难得到查询结果。设始研时间、首飞时间、使用时间、单台价格和至今产量的数据项名分别是 ms、mf、my、mj 和 m,以下是它们的求解:

【检索 1】tsn:= hsa (ITE,ms,n,1)。

【检索 2】tsf:= hsa (ITE,mf,n,n)。

【检索 3】tdj1:=has(ITE,mj,n,1);tdj2:=hsa bau(ITE,mj,0,2)。

HSA 算法除了能解决较简单的查询问题外,还能实现较复杂的查询,从而完成单项检索。

【检索 4】检索产量最高的发动机型号。

找到最高产量及在数据库中位置，就可以得到这条记录的所有数据。

```
k:=1;
while ite[m,k]<>hsa(ITE,m,n,1)
  k:=k+1;
   txh:h=ITE[3,k]
```

HSA 算法还可用来实现数据库的排序。

【检索 5】ITEDB 按至今产量依大到小重排，排序结果放在 ITE 中。

```
for i:=1 to n do
  begin
    y:=hsa(ITE,m,n,n-i+1);
    k:=1;
    while ITE[m,k]<>y do
      k:=k+1;
      for k:=1 to m do
        ite1[j,i]:=ITE[j,k];
   end;
```

在情报检索中常遇到多项检索，即两个以上条件的检索，利用 HSA 算法实现多项检索的关键在于要保存前次执行函数 hsa 后的那些记录结果，再继续用下一个条件执行 hsa。

【检索 6】检索最早首飞和使用时间的发动机型号。

这是个两项条件的检索，中间结果保存在与 ITE 同结构的 ITE1 中。

```
y:=hsa(ITE,m_f,n,1);
k:=1;p:=1;
while k<>n do
  if ITE[m_f,k]=y then
    begin
      for j:=1 to m do
        ite1[j,p]:=ITE[j,k];
        k:=k+1;p:=p+1;
    end
  else
    k:=k+1;
k:=1;
while ite1[m_y,k]<>hsa(ite1,m_y,n,1) do
  k:=k+1;
txh:=ite1[3,k];
```

上述有关程序还可以写成过程或函数,以接受任意调用。通过上面的分析和应用,可以看到 HSA 作为情报检索的算法是比较好的,它的优点在于效率高,不要全排序。这里要特别指出,该方法在某些检索查找中效率很高,如求某项的最大值和最小值等,而并非对所有检索都是高效的。情报检索,无论是以文件系统构成的检索系统,还是以数据库系统构成的数据库设计查询策略,都需要不断地研究新的检索方法和完善现有的检索方法。

第二节　数据库查询无损联结

本节解决任意范式下求解查询无损联结最小覆盖序列的问题,研究查询无损联结检验的方法和基于检验算法求解查询无损联结最小覆盖序列的算法,给出应用实例和证明。对分解后的关系模式进行查询无损联结性检验是数据库设计中必不可少的一步,也是信息管理系统设计中不可忽略的工作。

关系模式的分解对于信息管理系统的数据库规范化设计来说是一个重要的问题,也是信息管理系统设计过程中首先要解决的问题。合理的分解可以有效利用计算机资源,提高运行效率,避免产生数据冗余或丢失,消除数据维护困难及潜在更新异常等问题。但要求分解所产生的子序列必须是包含原关系模式所有信息的无损分解,也就是对于原来涉及的各种查询要具有无损联结性,否则在检索中将产生信息丢失,给用户造成损失。因此,对于分解后的关系模式进行查询无损联结性检验是数据库设计中必不可少的一步,也是信息管理系统设计中不可忽略的工作。通常情况下,用户的检索并非要得到整个关系模式的全部信息,而主要是针对某些属性子集进行,因此在确定分解序列的过程中可有意进行有损的分解,然后检验其对于所需的查询是否都具有无损联结性,通过这一方法可以较大程度地优化库结构和节省存储空间,同样也方便了以后的数据维护。

一、查询无损联结及其判断

关系模式 $R=(A_1,A_2,\cdots,A_n)$ 被 R 的一组子集 $\rho=\{R_1,R_2,\cdots,R_k\}$ 替换,且 $R=\bigcup_{i=1}^{k}R_i$,称为关系模式的分解,如果对于 R 的每一个满足某依赖集 D 的关系 r,在分别对 $R_i(i=1,2,\cdots,k)$ 投影后的自然联结等于 r 本身,则称这个分解是一种无损联结的分解,无损联结性质显然是一个分解应当满足的条件,Aho,Berri 和 Ullman 提出了无损联结的检验算法。在实际操作中,当对分解后的 R 进行查询,其涉及的属性集为 Q 和 R,但 $Q\neq R_i(i=1,2,\cdots,k)$,就要对 r 在所有 R_i上的投影作自然联结。这种全联结操作消耗很多计算机资源，而大多数查询的属性只涉及($R_1,R_2,\cdots,R_k$)的某一子序列。在通常情况下无损联结分解不能保证其子序列联结的无损性，因此查询不一定能用子序列的联结作为结果，而相关文献没有做这个工作。

在3NF或BCNF范式下，Schenk，Pinkert和Kambayashi已对寻找包含给定查询的全部属性无损联结序列进行了研究，如向BCNF的无损联结分解，记录生存的分解树，并在分解树中找到一个结点，它具有最少的子孙叶点，且在这些点上关系模式包含了查询Q中的全部属性。这个算法要求是BCNF的分解。结论是正确的，因为容易证明树的任何结点的子孙的联结是无损的，但算法没有遍历寻找所有结点，没有研究其他范式。文献解决了在3NF下求解查询的无损联结序列的问题。BCNF下的结论在3NF下不一定能成立，例如，R=ABCDE，F=(A→C，B→C，C→D，DE→C，CE→A)，对Q=BE，BCNF下有相关两个叶点联结无损，而在3NF，ρ=(AC，BC，CD，CDE，ACE)下，可以用下述的查询无损联结算法验证ρ1=(BC，CDE)和ρ2=(BC，ACE)都不存在无损联结，但该算法没有充分利用所有函数依赖，在不满足某种范式下并不能得到实际存在的查询无损联结序列。另外，一旦分解的R不是无损联结，然而又确实存在查询无损联结的序列，例如：R=ABCDE，F=(A→C，B→C，C→D，DE→C，CE→A)。对ρ=(AD，AB，BE，CDE)，能够证明分解不是无损联结，但用下述的查询无损联结算法可以证明Q=ABCD，Q=BCDE及它们的属性子集都是无损联结，因此现有的算法有局限性。

二、查询无损联结及其检验

1.查询无损联结的分解

定义：查询无损联结(QUERY LOSSLESS JOIN)的分解

设R是一关系模式，F是一组函数依赖，$\rho=\{R_1,R_2,\cdots,R_K\}$是R的一种分解或分解的一个序列(子集)，$U=\bigcup_{i=1}^{k}R_i$是该序列所包含的属性集合，$U\subseteq R$；一个查询Q是一个属性集合，$Q\subseteq U$。如果对于Q的满足F的每一个关系r都有

$$\pi_Q(r)=\pi_Q(\pi_{R1}(r)\infty\pi_{R2}(r)\infty\cdots\infty\pi_{RK}(r))=\pi_Q(\mathop{\infty}_{i=1}^{k}\pi_{Ri}(r))$$

即R在Q上的投影为它在$R_i(i=1,2,\cdots,k)$上的投影自然联结在Q上的投影，则称ρ为满足F的Q上查询无损联结的分解。

为了使用方便，引入下列符号：如果$\rho(R_1,R_2,\cdots,R_k)$，则符号mρ(r)表示$\mathop{\infty}_{i=1}^{k}\pi R_i(r)$，即mρ(r)为r在ρ的模式的投影自然联结，算子<为与运算符号，算子>为或运算符号。

引理：对于任意关系 r，r_i为 $\pi_{Ri}(r)$，则 $\pi_u(r) \subseteq m\rho(r)$。

证明：设 $t \in \pi_u(r)$为关系 r 的一元组，$t_i = t[Ri] \in ri = \pi_{Ri}(r)$，$i = 1,2,\cdots,k$，根据自然联结的定义，$t_1 t_2 \cdots t_k$的自然联结生成的元组属于$\underset{i=1}{\overset{k}{\infty}} \pi_{Ri}(r) = m\rho(r)$，由于 t 和 t_1在 R_i上的投影相等，$i = 1,2,\cdots,k$，所以 $t \in m\rho(r)$，即 $\pi_u(r) \subseteq m\rho(r)$ #，注意 U=R 时，$r = \pi_R(r) \subseteq m\rho(r)$。

2. 查询无损联结的检验

算法 1：检验查询无损联结性

输入：关系模式 $R = A_1 A_2 \cdots A_n$，函数依赖集合 F，查询属性集合 Q，R 分解的序列 $\rho = (R_1, R_2, \cdots, R_k)$，这里 $Q \subseteq U \subseteq R$，$U = \cup_{i=1}^{k} R_i$。

输出：是否有查询无损联结的判断。

方法：构造一个 n 列 x_k行的表 T，每列对应于 R 的 $A_j(j=1,2,\cdots,n)$，每行表示分解子集中每个模式 $R_i(i=1,2,\cdots,k)$的组成。

(1) 初值 $t_{ij} = a_j(A_j \in R_i)$

$b_{ij}(A_j \notin R_i)(i=1,2,\cdots,k; j=1,2,\cdots,n)$

(2) 根据 F 中函数依赖修改表的内容：考虑 F 中每一 X→Y，在属性 X 列上找相同 t_{ij}的行，使 t_{iy}元素相同，如其中一个为 a_j，则 t_{iy}全为 a_j，否则为 b_{mj}(m 为最小行号)，直至以后的 F 已不能使表变化为止，根据 Armstrong 之引理，F 中所有函数依赖均可写成 $X \to A_j$(Aj 是单个属性)的形式，对某个 f_i计算 t_{ij}如下：

```
FOR i:=1  TO  k-1 DO
  FOR i:=i+1  TO k DO
    IF <x∈X(t1x=tix)T HEN
      IF tij=aj T HEN
        FOR m:=i T O l-1 DO
          BEGIN
            IF <x∈X(tmx=tix)T HEN
              tmj:=aj;
          END
        ELSE
            tij:=tij;
```

(3) 在 T 表中当且仅当一行 $<_{Aj \in Q} t_{ij}$已变成 $a_j(j=1,2,\cdots,k)$，则说明该分解具有查询无损联结性，如果没有这样的行存在，则联结是有损失的。该算法和一般的检验无损联结性算法有区别，一般检验无损联结性算是当且仅当 $<_{Aj \in R} t_{ij}$全变成 $a_j(j=1,2,\cdots,k)$ 时判断无损联结性。

例如：R=ABCDE，考察其分解序列 ρ={R1=AD，R2=AB，R3=BE，R4=

AE}，F 为{A→C，B→C，C→D，DE→C，CE→A}，检验 ρ 是否具有查询 Q=ABDE 的无损联结性。下面是依据算法 1 的 T 表变化过程：

	A	B	C	D	E
R1	a1	b12	b13	a4	b15
R2	a1	a2	b23	b24	b25
R3	b31	a2	b33	b34	a5
R4	a1	b42	b43	b44	a5

A→C →

C
b13
b13
b13
b13

B→C →

C
b13
b13
b13
b13

C→D →

D
a4
a4
a4
a4

DE→C →

C
b13
b13
b13
b13

CE→A →

A
a1
a1
a1
a1

以后不会再变化，所以

	A	B	C	D	E
R1	a1	b12	b13	a4	b15
R2	a1	a2	b13	a4	b25
R3	a1	a2	b13	a4	a5
R4	a1	b42	b13	a4	a5

$t_{31}=a_1, t_{32}=a_2, t_{34}=a_4, t_{35}=a_5$，$(A_1, A_2, A_4, A_5 \in Q)$

所以 ρ 具有查询 Q=ABDE 的无损联结性。

用算法 1 可以验证 $\rho=\{R_1, R_2, R_3\}$，$\rho=\{R_1, R_3, R_4\}$ 或 $\rho=\{R_1, R_2, R_4\}$ 都不存在 Q 的无损联结，尽管它们都包含了 Q 的属性。

定理 1：算法 1 正确地确定了一个分解序列是否具有查询无损联结。

证明：首先证明如果 T 的终表不存在 $\pi_Q(r)$ 下的一行是 $a_i(i=1,2,\cdots,k)$，该分解序列 ρ 不是查询无损联结，将 $\pi_Q(r)$ 视为 $U=\bigcup_{i=1}^{k} Ri$ 的一个关系。假设 $\pi_Q(r) \neq \pi_Q(m\rho(r))$，显然 $\pi_Q(r)$ 不包含元组 $a_{1i}\ a_{2i}\cdots a_{in}(a_{ij} \in Q)$，但对于每个 Ri $(Ri \subset \rho)$，$\pi_{Ri}(r)$ 中的第 i 行元组 t_i，对于 R_i 的 $t_i[R_i]$ 均是 a 样符号，则 $\pi_{Ri}(r)$ 的自然联结在 Q 上的投影 $\pi_Q(m\rho(r))$ 包括元组 $a_{1i}\ a_{2i}\cdots a_{in}$。所以，若 T 的终表没有 $\pi_Q(r)$ 的一行全 a，则 ρ 不是查询 Q 的无损联结，因为已经找到了关系 r，有 $\pi_Q(m\rho(r)) \neq \pi_Q(r)$。

现在用域演算记法证明若存在 $\pi_Q(r)$ 下的一行全 a，则 ρ 是查询无损联结分解。将 T 表记作：$\{a_{1i}\ a_{2i}\cdots a_{in} \mid (\exists b1_{i1}) \cdots (\exists b1_{in})(R(\omega_1) < \cdots\cdots < R(\omega_k))\}$，其中，$\omega_i$ 是 T 始表的 i 行。它定义了函数 mρ。算法 1 对 T 表的修改总是使得到的表是某一域演算公式的简写，当用于满足 F 的 Q 上关系 r 时，将有值 π_Q(mρ (r))。存在表中的 $\pi_Q(r)$ 有一行全 a,则域演算表达式形如 $\{a_{1i}\cdots a_{in} | R(a_{1i}\cdots a_{in}) < \cdots\cdots\}$,所以满足 F 的 $\pi_Q(r)$ 就是 $\pi_Q(m\rho(r))$。又由引理可得 $\pi_Q(r) = \pi_Q(m\rho(r))$。因此,ρ 有满足 F 的 Q 上的查询无损联结。

三、求解最小覆盖序列算法及其应用

求解查询无损联结的最小覆盖序列,一种考虑是先求出包括给定查询 Q 的关系模式分解 ρ 的自联结闭包 ρ^+,然后用算法 1 检验求出所有查询 Q 无损联结的最小序列。缺点是 ρ^+的计算量较大,有大量重复联结运算。再考察算法 1 的检验过程,步骤 1,2 均和特定查询 Q 无关,Q 仅影响步骤 3 的结果。由此可以考虑一种追循算法 1 过程,首先对 ρ 的某未知序列 ω 用算法 1 检验,找到为 T 中增加新元组时 ω 所具备的条件,这和具体查询 Q 无关,这就是算法 2 的第一步;其次找出 ρ 的所有具有 Q 上查询无损联结的最小覆盖序列,这就是算法 2 的第二步。算法 2 随循问次数增加而较计算 ρ^+的算法有更高的效率。

算法 2:求解 ρ 上所有查询 Q 无损联结的最小覆盖序列

输入:$R = A_1A_2\cdots A_n$,$\rho = \{R_1, R_2, \cdots, R_k\}$,函数依赖集 F,查询属性集 Q,这里 $Q \subseteq U = \cup_{i=1}^{k} R_i \subset R$。

输出:表 T(k 行 xn 列),其中 t_{ij}为对未知 $\omega = \{i_1, i_2 \cdots i_j | i_j \leqslant k$ 且 $R_{ij} \in \rho\}$ 用算法 1 终止时,T 中 $X_{ij} = a_j$所具备的条件;ρ 的所有 Q 上的查询无损联结最小覆盖系列 ω。

方法:

(1) 求 T_i表。构造 n 个 k 行 x_k 列的表 $T_i(i=1,2,\cdots,n)$,其元素 $t_{Lm}^{\langle j\rangle}(l, m = 1,\cdots,k; j=1,\cdots,n)$为 $X_{lj} = X_{mj}$ 所具备的条件。$<_{j=1}^{n}(Rij \in \omega)$ 有算法 2 相同的简记;$t_{Lm}^{\langle j\rangle} - t_{mL}^{\langle j\rangle}$,对称性,故仅需计算 T_i的上三角元素,以减少计算量。

① 初值 FOR j:=1 TO n DO

```
FOR  l:=1  TO  k-1 DO
  FOR  m:=l+1  TO  k  DO
    IF (Aj∈Rl) <(Aj∈Rm) THEN
      t⟨j⟩Lm :=(Rl∈ω) <(Rm∈ω);
    ELSE
      t⟨j⟩Lm :=0;
```

② 逐个取 F 中的 X→Aj(根据 Armstrong 之引理,X→Y 的 Y 均可化为单属性),直至 T i(i=1,2,…,n)已经停止变化为止。

```
FOR  f(X→Ar)∈F  DO
  FOR  l:=1  TO  k-1  DO
```

```
FOR  m:=l+1  TO  k  DO
   IF t⟨i⟩Lm ≠0  THEN
     Aj ∈X
   BEGIN
     tp:=t⟨r⟩Lm >( < t⟨j⟩Lm );
                     Aj∈X
   IF t⟨r⟩Lm ≠tp THEN
     BEGIN
       t⟨r⟩Lm :=tp;
       FOR  i:=1 TO  k-1 DO
         FOR  j:=i+1 TO  k  DO
           BEGIN
             IF i>m THEN t⟨r⟩im :=t⟨r⟩mi ;
             IF l>j THEN t⟨r⟩ij :=t⟨r⟩jl ;
             IF  i=m  THEN  t⟨r⟩im :=1;
             IF  l=j  THEN  t⟨r⟩lj :=1;
             IF t⟨r⟩il <t⟨r⟩lm <t⟨r⟩mj ≠0  THEN
               t⟨i⟩ij :=t⟨r⟩ij >t⟨r⟩il <t⟨i⟩Lm <t⟨i⟩mj );
           END
       END
     END;
```

③ 最后构造 T

```
FOR  i:=1  TO  k  DO
  FOR  j:=1  TO  n DO
    tij:= > ( t⟨j⟩il <(Rl∈ω))
         i+1≤l≤k,Aj∈Rl
```

上述算法只与 ρ 和 F 有关，与查询 Q 无关，T 只要计算一次。

(2)对每个查询 Q 计算 ω：

令 $t=(\underset{Aj\in Q}{<} t_{1j})>(\underset{Aj\in Q}{<} t_{2j})>\cdots>(\underset{Aj\in Q}{<} t_{kj})$，化简成 $t_1>t_2>\cdots=>\underset{i\leq k}{t_i}$

$\omega=\{t_1,t_2,\cdots\}$。

ω 的每一个元素就是一个 ρ 的具有 Q 上查询无损联结的最小覆盖序列。

例：$\rho=\{R_1=AD,R_2=AB,R_3=BE,R_4=CDE,R_5=AE\}$，其他同前。

记 $A_1=A,A_2=B,A_3=C,A_4=D,A_5=E$，则 $\rho=\{R_1=A_1A_4,R_2=A_1A_2,R_3=A_2A_5,R_4=A_3A_4A_5,R_5=A_1A_5\}(K=5)$，$Q=ABDE=A_1A_2A_4A_5$。

定理 2:算法 2 正确有效地求解了 ρ 的所有具有 Q 上的查询无损联结的最小覆盖序列。

证明:首先证明(1)。T i 表元素 $t_{Lm}^{\langle i\rangle}$ 为对 ω 用算法 1 检验到 F 中某函数依赖 $X\rightarrow A_r$ 时 X_{ij} 所具备的条件。初始表,由算法 1,$A_j\in R_i$ 时,$t_{ij}=a_j$,则$(R_l\in\omega)<(R_m\in\omega)$ 时,$X_{ij}=a_j<X_{mj}=a_j$,反之亦然。对逐个 F 元素进行归纳,设 F 中以前函数依赖已使 $t_{Lm}^{\langle i\rangle}$ 为各自依赖检验 $X_{lj}=X_{mj}$ 的具备条件,则对 $A_j\in X$ 的 $t_{Lm}^{\langle i\rangle}$ 布尔积是 $X_{Lj}=X_{mj}$ 布尔积所具备的条件。当 $X\rightarrow A_r$ 时,根据定理 1 证明,算法 1 对 T 表的修改总使表是域演算公式的简写,则在 $t_{Lm}^{\langle r\rangle}:=t_{Lm}^{\langle r\rangle}>(<A_j\in X(t_{Lm}^{\langle j\rangle})$ 后,$t_{mj}^{\langle r\rangle}$ 仍是 $X_{lr}=X_{mr}$ 所具备的条件。而且所有 $i\neq l,j\neq m$ 在 $t_{ij}^{\langle r\rangle}:=t_{ij}^{\langle r\rangle}>(t_{il}^{\langle r\rangle}<t_{Lm}^{\langle r\rangle}<t_{mj}^{\langle r\rangle})$ 后,$t_{ij}^{\langle r\rangle}$ 也是 $X_{ir}=X_{jr}$ 所具备的条件。(2)证明 T 表元素 t_{ij} 为对 ω 用算法 1 终止时 $X_{ij}=a_j$ 所具备的条件。作算法 1,$A_j\in R_i$ 时 $X_{ij}=a_j$ 等价交换 > $X_{ij}=X_{lj}$,恰是 T_i 不能再变化时的 t_{ij}。

$$
\begin{gathered}
i+1\leqslant l\leqslant k\\
Aj\in Ri
\end{gathered}
$$

其次证明 $\omega=\{t_1,t_2,\cdots\}$ 的每个 t_i 是一个查询 Q 无损联结的覆盖序列。因为设 ω 必存在,t 为真,则至少存在一个 t_i 为真,其布尔积为真,所属于的 R_i 即为 ω 的序列。

最后证明 ω 是最小序列。因为在化简布尔和式 t 时,长序列的元素已被所含的短序列元素析取,故 ω 是最小覆盖序列。

文中算法、定义、定理证明,是在不满足联结条件的元组不出现在 Q 中并不影响结果的假设中完成的。在实际操作中,某种意义上的自然联结丢失信息是不允许的,如包含新成立尚无雇员的部门和雇员的档案自然联结,查询结果丢失了新成立部门的信息,因此外联结 $T=R\infty_{\theta}S=(R\infty S)\cup(R_1\times(?\ \cdots?))\cup(?\ \cdots?)\times S_1)$,其中 $R_1=R-\pi_R(T)$,$S_1=S-\pi_s(T)$,$(?\ \cdots?)$ 是使 R1 和 S1 作成和 T 可以作并操作的集合,是极为有用的。容易证明,对于外联结的查询无损联结,上述检验和求解算法仍为正确的,因为 T 保持并扩充了 $R\infty S$ 的元组信息。

在实际应用中,如有一个军事院校信息管理系统,R=ABCDE=[院校][系序][系部][教研室][地理位置],已存在上述分解,则最终 Q=ABDE 的查询无损联结只能是 ρ={[院校][教研室],[院校][系序],[系序][地理位置],[院校][地理位置]};又如有一个电子电器情报信息库,R=ABCDE=[单板机][单片机][微电脑][计算机][功能体积]也存在上述分解,则最终 ρ={[单板机][计算机],[单板机][单片机],[单片机][功能体积],[单板机][功能体积]},否则检索结果将是非查全的,数据无意丢失而造成损失。

第四章 计算机文献管理自动化

第一节 索引数据排序系统

本节研究一种多功能多途径的索引排序系统，可对文献数据库的任意字符型字段进行多种方式索引，每种索引方式又包含多个汉字属性项。系统汉字库中有 11 种汉字属性：汉字名、拼音码、四角码、区位码、国标码、笔画数、横笔数、部首序号、部首画数、起木笔形、首外笔形。多途径指多种字典索引方式，系统本身固化 4 种索引方式：拼音索引、笔画索引、部首索引和四角索引。用户可以扩充新的字典索引方式，以便对文献数据库建立自己的索引方式。

计算机对数据的索引排序有一定的局限性，如早期的系统只能对数据按拼音方式进行索引排序，而且最多精确到汉字的一级字库，二级字库则是按部首顺序索引排序的。另外，有的人对拼音知之甚少，甚至不会用，而对有的编码方式却很擅长，因而有必要设计一个集多种属性项和索引方式于一体的通用索引排序系统，以满足信息检索查询的需要。

一、通用索引数据排序系统

系统对字段信息按用户选定的某一种字典索引方式进行索引排序，并可生成多种字典索引方式的首字目录索引。通过首字目录的检索找到相应的页码数，再根据页码数找到自己要找的信息内容，并附通栏和双栏两种通用打印格式。这样既解决了计算机索引方式的单一性，又满足了不同用户对不同编码方式检索的要求。通用索引数据排序系统的基本功能分为文献索引、索引管理、字典管理、系统维护和系统退出 5 个部分，功能框图如图 4-1-1 所示。

1. 建立文献索引

对文献数据库的任意字符型字段按选定的字典索引方式建立索引。

2. 建立首字索引

一方面，在建立文献索引的同时建立相应索引方式的首字目录索引；另一方面，可根据实际情况建立其他字典索引方式的首字索引，这样就形成了多种目录形式一种正文的体系结构。

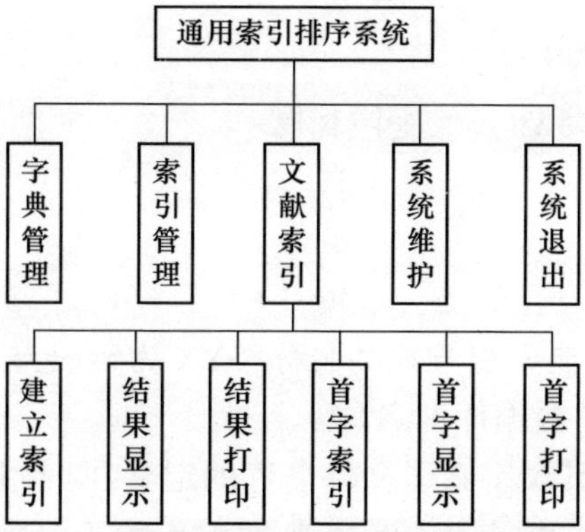

图 4-1-1　通用索引数据排序系统的基本功能

3. 首字显示打印

能够按用户输入的汉字编码显示和打印出有关此编码的所有汉字及每个汉字在通栏、双栏两种打印格式下的页码数，即提供不同的检索入口，为正文查找提供依据。

4. 正文显示打印

通过首字目录的查找定位，所需内容能在屏幕上显示或在打印设备上打印出来。

5. 字典及索引的管理

字典管理、索引管理是文献索引不可缺少的重要组成部分，其三者关系为：字典是整个系统运行的基础，索引的建立依赖字典的管理，同样文献索引离不开索引管理和字典管理，因此为了实现多功能，多途径索引排序，应当有对汉字属性字典和字典索引方式修改管理的功能。

6. 系统维护

系统口令设置、使用说明等。

二、索引数据排序系统的设计

1. 数据库设计

系统主要数据库结构介绍如下：

（1）WJK. DBF 的结构：

字段名	字段类型	字段长度
KM	C	42
ZD	C	8
SY	C	8

其中，KM 是索引数据库名，ZD 是数据库的索引字段名，SY 是字典索引方

式名。

(2) SYK. DBF 的结构:

字段名	字段类型	字段长度
BZV	C	3
SYM	C	8
SYX	C	40

其中,SYM 项为字典索引方式的名称,SYX 为索引方式的属性项组合。

系统自动定义各类数据库的名称:

① 字典索引库及其汉字索引文件名称的定义:两者主文件名都为字典索引方式名,字典索引库的扩展名为 . S,字典索引库关于汉字项索引文件的扩展名为 . I。字典库结构为:

字段名	字段类型	字段长度
H-Z	C	2
Q-W	C	4
B-M	(动态)	
Y-S	N	2

其中,H-Z 为汉字名项,Q-W 为区位号项,Y-S 为屏标志项,即下次显示时汉字属性项的代码;B-M 是指字典索引方式的首汉字属性项,其类型、长度同字典库。

② 文献索引简库及各类首字索引库名称的定义:为了减小系统开销,系统在对文献库建立索引时并不产生新的数据库,只是产生一个代码库,即把索引后的各记录在原库中的记录号存放起来,显示打印时先取出简库中的记录号,接着到原库中取出相应记录,这样大大节省了系统所占空间。为了生成索引排序后的数据库,系统在维护中增设了重建文件这一功能,以满足用户需要索引后新库进行他用的目的。

文献简库的取名是根据该索引在索引记录库,即 WJK. DBF 中的位置而定的,主文件名为记录号,扩展名为 . W;其首字索引库文件名同样为记录号,扩展名为首字字典索引方式的代号。现举例,WJK. DBF 记录如下:

KM	ZD	SY
C:\WXK. DBF	TM	拼音索引
C:\WXK. DBF	TM	部首索引
C:\WXK. DBF	ZY	拼音索引

……

那么 WXK. DBF 关于 TM 字段的拼音索引的简库名为 1. W,其首字拼音目录索引的文件名为1.1(注:拼音索引代码为1),首字部首目录索引的文件名为1.2。同理,WXK.DBF关于ZY字段的拼音索引的简库名为3.W,其首字拼音目录索引的文件名为3.1,首字部首目录索引的文件名为3.2,依此类推。

2. 排序设计

系统对数据库字符型字段排序索引,采用逐个比较的方法,即从第一个汉字开始一直比较到最后一个汉字为止。具体做法为:取数据库中第一条记录,把需索引字段中的汉字逐个取出来,替换成每个汉字在选定的字典索引方式中的顺序号,即该汉字在字典索引库中的记录号,字母数字同样赋予一定的顺序号,直至替换完数据库中的所有记录。然后对替换后的字段进行排序,生成一个只含记录号和两个屏标志的索引简库,即完成索引排序任务。索引简库的库结构如下:

字段名	字段类型	字段长度
JLH	N	8
YS1	N	2
YS2	N	2

其中,JLH为记录在原数据库中的记录号,YS1为通栏显示时的屏标志,YS2为双栏显示时的屏标志。

首字排序有两种方法:

① 在建立文献索引的同时建立首字索引:取索引后数据库的第一条记录的首汉字、字母或数字,如果首字索引库中没有此汉字、字母或数字,则增加一个首字,否则取下一条记录的第一个汉字、字母或数字,依此类推直至取完数据库中的所有记录。

② 建立其他字典索引方式的首字索引:把已建立的首字索引库中记录的每个汉字替换成当前字典索引方式中汉字的顺序号,即该汉字在字典索引库中的记录号,字母、数字同样赋予顺序号,然后重新排序即生成新的字典索引方式的首字目录索引库。

首字目录索引库结构如下:

字段名	字段类型	字段长度
SZX	C	2
BMX	(动态)	
YSY	N	1

其中:SZX为首汉字名称;BMX为字典索引方式首属性项该汉字的代码,其类型和长度同属性字典库;YSV为首字目录显示时的屏标志。

3. 排版设计

1）数据库排版

系统设通栏和双栏两种打印格式，并对数据库中的字段数据进行压缩打印，即过滤掉字段前后所有空格，每相邻两个字段之间只空两个汉字间距，通栏打印换行时不作退格处理，但记录间空一行。双栏打印换行时退四个空格，但记录间不空行。为了做到打印的标准化和规范化，同时用户可任意选定打印页码，即从任意一页开始打印。

系统在建立文献索引的同时进行索引打印排版。从索引简库的第一条记录开始，取出其在原库中的记录号，接着到原库中取出记录内容，计算出该条记录通栏打印时占用的行数，然后计算下一条记录，并累加行数。如果行数大于或等于通栏打印行数的一半，则在索引简库中该条记录的 YS1 处记下下一次显示时记录开始行数，即下一次显示时从该记录的第几行开始，如此下去，直至统计完数据库中所有记录。双栏打印时排版原理同通栏，只是在 YS2 处记下下一次显示的行数而已，这里不再重述。

2）首字目录排版

系统在建立文献索引的同时建立同种字典索引方式的首汉字索引，并进行打印格式排版。排版方法如下；从首字索引库的第一条记录开始，每条记录占一行，不同汉字编码同样占一行，然后第二条记录，并累加行数。如果行数等于打印行数的一半，则在下一个汉字的 YSV 上作个标志。如果下一个汉字的编码和当前汉字的编码项相同，则置为 1，否则置为 0。依此类推，直至库的最后一条记录。

三、索引数据排序系统的实现

该系统当时运行的硬件环境为 IBM PC/XT、286、386、486 及其兼容机，内存为 640KB 以上，显示器单显、彩显均可，标准键盘，硬盘空间为 5MB 以上，打印机类型为 LQ1600K 等有汉字库的打印机；软件环境为操作系统 DOS3. 31 以上，中文环境为直接写屏的中西文兼容系统（如天汇、中国龙、UCDOS 等），数据库系统为 FOXPRO2. 0 以上版本。实验系统在 IBM386 上运行通过，汉字系统采用天汇基础版，数据库系统为 FOXPRO2. 5。

1. 属性字典管理的实现

属性字典管理是对属性的增加、修改和数据的编辑、输出。

增加的属性项名为 8 个字符且不能重复，长度为 8，文本类型为字符型或数值型。数据编辑时采用的编码规则是：汉语拼音以数字（1，2，3，4，5）分别表示字的声调（阴平、阳平、上声、去声、轻声），多音字只用其常用音，汉字笔形按汉字笔顺的笔形(横、竖、撇、捺、折)以数值(1,2,3,4,5)表示,首外笔形按汉字部首外的首笔至末笔顺序依次赋值。

2. 汉字索引管理的实现

汉字索引管理有索引扩充、索引修改、索引显示和打印功能。

扩充的索引方式名不能与已有的重复,依次按索引先后顺序输入属性项的代号,要求代号数最多5个,扩充的索引方式总数不超过6个。修改索引仅对扩充方式的索引进行修改,修改完毕后系统自动进行数据整理。若索引方式名改变,则只修改相应的字典索引文件名信息。若索引项组成发生变化,则要删除相应的字典索引文件。有关此字典索引的文献索引及首字目录索引需重新生成才能保证准确。

3. 文献索引的实现

此模块是该系统的核心,选择后屏幕上弹出一个下拉菜单供用户选择需索引的数据库,然后出现选择库字段列表,用户可选择一个字符型字段进行索引,最后是选择字典索引方式,全部选择完后即开始建立文献索引。

如果此数据库的这个字段已按选定的索引方式建立过索引,将提示用户是否重建。否则系统生成字典索引文件并进行索引打印格式排版,然后再对文献数据库建立文献索引,并对索引后的数据库进行两种打印格式排版。同时建立此字典索引方式的首字目录索引,并进行首字目录打印排版。只有在建立文献索引后才能显示或打印索引,打印格式有通栏和双栏两种。显示时第一行为页码数和本屏首字项列表,页码数最后一位为此页的屏数。单页时左边为页码数,右边为首字列表,双页时则相反。从第三行开始显示数据库正文,最后一行为操作键提示。打印时第一行为页码数,本页首字项列表从第三行开始打印数据库正文。单页时第一行左边是页码数,右边是首字列表,双页时则左边为首字列表,右边为页码数。

通栏打印格式示例:

```
  124                                    阿埃……巴
~~~~~~~~~~~~~~~~~~~~~~~~~~~~~~~~~~~~~~~~~~~~~~~~~~
TM:阿拉伯故事      ZZ:王朔          SJ:1989.10.20
CBS:北京出版社
TM:埃及风光录      ZZ:刘心武        SJ:1988.02.10
CBS:北京出版社
…
TM:巴基斯坦导游      ZZ:乔治        SJ:1980.02.10
CBS:天津出版社译
```

双栏打印格式示例:

阿埃……巴　　　　　　　　　　　　123

~~~~~~~~~~~~~~~~~~~~~~~~~~~~~~~~~~~~~~

TM:阿拉伯故事　　ZZ:王朔
SJ:1989. 10. 20　　CBS:
北京出版社
TM:埃及风光录　　ZZ:刘心武
SJ:1988. 02. 10　　CBS:
北京出版社
…

……
TM:巴基斯坦导游　ZZ:
乔治　SJ:1980. 02
. 10　CBS:天津出
版社译

4. 首字索引的实现

首字索引是指对已建立索引的数据库建立其他字典索引方式的首字目录索引,以便形成不同的首字目录供用户检索查询。首字索引先选择索引种类,然后选择新的字典索引方式。建立时如果选择的字典没有索引文件,则先产生字典索引文件,并进行字典索引打印格式排版,然后才进行首字目录索引,同时进行首字目录索引打印格式排版。首字显示或打印是指在屏幕上或打印机上输出首字目录索引,选择数据库、字段、索引方式名、首字目录的索引方式,输入完显示或打印范围后即开始输出首字目录索引的有关内容。

首字目录打印时,一页分两栏打印,每栏的每行打印 18 个汉字,每栏打印 40 行。第一行为信息行,单页的左上角为首字目录的索引方式名,中间为本页的页码数,右上角为本页的最后一个编码项。双页时左上角为本页的第一个编码项,中间为本页的页码数,右上角为首字目录的索引方式名。从第三行开始为首字目录索引正文。

首字显示时,把一页分为两屏显示,第一屏显示打印页左边一栏,第二屏显示打印页右边一栏,每屏分两栏显示。第一行为信息行,单页的左边为首字目录索引的索引方式名,中间为页码数和屏数,右边为本页的最后一个编码项。双页时左边为本页的第一个编码项,中间为本页的页码数和屏数,右上角为首字目录索引的索引方式名。从第三行开始显示首字目录索引正文,屏幕最后一行为按键提示行。

首字拼音索引			24/1		BA1
	〔A1〕				
啊	1/1	1/2			
阿	1/1	2/1		〔BA1〕	
	〔A2〕		八	120/1	123/1
	…		巴	123/1	124/2
PgUp 前页 PgDn 后页			…		Esc 返回
~~~~~~~~~~~~~~~~~~~~~~~~~~~~~~~~~~~~~~

四、系统的特点和完善

1. 主要特点

(1) 通用性强。一方面是系统对软硬件的要求不高,高低档机均可以用,并且可以直接在嵌入式汉字操作系统下运行,不需要特别的数据库管理系统支持;另一方面是可对通用数据库的任意字符型字段进行任意方式的索引排序,也就是说,从环境到内容都做到通用。

(2) 多功能多途径。可对字典中的汉字属性项进行任意组合,形成不同的索引方式,还可以增加汉字属性项和扩充新的索引方式(即系统的可扩充性),从而对索引数据进行各种方式的索引排序。

(3) 界面友好。系统采用流行的窗口和菜单方式,多重窗口、多层菜单连用,界面友好,使用方便。

2. 系统完善

增加处理其他形式的文件,完善后可以做到对标准的文本数据文件和非标准的文本数据文件的处理,即处理用户自己定义的有规律性的文本数据文件,还可以在索引和字典管理中加设属性剔除、索引删除以及汉字增加删除功能。

第二节 情报管理系统软件集成

本节探索建立一种基于数据库软件集成环境的情报自动化系统。研究情报数据库软件集成环境,设计和实现 Micro CDS/ISIS、dBASE3 和 ORACLE 系统数据库的循环数据共享接口,为微机情报自动化系统的开发奠定基础。

20 世纪末,情报界已清楚地认识到应用微机开展情报自动化系统的研究和开发是势在必行的途径。对于拥有超级小型机和中高档计算机的单位和部门,微机既可作为它们的智能终端,又可单独运行进行事务处理,微机可作为联机网络系统的仿真终端,并可用数据套录、格式转换等技术对当前联机检索系统、光盘或其他检索系统中的数据库进行具有一定目标的选取、合并。建立专题情报检索系统和个人文献情报库,以微机软盘为介质的出版物也已日益增多,要阅读这些资料必须配备微机;为了发行、交流和利用信息,有必要将出版社激光照排和轻印刷的中间产品转化成全文数据库,并配上全文检索软件,从而形成完整的电子出版物。

一、微机情报自动化系统的发展

微机情报自动化系统的研究和应用取得了一批新成果,支持这些系统开发的数据库软件品种也越来越多。当时最流行、最普遍的当数 dBASE 和 MicroCDS/ISIS，其中 dBASE 是小型关系数据库系统，Micro CDS/ISIS 是通用情报检索软件。基于微机数据库的情报自动化系统，不仅表现在被开发出来的软件数量，还表现在其应用广度和深度的不断扩大。发展方向主要有以下三个特点：①各类系统，如流通系统、编目系统、检索系统已从试验模拟小规模阶段进入了实用阶段；②单一的编目、流通、检索等子系统进入了部门的整体集成自动化管理系统和与缩微、光盘等设备联机的多功能综合系统；③先进的、有条件的系统已从单机开始进入相当数量的微机网络联网，实现大量信息的共享和统一管理，开拓了大中型图书情报部门应用微机的新领域。

情报自动化系统的研究和开发有必要上一个新的台阶，系统基础环境的研究越来越受到人们的重视。对于使用微机用于文献情报检索，实践表明 Micro CDS/ISIS 能满足要求，还未看到一个适应图书情报部门工作流程的成熟的情报资料管理软件，尽管报道和鉴定这方面的软件不少。究其原因，与当时开发人员对这类系统的熟悉程度有关，还与设计人员想一步到位的实现思路有关。另外，对正在发展的联机情报网系统还缺少研究。我们认为，研制微机图书情报自动化管理软件，不能再局限于运行效率低、空间开销大的类似 dBASE3 的数据库软件环境，但又不能放弃已经建立起来的数据资源，要研究、实践和开发一种新型的情报自动化系统。

二、情报数据库软件集成环境

在情报数据库领域，集成软件占有相当重要的地位。所谓软件集成化，包含两层含义：如某系统由若干子系统组成，子系统之间的接口一致有利于系统增值、开放；又如某系统作为另一更大系统的子系统出现，它和该大系统的其他子系统的接口也要一致。简言之，集成化的本质是一致性，前者为内部一致性，后者为外部一致性，无一致性就谈不上集成化。

当时设计的典型情报自动化管理系统，因为应用领域拓广而又要求不同，为每个特殊应用开发一套专用软件的情况经常发生。问题在于这些软件的数据库支持环境不可能为特殊应用而一一开发，否则将浪费许多开发时间，且各应用系统间的数据不能共享、冗余度很大。但是实际上建立在统一的 dBASE3 基础上的应用软件，能够实现数据共享、数据交换的并不多，主要原因分析如下：

(1) dBASE3 本身的缺陷。如查询时间长、不能处理重复字段、没有区分变长和不变长字段的处理方法等，使得用户往往寻找其他软件或配合其他软件一起使用，其结果造成设计者选择自己熟悉的软件，如甲用户选 BASIC，乙用户选 PASCAL 等。

（2）软件设计人员已考虑到选择一种能适合微机情报自动化系统的更好的数据库管理系统。随着微机性能的不断提高，这种要求也越高，而且成为现实。如 Oracle 是一个 dBASE3 不能比拟的真正强大的关系数据库管理系统，但是又不能放弃已建立的主（子）系统，希望取 Oracle 功能为该系统中的一个子系统，这就涉及主从系统及子系统间的接口问题。计算机厂商并不完全提供有关接口，实际上他们不熟悉情报自动化应选择哪些软件，因此也无法提供这些接口软件。

集成化的作用甚为明显，有了集成化，可以在原有系统基础上改进提高，既方便使用，又可节省人力、物力与时间。当时虽有一些功能集成的数据库集成软件，如 Lotus 1-2-3、Informix 等，但它们与 dBASE3、CDS 毫无关系。依据软件集成的两层含义，组合 Oracle、Micro CDS/ISIS 和 dBASE 三个软件的功能，研究和设计三者之间循环数据共享软件接口，开发情报数据库软件集成环境，为建立一个全新的情报自动化系统奠定基础。

情报数据库集成环境软件的组织结构如图 4-2-1 所示。其中，循环数据共享接口是整个集成环境的主要部分。图 4-2-2 是循环数据共享接口的数据流示意图。后面将分析设计（A1，B1）、（A2，B2）的接口软件，（A3，B3）可以参照这些设计方法，也可利用 B2→B1 和 A1→A2 的间接数据共享方法来实现。

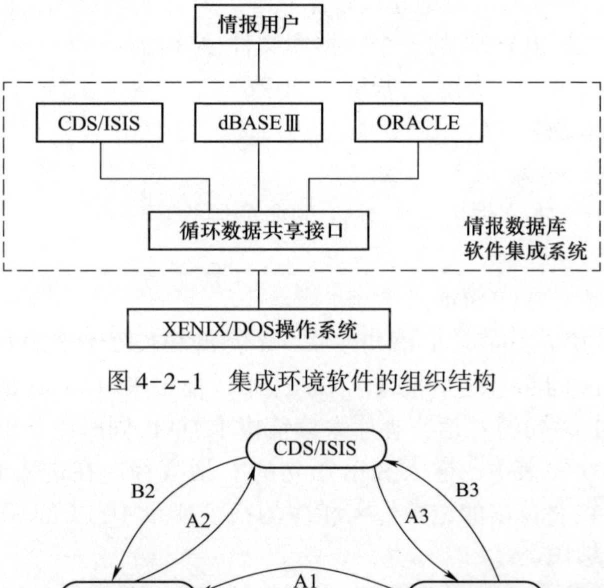

图 4-2-1　集成环境软件的组织结构

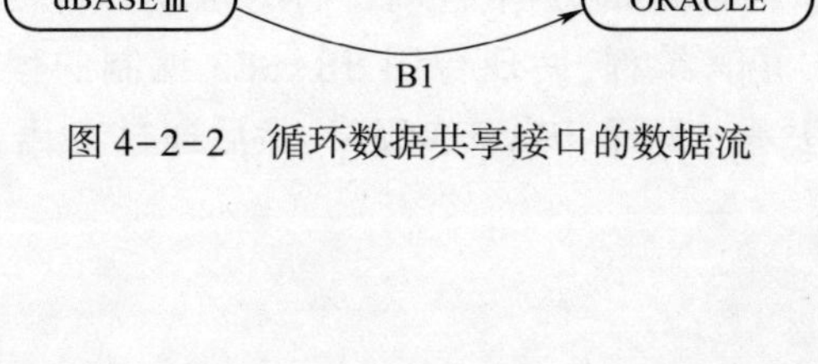

图 4-2-2　循环数据共享接口的数据流

三、ORACLE 和 dBASE3 的数据共享

Oracle 是美国 oracle sys. corp 公司推出的功能完善、适应性、通用性、安全性、保密性及可扩展性都很强的关系数据库管理系统,它在与大中小型机联网操作、关系数据库的设计和基于第四代语言 SQL 的应用等方面,克服了 dBASE 的局限性。Oracle 的用户不需要建立数据库,就可将各自的数据定义和相应数据存入 Oracle 数据库,存入的数据既可完全独立,又可公用共享,其数据库大小由数据库管理员来决定,这与其他非 SQL 语言的数据库不同。Oracle 数据库包含若干个数据库文件,一个数据库文件包含若干个以一定逻辑和物理结构存于数据库文件中的基表,而这些基表可以属于不同的用户。在进行数据文件共享时只共享用户基表中的数据即可。

dBASE3 系统以其众多特点,已广泛应用于图书情报自动化管理系统,实现 Oracle 与 dBASE3 数据库数据共享,在享用已有情报资源,使情报自动化系统升级换代方面,具有很大现实性。下面研究 A1 和 B1 的设计实现方法。

1. B1:Oracle 系统读取 dBASE3 数据库的数据

若 Oracle 系统共享 dBASE3 数据库的数据,则 dBASE1 的数据库先形成 . txt 文件结构,然后通过嵌入 SQL 语句的 C 语言程序来读该文本文件,同时将所读的值插入 Oracle 系统的基表中完成数据共享。具体实现试用下例说明。

情报 . DBF 是 dBASE3 的一个数据库文件,结构为:

序号	字段名	类型	长度	小数
1	情报题名	C	50	
2	情报来源	C	50	

dBase3 形成文本文件情报 1. DAT 的命令段为:

use 情报

copy to 情报 1. DAT SDF

Oracle 系统用 create table 语句建立一个类型和长度不变的 OT 基表:

create table OT(情报题名 Char(50),情报来源 Char(50))

用嵌入 SQL 语句的 C 语言程序来读情报 1. DAT,同时将读出的数据插入到 Oracle 系统的 OT 基表中。嵌入 SQL 语句的 C 语言程序在进入 Oracle 后,读待转换的文本文件,将读出的记录传入相应的宿主变量中,以 insert into 子句插入到 Oracle 的基表中。

Oracle 系统共享 dBase3 的数据,还有一种方法就是直接运行 dBASE3 程序。Oracle 应用程序用 C 语言编程,使现行用 dBASE3 编制的程序均可在 Oracle 背景下运行。具体方法是先编译 dBASE3 程序,然后通过 C 语言调用使其运行。

```
#include stdio. h
#include ctype. h
main(
c=getchar(
switch(c)
{case  '1';
DBASE();
break;
……
```

2. A1:dBASE3 读取 Oracle 数据库的数据

若 dBASE3 关系数据库读取 Oracle 的基表,先用嵌入 SQL 语句的 C 语言程序读取 Oracle 的基表,形成文本文件情报 1. DAT,dBASE3 再用 appe from 情报 1. dat sdf 语句将上面形成的文本文件追加到 dBASE3 数据库中。设 Oracle 基表 OT,dBASE3 数据库情报 . DBF 结构同上,嵌入 SQL 语句的 C 语言程序首先建立一个光标队列,进入 Oracle 后建立一个文本文件。打开建立的光标队列,以 exec SQL fetch 队列名 into 子句读要转换的基表,并将读出的内容写入建立的文本文件中。dBASE 读语句为:

use 情报
appe 情报 1. dat sdf

四、dBASE3 和 Micro CDS/ISIS 的数据共享

CDS/ISIS 是为管理结构化的非数值数据库而专门设计的一种名副其实的通用信息存储检索系统。1985 年,这种库结构移植到 IBM PC 等微机上后,已广泛用于档案、资料、图书、情报部门及办公自动化方面。其主要优点就是同一组计算机程序能处理由完全不同的数据元素组成的无限个数据库,且数据库的记录可变长,允许重复字段和子字段。系统面向最终用户,使用户从繁重的程序设计中解脱出来,只需按系统各级菜单的提示就能建立满足自己需要的各种数据库,并立即投入使用。

CDS 数据库与 dBASE3 数据库比较,有如下主要优点:①它具有处理可变长字段和可变长记录的能力,能将数据的逻辑长度压缩为数据的实际长度进行存必,从而大大节省了盘空间;②解决了重复字段和子字段的存必问题,很适合某些著录项目(如作者、主题词、年卷期)的处理;③同一组程序管理多个数据结构完全不同的数据库,扩大了系统通用性,对图书情报档案部门处理多种类型的文献尤其适宜。但 CDS 数据库结构决定了 CDS 本身不能像 dBASE3 数据库那样

具备关系数据库的优点，即没有 select(选择)、project(投影)和 join(联结)功能，相比较有这些功能的 dBASE3 对数据库及关联文件的操作比 CDS 数据库容易得多。另外，dBASE3 的一般运算、统计求和、编程是 CDS 不具备的，而作为一个面向最终用户的综合情报自动化系统完全独立于编程是困难的。总之，CDS 在建库、数据存储、查询方面是很好的，而 dBASE3 有其关系数据库的优点，因此实现两者的数据共享是重要的。

dBASE3 与其他系统的数据交互是通过将 .dbf 文件转换成 .txt 文件来实现的。CDS 数据库的数据共享接口是 ISO-2709 标准磁带格式文件。ISO-2709 格式记录包括头标区。目标区和数据区三个逻辑段。头标区为固定长，其长度为 24 个字符，位于每一个记录首部，头标区提供的是读记录的基本参数。目标区紧接于该记录头标区之后，由若干目次项组成，每项包括字段标识符、数据字段长度、数据字段起始位置，以作为数据字段的索引末尾有一字段分隔符("|")。数据区存放数据记录本身，数据区为可变长，每个字段之间有一字段分隔符("|")，记录末尾有一记录分隔符("#")。下面研究 A2 和 B2 的设计实现方法。

1. A2：CDS 系统读取 dBASE3 数据库的数据

先用 dBASE3 的 copy 命令将 .dbf 文件变成 .txt 文件，然后用已编制的转换程序 1 实现，txt 文件到 ISO-2709 格式文件的转换，最后用 CDS 系统提供的 ISO 格式转换功能将格式文件的数据装入 CDS 系统数据库。

转换程序 1 的具体实现是：

(1) 按 ISO-2709 格式，复制头标区 24 个字符，置目标区初始位置，做(2)。

(2) 读取该记录的字段标识符，判别并转换，做(3)。

(3) 以字段分隔符"|"为界限，做(2)，循环结束后做(4)。

(4) 置数据区初始位置，开始复制数据区内容，做(5)。

(5) 以记录分隔符"#"为界限，做(4)，循环结束即完成转换。

2. B2：dBASE3 读取 CDS 数据库的数据

先用 CDS 系统提供的 ISO 格式转换功能将 CDS 系统数据库的数据变成 ISO-2709 格式文件，然后用已编制的转换程序 2 实现 ISO-2709 格式文件到 .txt 文件的转换，最后用 dBASE3 的 append 命令将 .txt 文件内容装入 .dbf 数据库文件。

转换程序 2 的具体实现是：

(1) 按已建立或准备建立的数据库结构，从结构描述文件或键盘输入所有的字段标识符和字段总数口，做(2)。

(2) 读格式文件头标区数据基地址，经计算换算得到实际的字段数 m，做(3)。

(3) 按照格式文件目标区格式读取实际的字段标识符,做(4)。

(4) 以 n 为循环控制值做(3),结束后置数据区中首数据,做(5)。

(5) 对实际的字段符和拟转换的字段标识符进行比较,做如下处理。

① 当字段标识符为不存在的实际字段标识符时,文本文件以字段分隔符"|"为界的字段内容填入空白。

② 当字段标识符为存在的单个实际字段标识符时,文本文件以字段分隔符"|"为界的字段内容填入实际的字段内容。

③ 当有多个相同的实际字段标识符而字段标识符存在时,文本文件以字段分隔符"|"为界的字段内容填入:(实际字段内容)%(实际字段内容)。

(6) 循环执行上述步骤,做(e),结束后置记录分隔符"#",做(g)。

(7) 全部完成转换。

dBASE3 使用方便、应用较早,但运行效率低、空间开销大,Micro CDS/ISIS 不需编程、适宜情报信息存储和检索,但不能很好地用于情报自动化管理,因而影响了实用系统综合应用;Oracle 是一个真正强大、新崛起的关系数据库,在系统设计、通用性、安全性和可扩展性等方面明显优于 dBASE,但系统本身开销较大,因此在微机情报自动化系统中选用其功能子集。前述的建立在以 Oracle、Micro CDS/ISIS 和 dBASE3 数据库软件集成环境上的微机情报自动化系统,是情报自动化系统走向更成熟、更完备、更实用、更易扩展的一条可以探讨的新路,实现三个软件的循环数据共享软件接口是必要的准备。

第三节　文献索引数据压缩与检索

> 本节研究对任意数据库选定范围内的长字符型字段,选取汉字特征抽取法等多种方法进行有效压缩,并以压缩字段实现准确的快检数据库,输出各种压缩方案和检索结果。

在微机上建立数据库应用系统时,由于受机器限制,经常需要寻取高效的文件组织,以满足用户存储大量信息并实现检索时的快速响应。一个系统的功能再强,而存储的信息极少,可以说是毫无实用价值的;一个系统存储的信息量很大,而检索的速度太慢,也是用户难以接受的。解决后者问题,则常需要建立某些字段的索引文件。

一、文献数据库索引文件

文献数据库有时要对长字段建立索引文件,开销极大,甚至索引文件大小会超出主库大小。下面具体对一个文献数据库进行理论和实验两方面的分析。该文献库包括文献名、作者名、登录号等字段，设存放了 1000 条记录，对长度为 40 字节的题名建立索引文件，理论上认为整个索引文件的存储空间利用率约为 50%，即(KEY)字段索引文件需占存储空间 2 * (key 长度) * (记录总数)，则题名索引文件为 2 * 40 * 1000 = 80KB。假若用汉字特征抽取 4 位码长建压缩索引，增加主库的一个压缩码占用 4 * 1000 = 4KB 空间，压缩索引文件的大小 2 * 4 * 1000 = 8KB，则压缩索引可节省(80-12)/80 * 100% = 85%。另外，测得压缩前的索引题名文件为 57344B，而压缩后的索引文件（无重码）为 10240B，则节省了 82.4%空间。两种分析基本吻合，可以得到高效的压缩索引文件。

该系统使用多种方式对长字段进行压缩，使所建索引文件开销尽量小，且不影响该字段的查准，最优方案可由用户来选定。

二、索引数据压缩检索系统的基本功能

索引数据压缩检索系统的功能，如图 4-3-1 所示。

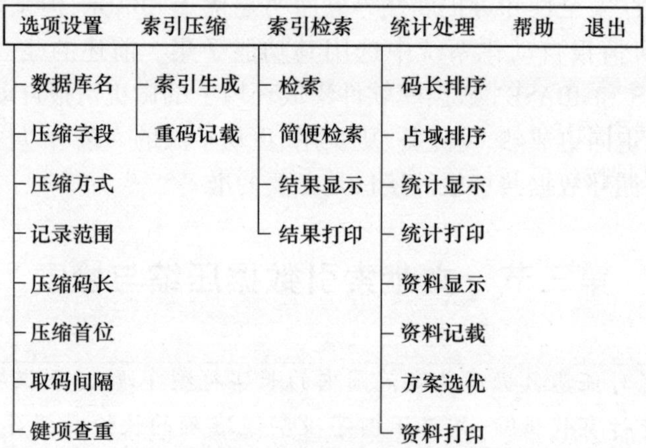

图 4-3-1　索引数据压缩检索系统的功能

(1) 系统能对任何数据库的字符型字段进行压缩，压缩可以选定记录范围、压缩方式、压缩码长、压缩首位和取码间隔。其中，压缩方式有汉字特征抽取法、国标码抽取法、区位码抽取法、四角号码抽取法、拼音码抽取法、笔形码抽取法。

(2) 能对原始数据库指定的字段进行查重。

(3) 选定完后即可进行压缩。压缩时，若需要可建立统计数据，包括最大重码数、平均重码数、压缩前索引文件大小、压缩后索引文件大小及节省空间等，备查或选优。

(4) 可显示或打印已进行排序的统计资料，用户选出最佳方案后，系统在统计显示时自动提供该方式下的压缩字段编码库、索引文件名及有关的使用说明资料，可以在具体应用程序中调用检索压缩字段的方法。

(5) 可以压缩字段实现准确的快检数据库，若有重复的压缩编码，不会影响查准。

(6) 可以选择通栏或双栏方式打印检索结果和资料。

三、索引数据压缩检索系统的设计

1. 数据库设计

对某一字段(KEY)建立压缩索引，系统的主数据库为压缩库 C&(KEY). DBF 和压缩索引文件 IC&(KEY). IDX，其和原始库的关系是：

IC&(KEY). IDX　　C&(KEY). DBF　　(DB). DBF

(压缩码，指针) →(压缩码，记录号) → ((KEY)，…)

其他辅助库为统计库 TJK. DBF(库名，压缩字段，压缩方式，记录数，取码首位，取码间隔，最大重复数，平均重复数，压缩前索引占用空间，压缩库和压缩引占用空间，空间节省百分数)；查重库 CCK. DBF(重码压缩字段，重复次数，重复记录号)，TJK 以备检索和选优，CCK 对源文件查重。

2. 压缩索引模块的设计

索引生成是按选项设置的信息建立压缩索引，系统自动建立关于压缩字段名的压缩库 C&(KEY). DBF，打开源数据库 &NAME，在记录范围内取出一条记录的 K 长度 C 型的压缩字段放入一字串中，滤去串前串后空格，自动扫描打出非汉字符号，如其占奇数位，在其中加入一空字节，使之为偶数，则所有汉字起始位为奇数，然后按取码首位 K1，间隔 K2，计算出取码的位置 $L=K1+i*(K2+1)$ $(i=0,1,\cdots,K-1)$。如果此位为奇数，取 2 字节汉字，否则退后 2 位再取，直到取得完整汉字。如果压缩方式为汉字特征抽取，则取所抽的 K 个汉字的前半个字符组成压缩码，如果为其他抽取法，则依法为所抽取汉字在汉字属性库中找到对应的目标码，取第 2 个字符组成压缩码。将此码和记录号一起添加到 C&(KEY). DBF，并对其建立索引文件 IC&(KEY). IDX。

3. 索引检索模块的设计

当用户确定检索已建压缩索引的数据时，系统将此压缩索引与主库虚联，当用全字段输入时，自动取出压缩码在压缩索引中迅速匹配查找，找到则取出主库原字段内容，送到检索结果库中；当用简便输入(可高效实现查重)时，系统用汉字判别法自动按对应压缩方式生成相应压缩码再作处理。索引检索保证结果准确，即当小概率重压缩码出现时，系统进行回溯比较，避免不一致出现。结果输出有显示和打印的双栏或通栏方式选择，通栏方式为每行 40 个汉字，共 40 行，附有标准格式；双栏为记录间空一行，每行 18 个汉字，在共计 80 行的数组中运算。

4. 统计处理模块的设计

统计处理是对各种记载的统计信息进行统计、处理，其中包括按压缩码长的降序排列、按节省空间的升序排列，从而可以选出较优的压缩方案。据此，系统将此方案的压缩索引文件、一组完整的使用说明文件及检索方法输出给用户。另外，还对统计资料作显示和打印输出。

四、索引数据压缩检索系统的实现

1. 实现环境

硬件：IBM PC/XT 以上微机及其兼容机，640KB 以上内容，VGA 显示器，硬盘，可配 LQ1600K 打印机；软件：DOS 3.30 以上操作系统，支持直接写屏的天汇、UCDOS 等汉字系统，FOXPRO DBMS。

2. 压缩索引算法的实现

为了表达算法的实质，忽略通用性的库名、变量等表达（下同）。下面程序可自动完成将 NAME 字段汉字特征抽取，组成该记录 NAMECHR 字段的内容，算法是：

$$NAMECHR=\sum_{i=1}^{K} SUBSTR(NAME,L_i,1)\quad (L_i(i=1,\cdots,K)\text{为特征位})。$$

```
use C&(KEY)
append blank
accept 'Index name:' to key
keychr=substr(key,1,1)+…+substr( key,38,1)
replace name with key,namechr with keychr
index on namechr to IC&(KEY)
```

3. 索引检索算法的实现

这里是全部输入待检索的内容，程序自动取特征码，利用已建立索引文件得出检索结果的程序：

```
use C&(KEY) index IC&(KEY)
accept'FIND NAME:'  to key
keychr=substr(key,1,1)+…+ substr(key,38,1)
seek keychr
do while namechr=keychr
  if name=key
```

```
    display
    skip
  else
    skip
  endif
enddo
```

4. 计算索引文件长度算法的实现

系统需要压缩前后的索引文件大小等信息,若用生成一遍的方法求出,既浪费空间,又浪费时间。通过对 FOXBASE⁺索引文件的分析,可以直接计算其长度,程序执行结果与实际一致。

```
t5=0
input'KEY-LEN:' to keylen
input'RECORDS:' to REC
keylen=keylen+4
t1=int(50/keylen+4)
t2=int(500/keylen)-t
t3=max(int(rec-t1)/t2+0.99),min(rec,1))
t4=1+t3+t4
do while t3>0
    t3=max(int((t3-t1)/t2+0.99),min(int(t3/2),1))
    if  t3=t5
      exit
    t5=t3
    t4=t4=t3
enddo
idxlen=t4*512
```

五、主要特点和完善之处

运用该系统对 7000 条军事文献库记录和 5000 条图书情报文献库记录进行索引压缩试验,节省空间在 80% 以上,重码率极低,效果明显。系统有以下特点。

(1) 压缩有重码时,不会影响检索的查准。

(2) 压缩编码用于查重,可缩短查找比较时间;简便检索词输入的检索用于查重时,可减少大量的汉字输入量。

(3) 为用户提供了详尽的检索和使用压缩字段的方法(机内报告),便于用户在采用压缩后仍可编程实现对压缩字段的检索。

(4) 用户一般不用键入任何命令,只要会操作菜单即可完成系统各种功能。界面友好灵活,系统装有热键帮助及提示信息。

(5) 汉字特征抽取法的思想,能产生任何数据库的模拟数据,从而加速应用软件的开发。

(6) 系统是通用的数据压缩索引软件,对任何长度字段的压缩均有实际意义。

系统对数据库索引字段实际数据长度相差不太悬殊的长字段压缩更为有效。系统在以下的情况方面还可做优化改进工作:当采用非汉字特征抽取法压缩方式时,需加载相应的汉字属性字典,会占一定容量;在同机运行属性字典支援下的排序索引系统时,借用属性库是一种好的方法。

【相关学术论文】

[1] 王兰成. 文献数据库模型的研究应用和发展[J]. 情报学报,1992,2:95-101.

[2] 王兰成. 情报自动化系统之多机环境的研究和应用[J]. 情报学报,1993,6:464-470.

[3] 王兰成,王子来. 用模糊综合评判实现对图书订购的部分决策[J]. 图书情报工作,1989,3:6-11.

[4] 王兰成. 一种实现数据库复杂查询的关系技术[J]. 情报学报,1994,2:108-113.

[5] 王兰成. 关于智能情报数据库系统的若干探索[J]. 情报理论与实践,1990,1:22-24.

[6] 王兰成,王子来. 重复字段倒排文档的构造和检索及 dBASE3 实现的方法[J]. 现代图书情报技术,1988,4:13-15,51.

[7] 王兰成. 文献流通数据库的规范化设计的研究和实践[J]. 现代图书情报技术,1993,3:41-46,40.

[8] 王兰成. 快速查找算法及其在情报检索中的应用[J]. 现代图书情报技术,1992,4:35-37,41.

[9] 王兰成. 数据库查询无损联结的求解算法及应用[J]. 现代图书情报技术,1995,6:20-23,28.

[10] 王兰成,魏尚马. 通用多功能索引数据排序系统的研制[J]. 情报学报,1995,1:33-39 .

[11] 王兰成. 一种基于数据库软件集成环境的新型情报自动化系统[J]. 情报学报,1993,2:100-105 .

[12] 王兰成. 索引数据压缩和检索系统的研制[J]. 现代图书情报技术,1995,5:7-9.

第二篇 信息资源组织与信息处理技术——信息管理系统时期

20世纪90年代后半期，信息管理学注重研究计算机和网络上的数据库信息资源，情报工作方法开始融入计算机和网络技术。2000年前后，互联网的迅速发展使图书馆界着手于传统资源和数字资源及其服务整合的系统化研究，情报界的信息检索技术研究方向集中于多机检索和网络化，对搜索引擎及文献数据库的研究与日俱增。进入21世纪后，信息管理技术促进了信息资源组织、信息资源加工和信息资源服务的深入研究，信息管理系统涉及元数据在文献资源编目中的应用、数据库在信息自动标引中的应用、人工与自然语言并用在网络信息检索中的应用等。互联网的迅速发展使信息技术的研究和应用重点转向网络化集中，网络信息资源开发取得了一批高质量的研究成果。

第五章　数据库与信息处理

第一节　全文数据库开发应用

本节分析全文数据库的特点，建立起全文数据库的各种数据结构，设计全文数据库的开发步骤，研究全文数据库的标引处理和检索技术，最后针对一些全文数据库的实际应用提供解决方案。全文数据库是处理文献信息中知识与数据的有力工具。

该时期迅速发展起来的全文数据库，已成为处理文献信息中知识与数据的有力工具，对全文数据库建库技术及检索系统的研究和开发，是计算机化的情报存储与检索的重要课题。

一、全文数据库的发展与特点

全文数据库是一种存储文献全文或其主要部分并能提供全文检索的源数据库，它与书目数据库、事实数据库相比较有以下的主要特点。

1. 包含信息的原始性

库中信息基本上是未经信息加工的原始文本，具有客观性。

2. 信息检索的彻底性

可对文中任何字、词、句进行检索，还可表示检索词间的复杂位置关系。

3. 所用检索语言的自然性

不作标引，借助截词、邻接等匹配方法，以自然语言检索所需文献。这是与传统主题词检索方法的根本区别。

4. 数据相对的稳定性

全文数据库中数据基本上是封闭的，一般不需更新。

5. 检索结果的准确性

利用后控制表及检索技术可以改善检索效果。

6. 数据结构的非结构性

20 世纪 80 年代以后，特别是在 90 年代全文数据库获得大的发展。1985 年至 1989 年的五年里，全球全文数据库增长了 50%，在所有数据库中增长率最高。

全文数据库的结构不像关系数据库那样有明确的定义,而是随全文检索软件不同而不尽相同。全文数据库的管理软件称为全文检索系统,主要是对全文数据库进行管理,对文章中任何词进行检索,对检索词间的关系进行位置和逻辑运算。当时全文检索系统有汉化的全文检索系统(如中国科技信息研究所对 TRIP 系统的汉化)、自主开发的通用全文检索系统(典型的有北京易宝北信公司 TRS 系统,北京南辰电脑公司的南辰 FTR 系统等)、专用的全文检索系统(如北大与美国 3M 公司合作生产的英文版“中国对外经济贸易法律全文数据库”光盘系统)。

二、全文数据库的开发步骤与技术

全文数据库的开发步骤,包括数据准备、文本预处理、数据加载、数据检索和数据维护几个环节。

1. 数据准备

数据准备指对计划加载到全文数据库中的数据进行收集、整理、归类等预先处理的过程。加载到全文数据库中的数据可以从多种途径获得,常见的数据来源有:电脑打字产生的文件,电子印刷产生的文稿,计算机网上传送的文件,电子出版物,图文处理产生的文件,专门组织人力录入建库。数据收集起来之后,要进行一些简单的分类,一般是按照数据内容进行分类,同一类内容加载到同一库中,这样便于查找。如果数据总量不大,比如不超过 100 万字,也可不进行分类。分类对于数据量大的情况效果比较明显。

2. 文本预处理

文本预处理包括:①规范格式。当格式多种多样时,应加以整理使文献的格式规范化。如标题与正文之间空几行,段落开始行缩进几个字,英文用什么体等。②批式标引。文本预处理阶段完成的批式标引,不受全文数据库结构的限制,效率较高。这是在建立全文数据库之前,特别是数据加载之前,对非单字索引的正文,利用文字处理软件和专用自动标引软件对数据进行的标引。建立标引词表有几种途径:由系统建立者在浏览文本后赋词编制;由编者在计算机上对文本中的词加上特殊符号后,由专用软件对其进行搜集、合并、排序、去重而成;在②基础上增加属性标引。

3. 数据加载

准备好数据以后,便可以加载(复制、输入)到数据库文件中去了。加载数据可有单篇方式或批量方式。单篇方式一次加载一篇,适于平时文献随时加载的情况;批量方式一次加载多篇,适于集中大量加载的情况。

4. 数据检索

数据库建立起来之后,便可根据全文检索系统提供的检索功能对数据库进行检索了。

5. 数据维护

全文数据库建立以后,需要经常对数据库的内容进行索引、更新、追加和清理,以保证数据库的实用性、有效性和时新性。对全文数据库的维护通常包括:全文数据库的结构定义内容,全文数据库的数据内容,全文系统中所用词表,存储空间的利用统计及调整。

三、全文数据库的数据结构

全文数据库一般由一个变长的主文件和一个(组)在索引文件控制下的倒排文件组成。索引文件和倒排文件在物理上是分开的,逻辑上也可组合成为倒排索引文件。检索时,由索引文件指向倒排文件,倒排文件指向主文件。全文数据库结构的定义主要包括以下方面。

1. 记录的确定

确定记录的原则是:内容逻辑上有相对完整性;易于从形式上进行分割;字符数适中。一般以文本的自然段、论文集中的单篇论文、章回小说中的一个回目、诗词集中的每首诗词,或办公自动化形成的每一个文件作为一条记录单位。

2. 字段的确定

一条记录除正文字段外,还可加设篇目字段、作者字段及标引词字段,如关键词、分类号、标准格式年代、引用文献、图声标号字段等。设立字段的目的是:利用正文之外的信息项,以增加检索入口点;提高检索的查准性能,借以进行字段限定检索,并提高检索速度。

3. 索引方式的确定

索引方式可以有多种,如单个字段的索引和多字段组合索引等。

4. 技术指标

一个全文数据库的记录条数和长度应不限,总容量在几百兆以上;一条记录的字段个数应不限,最多可达百个字段;正文字段应为可变长字段,长度不限,其他字段视实际数据确立。

为了提高全文检索速度,人们对倒排文档进行了改进,即在倒排文档中加入文献中各个词的位置消息。逻辑记录由多段文字组成,每段文字包含若干句子,因而词的位置信息可以包含逻辑记录号(即文本条目编号)、段号、句号以及在句中的词(字)号。例如,“全文(345,1,25,4)”表示“全文”这词出现在 345 号条目记录的第一段第25句中的第4个词(字)的位置。另一种方法是在每个词条目上加上距离指示符,指出每个词的文本条目以及词号。这种处理不考虑句子的界线,例如"全文(345,87)"表示"全文"是345号条目中的第87个字(词)。

四、全文数据库的标引技术

在文本的自动标引方面,较实用的方法有词典切分法、单汉字标引法和一些特殊处理方法等。

1. 词典法标引

按词索引,对中文而言是预先建立切分词典,以该词典为依据采用事实上策略将文本字串与词典条目逐一比较,匹配成功则以字串为词索引项。其优点在于:①借助于词表,较容易实现对同义词、多义词、近义词、反义词、相关词等的规范和控制;②标引和检索可在一定的检索语言基础上进行,查全和查准率有所提高;③适合某学科领域,专用性较好。

基于词的汉字全文系统存在以下主要问题:词表的维护需要付出相当大的代价,而且永无尽头;词汇是人类的知识产物,知识体系的不断丰富会使词之间出现新的关系;词表必须控制规模,因而不可能达到彻底的专指。

2. 单汉字标引

全库正文的单字索引不必标引,因为系统能识别每个汉字和其他符号分别作索引。这种全文数据库系统由于无人工标引,可称为无标引系统;又由于正文中每个字均被作为标引词而作了索引,也可称为全标引系统。

以单字为基础的索引的优点在于:不需人工智力标引可实现索引的自动化,从而大大提高了建库的效率;全文中的任何信息都能被检索出来,避免了人工标引的主观武断性和标引深度不足的问题。单字索引也存在如下一些明显的缺点:

(1) 汉字分布不均。做单汉字标引,汉字(不足7000)索引文件比西文小得多,而倒排文件却大得多,而且不同的汉字在倒排文件中的分布不均匀。如一级汉字的使用频度在90%以上,其中的各汉字使用频度又有很大差别,另外对不同学科领域所出现的频度也不同。如用传统的顺序链表结构来组织倒排文件,建立索引时间很长,检索速度很慢。解决的办法是,对每个汉字的指针链表采用多级索引,可以大大加快查找链表的速度。

(2) 汉字机内码问题。在微型机上使用的机内码是与ASCII代码集适配的异形国际码,用两个高位置"1"的字节来表示一个汉字。由于任意两个高位的"1"的字节都可以组成一个汉字的代码。因此在选取两个字节作索引时可能会错位，造成索引选字错误和索引指针指在一个不正确的位置上。有一种简单办法，是将全文中所有符号置成全角(2个字节)以判奇偶位来解决。

(3) 误检率高。在以单字为基础的索引中，以布尔逻辑为手段进行检索，误检率极高。如“上”“海”不加前后位置控制，则会检出大量关于“海上”的全文句段。需以位置检索手段进行检索，提高查准性能。

(4) 同义词、相关词无法控制。这可以通过在检索匹配功能中设置后控词表进行后控检索。在一定程度上进行解决。

在计算机汉语自动分词得到解决之前，基于字索引的全文检索系统比较符合我国的国情，有一定的优势。

3. 全文数据库的特殊标引

全自动标引的方法对全文数据库并不理想，需要在此基础上进行有人工干预的半自动标引，也就是用文字处理软件对经过自动标引处理过的全文文本再进行查找、替换等的标引方法。针对全文数据库的特点，全文数据库的标引还往往采用如下特殊标引技术。

(1) 属性标引。在标识标引词时，同时注明该词的属性。词的属性有人名、地名、关键词、年代等，分别用一个字母来代表一种属性，如P代表地名，N代表人名。属性字母加在标引前。属性标引有两个作用，一是能够区分同形异义词，如检索作为地名的“P 黄冈”就不会检出作为人名的“N 黄冈”，从而提高检准率；二是便于对检索结果按词的属性进行聚类输出，如检索“N 陈毅”之后，列出与陈毅有关的地名表，从而大致可看出他的活动范围，出现频率最高的地名就是他在某一时期活动最频繁的地区。这种聚类对于图书内容的分析和情报计量的研究都有重要意义。

(2) 加注标引。对全文文本中上下隐含的人名、地名、年代等知识项的代词、尊称等进行注解说明。如全文文本中前一段文字中提到的人名，在下一段文字中往往用代词“他”或“她”代替，直接用这些代词检索会造成大量的误检。解决的办法是在这些指代用法后面注解标引。如“他”，根据上下文所指标引为“他〈AN 李达〉”。加注标引可以充分提供检索入口点，挖掘文献的信息含量，节约检索者的智力劳动。

(3) 方面词标引。指有情报检索价值的，但在概念上不是独立完整的词的标引。这些词仅仅是事物的一个“方面”。例如“起义”，需要与具体的事物相联系，才能构成明确的事件，如“××起义”等。通过方面词标引，可以允许用户从某一方面进行情报的检索和统计。方面词的设立，可以增加全文数据库的情报价值和分析功能。

五、全文数据库的检索技术

全文检索系统的功能是对检索式输入、分析优化、检索匹配和检索结果的处理。

1. 检索式输入的实现

(1) 询问表方式。由系统提出一个询问表,然后用户填写所需要的检索项。这种方式适用于无检索经验者,但往往不够灵活,有时表达不清检索要求。

(2) 命令方式。由系统提供输入口,用户输入检索命令,完成布尔运算、位置运算、括号嵌套、截断符号、字段限定等。有的系统在检索式前加"ANY"词,调出后控词表,将同义词等纳入检索式,进行扩检。如果系统标准字库中未收入这些词,则可以在自建的动态词表中选词。这种方式简洁,可以任意描述自己的需求,检索效率较高,适用于有一定检索经验的用户。

(3) 词典式方式。将标引词及其信息以字顺列表方式显示,用户从中点击选词,选择多个词时可约定词之间的关系运算符,也可以从关系运算符列表中分别选定 AND,OR,NOT 等。

2. 分析优化的实现

不论采用何种方式输入的检索式,系统收集各指定词,对某些检索项加上字段的文字常量,对复杂的检索式进行逆波兰变换,以确定各检索项的运算次序。其次,分析检索式的语法正确性。发现有错,如括号不配对、多个运算符连用、字段文字常量名错等,应向用户指明并返回修改。好的系统还要进一步对检索式优化,如对 AND 相连接的各检索项,应将命中数最小的项置于前面等,以缩短运算时间,提高检索速度。

3. 检索匹配的实现

(1) 布尔组配检索。包括同篇、同段、同句的与、或、非(常用与非),括号的多层嵌套等。组配可用集合号与词混合。

(2) 字段限定检索。如"邓小平/TI,AB"表示在题名或在摘要中检索有关邓小平的资料,而"邓小平/AU"表示邓小平本人的论著。这种检索可以提高检索的精确性。

(3) 历史追加检索。在命中正文的特殊显示或加注词上点击,在出现的相关词表上选词进行追加检索。历史检索式和检索结果可选择保存,这往往能减少重复检索开销。

4. 检索结果的实现

(1) 排序。由用户指定一级或多级排序键。排序键可以是年代、字顺或命中频率,排列次序可以是升序或降序。

（2）显示浏览。用反向或加亮等方式指明所用检索词，让用户判断检索效果。显示命中的记录、段或句子可让用户进一步筛选。有的系统实现超文本链接，即在将显示文中的某些字，作活动按钮供下一步检索词使用。有的系统还实现艺术化的卷轴式文本显示，及浏览文字的放大或缩小等。

（3）打印。可选择简式和详式打印。显示或打印时均应删去文本标引时追加的标记符号。

（4）聚类。在检索命中的集合中，抽取需要聚类的某一属性词，进行频率统计、排序。如检索"西安事变"，不直接输出内容，而对检索集合中的人名再次搜集、统计，给出频率数并降序排列。这张名单说明了与西安事变有关的人物、关系密切的人物（高频人名）及偶尔提到的人物（低频人名）。显然聚类结果对学术研究很有用。

（5）套录。对检索结果进行转存下载。如果限定最大记录数，可以保护数据库的版权。套录的格式可以是多种，如文本格式、机内数据格式等。

（6）统计。检索统计单字频率表对研究语言文字起作用，检索统计句子长度对研究作品风格有用，检索统计人名频率对说明历史人物的影响程度有用，等等。这些为信息计量学打下基础。

全文检索除了具备传统的布尔检索等逻辑检索功能以外，还应提供位置逻辑检索、带后控词表检索、期望值定量检索等功能。不同的检索实现方法，使用不同的文本匹配算法。

由于全文库往往对正文字段用单字索引，因此对单字的布尔检索不太适用，而应以位置检索为主。根据检索词之间的相邻度，一般有：直接相邻，在两词（字）之间有一定数量的有意义的间隔字或符号，两个词（字）间间隔的有意义的字符数量有一个上限，两个词（字）间可间隔任意数量的词（字）。实现邻近操作所采用的方法主要有基本倒排文档辅以字符串匹配和利用改进的倒排文档。

后控词表是辅助检索的一种手段，它将用户认为等价的、在检索式中用逻辑"或"相连接的各词，纳入同一个词组号，构成后控词表的一组检索词。检索过程应用后控词表检索机制时，只要用户的检索式中包含后控词表某个词组中的一个检索词，后控词表机制就把这一词组内的所有词以逻辑"或"相连纳入用户的检索式，从而提高检索的查全率。后控词表的实现是，首先为每个词赋一个编号，按编号建立一个文件，再建一个按词排的文件。当接受用户检索式时，先按ANY进入后控词检索功能，将词取出得到编号，按编号取出表中同一编号的所有词，彼此以"或"关系进行运算检索。

期望值检索是一种逐步逼近的检索策略，改善了布尔检索的机械性和盲目性。例如，检索"农民起义"的文本时，指定只要10条段落，而事实上数据内存储了 50 个段落，这时，检索系统要求检索者再输入一个检索词（如“1854 年”）以缩小检索范围，这就是要查找 1854 年的农民起义。期望值检索的功能，使用户不必考虑词间的逻辑关系，使检索结果既不等于空，也不至太大，启发检索者优化检索策略。因而使用简单，有广泛的适应性。它是全文数据库的一种新的检索方法，又称“法定数检索”。

另外，还有加权检索。加权检索有基于标引加权的加权检索和检索时加权。

六、实际应用中的一些问题

1. 机读数据的存储与结合

机读数据包括机读文本、机读目录和机读图像。机读目录起到辅助全文二次检索的作用，但检索结果不全也不完整；机读图像可以反映全文原貌，但不能起到对内容的有效检索，存储量大。因此三种机读数据的结合，才能达到真正的全文检索。

2. 全文引用和部分引用

全文数据库的使用，除了全文检索外，还包括全文引用和部分引用。先把需要汇编文件的文本选出，再按汇编要求重新编排，这是全文引用，能提高汇编工作的质量和效率；起草新公文时引用上下级已形成公文的部分内容，这是部分引用，可以提高写作速度，减少差错。现有的大部分 Windows 检索软件可以用剪贴操作来完成。

3. XBASE 系统中的全文数据库

在无通用全文数据库系统或急于对全文进行管理时，也可使用 XBASE 系统。一般有两种结构：一是在机读目录上加文本字段（特点是管理方便、灵活性差），二是每个机读文本有一个文件名（特点是便于保存和保密、易数据转换，但管理复杂）。结构如下：

快检字段表	MEMO（可多个）字段	GEN 字段

快检字段表	MEMO（GEN）（可多个）文件名字段

MEMO 文本和 TXT 文本的转换可以通过 APPEND（COPY）MEMO 命令来完成，数据转换没有困难。

4. 提高 SQL 对文本数据的检索效率

全文数据存储往往会分解成多个表，在 C/S 结构中，除了使用触发机制、存储过程、外部视图等系统功能外，还要特别注重对 SQL 语句的优化。如在表 S（学号 s_no，学生简况 s_txt）和表 SC（学号 s_no，课程号 c_no，成绩 grade）中检索选修课程号为 SJK 的学生情况下，有下面三种 SQL 检索：

① SELECT s.s_no,s_txt FROM s,sc WHERE s.s_no=sc.s_no AND c_no="SJK";

② SELECT s_no,s_txt FROM s WHERE s_no IN

(SELECT s_no FROM sc WHERE c_no="SJK");

③ SELECT s_no,s_txt FROM s WHERE exists

(SELECT * FROM sc WHERE sc.s_no=s.s_no AND c_no="SJK");

采用多表连接的操作 ① 在检索效率上不如嵌套查询 ② 和相关查询③。

5. 选用好的全文检索软件与开发环境

之前很多全文数据库建库及检索软件是在 C/S 结构上,后台使用 SQL Server 数据库,前台采用 Visual Foxpro、Delphi、Visual Basic 或 Power Builder 开发工具进行研制,检索界面较新的采用了浏览器风格。这是 Windows 环境下一种较快的开发方式,但许多软件往往忽视系统的性能,因此影响到检索效率。如要将职工经理表 emp 中的记录转化成树型,Oracle 可以用树查询所有职员,以提高检索效率,而该时期的 SQL Server 不提供支持。

```
NAME NO MGR DEPNO          SEECT name,no,mgr
Clark    1   2             FROM emp
King     2                 CONNECT BY  prior no=mgr
Miller    5   1            START WITH  name="King"
Scott     4   3            ORDER BY  depno;
Jones     3   2
```

作为商品化的全文检索软件,可供选择的较多。可以针对全文所属专业及词表的完备,综合考虑该全文检索系统是否应该提供自动标引,但要注意有些自称为全文检索的软件,实质是一个二次文献的检索软件,仅少量提供或根本不提供全文检索的功能。如果用了这种软件,一定要注意数据资源的转换(如与.txt 文件转换)能力,这对后期的联网或配置真正的全文检索软件是必要的准备。

第二节　情报检索软件平台规范

本节从硬件环境层、系统核心软件层和系统应用软件层三个方面,具体研究情报检索软件流行的多种开发平台,进而对网络系统、数据库管理系统、高级语言及开发工具等提出规范。软件平台是决定检索系统成功的重要因素,规范情报检索软件的开发平台设计变得越来越重要。

情报检索系统作为情报自动化管理系统的核心,往往是整个系统中最先实现、最多使用的部分。一个情报检索系统的应用设计思想和平台解决方案，不仅关系到其自身的成败，还关系到是否能够起到核心的作用。随着情报检索软件的品种日趋丰富和检索方法研究的日趋完善，检索者希望有更先进、更实用的情报检索软件提供；另一方面，计算机科学技术的高速发展，特别是在关系数据库技术和网络技术的两大支柱推动下，为情报检索软件提供了更广阔的开发环境。

一、情报检索软件开发平台

情报检索软件的开发平台，是情报检索系统运行的基础和环境，按照功能层次结构的方法，系统本身是由硬件环境层、系统核心软件层和系统应用软件层组成的。硬件环境层包括计算机、外设和专用设备，联网系统中还包括服务器、网络和通信接口；系统软件层的核心是操作系统，该时期流行的主要有 DOS，Windows、NETWARE，Windows NT，UNIX 和 OS/2 等；数据库管理系统是系统应用软件层中使用最多但又可选择的一种，常用的有 XBASE 系列、Oracle、SQL Server、Informix 等；开发情报检索软件有单独使用高级语言开发的，如 C、PASCAL、COBOL 和 Visual Basic、Java、Delphi 等，但这种形式不多，往往是用高级语言开发数据库不支持或难支持的多媒体、通信和用户界面等问题，与数据库管理系统共同完成检索软件的开发；开发工具是最直接的面向用户的系统应用软件，用来支持情报检索软件开发、运行、维护和管理的综合性程序系统，面向特定环境和用户需求的专用工具并不多，而采用面向对象和图形界面的通用工具使用较多，如 AutoXbase、雅奇 MIS、VisualFoxpro 的实用工具等。情报检索软件开发平台的功能层次如下：

系统应用软件层（数据库管理系统、高级语言、开发工具）
系统核心软件层（操作系统、中文环境、网络操作系统）
硬件环境层（计算机系统、网络系统）

对于建设具有较大发展空间、较长生存周期的情报检索系统，规范一个先进实用的系统平台，不仅技术难度大，而且关系到系统的成败，因而，如何规范硬件环境层主要考虑检索业务的规模、各种资源的配备和利用及计算机应用的系统模式；规范核心软件层主要考虑检索者的使用习惯、使用的计算机系统及多用户环境等；规范系统应用软件层主要考虑能方便高效地完成对各种情报信息的多方式多途径的查检和统计分析，并确保信息的安全、可靠和完整，所谓高效，是指较少的存储空间和较快的查询速度，设计时还要考虑检索者的使用水平和要求，以及现已开发的计算机应用系统。下面论述情报检索软件当时流行的开发平台，并进行分析、比较和选择，为规范情报检索软件开发平台起到抛砖引玉的作用。

二、硬件环境层开发平台

在硬件环境层,根据用户和计算机之间的关系,从图书馆计算机系统的发展过程来看,情报检索软件的平台分成四大类。

1. 宿主式体系结构

在这类主机分时系统中,多个用户共享主机,该主机是一台高档微机或小型机,支持所有用户的应用。典型的系统有北大图书馆1992年鉴定的基于VAX750小型机开发的图书馆自动化集成系统PULAIS等。其优点是:高度的集中控制和管理、方便的资源共享和信息访问;缺点是:价格昂贵、系统不易维护升级、可靠性差、很难满足所有用户的各类需求。

2. 单一式体系结构

这类系统为PC机单用户系统,它把计算机所有资源用于一个用户,在同一时间内只运行一种应用。这种系统现在应用最广泛,其优点是:可准确预测检索响应时间,使用方便,用户界面极好,有丰富的应用软件;缺点是:严重限制多用户的整体检索效率和功能,资源共享和信息转换极为困难。

3. 文件服务器式的体系结构

这类系统最多的是PC机的局域网LAN系统,它实现了不同PC之间的数据共享,文件服务器只作为物理的磁盘,存放中央数据文件,而所有计算、屏幕显示、数据访问和更新均由用户的工作站完成。典型的系统如深圳大学图书馆基于3COM局域网和多台PC机上开发的图书馆计算机管理集成系统SULCMIS等。其优点是:以文件方式共享数据、共享昂贵的资源,价格较低;缺点是:资源共享程度低,资源利用不够合理。

4. 客户/服务器体系结构

这类结构就是先进的Client/Server结构,它与文件服务器结构比较有明显的优点。举例,Client/Server系统如同一位高智商的情报中心管理者,他将所有检索信息准确地送到检索者手中,然后由检索者阅读这些信息后做相应的工作;而文件服务器系统如同一位低能的情报中心管理者,他不知应将哪些信息送给哪个人,把所有信息都拿到检索者面前,让检索者自己找到所属的信息。图5-2-1是以上两种结构的比较,从中可以看到Client/Server结构是高效率的。

Client/Server结构的成本也低,每增加一台工作站,不仅分享系统的资源,还增加系统的能力,而且替换下来的Server(当需要更新换代时)还可作为工作站来使用。它克服了文件服务器的缺点,是大有发展前途的“基于开放系统的新型分布式数据库”情报检索系统模式。我们基于Windows NT和SQL Server

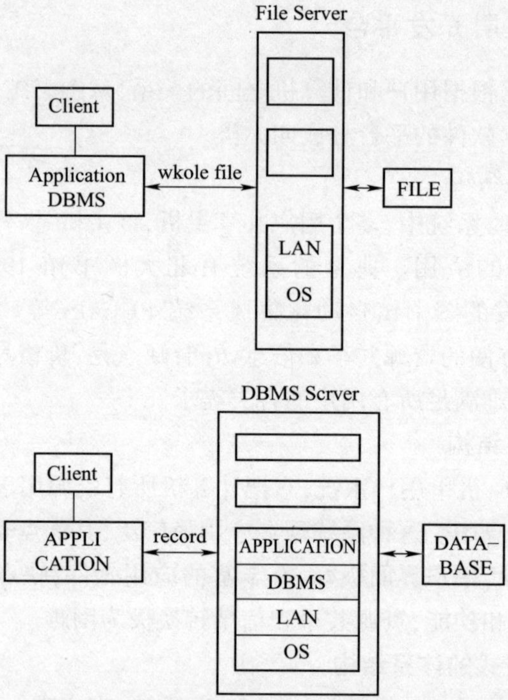

图 5-2-1　文件服务器和客户/服务器结构比较

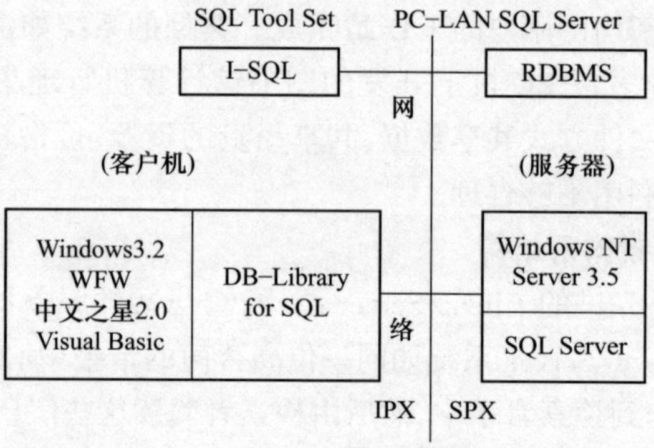

图 5-2-2　一个检索系统开放的结构模型

for NT 上开发的图书馆书目检索系统就是对该结构的一个有效实践，图 5-2-2 是该系统的平台结构原型。

三、系统核心软件层开发平台

在系统核心软件层，当时的情报检索软件主要有四种形式两大类的开发平台:DOS 中文环境的单机或网络平台、Windows 中文环境的单机或网络平台。

1. DOS 中文环境的单机或网络平台

DOS 对 PC 机的普及和发展起了巨大作用,用 DOS 作为开发平台的单机情报检索系统不知其数,占当时市场最大的份额,预计会在当下一段时间内继续存在。当时流行的中文环境是 UCDOS 3.1 以上版本,拥有大量的检索系统和用户,其特点是:直接支持写屏,绝大部分西文系统或检索软件不需要汉化即可支持汉字;汉字环境下支持鼠标,为检索者提供更多便利;可直接利用 WPS 进行文字处理,将检索结果套录于 WPS 文件中可以各种形式进行显示打印;系统占用内存极小,可不占用常规内存,能有更多的空间存放检索结果和数据库;UCDOS 5.0 的智能拼音输入法无须记忆复杂的代码,却能成倍地提高汉字输入速度。

在当时 LAN 环境下实现的检索系统,90%左右采用了 NOVELL 平台,它与传统的 PC 单机应用或集中式 UNIX 终端相比有更大的优点。许多检索系统通过 NOVELL 网共享情报数据库,共享光盘、缩微设备和激光打印机,用户可以方便地在网上增删检索工作站。

另外,使用比较突出的 DOS 中文环境还有天汇和中国龙 POWER。

2. Windows 中文环境的单机或网络平台

DOS 在发展过程中已暴露了固有的一些缺陷,如在 DOS 平台下有时要通过不断地移动屏幕才能见到所有检索结果,DOS 平台下很难处理图形图像及声音型数据,DOS 平台下的屏幕行列数是相当有限的。特别是随着数据量的累积和检索站点逐步增加,检索系统面临着性能下降的巨大压力,从而不得不考虑升级换代。Windows 逐渐成为开发情报检索系统的首选平台,随着中文之星、中文大师、四通利方、中文 Windows 等中文环境的问世,中文情报检索软件的实现也趋于成熟。该平台分为两类:一是已经广泛使用的、适用于 PC 机和 LAN 环境的 Windows 3.1 和 Windows FOR WORKGROUPS,二是基于 Client/Server 结构的网络操作系统 Windows NT(简称 NT)。

在 Windows 环境下,检索者只要拖动检索结果项到任意位置就可阅读,统一的操作方法和相近的检索界面以及丰富的开发环境,使得检索者很容易学会该环境上开发的多种检索软件,还能方便地实现多媒体的检索,检索结果也是多媒体的,检索结果可在该环境中直接“所见即所得”,更为方便直观。特别是 NT 能够支持 Client/Server 结构,使得检索软件的效率大大提高。

鉴于上述两个平台当时的状况和特点,跨操作平台的汉字系统并存成为 PC 应用新局面。

四、系统应用软件层开发平台

在系统应用软件层,用于情报检索软件开发的平台有数据库管理系统、高级语言和开发工具三大类。

1. 数据库管理系统

DOS 或单机环境下,检索软件广泛使用 FOXBASE、FOXPRO 等 RDBMS,然而在 Client/Server 新结构下,RDBMS 变得多样且复杂。下面介绍该时期用于检索系统的几个典型的数据库管理系统,包括 SQL SERVER、MICROSFT ACCESS 和 MICROSOFT FOXPRO 2. 5,但没有介绍当时业界最优秀的分布式 RDBMS 之一的 Oracle,主要原因是价格较高。

1) SQL SERVER

MICROSOFT SQL SERVER 提供一个数据库服务器,可在其上运行大型检索程序,支持多达 100 个以上的检索客户机。Windows NT 下的 SQL SERVER 可与 NOVELL、LAN MANAGER 等局域网的本地资源管理工具相连接,它有一个开放的可扩展结构,有许多客户机检索程序的支持,包括 MICROSOFT ACCESS、MICROSOFT VISUAL BASIC、POWERSOFT POWER BUILDER 等,FOXPRO 2. 5 FOR Windows 等可以通过公共接口存取 SQL SERVER 上的数据。VISUAL BASIC 还可使用 SQL SERVER 自身的 DB-LIBRARY 快速接口,我们实现的图书馆检索软件即是使用该开发平台的。

2) MICROSOSFT ACCESS

ACCESS 是一个功能强大的 CLIENT RDBMS,它由本地表管理程序和查询处理器两部分组成。查询处理器可将本地或远程服务器上的表进行复杂的多表连接,并把结果当作一个逻辑表,使用本地表管理程序进行管理;ACCESS 还提供图形化的查询工具、屏幕和报表生成器,让检索者建立复杂的查询报表,而不用编程,但它有一个面向对象的编程语言,是开发 Client/Server 检索程序功能最强的平台之一。

3) MICROSOFT FOXPRO 2. 5

FOXPRO 2. 5 是当时最快的 RDBMS 之一,符合优秀的 XBASE 工业标准。RUSHMORE 索引技术使得 FOXPRO 2. 5 当检索者在网络环境下处理 10 万条以上记录大表时,显示了其他 DBMS 无法相比的速度;使用 FOXPRO POWER TOOLS 建立查询、屏幕和报表非常容易,极大地提高了检索程序的开发速度。用 FOXPRO 2. 5 开发的检索软件很多,通过公共接口可以访问服务器数据库,因此这些检索软件及其他资源能够更好地在网上应用,不会浪费。

2. 高级语言和开发工具

过去用 XBASE 开发的检索软件较多,但也有一些用 C 语言等开发的检索软件。通常的 C 高级语言等主要用来完成检索中某些如 I/O 方面的特殊功能,如果全部用高级语言实现情报数据库的检索和管理确实太费时费力。但 MICROSOFT VISUAL C++ Windows 的推出,给传统的第三代语言带来新的生机,VC 已成为实现多媒体检索的主要工具之一。下面介绍 VB、VF 及 POWER BUILDER 三个平台。

1) VISUAL BASIC

MICROSOFT VISUAL BASIC 程序设计系统为开发 Windows 检索程序提供了一条捷径,它具有图形设计工具和结构化的事件驱动编程模式,开放的环境使开发者在编程效率和使用方便性上达到了一个新水平。其专业版更适合于开发 Client/Server 网络大型检索软件的 Client 检索界面程序,将预制的构件可视性地连接到一起,以构成一个随时可调整的用户界面,通过公共接口或 DB-LIBRARY 使用 SQL 语句实现对 Server 上情报库的检索。VB 使得原来怕用 C 编程的开发者能自如地在 Windows 上开发高效的检索系统。

2) VISUAL FOXPRO

VISUAL FOXPRO 3.0 是 MICROSOFT 最新的可视产品,含有强大的访问 Server 数据库的工具,配以高速的本地数据库管理,成为 Client/Server 系统开发的最佳选择之一。VF 访问服务器有两种方法,一是与 FOXPRO 2.6 CONNECTIVITY KIT 具有相同功能而速度更快的 SPT 函数,它类似于低级文件函数,允许直接访问公共接口和 SERVER 数据;二是同时支持本地和远程的两种视图,在 Client/Server 结构中运行专业版 VF,可将本地视图复制到远程视图上,修改本地视图名,检索程序以相同方式运行,而数据却是远程的。

3) POWER BUILDER

1993 年底推出的 POWER BUILDER 曾推荐作为 MICROSOFT 的 Client/Server 环境下重点开发工具,它与 DBMS 接口效率方面很好,密切支持 CASE 的可扩展的 Client/Server 4GL 开发工具,在脱离了 Server 支持的单机 PC 环境中也可运行,从而大大方便了应用开发调试。现在几乎没有以传统 3GL 为主体的开发工具,而设计、实现、测试三步一体是开发检索系统的最佳方案,POWER BUILDER 是用于实现的最好选择之一。

另外,Borland 的 Delphi 也是很有前途的开发平台,使用解释程序的 VB 程序,通常不如由 Delphi 的 Object Pascal 编译程序所生成的程序快,Delphi 在性能上保持领先。

五、情报检索软件平台的规范与发展

综观硬件环境层的四种体系结构，有条件的单位部门已使情报检索软件从单用户单机系统转型走向多用户联网系统，这种发展趋势是必然的。对新的检索系统开发者来说，都希望在 Client/Server 结构上开发；对使用已久的老的检索用户来说，也在考虑如何把那些在昂贵而笨重的传统大中小型机上运行的检索程序和数据下移到 Client/Server 结构，就连过去几年开发成功的以 FOXPRO 和 NOVELL 为平台的检索系统，由于信息量的累积及用户数的增加，已不堪重负，纷纷准备上升到 Client/Server。因此，当时规范的可发展检索系统的体系结构是 Client/Server 结构，开放系统可采用工业界标准 TCP/IP 网络协议。

同时，要看到 Client/Server 是一种全新的结构体系，开发队伍的培训是一笔不可忽略的大投资，而且这种结构的开放性也会带来系统维护和管理的新困难，如当时已有些单位用该结构建立了检索系统，但请来的开发人员走后不久，他们需要增加某些功能并能进行管理，不得不又付了一大笔技术培训费。另外，Client 终端的应用开发工具很多，尚无标准化，导致检索系统的维护代价相当可观。因此，在建立 Client/Server 检索系统前，要充分权衡各方面得失，没条件或条件不成熟的不要轻易上马。

综观系统核心软件层的两种平台，虽然 DOS 还有很大市场，但发展已到尽头。DOS 上的检索软件走向 Windows 上的检索软件，是 PC 机技术发展的必然途径。在考虑由大量的基于 FOXPRO FOR NOVELL 平台上开发的检索系统转换成基于 Client/Server NT 平台，应以最小的代价完成，关键在于：一是继续保留原有软硬件设备，可行的方法是 Client 端 PC 及 NOVELL 网原封不变，文件 Server 按其性能或升级为数据库 Server，或降级为 Client；二是决策使用已有的检索软件的程度，有的只需修改检索结果的输入输出部分即可，有的则需要重建。

MICROSOFT 专门为 FOXPRO 2.5 以上版本提供有一个 FOXPRO CONNECTIVITY KIT 的接口程序，它直接与 SQL Server 及任何 ODBC 数据源（如 Oracle ODBC 等）相连通，从而使用 FOXPRO 编制而成的检索系统可以存取在 Server 端 DBMS 管理下的情报数据库。

综观系统应用软件层的三种平台，开发工具易学易用，适用在中小型检索系统中使用，适于直接提供给有相当计算机应用基础的管理人员使用，然而不适于用来开发大中型的检索系统。如 POWER BUILDER 缺乏工作组开发能力，没有全过程编译能力和调试程序，不支持非图形对象，图形用户界面的继承能力不能超过三层等,而 SQL Windows 就比较适于开发大中型检索系统。

像 VISUAL C,VISUAL BASIC 这样的面向对象程序设计对规范的检索很有效,非规范的应用有时仍需要用 4GL 或 3GL 编程。有些开发工具缺少这种能力,因而具有两种程序设计能力的编程平台是最好的选择。在应用开发调试方面,VISUAL FOXPRO、ACCESS 和 POWER BUILDER 更方便,因为它们同时支持在单机 PC 环境中运行,而 VC,VB 通常是不行的。当然"嵌套"失配问题可能是存在的,这方面不如 Oracle。

情报检索系统的工作者对 MICRO CDS/ISIS 是熟悉的,它是为管理结构化的非数值数据库而专门设计的一款名副其实的通用文献检索系统,已广泛用于档案、资料、图书、情报及办公自动化方面。其主要优点是:数据库记录可变长、允许重复字段和子字段、易处理多种类型的文献,缺点是:不是一个关系数据库管理系统,特别是给 Client/Server 结构上的应用带来困难。CDS/ISIS 新版有光盘存取和编程的能力,但离开多媒体数据库的要求尚有距离。因此,在系统应用软件层,检索系统开发者期待着能有更多更实用的开发工具进行选择并进行规范,基于 Client/Server 的 CDS/ISIS 系统是发展方向之一,应该大力研制面向情报检索特定环境和检索用户需求的专用工具。

我们在 SQL Windows NT 上建立的书目检索系统只是 Client/Server 结构的一个实践,许多问题要继续完善和综合考虑。下面的一些体会,可作为规范情报检索软件开发平台的若干建议,提供参考。

(1) 将现有检索系统的档次不高的 PC 作为客户机,把主要的逻辑处理放在服务器上,如果客户机是较高档次的,适于前后台处理的检索,客户机尽可能有数据库管理的能力。

(2) 检索条件尽量缩小,不要直接从客户机端存取服务器上大量的检索结果,然后再从这些检索结果中提取有用记录,而应把这种提取放在服务器上进行。

(3) 检索提问和检索过程通常有较多的数据校验,一般应尽量放在服务器上进行,充分利用服务器上的完整性约束机制。数据处理的系统函数应尽量使用服务器 DBMS 提供的,少用客户机可能提供的同样功能函数。

(4) 尽量有效地保留检索提问和中间结果的历史,最大限度地减少重复检索和频繁传递数据,中间结果可以是多个少占空间的数据结构的临时表,退出检索时即可自动删去。

(5) 若有检索结果多条记录间的运算应交给服务器完成,然后将结果传给客户机,在系统支持多个检索者的繁忙时间,不要做有大量检索结果的数据传送和数据套录等作业。

(6) 如果客户机能使用服务器上提供的触发函数功能,应尽量使用。某些固定检索(如“题名+作者”)可以作为服务器上的存储过程进行预编译,以进一步减少通信量和充分利用查询优化器的功能。

(7) 充分使用开发工具提供的快速对象功能,以提高系统开发速度;使用开发工具编译生产最终检索系统,以提高系统运行速度。

(8) 检索界面应有完整的在线帮助,即在任何时候只要需要,按下 F1 键,检索软件就能提供详尽的操作使用帮助,另外在鼠标或光带移动时,及时提示当前操作的指导。

(9) 人机交互应尽量采用鼠标或光带选择方式,以提高方便性、减少出错率,出错报告信息要具体中文化,并有可靠的容错处理。

第三节 数据库主题信息检索

本节研究文献资源数据库的主题信息检索,它是数字图书馆系统建设的关键之一。关于主题信息检索应用数据库技术的研究,以下两个领域是研究的重点:一是基于 XML 的关系数据库应用研究,二是针对 XML MARC 的信息描述和主题检索。

从狭义理解数字图书馆,它是在传统图书馆职能基础上的扩充与发展,不但具有传统图书馆的各种功能,而且增加了服务对象广域化、资源形式多元化、服务形式虚拟化等新特点和新功能。

一、数据库新技术与数字图书馆

数据库技术是研究数据的科学组织与存储、高效检索与处理,因此它是数字图书馆的基础技术。该时期数据库新技术的主要应用如下。

(1) 采用 WWW、Java 和 Active X 的 Web 数据库技术,建立数字图书馆的前台 Web 信息发布系统平台,并通过 CGI、API 接口和脚本语言等技术实现与书目库、全文库等馆藏信息资源数据的交互处理。

(2) 利用 CORBA 技术和 Z39. 50 协议的联邦数据库技术实现网上的多个异构数字图书馆集成,不仅解决资源共享问题,而且有利于实现资源的合理调配和各联邦馆的资金有效利用。

(3) 增加并行处理控制软件或采用高效并行算法的并行数据库技术,以提高数字图书馆系统(特别是处理全文库)整体服务的质量。

(4) 面向对象数据库技术是处理多媒体数据的一种实效性强的方法,能够很好管理数字图书馆中的多元化数据源。

(5) 包括关联规则和分类、聚类分析方法的数据挖掘(又称数据库中的知识发现,KDD),应用于图书馆不仅对管理决策方面起调控作用,而且资源也能够得到更充分的利用。

(6) 参考咨询自动化系统是数字图书馆的重要组成部分,包含演绎和模糊等技术的逻辑数据库的运用,可以大大提高信息的检索功能。

(7) 数据网格(Grid)技术的出现,能够实现各种计算资源和数据资源的统一访问,使数字图书馆中海量数据的处理更加有效。

国内外数字图书馆技术与系统的发展,其实际需要及建设中的关键技术又重新提出了对数字化过程中的标引与检索、信息抽取中的语义知识和元数据操作、网络环境下信息资源的开发与检索等方面进行深入研究和应用试验。信息管理和数据处理是计算机应用的一个主要领域,而数据库技术始终是这些领域的核心。XML(eXtensible Markup Language)作为当时一种新的网上数据交换标准日益流行,对 XML 存储管理技术的探究也因而成为一大热点,其中利用已经发展成熟的关系数据库技术来管理 XML 数据更是人们关注的焦点。因此,XML 数据库技术应用与概念信息检索研究是这个时期图书馆学数据库与信息处理方向的一个重要领域,我们在 XML MARC(Machine-Readable Catalogue,机读目录)数据库和中文主题概念检索方面,进行较为深入的综述和研究。

二、主题信息检索与数据库技术的应用

国际上元数据发展是不平衡的。我国图书馆界在 1996 年制定了部颁标准《中国机读目录格式》,情报界在 1989 年制定了适合于情报信息交换的机读格式标准《中国公共交换格式》,档案界当时还处于实验阶段;国际上对图书、情报和档案学科的集中元数据的理论与实践均未进行深入研究;机读目录 MARC 在数据描述、数据交换等方面具有其优越性,同时也存在数据可读性差,数据的管理、显示和检索依赖于特定的软件平台,不方便直接进行网上发布等局限性,制约了其进一步的应用和发展;对元数据描述采用 DTD(Document Type Description,文档类型描述)方案多,缺少 XML Schema 实现的具体研究;我国对数字图书馆、数字档案馆等领域的网上集中信息描述及其实现研究还刚刚起步,迫切需要真正发挥集成、共享的目录信息的文化与知识属性。

信息技术领域的一个热点问题就是,如何帮助用户高质量地检索获取真正有用的信息,国际上对中文信息的概念检索非常关注,在主题概念检索方面尚有许多值得研究或应用的领域。首先,主题标引是主题检索的前提,自动分词是中文自动标引的基础课题,加上这一问题本身所具有的难度,使其很难从根本上解

决，所以在很长时间内受到人们的关注；其次，自然语言检索法的特点是检索标识使用不加规范的自然语言，检索标识或者从文献的题名、文摘、正文中自动抽出，或者由标引人员自由标引，标引过程被不同程度地弱化，标引系统的质量乃至检索效果就主要依赖于控制词表的规范控制能力。第三，随着网络技术与智能技术不断创新计算机应用环境，网上关键词不能按需要进行扩检、缩检或作相关检索而影响检索效果，目录型网络信息检索分类处理跟不上信息扩张的速度且类目很少被合理和统一的组织，即使在自由词标引环境下，主题语义关系也通常被作为一种较为有效的控制手段以提高检索系统的性能。基于主题概念知识进一步减少分词的歧义性和缩短标引抽词的时间，通过文本主题分析实现动态分类和词句概念检索以提高信息检索的质量，成为开拓研究和能产生实效的研究课题。

当今信息技术发展迅猛，图书馆界大多数关键数据都是放置于数据库中进行管理的，一来数据库技术已经相当成熟，二来其管理功能非常强大。以往的数据库应用，其数据低层结构一般来说都是相对固定的，即应用程序开放性较差。而 XML 作为一种可扩展性标记语言，其自描述性使其非常适用于不同应用间的数据交换，而且这种交换没有预先规定数据结构，因此具备强的开放性，具有广阔的应用前景。为了使基于 XML 的机读目录数据交换成为可能，就必须实现数据库的 XML 机读目录数据存取，并且将 XML 数据同应用程序集成，进而使之同现有的利用规则相结合。纵观现有的对 XML 和关系数据库的集成技术，主要沿着两个方向进行：一是对传统的 RDBMS 技术进行扩展使之提供对 XML 数据的管理支持；二是将 XML 应用构架于关系数据库之上，直接利用底层的 RDBMS 技术实现对 XML 数据的存储管理。前者主要体现在商业领域中，几大主要的关系数据库运营商都提供了专门的商业工具包以支持 XML 管理，如 DB2 的 XML Extender，Oracle 的 XSQL 等。但是，当时这些研究成果在图书馆界还没有得到很好的应用。

三、XML MARC 数据库的研究进展

MARC 作为一种元数据格式，在信息描述的详尽性、信息存储的方便性、信息交换的结构化、标准化和信息检索的检准率方面具有不可比拟的优势。经过 30 多年的发展，MARC 在国内外的图书馆界得到了广泛的应用，它本身也得到了进一步完善和发展，仍有继续存在和发展的必要。但由于 MARC 自身的局限性，满足不了网络海量信息资源的整序需求。XML 技术与 MARC 标准相结合，形成了 XML MARC 数据库，恰好能够解决这些问题。

综合文献分析，学界当时提出了一种基于元数据的检索方式，通过 Dublin

Core 元数据集到 MARC 的相互转化，保持了与通用的 Z39.50 客户端的兼容性；介绍了加拿大不列颠哥伦比亚省档案联合目录系统，开发建立了基于 Linux 平台的 Web 数据库系统，采用 ISO 2709 的信息交换格式实现了档案 MARC 的 Web 发布，具有目录多级检索功能；介绍的瑞典国家档案信息系统 ARKIS II 型，其数据不仅是文件级著录，而且还可以是案卷级、分类别级、类别级、分全宗和全宗级著录，符合 ISAD(G) 著录标准；介绍了基于 XML 实现数据库间信息交换的方法；分别论述了 MARC、Dublin Core、档案 MARC、EAD 的制定与结构等方面的特点和比较，认为元数据是解决网络资源从无序走向有序的方案之一，从著录格式、著录对象、著录主体、著录详简程度、应用范围、产生途径及字段转换等方面论述了元数据中的两种常用格式 Dublin Core 和 MARC 的区别和联系；研究基于 XML/RDF 的 MARC 元数据描述技术，从而使得专用的 MARC 规范格式的书目数据转换成通用的机器可读和机器可理解的元数据成为可能；研究音像资料的特点及其与 CNMARC 的分析比较，设计了音像资料的 MARC 格式。以上成果或文献表明，国内外已有档案 MARC 的研究及其档案信息 Web 发布的系统，但图书馆界缺乏深入运用 XML 数据库的先进成果。

四、主题分类概念检索的研究进展

作为一门学科的信息检索，从 Granfield 确立标引语言到 Smeaton 等人关于计算机语言学上检索技术开发等等，已对传统信息检索领域产生了重要的影响。国内外研制的中文信息检索方法或网上搜索引擎，无论是关键字符的机械式匹配，还是结合布尔逻辑运算提供更为复杂的查询表达方式，基本上是以关键词匹配为基础的。此方法有两个缺陷：一是检索结果只是在字面上符合用户的要求，实际内容往往偏离用户的实际需要；二是用户输入的查询词稍有偏差，检索系统就无法确定用户的真正需要，因而无法提交正确的结果。缺乏主题知识环境而期望检索效果和质量要有大的提高已很困难，用增强关键词检索功能的各种措施并不能消除其本质缺陷。同时，国内外已有进行网络信息自动分类方面的研究，但缺少既基于主题知识，又能脱离种类多、更新慢、编制工作量极大的分类主题词表的相关研究，以及实现的动态分类概念检索。

该时期，情报学家 K. Sparck，G. Salton，R. M. Needham，M. E. Lesk，K. S. Jones 等众多学者在这一领域进行了卓有成效的研究工作：介绍了信息检索领域在索引模型、文档内容表示、匹配策略等方面取得的研究成果；针对从文档中抽取关键信息，提出使用中心文档代表文档集合，使用中心词汇表示文档及求取中心文档和中心词汇的算法；指出了传统的信息检索系统主要基于布尔模型、向量空间模型和概率模型，认为非实质性语义检索的基于字、词匹配传统检索具有局限性；提出了一种新的信息检索代数模型，即隐含语义分析，文献提出基于概念描述种种属性，概念与子概念密切联系，从而形成概念层次；为了有效地在结构文档中进行查询，提供了几种不同的索引结构，文献基于传统的概率模型提出的结构检索，但都是基于词的检索；建立了文本中每个字词的索引及其关系，实现了基于内容的查询。国际上推出的 TRIP，ZyLAB，Ariadne，Envision 等检索系统，都具有一定的面向内容检索的文献分析能力，文献认为，在文本和检索请求的表达形式上更接近自然语言，即全文检索必须奠基在语言的最基本构件上，文献对自动标引中的向量空间模型和实现进行了深入介绍；有文献主要研究现代扩展布尔检索和检索策略，论述信息检索的本体论、数字图书馆、虚拟图书馆及多媒体系统，描述基于 Z39.50 的联机书目检索服务系统；文献还介绍信息组织和检索的方法与知识库系统，介绍基于向量空间模型的信息检索系统的设计与实现，研究了文本信息的自动分类技术；文献认为国内外的搜索引擎几乎没有一个能达到概念信息检索的要求，并研究概念检索接口的问题；文献提出了字面和词汇相似匹配的方法，并在计算中考虑匹配字数、词汇结构和语义方面的因素。

以上成果或文献表明，当时国内外缺少对领域主题分类与主题概念的一致检索的研究，关于中文语义词素相似度的识别仅用于自动标引，而未见到用于提高检索质量方面的报道，也缺少通过主题范畴模式抽取以实现文献的动态分类和词句的概念检索的解决方法。所以研究、使用主题知识并实现自适应分类的概念检索，是网上信息自动检索软件发展的方向之一。

五、比较深入的研究工作及展望

主题信息检索应用数据库技术的研究内容，当时在以下两个方面得到展开。

1. XML 的关系数据库应用研究

随着 XML 数据日益成为数据交换的标准，对 XML 的高性能数据管理要求越来越迫切。管理 XML 数据的方式主要有：传统的关系（或者对象）数据库、中间件和 Native XML 数据库。使用关系数据库的方法虽然利用了现有的成熟技术，但是由于 XML 数据和传统的关系数据有着本质上的区别，如结点的有序性、半结构化性等。其每一步都要做大量的映射转换工作，如 XML 数据转成关系存储、XQuery 转成 SQL 查询、关系查询结果还要转换成 XML 输出，等等。因此，当时在效率上和准确性上做了更多的应用研究。

（1）多 DTD 环境中 XML 的关系数据库存储。基于多 DTD 环境的利用 RDBMS 技术存储 XML 数据的方法，采用独特的编码体系对 DTD 和 XML 信息分别进行编码，然后将编码后的节点信息存入数据库对应的表中。因为 DTD 的信息存放在一个单独的表中，所以能比较容易地对多 DTD 以及对应的 XML 文档进行管理;而将 DTD 和 XML 数据分开存放,也给查询带来了便利,利用 DTD 快速定位查询路径中的条件节点、目标节点,避免与 XML 数据相关的多表连接带来的问题。

(2) 基于 XML 技术的 Web 信息提取和集成。相对 DTD,XML Schema 具有更强大的描述能力,主要体现在一致性、扩展性、互换性和规范性上,有更强的应用前景。将半结构化的 HTML 网页信息转换为具有 Schema 的 XML 信息,并通过 XML Schema 与关系数据的映射关系,将 XML 文档保存到数据库表中,从而实现半结构化 WEB 信息到结构化关系数据的转换和集成。文献提出了一种新的 WEB 信息提取和集成算法。

(3) XML 搜索引擎的查询扩展。研究以简单的查询方式帮助用户进行 XML 查询,扩大搜索引擎的搜索范围以提高查全率(Recall)和查准率(Precision)。文献提出,结构库在 XML 查询和 XML 搜索中的应用主要体现在查询扩展、近似搜索和查询建议,研究工作主要包括构造不同粒度的结构库,把结构库应用到 XML 搜索引擎的查询扩展方面,评估它是否能提高查全率和查准率。

(4) XML 文档集公共模式的获取。XML 文档集公共模式获取的一种技术是从元素的重复出现、元素组、选择出现三个方面描述元素序列的规律,通过消除冗余和合并表达式限制中间结果的数量。文献讨论了一种基于规则获取 XML 文档集公共模式的策略,保留了表达能力强的表达式,保证系统在处理规模较大的 XML 文档集时仍可工作。

2. XML MARC 的信息描述和主题检索

(1) 基于 XML 的 MARC 信息集成描述和实现。对 MARC 的优点及其局限性进行理论分析,研究档案领域的基于 XML MARC 元数据设计和应用研究,研究基于 XML 的 MARC 集中的信息描述机制,并进行相关元数据之间的比较和分析。实现的研究包括 XML MARC 的文档类型定义和模式定义设计,基于 XML MARC 书目内容描述和资源描述框架的 Schema 设计,基于 XML MARC 的核心元素集及其 XML Schema 的实现模式。

(2) 构建基于主题范畴的概念知识库方法。研究并构建合理的主题概念知识网络,自动构建多级主题范畴索引,依据词义标注自动构建主题词族索引,依据主题词表内词素及其关联的标注将信息主题标引和概念检索构成一个有机的整体知识环境,并探讨 MARC 与 XML MARC 数据库中信息映射和数据转换的实现。

(3) 基于概念知识关系的 XML MARC 主题分类概念检索。从提高自动标引质量和速度方面,改进有关的自动标引算法和方法,实现 XML MARC 数据库特征数据的自动提取;研究新的主题分类概念检索,它既基于主题知识,又能脱离种类多、更新慢、编制工作量极大的分类主题词表,以实现主题范畴索引下的自适应自动分类以及主题知识标引下自动分类概念检索,评测其检索效果和质量。

为此,我们当时取得的研究进展是:提出了基于 COM 的跨库检索代理模型,并研究使用 Web Service 技术解决异构数据集成的问题;研究并初步建立了基于 XML 的 XMARC 信息集中描述机制,设计了基于领域内容和框架的两种 XMARC 数据库方案,定义了集中 XMARC 的核心元素集及其 XML Schema 的实现模式;初步实现了 MARC 向 XMARC 信息的无损映射;构建了 K－S－C (Keyword-Subject-Category)主题概念的语义关系,进而运用于 XMARC 文本的自动标引;提出了使用切分位置信息、最小回溯匹配和主题概念词素等新的自动标引方法,改进了现有的 MM(Maximum Matching,最大匹配)自动标引算法;研究新的 XMARC 主题分类与主题概念的一致检索,通过主题范畴模式抽取实现动态分类,通过语义词素相似度识别以提高检索质量,为自然语言的检索提出了一种新的思路和解决方法。

文献领域主题信息检索应用数据库技术的系统研究是数字图书馆建设的关键之一,所述工作不仅是国内外 MARC 研究的热点,而且能够验证、完善相关的标准并推动标准化进程,推动我国图书、情报、档案大学科领域元数据的研究与发展,也为国内外网上自动分类概念检索探索新路,以增强我国网络信息检索工具的实用性和提高信息检索的质量。

第六章　文献信息资源组织方法

第一节　书目资源信息描述机制

本节分析基于XML的MARC元数据描述机制，研究基于CNMARC的书目资源和资源框架的XML DTD解决方案，并对两种DTD进行比较，实现从MARC规范格式的数据转换成通用机器可理解的元数据，增强CNMARC数据在数字图书馆中的利用。

MARC是图书馆自动化系统之间传输和交换机读目录数据时共同遵循和使用的标准记录格式，随着网络技术和信息需求的迅速发展，其存在的数据可读性差、不利于理解以及数据的管理、显示与检索依赖于特定软件平台的局限性日益突出。

一、基于XMARC元数据的信息描述技术

1. MARC的局限与XMARC元数据的提出

国际图书馆协会联合会（IFLA）前些年对UNIMARC所做的补充和修改，很大程度上解决了应用中的矛盾。然而，随着实践的发展，其局限性并没有从根本上完全解决。首先，MARC格式的复杂性、不易理解性造成了它在信息显示方面的障碍，许多基于MARC的系统都有相应的显示程序，但要求编制程序员是一个MARC专家，由一个系统满足不同MARC信息的显示形式及详略程度需求是不可能也是没必要的；其次，MARC系统的大部分应用仍然局限在对书目信息的描述，著录效率无法适应海量的网络资源著录需求，对MARC信息的处理极度依赖于特定的软件，离开了专用软件很难对MARC进行操作；再次，由于MARC格式是经过严格限定和检验的数据流格式，只有专用的符合MARC格式的应用前端才能利用MARC数据，这也是大量网上资源当时无法通过通用的搜索引擎向Internet用户提供链接的主要原因。

随着Internet应用的飞速发展，面向WWW的MARC信息需求已成为图书馆系统发展的重要课题。XMARC是一种用CNMARC元数据来描述资源，并由XML扩展定义的信息描述机制，其概念内涵包括：用XML语法来阐述

CNMARC,规定了 XML 文档的逻辑结构通过 DTD(可转换为 XML Schema)方法来实现,有多种 DTD 设计方案来支持 CNMARC 全集,所有元素可自定义但具有核心元素。根据 MARC 格式使用规定:一条书目记录包含 n 个字段,一个字段可包含 0 到 n 个子字段,不同字段和子字段具有不同含义,不同字段和子字段根据格式具有不同的重复属性和必备属性,字段具有不同含义的指示符等,这些规则都应该通过 DTD 表现出来,而 XMARC 的 DTD 恰恰可以表现这些规则,并可以检验 MARC 语法的正确性。

2. XML 及其文档类型定义

CNMARC 的优势决定了其在中国图书馆界不可被替代的地位,其不足又在一定程度上制约了它的进一步发展,新兴的 XML 技术可以很好地解决这个问题。XML 具有客户定制标记词表,使得描述数据以及数据片之间的关系成为可能,如以 XML 作为统一的数据交换格式,将极大地方便不同系统之间的信息传输。XML 文档中须包含 DTD,才能识别出其中标记所代表的意义。DTD 有外部和内部之分,外部 DTD 独立于 XML 文档并可被多个 XML 文档共用,但使用该 DTD 的文件中必须指明 DTD 的位置,内部 DTD 是内嵌于 XML 文件中的 DTD,只能被该 XML 文档使用。

DTD 的语法包括定义元素及其后代和定义元素属性。定义元素及其后代即元素类型声明、定义元素及其子元素和父元素与子元素之间关系,DTD 通过元素之间的父子关系,描述了整个文件的结构关系,元素定义由它们的元素内容模型来描述,即由紧跟元素后面的括号中内容(子元素)来定义,DTD 尽管要求严格,但有它的灵活性,它使用正则表达式来描述父元素与子元素之间非常复杂的关系。上述采用的结构分别是:

<! ELEMENT 元素名 元素内容描述>

<! ELEMENT 元素名(子元素名)>

DTD 中定义元素属性使用的格式:

<! ATTLIST 元素名 (属性名 属性类型 缺省值) * >

二、基于 CNMARC 书目资源的 XMARC 信息描述

我们在研究设计基于 CNMARC 书目资源的 XMARC DTD1 时,解决了以下关键问题。

1. 对(子)字段说明及字段和子字段之间关系的处理

把字段说明作为 DTD 中一个文档元素的名字,同时把该字段所包含的子字段说明作为该元素所包含的子元素名字。定义语法如下:<! ELEMENT 字段说明(子字段 1 的字段说明(元字符),子字段 2 的字段说明(元字符),……)>;不

包含子字段的字段其相应的元素定义是：<! ELEMENT 字段说明 (#PCDATA)>。

2. 对(子)字段标识符的处理

利用DTD中文档元素的属性来表现(子)字段的标识符。字段或子字段标识符用定义该字段或子字段的文档元素的属性来表示，属性名为tag或subtag。如005字段的$a子字段“ISBN”，其定义是：<! ELEMENT ISBN (#PCDATA) >，<! ATTLIST ISBN subtag CDATA #FIXED “a” >。

3. 对字段指示符的处理

字段指示符用定义该字段的文档元素属性来表示，指示符1的属性名为indicator1；指示符2的属性名为indicator2 。如101字段“作品语种”的元素定义：<! ELEMENT 作品语种 (正文声道等语种＊，中间语种＊，原作语种＊，提要或文摘语种＊，目次页语种＊，与正文语种不同的题名页语种＊，正题名语种?，歌词等的语种＊，附件语种＊，字幕语种＊)>，<! ATTLIST 作品语种 tag CDATA #FIXED “101” >，<! ATTLIST 作品语种 indicator1 (0|1|2) #REQUIRED>，<! ATTLIST作品语种 indicator2 CDATA #FIXED “ ”>。对于没有设指示符的字段，其相应的文档元素不具有indicator1，indicator2属性。

4. 对(子)字段必备属性和可重复属性的处理

在元素定义时通过元字符来体现字段和子字段的这些属性。它们之间不同的组合结果与元字符之间的关系如下：{(必备/可重复+)，(必备/不可重复)，(可选择/可重复＊)，(可选择/不可重复?)}。字段和子字段的必备与可重复属性分别表现在MARC的元素定义语句和所属字段所对应的文档元素定义语句中，如<! ELEMENT MARC (头标区，记录标识号，记录处理时间标识?，国际标准书号＊，……，家族名称-次要知识责任＊，记录来源+，ISDS中心?，馆藏信息＊)>。

5. 对头标区的处理

MARC的头标区用一文档元素来表示，该元素包含在元素MARC中，它是必备且不可重复的，该元素的内容为字符数据。<! ELEMENT 头标区(#PCDATA)>。

6. 根元素MARCS及其子元素MARC

该DTD的根元素为MARCS，包含一个子元素MARC。MARC子元素是可重复的，其元字符为“＊”。MARC元素包含的子元素为头标区及MARC中包含的所有字段所对应的文档元素。根元素MARCS定义：<! ELEMENT MARCS (MARC)＊>

下面是一条根据该DTD1定义所制定的XMARC记录：

```
<?xml version="1.0" encoding="gb2312"? >
<marcs>
```

```
<marc>
<头标区>00691nam0 2200217   45 0</头标区>
<记录控制号 tag="001">6010290088</记录控制号>(记录标识号?)
<国际标准书号 tag="010" indereator1="" indereator2="">
<ISBN subtag="a">1007-0052</ISBN>
<获得方式-定价 subtag="d">¥198.00</获得方式-定价>
</国际标准书号>
<一般处理数据 tag="100" indereator1="" indereator2="">
<一般处理数据 subtag="a">20020315d2001     kemy0chia0121   ea</一般处理数据>(空处用??? 符号显示?)
</一般处理数据>
<题名与责任说明 tag="200" indereator1="1" indereator2="">
<正题名 subtag="a">世界经济年鉴 1999/2000</正题名>
<正题名汉语拼音 subtag="A">Shi Jie Jing Ji Nian Jian 1999/2000</正题名汉语拼音>
<第一责任说明 subtag="f">世界经济年鉴编辑委员会</第一责任说明>
</题名与责任说明>
<记录来源 tag="801" indereator1="" indereator2="0">
<国家代码 subtag="a">CN</国家代码>
</记录来源>
<馆藏信息 tag="905" indereator1="" indereator2="">
<馆藏机构代码 subtag="a">601</馆藏机构代码>
<分类号 subtag="d">F11-54</分类号>
<书次-种次号 subtag="e">1/1999-2000</书次-种次号>
<复本数 subtag="f">1</复本数>
</馆藏信息>
</marc>
</marcs>
```

三、基于 CNMARC 资源框架的 XMARC 信息描述

我们研究设计的基于 CNMARC 框架的 XMARC DTD2,处理并解决了以下关键问题。

1. 对(子)字段说明及字段和子字段之间关系的处理

把字段说明作为文档元素“字段”的一个名为“字段说明”的属性,把子字段说明作为文档元素“子字段”的一个名为“子字段说明”的属性。字段和子字段之间的包含和被包含关系也通过父元素和子元素之间的关系来体现。元素“字

段"可以包含子元素"子字段"或纯文本数据(如字段 001 等不包含子字段的字段)。子元素"子字段"可以在父元素"字段"中出现 1 到多次,这根据该字段的具体情况而定。

2. 对字段(子字段)标识符的处理

标识符处理与前面的 DTD 处理大体一致,区别是属性的缺省值为"#REQUIRED"而非"#FIXED",含义为在 XML 文件中必须为这个属性给出一个属性值,但这个值不是固定的。

3. 对字段指示符的处理

字段指示符用元素"字段"的属性来表示,指示符 1 的属性名为 indicator1,指示符 2 的属性名为 indicator2 ,与前一种类型 DTD 的区别是,属性的默认值是"#IMPLIED"而非"#FIXED",其含义是不强行要求在 XML 文件中为该属性赋值。这样定义的原因是 MARC 中有个别字段(如 001 字段)是不设指示符的,在实际使用过程中除了不设指示符的字段外都应该为该属性赋值。

4. 对头标区的处理

对头标区的处理方法同前一形式的 DTD。

5. 根元素 MARCS 及其子元素 MARC

这种形式 DTD 的根元素为 MARCS,包含一个子元素"MARC"。MARC 子元素是可重复的,其元字符为"*"。MARC 元素包含两个子元素:"头标区"和"字段"。

元素 MARC 的现实含义为一条书目信息。DTD2 具体是:

```
<?xml version="1.0" encoding="GB2312"?>
<!ELEMENT MARCS (MARC*)>
<!ELEMENT MARC (头标区,字段+)>
<!ELEMENT 头标区 (#PCDATA) >
<!ELEMENT 字段  (子字段*)>
<!ATTLIST 字段 字段说明 CDATA #REQUIRED >
<!ATTLIST 字段 tag CDATA #REQUIRED >
<!ATTLIST 字段 indicator1 CDATA #IMPLIED>
<!ATTLIST 字段 indicator2 CDATA #IMPLIED>
<!ELEMENT 子字段 (#PCDATA) >
<!ATTLIST 子字段 子字段说明 CDATA #REQUIRED >
<!ATTLIST 子字段 subtag CDATA #REQUIRED >
```

下面是一条根据该 DTD 所制定的 XMARC 记录:

```
<?xml version="1.0" encoding="gb2312"?>
<marcs>
```

```
<marc>
<头标区>00691nam0 2200217   45 0  </头标区>
<字段 字段说明="记录控制号" tag="001">6010290088</字段>
<字段 字段说明="一般处理数据"tag="100" indereator1=" " indereator2=" ">
<子字段 子字段说明="一般处理数据" subtag="a">20020315d2001
kemy0chia0121    ea</子字段>
</字段>
<字段 字段说明="题名与责任说明"tag="200" indereator1="1" indereator2=" ">
<子字段 子字段说明="正题名"subtag="a">世界经济年鉴 1999/2000</子字段>
<子字段 子字段说明="正题名汉语拼音"subtag="A">Shi Jie Jing Ji Nian Jian
1999/2000</子字段>
<子字段 子字段说明="并列正题名"subtag="d">The Yearbook of World Economy
</子字段>
<子字段 子字段说明="第一责任说明"
subtag="f">世界经济年鉴编辑委员会</子字段>
</字段>
<字段 字段说明="记录来源"tag="801" indereator1=" " indereator2="0">
<子字段 子字段说明="国家代码"subtag="a">CN</子字段>
</字段>
<字段 字段说明="馆藏信息"tag="905" indereator1=" " indereator2=" ">
<子字段 子字段说明="馆藏机构代码"subtag="a">601</子字段>
<子字段 子字段说明="分类号"subtag="d">F11-54</子字段>
<子字段 子字段说明="书次-种次号"subtag="e">1/1999-2000</子字段>
<子字段 子字段说明="复本数"subtag="f">1</子字段>
</字段>
</marc>
<marc>
.....
</marc>
<marc>
.....
</marc>
</marcs>
```

四、两种类型 DTD 的研究比较

1. 对 MARC 内容的体现

DTD1 对 MARC 内容的体现十分完整。每个字段的含义是什么，其对应的字段标识符是什么,它包含哪些子字段,各个字段子字段的必备属性、可重复属性是什么等,DTD1 中都定义得一清二楚,可以把 DTD1 看成是它对应的机读目录格式的缩略版。DTD2 则对机读目录格式进行了一定程度的抽象,对其内容进行了概括,把不同的字段统一用"字段"元素表示,不同的子字段统一用"子字段"元素表示,所以在定义时无法对每个具体字段的相应信息进行揭示,这也是 DTD2 中对"tag""subtag"和"indereator"等属性的默认值无法定义为"#FIXED"的原因。

2. 数据的可理解性

在数据的可理解性上,DTD1 表现得更好,因为它把字段和子字段说明直接作为一个元素的元素名,这样人们只要看到这个标记就知道这个元素记录的内容是什么。而 DTD2 任何字段都用"字段"这个元素名来表示,只有通过元素属性"字段说明"的内容才能知道该元素的具体含义。

3. 程序处理的方便性

DTD1 把每个字段和子字段都定义为一个元素,并把相应的说明作为元素名,方便了用户的理解,但却给计算机程序的处理带来了麻烦,同时对于计算机处理的时间存在很大浪费。而 DTD2 仅有五个元素,定义格式简单明了,字段(子字段)相应信息的不同都通过属性值的不同来区分,对数据进行处理时只需分析元素名就可以对字段和子字段进行识别,极其方便程序处理。

4. 开放性和兼容性

DTD1 根据 MARC 中规定的字段来确定所定义元素的数量并使用不同的标记,当格式标准发生变化时,DTD1 须作相应调整,且根据某一版本的 MARC 格式制定的 DTD 只能应用于该版本。DTD2 对 MARC 中的字段进行了抽象概括,分析出各字段的共性,这不仅使它可以适应格式标准修订等发生的变化,更重要的是对于其他领域的 MARC 格式(如档案机读目录格式 CNMARC AMC),同样是兼容的。

我们设计实现了一个基于 XMARC 的书目信息管理系统,并研究实现了 CNMARC 到 XMARC 的数据转换课题。XMARC 是一种定义了用 CNMARC 元数据来描述网络目录资源,在继承 MARC 优点的基础上弥补了 MARC 的局限性,具有深入研究和应用开发的良好前景。

第二节　主题等级概念知识库

本节通过对典型主题等级概念知识库的分析,研究关联词表的实现算法,设计词族索引的关系模式,进而运用于主题信息的自动概念检索。信息网络技术创新计算机的应用环境,基于主题信息等级概念知识库的自动检索成为开拓研究和能产生实效的新领域。

面对浩如烟海的信息，信息技术领域的一个热点问题就是如何帮助用户高质量地检索获取真正有用的信息。作为一门学科的信息检索，从 Granfield 确立标引语言、Salton 研究矢量空间模型、Luhn 提出词频统计思想，到 Roberson 等研制概率模型和 Smeaton 等关于计算机语言学上检索技术开发等等，已对传统的信息检索领域产生了重要影响。随着网络技术与智能技术不断地创新于计算机应用环境，基于主题等级概念知识库的信息自动检索，已经超越过去的研究，成为开拓研究和能产生实效的新研究领域。

一、主题等级概念知识库

知识库是指通过对知识进行组织而形成的一种知识的网状结构，这种网状结构由知识点和知识关联两类基本要素组成，概念是组织知识库的基本单位，知识关联是多个概念之间建立起来的特定联系。因而，知识库的基本原理就是用一定的方式和方法把知识客体中的概念和关联揭示出来。主题概念直接以自然语言中代表事物、问题和现象的名词术语来表示，主题方法则以这些名词术语作为标识，依据其语义及其字顺来组织概念的一种方法，其特点是以受控的语词作为概念的标识，利用参照系统间接显示主题概念之间的关系，其本质是以概念的语义网络为基础的一种公共知识结构。主题概念知识库是一个以主题词表及其有词义、语义关系的各种辅表为有机组成部分的检索语言数据库，我们已初步实现了主题等级概念知识库，并运用于信息的自动检索。检索系统由用户通过自由词查找基于同样概念的自动标引项，以获取相应的主题概念，并可实现主题概念的等级检索，以设计的电子版领域主题词表作为研究的基础框架。

1. 电子主题词表

电子版主题词表的数据结构完全与纸质词表对应，如图 6-2-1 所示。其关系模式是：DICTIONARY(recnum,title,pinyin,y,d,s,f,c,z,index)。

其中，title 为主题词，y 为用，d 为代，s 为上位词，f 为下位词，c 为参照项，z 为词族参照，index 为范畴号。其中 title，y 为标引用到的有用信息。在构造电子版主题词表时，为了节省手工输入的时间，y 项内容未输入，依据 title，d 项输入的内容，以及属性之间的反参照关系自动生成 y 的内容。recnum 字段从 1 开始编号，与记录位置对应，s，c，f 字段内容有多个词时以“#”进行分割，pinyin 字段也由算法按主题词自动生成。

2. 语义关系表

所有主题词表中正式叙词和非正式叙词都收录在 MAIN 叙词表中。该叙词表提供了语义关系表的入口 rid、词出现频率 tf 及叙词范畴号 cn，此外对于非正式叙词提供了与其同义的正式叙词在该表的指针。信息检索通常要求提供扩检

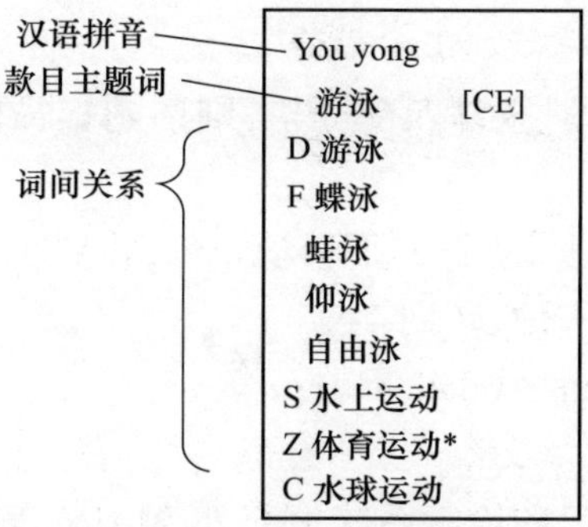

纸质《中档表》次目

字段名	类型	意义
recnum	N	位置标识
Title	C	主题词
pinyin	C	拼音
index	C	范畴号
y	C	用
s	C	属
z	C	词族
c	C	参
d	C	代
f	C	分

电子版《中档表》数据结构

图 6-2-1　与纸质词表对应的电子版主题词表的数据结构

和缩检功能，自动标引也要求用到用、代、参等语义关系，因此还要设计叙词关系表 RELATION，提供主题词 tw、范畴索引入口 cid、词族索引入口 hid、上位词 locs、下位词 locf、参项 loc，hnextclass，hclass 字段是记录词族索引的辅助字段，将在词族索引表中给出说明。关系模式如下：

```
MAIN(ID,tw,tf,rid,y,cn)
RELATION(rid,tw,cid,locs,loc,locf,hid,hnextclass,hclass)
```

3. 关联词表的实现算法

MAIN 和 RELATION 表通过算法由 DICTIONARY 表同时产生。dictionary. recnum，main. ID，relation. rid 分别为各表的位置标识，均与记录顺序保持一致，因此这三个表中相同位置的记录所对应的 recnum，ID，rid 值相等。

这个原则为算法设计带来方便。实现算法如下：

（1）Begin

（2）建立 MAIN 和 RELATION 表的结构；

（3）读入 DICTIONARY 表的第一条记录；

（4）do while dictionary 表未结束；

（5）将 dictionary. title，dictionary. pinyin，dictionary. recnum，dictionary. index 写入 main. tw，main. pinyin，main. ID，main. cn，并使 main. rid 与 main. ID 的值相同；

（6）将 dictionary. recnum，dictionary. title 写入 relation. rid，relation. tw，对 dictionary. s，dictionary. f，dictionary. c 以“#”为间隔进行切分，结果分别记录在 s[m]，f[n]，c[l]中；

（7）扫描 dictionary；

（8）找到 title=dictionary. y 或 title 与 s[m]，f[n]，c[l]中元素相等的记录，

分别在 main. y 和 relation. locs, relation. locf, relation. loc 中进行登记,多于一个的用“#”间隔;

(9) 若 dictionary. y, s[m], f[n], c[l]全部匹配完毕,则回到扫描前记录指针定位,转到 12;

(10) 若未匹配完毕,则 dictionary 记录指针向下移动一位,转到 8;

(11) dictionary 记录指针向下移动一位,转到 4;

(12) (退出循环)关闭 dictionary, main, relation 表;

(13) End

经过该算法,除了 tf 字段由自动标引和检索系统填充外,MAIN 表的其他字段均完成填充,RELATION 表剩下的 cid, hid, hnextclass, hclass 字段填充在下面介绍。

二、词族索引与概念检索

在主题知识中,把属性相同的主题词按其概念等级阶梯式的排列而成的概念体系称为“词族”。词族索引是把主表中具有属种关系、包含关系和整体部分关系的正式主题词,按规定属性分级别展开全显示的一种词族系统。

词族索引表 HEARCHY 在构造中采用指针访问 RELATION 表的方法,再在 RELATION 表中通过 hnextclass 字段记录下一级访问指针,通过 hclass 字段记录该记录主题词的级别。实际上形成了一棵先序遍历的树。这种设计比较灵活,它不仅实现了词族索引的层次结构,而且访问入口多,在 RELATION 表中可以直接获取族首词的指针信息。图 2-2-2 是中国档案主题词表中词族索引的一个示例。

```
HEARCHY
HEARCHY 的关系模式如下:
HEARCHY(HID,hh,Ridclass2,next)
```

其中,HID 为词族族首词在该表中的位置标识,hh 为词族族首词,Ridclass2 为二级词在叙词关系表中的位置,next 为具有下级词的 RELATION 表中的记录指针。

建立的叙词表、叙词关系表、范畴索引、词族索引以及自动标引用的停用词表,构成了基本的主题概念知识库,将极大地提高词自动处理与检索技术,使信息的概念检索更为实用。

文本信息经过自动标引处理后,获取了主题词等文本特征项信息,经过主题等级概念知识库的概念映射后,得到了可检的概念集特征向量。概念映射的算法是:设文本 T 的项集特征向量 $\boldsymbol{P}_i=(<t_1,d_1,f_1>,<t_2,d_2,f_2>,\cdots,<t_i,d_i,f_i>)$,定

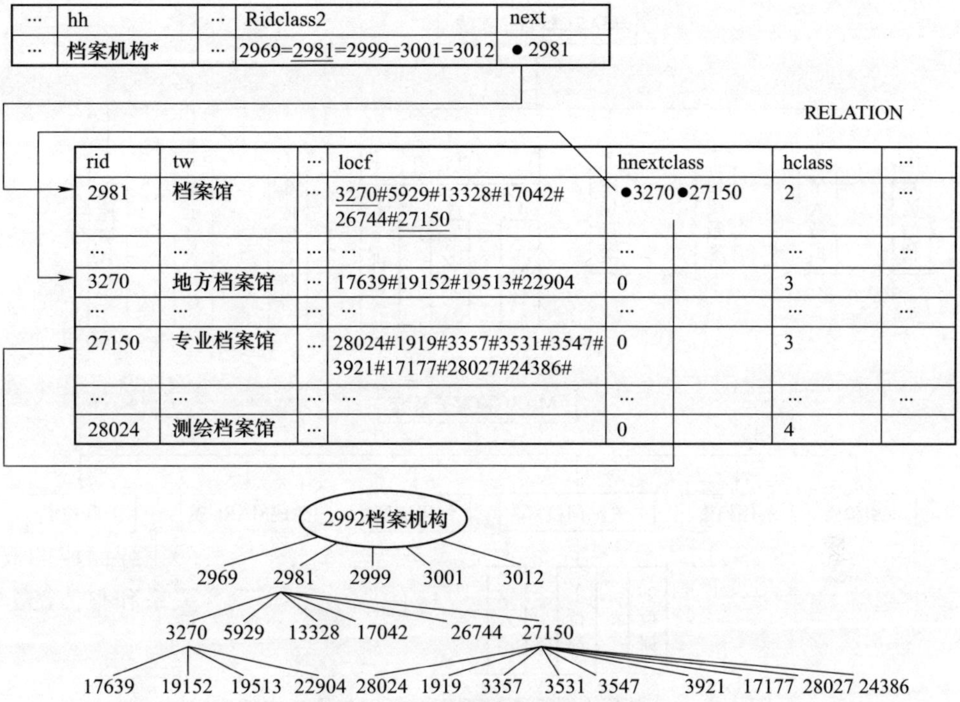

图 6-2-2 词族索引的一个示例

义概念映射 $\Phi(\boldsymbol{P}_i,\gamma):p\rightarrow\boldsymbol{Q}$。其中，$\boldsymbol{Q}$ 为概念集特征向量，t_i为特征项，d_i为标引时从知识库中获取的概念码，f_i为 t_i的频率。因此，在概念检索中，将输入词映射至知识库中哪个层次上是值得研究的。有文献使用了概念密度 $g(c)$ 来表示概念 c 在文本中的集聚程度，并计算概念结点到概念 c 的最短路径。主题知识库中的属分、参照等关系的概念检索可采用该思路进行转换。

三、应用研究

我们将主题等级概念知识库的研究应用到档案信息自动检索系统中。该系统在“中国档案机读目录计算机处理系统”上进行功能扩展和试验，主题概念的自动标引嵌入 MARC 编目子系统，抽取的特征词得以控制和规范，通过主题等级概念的人机控制转换，增强了 MARC 检索子系统的功能（图 6-2-3），实现了档案信息主题词任一级的属分检索。

该系统研制的软硬件环境是：CPU 主频 Intel celeron 800MHz，内存 128MB，硬盘最少 50MB 空闲空间；操作系统 Windows 2000 中文版，数据库管理系统 Paradox，可视化开发工具软件 Delphi。图 6-2-4 是该检索系统运行时的一个界面及其检索结果。

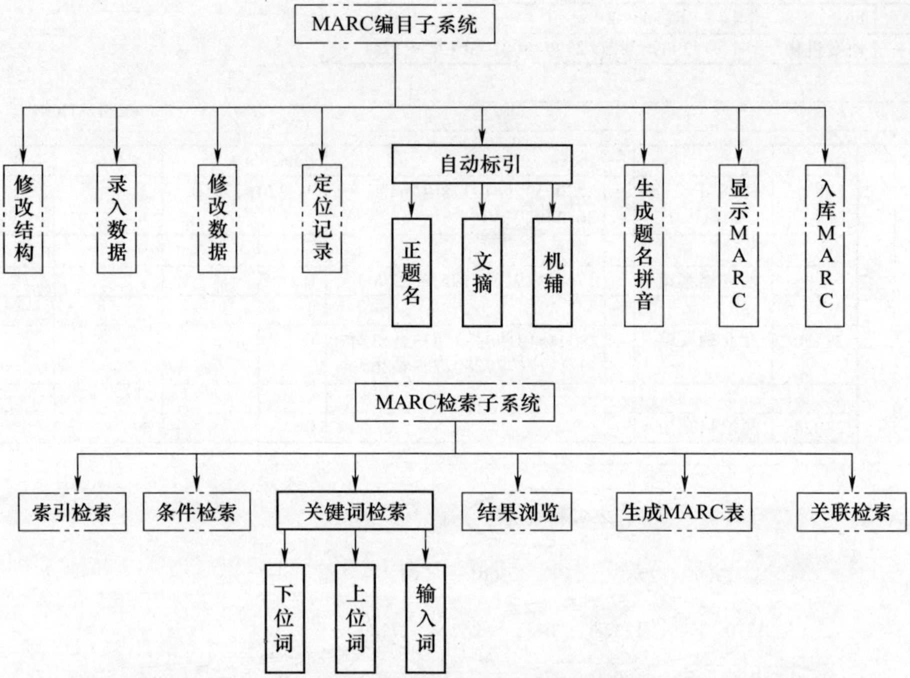

图 6-2-3　主题等级概念知识库在标引与检索中的应用

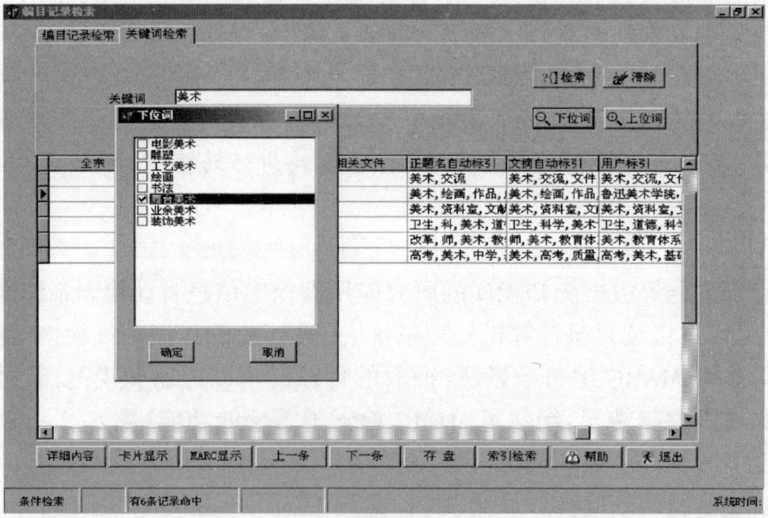

图 6-2-4　系统测试的一个界面与检索结果

基于主题概念知识库构建的信息检索系统，既可以提供自由词、关键词的规范及其等级转换的自动检索,又可以在主题范畴结构下提供自适应的分类浏览检索。

第三节 异构档案信息互转换

本节利用可视化开发工具实现异构数据库的信息集成,开发基于中国档案机读目录标准格式的自动转换器系统,实现网上档案检索工具置标著录标准及其数据的自动转换。数字档案馆有标准和技术实现上的特殊性,异构档案信息的互操作及其自动转换需要专门研究。

国际上对数字档案馆(Digital Archives)的研究和建设已有较快发展,一些档案馆和技术部门正在抓紧进行数字档案馆关键技术的研究。与发达国家相比,我国的这种趋势也已经出现并取得了一定成果,但实际的研究与建设工作尚处于起步阶段。由于档案与图书情报在属性上的区别,决定了数字档案馆和数字图书馆在内涵与外延上都不同程度地具有特殊性,它们在所采用的相关标准和技术规范等方面不同,因而不能完全照搬数字图书馆的技术。

一、异构档案信息转换

异构档案信息具有结构不规则和结构隐含两大特性,其中结构不规则主要存在于异构档案数据中,结构隐含主要指 Web 档案数据。这两种来源的数据并不严格分明,有许多 Web 页面的生成要依靠其后的数据库。对于这两种不同特性的档案数据,我们可以用数据模型和信息抽取使其结构化。通过数据模型表达数据,然后在其上找出具有代表性的近似模式,这是数据模型方法采用的基本步骤;信息抽取方法是从数据中直接发现特征信息,然后根据这些信息构建模式。

在实际应用中,常会遇到将不同结构的档案数据库文件相互转换的问题,利用 Borland 公司的 Delphi 等可视化开发工具可以实现这类转换;基于 Web 的档案信息集成系统要完成与所有信息源的交互,这需要设计 HTML 页面转换器;一些国际、国家标准需要研究和实践,如中国档案机读目录交换格式(CNMARC AMC)和网上电子检索置标著录工具(EAD),进行计算机支撑平台的试验,不仅给档案信息的互操作带来更多契机,而且使自动转换器的开发变得简单。

二、异构档案信息的集成和转换

1. 异构档案数据库文件的转换

我们从两个结构不同的档案数据库 AF1(date, address)和 AF2(time,

country,city,road),来分析异构数据的产生问题:①类型相异。档案形成时间在AF1中用字符串表示,而在AF2中却用日期类型表示;②结构相异。档案出版地在AF1中用字符串表示,而在AF2中将地址分为用元组表示的国家、城市和路名。如果要对这两个档案数据库进行互操作,会造成结构不规则,即表示同类型档案信息的方式不一致。在数据库应用中常常会遇到需要将不同结构的数据库文件相互转换的问题,利用Borland公司的Delphi能方便地实现这类转换。Delphi提供了强大的数据库应用开发支撑环境,其核心是Borland数据库引擎(BDE),它能直接对Paradox,dBase及文本文件进行访问,通过外挂驱动程序可以支持对大型数据库Oracle,Sybase,Informix以及InterBase的访问,还允许用户通过ODBC驱动程序访问数据库。

异构数据库转换实现的基础是利用BDE提供的数据库数据类型与PASCAL数据类型的自动转换。数据库构件中的数据存取构件是通过BDE实现与物理数据库的链接与访问,主要有:链接和访问数据表的TTable、用SQL对数据库访问的TQuery、持久连接远程数据库的TDatabase、实现数据存取与显示构件关联的TDataSouce等。在实现异构数据库转换的过程中,主要利用TField对象的属性。TTable,TQuery构件的对象含有Fields属性,该属性记录了当前与data-set构件对象链接的物理数据表中各字段相关信息。实际上Fields是一个在data-set构件对象被激活时自动生成的可变长数组,其元素个数储存在data-set构件对象的FieldCount属性之中,下标从0开始,而Fields的元素又是类型为TField的对象,数组元素Fields[j-1]对应于当前关联的物理数据表的第j个字段(j=1,2,…,FieldCount)。因此,该Fields是data-set构件对象当前链接的物理数据表中各字段信息的内存映象,它反映了数据表字段的字段名、字段类型、字段值及其显示格式、字段的存取限制和字段的转换属性等特性。这种映射是在程序运行期间通过BDE动态建立的。

实现算法的基本步骤如下:

```
Begin
    指定待转换源的数据库别名和数据表文件名;
    获取源数据表的字段个数;
    指定待转换的目的数据库别名和数据表文件名;
    从源数据表的第一条记录开始;
    在目的数据表的末尾添加一条记录;
    逐个字段进行转换复制;
    根据字段的类型自动转换;
    移到源数据表的下一条记录;
```

```
    将记录写入目的数据表;
end;
```

2. Web 档案信息的转换器

上述转换要求熟悉数据源的结构,而且数据源不会再扩展时,逐个进行转换也许能够解决问题。但在实际应用中,数据源是不断变化的,新的数据格式会加入,所以不少学者正在寻找一种高度灵活的模式来表达不同种类的数据。

Web 是异构数据的另一个重要来源。HTML 格式的文档是 Web 的基本组成元素,HTML 的标签使文档具有一定结构,但这样的结构和数据混合,并不独立存在,所以 Web 文档具有隐含结构。Web 档案信息的转换器向所有档案信息源发送查询请求,尔后从返回的 HTML 页面中提取有意义的数据并进行筛选。实际上,这种转换器完成了针对每个档案信息源的一个子查询。在与层状索引结构的信息源交互时,转换器直接发出页面请求,从返回的 HTML 代码中提取数据;而在与表单的信息源交互时,转换器必须先提交一个填写了查询要求和条件的表单给信息源端的处理程序,然后从该信息源返回的动态页面中提取数据。由于 HTML 页面的结构是面向显示而不是面向内容的,因此现在的方法是对每种 HTML 档案页面手工开发一个专用的档案信息转换器,这种方法在信息源数量不多的情况下还可以,但在系统的规模很大时,这些工作会变得非常烦琐。我们试验中国档案机读目录交换格式(CNMARC AMC)和网上电子检索工具置标著录标准(EAD),其数据转换器及计算机支撑平台的实现,不仅给档案信息的互操作带来了更多契机,而且有利于档案信息系统的开放性和可扩展性。

三、MARC AMC 和 EAD 档案标准化技术及其知识表示

标准化技术是数字档案馆实现档案信息资源共享的实质性保障措施之一,它要对资源的标识、存储、查询和交换等各方面做出统一规范,是非常重要又是最急需解决的一个问题。国际上开展的标准建设主要是:解决远程异构系统之间目录信息数据的可互操作性与透明检索问题的 Z39.50 标准,一种可以有效标记元数据所有元素又用来定义文档逻辑结构语言标准的 SGML 标准,属 SGML 子集和 HTML 超集的描述结构化数据且可定义任何一种新标记语言的 XML 标准,定义支持 WWW 元数据所必须的结构的 RDF 标准,用于电子文件管理系统的同时也能起到补充著录作用的元数据标准,以及这里研究的两个重要标准 MARC AMC 和 EAD。

1. 中国档案机读目录交换格式(CNMARC AMC)

美国 1982 年就制定了档案机读目录交换格式(The MARC Archival and Manuscripts Controls,MARC AMC),其已被世界最大的档案目录数据库 RLIN 所

采用。制定档案机读目录交换格式标准有利于实现档案信息管理与利用的自动化与网络化,从而为数字档案馆的建设奠定基础。

档案机读目录的框架格式是:头标区 + 目次区 + 数据区 +记录分隔符。

头标区位于各条记录之首,标准机读目录的头标区长度为24个字符,头标区中的代码是由字符位置标识的。一条记录的头标区实际上是对一条记录的总体说明,它主要给出了如记录长度、数据基地址、目次说明等一系列指示性数据,供计算机识别与处理记录时使用;给出了如记录状态、记录类型、著录级别、著录等级、著录格式、档案著录控制等一系列说明性数据,对记录本身起自我说明作用,同时也供计算机识别与处理用。目次区紧跟在头标区之后,标准目次区是由若干个目次项和置于区末的字段分隔符"@"构成,每个目次项对应一个数据字段,一个目次项由字段标识符、数据字段长度和数据字段起始位置三部分构成,一条记录中有几个数据字段,目次区中就有几个目次项。目次区进一步地向计算机指示目录数据的描述信息,便于计算机更便捷地对目录数据进行查找和处理。数据区完整和规范地反映档案的特征,为确认与检索档案提供有效、规范、全面的数据控制。

中国档案机读目录格式(CNMARC AMC)研制与开发是必然的,它与国际通用机读目录格式相兼容,有利于在档案界的整个领域形成一个统一的档案信息系统。有了该标准,建立全国档案机读目录中心或联合数据库将成为可能,从而有利于馆际间的数据交流,可以实现档案数据在国际范围内的数据共享;同时,按照这一标准格式组织的数据又是独立于计算机硬件和软件的,这对档案数据来说极为重要,因为档案目录数据中的一部分要作为永久保存的数据,所以这些数据的生成和利用不能依赖于某一硬件与软件,这样才能保证这些数据不会因计算机技术的发展而使利用受阻。与EAD标准相比较,MARC标准是对档案目录信息的概略性著录,结合中国的实际,EAD标准并不能完全取代MARC标准,因此,今后一段时期内在数字档案馆标准化建设过程中,应积极探索将现有MARC数据与新生成EAD数据整合存储与处理及交换使用。

2. 网上电子检索工具置标著录标准(EAD)

档案置标著录(Encoded Archival Description,EAD)是于1998年由美国国家图书馆与美国档案学会制定的对网上电子检索工具置标著录的新标准。它可在任何计算机平台上进行查询、检索、显示与交换,因此EAD的实质是SGML在档案中的具体应用。该标准还吸收了档案机读目录格式的优点,其突出优点是具有跨平台及可提供档案信息的全文置标与检索。通过对档案全文的置标,其结构中的各个部分可以形成语义链接,从而能被计算机理解,也因此文本的浏览可以采取多维导航和交互的方式进行。图6-3-1是档案电子检索工具置标文件

(标注为相应的 MARC AMC 内容)的一个例子。

<分类号>GE5.75</分类号>
<档号>2-53-107-8</档号>
<档案馆代号>411010</档案馆代号号>
<缩微号>46-94</缩微号>
<题名>转发国务院批转国家教委关于改革高校毕业生分配制度报告的通知</题名>
<文号>京政发[1989]56号</文号>
<责任者>北京市人民政府</责任者>
<稿本>副本</稿本>
<文种>通知</文种>
<密级>内部</密级>
<保管期限>永久</保管期限>
<文件形成时间>19890702</文件形成时间>
<载体数量>8页</载体数量>
<摘要>国家教委报告分析了分配制度上存在的问题及进行改革的意见。国务院通知要求各地区各部门制定改革措施。</摘要>

200$a转发国务院批转国家教委关于改革高校毕业生分配制度报告的通知@

图 6-3-1　档案电子检索工具置标文件的一个例子

在 EAD 中,表达检索工具中一个元素的句法规则是:

单一置标元素=<起始标识符>+元素内容+</结束标识符>

元素之间有关系,利用置标标识符表达这些关系的句法规则是:

从属元素关系=<上位元素起始标识符>+上位元素内容
+<下位元素起始标识符>+下位元素内容
+<下位元素关闭标识符>
<上位元素关闭标识符>

EAD 有一套非常灵活的置标语言,它不同于采用固定置标语言的 MARC AMC,所以具有对档案全文信息进行置标的特点。由于采用自然语言构成置标标识符,所以置标的语义从字面上即可看出,而 MARC AMC 的标识符则不具备易读性;档案检索工具置标是一种简单的纯 ASCII 文本数据格式,便于数据的存储和处理,电子文件可保存时间更长;它适应任何计算机环境,避免陷入特殊程序,而且不受版权、专利或知识产权及商业秘密的制约。当时我国数字档案馆标准化体系的建构可以说还刚起步,因而无论在理论上,还是在实践中,我们都应积极构建数字档案馆的标准化体系。数字档案馆具有标准和技术实现上的特殊性,进行这些标准的计算机处理试验以及关键技术实现的研究有很大困难,但档案专门领域也有它的优势,预计它在某些方面可领先于数字图书馆的建设。

四、基于标准化技术操作平台的多级转换器设计

我们开发的自动转换器 DataStage 是一个可以简化和自动从众多数据源中抽取、转换、集成和装载数据的集成化工具,它的可视化设计使用户可以通过一

个直观的可视模型来设计数据的转换过程，也可以嵌入应用系统中调用执行。DataStage 组成结构如图 6-3-2 所示。

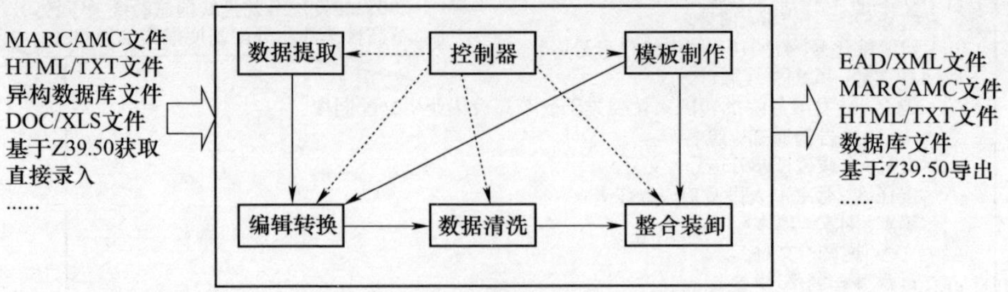

图 6-3-2　自动转换器 DataStage 组成结构

1. 数据提取模块

支持历史和外部的数据源套入，支持对 Paradox、XBase 及文本文件的访问，通过外挂或 ODBC 驱动程序支持对 Oracle 等异构数据库文件的访问。

2. 模板制作模块

动态记忆，生成和维护 CNMARC AMC 或 EAD 的全部字段或子集数据，默认一个完整的 CNMARC AMC 和 EAD 模板。

3. 编辑转换模块

对数据库文件及套录数据源的数据进行添加、修改和补充，使用中文句法分析和模板定制程序，在控制器词表管理下自动生成和校对有关空缺或不确定项。

4. 数据清洗模块

过滤无效的数据，删去重复的记录，对档案信息中不存在的双向关联记录进行提示，直至删除或改正。

5. 整合装卸模块

将数据合并入库，允许访问归档数据库及有条件的维护，在专用客户端软件或 WWW 浏览器下提交利用，支持对数据库、MARC、EAD 及文本文件等格式进行处理。

6. 控制器模块

提供了字段映射表、规则表、档案主题词表、关键词表、汉语属性表和停用词表及其调用接口，用于控制 DataStage 设计、开发、编辑和运行的活动。

该自动转换器 DataStage 已在下面的应用系统中进行试验。

应用 1：CNMARC AMC 计算机处理系统

长期以来，档案数据大多以 XBase 系列的数据库格式进行管理，由于数据库采用定长字段存储数据，同时各馆的字段内容及格式千差万别，因此在网络条件下开放式档案的数据不能共享，存在空间浪费和检索途径有限等局限性。要进行互连,就要把档案目录数据的格式统一转换为能够互相共享的数据格式。我国档案著录规则已经制定,档案主题词表、分类表也已经制定和实施,但当时还没有真正实施 CNMARC AMC 格式的使用,一个重要原因是没有开发对应的计算机处理环境,因此极大地制约了数字档案馆的发展。该系统主要研究中国档案机读目录标准格式及其各标识符、各功能区域结构和各著录项目的确定,其结果与国际标准 ISO-2709 和国家标准《中国机读目录格式》相兼容。计算机处理软件主要完成如下工作。

(1) 数据导入。系统提供多模板的手工直接录入机读目录数据和计算机自动识别的转入机读目录数据,对录入数据能够进行自动维护、自动标引和自动规范。

(2) 信息查询和发布。系统实现对档案机读目录数据库和本地用户数据库的多途径、多条件检索,并能通过计算机网络远程浏览。

(3) 数据导出。系统能将用户库档案数据转换成档案机读目录等多种格式导出,同时可按不同利用者对象的需求,以多种标准格式和显示内容进行浏览。

(4) 系统维护。系统建有规范文档以规范有关数据项的数据处理,维护功能包括用户档案数据库的模板设计、套入数据的选择加工、利用者的密级检查以及完整的联机帮助。

应用 2:EAD 计算机处理系统

该系统研究确定档案电子检索工具置标著录格式及其各标识符、各功能区域结构和各著录项目。其研制结果与国际标准《ISO-8879 标准通用置标语言(简称 SGML)》的基本原则一致,并与国家标准《GB/T-14814 标准通用置标语言》相兼容。EAD 计算机处理系统设计实现多级转换器的功能,包括从数据库文件向 MARC AMC 的一级转换和从 MARC AMC 向 EAD 的二级转换。后者有利于 MARC 档案目录数据库集成到将来的数字档案馆异构馆藏资源中,保证现有档案信息系统的开放性和可扩展性,正在研制规范;前者需要屏蔽 MARC 元数据装配和生成的过程,已经实现。异构数据库向 MARC AMC 转换的实现算法如下:

```
Begin
    执行模板制作模块,在完整 CNMARC AMC 模板下定制用户模板,保存中间库结构;
    执行数据提取模块,
        a    启动数据库引擎,将原库数据导入系统中间库;
        b    在电子词表和算法控制下进行规范录入;
    执行编辑转换模块,
        a    对中间库部分数据进行手工添加和修改;
```

b　使用中文自动标引算法，补充生成档案主题词(可扩展为摘要)相关项；
c　使用汉语属性表，自动生成和校对题名拼音(包括多音字控制)等相关项；

执行数据清洗模块，去掉重复和没用的记录，保存于系统数据库；

执行整合装卸模块，

a　把抽取的字段数据作为标准格式，排序后编入标准库相应的字段；
b　取一条记录数据；
c　标准库字段内容加上指示符、字段标识符，再加上字段分隔符形成数据区；
d　字段号加上字段长度、起始字符位置，再加上字段分隔符便形成目次区；
e　确定由字符位置标识的 24 个头标区中的代码；
f　头标数据元素与目次区、数据区组合，生成一条 MARC AMC 记录；
g　取下一条记录数据，数据库未读完转 c；

end.

第四节　文档关系模式数据获取

本节根据 CNMARC 元数据设计基于 XMARC 资源描述框架的 XML DTD，给出 XMARC 文档的关系存储及其实现算法，通过 MARC 的数据转换实现 XMARC 文本数据的自动转换。

数字图书馆系统建设过程中面临着以下迫切需要解决的问题：一方面 MARC 的数据大量存在，另一方面 MARC 自身存在的不足又在一定程度上制约其进一步的发展，基于 XML 的 CNMARC 实际上是一个面向 WWW 的开放的书目数据格式，它的出现是图书馆的重要发展机遇，将使数字图书馆系统在网络环境下呈现新的生机，为此提出了 XMARC 的新概念。XMARC 在信息描述、信息交换、信息检索、信息发布等方面弥补了 MARC 的不足：①XMARC 在信息描述方面继承了 MARC 的所有优点，MARC 中包含的所有字段和子字段都体现在 XMARC 的元素或子元素中；②XMARC 依赖的语言基础是具有极好保值性的 XML，又具有 MARC 的数据可变长的优点；③XMARC 利用 XML 标记提供了很好的信息检索支持，可以通过 XMARC 数据库实现复杂检索；④XMARC 信息交换的灵活性使它与其他系统、其他 DC 等元数据的交换更加方便，这为数据的馆际共享和与国际数据的交换奠定了基础。

一、基于 XMARC 资源描述框架的 DTD 设计

数字图书馆元数据 MARC 的现实含义为一条书目信息。定义框架 DTD 是

关于 XMARC 资源描述框架的 DTD,该文档类型定义把 MARC 字段的字段说明作为文档元素字段的一个属性,其属性名为“字段说明”,把子字段的字段说明作为文档元素子字段的一个属性,其属性名为“子字段说明”。

上述 DTD 作为一种资源描述框架,能够将多种形式的 XMARC 统一起来。定义如下:

```
(? xml version ="1.0" eocoding ="GB2312"?)
<! ELEMENT MARCS (MARC * )>
<! ELEMENT MARC(头标区,字段+)>
<! IELEMENT 头标区(#PCDATA)>
<! ELEMENT 字段 (子字段·)>
<! ATTLIST 字段 字段说明 CDATA #REQUIRED>
<! ATTLIST 字段 tag CDATA #REQUIRED >
<! ATTLIST 字段 indicator1 CDATA #IMPLIED>
<! ATTLIST 字段 indicator? CDATA #IMPLIED>
<! ELEMENT 子字段(#PCDATA)>
<! ATTLIST 子字段 子宇段说明 CDATA #REQUIRED>
<! ATTLIST 子字段 subtag CDATA #REQUTRED >
```

具体设计方法如下。

(1) 对字段和子字段之间关系及说明的处理。该 DTD 定义的元素“字段”可以包含于元素“子字段”或纯文本数据(主要针对不包含子字段的字段,如字段 001 和字段 005),子元素“子字段”可以在父元素“字段”中出现 1 到多次。

(2) 对字段和子字段标识符的处理。该 DTD 定义的属性值为“#REQUIRED”而非“#FIXED”,含义为在 XML 文件中必须为这个属性给出一个属性值,但这个值不是固定的。

(3) 对字段指示符的处理。该 DTD 定义的属性默认值为“#IMPLIED”而非“#FIXED”,其含义是不强行要求在 XML 文件中给属性赋值。

(4) 对头标区的处理。在 MARC 中它是必备且不可重复的,即其在 MARC 中出现且只能出现一次,MARC 中头标区的前五位代表的超纪录长度,这里以空格符填充。

(5) 根元素 MARCS 及其子元素 MARC 的处理。这种形式 DTD 的根元素为 MARCS,包含一个子元素 MARC,MARC 子元素是可重复的,其元字符为“ * ”,MARC 元素包含两个子元素:头标区和字段。

二、XMARC 文档的关系存储

将 XMARC 文档存储到关系数据库中分为三个步骤：DTD 规范化，然后生成关系教据库模式，最后将 XMARC 文档中的数据存储到关系数据库中。图 6-4-1 是 XMARC 文档关系存储系统的处理过程，DTD 经过规范化产生一个映射关系，然后根据这个映射关系将 XMARC 文档中的数据装载到关系数据库中。

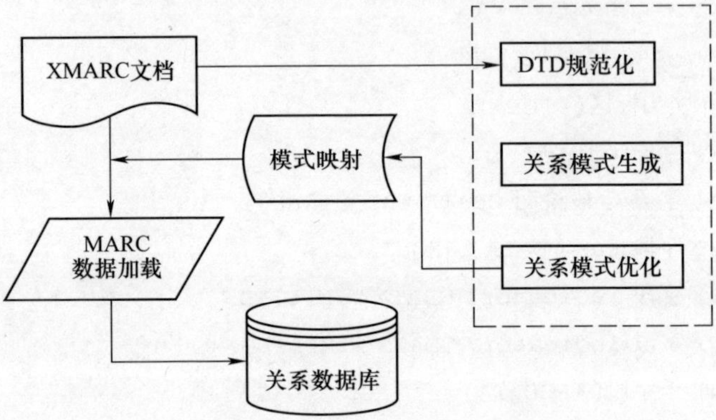

图 6-4-1　XMARC 文档关系存储系统的处理过程

图 6-4-2 是 XMARC 文档的框架 DTD 图，它反映了上述 XMARC 文档的层次结构。

该 DTD 图中的偏序关系在图 6-4-2 中可以表示成父子联系，其四种联系是：直接联系（如字段和 tag 之间的联系）、可空联系（如字段和 indicator1 之间的联系）、+联系以及 * 联系。模式分解时采用深度优先的策略，将树的叶子节点作为一个关系模式的属性。需要特殊处理的是+和 * 的一对多联系，此时将子节点作为一个独立的子树进行模式分解，并在该子树分解的模式中带上上层模式的 ID，其分解算法如下。

算法 1 根据 DTD 图，将 XMARC 文档存储为关系模式。

输入：XMARC 文档的 DTD 图，关系模式集合 U，MARCS（入度为零）作为 d 第一入口节点。

输出：关系模式集合 U。

步骤：

（1）Begin

（2）首次执行令 U=ϕ；

（3）构造关系模式 R1，根据入口点的名字构造标识符（入口点名字）+id1；

（4）以深度优先顺序遍历所能到达的节点，依次取出这些点的名字 r2，r3，

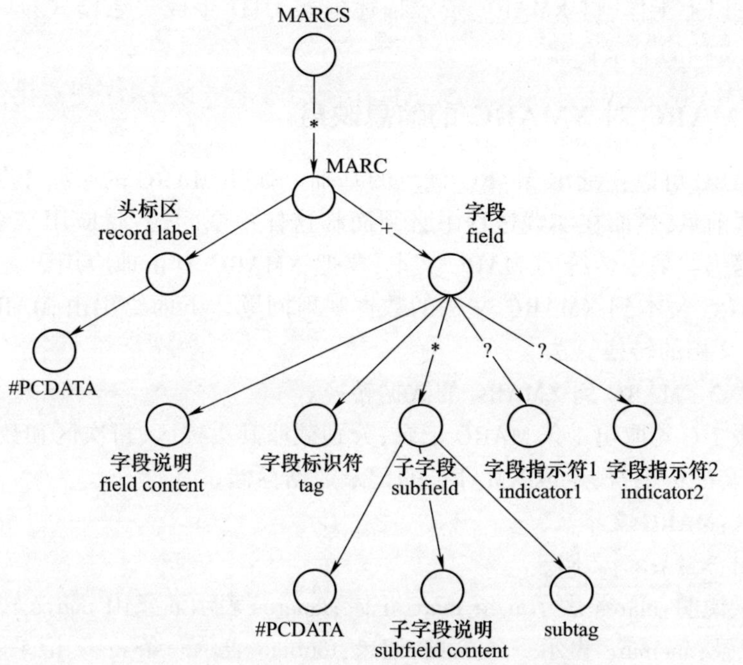

图 6-4-2　XMARC 文档的一种 DTD 图

…,rm;

（5）若能到达的所有节点都已遍历,转 8;

（6）直到遇到+或 * 联系为止;

（7）取该+或 * 联系的子节点为新入口点递归调用本算法;

（8）执行 3;

（9）构造关系模式 R(<入口点名字>+id,r2,r3,…,rm),将 R 加入 U;

（10）End

算法 1 以递归调用实现,它给出了 XMARC 文档关系模式分解的基本算法。据此,图 6-4-2 可以分解为如下关系模式:

```
MARCS(MARCSID: INTEGER,MARC,STRING);
MARC(MARCID:INTEGER,RECORD
    LABEL:STRING(24),FIELD:STRING);
FTELD (FIELDED:INTEGER,FIELD CONTENT: STRING,TAG:STRING (3),
   INDICATOR1:
STRING(1),INDICATOR2:STRING(1),SUBFIELD:STRING);
   SUBFTELD(SUBFIELDID:INTEGER,SUBFIELD CONTENT:STRING,
    SUBTAG:STRING(1));
```

通过以上工作，将 XMARC 资源描述框架 DTD 生成关系模式，从而实现了 XMARC 文档的关系存储。

三、MARC 对 XMARC 的信息映射

XMARC 可以在继承 MARC 优点的基础上弥补 MARC 的某些不足，具有广阔的发展前景，然而在实践过程中必须面临这样一个问题：就应用来看，大部分书目数据仍然采用传统的 MARC 文本，要把 XMARC 真正地应用于实践就必须考虑 MARC 文本到 XMARC 文档的数据映射问题。下面给出由 MARC 文本到 XMARC 文档的转换算法。

算法 2　MARC 到 XMARC 的数据转换。

算法 2 首先取出 1 条 MARC 记录，分别截取其头标区、目次区和数据区的内容，依次装配标识符，生成 XMARC 的记录数据存储。

输入：MARC 文本。

输出：XMARC 文档。

变量说明：marcs 表示 n 条 marc 记录；xmarcs 表示 n 条由 marcs 转化而来的 xmarc 记录；onemarc 表示一条 marc 记录；toubiao 表示一条 marc 记录的头标区；muci 表示一条 marc 记录的目次区；shuju 表示一条 marc 记录的数据区；onemuci 表示一个字段的目次区数据；oneshuju 表示一个字段的数据区数据；zdname 表示字段说明；zzdname 表示子字段说明；tag 表示字段标识符；subtag 表示子字段标识符；zsf1 表示字段指示符 1；zs12 表示字段指示符 2。

步聚：

（1）Beign

（2）从指定文件中读取 marc 文本→marcs；

（3）xmarcs=″<？ xml version=″+″″″″+″1. 0″+″″″″+″encoding=″
+″″″″+″gb2312″+″″″″+″？ >″+″<marcs>″；

（4）如果 len(marcs)≠0，则转 5，否则转 22(截取一条 marc 记录)；

（5）从 marcs 中截取一条 marc 记录→onemarc；

（6）从 onemarc 中截取头标区→toubiao，从 onemarc 中截取目次区→muci，从 onemarc 中截取数据区→shuju；

（7）onexmarc =″<marc>″；onexmarc = onexmarc +″<头标区>″+ toubiao + ″</头标区>″；

（8）如果 len(muci) ≠0，则转 9，否则转 19(截取一条 marc 记录中的字段)；

（9）从 muci 中取前 12 个字符→onemudi；

（10）根据 onemuci 从 shuju 中截取到当前字段的数据内容→oneshuju，从

onemuci 截取当前字段的字段标识符→tag,根据 tag 从字段说明表中得到当前字段的字段说明→zdname;

（11）从 oneshuju 截取当前字段的指示符 1→zsf1,从 oneshuju 截取当前字段的指示符 2→zsf2;

（12）onemarc= onemarc+″<字段 字段说明=″+″″″″+zdname+″″″″+″tag=″+″″″″+adbsf+″″″″+indereatorl=″+“″″″+zsfl +″″″″+″indereator2=″+″″″″+zsf2+″″″″+″>″;

（13）如果 len(oneshuju)≠0,则转 14,否则转 18(截取当前字段中的子字段);

（14）从 oneshuju 中截取出子字段标识符→subtag,根据字段标识符和子字段标识符从字段说明表中得到当前子字段的字段说明→zzdname,根据子字段标识符从 oneshuju 中得到该子字段的内容→zzdshuju;

（15）onemarc = onemarc+“(子字段 子字段说明=″+″″″″+zdname+″″″″+″subtag=″+″″″″+zzdbsf+″″″″+″>″+shuju+″</子字段>″;

（16）oneshuju=oneshuju-subtag-zzdshuju,转 13;

（17）onemarc=onemarc+″</字段>″;

（18）muci=muci—onemuci,转 8;

（19）onexmarc = onexmarc+″</marc>″;

（20）xmarcs=xmarcs+onemarci;

（21）marcs=marcs-onemarc,转 4;

（22）xmarcs =xmarcs+″</marcs>″;

（23）将 xmarcs 写入指定文件;

（24）End.

算法 2 是对有限长度的文本数据的线性转换,头标区有固定的 24 位长,当数据区内容确定后,目次区也有确定的(12N+1)长(N 为实际数据的字段数),根据字段标识符从字段说明表中得到相应的字段说明。实验示例如图 2-4-3。结果表明,该算法能正常执行,数据转换正确。

四、XMARC 数据挖掘实验与结论

以主题标引为基础的主题检索是数字图书馆发展的必然趋势,也是统一检索和标准化建设的需要,在 XMARC 元数据上进行主题信息的数据挖掘则是一项重要内容。我们设计了最大匹配最小推进模式的中文抽词方法,即当在词表中按最大匹配原则匹配到长度的词后,在以首字命中记录中找到最小匹配的词,并按最小匹配词的长度移动指针。对 XMARC 分别实验如下三种方法:①用一般禁用词表及最大匹配整词推进的模式进行匹配的词典主题自动标引;②用一

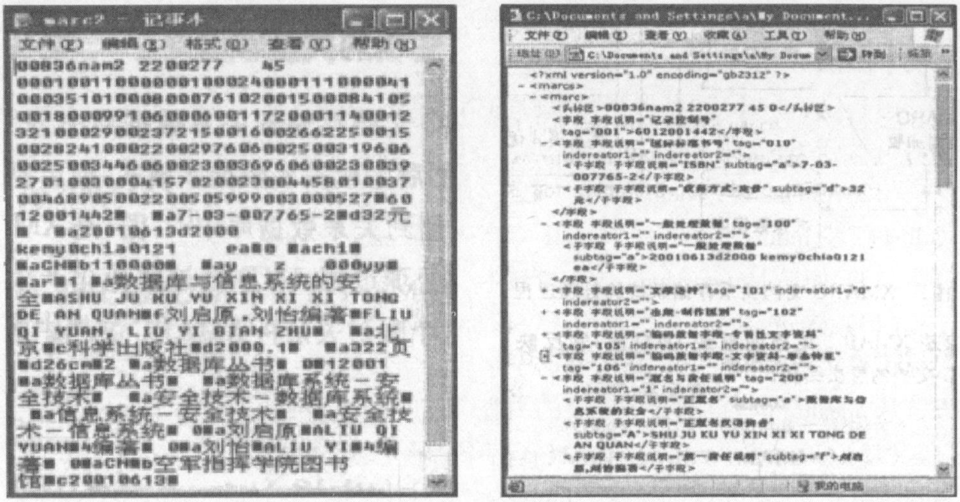

图 6-4-3　MARC 到 XMARC 的转换实验示例

般禁用词表及最大匹配单字推进的模式进行匹配的词典主题自动标引；③这里提出的用具有位置信息的禁用词表及最大匹配最小推进式进行匹配的词典主题自动标引。准备 a. 5000 条含标题和文摘(平均每条 40. 05 字)的标引源；b. 5000 条全部是标题(平均每条 9. 02 字)的记录，在两组数据中随机抽出 500 条较长(平均 37. 6 字/条)记录和 500 条较短(平均 9. 083 字/条)记录进行手工标引，分别用三种方法处理，计算完全相似率和基本相似率(标引结果含同义词)。三种方法均在同等硬软件环境下运行，结果如图 6-4-4 所示。

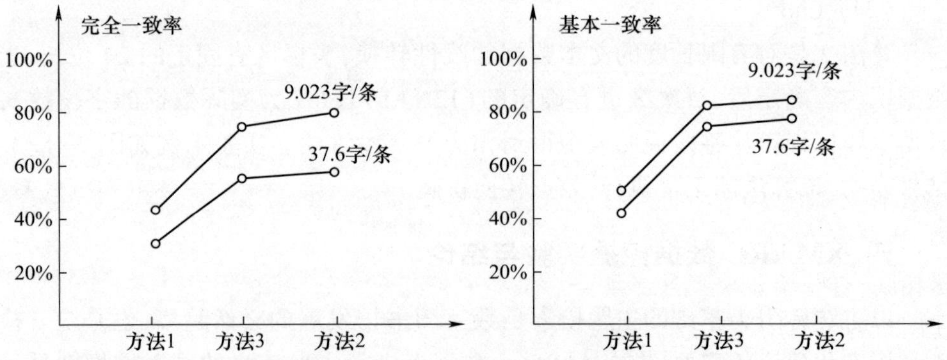

图 6-4-4　XMARC 主题信息标引实验示例

显然，方法②完全一致率和基本一致率都是最高的，①的一致率是最低的，而③一致率中等且更靠近②，在时间和质量的综合性能上优于以①②为代表的传统标引方法。

第七章　WEB 数据库信息处理

第一节　异构数据集成与检索

本节在分析 COM 技术及其三层应用结构的基础上,给出一种基于 COM 的检索代理实现多数据库的一致检索的模型和方法。Web Services 是建立可互操作的分布式应用程序平台,探讨解决异构数据集成的方法。异构数据集成与跨库检索是数字图书馆系统实现的关键技术。

在数字图书馆的建设过程中,由于数据库建设还没有形成一个统一的标准,在使用数字资源时不得不频繁地在各类检索工具中切换,给读者的使用带来极大不便。对异构数据库中数据的整合,需要异构数据的集成方案。

一、基于 COM 技术的多库检索

COM 的对象和客户之间的相互作用是建立在客户/服务器模型的基础上的,COM 为三层结构提供了开发的基础平台。这种模型的优势是稳定性、可靠性高,软件的可扩展性好,网上实现可以降低网络流量,可以实现数据库的事务机制,提供数据备份能力等。因此,选用 COM 技术实现跨库检索,可以提高整个系统的稳定性、可扩展性,达到充分利用现有网络资源和数据库资源的目的。

跨库检索的目的主要是解决对不同数据库、不同数据源之间的数据整合查询,实现通过统一的检索界面和较全的检索途径对不同数据源进行查询,并能将检索结果进行整合返回。由于还缺乏统一的数据库建设标准和商业利益等原因,数据提供商大都采用自己定义的数据格式和文件格式,提供的检索功能也不尽相同,有些还要采用自己的应用程序才能进行浏览和阅读。这样的结果就是使用户为了使用这些数据库的资源,不得不熟悉和掌握不同的数据库查询工具和浏览工具。这给数字图书馆建设增加了维护和管理的难度,由此推出了一种跨库检索系统的模型。这是一个 COM 技术典型的三层结构的应用模型,在这个模型中,将主要的功能都集中在中间层(业务层),通过 ASP 调用 COM 组件,完成对客户提问的分发和查询结果的整合。对客户提问的分发主要是根据用客户端传过来的客户提问的不同类型(如图书、期刊、论文等),将检索提问式按照

一定的规则分成不同的检索请求式,然后传给对应的检索代理,由检索代理完成最终的检索任务。检索代理的功能就是将 COM 分发过来的检索请求式根据其代理的数据库的结构特征进行整理,形成最终的检索式,然后通过 ODBC 或其他 OLE DB 对数据库进行查询,最后将检索结果整理成 XML 的形式返回给 COM。对查询结果的整合则是将检索代理返回的检索结果根据用户对返回结果的要求和一定的规则进行整合,以 XML 的形式返回给 ASP,ASP 再对结果进行处理,形成结果页面返回用户。

该模型最大的优点就是能够通过 COM 组件和检索代理进行跨库检索。用户不用关心具体数据库的检索要求,只需提出检索请求即可得到结果。而且由于不同的数据库都拥有自己的检索代理,新增数据库只需要新增相应的检索代理就可以实现与原系统的无缝连接。这样对于用户而言,并不用关心具体检索的是哪些库,得到的将是接入系统的所有数据库的结果;而对于系统管理员来说,则大大减轻了维护和管理后台数据库的难度,只要经过简单的配置就能将新的数据库加入系统,达到系统增容的目的。

二、多库检索的实现与特点

整个检索过程如图 7-1-1 所示。用户通过提出检索请求,浏览器向应用服务器提交请求。服务器端接到请求后,调用 COM 组件,开始一个新的线程,对检索请求进行分析:按照不同数据类型和数据源,参考代理配置,生成对应的检索请求式,根据不同检索代理的 IP 地址将检索请求式发送给对应的检索代理。检索代理读出其代理的数据库配置文件,按照数据库的结构和字段对应表生成最后的检索表达式,提交后台数据库进行查询。数据库查询完毕后将结果集返回给检索代理,检索代理再按照预先定义的规范组织检索结果并返回 COM 组件,COM 组件在接收到检索结果后对检索结果进行去重、排序、去除不用返回的字段等操作,形成 XML 字符串返回给 ASP。最后,ASP 对 XML 字符串进行处理,形成最终的结果页面返回给用户。

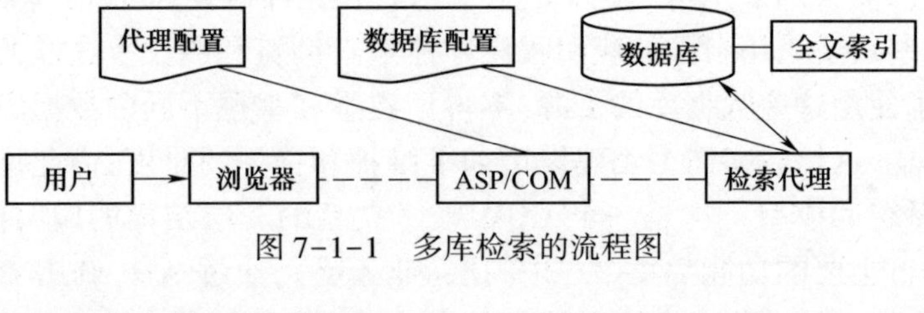

图 7-1-1　多库检索的流程图

检索过程中的关键是对于检索请求的分析和检索结果的整合。将用户的要求分发给不同的数据库进行检索是跨库检索成功的重要保证,应用服务器上的代理配置文件主要是记录检索代理的 IP 地址、端口号、代理的数据库名称等,为检索请求的分析提供参考依据。如果只是将检索回来的结果全部不加处理地返回给用户,这样的跨库检索是不完善的。因为对于多个数据库来说,返回的结果集一方面会很大,不进行处理用户将会得到一个庞大的结果集,不方便使用;另一方面可能会有重复的现象,这是因为不同的数据库可能收录相同的资料,对这种重复的结果应该进行剔除;还有就是并不一定每一个数据库都能包含用户想要返回的字段,所以需要对返回的结果按照用户的要求进行整理。该系统模型具有以下特点。

1. 兼容性

不管检索代理和数据库基于什么样的平台,COM 和检索代理之间传递的只是双方定义好的 XML 语句,这样就可以很好地解决跨平台的问题。只要满足这个定义,就可以实现 COM 和检索代理之间的通信问题。

2. 可扩展性

只要是符合与 COM 进行通信的要求编写的检索代理,就可以实现与系统的无缝连接。由检索代理对数据库进行检索,COM 不用关心具体对数据库是怎么操作的。这也是该系统能实现跨库检索的关键。

3. 整合性

COM 从不同检索代理获取检索结果后,利用 XML 提供的结构化和集成的数据,可以方便地实现不同数据源数据的整合。

4. 易用性

用户并不用去关心每一个数据库的物理位置、检索方法、返回结果,只需要熟悉一个检索界面就可以了。

系统管理员在整个系统中对数据库进行管理,只需要按照系统说明对数据库的 IP 地址、端口号、字段对应表和其他系统要求的参数进行配置,并保证与 COM 所在的服务器端能够连通,就可以确保整个系统的运行正常。

三、基于 Web Service 的异构数据集成技术

Web Service 技术是该时期一项新兴的 Web 应用技术,是一种自描述、自包含的,能够通过 Web 进行发布、寻址和调用的应用程序组件,它是建立可互操作的分布式应用程序的新平台。Web Service 可以实现从简单的功能调用到复杂的商业应用的功能,一旦一个 Web Service 被发布了,其他应用(或者其他 Web Service)就可以发现并调用它。从 Web Service 技术的特点来看,它为解决网络环境下异构平台数据集成提供了良好的解决方案。

1. 平台无关性可以解决系统异构的问题

对于系统异构,由于 Web Service 的平台无关性,可以将基于不同平台或者不同应用的软件,通过 Web Service 用标准的方法将其功能和数据暴露出来,供其他应用程序使用。

对于异构数据集成而言,可以考虑在异构数据的数据库或者相应的应用程序上通过 Web Service 将数据或者业务逻辑暴露出来,为数据集成提供方便。例如,对于图书馆数据库数据的集成,由于不同数据之间在数据格式、采用的数据库系统,甚至操作系统方面都存在异构,因而可以考虑利用 Web Service 将各馆需要集成的数据按照统一的格式提供出来。在进行数据集成时,只需要直接调用各馆暴露出来的数据,不必再去关心各馆具体的数据格式和数据库管理系统。通过 Web Service 集成异构数据如图 7-1-2 所示。

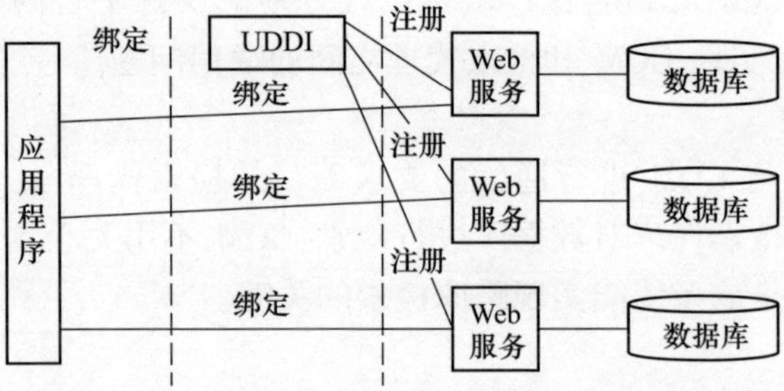

图 7-1-2　通过 Web Service 集成异构数据示意图

2. 基于 XSD 的数据描述方式可以统一异构数据的数据类型

在进行异构数据集成的应用中,数据类型转换是一个代表性的问题。不同的应用环境、不同的应用程序所定义的数据类型是各不相同的。例如,对于整形数的定义,在不同环境中的定义就不同,可能是 16 位、32 位或者 64 位。这些细节对实现数据集成非常重要。W3C 制定的 XML Schema(XSD)就是专门解决这个问题的一套标准。它定义了一套标准的数据类型,并给出了一种语言来扩展这套数据类型。Web Service 平台是使用 XSD 作为其数据类型系统的。当使用某种语言(如 VB. NET 或 C#)来构造一个 Web Service 时,为了符合 Web Service 标准,使用的所有数据类型都必须被转换为 XSD 类型。

在进行异构数据集成时,将数据类型的转换工作放在了 Web Service 一端,将不同的数据类型统一到 XSD 的数据类型上,减小了问题的复杂度,使得调用 Web 服务得到的数据具有相同的类型。这样在进行数据集成时,可以轻松实现互操作性,不用关心具体系统是在什么平台上运行,使用的是什么开发语言,大大减少了数据集成的时间和成本。

3. 利用基于 HTTP 和 XML 的 SOAP 协议可以实现跨越防火墙的通信

在跨越异构网络的数据集成应用中,保证数据在网络间安全地进行传递,并且能够穿越防火墙,是较难解决的一个问题。虽然 COM Internet Server 和 Remote Data Server(远程数据调用服务)可以部分解决这个问题,但这两种技术都依赖于 Windows 平台,不能做到跨平台应用。

SOAP 消息协议是基于 HTTP 之上的,用 HTTP 的连接来传送特定格式的 XML 信息。也就是说,SOAP 定义了一种在 HTTP 客户端和服务器之间传送使用 XML 编码的命令和参数的机制,因此独立于操作系统、编程语言或客户端和服务器端的对象模型,可以安全地跨越防火墙,实现异构网络之间的数据传递。

4. 技术可以方便实现软件重用

一般的软件重用,还停留在代码重用层面,对于数据而言,除非是静态数据,否则很难实现数据重用。Web Service 允许在重用代码的同时,重用代码后面的数据。只需要直接调用远端的 Web Service,就可以像调用本地方法或数据一样使用 Web Service 提供的方法和数据,而且数据是可以动态更新的。

对于数据集成而言,通过远端 Web Service 提供的方法处理数据,不但可以实现数据的集成,而且不影响原有应用系统的运行。也就是说,数据集成时的数据是可以动态更新的,每次调用 Web Service 得到的数据都有可能不同。

5. 通过调用得到期望数据

通过 UDDI,对于每个希望使用该数据源数据的应用程序,都可以通过调用相应 Web Service 得到其期望的数据。这样就避免了对每个使用该数据源的新应用进行开发,最大限度地实现了软件的重用和数据的重用,节约了大量人力和时间。

数字化图书馆的建设,除了资源的数字化以外,如何实现数字资源的最大利用也是一个很重要的方面。单纯停留在单库检索的阶段,满足于数据库数量的多少,而不是对数据库资源的充分开发与利用,并不能代表数字化水平的高低。上面提出的这个基于 COM 的跨库检索模型,是解决图书馆数字化过程中跨库检索的一条途径,具有一定的现实意义和实践价值。对于异构数据集成中所面临的系统异构和模式异构,以及跨防火墙数据的传输问题,Web Service 技术提供了一系列的解决方案。与以前的技术相比,它在跨平台性解决异构问题上,表现出更加灵活和更加强大的功能,因此,使用 Web Service 技术解决异构数据集成问题成为了当时的潮流。

第二节　数据库多级信息检索

本节设计多级著录的格式控制与多级检索的实现算法，以 ASP 技术实现 MARC 信息的 Web 发布。针对中国档案 MARC 信息组织的计算机信息检索系统，实现了“文件—案卷—类别—全宗”双向的等级连接和远程检索。

随着信息技术的发展，档案管理的计算机化、网络化正在成为主流，建立档案机读目录(MARC AMC)数据库成为档案工作现代化的重要组成部分，也是档案资源真正上网所要求的。数据以 MARC 形式存储，计算机就能对其进行各种复杂的加工处理，方便快捷地完成信息管理的各项工作，而且实现之前档案数据库或元数据还没有实现的某些功能。

一、MARC AMC 信息的计算机处理研究

1. 中国 MARC AMC 的信息组织

MARC 在图书领域使用比较广泛，技术也较成熟，但在档案领域起步较晚。国际上对档案机读目录交换格式的研究是从 20 世纪 70 年代发展起来的，80 年代初美国制定出《档案机读目录交换格式》标准，至 1996 年形成了最新的 ISO2709 信息交换格式的国际标准(第三版)。基于这个标准国外先后开发了档案信息管理系统，并且实现了 MARC 信息 Web 发布，而国内在这个方面则是一片空白，特别是一些上网的档案馆只提供档案资料的部分目录和非常有限的检索功能，严重影响了我国档案事业的现代化进程，给档案信息利用带来了诸多不便。

该系统采用《中国档案机读目录格式(报批稿)》，其格式遵循国际标准《ISO2709 信息交换格式》与国家标准《GB2901 书目信息交换用磁带格式》。该系统机读目录格式是国内外通行的标准交换格式，通过科学设计，字段长可变、记录长可变、字段可选并且采取通用的文本格式进行存储，存储分为头标区、目次区、数据区三个层次，使数据具有很强的自我说明能力，即便是数据有所损坏从残留的文本中也可判断和读出大部分信息。这就确保各档案部门生成结构一致的目录信息，从而有利于对不同馆的数据源通过网络直接访问或通过存储介质集成在一个系统里来处理，解决了不同馆档案数据的不兼容、不易利用问题。

2. 多级信息处理的可行性

全宗原则是档案管理的理论原则，也是整个档案管理工作的重要管理原则。这就要求档案管理中的各个环节都必须按照该原则保持文件、案卷、类别、全宗

之间的有机联系。因此,档案著录就应该从一般到具体、从总体到个体地著录,以表达档案的多级著录层次,反映档案之间的有机联系。实行多级著录是提高档案检索效率、实现档案工作最终目的的必然要求。只有实现了多级著录才有可能实现多级检索,才有可能在检索时进行从文件到案卷、从案卷到类别、从类别到全宗及其反方向的等级连接,提高检索效率。

根据我国现行的档案著录规则,档案的著录只有文件级著录和案卷级著录,而没有类别级和全宗级著录,各目录中也没有提供向上一等级或下一等级连接的相关信息,因此无法实现多级著录。《中国档案机读目录格式》的制订使多级著录成为可能,因为它在设计时就融入了多级著录的思想:条目连接块中的461、462、463、464字段分别用于标识与本份档案相联系的全宗、文件组合、文件、单一文件部分的相关信息,这就实现了多级著录,即“全宗—类别—案卷—文件”的著录。这一规则在与国家行业标准《DA/T18,1999档案著录规则》兼容的同时,也与国际档案理事会于2000年正式颁布的《国际标准——档案著录规则(总则)》(第二版)兼容,是符合档案管理原则的档案著录规则。

3. 计算机处理系统的功能结构

该系统共由八个模块组成:外部数据套录、外部MARC转入、录入模板设置、MARC编目、编目数据检索、远程数据查询、系统管理和帮助。

(1) 外部数据套录:系统向用户提供字段工作单,各个不同数据源据此修改字段名,自动套录成MARC形式。转换后的MARC记录可以导入预编库以供编目修改,并提供套录表检索的功能。

(2) MARC数据转入:对已采用MARC格式数据进行导入,并提供生成临时简目表、索引表和检索功能。

(3) 录入模板设置:用户决定除必备字段以外其他字段项的设定,以定制一个模板,并对模板进行修改、删除、复制。各种不同模板组成档案模板。

(4) MARC编目:实现对定制模板的手工直接录入和外部转入数据的维护及入库管理。

(5) MARC信息检索(见后)

(6) 系统管理和帮助:提供用户权限和密码的管理;以Windows风格的Html页面提供强大的实时帮助。

二、MARC AMC信息检索系统的研制

远程查询的流程与本地处理中的MARC检索类似,不同的是,该模块通过计算机网络进行远程编目记录的查询和浏览,来实现编目记录检索的功能。系统采用先进的网络技术将档案机读目录信息发布到网上,用户只需通过Web浏

览器即可检索相关信息。由于档案的保密性,浏览前要进行用户登录,来限定用户权限。图 7-2-3 是其功能的实现图示。

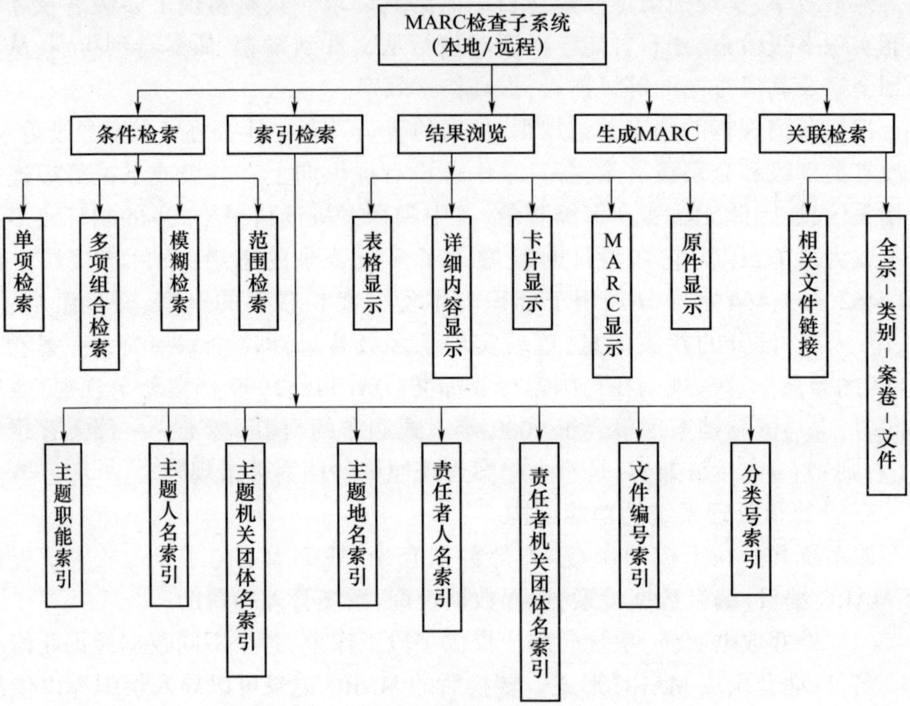

图 7-2-3　MARC AMC 信息检索系统功能

远程查询系统以 ASP 技术实现了 MARC 信息 Web 发布,,可以作“简单查询”“高级查询”和“索引查询”(见图 7-2-4 的检索界面)。查询结果可以是列表方式的常用项显示,也可通过单击记录显示该项的详细情况,并可选择 MARC

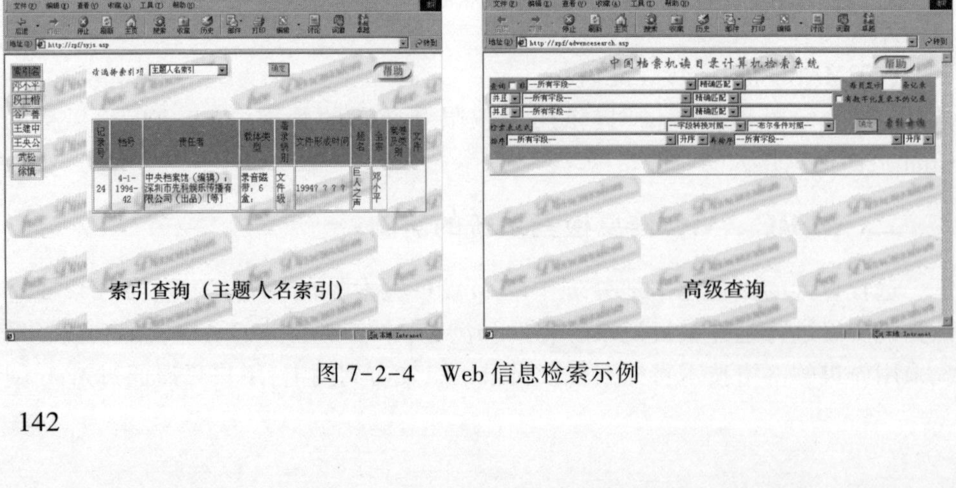

图 7-2-4　Web 信息检索示例

显示。记录中超级链接的文本都可以转到相关记录并在屏幕中显示。从内容上这些超链都是与该条记录相关的文件、案卷、类别和全宗。这些超链非常便于用户网上查询,也保持了档案信息的完整性、组织性。该系统可将各档案馆数据转为 MARC 格式,以该形式发布档案信息实现了异地数据集成,也便于多源档案数据的统一检索,这将带来档案利用的革命,真正实现了档案信息的网络共享。

三、基于 Web 数据库多级检索的实现研究

1. 多级著录的格式控制

实行档案的多级著录是实现基于数据库的多级检索的必要前提,我们在构建多级检索系统前首先要进行多级著录,即在建立数据库时对每一份档案条目要根据《中国档案机读目录格式》设置相应的连接字段。根据该格式及档案工作的实际要求,在建立多级检索系统时用于检索的简目表的数据结构如下:

字段名	字段类型	字段长度	含义	备注
	recid	A		记录控制号 *
	001	A	19	档号
	035	A	6	著录级别
	035	A	20	电子文档号
	096	A	17	文件编号
	100a	A	6	密级
	100b	A	4	保管期限
	200a	A	150	题名
	200b	A	8	文种
	451	A	100	同载体稿本
	452	A	100	不同载体稿本
	—	—	—	—
	461	A	100	全宗
	462	A	100	文件组合
	463	A	100	文件
	464	A	100	单一文件部分
	488	A	100	相关文件

其中,461、462、463、464 这三个字段就分别记录了与该份档案相联系的全宗、文件组合、文件、单一文件部分的相关信息,其格式如下:

指示符	子字段标识符	子字段数据	子字段标识符	子字段数据	…	F/T
#0 或#1	$a	嵌套的字段标识符、指示符和子字段及数据	$a	嵌套的字段标识符、指示符和子字段及数据	…	字段结束符

[实例 1]

001　B1-2-2555-11

200　1#　$a 上海市人民委员会批复邮电管理局关于天线场地与农业生产问题的报告$b 批复

462　#0$1 100B1-2　$12001#$a 上海市人民委员会(长期)办公厅秘书处

461　#1$1 001B2　$12001#$a 上海市人民政府,上海市军事管制委员会

表明档号为"B1-2-2555-11"的文件"上海市人民委员会批复邮电管理局关于天线场地与农业生产问题的报告"向上连接至档号为"B1-2"的文件组合"上海市人民委员会(长期)办公厅秘书处",同时也向上连接至档号为"B2"的全宗"上海市人民政府,上海市军事管制委员会"。

由于档号是区分一份档案的唯一标识,而被连接的文件本身都有自己的详细著录内容,故在该系统的建立过程中我们省略了不必要的信息,规定只需在连接字段数据项中加入档号信息即可。

[实例 2]

001　B1-2-2555-11

200　1#　$a 上海市人民委员会批复邮电管理局关于天线场地与农业生产问题的报告$b 批复

462　#0$1 001B1-2

462　#1$1 001B2

这种格式的著录与前种格式的著录具有同样效果。按着这样的规则进行的著录便完成了一份档案的多级著录。

2. 多级检索的实现算法

在多级著录的基础上,检索过程中按照用户的等级检索需求即可自如地实现文件、文件组合、文件分析部分、全宗的相互连接,其算法如下:

(1) 选中一档案条目,确定其要被连接到的等级;

(2) 抽取表示该等级的字段项存放到一变量中;

(3) 对抽取出来的数据进行分析,根据档号标志"001"分析出该条目包含

几个要连接到的条目及各条目的档号；

（4）利用SQL语句在数据库中进行查询：“select from 数据库名 where 001=档号1 or 001=档号2 or 001=档号3 or …”。

为了建立全国的档案机读目录中心或档案机读目录联合数据库，标准元数据及其计算机实现的研究可有多种方案，MARC的目录信息组织有其不可替代的优势，而且这类应用不失为更切实际。从发展的观点看，上述研究对档案MARC信息与XML、EAD、Z39.50等信息的转换是有利的。

第三节 文献信息管理系统设计

本节建立一个集文献信息计算机管理课件演示系统、文献信息计算机管理训练系统和题库试卷系统为一体的综合计算机教学科研系统，以实现图书馆采购、编目、流通和检索的计算机管理，实现从题库建立到输出试卷的整体服务，为深化课程的教学改革和提高课程教学的效益提供基础。

二十年前我们研制了一款文献信息计算机管理训练系统，它是一个集计算机课件演示系统、文献信息计算机管理教学训练系统和题库试卷系统为一体的综合计算机教学系统。该系统体现了现代化教学的特点，能够方便地完成边讲课、边演示、边考核，提供了比较实用的教学训练平台。教学训练系统模拟实现了图书馆采购、编目、流通和检索的计算机管理，在指导教学过程中起到了重要作用，题库试卷管理系统实现了从题库建立到输出试卷的整体服务，为考核教学质量提供了保证。

一、总体方案

1. 总体结构

文献信息计算机管理教学训练系统（DCMTS），由DCMTS教学训练系统、DCMTS教学课件演示软件和DCMTS系统课程试卷管理系统三大模块组成，其中DCMTS教学训练系统是本课题的主要部分。系统总体结构示意图如下：

2. DCMTS教学训练系统

DCMTS教学训练系统的结构示意图如下：

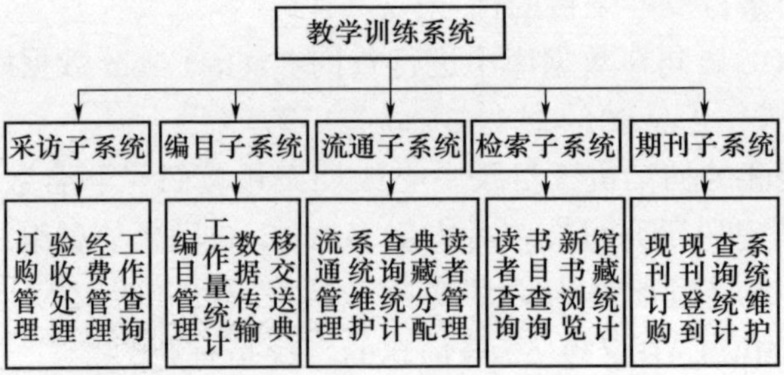

3. DCMTS 教学课件演示软件

DCMTS 教学课件演示软件的结构示意图如下：

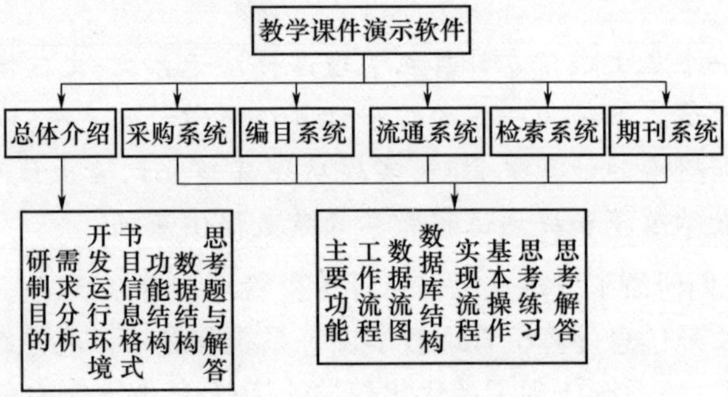

二、系统环境

1. DCMTS 教学训练系统

(1) 开发环境:系统软件是中文 Windows 3.2 或中文 Windows 9X,开发工具是 Foxpro For Windows。

(2) 运行环境:同上。考虑到作为一个教学指导软件,保留 Foxpro 设计的 SCX,PRG 等文件。

2. DCMTS 教学课件演示软件

(1) 开发环境:系统软件是中文 Windows 3.2 或中文 Windows 9X,开发工具是 Powerpoint。

(2) 运行环境:同上。该软件的课件可以根据教学需要进行改进和扩充。

3. DCMTS 题库及管理系统

(1) 开发环境:系统软件是中文 Windows 3.2 或中文 Windows 9X,开发工具是 Visual Poxpro 5 for Windows 9x。

(2) 运行环境:硬件环境同上,系统要求 Windows 95 以上的 32 位系统软件。

由于该子系统已编译成 EXE 执行程序,故可以脱离 VF 环境独立运行。

三、数据库设计

1. 书目记录格式

DCMTS 系统,书目记录格式采用 CNMARC(中国机读目录通信格式)为主体,其他数据库表设计为辅助,并且数据岸格式可转换 CNMARC。

2. 建库原则和多表关联

(1) 中西文合库,书刊分库。

(2) 采用单库多表的数据库结构:除了主表存放 MARC 数据外,还有 7 个相关的辅助索引表以及其他临时表、参数表。主要数据表的关联如下:

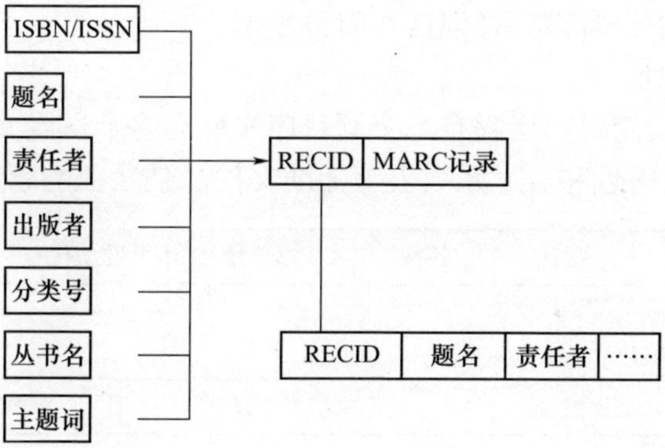

3. 主库(BIBLIO)的设计

BIBLIO 用于存放 MARC 数据,由于书目记录具有可变长和可变字段数等特点,其结构设计如下:

RECID	MARC1	……	MARC7	SOURCE

(1) RECID:记录控制号。

(2) MARC1~MARC7:以 MARC 数据记录的实际长度存放数据,用 RECID 实现对 MARC 记录的调用。

(3) SOURCE:数据来源,指明 MARC 记录是套录还是原始编目。

4. 辅助索引表的设计

以 MARC 主表为基础,DCMTS 系统使用了 7 个辅助索引表,当生成一条新的 MARC 记录时,系统自动抽取有检索意义的字段(子字段),放入相关的索引表内。索引表的结构设计如下:

TAGTEXE	RECID

TAGTEXE 为索引项数据。设计辅助索引表的优点是:简化检索策略,以提高检索速度;在大数据量情况下,也能实现快检,以缩短用户等待时间;可以根据检索表内容合理地分配空间。

5. 简目表(BIB)的设计

我们常使用较多的书目数据,仅是 MARC 主表中的部分常用字段(子字段),DCMTS 系统在 MARC 主表基础上建立了一个简体的主表,称为“简目表”。其结构如下:

RECID	ISBN	题名	责任者	出版地	出版者	出版日期	装订	页数
尺寸开本	容量	版次	价格	分类	书次	复本	入档日期	

设计简目表的好处是可方便高效地调用和管理常用的书目数据项,在公共查询或流通管理中经常需要查询这些简目数据。

6. 题库的设计

题库系统中设定每门课程有一个题目库文件和多个试卷文件,另外还有课程对照表、题型代码表和难度系数表等辅助文件。某课程的题库结构如下:

题库编号	题目	答案	章节号	题型代号	难度等级

试卷结构如下:

试题编号	题库编号	生成试卷信息	分数

设计辅助文件可以大大减少数据的冗余、便于数据库的维护。

四、教学训练系统的设计

1. 采购子系统

(1) 数据加工流程。

① 采购部门将书目采购信息录入采购表;

② 新书到馆后办理到书登记、财务记账等;

③ 新书验收录入登录号,存入验收表,修改状态标志为“验收”;

④ 订购书进行一般查询或特别查询;

⑤ 向编目子系统发送交接单。

(2) 订购查重的实现。

① 输入待订书的 ISBN 号,或“书名+作者名”数据;

② 对采购表进行查重;

③ 对书目库进行查重;

④ 若有重书,则转入重审单,显示重书信息,强制订购或放弃;

⑤ 若无重书,则输入其他数据项,转①继续录入。

2. 编目子系统

数据加工流程:

(1) 验收表中读取待编书目信息,修改该册书的状态标志为“编目”;

(2) 执行编目,生成完整的记录数据,并保存于临时 MARC 工作表;

(3) 编目表中的数据送入 BIBLIO,并抽取记录中 7 项检索点,以建立相关的索引表记录,完成编目移交送典;

(4) 由编目 MARC 表生成相应的简目表 BIB;

(5) 向典藏(流通系统)发出送书单。

3. 流通子系统

(1) 数据加工流程。

① 读取送典书的登录号,验收并分配编目送来的图书;

② 根据登录号依次读取编目记录,在书册表中建立相应的书册记录;

③ 修改该册书的状态标志为“典藏”,新书已完成入库;

④ 录入读者证号,进行办证管理,包括销证、挂失和修改操作;

⑤ 有效读者进入流通业务,包括出纳、预约和修补图书操作;

⑥ 出纳业务包括正常借还书登记,读借预约服务、损书罚款等。

(2) 流通借书的实现。

① 输入读者证号,输入图书登录号;

② 屏幕显示读者信息和最近所借书目信息;

③ 若书证挂失或已过有效期,则拒借;

④ 若有欠款、有人预约,则拒借;

⑤ 若该书状态不可借,可能是非外借或在修补书,则拒借;

⑥ 该读者借下一本书,转②;

⑦ 进入下一读者借书,转①。

4. 检索子系统

(1) 数据加工流程。

① 从读者表、借阅表和简目表中,查询读者信息和所借图书的基本信息;

② 从索引表中,通过题名、著者、分类号、主题词、ISBN/ISSN、RECID、出版社等入口查询书目信息,并完成多项组配和追加检索;

③ 对检索结果集合,以简目记录形式显示;

④ 对指定的一条记录,以卡片、MARC、在馆情况等方式显示信息;

⑤ 从索引表和简目表中,计算显示馆藏分类目录的图书数。

(2) 组配检索的实现。

组配检索是供专业读者根据需要对检索项进行复杂的逻辑运算,包括历史组配和新生组配检索。新生组配是指在选择的题名、著者等检索点之间进行布尔逻辑运算;历史组配是指在保留的检索式之间进行布尔逻辑运算。

① 在检索入口列表中选定检索项,并在文本框中输入相应内容;

② 输入或选定相应的运算符;

③ 重复①;

④ 构成检索提问式,进行语法检查;

⑤ 若正确,则执行查询,需要时向历史文档中保存该检索式;

⑥ 在历史检索式框中选定检索式,输入或选定相应的运算符;

⑦ 重复⑥;

⑧ 进行查询。

五、教学课件演示软件的设计

课件设计包括屏幕设计和程序设计,使用界面要求简洁方便,稿本编排要求知识点丰富、有层次。DCMTS 系统的教学课件由 100 张多媒体幻灯片组成。

1. 指南设计

PowerPoint 提供自动套用格式、选取样式、模板等多种指南,遵循这些指南,可以逐步完成简单的课件制作,比较适合初学者的快速运用。

2. 创建文稿设计

PowerPoint 文稿以 . PPT 形式存放,打开或新建一个文件,在视窗中就可以看到并可加工,提供的 5 种视窗可以在教学演示中灵活应用,如对于抄笔记来说,概要视窗较为合适;又如,对于教师准备教案,可以大量使用屏幕下方的“笔”等工具。

3. 制作设计

(1) 当屏幕显示使观察达到较大的注意范围时,效果较佳。

(2) 屏幕绘图多采用色彩对比以突出内容。

(3) 图形制作可使用自绘、系统自带、Word 表和艺术剪贴等。

(4) 文字制作,在大纲视窗中可调整展示层次,在幻灯片切入和文本出现时有多种表现效果可选。

4. 演示教学实现

(1) 课件展示向训练系统切换。在 PowerPoint 中放映幻灯,按 ESC 键,然后在任务栏上单击在线的教学训练系统。

(2) 训练系统向课件放映切换。单击任务栏上已运行的 PowerPoint 按钮。

(3) 演示软件的前后翻屏切换。单击屏幕一般区域完成向后翻屏,单击屏幕右下角的“<”完成向前翻屏。

(4) 教案内容展示的节奏控制。单击屏幕一次即出现一条新的信息,连续单击可使画面生动。

六、题库试卷管理系统的设计

1. 数据加工流程

(1) 若是建立新课程题库,在课程名表中登记,并新建一个题库文件;

(2) 选定某课程,确定新加题目的答案、题型、难度和章节号,存入相应题库文件;

(3) 选定某课程的某一类型题目,在给定的题目数和分数下,抽取考题,存入试题文件;

(4) 继续生成其他类型的题目,添加于试题文件;

(5) 在试卷上添加相应考试信息,加工输出。

2. 自动抽题的实现

自动抽题,即在选定的题型内,计算机自动抽取已确定题目数量和总分数的一组题目,进而可以选择不同题型,完成试卷的生成。

(1) 在同题型的题目库中,确定一个不超出总题数的抽题数;

(2) 由随机函数值与抽取数的积确定抽取题的题号;

(3) 判断该题是否已在生成试卷中存在;

(4) 若不存在,则将此题添加到试卷表;

(5) 重复(2),抽取本题型的下一题目;

(6) 重复(1),抽取下一题型的题目。

七、技术特点

1. 系统开放性

系统中随时可以打开程序设计文件、屏幕文件和菜单文件等进行模拟训练,随时可以补充新的教学素材以紧扣教学大纲的更新,随时可以更新题目、题型由于教学质量的考评。

2. 系统一体化

课件演示软件、教学训练系统和题库管理系统可以任意切换,能够顺利完成计算机化教学、模拟系统演示和阶段性考测的现代教学全过程。

3. 系统多功能

采访系统中订购表和预表的不同查重、编目系统中多种数据转录和模板修改、流通系统中各种借还状态的正确控制和详尽的帮助功能、检索系统中组配检索及结果处理的设计等，均是该系统的特点。

4. 系统通用性

教学训练系统预留的多个接口，便于补充和拓展题库管理系统，同样也适用于其他课程题库的建立和管理。

第八章　文献信息自动标引

第一节　信息自动标引分词算法

> 本节基于词首最长匹配的词典分词法，结合基于段句分割符表及停用词表的切分标记分词法，实现“正向扫描+最大匹配+最小推进”（简称 PLS）的分词优化算法，应用其设计了一个通用的档案信息标引系统。自动标引是文本信息预处理的基础和核心，文献信息自动标引是研究热点。

中文自动标引的研究已有词典标引法、切分标引法、单汉字标引法、词句分析及神经网络模型理解分析法等，这些方法各有利弊。真正在各领域通用、能够保证标引质量的自动标引系统还很少实现。档案摘要正规、行文规范，计算机处理的可行性强，我们对自动标引的研究立足于档案文献这一专门领域。首次将基于词首最长匹配的词典分词法，结合基于段句分割符表及停用词表的切分标记分词法，运用于档案文献的摘要自动标引，提出并实现了“正向扫描（POSITIVE SCANNER）+最大匹配（LONGEST_WORD MATCH）+最小推进（SHORTEST_WORD PUSH）”（简称 PLS）的分词优化算法，最后设计了一个通用的档案信息标引系统。

一、基于词典和切分标记分词的自动标引

词典分词法构造机内词典，用待标引处理信息去匹配词典。扫描顺序分为正向扫描匹配和逆向扫描匹配，正逆向结合，则可解决交集型字串问题。匹配方法有最长匹配、最短匹配、长短结合和词首匹配。

最长匹配是从待匹配文本字串中以词典中最大长度为单位取一定长字串搜索词典，若搜索成功，则记下该词，再从该词的后部（正向扫描处理）或前部（逆向扫描处理）截取字串继续搜索，直至处理完毕；若搜索不成功，则舍去后端（正向扫描）或前端（逆向扫描）一字继续搜索，若到最后一字仍搜索无效，则从该字串的前部或后部再重新截取一定长字串进行搜索处理。词首匹配是顺序取一个汉字，用前方一致方式查找词典，若命中以词典定位匹配文本，一致则记下该词，再后移该词长，取当前字继续；若不命中，取下一字继续查找。

切分标记分词法将能够断开词和词组或表示汉字之间联系关系的汉字集合组成字典,称为“切分标记字典”。字典包括词首字、词尾字、独立字或以上组合字。对扫描文本考察当前字与前后两字的关系,做出不同处理:若字间有联系关系,则组词;若无联系关系,则断词取出。

词典和标记法是先组式标引,算法有一定实用性,词(字)典构造困难、更新滞后,但检索时无须字组配,检索速度快,词典法中的主题法具有的扩检与缩检功能明显优势。我们结合词首最长匹配词典分词和切分标记分词的方法,改造后的档案文献摘要特征词自动标引流程如图 8-1-1 所示。

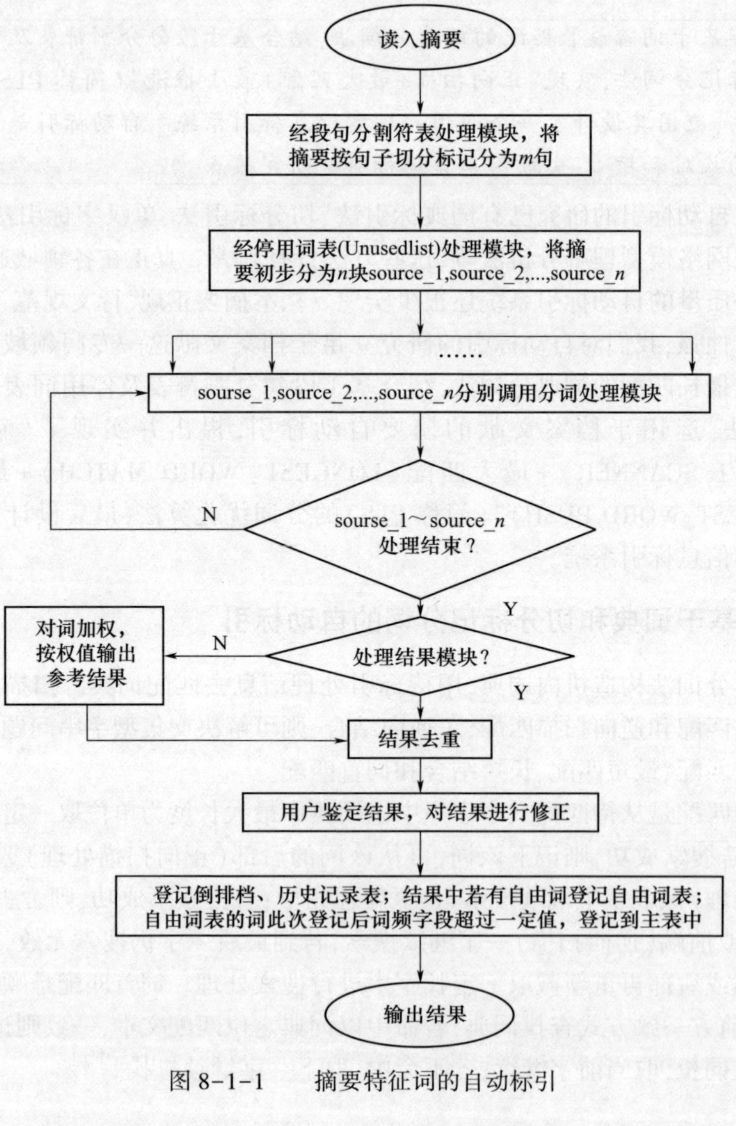

图 8-1-1　摘要特征词的自动标引

二、语义及切分词表的设计

切分标志词表分为段句分割符表和停用词表，其中段句分割符表存在各种标点符号，用来分割句子和段落。停用词表（UnusedList）包括句子切分符号，如“《 、》（、）—”等，还有停用字（词），如“的、了、是、在、通知、命令、国务院、中央军委”等。该系统在停用词中收录文种词和发文单位。档案文献的摘要往往含有文种，档案著录的文种项一般不能揭示文章内容，因此归入停用词表；发文单位并不表示内容，会干扰真正表达内容主题词的切分，也被归入停用词表。

停用词表有两个字段 unuse（停用词）和 wzdw（文种、单位词标记）。对已切分的摘要句子进行正向扫描，遇到停用词表中的词剔除。经停用词表处理后标题被分为 n 块，分别存放在 source _ 1，source _ 2，…，source _ n 中。扫描过程中通过 wzdw 字段判断文种、单位信息，并将其存入全局变量 wenz 和 danw 中（变量的作用在下面介绍）。

该系统的主表（maintab）设计是基于《中国档案主题词表》最新版建立的，并对该词表的各关系项进行了合理安排。主表结构为四个字段：主题词（T）、范畴号（N）、用词（Y）、指针（P），其他语义参照词（C，D，S，F，Z）和注释项在主表关系表（mrelation）中保留，并在主表的 P 字段中指向关系表中相应的记录；Y 表示正式主题词，匹配成功后应察看该词 Y 字段，若不为空则用其替换该词再登记截词结果。另外，N 皆应记录在截词结果中。

对主表的访问是通过建立的索引表进行的，以提高检索速度。当系统提交需定位的汉字时，将该汉字的国标码利用一定算法进行处理，得到在索引表中的地址；访问索引表，根据索引表的指针到主表以该汉字开头的记录集合；最后执行匹配操作。该访问模式如图 8-1-2 所示。

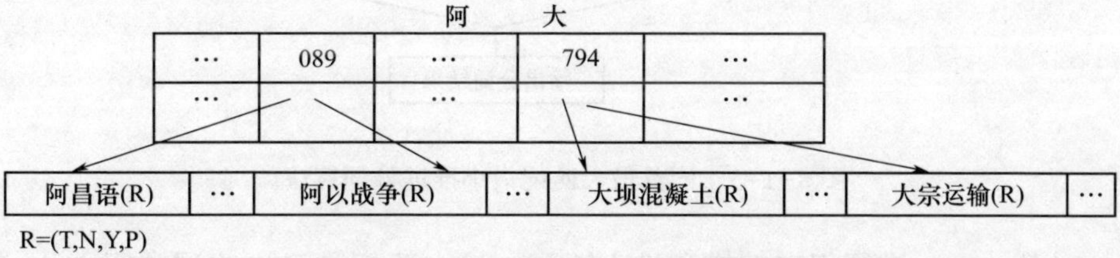

图 8-1-2　主表结构与索引表访问示例

三、词首最大匹配最小推进 PLS 分词算法

对已经初步分好的各块 source _ 1 ~ source _ n 进向正向扫描，与主题词表

(maintab)进行最大匹配。指针移位按照“最小推进原则”,然后继续按这种方法处理后续文字,输出分词结果。词首最大匹配最小推进分词算法如图 8-1-3 所示。

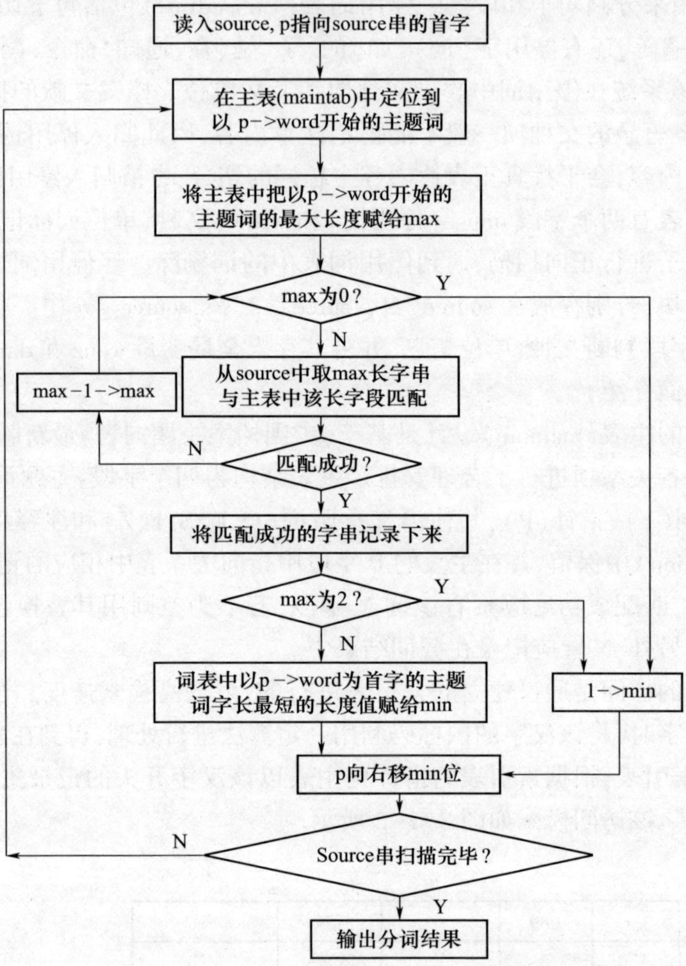

图 8-1-3　词首最大匹配最小推进分词算法

对各 source 进行正向扫描和最大匹配。最大匹配是汉语截词常用方法,准确性相对较高,但完全依据最长的词来截词,会使标引结果忽略了主题概念组配的情况。因此,补充了“最小推进”原则,即当在词表中按最大匹配原则匹配到长度为 max 的词后,在以 p->word 为首字的几条记录中找到最小匹配的词,并按最小匹配词的长度移动指针 p。若没有最小匹配的词或 max 的长度为 2,则指针 p 向右移一位。

举例:题名《建设部关于进一步加强产品质量管理的决定》。“建设部”“关于”“的”“决定”被停用词表剔除。经分词处理,若“进一步加强”无法匹配则被剔除。当 p->word==“产”时,最大匹配得到“产品质量”,而主表中有“产品”一词,所以 p 指向“质”,最大匹配得到“质量管理”,主表中有“质量”一词,p 指向“管”,得到“管理”。分词结果是:产品质量、质量管理、管理。

若分词结果为 0,则被视为不理想的结果。对各 source 块从后向前进行二次扫描,并在开头和结尾的段落中进行词匹配。若 source 中某词在段落中出现,则赋予此词一个权值。处理完毕后将 5 个以内权值最高的词作为参考结果。

理想的分词结果和参考结果都要经过去重处理。按最大包含原则,例如上例,“管理”被“质量管理”包含,被舍去。另外,当结果的词较多时,去除优先级较低的词,方法是调出停用词表处理时记录的 wenz(文种)、danw(单位)全局变量,它们往往可以对应一定范围的主题内容,即可以建立其与范畴号的联系,以此为依据对结果记录中含有本篇文种和单位对应范畴号的词赋予高优先级。

四、系统的特点与完善

基于 PLS 算法,我们设计了一个可扩张的计算机标引系统,对输出结果提供用户鉴定功能。用户可以对标引结果进行改动,系统对选中的词进行上位词、下位词的提示。对分词结果出现的自由词登记到自由词表,并将词频字段加 1,并检查该词词频字段是否超过规定值。若超过则将该词登记到主表中,将分词结果登记到历史纪录表,历史记录表存有最近标识的 100 条记录,遇到相同片句进行联想。其中自由词表扩展了《中国档案主题词表》收录的词,使自动标引具有学习的功能。

兼顾通用性,系统提供应用程序开发接口,其源代码的实现都是基于对象的,按功能聚类,封装成二进制的对象模型,使该系统实现的片句自动标引的各项功能方便地被其他系统调用。另外,考虑到网络环境下联机标引的需要,多个分词对象可共享数据,状态各自维护,实现多线程调用。

基于摘要的自动标引是目前汉语文献主题标引的一个难点,我们在设计档案信息标引系统的过程中对这个问题的解决进行了有效尝试。但我们的方法也有一定的局限性,如尚未解决交集型标引词的处理等,一种可行方法是采用长短结合匹配,辅以人工控制的策略。

第二节 档案词表自动标引控制

本节研究的词典标引法在国内自动标引中的应用较为成熟，它构造一个主题词等词典，用算法进行词典的文献数据匹配，以抽取标引词。开发一种基于中国档案主题词表的自动标引实现方法，关键之一是如何选用相应的较为稳定的词典，及如何提高匹配效率。

人工智能自动标引方法因语义网络本身研究的不成熟，仍没有投入好用的产品。无词典标引法通过某些实现技术直接标引文中自由词，一般认为查全率较好，但查准率差；单汉字标引法将检索词串分解为单个汉字的逻辑乘关系组配实施检索，因避开自动分词技术而方便实现，但质量难以保证。我们在开发中国档案机读目录计算机处理系统中，研究了一种基于中国档案主题词表的自动标引方法，并给予实现。该方法将切分关键词和标引主题词融为一体，合理地构造了词典，设计完成了其中的一些关键技术。充分利用计算机及数据库技术的特长，不仅提高了标引人员的工作效率，降低了劳动强度，还提高了文献标引的一致性；充分利用主题词的“属”“分”“参”“代”和“用”的关系，提高了文献的查全率和查准率。

一、基于词表控制的中文信息自动标引

自动标引是根据拟存储、检索的档案文献（题名、文摘、正文）用计算机自动选定标引词（即检索标识）的标引技术。自动标引主要有两种类型：赋词标引和抽词标引。赋词标引即计算机在自动标引的过程中，采用的标引词选自预先编制的词表，即采用主题词或叙词来代替作者用词表达文献的主题概念；抽词标引是指从文献中自动抽出能表达文献主题的词作为标引词，以构成文献的标引，即以作者使用的关键词直接作为标引词。抽词标引和赋词标引各有优点，抽词标引比较灵活，但我们也必须看到它不可避免地加重了检索人员的检索智力负担；而赋词标引虽然依靠计算机的识别能力，但它便于扩检与缩检，查全率与查准率相对较高。

自动标引技术最早是1958年由美国的卢恩首先提出来的，当时主要是基于词频统计法的自动抽词标引。后来各国都开展了自动标引方面的研究，提出了多种方法，如统计法、语言法、概率法、书目引文法和人工智能等。20世纪80年代以来，我国的科研人员从中国技术条件的角度出发，根据汉语词汇特点进行细致分析与研究，提出了各种各样的自动标引方案。目前，全文数据库常用的标引

技术有词典切分标引法、单字标引法和一些特殊方法。

单字标引法即以单个汉字作为标引词,避开自动分词的困难,利用汉字索引文件实现自动标引和逻辑检索的方法。它的优点是不需要人工智能标引,可实现索引自动化。这种方法在标引和检索两个阶段均不需要汉语主题词表。

词典切分标引法即先建立切分词典,然后以该词典为依据将文本字串与词典条目逐一比较,若匹配成功则将该字串作为索引项。其实现过程是:①利用非用词表排除输入的文献题目中的非用词,并将剩下的短语记录在短语文件中;②利用机读主题词表对剩下的短语逐一比较,抽出主题词并将其所处位置、范畴号和词族等信息记录在抽词文件中;③利用汉语的局部语法特征和一些主题判断规则对上述的信息进行加工。这些判断规则是由程序实现的,主要有低权值主题词排除规则、单字主题词选择规则和通用主题词选择规则等。

词典切分标引法的优点在于,比较容易实现对同义词、近义词等的控制,查全率与查准率相对较高。以下根据实际工作需要采用词典切分方法,中国档案主题词表的制订为实现档案信息计算机标引建立了基础。

二、中国档案主题词表系统的半自动实现

《中国档案主题词表》是一部反映档案内容的主题词和词间关系组成的规范化词典,是档案主题词标引和检索的词语控制工具,主要提供档案馆(室)及文书处理部门标引和检索档案、文件之用。该词表由主表(字顺表)及其词族索引、范畴索引、首字笔画检字表和附表、附录组成。主表的基本单元是主题词款目,主题词款目包括主题词及其汉语拼音、范畴号、注释和词间关系项 Y,D,F,S,Z,C 等。其中,Y 表示等同关系,指出款目词为非叙词;D 也是等同关系,指出由款目词代替 D 下的非叙词;F 指款目词的下位词;S 指款目词的上位词;Z 指款目词所在族的最上位词;C 指款目词的相关词。例如:

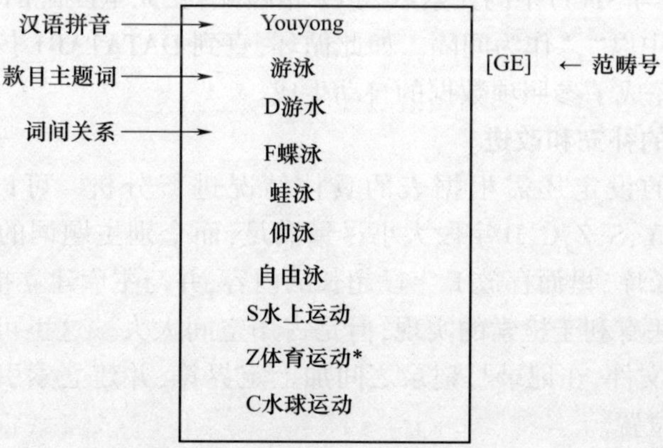

根据以上主题词款目就可以进行文件和档案的主题标引了。下面是系统主表数据库的实现过程：

1. 定义数据库的结构

R = {(TITLE,C 型,24),(INDEX,C 型,7),(Y,C 型,36),(S,C 型,36),(Z,C 型,20),(C,C 型,60),(D,C 型,100),(F,C 型,100)}

其中,TITLE 代表主题词,INDEX 代表范畴号,Y,S,Z,C 分别代表词间关系项。

2. 分析数据库结构,建立数据库

主题词表的篇幅庞大,录入量大,如何减少输入量是完成主表设计的一个重要方面。对以上字段进行分析,可以看到 Y,D 和 S,F 具有反参照的关系。例如：

Ahanmuyu

阿含姆语　　　[HE]

　　Y 傣语

这样可以断定“傣语”条的 D 项一定是“阿含姆语”。根据这种关系只对 TITLE,INDEX,Y,S,Z,C 项进行输入,而 D,F 项由程序自动生成。

3. 参照项数据自动生成算法

建有一个数据库文件 DATATAB1(TITLE,INDEX,Y,S,Z,C),并且完成了各个字段的输入。我们再建一个数据库文件 DATATAB2,比前者多出 D,F 字段,用 COPY TO 命令将 DATATAB1 中的记录全部复制到 DATATAB2。在工作区 1 和 2 中分别打开数据库 DATATAB1 和 DATATAB2,对 DATATAB1 逐条扫描将 S 字段的内容进行截词并存放到数组 S1(i)中,其中 i 根据 S 中上位词的个数而定,将 Y 字段的内容放到 y1 中(因为 Y 字段下只有一个词,所以无须用数组处理),然后将 TITLE 字段的内容放到 t1 中。设 DATATAB2 为主区,对其记录逐条扫描,并且与 S1(i)中的元素以及 y1 相匹配,在完全匹配的记录中将 t1 加入 F 或 D 字段中以“,”作为间隔。如此循环,直到 DATATAB1 扫描到最后一条记录。这样就完成了参照项数据的自动生成。

4. 对算法的补充和改进

字段大小的设定还需根据表的具体情况进行分析。可以这样处理：对 TITLE,INDEX,Y,S,Z,C,D 字段大小尽量满足,而个别主题词的 F 字段过长可以另设一个超长库,里面存放 F 字段超长的内容,并与主库建立指针链接。

上面的做法有利于检索的实现,但是占用空间太大。这里可以将数据库文件转化成 TXT 文件,在记录与记录之间加上定界符,并建立索引文件以记录每条记录的起始位置。

第一种做法可以实现检索,但是每一次检索都是从头开始,浪费时间;第二种做法节省空间,而检索入口少且不易实现。这里可以对第一种方法进行改进,对Y,S,Z,C,D,F每个字段都建立倒排文档,这样用户在检索时能快速地实现多途径检索,方便地实现扩检和缩检,以最大限度地达到检全检准。

该表的自动化实现中我们也发现了该版词表的一些错误,并在系统中予以了更正。

三、机读档案信息自动标引的实现

将中国档案主题词表应用于中国档案机读目录计算机处理系统。该系统包括数据输入、数据管理、数据检索、远程浏览、系统维护和帮助等功能模块。自动标引作为数据录入的子功能,在数据管理、数据检索和远程浏览等模块中起着重要作用。通过对档案赋予主题词标识,可以使原来无序的档案转化为有序、便于查找的集合。

用人工进行标引,通常是首先研读档案正文,经过分析归纳出主题,并将主题离散成若干主题概念,这些概念再经过主题词表的规范,确定正式标引用主题词,最后实现标引。用计算机实现自动标引,与此有类似情形,对于自动标引而言,影响其质量的一个重要因素就是标引源的选择。到目前为止,人们对于自动标引的研究大多数还是基于题名的。但也不能忽视有些档案题名对文件主题反映的不够准确与完整的情况,如《关于转发79年[国发4号]文件的通知》,这样的题名就完全没有反映主题。所以,题名可以作为确定主题的重要依据,但不能是唯一依据。摘要相对于题名而言,信息量得到了增加,一般情况下能够完全反映档案的主题,因此可以将摘要作为标引源的一个重要部分。对于正文计算机标引,由于其数据量过大,必然截出对文献主题无专指性的过多词汇的问题,影响标引的质量。综上,在中国档案机读目录计算机处理系统中选择了题名与摘要同时作为标引源。

在确定了标引源之后,进一步调查发现文章的不同部分对于标引来说其重要程度存在差异,题名与摘要相比,更切合文章的主题。因此,我们为不同部分抽出的词赋予了不同的权值:把题名中词汇的权值定为1.4,把摘要中词汇的权值定为1。在程序中权值的意义在于:当关键词从题名和摘要中抽取出来以后,把该词相应权值进行累加求和,最后以反映词汇重要程度的权值大小来确定标引词。

自动标引过程中的第一个环节就是要将档案中一个个连续的汉字,按照构词规律切分成词或词组。词汇切分过程实际上是根据给定的汉字字符序列经过汉语切分算法的处理得到切分结果的过程。在该系统处理切分过程中，首先制定了一个非用词表作为切分的初步依据，其中除了包含虚词如的、了、在、已、其、首、它、先，还包含标点符号。在切分抽词的过程中，先取题名或摘要中的一个汉字去和非用词表中记录进行比较，如相等则转到下一个汉字，否则，以此汉字为首字进行与主题词表的匹配工作。

自动标引中的词表系统除了主题词表外还应有一个同义词表，其作用是扫描该表时，将命中的关键词引导到正式主题词表中，并将其转换成正式标引用主题词，同义词表与主题词表应有对应关系。字符串与主题词表和同义词表进行匹配有多种算法，根据档案主题词表的特点及实际工作需要，这里采用最小匹配法，其算法如下：

```
1  Begin
2  制定文献标引权值和阈值(要标引的词至少要达到的权值数)；
3  输入题名或摘要；
4  do while 抽词位置未结束
5  抽当前位置两字符与非用词表中的记录相匹配
6  如果相等，则下移两个字符，转(4)
7  否则，扫描主题词表
8    命中，转(12)
9    未命中，则扫描同义词表
10     命中，根据同义词表中相应信息扫描主题词库，转(8)
11     未命中，下移两字符，转(4)
12  根据抽词部位确定该词的权值
13  合并相同的主题词，并将权值累加，转(4)
14  (抽词结束)权值达到阈值的主题词被标引
15  标引输出
16  End
```

在标引词被抽出后，再建立一个索引表，放入标引词及相应的记录号、上/下位词等信息，以备检索时用。

近年来，档案的自动标引研究越来越受到档案界的重视，许多相应的研究工作已逐步展开，我们在系统的研制中解决了一些关键技术和结构问题。进一步的工作是同时采用最大匹配法、设立切分标志法、二次扫描法、基于词频统计的方法及首字法等多种分词技术，以解决特异问题，在新平台上建立高效和实用的系统。

第三节 文本知识标引优化设计

本节讨论自动标引方法，主要有以字(串)为基础和以词为基础的两大类，在主题知识概念自动标引两种思路的基础上，设计具有位置信息的禁用词表，实现具有最短词回溯的词表最长匹配改进方法，设计应用基于规则和主题概念词表的标引改进算法。

国内外研制的中文信息检索系统中使用的自动标引方法主要有以字(串)为基础和以词为基础的两大类。前者虽然可以保证较高的查全率，但查准率低、检索速度慢，而且无法利用词表等知识来扩充搜索范围；后者的困难在于文本信息的分词或抽词，我国目前的关键词自动标引还没有实现语义和语境分析。目前已有两种方法相结合的研究，能解决最常见的歧义类型且分词速度较快，但缺乏知识环境，采用的词典库没有充分、科学的用词依据。

一、信息的自动标引及方法

国内信息自动标引中采用"主题词表的自动标引方法"的领域应用较为成熟、质量较高，该方法的关键是如何选用相应稳定的词典，及如何实现自动标引的高效率和高准确率。它是首先构建一个以主题词表为主的语(词)义环境，然后用自动标引算法进行词表信息的匹配以抽取标引词。基于该标引方法的研究及实现的系统，大致有两种技术偏向：其一，追求自动标引的效率，轻视质量问题，如忽视含禁用字词的组配标引词所带来的漏标引；其二，追求结果的完满，将歧义性降到最小限度，但匹配速度不易提高，如常见的词表最长匹配法(Maximum Matching Method)或最短匹配法，若匹配不成功则回溯或前进一个字后继续匹配，仅解决了准确率而标引效率低。以上两类问题的解决通常是有矛盾的，提高效率和提高质量往往会顾此失彼，因而有些论文或标引算法对此予以回避。这里在对以上两种方法进行比较分析的基础上，研究一种基于主题概念的规则和词表自动标引的MM改进算法，并通过实践表明，类同比较的质量和效率更好。

二、概念词表知识及其关联规则

在自动标引中，虽然选用的词汇可能不同，但表述的概念却是一致的，如能将特征项映射至概念级，则大大有助于自动标引和检索质量的提高。

1. 构建标引概念词表

首先进行概念词表知识及其规则的构造。这里对电子版主题词表进行修改,以作为标引主题知识。

(1) 主题词表 WORDTAB。由人工输入的电子版主题词表的关系模式如下:

WORDTAB(title,y,d,s,f,c,z,index)

其中,主题词(title),用词(y),代词(d),上位词(s),下位词(f),参照项(c),词族参照(z),范畴号(index),title 和 y 为本研究自动标引所用的基础信息。

在构造上述词表时,为了节省手工输入的时间,y 项内容未即输入。依据 title 和 d 项输入的内容,以及 WORDTAB 属性之间的反参照关系,自动生成 y 的内容,进而实现标引主题词表用、代关系的构建。该过程实际上也对印刷版主题词表作了具体校验。

下面对构造中用到的操作进行定义:

定义 1:表特征项投影是 k 元关系 R,在其分量 $A\,i_1,\cdots,A\,i_m$($m \leqslant k, i_1,\cdots,i_m$ 为 1 到 k 之间的整数)上的投影,用 $\Pi i_1,\cdots,i_m(R)$ 表示,它是一个 m 元元组的集合,其形式定义如下:

$$\Pi i_1,\cdots,i_m(R) \equiv \{t \mid t = < t_{i1},\cdots,t_{im} > \wedge < t_{i1},\cdots,t_{ik} > \in R\}$$

定义 2:表词信息提取是关系 R 关于公式 F 的选择操作,用 $\sigma_F(R)$ 表示,其形式定义如下:

$$\sigma_F(R) \equiv \{t \mid t \in R \wedge F(t) = \text{true}\}$$

其中,σ 为选择运算符,$\sigma_F(R)$ 表示从 R 中挑选满足公式 F 的元组所构成的关系。

(2) 标引词中间表 DICTIONARY 的建立。$\Pi_{title,y,d}(R)$ 操作取 WORDTAB 中的有用信息,以建立 DICTIONARY 表。

```
CREATE TABLE DICTIONARY
    ( rid    int          NOT NULL,
    title  CHAR(100)    NOT NULL,
    y      CHAR(100)    ,
    d      CHAR(100),
    PRIMARY KEY(title))
```

(3) DICTIONARY 表的重新组织。组织 DICTIONARY 内容,调整表结构如图 8-4-4 所示。

表中,title 表示主题词,Y 表示用词,D 表示代词。当 Y 项不为空时,表示该元组的 title 项为非正式主题词,例中 a_1 是非正式主题词,a_1 用 b,b 为正式主题词;当 D 项不为空时,表示该元组的 title 项为正式主题词,例中 a 为正式主题

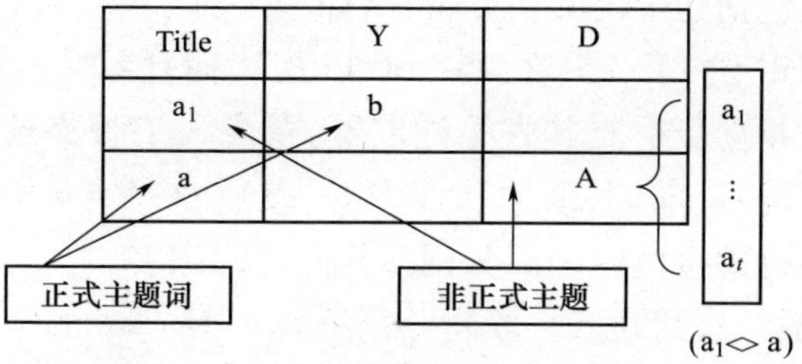

图 8-4-4 标引词中间表 DICTIONARY

词,a 代替 A 集合中的非正式主题词。

(4) 标引主题词表 DIC 的建立。上面 DICTIONARY 表中存在。

规则 1:x=Realkey(x,Y)。主题词表中,x 为正规主题词,集合 Y 的元素为非正规主题词并与 x 同义,x 在 DICTIONARY 中具有唯一性,x 与 Y 是一对多关系。

依据规则 1,表中数据满足:

Realkey(a,A)

Realkey(b,A1) 其中 A1={a1}

若 a=b,a,b 为同一词,则 Realkey(a,A)= Realkey(b,A1)

$A1 \subset A$,即 $a1 \in A$ 。

算法 1:计算 Y 值,构造标引主题词表 DIC。

1. 建立 DICTIONARY 副本 DIC;
2. 打开 DICTIONARY 和 DIC;
3. 在 DICTIONARY 表中读入一条记录;
4. 若 D 不为空,则转到 5,否则转到 10;
5. x=title,将 D 中词赋到 d _ array 数组;
6. i=1;
7. 在 DIC 中执行 $\sigma_{title = d\_array[i]}(R)$;
8. replace y with x ,并且 i++;//填充 Y 字段
9. 当 i>cout(D)时转到 10,否则转到 7;
10. not eof(DICTIONARY)转到 3,否则转到 11;
11. 关闭 DICTIONARY;
12. DIC 删除 D 字段。

2. 构建切分标记表集

这里设计的切分标记表集包括段句分割符表、句内分割符表和具有位置信息的禁用词表。其中,段句分割符表存有各种标点类符号,用来分割句子和段

落;句内分割符表包括句子内的切分符号,如“《 、》(、) —”及运算、数字类等;禁用字(词)表包括如“的、了、是、在、得”和“以及”“而且”等。该切分标记表集分两个步骤来建立,并逐步扩充其收录词汇量:首先人工收集录入“显式”的停用标记,如自然标点符号、虚词、助词和连词等,然后对一定量的数据进行抽词实验,从抽剩下的字符中再选取一部分词汇补充进标记表。

(1) 段句分割符表的建立。段句分割符表 code _ stp 的结构为:

字段名	类型	意义
Cid	Int	序号
Word	Char(4)	段句标记

code _ stp 表中,Word 字段采取手工输入,Cid 字段由程序自动生成。

(2) 具有位置信息的禁用字词表。许多自动标引算法采取单纯依靠停用词表将禁用字词去掉的方法来断句,如“得”是禁用词,对标题“参加欧洲低能耗高舒适住宅中国应用研讨会的心得体会”进行自动标引时,在“得”处被断开,分为“……应用研讨会的心”和“体会”,而实际上“心得体会”是主题词表中的正规主题词,却无法被标引出。这正是由于忽略了汉语语义的多义性导致标引的正确性降低。

本节研究的改进自动标引算法可以提高标引的质量,关键在于提出了具有位置信息的禁用词表的构造思想,研究解决了常见的组配歧义性问题。词表 site _ stp 的关系结构如下表所示:

字段	类型	意义
Sid	Int	序号
Word	Char(4)	禁用词
Head	Char(20)	禁用词可做主题词首字的位置
Tail	Char(20)	禁用词可做主题词末字的位置

规则 2:sentense 为待切分数据源,$stp_1, stp_2, \cdots, stp_i \in$ site _ stp. word,若

$\sigma_{\text{word=stpk Head or Tail is not NULL}}(\text{SITE \_ STP}) <> \text{NULL}(1 \leqslant k \leqslant i)$,

则 stp_k 不参加对 sentense 的切分。

切词算法都要遵循规则 2。

(3) 位置信息的自动提取。Word 字段采用手工输入,Sid 字段也由程序算法自动生成,Head 和 Tail 字段采用“1#2#…#”字符串形式存储。Word 一次输入完成后,通过算法实现对 Head 和 Tail 字段的填充。该算法首先对 Word 字段进行截字,然后遍历 DIC 表,进行匹配确定 Word 中主题词首字和末字的位置信

息,写入 Head 和 Tail 字段。

算法 2:遍历 DIC 表求解禁用词的位置信息。

程序伪代码如下:

```
site=0
select SITE_STP
do while .NOT.eof()      //遍历 site_stp 所有记录
    s=alltrim(Word)    //过滤词前后空格
    l=len(s)
    do while l>0
      a=substr(s,2)
      s=stuff(s,1,2,")
      site++
      select DIC
      go top
      scan for(at(a,title)==1.OR.at(a,title)==len(trim(title))-1)
                                                      //遍历 DIC 表搜索
        if(.NOT.eof().AND.at(a,title)==1)          //找到头位置
          select 1
        replace head with head+site+'#'       //置头位置相关信息
      else
        if(.NOT.eof().AND.at(a,title)==len(trim(title))-1)    //找到末位置
            select 1
            replace tail with tail+site+'#'      //置末位置相关信息
          endif
        endif
      endscan
      select SITE_STP
      l=l-2
enddo
skip
enddo
close all
```

三、最短词回溯自动标引优化算法的设计

在研究基于词首最长匹配词典分词法“最短词回溯自动标引算法”的基础

上,结合基于段句分割符表及具有位置信息的禁用词表的切分标记分词法,采取最小回溯策略,对文献的标题、摘要进行自动标引。

1. 改进最小回溯自动标引的基本思路

改进的具有位置信息禁用词信息的上述算法的基本思路:对标引源从左到右进行扫描,如果标引源是摘要,首先用段句分割符表 CODE _ STP 去除符号,将标引源分成若干段。然后对各段进行位置信息停用词表 SITE _ STP 处理,将无位置信息的停用词去掉,有位置信息的停用词打上标记。经过停用词表处理,标引源已被分成若干段,利用主题词表 DIC 对各段进行词首匹配,将以首字开头匹配上的若干主题词保留,取其最长词为标引结果,最短词的长度为回溯位置,继续匹配,直到所有分段都匹配完毕。将标引结果经过去重处理,即得到结果。如果标引源是标题,则无须用 CODE _ STP 进行匹配,其余步骤与文摘处理方法一样。

需要注意的是,本算法由于对位置信息采取标注跳跃的方法,不增加扫描次数,效率基本不受影响。

2. 基于 OOPL 方法实现最短词回溯自动标引

我们采用面向对象程序的设计方法,以此方法构造的自动标引算法有利于未来代码的重构、词表变更与算法升级。选用一种 OOPL(Object - Oriented Programming Language),关于对象、类及其相关概念进行程序设计。对象(object)是现实世界中的客体,属性(attribute)反映对象的状态与特性(固有静态表示),方法(method)反映对象的行为,类(class)具有相同属性与方法的对象。类中对象称实例(instance)。该研究所设计的三个类 Tindex、Tobstract、Tunique 如图 8-4-5 所示。

其中,Tindex 实现对标题的自动标引;Tobstract 继承于 Tindex,具有 session 和 table _ obstp 自己的属性,实现对文摘的标引;Tunique 是标引结果去重规则构成的类。Dstr 是自定义数据类型动态字符串数组,可接收若干字符串。

四、应用研究

"基于规则和词典的自动标引与检索技术研究"是我们的一个立项课题,上述的研究成果在其中得到了较好应用。我们首先完成了主题词表及其知识、规则的计算机构建,然后设计了段句分割符表、句内分割符表和具有位置信息的禁用词表,最后用面向对象程序设计的方法实现了自动标引与检索。另外,系统已嵌入档案机读目录编目和检索系统中,并利用标引知识实现了上下位检索。系统测试是用现有算法,与"禁用表无位置信息的最小回溯 MM 算法"和"禁用表有位置信息的 MM 算法"的比较分析,现有算法自动标引的质量优于"禁用表无

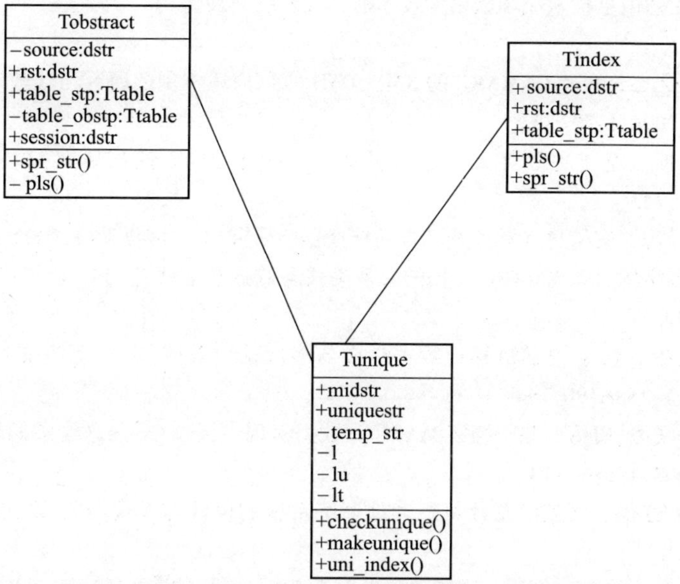

类	属性/方法	意义
Tindex	Source	可接受多篇文章的标题
	Table_stp	带有位置信息的禁用词表
	Rst	标引结果
	Spr_str( )	去除或标记停用词
	Pls( )	最小回溯算法
Tobstract	Session	接受多篇文摘
	Table_obstp	段句停用词表

图 8-4-5　最短词回溯自动标引的类设计

位置信息的最小回溯 MM 算法”，自动标引的速度快于“禁用表有位置信息的 MM 算法”，效果比较令人满意。

综上，我们成功地对基于 MM 最小回溯和词义规则的知识标引的研究进行了应用尝试，取得了一些成绩，但中文自动标引一直是一个难点，上面给出的方法也有一定的局限性，还需不断完善。

【相关学术论文】

[1] 王兰成，蒋丹，刘庆辉．全文数据库建库原理与应用技术[J]．情报学报，1999，4：319-326.

[2] 王兰成．论情报检索软件的多种开发平台的规范[J]．现代图书情报技术，1997，3：22-27.

[3] 王兰成．主题信息检索应用数据库技术的研究现状与展望[J]．中国图书馆学报,2004,4:58-61.
[4] 王兰成,冯文杰．两种 CNMARC 的 XML-DTD 信息描述机制的研究与比较[J]．中国图书馆学报,2004,1:70-73．
[5] 王兰成,田梅．基于主题等级概念知识库的信息自动检索应用研究[J]．情报学报,2004,1:40-44.
[6] 王兰成．异构档案信息互操作及其自动转换器的研究[J]．情报学报,2002,3:278-283.
[7] 王兰成．数字图书馆 XMARC 文档的关系模式与数据获取研究[J]．计算机科学,2004,10:134-137.
[8] 王兰成,敖毅．数字图书馆异构数据集成与多库检索技术[J]．上海交通大学学报,2003,9(S1):188-190,164．
[9] 王兰成,冯文杰,田梅．基于档案 MARC 元数据实现多级 WEB 信息检索的研究[J]．情报学报,2003,4:136-140.
[10] 王兰成,朱建华．文献信息计算机管理训练系统的设计与实现[J]．现代图书情报技术,1999,4.
[11] 王兰成,田梅,侯双．PLS:一种基于信息自动标引的最小推进分词算法及其实现[J]．计算机科学,2002,8Z:308-342.
[12] 王兰成,冯文杰,田梅．基于中国档案主题词表的自动标引控制研究[J]．情报学报,2002,2:177-180．
[13] 王兰成．基于 MM 最小回溯和词义规则的知识标引研究[J]．计算机科学,2003,10Z:309-311.

第三篇　信息资源集成与网络知识管理 ——知识管理系统时期

进入 21 世纪,网络信息挖掘和知识集成管理成为信息资源开发的重要研究领域。从 2005 年开始,学术界出现了关于图书馆信息共享空间的服务技术概念及研究成果,提出了包涵管理理念、服务模式、技术支撑和资源建设的图书馆 2.0 整体规划。2010 年起,网络信息资源管理成为情报学的热点研究,对自然语言检索和自动化检索的研究与日俱增,开拓了网络信息挖掘呈现、本体知识集成检索的研究方向。这一时期,以档案资源整合为研究对象的科研课题相继完成,基于政务网的档案与现行文件共享与管理系统、基于 XML 的异构档案数据库信息整合与检索技术等课题,用信息化手段对档案及文件信息资源进行整合管理与开发利用,取得了成果。面向学科数字信息群的知识集成研究,为网络信息资源的深度开发提供了课题支撑和方法基础。

第九章　数字信息群知识集成与组织

第一节　信息资源管理领域知识集成

> 本节研究信息资源管理学科数字信息群的知识共享,它是各学科领域协调发展和知识集成的重要基础。实现数字信息群的知识共享、集成和挖掘,需要深入研究相关的理论方法和关键技术。

2005年,国际上已具备较成熟的学科知识集成条件,处于研究起步阶段,但在我国,该研究还缺少统一的学科理论和技术体系支持。学术界的基本观点认为,复合型图书馆是传统图书馆走向现代化的必然形式,复合型图书馆走向数字图书馆是一个长期过程,应加强相关的研究、探索和创新。

一、数字信息群知识集成的研究现状

国际上,匹兹堡大学信息科学学院院长 Ronald Larson 教授和卡耐基梅隆大学计算机科学学院副教务长 Howard Wactlar 认为,数字图书馆、数据网格和永久档案的整合工作正在活跃地进行,目的是为收集、出版、共享、储存和保存各种形式的信息提供一个可行的基础架构,当各个领域都聚焦于各自研究中至关重要的知识和功能时,知识集合共享原则就势在必行了。英国联合信息系统委员会成员和电子图书馆计划主任 Chris Rusbridge、伯明翰大学 Stephen Pinfields 教授、中国科学院孟广均教授都在研究复合型图书馆。华人学者秦健和曾蕾博士认为,开放资源(open source)是数字图书馆的下一步工作重点之一,知识集成中元数据方面存在的问题是元数据标准太多,按简单的都柏林核心元素集来整合将失去很多细节和影响上下文的衔接;一些理论上很吸引人的模型,难以在实践中应用推广(如 METS、RDF);元数据库还存在各种质量问题,缺乏各种控制词汇和标准。斯坦福大学图书馆张甲认为,图书馆的业务重点正从数据收集转向资源利用,从信息技术重点转向一体化服务,其要素包括跨系统连接、内容相关服务、读者资格认定和信息资源的组织及相关标准等。

1977年,美国档案工作者协会(SAA)咨询委员会任命组成的“国家信息系统特别工作组”,专门研究档案目录数据库的著录与档案信息的电子化共享等

问题,建立了传统档案著录元素与格式之间的成功映射,最终制定了适合美国档案目录数据库的机读目录交换格式。1982 年 10 月,该格式经美国档案工作者协会、美国国会图书馆及美国机读目录格式标准化办公室开发部正式批准,成为档案数据库著录的标准,即“档案机读目录格式标准”,使得档案馆为系统提供机读目录成为可能,为美国档案乃至整体信息资源的共享奠定了基础,而且能够被用作对其他非档案类资料的管理。

在技术开发层面,采取开发主体上跨机构、开发对象上跨库、跨地区和跨资源的合作开发,能够最大限度地满足各方面利用者的多元化需求。图书馆、博物馆和档案馆等不同文献保管机构的馆藏类型互有交叉,突破机构界限可以更大程度地集中相同主题文献图。一个成功的案例是加拿大新的法律合并了国家图书馆、国家档案馆和肖像馆,其联合搜索系统能够使利用者一次性检索出所有的文献(档案)著录、数字实体和网络资源,从而建立起大学科信息群的最佳工作方式。该时期,国内外没有发现通过 DC(Dublin Core)或 EAD(Encoded Archival Description)的兼容来集成学科领域知识的研究,也没有发现能够替代描述学科丰富的馆藏资源的元数据,国内档案界缺少对档案方面的研究。国内总体上缺乏开展基于和相关元数据对跨领域的多种信息资源的知识集成进行研究和开发。我国迫切需要实现包括图书馆、情报学、档案学多种信息资源的知识集成,以促进国际上和国内各领域之间的信息资源共享和交流。

二、实现数字信息群知识集成的方法研究

1. 方法研究的主要观点

由于国内外文献界长期使用的 MARC 格式标准在网络应用方面存在明显缺陷,以 XML(Extensible Markup Language)形式存储和管理元数据已形成共识。但国内外文献界主流没有淘汰 MARC,而使它进入了一个新的发展阶段,如国外已有实现图书、档案数据的文件形式加以利用,国内图书馆界已有用 XML 研究对 MARC 书目数据的定义,国内外仍在使用丰富的 MARC 馆藏资源和建立书目 MARC 与 DC 元数据的转换等。RDF(Resource Description Framework)仍需要领域提供更丰富的语义支持,其基础框架 Warwick 的容器结构可以包含 DC、MARC 等不同类型的元数据。形成的主要观点包括:

(1) MARC AMC 是 MARC 在档案领域的具体应用。MARC 与 DC、MARC AMC 和 EAD 格式的数据可以互相交换,互为利用和补充,共同形成了网络乃至整体利用图书馆、档案信息资源的系统的梯度检索体系。MARC AMC 所提供的档案目录信息的概略性著录对网络检索可以起到引导作用,而通过利用 EAD 所置标的检索工具的详细全文信息则可起到深入查检的作用。MARC AMC 格式

使档案目录与图书目录信息发生了集成，构成了整体的目录信息系统，并构成了元数据复杂等级体系中的一个重要组成部分，它们可以向利用者提供信息资源的内容与本质，及与其他资源间的关系，即真正发挥了学科集成、共享的目录信息的文化与知识属性。

(2) 定义 XMARC 文档指用语法来阐述，它符合所有 XML 和 RDF 语法规范，其特点是能表达所有数据中的信息，并且不受 CNMARC 中对字段大小和层次多少的限制，可以进一步扩展；其语义标记为检索提供了很好支持，针对标记的索引可以构造复杂的检索条件；其数据与其他网络系统的交换十分方便，为数据的馆际共享和与国际数据的交换奠定了基础；可以充分利用现有资源，升级方便，很容易与 DC、EAD 等其他元数据格式实现互操作，使学科多信息资源在元数据级的集成成为可能。

(3) 内容 DTD/SCHEMA 是关于 XMARC 内容描述的文档类型定义，它把 MARC 字段的字段说明作为其一个文档元素的名字，同时把该字段所包含的子字段的字段说明作为该元素所包含的子元素的名字。框架 DTD/SCHEMA 是关于 XMARC 资源描述框架的文档类型定义，它把字段的字段说明作为文档元素字段的一个属性，其属性名为“字段说明”，把子字段的字段说明作为文档元素子字段的一个属性，其属性名为“子字段说明”，从而能够将各种文献对象统一起来。

2. 知识集成方法研究的基本路向

研究思路是先基础理论研究后技术开发，先研发领域知识后进行学科知识集成实践，充分借鉴国外已有成果，吸收总结已取得的相关成果。基本方法如下。

(1) 对图书馆、情报学、档案学领域中馆藏、电子和网络数字信息群进行知识集成理论的探索与实践。

(2) 系统地比较和研究 MARC，CNMARC，MARC AMC，EAD，DC，METS，RDF 等相关元数据。

(3) 对跨领域的多种信息资源的知识集成的元数据理论进行深入的研究。

(4) 研究基于 XML 的领域内容和元数据框架的 DTD 方案和 XML SCHEMA 方案，设计元素可扩充定义的软件重用模板，以定义跨领域资源文档，根据元数据之间的对应关系进行相互转换。

三、实现数字信息群知识集成的技术研究

我国迫切需要创新研究学科数字信息群的知识动态集成方法与技术，以最大限度地支持信息服务和实现知识的价值。

1. 技术研究成果的主要观点

B. Inmon 定义数据仓库 DW(Data Warehouse)是面向主题的、集成的、稳定的、随时间变化的数据集合,用以支持管理决策的过程。实现学科多种信息资源共享的关键是“知识集成”,和数据仓库则是一个综合的解决方案。Web Services 技术为各领域的知识集成提供了完整的体系结构;采用数据仓库的数据处理技术能够对各领域的异构异种海量数据进行事前处理,以进一步提高数据存储和查询效率;基于数据挖掘和知识本体技术,能够从海量数据中有效提取隐含的、潜在有用的信息和知识,能够跨领域对知识进行编码。如主题块数据的知识自动标引在减少分词歧义性、缩短标引时间方面有许多潜力可挖,以知识本体构造、维护基于 XML 的知识词典可以实现跨领域的知识检索。国外数字图书馆系统中现有相关成果介绍,国内还缺少系统的研究成果。形成的主要观点如下。

(1) 通过知识本体技术,将学科信息群的知识按照不同主题进行组织,形成等级类目,同时规定类目的特性及其之间的关系。利用主题概念语义关系,在改进的整词二分分词词典上采用区间最大词长,研究设计预处理特义中文禁用字词的切分方法和长词匹配短词推进的中文抽词标引方法,运用于学科数字信息群的知识集成能有效地减少领域的分词歧义性和缩短标引时间,使研究更有实用价值。

(2) 知识集成是指对已经存在的多个异构数据库,在尽可能少地影响其本地自治性的基础上,构造具有用户所需要的某种透明性的分布式数据库,以支持对物理上分布的多个数据库的全局访问和数据库之间的互操作性。应立足于对书目数据和档案数据的知识集成,在集成架构中加入数据仓库元素,利用数据仓库对集成的知识数据进行统一视图的组织和管理,利用知识集成的元数据对跨领域数据进行描述,并在该元数据基础上建立各类视图。

(3) 文档与知识是有区别的。许多搜索引擎的数据搜索都是位于网络表层的静态信息,无法挖掘到位于数据库里的深层数据,从而面临着以下难题:一是如何从数据库得到请求响应,二是如何组织搜到的数据,三是如何整合这些信息并呈现出来。相关性技术无法真正解决,而智能化技术根据关键词和内容之间的关系来确定则有可能实现。

2. 知识集成技术研究的基本路向

需要开发构建跨领域信息整合的数据仓库平台,研制跨领域中文信息处理通用计算机系统,示范性地开发学科信息群共享与集成的实验系统。这无论是对于促进和推动领域数字信息资源发展,还是提高学科信息利用的质量,都有十分迫切、重要的理论意义和应用价值。基本方法是:

(1) 以知识本体构造的知识词典,主要用等级结构直接显示主体概念之间的关系,按学科体系进行系统排列,为知识检索提供支持。

(2) 研究数据仓库在知识集成中的应用模式,利用 Web Services 建立学科数字信息群的知识集成架构。各数据库系统的知识集成,可以利用 Web Services 按照统一的数据格式提供出来,集成时只需调用各馆(部门)暴露数据,不必关心所采用的数据库系统甚至操作系统方面存在的异构。

(3) 基于数据挖掘对跨学科领域知识进行提取和整合技术研究。传统的基于关键字匹配或基于学科分类的检索工具不能令人满意的主要原因之一,是它们无法挖掘概念之间的内在联系,搜索出更深层的信息联系,而采用本体论可以达到这一目的。

(4) 综合以上成果,研究与开发学科数字信息群的知识集成实验系统。

研究新的基于多种学科数字信息资源的描述机制,不仅是我国图书馆学、情报学、档案学数字信息群的知识共享研究的需要,而且能够奠定大学科知识集成的理论基础,这将大大拓展学科各领域的研究内容,推进学科知识的利用水平,促进我国相关标准的尽早制定与完善。同时,研究运用国际上领先的信息技术,研制跨领域中文信息处理的通用应用系统,示范性地开发图书馆、情报学、档案学学科信息群共享与知识集成的实验系统,这无论是对于促进和推动领域数字信息资源发展,还是提高学科信息利用的质量,都具有重要的应用价值。

第二节　数字资料网页知识集成

本节研究词义扩展的相似匹配,基于该模型采用词素匹配结合词义扩展的信息检索技术,能使信息有效地存储集成和提高信息利用的质量,是当前知识检索采用的较为实用的方法。

结合 Web 网页文本的特点及本体知识,给出一种基于都柏林核心集 Dublin Core 网页文本的数据模型,应用于数字图书馆学科信息的知识集成。

一、数字图书馆学科信息的知识集成

数字图书馆信息群的知识共享是多学科信息深度集成的重要基础,实现 Web 信息群的知识共享、集成和挖掘需要创新研究相关关键技术。21 世纪初,国际上一些领域已具备较成熟的学科知识集成条件,但在我国缺少统一的学科或领域的理论和技术体系支持。随着网络信息资源的不断丰富,互联网日益成为一个巨大的信息资源库。与此同时,人们上网查找所需的信息却变得越来越困难、效率低下甚至不可能实现。在检索系统或者搜索引擎中输入某个关键词,

输出结果中记录可能有成百上千万条,然而查遍了整个的输出结果,可能找不出想要的那些特定的信息。有时我们不得不花更多的时间用于甄选和辨别,以及如何保存和管理这些信息。这就是目前在检索 Web 信息时主要的两个问题“答非所问”和“大海捞针”。解决这两个问题需要研究元数据级网页文本的知识集成和提高信息检索的查准率,以使检索结果能真正地反映用户的需要,以更为理想的方式输出和保存结果并方便地提供用户利用。

知识集成(knowledge integration)是通过领域本体技术将数字信息群的知识按照不同的主题进行组织,形成等级类目,同时规定类目的特性及其之间的关系。它对已经存在的多个异构数据库,在尽可能少地影响其本地自治性的基础上,构造具有用户所需要的某种透明性的分布式数据库,以支持对物理上分布的多个数据库的全局访问和数据库之间的互操作性。在集成架构中加入数据仓库元素,利用数据仓库对集成的知识数据进行统一视图的组织和管理,利用知识集成的元数据对跨领域数据进行描述,并在该元数据基础上建立各类视图。传统的基于关键字匹配或基于学科分类的检索工具无法挖掘概念之间的内在联系,搜索出更深层的信息联系,采用知识集成的方法则有可能达到这一目标。由于本体具有良好的概念层次结构和对逻辑推理的支持,因此可以在检索时进行基于概念的、语义上的匹配,在查准率和查全率上有更好的保证,从而实现知识检索(knowledge retrieval)。

二、Dublin Core 网页文本的数据模型

数字图书馆的信息量庞大,形式和类别繁多,而且信息量成指数级增长。用户感兴趣和需要的往往是其中的某一小部分或某个领域,甚至是某个特定主题。例如,研究军事的学者所关心的往往是与军事相关的军事信息,商人关心的往往是市场行情及国家的有关政策情况,而一个比较关心国家和天下大事的市民可能更关心时事要闻、国家远景规划,等等。这也就是说,用户的信息需求具有领域和主题相关性。这就为我们基于领域本体进行 Web 信息的个性化集成提供了可能。

众所周知,网络信息资源主要包含大量文本信息的 HTML 网页。HTML 是一种半结构化语言,其提供的各种格式标记缺少对网页内容的描述。要对 Web 信息进行结构化获取和保存,首先需要对 Internet 数据建立一个模型。简单地说,需要对 HTML 网页的文本信息建立数据模型。目前已有“点-线”模型、基于 DOM 的网页数据模型、基于填充标记的网页数据模型等。其中,“点-线”模型认为,可以用由点(网页)和线(网页间的超链接)构成的图来建立 Internet 上的数据模型,线将一个个点连接成一个网状结构,点和线中都有重要信息,由此

可将文本型数据源归纳为网页的标题(点)、网页的正文(点)、网页的超文本标记(点)和网页间的超链接(线)等部分;基于 DOM 的模型认为,可以把网页中所要提取的有用信息作为 DOM 层次结构中的路径,并可以这些信息在 DOM 层次结构中的路径作为信息提取的"坐标",完成信息的提取工作;基于填充标记的网页数据模型则认为,可以通过在 HTML 文档相关内容中填入标记完成数据模型的构建。

都柏林核心集 Dublin Core(DC)是生成一个简单的、在网络中为各个数字图书馆用户所接受的标准化元数据元素集,它由 15 个核心元素构成,还可被扩展或与其他元数据进行桥接。DC 元数据的表达有多种方式,一些简单的表述可以采用 DC 在 HTML,XML 和用 XML 格式的 RDF 结构中的镶嵌形式,已成为简单描述数字图书馆网络资源的首选元数据方案。综合分析目前的多种网页数据模型,我们给出一种基于都柏林核心集的 DC 网页文本知识数据模型,即把一个认为有效的 HTML 网页用主题(Subject)、标题(Title)、出版者(Publisher)、关系(Relation)等核心集元素来标注,然后再以 XML 格式生成结构化的模板以便于网页信息的保存和集成。这种使用 DC 元数据建立的 HTML 网页模型 Ψ 为:

Ψ(名称,标签,说明与描述)= {

(主题,Subject,从标题串中抽取表达主题概念的词);

(标题,Title,网页标题);

(作者,Author,资源内容的主要创建人或组织);

(出版者,Publisher,网站名);

(描述,Description,网页内容的文本描述);

(其他参与者,Contributor,友情链接);

(发布日期,Date,网页发布或更新日期);

(类型,Type,网页资源所属领域或种类);

(格式,Format,网页编码格式);

(标识,Identifier,能够唯一标识资源的字符串或数字);

(关系,Relation,网页上的相关链接网址);

(来源,Source,网页所在网站的网址);

(语言,Language,网站内容的描述语言);

(时空性,Coverage,资源的空间或时间特性);

(版权,Rights,网页资源的版权)}

Ψ 网页的存储格式为:

```
<TemplateInstatnces>
    <Subject>…</Subject>
```

```
    <Title>…</Title>
    <Author>…</Author>
    <Publisher>…</Publisher>
    <Description>…</Description>
    …
    <Rights>…</Rights>
</TemplateInstatnces>
```

都柏林核心集的 15 个核心元素在所建的Λ网页数据模型里一对一映射。数字图书馆选用 DC 建立网页数据模型的特点表现在两个方面：首先是 DC 元数据简单易用，是一种描述网络信息资源属性的有效手段，它通过对资源内容的粗略描述，可以比较好地体现电子资源的主要属性，能够极大地提高检索结果的准确定位率；其次是 DC 元数据具有较好的通用性和兼容性，DC 并不针对某个特定的学科或领域，元数据本来就是一种用于描述 Web 信息资源的标准，对 HTML 网页数据描述有比较好的兼容性。因此，采用 DC 建立的网页数据模型，可以使信息提取获得的数据能够以一种比较通用和标准的格式进行结构化保存，从而实现网页文本的知识集成与检索。

三、基于 Ψ 网页模型的知识集成与检索

基于 Ψ 网页模型实现的数字图书馆知识集成与检索，涉及信息处理链中的知识提取、语义匹配和检索结果过滤等多方面的智能化技术。

1. 信息提取

信息提取(information extraction)是在定义了信息提取模式的基础上，对特定信息进行提取和保存的过程，信息提取方法有基于超链接和文本标记加权的方法、填充标记的方法、基于 DOM 的方法和基于实例模板的方法等。HTML 文档标记，如<title>…</title>，<B>…</B>等，通过分析提取相应的网页属性信息，然后填充表至模板保存。这一步工作使检索结果得到结构化的保存，极大地方便了对检索结果的管理和利用。

由于数字图书馆的用户通常查询的是同一主题或领域的信息，这样每次经过处理后保存的信息必定与已有的保存结果有概念上的密切联系。如基于 Ψ 网页模型，用户第一次查找关于“美食”的信息，经过处理后得到与“美食”有关的结构化文档；第二次查找关于“景点”的信息，经过处理后得到与“景点”相关的结构化文档。不难发现，这两类文档其实都与“旅游”这一主题有关，该用户可能比较关心“旅游”方面的信息，于是两份文档就可以建立相应的联系，加一个共同的父类别“旅游”信息等。通过这样不断地关联各个文档，就逐渐形成了

用户关心的这一主题的结构化信息库，从而实现了在领域本体知识指导下的个性化的信息集成，即知识集成。

2. 词义扩展和词素匹配

基于 Ψ 网页模型的知识检索系统提供词素匹配与精确匹配的方法，并具有同义扩展与相关扩展的功能。系统在用户输入关键词后，可选择是词素匹配还是精确匹配，并可选择同义扩展或相关扩展。当选择词素匹配时，系统将对用户提交的检索式进行切分，汉语自动分词主要分为基于统计的机械分词方法和基于规则的分词方法，机械分词方法又可分为正向最大匹配（maximum matching，MM）和逆向最大匹配（reverse maximum matching ，RMM）方法。我们采用基于 RMM 的方法作为系统的自动分词方法，匹配切分词表，得到扩充的检索式集合，然后参与匹配过程。精确匹配则不需要对检索式进行切分。该处理流程如图 9-1-1所示。

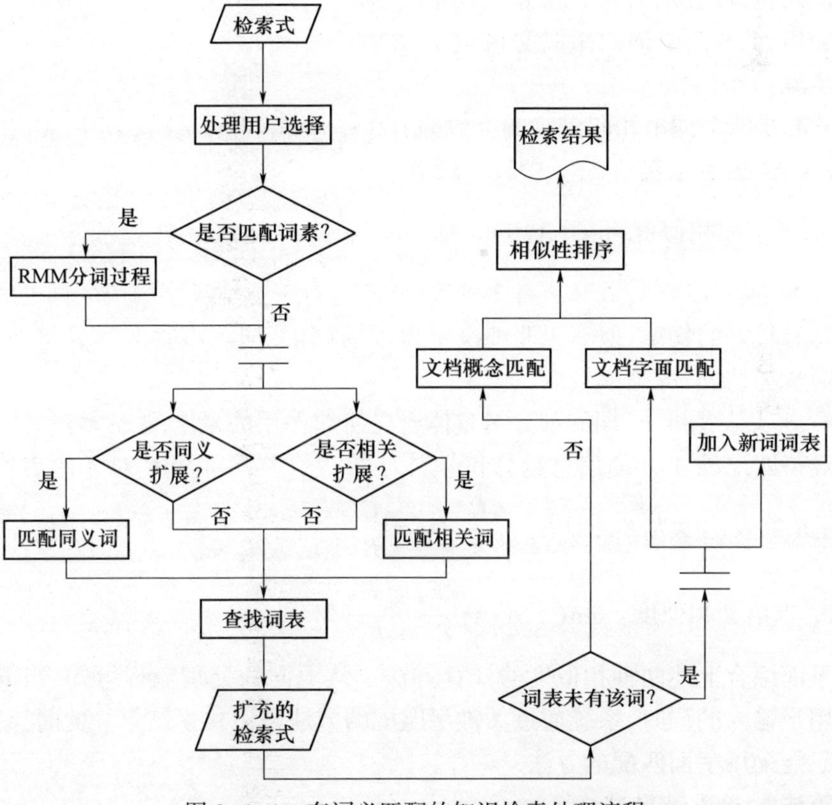

图 9-1-1　有词义匹配的知识检索处理流程

由于对检索式的分词采用目前较为实用的机械分词的方法，在选择词素匹配时检索速度会受到一定的影响。精确匹配则不对检索式进行分词，因此用户在检索式表意明确的情况下，选择精确匹配能够大大提高检索速度。另一方面，同义扩展及相关扩展，可使用户的检索需求得到比较充分的扩充表达，从而提高检全率，但对检索速度会有一定的影响；同时由于检索式的扩充，可能会降低系统的检准率。

3. 输出结果的相似性排序

在与文档集进行相似匹配之后，还需要根据文档与查询的匹配程度对结果进行相似度排序，以保证重要的、最贴近用户需求的文档排在前面，方便查阅与利用。该系统采用的主要排序算法是有关文献中提供的中文同义词相似匹配的算法。该算法结合了中文同义词匹配方法中基于语素的字面匹配和基于词素的语义匹配两种方法，具有较高的实用性。

算法 1：字面加词素概念的相似匹配算法。

输入：长度分别为 m 和 n 的 A，B 两个词。

输出：A，B 两个词的相似度 $\mathrm{Sim}(A, B)$。

步骤：

a. A，B 两个词中相同汉字的个数为 $t(0 \leqslant t \leqslant \mathrm{Min}(m, n))$，其中 $\mathrm{Min}(x, y)$ $(x, y \in \mathbf{N})$ 表示正整数 x，y 中较小的数。

b. 求字面相似度：$\mathrm{sim}(A,B) = \dfrac{1}{2}\left(\dfrac{t}{m} + \dfrac{t}{n}\right)$

在引入词位置权值后，该算法有多种改进版本，对于由纯汉字构成的词汇的相似度计算有较好的精度，但对于非纯汉字组成的词汇、同一事物的学名与别名、全称与简称等情况，准确率较低。

c. 定义表达度 E：词的部分对整体含义所起作用的量度($0<E \leqslant 1$)。

设待匹配词 A，B 的信息量总和分别为 T_A，T_B，共同部分 C 对 A 的表达度为 E_A，对 B 的表达度为 E_B，即 $E_A = \dfrac{C}{A}$，$E_B = \dfrac{C}{B}$。

d. 求语义相似度：$\mathrm{sim}(A,B) = \dfrac{2E_A \times E_B}{E_A + E_B}$

下面综合上述两种相似度的计算方法。从上面的处理流程可知，当词表中没有用户输入的词时，系统通过关键字匹配的方法输出检索结果。此时，结果排序就只能采用字面匹配的方法。

算法 2：检索结果过滤算法。

输入：未过滤的检索结果文本 OLD。

输出：过滤后的检索结果记录 NEW。

步骤：

a. 对 OLD 文档进行去重和归类处理：去除重复信息，去除文本和网页以外的多媒体信息，声音、视频等信息的提取、保存方法及数据模型不同于处理文本网页；

b. 对由 a 得到的文档的标题部分进行主题提取，获得该网页的主题，标题与网页的内容的关系非常密切，通常起着概括全篇的作用；

c. 将用户输入的关键词在领域本体中进行概念匹配，获得用精确概念表述的用户信息需求；

d. 对 c 与 b 得到的网页主题概念进行匹配；

e. 匹配成功的记录 NEW 转入下一步的信息提取流程。

通过这样一个过滤流程，基本上筛选出了真正与主题需求相关的记录，从而为下一步的信息提取提供了良好的语料。

四、进一步的实验与结论

将通过 Google 检索获得的 80000 多条与“嵌入式系统编程”相关的记录进行处理，最后得到 1500 多篇输出的 XML 文档，这些文档的内容完全符合我们对信息的需求，都是与“嵌入式系统编程”相关的内容。又检索出与“移动编程”相关的 10000 多条记录，经过处理后得到 2200 多条记录，也是基本与需求相关的内容。通过上述的领域本体，基于 Ψ 网页模型生成的文档结构有如下的示例：

```
<TemplateInstatnces>
<Rank Type=“Parent” Identifier=Computer Science.Software.
ProgrammingTechnology>
<Rank Type=“Brother” Identifier=Computer Science.Software.
Programming.MobileDevelopment>
…
<Subject>嵌入式编程</Subject>
<Title>嵌入式编程的基本原理</Title>
<Author>…</Author>
<Publisher>…</Publisher>
<Description>…</Description>
…
<Rights>…</Rights>
</TemplateInstatnces>
```

可见，通过领域本体的后端控制，文档内容之间的关联已经能够体现出来并加入到结构当中。实验表明是成功的，但该集成方案还有许多有待完善的地方，如现在许多网站其网页标题是通过一些脚本程序自动生成的,而标题名可能并不能真正反映正文的内容,因此搜索引擎的输出结果经上述过滤方案时有可能丢失一些有用信息。另外,文中构建的网页数据模型中包含了 DC 的全部 15 项属性,这其中有的属性在一般标记的网页中很难提取出来,需要进一步构建和完善实用的领域本体。

基于 Ψ 网页模型的知识检索系统,融合了当前中文主题概念检索的包括同义扩展、相关扩展等多种新的技术。当用户输入的关键词为系统未收录的词时,增加的新词处理功能则保存至新词词表中并记录其被使用的频率。结合字面匹配和词素匹配各自的特点,综合运用这两种方法,从而使得输出结合的排列顺序与其匹配程度尽可能一致。由于词汇的条数有限,只能在受限领域实现一定的概念检索效果;分词方法采用了逆向最大分词算法,可达到比较高的准确度,但算法的效率需要关注。

数字图书馆面临着进一步提高信息检索质量的问题,基于都柏林核心集的知识集成和检索能够发挥重要作用。上面给出的网页文本数据模型及其词素匹配结合词义扩展的信息检索技术,对 Web 信息的有效存储集成和提高信息利用的质量,都具有重要的应用价值。

第三节　知识集成环境档案信息组织

本节将档案信息组织置于信息学科整体的知识集成环境中,从总体、功能、数据和环境等多个方面对档案知识组织需求进行分析,为知识组织框架的设计建立理论体系。知识集成环境下的档案知识检索,应以多本体为基础来组织领域知识及语义模型,以本体的概念集对资源进行语义标引,以基于本体的知识语言检索领域知识,以自然语言实现概念查询。推动档案领域数字信息资源的发展能提高档案学科信息利用的质量。

信息管理学科通过长期的发展,已经形成了比较完整的关于文献组织和信息组织的理论体系,具备了比较先进的关于信息检索的技术方法。档案学与信息技术紧紧联系在一起,在信息组织和信息检索方面取得了很大的成就,但面对日益增长的数字信息,用传统的管理方式显然不能够满足用户的知识需求,而且对于数字信息对象组织的实践大多还在沿用对纸质文献进行组织的理论和方法阶段,注重于数字对象的组织,而不是数字对象表示的信息的组织。这里研究的背景是档案学等信息学科数字信息群的知识集成,但不一定局限在机构实体的“物化”层面上的集成,更重要的意义是在虚拟资源的“视图”层面上的集成。

一、档案相关学科数字信息群的知识集成

1. 档案学知识集成的需求

以档案学、图书馆学、情报学等为代表的学科数字信息群,与一般网络信息资源相比较既有相同或相似的一些特点,又有明显的差异。它们具有的共同特点是数量巨大、内容丰富、形式多样和更新频繁,但学科数字信息群又是特定的网络信息资源,与通常的网络信息资源相比有以下优势:第一,虽然数量巨大、更新频繁,信息质量仍可控制,面向学科的数字信息群具有一定的标准和规范,许多信息经过必要的信息过滤、整理加工、质量控制和管理机制,已经处于有序状态;第二,虽然形式多样、内容丰富,信息仍可有效组织,特别是学科数字信息群按学科的文献类型将网络信息资源进行划分,通过文献信息资源与网络信息资源的有机结合丰富了信息资源的体系;第三,在"信息爆炸,知识缺乏"的时代,计算机界诞生和发展的众多先进的信息技术,能够在学科数字信息群的知识集成中发挥作用,并得到具体应用,而一些有待深入研究和实践的知识技术也能够在知识集成中取得应用和创新,从而为数字信息群的知识集成中运用学科的理论、方法和技术做了必要的准备。

基于知识集成方法与技术研究的理论与实践有其现实背景。学科数字信息群从信息集成发展到知识集成,不仅是研究异构数据的集成问题和各类文献的信息集成问题,更重要的是要研究知识集成的技术与方法。数字信息群的知识共享是学科各领域协调发展和跨领域知识集成的重要基础,实现学科数字信息群的知识共享、集成和挖掘需要创新研究和应用相关的方法与技术,国际上已具备较成熟的学科知识集成条件,我国处于研究发展阶段。

2. 档案信息集成到知识集成

档案学科与其他先进学科一样,管理方式开始从信息管理走向知识管理,从信息资源开发走向知识资源开发。数据和信息的管理固然非常重要,但真正的竞争优势取决于组织中的知识力量。知识作为一种资源在信息机构中显得越来越重要。波普尔的"世界三"理论对图书馆学情报学档案学界关于"知识"概念认识影响最大。在波普尔的理论之上,布鲁克斯将知识定义为"由概念之间的关系联结起来的概念结构",并提出了著名的知识方程,即知识的增长是通过情报(信息)的获取来完成的。1986 年,Debons 提出了把[When/Where/Who/What]作为人类的认知元素中心,并以信息元(informs)为单位测度信息。国内的梁战平介绍了质疑理论,该理论认为知识是回答问题空间中的"如何/为何"类问题的文本,信息是回答问题空间中"何时/何处/何人/何事"类问题的文本,数据是那些没有回答问题空间内部问题的文本。温有奎指出知识是有结构的,

知识是由知识元组成的。贾同兴从人工智能的角度出发将知识定义为:知识=客观事实+主观信念+主观信念与客观事实之间的一致性关系。蒋永福认为人们的认识成果就是知识,知识是人类特有的信息,是信息的一部分。史忠植归纳知识具有客观性、相对性、进化性、依附性、共享性和可重用性六种特性。

知识集成与信息集成具有密切的联系。利用信息技术开发的各种知识集成平台和工具,可以促进知识集成的发展。Kenneth S Murray 认为,知识集成是一种学习或者教育的机制,包括对新知识的识别、处理、评估和新知识与已有知识之间的交互以及改造。档案的知识集成和信息集成是不完全相同的概念,它们之间的区别主要在于以下几个方面:首先,集成的目标不同,档案信息集成的目标在于有效地利用信息,而档案知识集成的目标在于方法和技术的创新;其次,集成的对象不同,档案信息集成的对象是组织或者结构化的数据,而档案知识集成的对象是知识;另外,集成的内容不同,档案信息集成的内容是对数据库的检索、排序、统计,而档案知识集成的内容是对集体知识的挖掘、共享和集成以及知识的外化、内化、中介和认知过程;最后,集成的关键技术也不同,档案信息集成的关键技术主要是异构信息的集成技术,而档案知识集成的关键技术主要是不同信息处理系统之间的集成技术。总之,信息集成是知识集成的基础,知识集成是信息集成的目标和发展。

3. 相关学科数字信息群的知识集成

20 世纪 70 年代,国外档案学家提出档案、图书、情报信息资源共享,建立从机构到信息管理的一体化。1977 年,美国档案工作者协会(SAA)咨询委员会任命组成了“国家信息系统特别工作组”(NISTF),专门研究档案目录数据库的著录与档案信息的电子化共享,制定了适合美国档案目录数据库的机读目录交换格式。1982 年 10 月,该格式被正式批准为档案数据库著录的标准,即“档案机读目录格式标准”(MARC AMC),使得档案馆为 MARC 系统提供机读目录成为可能,从而为美国档案乃至整体信息资源的共享奠定了基础,而且能够被用于对其他非档案类资料的管理。美国档案学会权威迈勒指出“多少年来,档案学家认为档案手稿不能达到标准化,也不能进行资源共享,因为所藏资源都是孤本的。在图书馆技术和自动化的影响下,这种情况要改变。”1994 年,美国俄亥俄州大学由该州投资 2000 万美元完成了一项庞大的图书馆、情报中心、档案库三者自动化联网计划,使全州 18 个最重要的图书、档案、情报部门联成一个信息网络,读者或用户可以在网内查到所有馆藏信息。

档案与图书、情报的同源性决定了这些信息机构服务对象的相似性,随着科学技术的发展和社会更广泛、更迫切的需要,对图书、情报、档案的利用越来越要求公开化、社会化。以信息管理手段来看,档案管理因受其整理、分类的限制和封闭期的限制，目前不同的是档案机构公众服务性不如图书馆、情报部门强，它以特定对象确定自己的服务内容，主要是对部门、机构内服务。但是从美国档案学家谢伦伯格的“文件的双重价值论”出发，文件档案除了具有对原机关的原始价值（即第一价值）外，还存在其从属价值（即第二价值）。前者主要体现其行政价值，后者体现其情报价值。因此，档案馆的网络化管理在经历了第一、二阶段后，必然要走第三阶段，即档案向公开化、社会化方向发展，从而走向“三者一体化”管理。

图书与档案在根本属性、形成目的等方面有所不同，图书馆、档案馆或其他文献机构在机构服务环节上也有所区别，但是，在构建供用户检索图书、档案的知识服务平台时，其理念、技术与具体著录、标引工作都要充分利用计算机与网络共享技术，对图书、档案一般特征信息以元数据格式著录、标引，形成元数据集合，再按照用户的实际利用需求设立多种检索入口，建立检索数据库。网络环境下，充分利用信息技术对学科数字信息群进行知识集成，对学科知识信息进行有针对性和独具特色的深入加工，以创造知识信息用户的更大价值。采取开发主体上跨机构、开发对象上跨库、跨地区和跨资源的合作开发，能够最大限度地满足各方面用户的多元化需求，图书馆、情报机构和档案馆等不同文献保管机构的馆藏类型互有交叉，突破机构界限可以更大程度地集中相同主题文献。

信息集成是知识集成的基础，知识集成是信息集成的发展和目标，两者相互促进、相辅相成。知识集成能削弱信息的相互冲突，保证信息集成的语义一致性；利用信息技术开发的各种知识集成平台和工具，可以促进知识集成的发展。因此，在解决档案组织和档案检索复杂问题时，知识集成与信息集成都是不可缺少的。从档案信息集成到档案知识集成的发展，不仅是解决档案信息系统集成中的异构性问题，更重要的是出于档案理论与实践创新和发展的需要。

二、知识组织：知识集成环境下档案信息组织的发展

1. 档案信息组织存在的问题

从信息组织的实践来看，以往用户比较注重对数字对象本身的组织，而忽视对数字对象揭示的知识的组织，这种现象部分来源于传统信息机构对文献对象的保护保存职能。在信息技术高度发达后，对于单个数字对象的保存是否如对传统印刷型文献的保存那么有意义是一个值得探讨的问题。但不容置疑的是，对数字对象内容中所蕴含的知识的揭示和组织才是用户更关心的。用户实际需要的是能够通过知识组织技术帮助他们获取知识，而不仅仅是包含知识的数字对象。档案信息目前采用的组织技术至少在以下几个方面已经显露出不能满足知识组织的需求。

(1) 档案信息机构采用的信息组织方式大多是针对数字对象本身的,而且主要是从利于数字对象保存的角度进行的,不能满足知识组织的要求。这应该是从档案馆的保存保护职能演化而来,由此导致的结果就是注重数字对象的外在属性的描述,而在内容的揭示上存在不足。用户在求助于信息机构时,获得的只是从传统的印刷型文献转变成了数字化的文献,是否符合用户的知识需求,还需要用户亲自去查阅这些数字对象才能够得出结论。

(2) 档案界所使用的元数据还不能满足知识组织的要求。元数据本身由于是围绕数字对象进行设计,更多的是在揭示数据对象本身的属性;元数据的元素设置由于是从保存数字对象的角度而不是揭示数字对象内容的角度进行设计,因此在元素的设置上就呈现出揭示内容的少,描述外在属性的多;从学科数字信息群而言,由于不可能有统一的标准和视图,不同元数据之间的互操作困难;从单一学科元数据的可扩展性看,由于大部分是针对特定领域,因而可扩展性差。

(3) 档案元数据标准中揭示内容信息的元素的组织不够合理,不能揭示其蕴含的知识和相互之间的关系。各类元数据实际都或多或少含有揭示其描述的数字对象的内容的信息,但现在的组织方式并不是针对其蕴含的知识,而是针对知识的载体,因此这些元素并没有得到充分的应用。可以使用 Ontology、推理机、概念图(concept map)等技术,用知识的方法对这些信息进行组织。也就是要将内容对数字对象的依赖,转变为数字对象对内容的依赖。

(4)档案信息系统中元数据记录大多以关系数据库存储,但是关系数据库并不能完全满足知识组织的要求。一是数据模型不匹配,关系模型和有向图模型两者之间存在差异;二是关系数据库的存储方式不利于知识的推理和表示。

2. 知识集成环境下的档案知识组织

国内外的专家学者们都已经深刻地认识到了人类对知识组织的迫切需要,在不同的领域进行着探索和实践。

(1) 档案知识组织要从数字资源中发现知识,提供知识的表示模式和知识库,为提供知识服务奠定基础。知识分为客观知识和主观知识,信息机构馆藏更多的是客观知识。对客观知识的组织,从资源上应立足于从现有的元数据中挖掘知识,因为现有的各类元数据已经对数字对象的各个方面进行了比较充分的描述,凝结着档案工作者的心血和成果,其中也蕴涵了大量的知识,只是现在还没有从知识组织的角度得到充分的利用;从方法上应继承和利用信息机构在知识组织方面长期积累的理论和经验,吸收引进新的知识组织方法,在信息资源和知识组织上搭建沟通的桥梁。在信息机构的知识工程中,元数据的地位非常重要。根据元数据的功能不同,可以在知识工程的不同层次使用不同的元数据。各类档案描述性元数据的功能的发掘不应该只停留在数字馆藏的保存上,还应该重视其揭示内容方面的功能的发掘。在档案知识组织的层面上,还需要定义知识表示相关的元数据,这类元数据对知识的表述应该提供一定的灵活性,在大的框架下允许适当进行扩充或者变换,以满足不同领域的需要。

(2) 要实现档案知识组织,其功能上至少应包括知识定义、元数据管理、知识挖掘和知识存储。知识定义是进行知识组织的核心,包括对知识表示框架定义、规则库管理等功能,知识表示框架定义是使用 XML,RDF 等技术,根据特定学科领域对知识的定义将其形式化的过程,主要是对知识包括的属性、方面以及如何呈现进行定义,对知识定义有多种方法,但都离不开一定的规则,通过规则库管理可以对知识的表示、组织、利用等功能产生直接影响,并反映到整个系统上。由于元数据信息是知识组织的资源的直接来源,对这些元数据方案的管理就特别重要,元数据管理包括为元数据标准的制定提供一个管理的接口,通过注册告知系统元数据方案的结构定义、资源的位置等信息以为元数据抽取提供信息,元数据抽取根据元数据注册信息自动地从信息源中抽取符合知识组织需要的元数据元素的相关信息,元数据映射将抽取回来的元数据元素信息进行语义分析并与知识表示框架中的具体属性建立关系。知识挖掘是知识组织的关键步骤,系统定时地从信息机构的馆藏信息资源中挖掘知识,不但能够满足用户不断变化的知识需求,还应该能够及时反映信息资源变化导致的影响,知识集成环境下的档案知识组织应着力考虑知识挖掘过程中的效率要求。知识存储包括对抽取回来的元数据信息的存储和对知识挖掘结果的存储,不但要能够存储元数据的当前信息,也应该能够保留元数据方案演化产生的历史信息,以保证知识挖掘的一致性,采用恰当的存储方式既可以方便发现知识之间存在的关系,为产生新的知识提供条件,也便于提高整个知识组织的运行效率。

(3) 对学科数字信息群的知识组织,应该包括对档案等信息机构馆藏资源中的文本、图像、音频、视频、动画以及其他数字信息对象内的知识进行组织的能力。通过各种描述元数据对多媒体数字对象内容的揭示,可以实现基础的、较为成熟的档案知识组织。因此,这种数据需求要使用数据仓库对知识进行存储。数据仓库具有面向主题、集成性、稳定性和时变性的特征,对从数据库中获取知识提供了途径。除了存储知识挖掘而来的符合知识定义的知识外,还特别应该注意保存知识的最初来源信息,通过统一资源标识符等标识出知识来源的数字对象。这样,当用户需要进一步了解知识时,才可能为其提供指引。对于挖掘而来的知识,还应该对其进行清洗,从文本内容、数据类型、数据长度、格式、空值、降噪等多个方面,对组成知识的信息进行规范,以满足档案信息系统和用户对知识的要求。

(4) 目前的知识集成环境对学科数字信息群进行知识组织,呈现“统一”和

“差异”两个截然不同的环境特征。所谓“统一”,就是现在的知识组织都是基于网络的,不管是局域网还是广域网,网络作为信息机构的基础设施,将同一机构掌握的所有信息资源联系到了一起,网络化、数字化是现在知识组织软件系统设计和实现中所面临的真实环境。所谓“差异”,是指由于知识载体和数字对象格式的不同,知识组织面对的信息资源不会只是单一的文本文件,由于操作系统、数据库、文件格式、编码规则等多方面带来的信息资源异构性,为知识组织增加了巨大的难度。档案知识组织不仅只考虑对档案知识的发现和揭示,还必须考虑从异构档案信息资源中挖掘知识,这对档案知识组织软件系统的设计和实现是很大的挑战。

三、知识检索:知识集成环境下档案信息检索的发展

1. 档案信息检索的发展

该时期档案信息检索已经形成了一些成熟的检索模型,包括布尔检索模型、向量空间模型和概率检索模型。传统信息检索模型的不足是显而易见的。在文献的组织与描述上,都采用词切分和单汉字或两者结合对文献进行索引,都将关键词作为描述文献的基本元素,文献之间没有关联,是相互独立的、无结构的集合。在检索操作上,都是基于关键词的无结构查询,难以反映词语之间各种语义的联系,查询能力有限,误检率和漏检率很高,检索结果的真实相关度较低;计算查询和文档之间相似度的方法也有局限。在模型约束方面,那种要求索引项之间独立性的要求并不符合实际情况。此外,面临网络巨量信息,传统信息检索模型虽经不断完善,也难以从根本上适应。由此,知识检索应运而生。一些学者从不同角度提出了基于知识的检索模型,如分类检索模型、多维认知检索模型、分布式检索模型、概念检索模型等。特别是概念检索模型克服了以往检索模型中以词及其权值为中心建立相关性而忽略了语义关联的缺点,以概念词典为辅助,采用人工智能技术,增强搜索引擎概念的分析理解能力,从概念层面上来处理用户的查询请求,从而实现特定领域的概念检索。我们认为,上述检索模型由于没有知识组织体系的支撑,没有实现对检索对象的语义标注,也没有对其语义进行解析,依然是一种信息检索模型,是一种能够基于知识的信息检索模型。

	信息检索	知识检索
主要检索语言	关键词	自然处理,知识表示
基本检索模型	布尔检索、向量空间	分类检索、多维认知、分布式
网络组织方式	超文本、自由文本、主页、搜索引擎、主题树	知识分类、语义网络、动态控制
网络搜索方式	关键词、目录	机器学习、人工智能

续表

	信息检索	知识检索
检索效率指标	查全率、查准率、检索时间	内容相关性
结果呈现方式	图形、图像	知识图表、视觉隐喻

知识检索是综合运用信息管理科学、人工智能、认知科学及语言学等多学科的先进理论与技术，基于知识和知识组织，融合知识处理与多媒体信息处理等多种方法与技术，充分表达和优化用户需求，能高效存取文本、图像、视频、声音等媒体类型的知识源，并能准确精选用户需要的结果。知识检索是将信息或知识按照一定的方式组织、存储，并根据用户需求找出相关信息和知识的过程。在这个过程中，被检索的对象是知识资源、知识库。知识检索就是采用一种从语义上标引文章的技术，形成知识库，再从知识库中查询用户所需的信息。检索语言是描述信息的内容与形式的工具，也是用户表达检索提问的语言。网上信息检索模型多采用布尔检索模型和向量空间模型，布尔检索模型利用关键词描述信息，检索系统采用精确的关键词匹配；向量空间模型用空间中的向量表示信息，用相似统计方法计算信息与提问向量之间的相关性。网络知识检索是基于"知识"的搜索，用户可以灵活地选择理想的检索策略与技术，知识检索能主动提供个性化的服务，向用户提供潜在内容知识，全面提高检索效率。传统的搜索引擎是对信息相关性的搜索，搜索引擎通常要检查文档的每一页，而知识检索更强调内容的相关性，这样检索相关知识的能力作为衡量其检索效率的指标更具有实际意义。

2. 知识集成环境下的档案知识检索

档案知识检索系统应该更加注重文本挖掘的功能，如具有大规模实例描述的汉语分词排歧知识库，具有主题词典和内容相似性检索功能，具有自动分类、聚类和自动摘要功能，具有文本数字理解和新词学习功能等。实现个性化、智能化的知识检索需要解决的一些技术问题如下。

（1）自然语言的优化。知识检索有赖于语言学工程的突破，以及自然语言处理的技术应用。自然语言指所使用的书面语言，包括自由词、关键词和出现在文献题名、摘要、正文或参考文献中的具有一定实质意义的词语。自然语言在网络检索中得到了广泛的应用，但是自然语言中存在大量的同义词、近义词以及一词多义、同形异义等现象，知识检索需要对自然语言进行优化处理，包括歧义信息的处理，通过歧义知识描述库、全文索引、用户检索上下文分析，结合用户相关性反馈等技术，准确地反馈给用户最需要的信息；利用分词词典、同义词典，同音词典改善检索效果，相关的信息也能检索出来；在知识层面或者概念层面上辅助查询,通过主题词典、上下位词典、相关同级词典,形成一个知识体系或概念网络,给予用户智能知识提示,最终帮助用户获得最佳的检索效果。

(2) 知识挖掘。知识检索需要更加注重内容挖掘的功能,知识挖掘主要指文本挖掘技术的发展,目的是帮助人们更好地发现、组织、表示信息,提取知识,满足信息检索的高层次需要。知识挖掘包括摘要、分类(聚类)和相似性检索等方面。自动摘要就是利用计算机自动地从原始文献中提取文摘。在信息检索中,自动摘要有助于用户快速评价检索结果的相关程度;在信息服务中,自动摘要有助于多种形式的内容分发,如发往 PDA、手机等。相似性检索技术基于文档内容特征检索与其相似或相关的文档,是实现用户个性化相关反馈的基础,也可用于去重分析。自动分类可基于统计或规则,经过机器学习形成预定义分类树,再根据文档的内容特征将其归类;自动聚类则是根据文档内容的相关程度进行分组归并。自动分类(聚类)在信息组织、导航方面非常有用。

(3) 自动化的学习与反馈机制。自动化的学习与反馈机制是实现知识检索的关键技术之一。相关反馈技术是研究用户知识和用户模型的一项重要技术,其基本思想是通过用户与检索系统之间的反复交互,逐步了解用户需求,不断反馈学习形成新的检索式和检索结果,更新和完善用户模型,逐步提高检索结果的相关性。将相关反馈技术应用于知识检索领域,可以提高系统的智能化程度,有助于系统进行有针对性的个性化服务,对检索效率有较大的影响。

基于本体的知识检索模型,在资源对象的组织、描述、表示、检索和模型约束等方面都具有自己的显著特征,如下。

(1) 检索请求的分析主要内容是:第一对检索请求进行预处理,提取需要检索关键字(词);第二借助本体并在必要时通过和用户再次交互,判断检索请求中关键字(词)的领域、相关概念等,确定用户的真实意图;最后再将用户的真实意图形成统一、规范的检索请求提交给检索匹配部分。同时,在对用户意图进行分析和交互的基础上补充和完善本体库中的相关知识,对检索匹配部分返回的检索结果进行处理、合并后返回给用户。

(2) 知识源部分负责对知识源进行收集,并对收集的知识源根据本体库中的知识进行标注和分析,对从知识源中抽取的知识进行转换,对本体库中的相关部分进行补充和完善,并建立对应的索引信息,放入索引库。

(3) 检索匹配机制的主要作用是从人机交互部分收集统一的检索请求,并依据本体库中的相关知识对检索请求和索引库进行语义和语法层面的匹配,并将检索结果返回给人机交互部分。

(4) 本体库从对检索请求和检索结果的处理,到对检索请求和索引的匹配,到对知识源的标注、索引的建立都基于本体库中的相关知识。同时,上述各个过程又可以对本体库中的知识进行补充和完善。当然,对本体库中知识的任何修改都要经过领域专家和系统的双重认定。

知识检索是为适应知识组织的发展趋势,以解决信息检索机制的检索效率低下而提出的一种新的检索理念。在知识组织的基础上,知识检索是从知识库中检索出知识的过程,是一种基于知识组织体系,能够实现概念语义检索的智能化检索方式。基于知识的信息检索是指在信息检索的框架下,通过一些智能化手段改善检索效率和效果的一种方式,“概念检索”“语义检索”和“智能检索”等都属于这种表述形式;而知识检索不等于基于知识的信息检索,它是基于某种具有语义模型的知识组织体系,知识组织体系是实现检索的前提和基础,知识检索则是基于知识组织体系的结果;它又是对资源对象进行基于元数据的语义标注,元数据是知识组织体系的语义基础,只有经过元数据描述与标注的资源才具有长期利用的价值。基于本体的知识检索模型和知识检索呈现方法,以及知识检索的评估机制是档案知识检索发展的重要研究方面。

第四节　知识服务网站信息构建

> 本节研究的信息构建,无论是针对信息空间环境的结构化设计,还是信息内容的设计,目标都是便于用户获取、接受和使用信息。建立基于用户体验的Web信息构建评价指标体系,涉及信息组织、信息导航、信息交互、界面外观和综合体验评价内容,运用于知识服务网站的信息构建。

信息构建(IA)是网站的支撑性框架,而知识服务是网站面向用户服务的类型。因此,从一般网站向知识服务网站的进步,我们需要依据IA由组织、导航、标引和检索系统组成的有机体系,帮助从用户点击、易用等方面评价IA的有效性。如知识服务网站系统的功能设计,反映站点标引系统完善性的用户点击质量,好的组织系统使用户始终在访问网站过程中不会迷失方向,帮助在网站中顺利地找到信息等。下面基于信息构建与知识服务的紧密关系和有机结合,通过定性与定量的方法论述知识服务网站的信息构建评价策略及其应用。

一、信息构建与知识服务

从某种意义上说,信息构建的基本思想决定了知识服务的特性和方式。第一,知识服务是基于知识内容本身的服务,分布广泛的知识资源将服务重点从信息的采集和传递转移到其内容本身的分析和重组,面向用户知识服务的效果经历了从物理获取到逻辑获取的转变,最终得到符合需要的、可供评价的知识产品；第二，知识服务是满足用户需求的服务，它将知识价值的实现归结为用户依靠所获得的知识取得了成功，以用户需求为导向的知识服务，不仅与用户进行决策、解决问题的过程紧密结合，实时追踪用户需求的变化，服务的责任范围一直延伸到用户使用知识的结果，而且具有定制化的特点，每个用户的问题解决方案都是唯一的、特定的，为他们创造出有利于知识应用和创新的个性空间；第三，知识服务是集成性的连续服务，知识服务能够得以实现的一个重要条件是用户具有一定的知识素质，否则用户极易萌生新的需求，这也要求知识服务人员必须依靠庞大的知识体系和各类专家支持系统，为用户提供连续性较强的服务。

知识服务作为一种语义密集型的高层应用，用户通常需要具备全面知识才能正确使用，传统基于关键词和简单分类的服务发现机制已经不能很好满足需要。有文献提出一种基于领域本体和语义相似度的知识服务发现方法。首先将用户查询需求进行语义扩展，细分为功能需求、质量需求等，然后判断功能需求是基本服务还是组合服务，若为基本服务，则直接对已有服务进行语义查询；若为组合服务，则对该查询进行基本分解后进行相似度计算，得出结果后再使用工作流技术实施服务组合。其中，服务组合是近年来出现的一种新的服务形式。研究方向主要有基于流程的方法和基于人工智能的方法。前者以工作流技术为基础，具有代表性的成果有 WSFL，BPEL4WS 等；后者以语义描述模型为基础，具有代表性的成果是 OWL-S。该方法将服务检索与组合相结合、人工智能与工作流相结合，充分考虑了知识服务自身的特点。

国内知识网站在数字图书馆领域中的应用并不鲜见，清华同方股份有限公司利用先进的网格技术结合知识挖掘、智能代理、分布式知识库等技术，在用户和信息资源之间建立了一个知识网格资源共享 CNKI 服务平台，就是一个比较典型的例子。知识服务网站主要分为数据建设（文件）、组织挖掘（算法、技术、方法）和服务应用（功能实现、可视化）三个层次。如图 9-1-2 所示，系统的功能设计也完全遵循该三层架构。

在知识环境下，多维关系的展现与知识导引是信息构建服务应用层的代表。栏目与栏目之间、用户查询词与栏目之间以及查询词与查询词之间存在广泛的关联。这种关联将不同的信息、知识点组织联系起来成为知识集合，满足不同的知识需求。系统利用不同的组织方式将这些关系展现出来，为用户在利用网站时提供知识导引，在使用过程中提供与用户需求相关的知识线索。根据用户访问网站的习惯与信息资源的内在组织特性，系统主要提供了以下栏目关系与知识导引：①通过栏目内容相关性比较，展示相关栏目间关系和相关栏目在不同属类之间的联系；②以主题词之间的相关性，展现栏目间的关系；③以栏目中的知识要素，展现引用与被引用栏目内容间的关系；④通过查询词与主题词、知识词

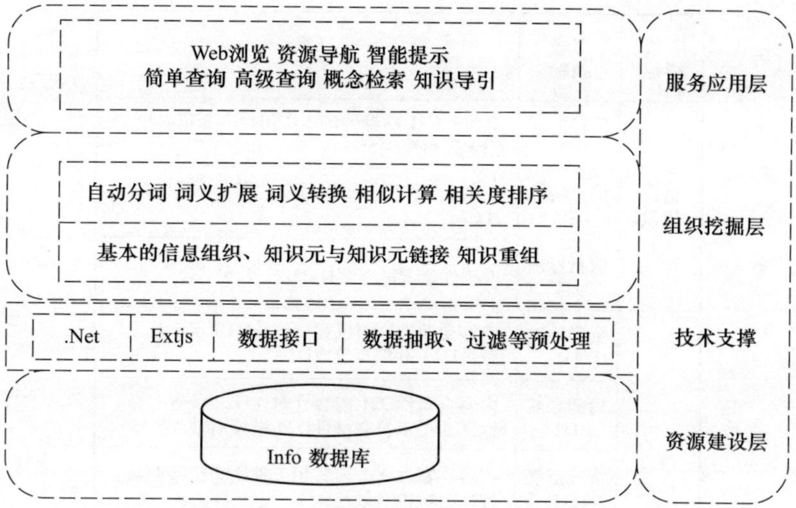

图 9-1-2　知识服务网站的结构及其功能

条间的关系,将查询的相关词汇提供给用户。

二、基于用户体验的 Web 信息构建的评价

建立评价指标体系是对 Web 信息构建质量及其用户体验水平进行衡量的核心工作,应用德尔菲(Delphi)法实施专家咨询来建立体系中不同层级的指标项,从定性研究的角度将基于用户体验的 Web 信息构建评价体系,分为图 3-1-3 所示的三级指标。

Web 信息构建的一级评价指标分为信息组织、信息导航、信息交互、界面外观和综合体验五个方面。信息组织是通过内容和结构组织来呈现序化的信息,从信息内容、信息结构和信息标识三方面进行评价;信息导航是在用户信息空间内为其提供以目标为导向的信息定位和查询,根据其导航种类从全局导航、局部导航、情境链接、快速链接、站内搜索五方面进行评价;信息交互是用户与 Web 网站或信息系统之间产生的行为方式和行为关系,从交互形式、交互程度和交互体验三方面进行评价;界面外观是用户视觉可以直接感知到的外观表现,从布局结构和视觉外观两方面评价;综合体验是用户对交互过程、交互前后实施努力所产生的个别化感受,从感官体验、情感体验、思考体验、行为体验和关联体验方面进行衡量。

1. 确定指标权值

在确立三层评价指标体系后,确定出各个定性指标的权重系数,才能形成完整的、科学的评价体系。基于用户体验的 Web 信息构建评价指标体系采用层次

一级指标	二级指标	三级指标
信息组织B1	信息内容C1	全面性C11/准确性C12/实用性C13/更新度C14/新颖性C15
	信息结构C2	分类合理性C21/层次适度性C22/关系明确性C23
	信息标识C3	准确性C31/可理解性C32/一次性C33
信息导航B2	全局导航D1	内容全面性D11/位置一致性D12/指示符完整性D13/链接有效性D14
	局部导航D2	内容全面性D21/内容针对性D22/位置一致性D23/指示符完整性D24/链接有效性D25
	情镜链接D3	内容丰富性D31/内容相关性D32/链接明确性D33/链接有效性D34
	快速链接D4	常用性D41/位置一致性D42/有效性D43
	站内搜索D5	方式多样性D51/位置一致性D52/建议相关性D53/结果合理性D54
信息交互B3	交互形式E1	丰富性E11/个性化支持E12
	交互反馈E2	及时获得响应E21/清晰的进程告知E22/反馈接口E23
	交互可用性E3	有效性E31/易用性E32/易学性E33/宽容性E34/满意度E35
界面外观B4	布局结构F1	一致性F11/平衡性F12/逻辑性F13
	视觉外观F2	界面简洁性F21/视觉美感F22/色彩协调性F23/元素一致性F24
综合体验B5	感官体验G1	名称易记G11/标识美观G12/视觉效果符合品牌特征G13
	情感体验G2	有独特个性G21/带来积极情绪G22
	思考体验G3	认知增强G31/问题解决G32/观念创新G33/鼓励探索G34
	行动体验G4	行动号召力G41/用户参与程度G42/对他人的号召G43
	关联体验G5	品牌价值认同G51/品牌文化满足个体诉求G52/对品牌忠诚度G53

图 9-1-3　基于用户体验的 Web 信息构建评价指标体系

分析法(AHP)分别确定一级、二级和三级指标的权重,实现步骤依次为:

(1) 建立上述评价 Web 信息构建的三层指标体系层次结构模型;

(2) 对各层元素两两比较,建立判断矩阵,形式如下:

$$\begin{array}{c|cccc} A & C_1 & C_2 & \cdots & C_n \\ \hline C_1 & C_{11} & C_{12} & \cdots & C_{1n} \\ C_2 & C_{21} & C_{22} & \cdots & C_{2n} \\ \vdots & \vdots & \vdots & \vdots & \vdots \\ C_1 & C_{n1} & C_{n2} & \cdots & C_{nn} \end{array}$$

序号	i 和 j 两元素相对重要等级	标度赋值
1	同等重要	1
2	i 比 j 稍重要	3
3	i 比 j 明显重要	5
4	i 比 j 强烈重要	7
5	i 比 j 极端重要	9
6	i 比 j 稍不重要	1/3
7	i 比 j 明显不重要	1/5
8	i 比 j 强烈不重要	1/7
9	i 比 j 极端不重要	1/9

判断矩阵标度及其含义(注:当标度赋值为{2,4,6,8,1/2,1/4,1/6,1/8}时,表示相对重要等级介于{1,3,5,7,9,1/3,1/5,1/7,1/9})。然后,根据萨蒂提出的 1-9 标度法对矩阵中两个元素间的相对重要性做出判断,并以合适的标度数值表示出来。这里评价体系中的相对重要性赋值由熟悉本领域的多位专家通过对问卷中的相关因素进行两两比较,给出合理的数值标度,最终用于计算权重的指标标度值是通过统计各位专家标度分值后求中值获得。

(3) 判断矩阵的计算和一致性检验。判断矩阵计算采用层次单排序法,根据判断矩阵计算与某元素相关的下层元素的重要性权值,并根据权值进行排序,理论上是求出判断矩阵的最大特征根及其特征向量。由于指标标度是出于各位专家主观判断的结果,难以保证专家的意见完全一致,可以采用这一变化来检验矩阵的一致性程度。这里引入判断矩阵最大特征根 $\lambda_{\max}$ 以外的其余特征根的负平均值,作为度量判断矩阵偏离一致性的指标 CI,CI 值越大表示判断矩阵偏离完全一致性的程度越大,反之则一致性程度越高。当 $\lambda_1=\lambda_{\max}=n$ 时,$CI=0$,表示判断矩阵具有完全一致性。对于不同阶的判断矩阵,人们判断的误差不同,CI 值要求也会有所区别。衡量不同的判断矩阵是否具有满意的一致性,引入判断矩阵的平均一致性指标值 RI。因此,1-9 阶平均随机一致性指标 $RI(1,2,3,4,5,6,7,8,9)=[0.00,0.00,0.58,0.90,1.12,1.24,1.32,1.41,1.45]$。

这里,对于一阶或二阶的判断矩阵,RI 只是形式上的,因为一阶或二阶判断矩阵总是具有完全一致性;当判断矩阵的阶数大于 2 时,可采用一致性指标 CI 与同阶平均一致性指标 RI 之比,即随机一致性比率,记作 CR,来判断矩阵的一致性程度。当 $CR<0.10$ 时,可以认为判断矩阵具有满意的一致性,否则需要对矩阵中的元素重要性标度进行调整。

2. 各层级指标权值结果

根据以上步骤和计算,列出基于用户体验的 Web 信息构建评价体系的各判断矩阵和指标权重 Wi,并进行一致性检验得出 CR。

(1) 一级指标:以 A 表示总体评价结果,A—B 判断矩阵显示一级指标的权值计算结果,$CR=0.0216$。

(2) 二级指标:与信息组织、信息导航、信息交互、界面外观和综合体验对应的二级指标的权重计算结果,如判断矩阵 $B1$—Cn,$CR=0.0000$;判断矩阵 $B2$—Dn,$CR=0.0267$。

(3) 三级指标:依次与二级指标对应的各个三级指标的权值计算结果,如判断矩阵 $C1$—$C1n$,$CR=0.0663$;判断矩阵 $C2$—$C2n$,$CR=0.0036$;判断矩阵 $C3$—$C3n$,$CR=0.0370$。

以上由于二、三级指标较多,这里略去。分别对一级指标、二级指标和三级指标组成的判断矩阵进行层次单排序计算和一致性检验,一致性程度均小于 0.1000。由此,得出基于用户体验的 Web 信息构建评价体系的各层级权重。

3. 综合评价结果

综合评价结果首先要从用户那里获得对应指标的分值评测,然后依据一定算法进行结果的综合统计,最后以适当的形式表现出来。

三、大型公共信息服务网站实证研究

结合某大型图书馆网站,对基于用户体验的 Web 信息构建评价体系应用方法进行验证。该网站是典型的大型公共信息服务类网站,目前的水平从内容和形式上均处于国内同行前列,对信息的组织分类、服务的个性化和用户满意度等方面均具有更高的要求,而且用户群广泛。

1. 评估前期准备

从用户角度了解该网站的信息组织、信息导航、信息交互、界面外观和综合体验设计水平,评价出其中的优势和劣势,发现可用性问题以及有待进一步提高的方面;了解用户对网站信息服务的满意度和体验程度及进一步期望。为了体现出受教育水平和图书馆使用程度的区别,选取教学科研工作者 3 名、研究生 4 名、本专生 4 名,普通文职人员 4 名,共 15 人参与。

2. 评估实施分析

可用性测试要求参与者通过访问该图书馆网站,完成 10 个已设定的如下任务,直接观察并记录操作过程,参与者根据使用情况对调查问卷的指标项进行评分。

(1) 以题名和出版者查询清华大学出版社出版的"管理信息系统"方面的书目信息和馆藏位置;

(2) 通过"逾期提醒"功能实现邮件提醒和手机短信提醒;

(3) 通过网上预约进行书刊的预借;

(4) 在网上实现已借书刊的续借;

(5) 在网上完成委托借书,并设置杨浦区分馆取书;

(6) 索取有关 2008 年"美国政府教育经费预算"的政府报告;

(7) 通过专家咨询了解英文网络信息检索方面的信息;

(8) 定制上图讲座和最新信息;

(9) 找到用户意见或建议反馈的位置;

(10) 了解历届世博会的发展及其综合信息。

其中,(1)是对检索功能的测试;(2)—(5)是对"我的图书馆"等个性化功能的测试;(6)是索取特种文献的测试;(7)—(9)是对交互功能的测试;(10)是对访问特色馆藏资源的测试。

由于客观条件的限制,测试分 3 组进行,每次由 5 个用户参与 10 项已设定任务的测试。一项任务完成后,回到该图书馆网站首页,继续执行下一任务。成功率可以描述每一位用户完成任务的情况,从侧面反映该图书馆网站信息构建的可用性问题。由于这 10 项任务都具有清晰的结束状态,可通过明确的成功标准来衡量,因此,可采用二分式成功表示法,即对于用户每操作一个任务给出"成功"或"失败"的得分,分别表示为 1 和 0。这里排除了用户的能力水平等内部因素,通过置信区间来计算对数据的置信程度。通过用户参加 10 项已设定的可用性测试任务,以及自身所积累的相关经验,用户对该图书馆网站的信息组织、信息导航、信息交互、界面外观和体验设计已有一定的认识。在此基础上向 15 位参与用户派发调查问卷,在收集各个用户评分后运用等级统计法,得到每一项问卷指标的综合分数。这里采用线性加权综合法,分别得到三级指标和二级指标的加权分值,并最终获得一级指标的合成分值$\sum[(\sum P \times W_{jk} \times W_j)]$。

根据分析结果,$M(B1) = 5.7167$,$M(B2) = 5.1386$,$M(B3) = 3.5462$,$M(B4) = 4.1799$,$M(B5) = 4.8472$,它们分别代表了该图书馆网站在信息组织、信息导航、信息交互、界面外观和综合体验五个维度的构建情况。而当需要与其他网站进行比较时,则需要计算整个网站的综合分值,该图书馆网站的综合分值计算结果为:$M(A) = 4.7363$。

3. 网站综合评价

为了更加形象直观地显示评价结果,采用雷达图(图 9-1-4)来组织数据,显示了该图书馆网站信息构建状况的五维高级视图，根据方向和角度偏离的程度不同，可以表现出网站的优势和需待改进的方面，从强至弱依次为信息组织、信息导航、品牌体验、界面外观、信息交互。信息机构网站在信息组织方面具有明显的优势，网站内容覆盖全面，分类合理规范，层次适当，信息标识具有高度的代表性和概括性；信息导航设计上具有较好的一致性，全局导航和局部导航覆盖了绝大部分的内容，网站提供的快速链接中包含了用户经常使用的栏目，为用户操作提供的便捷入口，网站的检索功能较为丰富，能够提供多途径检索，检索位置一致性强；信息交互从网站整体构建看提供 RSS 定制、实时咨询、文献提供线实时解答、通过 Email 和手机短信进行传递服务等多种交互途径；界面外观使网站主页整体布局结构清晰合理，二级页面整体风格较为统一，色彩搭配、图片和字体运用合理，页面空白设置得当；综合体验要求图书馆在资源建设规模、服务提供、成本投入和技术基础等方面都具同领域前列，尝试和探索提供界面定制、页面和版面设置、栏目定制、栏目评级和云标签导航等功能。

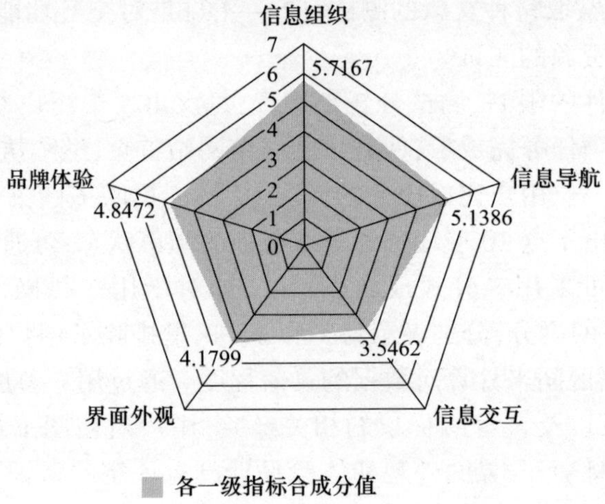

图 9-1-4　一个大型图书馆网站评估结果的雷达图展现

总之，为满足用户的个性化需求和适应 Web2.0 环境下的交互发展模式，信息机构在巩固自身信息组织和信息导航设计强项的基础上，应该进一步丰富其网站的交互性和互动性，提高界面的简洁性和协调性，并利用自身品牌优势，吸引更多用户参与，构建具有高度可用性的个性化 Web 档案馆信息空间，为用户提供更高水平、更高质量的知识服务。

第十章　数字信息群知识处理与检索

第一节　词义知识环境自动标引改进

本节构建有位置信息控制的特义禁用词语义环境，运用于中文文献元数据CXMARC文本自动标引和主题信息挖掘，其预处理特义中文禁用字词切分算法SWF能有效地减少分词歧义性和缩短标引时间，从而改进了传统最大匹配MM算法的自动标引质量和效率。

国内外的许多图书馆和情报部门纷纷运用计算机进行深层次的文献管理和文献检索。利用计算机进行主题检索已成为重要的检索方式，主题标引则是开展主题检索的基础，而中文文献元数据上的主题信息的数据挖掘则是一项重要内容。

一、基于CXMARC文本信息的主题标引

主题检索所占的比例远高于其他检索途径，这是因为主题检索能适应学科交叉渗透的特点，不受学科的限制，国际上许多大型的文献数据库都是通过主题词、关键词进行联机检索的。主题标引挖掘的优势还在于能达到统一标引、统一检索的目的，以主题标引为基础的主题检索是当今图书情报部门现代化发展的必然趋势，也是统一检索和标准化建设的需要。

为了对中文文献机读目录进行集中智能处理，首先定义集成核心元素集CXMARC。设CORE是文献机读目录MARC的一种集成核心元素集，其数量界于详细级次编目和简要级次编目之间，这些元素包含"必备"元素和定义的"有则必备"元素，而且能够构成MARC的共同元素，并覆盖它们的中国MARC必备元素。CORE经XML DTD或XML Schema描述后的MARC文档，记为CXMARC。显然，数字图书馆系统中书目LCXMARC$\subseteq$CXMARC。根据该定义，设计CXMARC的一种集成核心元素集如图10-2-1所示。

主题标引为文献的二次开发提供了检索点。CXMARC格式不仅能对文献的外部形式特征进行客观描述，而且可通过6XX主题信息字段对文献内容进行揭示，提炼出文献研究或论述的主题概念。研究CXMARC文本的主题信息数据

字段	名称	M（必备）	A（有则必备）
	记录头标与目次内容	0-23,目次长	
001	记录控制号	无指示符,无子字段	
005	资源最后处理时间和日期	无指示符,无子字段	
09x	统一号(2-书刊号)		a(国家编码)
100	通用处理数据	a(一般处理数据)	
101	资源/著录单位语种	a(正文)	e(原著)
200	题名与责任者说明	a(正题名)	d(并列)、e（副）、f（第一责任）、g（其余责任）
205	版本/稿本说明		a(版本说明)
210	文献公布时间		d(出版发行/著录单位文件形成时间)
215	载体形态		a(类型与数量)、e（附件）
330	提要或摘要附注		a(附注内容)
500	统一题名		a(统一题名项)
606	主题分析		a(条目要素)
609	主题自动标引		a(标题源)、b（摘要源）
610	非控主题词		a(非控主题词项)
69X	分类法分类号(0-图书)		a(分类号)
701	知识责任		a(款目要素)
801	记录来源	b(机构代码)	a(国家代码)、c（处理日期）、g（著录规则）
856	电子资源定位与检索		u(统一资源定位地址)、z（公共附注）
905	馆藏信息		a(馆藏机构代码)

图 10-2-1　CXMARC 的一种集成核心元素集

处理的主要内容有:①检验主题分析(606)字段的规范性;②检验和转换非控主题(610)字段;③预处理特义中文禁用字词的切分算法 SWF 在处理题名标目(200、330 和 500)字段中的应用;④基于主题词语义关系提取主题词自动标引(609)字段内容;⑤重写 CXMARC 标引后的文本数据库。

按照 CXMARC 格式标准,约定主题分析块中未定义的 609 数据项为主题自动标引处理后的结果字段,并进一步定义 609 的子字段 $ a 为标题自动标引结果, $ b 为摘要自动标引结果。

二、预处理特义中文禁用字词的文本数据挖掘

分词速度和分词精度是一个实用化分词系统的两个重要的技术指标。分词精度是指切分的正确率,一些切分算法不能很好地发现歧义字段,即使发现歧义也不能进行很好的校正。为此,考虑预处理扫描中减少领域里的切分歧义问题,基本思想是:通过构造具有位置信息的特义禁用字词表和相应的切分算法来发现与消除歧义。以下介绍预处理特义中文禁用字词的切分算法 SWF 的主要工作。

1. 基于分割词符构造位置信息的特义禁用字词表

分割词符表由段句分隔符和统计禁用词组成。其中,段句分隔符表存在各种标点符号,用来分割句子和段落;禁用词表包括句子通用可切分字词标记。用如下形式记录(举例):

SingleSeparator = {,. _{ }()- + ^ > < := 等};

DoubleSeparator = { 。、% * . :《 、》、(、)、—、个、的、了、在等};

DomainSeparator = {命令、文件等}。

“通用停用字词表”是根据汉字的分布规律和汉字的构词规律,再综合各领域的特点而设计的。段句分隔符表 Code_stp 取手工输入 word 字段的方法,其中序号 cid 由程序生成,从 1 开始计数,其结构为

```
struct Code_stp
{
  int cid;          /* 序号 */
  varchar word;     /* 段句分隔符标记 */
}
```

以往的自动标引算法采取单纯依靠停用词表将禁用字词去掉的方法来断句,比如“得”是禁用词,对标题“参加欧洲低能耗高舒适住宅中国应用研讨会的心得体会”进行自动标引时,在“得”处被断开:“……应用研讨会的心”和“体会”,而“心得体会”是主题词表中的正规主题词,却无法被标引出,这是由于忽略了汉语语义多义性导致标引正确性降低。经过对相关检索文献和主题词表的统计分析,以上情况出现的标引误差接近 5. 2%。

改进算法首先采用具有位置信息的特义禁用词表的构造思想。词表 site_stp 的关系结构表示如下:

```
struct Site_stp
{
    int sid; /* 序号 */
    varchar word; /* 禁用词 */
    int head; /* 禁用词中可做主题词首字的字符中最靠左的位置 */
              /* (这个字符不能是禁用词的首字) */
    int tail; /* 禁用词中可做主题词尾字的字符中最靠右的位置 */
              /* (这个字符不能是禁用词的尾字) */
    int flag = 0; /* 主题词表中的词是否包含该禁用词 */
}
```

设 sentense 为待切分数据源,stp1,stp2,…,stpi ∈site_stp. word,若:

σ word = stpk ∧ Head or Tail is not NULL(SITE_STP) ≠ NULL(1≤k≤i),

则 stpk 不参加对 sentense 的切分。切词算法 SWF 将遵循该规则。

2. 具有位置信息控制的特义禁用词表的设计

位置信息的特义禁用词表的结构设计,是在对主题词与禁用词之间的关系分析的基础上进行的。主题词表中主题词与禁用词的关系可以分为完全包含和部分包含的关系,定义以下规则:

规则 1:IF 主题词完全包含禁用词 THEN,该禁用词不在切词中被截掉,保留到与主题词匹配时,以防漏标(flag = 0)。

例如,"得"是禁用词,而主题词表中主题词"心得体会"包含"得"字,所以在"参加欧洲低能耗高舒适住宅中国应用研讨会的心得体会"中"得"字将不会被截断。

规则 2:IF 主题词部分包含禁用词,且被包含部分不在主题词首字或尾字出现 THEN,在 Site_stp 表中将不保留其位置信息。

例如,"准确度"这一词,它包含禁用词"的确"中的"确"字,并且"确"字不在主题词的首字或尾字,在标引源中删除"的确"禁用词将不会影响含有"确"字的词的标引。

规则 3:IF 禁用词中的某字在主题词尾字出现 THEN,取符合这种条件的字居禁用词中最靠右的位置(不应取禁用词尾字的位置),在 Site_stp 表的 tail 字段下保留。

例如图 10-2-2 所示,禁用词"几点意见"中的"点"字在"采样点"等主题词的尾字出现,"意"字在"三大纪律八项注意"等主题词的尾字出现。"点"在禁用词中排在第二位,"意"在禁用词中排在第三位,"意"的位置最靠右,因此,取"3"保留在 tail 字段中。当利用 Site_stp 进行截词操作时,考虑到 tail 中的位置信息,将在第三位"意"后截断,并将禁用词中剩下的字截掉。这样的截词结果既考虑到以“意”结尾的主题词情况，又兼顾以“点”结尾的主题词情况。

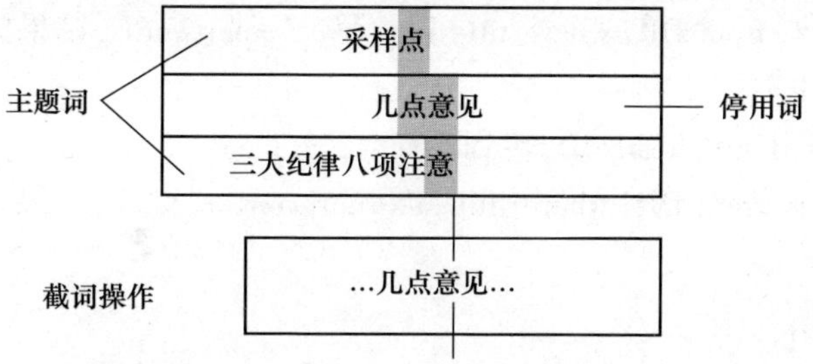

禁用词	tail	head	flag
几点意见	3		1

图 10-2-2　主题词与禁用词关系举例

值得注意的是，此例中即使有以“见”结尾的词，tail 字段也不应取“4”，因为那属于主题词完全包含禁用词的情况。同理，当禁用词在主题词首字出现时，取符合这种条件的字最靠左的位置，保留在 head 字段中，并且 head 字段不应取“1”（首字位置）。

3. 预处理特义中文禁用字词的切分算法 SWF

特义中文禁用字词的切分算法（Stop Word Filtering，SWF）是一种改进的预处理切分方法，称为 SWF 算法。该算法需要一个预处理过程，即遍历主题词表 DIC 自动提取特义禁用词的位置信息。设 word 字段由手工输入，对 Site_stp 表进行逐词扫描。如果 DIC 的 title 字段包括 Site_stp. word，则 flag 为 0，否则对 Site_stp. word 进行逐字切分，判断 word 中的字是否在 DIC. title 中做首字和尾字：对于做首字的字取在禁用词中最靠左的位置，记录在 head 下，对于做尾字的字取在禁用词中最靠右的位置，记录在 tail 下。

算法：遍历 DIC 表自动提取特义禁用词的位置信息。

1. Begin
2. 打开 Site_stp、DIC；
3. if Site_stp = eof 则转到 19；
4. word：= Site_stp. word；
5. Select * from DIC where title like ‘%’+word+‘%’，结果非空转到 17；
6. len：= length(word)；head：= 0，tail：= 0；loc：= 1；
7. if loc > len ，转到 9；

8. partword:= substring(word,loc,1);
9. if loc = len,转到 12;
10. Select * from DIC where title like '%' +partword ,结果为空转到 12;
11. tail:= loc;
12. if loc = 1 OR head≠0,转到 15;
13. Select * from DIC where title like partword +'%',结果为空转到 15;
14. head:= loc;
15. loc ++ ;
16. 对 Site_stp,tail:= tail,head:= head,flag:= 1;转到 18;
17. Site_stp. flag:= 0;
18. Site_stp. next;转到 3;
19. 关闭 Site_stp、DIC.
20. End

将一段有限长度的文本记作 L,单字集合记作 CS,分隔符集合记作 DS,词典记作 DIC,句子的集合记作 SS,特义禁用词组词匹配句子的集合记作 TT,于是可以将 L 表示如下:

$L=\{ci \mid ci \in CS \text{ 或者 } ci \in DS\}$

根据分隔符集合中的分隔符将 L 进行一次处理,去除其中的分隔符,跳跃特义禁用词位置组词,将 L 变成句子的集合,表示如下:

$L=\{si \mid si \in SS \text{ 或者 } si \in TT\}$

其中:$si=\{cj \mid cj \in CS\}$

句子表达为如下形式:

$Si=\{pj \mid pj \in CS \text{ 或者 } pj \in DIC\}$

或者 $Si = <p0><p1><p2>\cdots<pn>$

这时,整段文字也就可以表达为如下形式:

$L=\{pj \mid pj \in CS \text{ 或者 } pj \in DIC\}$,

或者 $L = <p0><p1><p2>\cdots<pn>$

通过上面 SWF 算法运算,已将整段文字中的分隔符去除,并对特义禁用词进行前后位置组词及其片段匹配切分,句子分割成由词和无法组成词的单个汉字构成的串,从而完成了对文本词切分的准备工作。

三、实验方法与结论

定义实验用的两个评价指标为完全一致率和基本一致率。其中,完全一致率(Maximum Similarity)是自动标引结果中存在的手工标引结果词与手工标引结果全部词之比,仅限于词形完全相同的百分率;基本一致率(Basic Similarity)是自动标引结果的全部词或其同义词、词族索引三级以内的词中存在的手工标引结果词,与手工标引全部词之比的百分率。

1. 实验方法

传统的词典主题自动标引方法主要包括两种:其一,采用一般的禁用词表切词断句,以最大匹配的方法匹配主题词表,匹配成功以后工作指针移动到匹配上的词语的后面,即整词推进,然后继续匹配;其二,采用一般的禁用词表切词断句,以最大匹配的方法匹配主题词表,匹配成功以后工作指针向前移动一个汉字,即逐字推进,然后继续匹配。

为了验证 SWF 算法的有效性,这里与传统的基于词典的主题自动标引方法进行实验比较。硬件平台:处理器 CELERON 900MHz,内存 128MB,硬盘 3GB 剩余空间;开发平台:Windows2000;SQL Server2000;Delphi7. 0。

实验操作:①利用一般禁用词表,以及最大匹配整词推进的模式进行匹配的词典主题自动标引算法;②利用一般禁用词表,以及最大匹配单字推进的模式进行匹配的词典主题自动标引算法;③利用具有位置信息的禁用词表,以及最大匹配最小推进的模式进行匹配的词典主题自动标引算法。

如何在不影响切词正确率的情况下提高抽词速度,这里设计了最大匹配最小推进模式的中文抽词方法,即当在词表中按最大匹配原则匹配到长度的词后,在以首字命中的记录中找到最小匹配词,并按最小匹配词的长度移动指针。三种方法均在同一机器。同等软件环境下运行。

准备 5000 条标引源,其中包括标题和文摘,平均每条 40. 05 字。另取 5000 条记录,全部是标题,平均每条 9. 02 字。将这两组 5000 条记录分别用三种方法处理,记录下每种算法执行的时间,计算每条记录的平均时间。在两组 5000 条数据中随机抽出 500 条较长记录平均 37. 6 字/条,500 条较短记录,平均 9. 083 字/条,进行手工标引,并计算完全一致率和基本一致率。

2. 实验结论

自动标引实验结果如下:

(1) 自动标引每条记录的平均时间。

匹配模式	9. 023 字/条	40. 05 字/条
方法 1	1. 416 秒/条	9. 174 秒/条
方法 2	3. 333 秒/条	12. 444 秒/条
方法 3	2. 274 秒/条	9. 657 秒/条

（2）三种方法标引质量比较。

匹配模式	9.083 字/句		37.6 字/句	
	完全一致率	基本一致率	完全一致率	基本一致率
方法 1	41.36%	51.36%	30.72%	46.35%
方法 2	79.01%	85.45%	58.69%	77.12%
方法 3	75.46%	83.6%	56.07%	75.41%

从上面实验结果数据中可以看出：自动标引的时间方面，方法 1 最节省时间，方法 2 最浪费时间，方法 3 时间消耗中等，且与方法 1 较为接近；标引质量方面，方法 2 完全一致率和基本一致率都是最高的，方法 1 的一致率都是最低的，方法 3 一致率中等，更靠近方法 2。图 10-2-3、图 10-2-4 分别对三种方法的标引时间和质量进行了比较。

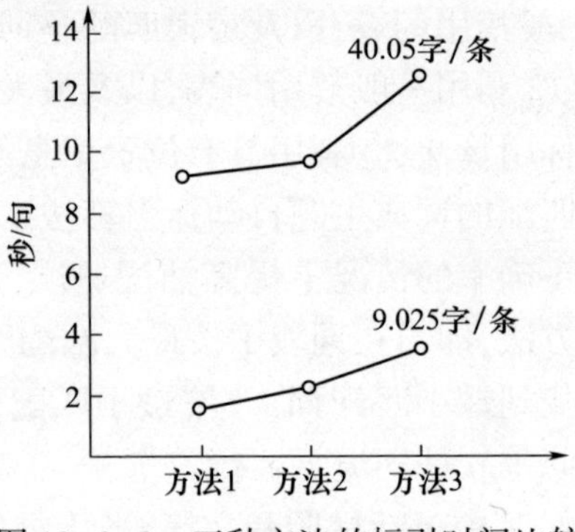

图 10-2-3　三种方法的标引时间比较

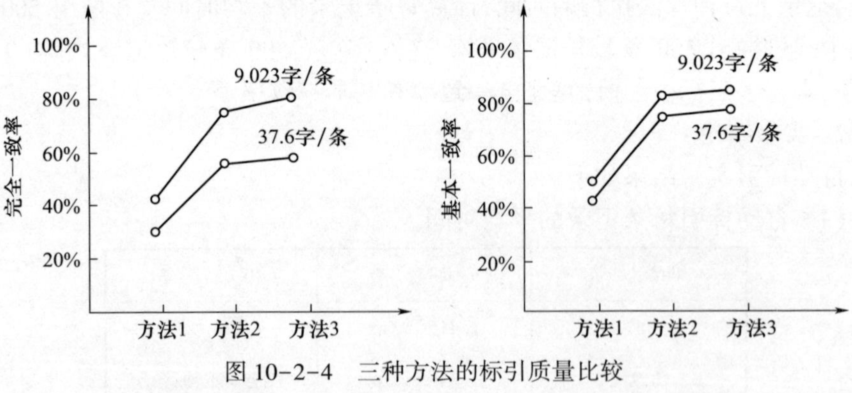

图 10-2-4　三种方法的标引质量比较

综合分析时间和质量，方法 3 在时间和质量方面都很稳定，另外它的效率和质量接近于各次比较的最优方法。方法 1 时间消耗少,但是标引质量很差;方法 2 标引质量高,但费时严重。方法 1、2 都是传统的基于词典的最大匹配自动标引方法,方法 3 则是本文提出的具有位置信息禁用词表的最大匹配改进自动标引方法。实验证明,方法 3 在时间和质量的综合性能上,优于以方法 1、2 为代表的传统标引方法。此外,方法 3 的标引速度和质量在数值上都达到了自动标引系统的应用要求。实验中,短句的标引效果更好。CXMARC 标题标引源(200 $ a)是必备字段,而提要或摘要附注标引源(330 $ a)等为非必备字段,因此机读目录数据库中标引源短句居多。将本方法应用到 CXMARC 的主题信息标引中,能够取得理想结果。

第二节　范畴分类主题知识检索

本节通过领域范畴索引构建网上中文信息分类检索的语义环境,使主题检索受控于范畴分类,并在此基础上研究一种新型的 Web 信息分类检索方法,概念词检索定位在主题类目下的查准率有进一步的提高。

中文信息环境下的名称同义现象非常多,造成信息的查全率受到较大影响,对于同一个概念的理解,由于用户背景知识的差异,表达方式也不尽相同。另外,当用户提出的检索要求不明确时,例如提出需要检索有关“报告”方面的信息,检索系统则应当给出有关“报告”蕴涵的信息,如调查报告、工作报告、试验报告、研究报告、综合报告等。因此,在中文信息检索中需要采用“同义扩展检索技术”和“语义蕴涵扩展检索技术”,以提高检索的质量和效率。然而,大多数网上中文信息检索系统在此方面是不能令人满意的。另一方面,在对有关网络的中文信息类目划分上,各个搜索引擎各不相同,往往带有很大的随意性,这主要是因为网络分类没有统一的标准或规范,每个搜索引擎都是按照自己的想法或自己认为好的分类原则进行分类的。

一、分类检索词义环境的构建

由于每个搜索引擎的定位用户不同,侧重点不同,在类目的划分上就存在很大的差异。这种情况一方面使不同的搜索引擎有了不同的特色,但在另一方面,用户在不同的搜索引擎上查找同一内容的信息时,必须按搜索引擎自己的类目重新进行归类,增加了用户的负担。而且由于类目名称与实际内容不一致,使用户在不同搜索引擎的同一类目下找到的可能是不同内容的信息。以下通过自动生成领域范畴索引,构建网上中文信息分类检索的语义环境,并在此基础上研究与实现一种新型的 Web 信息分类检索模型。

1. 词义知识网中的范畴索引

概念检索是指从词所表达的概念意义层次上来识别和处理检索请求的信息检索。其代数结构可描述为：I =<T,D,Q,F,K,R>。其中，K 是概念检索通过对文献信息进行语义层次上的自然语言处理来析取各种概念信息，并由此形成的一个知识库。检索时根据用户提问的理解，查询知识库中相关的信息以提供直接的回答。它的理论框架最早是由美国著名的人工智能专家 Schank，Kolodner 和 DeJong 在 1981 发表的论文中建立的，并且指导了他们的概念信息检索系统 CyFr 的开发。由于主题检索所占的比例往往高于其他检索途径，主题概念之间及概念属性之间的各种关系隐含在主题概念词典和各个特征文件的描述中，不仅语料极为丰富，而且具有相当规模知识库的能力。这里仍以档案信息领域为例进行具体研究与实验。

主表中的全部主题词按照类目分类排列，提供按类查词的途径，这就形成了“范畴索引”。范畴索引与分类法不同，它是以词为分类对象，根据词汇本身的学科属性进行划分，尽管这个体系的类目细分程度不够高、但却为用户从学科分类角度查寻有关叙词提供了很大的方便，而分类法则是以学科内容为分类对象，按知识领域进行划分的。因此，范畴索引的划分不受学科体系及从属派生关系的约束，可以按实际需要确定范畴，这正是目前各搜索引擎的“特色”。建立范畴索引，能够向用户提供从主题词找出它所属范畴号和根据范畴号提供有关主题词的双向功能。在范畴库中，各范畴号按不同的等级进行组织，如 B 为政务、BE 为人事、BE1 为人员调配与任免、BE2 为职务职称、BE3 为监察等。

定义如下关系模式：

fcsy{fch varchar(8)，title varchar(8000)}

其中，fch 为范畴号；title 为该范畴下的主题词的集合，以“，”为间隔，集中的主题词数在 200 个以下的范畴只有 45% 左右，大多数范畴下集中的主题词数都在 200 个以上，有的范畴甚至达到 600 个词以上，所以 title 字段的长度是很大的。

一个范畴库数据结构可以实现按族性扩大或缩小一个有用的叙词集合。在范畴库中，所有大类处在一个层次上，二级类目处在同一层次上，低层次的类目归属于高层次的类目，所有大类的上位类没有指出具体的范畴号含义，它仅是范畴库树型结构的一个虚拟根结点。图 10-2-5 显示了范畴索引的结构。

范畴索引生成过程中还需要借助一个临时的数据表：

fcsy_temp{fch varchar(8)，title varchar(8000)}

其中 fch 和 title 的意义同前。需要指出的是，大部分主题词的范畴号只有一个,但有的主题词的范畴号同时有两个,如安全玻璃就有“NU”和“NQ”两个范畴号,这在生成范畴索引时应该特殊处理。此外,由于每个范畴号都是用英文字母表示的,因此还有必要对其中文解释进行描述以供用户参考,数据表 FCH_NOTE{fch varchar(8),note varchar(50)}就是用来解决这个问题的,fch 意义同前,note 是该范畴号的中文解释。

FCSY	
fch	title
AA	八七会议(1927),办公会议、报告会、闭幕词、部务会、茶话会…
AB	北方局、常委会、常务委员会、党代表、党代表制度、党史的建设…
…	…

FCSY_NOTE	
fch	note
A	政党
AA	会议(含党的综合性会议及会议一般概念)
AB	组织
…	…

图 10-2-5　范畴索引的结构示意图

2. 通用词义范畴索引的生成算法

用户在查找某一范畴号的所有主题词,如查找范畴号为“BE1”的所有主题词时,可以事先将原始数据表中具有“BE1”范畴号的所有主题词集中到一起,建立一个由范畴号为查询入口的倒排档,这样将大大提高该特定检索需求的检索效率。范畴索引正是基于这一思想而形成的。

定义 string 表示主题词的范畴号,comma _ pos 表示范畴号中“,”的位置以将有可能的两个范畴号分解开来,并分别用 fch1 和 fch2 来表示。范畴索引的生成算法设计如下:

1 BEGIN

2 打开主题词表 ZTCB、范畴索引数据表 FCSY、范畴索引临时数据表 FCSY _ TEMP

//生成 FCSY _ TEMP

3 do while not ZTCB. eof,否则转到 13

4 string =fch

5 comma _ pos =pos(',',string)

6 if comma _ pos <> 0 then

7 fch1 =copy(string,1,comma _ pos - 1);fch2 =copy(string,comma _ pos + 1,len(string))

```
8 将 fch1,title 添加到 FCSY _ TEMP 中,将 fch2,title 添加到 FCSY _ TEMP 中
9 else
10 将 string,title 添加到 FCSY _ TEMP 中
11 end if
12 ZTCB 往下走一条记录
//由 FCSY _ TEMP 生成 FCSY
13 do while not FCSY _ TEMP. eof,否则转到 20
14 if   FCSY locate( 'fch' ,FCSY _ TEMP. fch) then
15   FCSY. title =FCSY. title +´,´+FCSY _ TEMP.  title
16 else
17 将 fch 和 title 添加到 FCSY 中去
18 end if
19 FCSY _ TEMP 往下走一条记录
20 关闭各种数据表
21 END
```

二、基于词义范畴索引的 Web 信息分类检索实现

范畴索引检索的目的是将文献按照范畴号自动事先归好类,然后再由用户选择某个类目进行下一步操作。在利用范畴索引进行检索时,首先要按照文档主题范畴对文档建立一个范畴倒排档,这样可以快速查找与某个范畴有关的文献号,再通过文献号到文档数据库中找到该文献具体内容。倒排档包括范畴号和文献号两个字段,文献号之间用“,”分开,倒排档中一条记录形如:{AA,2,5,8,16,…}。此外,由于主题词的范畴都是由英文字母组成的,用户并不知道其实际代表的中文含义,为了解决这个问题,还必须设计一个数据表 FCH _ NOTE {fch varchar(10),note varchar(50)}来揭示各个范畴号及其中文注释的对应关系。其中,fch 表示范畴号,note 表示中文注释。

主题词的范畴都是由一级以下的范畴号来表示的,一级范畴号不对应某个具体主题词,而是表示某些具有共性的范畴号的上位类。一级范畴号及其中文解释在 FCH _ NOTE 中也要体现出来。基于词义范畴索引的 Web 信息分类检索实现流程如图 10-2-6 所示。

① 生成范畴倒排档。首先定义 SQL-SERVER 的存储过程,一个存储过程使程序员能简单地将存储过程作为一个函数来调用,而不是重复执行存储过程中的语句,这能大大提高程序运行的稳定性和速度。系统中用到的存储过程名

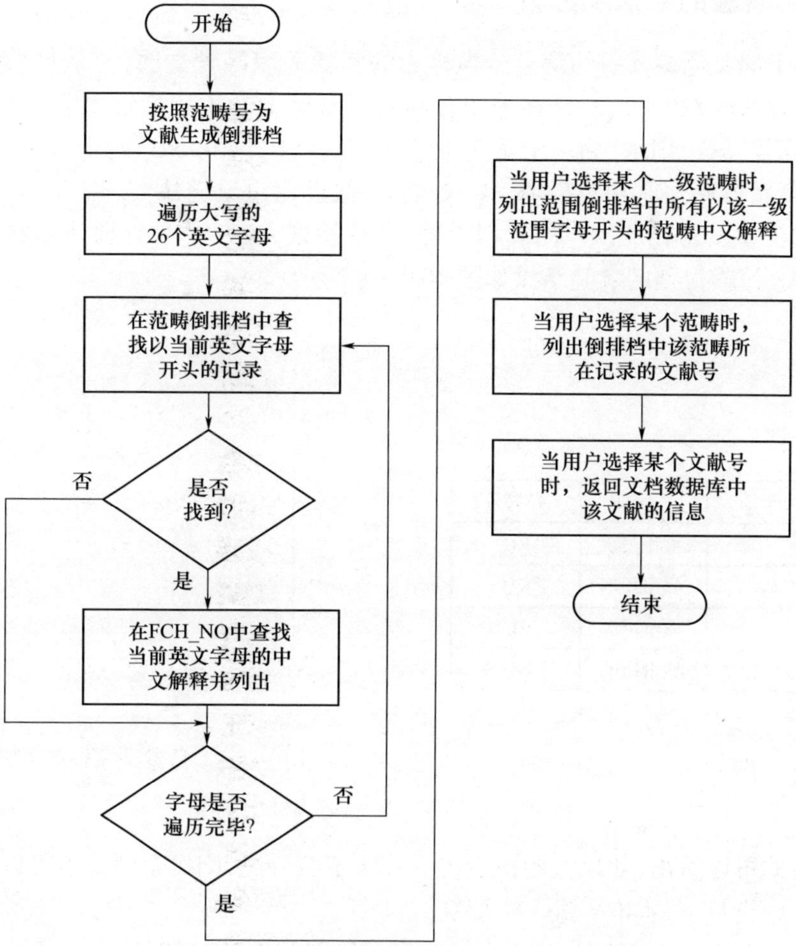

图 10-2-6　基于词义范畴索引的信息分类检索

为 fch _ daopa,EXAMPLE _ FCH 是由文档数据库生成的范畴倒排档。然后在 ASP 中调用该存储过程。

② 根据 EXAMPLE _ FCH 内容和 FCH _ NOTE,自动显示文档数据库中包含的所有一级范畴号。

③ 当用户选择某个一级范畴号时,列出 EXAMPLE _ FCH 中以该范畴号开头的所有范畴号供用户选择。

④ 当用户选择某一范畴号时,在 EXAMPLE _ FCH 中检索出该范畴号所在记录的文献号,再根据文献号到 EXAMPLE 中查找文献的具体信息。

三、实验的方法及分析

基于词义范畴索引的信息分类检索的实验采用两种方法：一是只采用主题检索的方法（方法 A）；二是在采用范畴索引基础上的主题检索方法（方法 B）。举例如下："城市用水"为一个正式主题词，它有"RC"和"NU"两个范畴号，分别代表"公用事业"和"建材"（图 10-2-7）。假设用户只想从"公用事业"含义的角度查找有关"城市用水"的文档内容，考察检索方法 A、B，分别计算它们的查准率 P。检索得到的实验结果如图 10-2-8 所示。

记录号	主题词	范畴号
1	城市用水	RC
2	城市用水	NU
3	城市用水	RC
4	城市用水	NU

图 10-2-7　实验用例

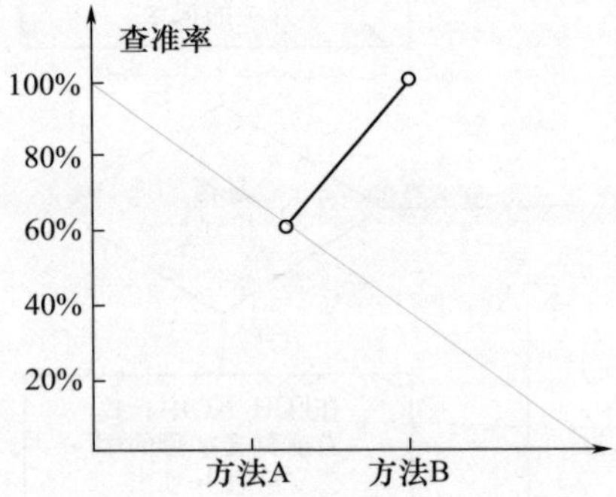

图 10-2-8　检索结果查准率比较

由此可以看出，如果主题检索再受控于范畴分类，则概念词检索可以精确定位在主题类目下，查准率进一步提高。

以上研究了主题语义环境的网上中文信息分类检索，即从概念范畴关系出发，通过范畴索引体系结构来实现文档的自动分类概念检索，从而能够对已有的文档资源进行预先分类，并且当有新的文档加入时，又能自动将其归并到相应类目中，如果与主题检索部分结合，还能够提高检索的查准率。例如，"委员"这个主题词有"AC-纪检（含党风）"和"BE2-职务职称"两个范畴概念，如果用户进行分类检索时处在"AC"这级范畴里，当用户使用"委员"作为检索词再进行主题检索时，该检索过程只查找范畴为"AC"的"委员"，而不会查找范畴为"BE2"的"委员"。即使是概念范畴号与概念主题词之间一一对应，实现其上下位词的检索也比通常的主题检索更快、更方便，并能使用户在使用不同的搜索引擎归类检索时减轻用户的负担。

第三节　词素语义主题知识检索

本节设计一种采用语义词素匹配结合词义扩展匹配技术的信息检索方法。结合两种相似度计算的主题信息检索方法,提供更加灵活和智能化的检索方案,使开发的系统具有更好的应用性,以产生更好的知识服务效果。

进一步对主题信息检索方法进行研究和实践,既包含知识和信息资源深加工处理的技术研究,又能改进现代的信息检索技术以体现更好的知识服务效果。基于初级本体的主题信息检索技术,可根据叙词表中词汇间的关系实施交互式导航检索,或选择相关的主题词进行检索,利用主题词典函数或自动扩展功能进行多语种及智能化检索。

一、主题信息检索的方法

本体论的一些方法研究大多处于理论方面,而归属初级本体的同义词概念相似匹配正是概念检索要研究和解决的问题之一,它是一些检索系统或搜索引擎所采用的较为实用的方法。自动识别中文同义词的方法主要有两种,即以单汉字(语素)为单位的字面相似匹配方法和以词概念(词素)为单位的语义相似匹配方法,以语素为单位的字面相似匹配从理论上讲可以对任意两个语词进行计算,但是其结果的精度难以保证,而以词素为单位的语义相似匹配可以保持相当高的精度,但对尚未收录的新词的相似计算却很困难。我们采用词素和语素综合的匹配技术,结合基于词义扩展的几种信息检索方法,开发一个多选入口的主题概念信息检索实验系统,目的是通过实验比较,对主题检索技术和新型搜索引擎的发展提供参考。

二、叙词表本体方法的主题信息检索

在国外的研究中,叙词表与本体间异同的认识可以归纳为:叙词表有层次结构和分类等级,是初级本体;利用本体可以实现叙词表功能,并具备知识推理功能。叙词表与本体的密切联系在于两者都是知识组织体系,而且本体的构建通常以叙词表作为基础和起点。图书情报界许多学者认为关于叙词表与本体存在多方面的区别,包括表达形式、组织结构、系统开放性、语义关系和分类体系等。①组织结构存在区别。叙词表中知识点的分布一般是线性的,而本体中概念的分布是立体网状的、多维的。叙词表着重描述“词(术语)”之间的关系,而本体则侧重描述“概念”或“对象”之间的关系。②系统开放性存在区别。本体是一

个开放集成的体系,它的概念集与底层知识库随学科领域的更新和发展可随时进行修改和更新,而叙词表则是相对封闭的体系。③语义关系存在区别。本体中概念间的关系被描述得更为广泛、深入、细致和全面。这是两者的最主要区别,也是基于本体的系统可以实现语义检索和半自然语言、乃至自然语言检索功能的原因。④所含内容要素存在区别。叙词表是一个词汇库(语料库),但不是知识库;而本体不仅是概念集、语料库,还是一个知识库。⑤学科分类体系存在区别。叙词表的学科分类体系相对稳定,结构保守而单一。对词表进行一次全面的修订是一件复杂艰巨的系统工程,需要耗费大量的人力、财力和物力。本体系统的集成性和开放性则保证了它的知识库和概念集的更新,虽然现在这种更新依靠大量手工劳动,但是自动抓取和标引概念的研究已是大势所趋。

1. 主题信息检索系统功能

本体的可复用性、可保存性和可持续性保证了知识分类体系的继承性和发展趋势得以回溯和展望。近年来,电子叙词表的发展弥补了印刷版叙词表不能动态更新的弱点,本体能更容易达到不同应用平台之间的互操作性。在一个信息化建设项目中,应用初级本体建立一个主题概念信息检索系统,其主要功能包括词素匹配、精确匹配、同义扩展、相关扩展、系统维护和在线帮助等功能模块。图 3-2-9 显示了系统的主要功能结构。

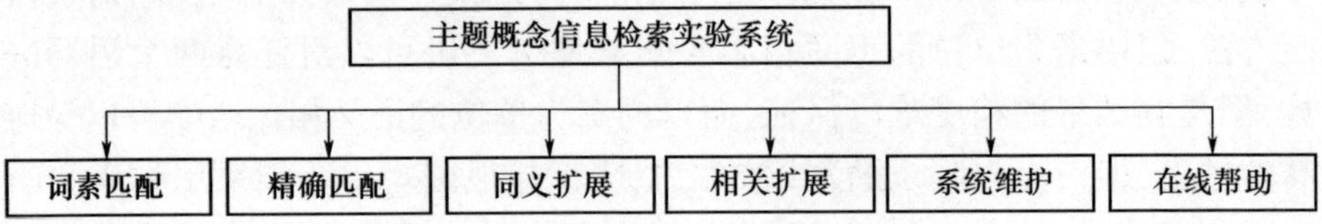

图 10-2-9　系统的主要功能结构

各模块的主要功能如下:

(1) 词素匹配:系统对用户提交的检索式进行切分,匹配切分词表,得到扩充的检索式集合,然后参与匹配过程。

(2) 精确匹配:精确匹配不对检索式进行切分,直接参与匹配过程。

(3) 同义扩展:匹配过程中查找该词的同义词,扩展检索表达式,然后参与匹配过程。

(4) 相关扩展:匹配过程中查找该词的相关词,扩展检索表达式,然后参与匹配过程。

(5) 系统维护:对系统的数据进行远程管理和增加、删除、修改。

(6) 在线帮助:为用户提供详尽的操作指南。

该系统采用 Microsoft SQL Server 2000 作为数据库服务器,程序设计语言为

C#,开发技术为 ASP. NET,开发环境为 Microsoft VisualStudio. Net 2003 和 DotNet Framework 1.1。

2. 系统的数据库设计

系统的数据库 IrBase 由如图 10-2-10 所示的 4 个数据表组成。

文档表

文档ID	INTEGER	<pk>	not null
主题词	VARCHAR(100)		not null
文档标题	VARCHAR(200)		not null
文档内容	VARCHAR(8000)		not null
Key_1 <pk>			

同义词表

类号	CHAR(10)	<pk>	not null
主题词	VARCHAR(100)		not null
同义词	VARCHAR(100)		null
相关词	VARCHAR(50)		null
词素	VARCHAR(100)		null
Key_1 <pk>			

分词词表

分词ID	CHAR(10)	<pk>	not null
词名称	VARCHAR(50)		not null
词性	VARCHAR(10)		not null
Key_1 <pk>			

新词词表

新词ID	CHAR(10)	<pk>	not null
新词名称	VARCHAR(50)		not null
使用频率	INTEGER		not null
Key_1 <pk>			

图 10-2-10　数据库 IrBase 的数据表结构

（1）文档表:用来存储检索系统的信息源,即预先录入的各种文档。

（2）分词词表:用于分词过程中的词素匹配,目前系统的分词词表包含思想政治工作信息化部分的词。

（3）同义词表:用于检索过程中的同义词相似匹配,目前系统的同义词表包含思想政治工作信息化部分的词的同义词;

（4）新词词表:用于保存检索过程中用户提交的新词,即目前词表仍未收录的词。

所有表名都保存在应用程序配置文件 web. config 中,以便灵活读取。系统对数据操作的逻辑没有放到数据库中,以后可以考虑将数据操作的逻辑以存储过程的形式放置到数据库中。

三、基于 RMM 分词和相似匹配技术的系统开发

汉语的自动分词和词性标注是中文自然语言处理系统的两道基本工序,这里用到了词素匹配技术,因此也需要加入自动分词技术。

1. 汉语自动分词算法的实现

汉语自动分词主要分为两类方法,即基于统计的机械分词方法和基于规则的分词方法。其中,机械分词方法又可分为正向最大匹配(Maximum Matching, MM)方法、逆向最大匹配(Reverse Maximum Matching, RMM)方法等;基于规则

的分词方法包括知识分词法等。该系统根据对分词的实际需要,采用相关文献基于 RMM 的方法作为系统的自动分词方法,实现的汉语自动分词算法如下:

```
S={待切分的字串}
if(S.IndexOf(" ")! =-1)
{ string[ ]tempwords = S.Split(' ');//如果子串含有空格则先根据空格切分
for(i =0;i < tempwords.Length;i ++)
//将 S 字串转换成 keywords 字符串列表再进行切分
{keywords.Add(tempwords[i]);}}
else//直接进入切分过程
{keywords.Add(S);}
//对上一步产生的字串列表依次进行切分
for(int i =0;i <keywords. Count;i ++)
{while (keywords[=i].Length > 1) //切分过程
{for (int j =1;j <=keywords[i].Length;j++)
{tempList.Add(keywords[i].Substring(keywords[i].Length-j,j));}
keywords[i]=keywords[i].Substring(0,keywords[i].Length-1);}}
for(int i =0;i < tempList.Count;i++) //匹配词词表,选出有意义的词素
{foreach (DataRow myDr in myDt.Rows) //myDr 为数据库中的分词词表名
{if (myDr["word"]==tempList[i])
{myList.Add(tempList[i]);} //如果匹配,则加入该词}}
if(! myList.Contains(this.keyword))
{myList.Add(this.keyword);} //如果分词结果中未包括用户输入的关键词,则加入该词
```

2. 主题概念检索方法及其扩展检索的实现

该系统提供了词素匹配与精确匹配选项,同时还提供了同义扩展、相关扩展的复选框。当用户输入关键词后,可选择是词素匹配还是精确匹配,并进一步可选同义扩展或相关扩展。主题概念检索系统的处理流程如图 10-2-11 所示。

当用户选择用户词素匹配时,系统对用户提交的检索式进行切分,匹配切分词表,得到扩充的检索式集合,然后参与匹配过程。自动标引通过停用词表的处理,剔除无用词,然后通过主题词表实现标引词的词表控制和概念转换。主题标引停用词表包含中文标点符号、普通汉语的停用字、词以及领域的停用字、词。主题词表提供多入口以及丰富的语义关系,并且提供等同、属分、相关、范畴语义关系的控制。检索系统利用主题词表的用代关系来规范用户提问的主题词,用属分关系来实现系统的扩展检索。此外,若标引结果含有主题词表中未收录的词,则在临时表中进行登记,当该词的引用超过一定取值时即在主题词扩展表中进行登记。

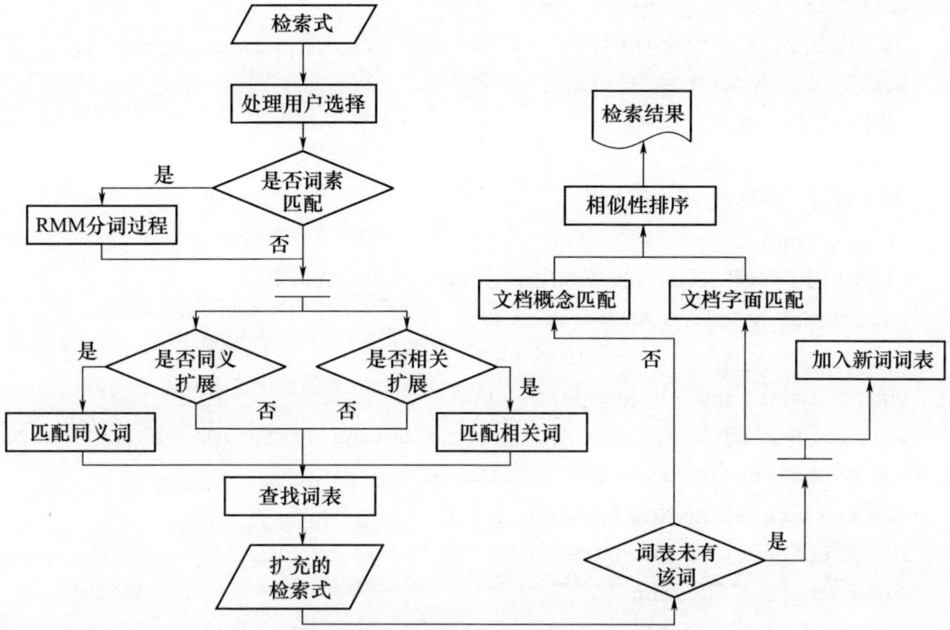

图 10-2-11　主题概念检索系统的处理流程

传统查询系统以输入的查询条件为检索条件,检索相关的信息库得出检索结果,由于没有明确用户需求和相关语境,往往与用户想要查询的结果相差很远。该系统的扩展检索并不是直接使用用户输入的查询条件到相关信息库中进行检索,而是在用户输入查询条件之后,进入本体检索部分,进行用户需求的细化。其实现过程如下:

(1) 将用户输入的查询条件与概念关系库中的相关部分进行匹配;

(2) 得到用户输入的查询条件对应的各个领域,进行用户需求分析;

(3) 由用户根据自身的语境选择对应的领域;

(4) 根据用户选择的领域匹配规则库,得到用户相关的特定的检索条件,形成查询条件;

(5) 查询相关的信息库;

(6) 得到检索结果,呈现给用户。

系统扩展检索查询程序的伪代码如下:

```
'引入查询操作类 Search(ByVal connection As String,ByVal query As String):DataSet
    Imports search
    Public Class Choose
```

```
Inherits System.Windows.Forms.Form
'用于保存用户输入的查询条件
Public condition As String
'用于保存用户选择的领域
Public condition2 As String
'用于保存系统转换的词表达式
Public condition3 As String
'实例化用于查询的 Search 类和用于返回查询结果的数据集
Public dsKeySearch As New DataSet
Public KeySearch As New SimpleSearch
Public resultNum As Integer
Private Sub Button1 _ Click(ByVal sender As System.Object,ByVale As
System.EventArgs)Handles Button1.Click
Dim ztcdataset As New DataSet
Dim xtcdataset As New DataSet
Dim connstr As String
Dim condition _ str As String
connstr ="Driver={SQL Server};Server =(local);Database
=dangan;Trusted _ Connection =yes;"
Dim conn As New Odbc.OdbcConnection(connstr)
Conn.Open()
Try
Dim inst As String
Dim instTem PAs String
inst =" select ztc from ly where ly ='" & condition2 & " '"
'主题词领域相关表
'查询概念关系库,返回用户输入查询条件对应的领域
ztcdataset =KeySearch.Search(connstr,inst)
instTem P =" select * from zt where ztzn ='" & condition
& " '" '主题词相关表
'查询叙词表,得到相关的概念词,并据同义用代关系转
换为正式主题词
xtcdataset= KeySearch.Search(connstr,instTemp)
instTem P=" select * from zt where ztzn='" & condition3
& " '"
'从属分关系找出所有下位词,从等同关系找出所有同义词,从相关关系找出所有参考词,并加入用户提问的检索表达式中
```

```
Xtcdataset =KeySearch.Search(connstr,instTemp)
Dim i As Integer
For i =1 To xtcdataset.Tables(0).Columns.Count-1
Dim temp _ str As String
Dim j As Integer
For j =0 To ztcdataset.Tables(0).Rows.Count-1
If xtcdataset.Tables(0). Rows(0)(i)= ztcdataset.Tables(0).Rows(j)
("ztc")Then
'用用户选择的领域和概念词互相匹配,得到用户想要的实际查询条件
f1.condition _ last =ztcdataset.Tables(0).Rows(j)
("ztc")
End If
Next
Next
Catch ex As Exception
MessageBox.Show("没有相关记录!","提示",MessageBoxButtons.OK)
Me.Close()
End Try
End Sub
End Class
```

3. 检索结果的相似度排序

在与文档集进行相似匹配之后,还需要根据文档与查询的匹配程度对检索结果进行相似度排序,以保证重要的、最贴近用户需求的文档排在前面,方便查阅与利用。中文同义词匹配方法中有基于语素的字面匹配和基于词素的语义匹配两种方法。

算法设计思路:设词 A,B 为待比较的两个词,其长度分别为 Len(A)= m, Len(B)= n。若其中相同汉字的个数为 $t(0\leqslant t\leqslant \mathrm{Min}(m,n))$,其中 $\mathrm{Min}(x,y)(x,y\in N)$ 表示正整数 x,y 中较小的数,则 A,B 的相似度为 Sim(A,B)可用公式表示如下:

$$\mathrm{Sim}(\mathrm{A},\mathrm{B})=\frac{1}{2}\left(\frac{t}{m}+\frac{t}{n}\right)$$

这就是有关文献给出的最简单的字面相似度算法。在引入词位置权值后,该算法有多种改进版本。该算法对于由纯汉字构成的词汇的相似度计算有较好的精度,但对于非纯汉字组成的词汇、同一事物的学名与别名、全称与简称等情况则准确率较低。

基于语义的相似度匹配方法的基本思路:定义表达度 E 为词的部分对整体

含义所起作用的量度($0<E\leqslant 1$);设待匹配词 A,B 的信息量总和分别为 T_A,T_B,共同部分 C 对 A 的表达度为 E_A,对 B 的表达度为 E_B,即:$E_A = C/A$,$E_B = C/B$。A,B 的语义相似度 Sim(A,B)可表示为

$$\mathrm{Sim}(A,B)=\frac{2E_A \times E_B}{E_A + E_B}$$

该系统采用综合中文同义词相似匹配的算法,结合中文同义词匹配方法中基于语素的字面匹配和基于词素的语义匹配两种方法,即综合上述两种相似度计算方法。从图 10-2-11 的处理流程可知,当词表中没有用户输入的检索词时,系统通过关键字匹配的方法输出检索结果。此时,结果排序就只能采用字面匹配的方法。因此,该系统在同义词匹配方法上具有更好的实用性。

四、系统测试与分析

在系统中准备 5000 条标引源数据,包括长标题等数据,平均每条 40.05 字。另取 5000 条记录,全部是短标题,平均每条 9.02 字。将这两组记录分别用以下多种方法进行处理,记录每种实验结果并进行分析。

1. 实验结果

例如,在主界面输入“理论联系实际”后并选中“词素匹配”,输出结果如图 10-2-12所示,系统输出文档库中含有“理论”和“实际”等词素的所有文档,共有 11 篇;若选择“精确匹配”,则输出结果如图 10-2-13 所示,系统准确输出文档库中含有“理论联系实际”一词的所有文档,共有 4 篇。

一共找到 11 条记录

文档标题
理论联系实际
理论结合实际
注重理论联系实际是科研工作者的基本素质
理论与实际相结合才能有效地提高学习效率
北京军区装甲某团结合部队实际练兵效果显著
联系实际开展工作
脚踏实地,做理论结合实际的典范
理论联系实际是马克思主义的基本要求
理论联系实际
政治工作要贴近部队实际
当前部队实际工作的几个问题

图 10-2-12 “词素匹配”输出结果

一共找到 4 条记录

文档标题
理论联系实际
注重理论联系实际是科研工作者的基本素质
理论联系实际是马克思主义的基本要求
理论联系实际

图 10-2-13 “精确匹配”输出结果

在主界面输入“理论联系实际”后，若选择“词素匹配”并同时选择“同义扩展”，输出结果如图 10-2-14 所示，系统输出文档库中含有“理论”和“实际”等词素及其同义词的文档，共有 11 篇；若选择“精确匹配”及“同义扩展”，输出结果如图 10-2-15 所示，系统输出文档库中含有“理论联系实际”及其同义词的所有文档，共有 6 篇。

一共找到 11 条记录

文档标题
理论联系实际
理论结合实际
注重理论联系实际是科研工作者的基本素质
理论与实际相结合才能有效地提高学习效率
北京军区装甲某团结合部队实际练兵效果显著
联系实际开展工作
脚踏实地，做理论结合实际的典范
理论联系实际是马克思主义的基本要求
理论联系实际
政治工作要贴近部队实际
当前部队实际工作的几个问题

图 10-2-14 “词素匹配”及“同义扩展”输出结果

一共找到 6 条记录

文档标题
理论联系实际
理论结合实际
注重理论联系实际是科研工作者的基本素质
脚踏实地，做理论结合实际的典范
理论联系实际是马克思主义的基本要求
理论联系实际

图 10-2-15 “精确匹配”及“同义扩展”输出结果

类同在主界面输入“理论联系实际”后，若选择“词素匹配”“同义扩展”及“相关扩展”，系统输出文档库中含有“理论”和“实际”等词素及其同义词、相关词的所有文档，输出结果共有 13 篇；若同时选择“精确匹配”“同义扩展”及“相关扩展”，系统输出文档库中包含“理念联系实际”及其同义词、相关词的所有文档，输出结果共有 8 篇。

2. 检索方法比较和系统完善

主题概念检索系统融合了中文主题概念检索的多种新技术，包括同义扩展、相关扩展等。所使用的检索式分词的方式，实现了从词素（概念）层面的匹配，匹配过程中完全脱离了基于统计的方法；对输出结果的排序结合了同义词相似度匹配的方法，综合运用了字面匹配和词素匹配这两种方法，使得输出结合的排列顺序与其匹配程度尽可能一致。上述检索方法还增加了新词处理功能。当用户输入的关键词为系统未收录的词时，保存至新词词表中并记录其使用频率；当其使用频率达到某一阈值时，可通过一定的方法将其转到主题词表中，以解决新词识别的问题。该系统的同义词表还有待进一步完善。分词方法采用了逆向最大分词算法，可达到较高的准确度，而且算法的效率还可以提高。由于对检索式的分词影响了系统的响应时间，因此分词算法需要作进一步优化。

信息检索的核心技术是文档集与提问集的相似匹配，上述实验的多种方法各有优势与不足，同时受限于领域主题知识库的质量和概念检索系统的环境。在数字文献检索或网络搜索中可以综合考虑多方面的优势，设计更加灵活和智能化的检索方案，使开发的系统具有更好的应用性，积极地开展面向用户需求的知识服务。

第四节　网络信息链接及主题相关

本节通过判断提取的 URL 链接主题相关性研究面向主题的 Web 信息采集。基于主题链接上下文提取，主题型语义块采用提取链接周围一定长度的文本，目录型和图片型语义块利用 DOM 树层次结构，对链接数据进行 URL 相关性判定。利用知网基于语义相似度的链接判定，给出一种综合内容和链接结构分析的 URL 主题相关性判定 NPR 算法，比较 PageRank 算法能提供更精确的主题页面。

比较传统基于 Web 的采集方法，基于主题的 Web 信息采集的最大特点就是在采集的同时对提取出来的 URL 链接进行主题相关性判断。不下载网页而通过父网页的信息预测 URL 所指向网页与采集主题的相关度，然后按照预测结果将“最有价值”URL 加入待采集队列，并剔除不相关的 URL，确保与主题相关度高的链接得到优先处理。基于内容分析算法的优点是具有较好的理论基础且计算简单，但由于这类方法忽略了链接结构信息，因而在预测链接价值的重要性方面存在一些不足。以 PageRank 和 HITs 为代表的基于链接结构算法，通过分析 Web 页面之间的相互引用关系来确定网页的重要性，进而决定链接的访问顺序，但忽略了页面与主题的相关性，某些情况下 HITs 会出现主题漂移问题，PageRank 不适合发现主题资源。

一、主题相关性及语义块链接

1. 基于页面内容和链接标记预测 URL 主题相关性

基于主题的 Web 信息采集就是在采集的同时对提取出来的 URL 链接进行主题相关性判断。在不下载网页的前提下，通过父网页的信息来预测 URL 所指向的网页与采集主题的相关度，然后按照预测结果将“最有价值”的 URL 加入待采集队列，并对不相关的 URL 进行剔除，确保与主题相关度高的链接得到优先处理。为了找到主题相关页面，需从多个方面捕捉有用信息，考查以下几种重要的网页属性特征，它们对于某个 URL 所指向页面的主题相关性判断提供帮助。

(1) 父页面信息。如果父页面内容与主题相关度较高，那么父页面所含的链接与主题相关度也可能比较高。

(2) URL 地址及相关属性。一个反映主题的页面 URL 中一般用到与该主题相关的主题词，以用来区别于其他页面。另外，URL 标签中的 title，name 等属性对链接的主题识别也有帮助。

(3) 锚文本信息。超链接中的标记文本(anchor)对该链接所指向的页面起概括描述作用，如<a href="hyperlink">军事</a>，所代表的页面主题可能是“军事”方面的。链接周围的上下文文档也可视为链接的描述文本。

(4) 兄弟链接的预测。指处于同一个网页之中且在同一个内容块的页面。如果一个 URL 的兄弟链接所指向的页面内容都与主题相关，则这个待爬行 URL 所指向的页面内容也很有可能是主题相关的。

把链接锚文本以及扩展链接锚文本作为链接的描述文本，并以此为基础对链接的价值进行预测。在网页的源文件中，链接锚文本是由链接标签<a>所包围的文字，HTML 代码形式为：<a href=页面 URL>锚文本</a>。对于能够理解自然语言以及掌握相关领域知识的用户来说，即使是短小精炼的锚文本提供的信息也足够判断是否需要点击链接打开目标网页。但是对于计算机程序来说，链接锚文本所表达的有限的文本信息却不能让它准确判断链接所对应的目标网页的主题，从而导致其不会打开目标网页。当链接锚文本所表达的信息不能对链接所指向的网页的主题信息内容做出有效预测时，提取链接锚文本本身之外的其他信息就显得至关重要。在一个 Web 页面中，出现在超链接周围的文本统称为“链接上下文”，习惯上是按经验值从锚文本的左右取一定数量的文本信息作为链接上下文，HTML 代码形式为：文本 1<a href=页面 URL>锚文本</a>文本 2。其中，文本 1 和文本 2 即为链接上下文。提取链接上下文的策略，可以把锚文本周围上下各固定数量的字符当作链接上下文或利用 HTML DOM 树进行提取，也可以将两种方法结合起来进行提取。

2. 基于分块的主题链接上下文提取

主题型语义块文本信息一般较多，图片型和目录型语义块的文本信息量较少或不含任何文本信息。如果用相同的链接上下文算法来提取不同类型语义块中的主题链接，有可能造成文本提取过多而出现噪音或提取过少而使链接描述信息不够，对此这里使用不同的上下文提取策略。

(1) 主题型语义块中链接上下文的提取。链接锚文本向前及向后的文本通常是对链接主题的补充或说明，为了使文本信息更加均衡，提取链接前后长度为 n 的文本与锚文本一同作为链接上下文信息，即：$S=(W_{-n},W,W_n)$。其中，W_{-n} 为锚文本前长度为 n 的文本，W_n 为锚文本后长度为 n 的文本，W 为锚文本信息。在提取链接上下文时，首先在网页中定位到该链接，然后根据事先给定的阈值 n 来对锚文本周围的相关文本信息进行选取；如果锚文本周围上下有一方的文本长度少于 n，不影响另一方的选取动作；当锚文本左右文本长度都小于 n 或双方选取文本长度已达到事先给定的阈值 n 时，停止选取，最后将锚文本信息也添加到链接上下文 S 中。这种固定长度的提取链接上下文信息的处理方法，适合包含文本信息较多的主题型语义块中链接上下文的提取。

(2) 目录型和图片型语义块中链接上下文的提取。以链接锚标签的祖先节点为根节点的子树中包含的所有文本信息作为这个锚标签的链接上下文，并称这棵子树的根节点为“聚合节点(Aggregation Node)”。链接上下文和它对应的链接是处在同一语义块中，所以聚合节点的功能就可以视为把一个链接和对它有用的上下文聚合在一起。同一个锚顺着 HTML DOM 树的根节点方向存在很多个候选聚合节点，首先对网页进行预处理，然后综合利用网页中所包含的各种特征将网页构造成一棵布局标签树；布局标签树中的每一个节点都是网页布局中的块，然后根据块的内容特征等对分块进行识别合并，得到一个信息块的队列；最终根据分块的不同类型对分块内的链接采取不同的上下文提取方法。

语义块链接上下文提取的算法描述如下：①输入目标网页，对网页 P 进行 HTML 代码预处理和简化，生成 DOM 树；②对网页进行分块，在分块基础上进行识别合并，初始化网页信息块队列(存放被确定为信息块的块内容和块类型标识);③从信息块队列中取出一个分块,判断分块类型,如是主题型分块转到④;如是链接型和图片型分块转到⑤;④遍历分块中的链接,提取链接周围长度为 n 的文本,连同链接锚文本 W 和链接 Link 存入链接队列 L 中;⑤遍历分块中的链接,定位到链接的祖先节点,提取链接上下文,连同链接锚文本 W 和链接 Link 存入链接队列 L 中;⑥从分块列表中删除当前分块,判断分块列表是否为空,如为空转到⑦,如非空转到③;⑦ 结束。

以上计算方法是观察链接相关数据中是否包含主题词或同义词,可能会漏掉许多相关页面。为了提高主题采集的查准率,这里在原有相关性计算模型的基础上利用“知网”理论及语义分析计算方法,从语义上对主题相关性进行判定。具体是从词语的语义层次上计算链接相关数据中词与主题之间的语义相似度,进行主题相关性的判定,这样就能够大大降低漏判相关页面的可能性,它的相关与否是通过阈值来决定的,即大于等于阈值为相关,小于阈值为不相关。

二、基于语义和链接分析的主题相关性判定

众所周知,PageRank 能有效地帮助搜索引擎识别重要的页面,并根据重要性程度排列检索结果。其基本思想来自传统文献计量学中的文献引文分析,即一篇文献被其他文献引用越多,文献质量越高。PageRank 值较好地反映网页之间的相互引用关系,能较好地反映页面权威性,缺点是它只考虑到网页间的链接关系,没有对这些链接作区分,并且完全忽略了网页具有不同主题,不同主题应具有不同重要度权值的问题。继 PageRank 算法提出以后,一些研究者对该算法进行了改进。相关度不高的页面不一定质量不高,相关度很高的页面也不一定有高的质量。因此,在基于主题的 Web 信息采集系统 URL 预测中,不仅需要相关性的判定,还必然涉及网页的重要度评判。即在链接预测过程中加入由链接关系所决定的链接重要程度这一概念,通过发现重要的链接,在降低相关性判定阈值的同时,选进一些相关度不高但重要性高的链接作为预测,以此来提高查全率。我们在链接关系的基础上加入了锚文本信息权重,以使所产生的重要页面是针对某一个主题的,这就形成了“NPR(New PageRank)算法”。

分析 PageRank 算法 $PR(A) = \dfrac{1-d}{N} + d\sum\limits_{i=1}^{N}\dfrac{PR(T_i)}{C(T_i)}$,每一个指向页面 A 的页面 Ti,它的重要度平权地传给了此页面中每一个链接指向的页面,也就是说只有 $1/C(T_i)$ 的页面重要度传递给了页面 A。在这部分的处理上应考虑当前查询主题及网页内容的相关性,页面面向主题重要性值 NPR 应与链接的页面主题相关度高低及查询主题成比例。因此,修改式为

$$\mathrm{NPR}(A)=(1-d)+d\left(\mathrm{NPR}(T_1)\times\frac{\mathrm{SimS}(url_{T_1})}{\sum_{i=1}^{K_1}\mathrm{SimS}(url_i)}+\cdots+\mathrm{NPR}(T_n)\times\frac{\mathrm{SimS}(url_{Tn})}{\sum_{i=1}^{K_n}\mathrm{SimS}(url_i)}\right)$$

其中，NPR(A) 为 A 的 NPR 值，d 为衰减因子，A 为给定的一个网页，假设指向它的网页有 $T_1,T_2,\cdots,T_n$；urlT_1，urlT_2，…，urlT_n 分别是网页 $T_1,T_2,\cdots,T_n$ 指向 A 的链接；$k_1,k_2,\cdots,k_n$ 分别是网页 $T_1,T_2,\cdots,T_n$ 中所含的链接数。一般地，如果有很多页面指向一个页面，那么这个页面的 PageRank 比较高，但 NPR 值不一定很高。如果有很多主题页面指向一个页面，则这个页面在很大程度上与主题相关，如果一个重要主题资源中心引用了一个页面，同样说明这个页面可能是比较重要的。因此，可以认为 NPR 就是在某个主题 K 下访问到本页面 A 的概率。

前述的基于语义相似度链接判定算法，判断相关性页面的准确性和漏判相关性页面数量都很高，使得判断为相关的页面过少，参加评判 NPR 值的页面数较低，从而会较大影响 NPR 值的准确性，导致相关主题页面的查全率过低。因为在两个主题页面之间可能存在“隧道”现象，在采到前面一个主题相关页面时容易漏采隧道及后面的相关页面。结合语义分析，给出一个基于语义块的有提升的相似度算法，原理是当一个链接 URL 的 SimS(url)值小于相关性阈值 c 时，随机产生一个提升因子 P，当 P 大于等于提升阈值 d 时，此 URL 就获得了一个重新评判相关性的机会。这次评判不只是用链接相关数据，而是用包含此 URL 的整个语义块，当重新评判值大于 c 时则用此值，表明这个 URL 链接到的页面是相关的，如果重新评判值仍小于 c，则认为这个 URL 链接的页面和主题无关。

这种提升方法减少了利用链接相关数据算法的漏判(相关页面被判断为不相关)和对隧道现象的错判，但同时也增加了相关页面的误判(不相关的页面被判断为相关)。该方法的另一个特点就是总能找到相关页面，而不会因为没有相关页面导致采集停止。因此，可以继续修正 NPR 公式为

$$\mathrm{NPR}(A)=(1-d)+d\left(\mathrm{NPR}(T_1)\times\frac{\mathrm{SimSW}(url_{T_1})}{\sum_{i=1}^{K_1}\mathrm{SimSW}(url_i)}+\cdots+\mathrm{NPR}(T_n)\times\frac{\mathrm{SimSW}(url_{Tn})}{\sum_{i=1}^{K_n}\mathrm{SimSW}(url_i)}\right)$$

三、链接与主题相关性判定方法比较

为了对算法性能进行定量比较，从相同初始 URL 集合开始，分别使用宽度优先、基于语义相似度的链接判定、PageRank 和 NPR 算法四种方法对数据进行采集。计算采集查准率和查全率须统计各种算法采集的页面是否与主题相关，

为了节省时间仍采用基于关键词的向量空间模型进行相关度计算,并通过阈值来判断是否相关。软件环境包括平台支撑软件、系统开发软件和开源软件包三类。其中,平台支撑软件主要是 JDK、数据库和应用服务器;系统开发软件包括 Java 开发工具 Eclipse 和网页制作工具 Dreamweaver;开源软件包选用 Lucene(http://apache.etoak.com/)和 Heritrix(http://crawler.archive.org/),分别用于全文索引的生成和主题爬虫的改进。

方法比较采用查全率和查准率两个指标。其中,查全率表示已爬行到的与主题相关的网页数占爬行范围内与主题相关的总网页数的百分比,查准率表示已爬行到的与主题相关的网页数占已爬行到的所有网页数的百分比。这里构造一个规模为 20000 的网页集合,选用军事信息作为测试主题,共收集军事主题网站 20 个,并加入 40 个无关网站作为测试页面集的数据源。观察四种方法的测试结果:① 算法查准率排名由低到高为 PageRank(30%)、宽度优先(39%)、NPR(62%)、基于语义相似度链接判定(87%);②算法查全率排名由低到高为 PageRank(31%)、宽度优先(40%)、基于语义相似度链接判定(42%)、NPR(86%)。可见,PageRank 方法的查准率和查全率较差,原因是其在采集过程中始终是泛主题化的,优先采集的均是基于普遍主题重要度的页面;宽度优先算法的查准率和查全率都要优于 PageRank,原因是主题页面分布的 Linkage Locality 特征,即页面倾向于链接到与其主题相关的页面;基于语义相似度的链接判定算法表现出了较高的查准率,但查全率方面的表现不尽如人意,这主要是因为在相关性判断时过滤了某些相关网页,导致许多本应采集的页面没有采集;NPR 算法结合了基于语义相似度的链接判定和 PageRank 算法,具有前者查准率高和 PageRank 能发现相关于主题重要页面的特点,并能对隧道进行有效的采集,因而采集的查准率和查全率都是较高的。

为了更好地分析算法的动态性能,记录下每采集 500 个页面含有的主题页面数,计算其查准率,最后得出比对结果如图 3-2-16 所示。采集查准率的变化反映出各个算法的特性:①宽度优先算法因初始是一些与主题相关度较高的种子 URL,主题页面 Linkage Locality 特性又保证接下来采集的 URL 主题相关度,开始的采集查准率非常高,随着非相关 URL 的加入,其采集查准率就大大降低;②PangeRank 算法表现出相对稳定的查准率,值大的页面往往是较优秀页面,但相对具体主题并不一定具有高相关性;③基于语义相似度链接判定算法变化率比较平稳,其主题相关度高,查准率一开始就很高;④NPR 算法在采集初始阶段查准率并不高,这是因为采集的主题页面数量不多,计算每个页面中 NPR 值并不准确,根据链接分析结果会同时采集一些与主题无关的页面。随着采集主题页面的增多,系统通过不断迭代计算已采集的主题页面 NPR 值,采集到的无关页面数量逐渐减少,查准率逐渐提高并趋向稳定。

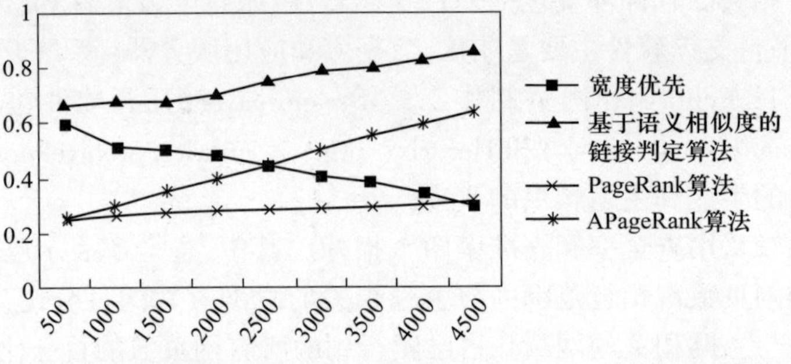

图 3-2-16　多种采集算法的查准率比对(4500 主题网页截图)

实验结果表明与预期一致:①宽度优先算法的代价最小,因为它没有做任何主题相关度的计算和比较;②PageRank 算法需要计算每个页面的 PageRank 值,而且在提取过程中需要多次计算,因而算法代价要高于宽度优先算法;③基于语义相似度的链接判定算法要对链接中标记和锚文本等进行相关度计算,虽然信息量不大,所花的时空代价也很小,但比起宽度优先算法又显得复杂一些;④NPR算法的时空代价则较大,因为在计算每页 NPR 值的同时,还要计算很多链接的相关性,这较大的增加了算法复杂性。

总之,本节所研究的面向主题的信息采集,最终只保存与主题相关的页面,较传统的泛主题的信息采集的页面要少得多;同时,搜索引擎的索引模块需要对采集的页面按照关键字进行索引,生成倒排文件,基于整个 Web 的信息采集生成的索引文件数将十分浩大,而基于主题的索引文件数相对就非常小,这极大地提高了资源占用率。另外,面向主题采集的 NPR 算法主要是在与主题相关的页面之间不停地迭代,其迭代规模及迭代次数相对于 PageRank 算法而言非常小,从一定程度上也可以提高系统的性能,实验结果也证明虽然增加了相关度的计算,NPR 算法代价并不比 PageRank 高很多。NPR 算法能提供更加精确的主题页面,其对我国信息机构进行学科网络信息资源的深度建设能有更好的实用价值。

第十一章　网络舆情分析与内容管理

第一节　网络舆情分析系统

本节研究的军事网络舆情分析系统(MNPOS),相比国内一些典型网络舆情系统功能及体系架构有其特点。对一种基于.NET Framework平台和XML交换格式的MNPOS进行研究,改进信息采集与抽取、舆情分类与敏点标注、倾向性分析等技术,推进网络舆情分析系统的理论和方法研究的深化。

在军事情报的搜集和处理中,公开情报资料搜集是一个很重要的方面。美国中央情报局80%的情报来源于公开材料,德国新闻情报局每天将搜集和处理后的公开情报资料汇总成《每日新闻简报》呈送,以色列情报机关公开承认其所获情报65%来自报刊、广播、电视和学术研究论文等公开渠道,其他许多国家也设立了专门的公开情报搜集机构。网络舆情作为一种新形式的公开情报资料,由于其开放性、及时性以及便捷性等特点,越来越受到情报工作者的重视,甚至很多情报工作者纷纷将网络舆情作为其公开情报资料搜集的第一来源。军事网络舆情主要是指国内外互联网络媒体中关于军事事件的评论和观点。军事网络舆情作为一种特殊的网络舆情,除了网络舆情所拥有的特点外,还有其自身特殊性。评论和观点往往都集中在一些敏感和焦点问题上,如某国军费问题、某国军事威胁等。在进行舆情分析与监控时,军事网络舆情将会是最为重要的部分。同时由于国外一些媒体往往对其民众进行错误引导,军事网络舆情中的许多看法可能偏向负面,在进行分析和监控时就必须注重对这一部分舆情的判别,这对于做好军事情报分析工作至关重要。

一、网络舆情系统比较及MNPOS特点

1. 国内舆情系统的主要功能与应用

网络舆情系统中的关键技术,一方面与信息分析的具体功能和解决方案密切相关;另一方面又随着网络舆情内容、范围和传播应用不断地推陈出新。这些技术包括各种信息采集、特征抽取、数据挖掘、文本分析、自动分类、自动聚类、自动摘要、智能检索等。当前的新形态信息交互模式有网络新闻、论坛、博客、维基

等，其信息采集技术从早期的静态页面信息获取发展到动态数据库数据获取，从传统的网络蜘蛛发展到可自主调整的高效搜索，从字符串匹配的检索实现发展到知识环境下的智能检索；相应的信息运用多元统计等方法进行分析，其基础聚类分析方法有概念语义空间与相似度、基于支持向量机与无监督聚类相结合的网页分类等；技术上采用决策树、神经网络、朴素贝叶斯、组合分类器、遗传算法、粗糙集、最近邻技术等多种分类方法。

该时期国内较典型的网络舆情系统包括：

(1) 谷尼国际互联网舆情监控系统。该系统通过对互联网海量信息自动获取、自动聚类、主题检测和专题聚焦，实现用户的网络舆情监测和新闻专题追踪，形成简报、分析报告等结果。运用内容抽取识别、相似性去重等技术获取网络中的热点和敏感话题，根据统计等策略分析不同时间内的主题关注程度和预测发展趋势。该系统在国内的用户有待进一步增加。

(2) 中科点击军犬网络舆情监控系统。它使用强大的采集软件对数千网站进行监控，自动获取舆情信息的热度，并生成报表；同时可获取热点主题的浏览量、回复数，并跟踪发帖人，对舆情信息进行管理、标注和分类，并根据重要性对舆情信息进一步筛选和过滤。其采集性能比较好，但分析处理功能有待进一步提高。

(3) 北京拓尔思 TRS 网络舆情监控系统。该系统采用多种技术，实现对舆情信息的精准和全面采集，同时综合运用大规模文本智能挖掘技术，实现对海量舆情信息的准确、高效分析和管理。其舆情功能从用户角度来看较为全面。

(4) 北大方正智思网络舆情监控分析系统。该系统整合互联网搜索及信息智能处理等技术，通过对网络信息自动抓取、自动分类聚类、主题检测、专题聚焦等方法，实现网络舆情监控和新闻专题追踪等功能。其开发时间比较早，应用也较多，但相关的更新功能相对较少。

2. 军事网络舆情系统的特点和相关研究

相比市场上通用的网络舆情分析系统，军事网络舆情系统对军事类突发事件的网络舆情相关研究更为关注，快速的专题聚焦、敏点发现追踪和倾向分析规则都具有新的特点。而网络舆情分析还没有一个完整的解决模型，研究内容主要是获取网络舆情话题的一般信息和主题信息，注重获取舆情话题的主题内容，如作者、发表时间、话题类型等，缺乏对话题评论焦点、情感倾向、事件关系等深层舆情信息的发现，忽视从事军事的群体对话题的情感、事件关系及变化趋势的分析。

传统研究方法缺乏对军事网络大数据进行分析，使得网络舆情系统无法适应网络环境下一些军事数据的特点；只利用简单的统计方法给出话题变化趋势直接作为预警信息,缺少基于知识的推理。一些网络舆情系统不提供完整的军事类突发事件网络舆情传播理论,以管理者需求为牵引而采用具体针对性的技术进行解决,造成技术整体上不具有连续性和系统性,很难形成一套完整的军事网络舆情解决方案,势必影响到网络舆情应对策略和方法的实用性、先进性和可靠性。因此,无论是社会科学领域还是工程技术领域,对军事网络舆情的基础理论研究都处于起步阶段,大多数研究成果属于方法上的研究范畴,军事网络舆情的监测与预警工作不够全面和系统化,其应对策略需要更加科学和规范。

二、网络舆情系统 MNPOS 的功能及其体系架构

在 MNPOS 网络舆情分析系统中,运用军事知识语料对网络信息进行采集与提取,提高网络舆情监测分析的智能化程度,解决网页的灵活性和复杂性、内容的动态性和多态性、信息的庞杂性和不完整性给系统提取军事网络舆情信息带来的困难;运用军事类话题发现与跟踪技术识别出给定时间段内上网媒体的热门话题,分析热门军事话题在不同时段内媒体所关注的程度,对突发事件进行跨时间、跨空间综合分析,获知事件发生的全貌并预测事件的发展趋势,对涉及内容安全的敏感话题及时发现并报告,为网络舆论引导提供支持;运用军事知识倾向性分析技术挖掘出网络文本内容蕴含的深层军事观点、态度等信息,对媒体言论倾向进行符合军情的分析;运用多文档自动文摘技术对军事网络论坛等信息进行提炼概要。该系统采用模块化的软件设计方法,共分为网络舆情采集、网络舆情处理和网络舆情服务三个功能层面,系统体系架构如图 11-3-1 所示。

1. 网络舆情采集

网络舆情采集主要是利用网络蜘蛛的原理进行网页采集,按照预先设定好的军事主题和网址对网络上的军事数据进行定点、定主题的抓取,如新闻、论坛、博客等主题网站。最后将抓取结果以 XML 文件的格式保存在本地。网络舆情采集是舆情分析处理和提供舆情服务的基础,只有高质量和高效率的网络舆情采集才能保证数据的可靠性和及时性。

2. 网络舆情处理

网络舆情处理是整个系统的核心,它对所有采集到的数据进行相关处理,主要由网页智能抽取、关键词自动提取、主题自动分类、舆情倾向性分析和敏点舆情标注等组成。首先,基于军事主题和分类知识将采集模块抓取到的 XML 文件中的主题、内容、作者、发布时间、来源等存入网络舆情信息库,通过关键词自动提取和主题自动分类将每条记录的关键词和主题分析出来,进行倾向性分析和敏点舆情标注,最后生成自动文摘。另外,在主题分类过程中,若文档不属于任

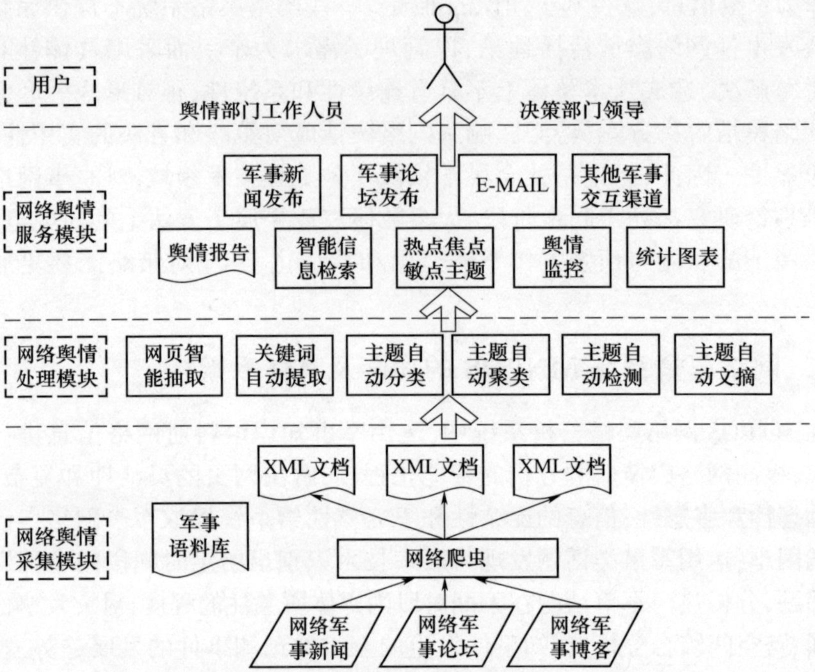

图 11-3-1　网络舆情分析系统 MNPOS 三层架构

何预设军事主题，则进行主题自动聚类处理，自动分析出新的军事主题。

3. 网络舆情服务

分析结果进入网络舆情服务，并最终展示，包括舆情报告的生成、热点和敏点军事主题的列表显示、统计图表等，供舆情部门的工作人员和决策部门的领导随时进行网络舆情的监控。

MNPOS 系统在设计和实现过程中遵循软件工程原则，使用 .NET Framework 作为基础类库，在此基础上综合运用 VB 和 C#以及 ASP 技术进行开发，保证技术上的先进。另外，为了保证系统的可靠性和可扩展性，采取数据层、事务层和表现层分离的模块化设计原则，分为舆情采集、舆情处理和舆情服务子系统分别进行实现。

三、MNPOS 系统中舆情分析的关键技术

MNPOS 网络舆情分析是系统核心模块，其质量和效率直接影响到整个系统。

1. MNPOS 主题信息采集

MNPOS 主题信息采集由下载器从互联网上读取军事网页并保存到本地，分

析器运用军事语料和相关正则表达式提取其中所有超链接压入一个 URL 队列，之后从该队列中顺序读取 URL 并下载，该过程循环进行直至将指定网站的网页抓取完毕。程序关键在于多线程管理和链接地址的分析，C#提供了良好的多线程管理机制和对正则表达式的支持，为开发多线程程序提供了极大的方便。

MNPOS 网页信息抽取，首先选择相应的抽取规则进行智能抽取，将相应的内容抽取出来后进行数据清洗，去除重复记录和信息，合并相同标题不同内容的信息，最后将清洗后的数据存入军事舆情数据库。该处理过程包含在包装器中，对于用户来说是透明的。另外，在规则生成部分采用军事专家模式，即对网页的结构进行分析，然后手工进行规则的提取，因此，所生成的规则比较精确，对于相应军事网页的抽取质量和精确度较高。

2. MNPOS 舆情分类和倾向分析

将处理后的信息分入预先设置好的军事分类，对于网络舆情服务具有至关重要的作用。分类模块主要采用 KNN 和 SVM 分类法，其中的特征选择结合了信息增益、互信息和 α2 统计等方法和军事主题分类概念库，采用目前分类质量较高的一些开源程序进行改造，将其集成到系统中保证分类质量。

MNPOS 舆情文本分类分为两个过程：①训练过程，决定分类机的质量。首先由军事专家完成训练集的挑选，然后在预处理过程中进行参数选择、训练后进行参数调整等。②根据训练过程中所生成的分类机进行分类，其中最重要的是预处理和分类进程，预处理是对分类文本进行数据清洗和特征表示的过程，该系统的训练和分类进程采用 SVMCLS2. 0 开源程序。

舆情倾向性分析是根据舆情内容判断该舆情是正面还是负面的一个过程。常用方法有基于机器学习和基于语义理解等，MNPOS 系统采用基于机器学习的方法。系统中设计有六个类别（美国对台军售、中国反导试验、中美军事关系、中印关系、中国航天发展、中国武器装备），以其中的“中美军事关系”举例，可以将该类文本根据其内容分为正面和负面两类，然后训练出两个分类器：“中美军事关系正面”和“中美军事关系负面”，六个类别即可生成 12 个分类器，然后对这些待分类文本进行分类，并且在数据库相应字段内用 1 和 0 来分别标注正面和负面信息。这种方法实现起来较为简单，而且准确率较高，不足是在构建训练集时需要大量专家进行手工编制，实现过程中充分利用信息管理学科的优势和成果来构建倾向性分类训练集。

3. MNPOS 敏点舆情的标注

敏点舆情标注主要是根据敏点词表对舆情信息进行敏点识别。MNPOS 系统主要通过采用舆情关键词和敏点词表进行匹配的方法来实现。首先选择敏点词表，然后将数据库中未进行敏点标注的舆情信息逐条读取出来，之后用舆情的关键词和敏点词表中的词汇进行逐条匹配判断，若匹配则将该信息标注为敏点信息，若没有一个关键词和敏点词汇匹配，则继续读取下一条舆情信息，直到所有未标注的舆情信息都标注完成。该模块中的关键就是敏点词表的构造，MNPOS系统中针对有关"军费""威胁论"，以及"维稳"等问题构造了专题敏点词表，这样就提高了军事敏点舆情标注的准确性；并且将该敏点词表和舆情动态分类库进行交叉关联，能够对敏点舆情进行细分。

军事网络舆情是一种特殊的公开情报，人民网"强国论坛"、新华网"发展论坛"和中国军网"国防论坛"等以其独特的议程设置吸引了众多军事网民的眼球。针对军事网络舆情的特点，以上构建并实现了一个基于.NET Framework平台、以XML为数据交换格式的MNPOS网络舆情分析系统，对军事网络舆情的信息采集与抽取、舆情分类与敏点标注、倾向性分析等技术做了研究改进。继续研究的内容包括：在话题检测与追踪中研究基于自然语言理解的增量文本聚类，在突发事件网络舆情状态分析中研究文本情感倾向性识别的军用评测语料库及舆情态势知识库，在舆情预警中研究舆情分析的多级指标体系及预警等级评估方法等。网络舆情分析监控系统的开发，必须遵循软件工程的设计规范，实现过程中涉及的工作量大、技术复杂、适用性要求高，只有通过不断的研发实践，才能推进军事网络舆情分析系统理论和方法研究的深化。

第二节　网络舆论引导预见力

本节研究涉军网络舆情多样化和复杂性的特点，及时有效地掌控网络舆情信息并科学地进行分析和引导，是政治工作及院校教育训练的重要内容。有必要建立一个能开展各级政工干部训练，有效掌控网上舆情，辅助政治机关决策的分析系统；并在该系统建立一个涉军舆情研究网，增强网络舆论引导的预见力。

随着网络的迅速发展，一个更加自由、开放、平等的交流空间正在形成并不断扩大，广大官兵的关注点更加宽泛，对热点问题、焦点问题的讨论日趋深刻，军队网络舆论逐渐形成。网络舆论实质上是通过网络对社会和军队某一焦点事件所表现出的具有一定影响力的共同意见和言论，其形成与发展是网络时代官兵思想独立性、选择性、多变性和差异性进一步增强的集中反映，也是我军信息化建设进程中产生的必然现象。如何增强涉军网络舆论引导的预见力，是做好网络舆论引导工作必须高度重视的重要内容。

一、网络舆情信息分析系统的应用需求

增强军队网络舆论引导和舆情分析的一个重要的实践，就是开展和建设好网络舆情信息分析训练系统，必须努力做好院校先行。网上舆情呈现出多样化和复杂性的特点，及时有效地掌控网络舆情信息并科学地进行分析和引导，已成为新时期政治工作的重要任务及院校政治教育训练的重要内容。从政工干部任职教育训练需求看，急需建立一个能开展各级政工干部训练，有效掌控网络舆情，辅助政治机关决策的分析训练平台。以解决院校由于缺乏相应训练系统，无法开展网络舆情模拟分析的问题；解决在训练中存在的“只授知识不练操作、只讲理论不练系统”的问题；解决政治机关由于缺乏网上舆情搜索分析工具而对舆情分析及引导相对薄弱的问题。

军队网络舆情除了互联网舆情所拥有的特点外，还有其自身特殊性。当年政工网的成功开通，许多的部队纷纷建立了自己的政工网，开设特色网站或网页。其中不少单位开设了内部 BBS，供单位官兵对日常生活进行讨论，尤其是开辟了强军论坛这一板块之后，广大官兵有了一个可以共同交流的园地，在该论坛上，发布的言论不涉及暴力和色情等信息。例如，对于“涨工资”和“婚恋问题”等问题的关注较多，反映了官兵潜在的一些思想现状。只有及时把握住这些舆情信息，才能在最短的时间、以最快的速度做出正确的决策。而传统的舆情分析方式对于网络上呈爆炸式发展的舆情信息来说，显然是不适用的，在这种环境下，我们必须借助信息技术手段，开发出能够快速有效的采集、分析和生成辅助决策信息的网络舆情监测分析系统。网络舆情监测分析系统开发是一项极其复杂的系统工程，该系统的研发应该涵盖图 11-3-2 所示的如下主要应用需求：①研发训练模拟系统，提高受训干部和学员的网络舆情研判能力，在主动应对和化解网上舆情压力的同时，以高科技手段进一步提高政治工作的能力。②建立起应对网上舆情的快速反应机制，实现舆情信息的处理和分析，以增强思想政治工作的主动性、针对性和有效性。如利用信息内容抓取技术，对各级信息网目标网站实现信息自动采集及对网页内容智能提取，从而实现舆情信息的采集；又如，

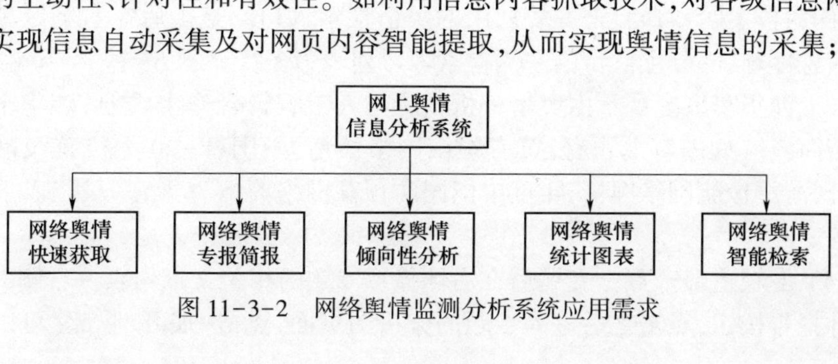

图 11-3-2　网络舆情监测分析系统应用需求

利用自然语言处理、信息检索和数据挖掘等信息技术,对舆情信息实现自动分词、自动关键词标引、全文检索、自动分类与聚类、主题检测与追踪、关联分析与趋势判断等,从而实现网上舆情信息的处理分析。③定期提供参考报告,报送上级单位,实现网上舆情信息的主动服务。如根据舆情分析结果和信息需求,生成报告、简报、图表等,报送领导参阅;追踪已发现的热点问题并形成趋势分析,从而实现网上舆情信息的各种服务。

二、涉军网络舆情研究网的建设

1. 涉军舆情研究网的构建

(1) 科学研究。比较信息全球化背景下的主流媒体及其有关报道,分析其在不同环境下的变化和特点,对新媒体进行深入研究,提供学术资源和成果交流的平台。

(2) 信息服务。实时监控网络舆情,分析转播互联网涉军舆情。在系统支持下提高分析能力,力争形成对提高舆论工作指导水平和谋划、运作能力有咨询借鉴意义的研究成果,辅助对舆情进行智能分析。

(3) 人才培养。以平台和项目为基础,推动网络舆情学术研究与军内外交流,培养有潜力的、跨学科的人才队伍。

(4) 系统链接。进一步研发舆情分析训练系统,链接其他主干政治工作信息系统,教学和科研中以此作为新的起点,在更高层次上推进基于舆情分析信息系统的政治工作信息化建设发展。

2. 网络舆情系统的主要功能

(1) 网站首页。各信息板块分别是:新闻热点工作、部队网上论坛、网络新闻聚焦、涉华军事论坛、涉华军事新闻。首页中还包括以图形化方式显示舆情趋势分析图等功能,其中网络新闻聚焦可以分别搜集显示各军兵种政工新闻。

(2) 网站栏目。网站首页按功能分类,又分为以下主栏目:网上舆情、专题追踪、涉华军事、新媒体研究、学术资源、统计分析等。显示方式为横向分栏方式,左侧为按主题、时间、来源等列出的舆情检索入口。点击后在右侧区域显示相关信息标题,部分主栏目的左侧检索入口列表为多级显示方式。

(3) 涉华军事。展示由舆情分析系统与人工编辑合作生成的《涉华军事网络舆情简报》,如内容主题有:黄海军演网络舆情、中国歼-20 战机首飞网络舆情、中国海军护航网络舆情、年度中国国防预算网络舆情、“天宫一号”发射网络舆情等。

(4) 专题追踪。点击专题后在右侧显示专题的相关文章列表。右侧的顶端有统计报告按钮,点击之后进入专题的分析图页面,点击“展开/收起”可以显示或隐藏各分析图表。

(5) 舆情分析图。对采集到的各种信息进行挖掘分析,以图形化方式显示舆情趋势以及人物、机构、事件间的关系,如信息岛图、词群关系、涉军事件分析图等,以直观的方式为用户提供舆情导引,帮助用户获取舆情信息。

(6) 统计分析。统计分析用来显示舆情研究网的信息源(新闻站点文章、论坛站点文章、博客站点文章)、信息采集量(分类采集量、分组采集量、栏目采集量、站点频道采集量)、热词(热点人名、热点地名、热点机构名、热点词语、热词过滤)、指定敏感信息内容、用户检索词(检索日志、检索词排行)、栏目访问状况(栏目访问日志、栏目访问量、栏目访问量)、文章访问量(文章访问日志、文章访问量)、简报访问量(简报访问日志、简报访问量)以及信息转载情况。

(7) 检索中心。用户可以选择一般搜索、高级搜索。一般搜索可以对正文、来源、作者和标题进行相关检索;高级检索提供了更具体、更详细的限定条件。

(8) 信息详细浏览。点击标题后显示相应舆情信息(新闻)内容。内容显示页面,左侧为舆情信息的原文内容;右侧是该舆情信息的相关信息。在页面中可以浏览的相关信息,如传播链、热点聚类文章(相似新闻的标题列表)、相关内容文章、相关信息关注度趋势图、相关信息所在站点统计图、转载文章的标题列表以及其他用户评论。

三、运用信息系统增强网络舆论引导预见力

1. 网络舆情分析系统的比较和系统特色

(1) 国内大多数成熟的网络舆情系统,由于业务不同和关注点不同,系统之间存在一些差异。目前的网络舆情分析还没有一个完整的解决模型,研究内容主要是获取网络舆情话题的一般信息和主题信息,注重获取舆情话题的主题内容,如作者、发表时间、话题类型等,缺乏对话题评论焦点、情感倾向、事件关系等深层舆情信息的发现,忽视了从事专业领域群体对话题的情感、事件关系及变化趋势的分析。

(2) 通用的网络舆情系统,不提供完整的军事类突发事件网络舆情传播理论,大部分以管理者需求为牵引而采用具体针对性的技术进行解决,造成技术整体上不具有连续性和系统性,很难形成一套完整的涉军网络舆情解决方案,势必影响到网络舆情应对策略和方法的快速性、有效性和可靠性。

(3) 涉华军事网络舆情系统与地方应用系统相比,更具有先进性、应用性和安全性。更好更快地建设涉军网络舆情系统,该系统的特色主要体现在:一是加快技术改造,推动网络舆情监测和分析系统的优化;二是加快系统的管理和应用工作,从而不断地增强涉军网络舆论引导的预见力。

2. 在系统支持下增强网络舆论引导预见力

在网络舆论引导中,网络舆情信息获取的快与准、内容分析的确定性、舆情研判的准确性、舆情响应的及时性、信息跟踪的及时性是重要的影响因素。然而,面对海量的网络信息,仅靠人工方法很难摸清网民的思想状态,需要运用相关信息技术对处于"未然态"的网络舆情信息进行挖掘与分析,准确掌握关心的热点、焦点与敏感话题,并及时做出反应,从而提高网络舆情引导的预见力。舆情监测分析的核心技术在于舆情分析引擎,涉及的最主要的技术包括网络信息采集与提取技术,话题发现和跟踪技术,倾向性分析技术和多文档自动文摘技术等。

(1) 运用网络信息采集与提取技术可以大大提高网络舆情监测分析的自动化程度,减少用户工作量,解决网页的灵活性和复杂性,内容的动态性和多态性、信息的庞杂性和不完整性给人工提取网络舆情信息带来的困难。

(2) 运用话题发现与跟踪技术可以识别出给定时间段内上网者的热门话题,分析热门话题在不同时段内所关注的程度,对突发事件进行跨时间、跨空间综合分析,获知事件发生的全貌并预测事件发展的趋势,对涉及内容安全的敏感话题及时发现并报告,为网络舆论引导提供支持。

(3) 运用倾向性分析技术可以挖掘出网络文本内容所蕴含的各种观点、喜好、态度、情感等非内容或非事实信息,对网民思想倾向进行总体的分析和掌握,对评估网络舆论引导方案和提高网络舆论引导的针对性有很好的帮助作用。

(4) 运用多文档自动文摘技术可以对网络论坛、个人博客、在线评论等网络媒体中的信息(如网络话题、热点事件等)进行提炼概要,形成高度精练的文摘。

以上网络舆情技术各有优长,可以相互补充,结合使用。此外,无论从理论还是实践上来看,互联网舆论引导起步早、发展快,相关的研究也较为成熟,在实践中可以借鉴移植这些成熟的技术,推动专业网络舆论引导工作向更高水平发展。

运用信息系统是提高网络政治工作能力和水平的当务之急和必然趋势。我们必须抓紧对网上舆情信息的监测,加强梳理,提高分析能力;同时,形成对提高政治工作指导水平和谋划、运作能力有咨询借鉴意义的研究成果,在高科技条件下不断推进政治工作信息化科学发展。

第三节 网络舆情情报集成分析

本节在综合情报学界广泛研究的链接分析法、聚类分析法和内容分析法基础上,提出基于情报语义关联集成分析 ISAIA 方法。在知识技术的支持下集成链接分析法、聚类分析法和内容分析法,面向网络舆情处理拓展和深入情报学方法的研究。将 ISAIA 方法运用在网络舆情热点发现与倾向分析研究中,构建和优化网络舆情系统。

当前，网络舆情（Public Opinion）的监测与分析为情报研究方法的创新应用又一次带来了机遇和挑战。所面临的机遇是：在情报分析中广泛关注的链接分析法（Link Analysis）、聚类分析法（Cluster Analysis）和内容分析法（Text Content Analysis）等是网络舆情发现与分析的关键技术，在情报语义关联下开创性地进行智能集成分析必将提高网络舆情发现与分析的新效能。所面临的挑战是：在综合情报学方法的基础上迫切需要理论创新，在网络舆情的发现与分析中迫切需要方法创新，在网络舆情系统的实证研究上迫切需要应用创新。

一、基于网络情报的分类分析方法

基于网络情报的链接分析法是网络信息计量学方法的重要组成部分，它对网络链接自身属性、链接对象、链接网络等进行分析，以揭示其数量特征和内在规律。Mc Kiernan 于 1996 年首先提出“Sitation”用以研究网页之间的引用关系；Roussea 对网址的分布模式和进入网页的链接作了分析，结论是网页被链接与其质量存在肯定的关系，因此可以利用被链接次数对网页信息质量进行评价，且网站的站外链接数普遍高于站内链接数，利用站外链接评价网络信息是可行的。近年来，一些学者将其类比引文分析，提出自链接、互链接、传递链接、同被链接和链接耦合等几种类型。由于链接分析法是一种有效的评价信息资源的方法，利用链接分析对检索结果进行排序也越来越受到重视，Google 使用的 PageRank 就是利用链接分析优化搜索的典型代表。建立在网络结构分析基础上的网页群组分析，有效性、科学性和可操作性是其突出的优点，能够为网络舆情的热点发现提供好的基础。

基于网络情报的内容分析法的一个应用重点是网络内容挖掘。世界上众多研究者从不同角度进入内容分析领域进行相关研究，做出了杰出的贡献并取得了一系列成果。内容分析法最早产生于新闻传播学领域，国外学者一般认为内容分析是以测量变量为目的，对传播进行系统、客观和定量分析研究的一种方法。自美国内容分析专家贾尼司将内容分析法划分为实用内容分析、语义内容分析和符号媒介分析三种类型，又有学者按分析单元将其划分为词频分析和篇幅分析。传统情报分析受工作量大的限制进展缓慢，随着内容的分析理论的不断发展和计算机技术的广泛运用，它被应用于研究任何文献或有记录的交流传播事件，应用领域十分广泛。当前，对网络信息内容的分析显得尤为重要，由此产生的网络内容分析法能够解决网络舆情倾向分析等的一些关键问题。

基于网络情报的聚类分析法已经成为信息挖掘中一个非常活跃的研究课题。当前，聚类技术正在蓬勃发展，涉及范围包括数据挖掘、统计学、机器学习、空间数据库技术、生物学及市场营销等领域。一些文献按分组理论依据的不同，将聚类分析分为系统聚类法、动态聚类法、模糊聚类法、图论聚类法等多种,并进行各种研究。新西兰怀卡托大学的 Weka 作为一个公开的数据挖掘工作平台,集合了大量能承担数据挖掘任务的机器学习算法,包括对数据进行预处理、分类、回归、聚类、关联规则,在 Weka 中集成自己的算法甚至借鉴它的方法实现可视化工具已经不很困难,于 2005 年 8 月第 11 届 ACM SIGKDD 国际会议上获得数据挖掘和知识发现的最高服务奖,是现今最完备的数据挖掘工具之一。聚类分析提供了一种对复杂问题进行分组的方法,能够为网络舆情的分析提供好的基础。

检索国内外的相关信息资源可以发现,目前国际上已具备较成熟的情报语义关联集成分析的条件,国内有许多上述情报学方法的研究成果,也有一批稳定、持续、有影响力的研究者和研究机构。但围绕我国网络舆情发现与分析的整体生命周期,还缺少集成统一的理论方法研究和技术体系支持,特别是实证研究的成果。

二、基于情报研究方法的网络舆情系统研究

一方面,全球信息化建设的高速发展对网络新媒体的舆论导向提出了更高的要求,一批政府机构纷纷与 Autonomy、方正、Goonie、TRS 等知名软件公司合作,推出各自网络舆情系统并提供扎实有效的网络舆情监控和分析服务;另一方面,情报信息的高度共享必然给系统带来海量的信息,掌握或提供及时准确直观的网络舆情情报,需要迅速对多源情报信息实施整理和分析。加强网络舆情热点的发现与倾向分析研究已成为迫切需要解决的问题。

舆情热点自动发现是基于主题检测技术应对信息过载问题的研究。目前主要研究方向,一是基于自然语言处理技术的词频统计,二是利用复杂网络特性对信息进行分类和聚类。香港中文大学 Gabriel Pui 提出了参数自由的热点话题识别方法;北京邮电大学罗亚平等提出了基于话题关注度和用户浏览行为的热点话题发现模型,但其相关参数很难获取。另外,识别出热点话题后进行描述也是一个研究重点。在话题的显示方面,国内外没有相关的研究,但可以在情报语义关联集成分析下改进 TDT 和信息提取中的相关研究方法。

文本倾向性分析研究近几年逐渐成为国内外研究的热点。如通过分析文本内褒、贬义词并结合上下文进行语境分析,或通过基于机器学习的倾向性分析算法计算出文档或回复的倾向性因素。同时,可以加权给出每篇文档的倾向性因素度量值,再按时间统计出该热点倾向指标的总体变化以及某时间范围内的倾向指标增量,超出某一安全范围时可用于舆情信息的提前预警。Tetsuya Nasukawa 通过识别特定主题词和语气表达式之间的语义关系进行倾向分析,

Jeponghee Yi 采用自然语言处理技术分析特定主题和语气词之间的语义关联，Lillian Lee 等以 Usenet 上的电影评论作为语料进行研究。基于语义模式分析的方法则受限于自然语言处理技术的不够成熟还很难实用，中文倾向性分析方面的情况则更加突出，一些基本问题尚未得到圆满的解决。

综上网络舆情系统中的关键技术，一方面与情报分析的具体功能和解决方案密切相关，另一方面又随网络舆情内容、范围和传播应用不断推陈出新。如舆情热点发现与倾向分析技术，从早期的静态页面信息获取发展到动态数据库数据获取，从传统的网络蜘蛛发展到可自主调整的高效搜索，从字符串匹配的检索实现发展到知识环境下的智能检索。Goonie 舆情监控系统运用内容抽取识别、相似性去重等技术获取热点，根据统计等策略分析不同时间内的主题关注程度和预测发展趋势，但其在国内的用户有待增加；中科点击网络舆情监控系统可获取热点主题的浏览量、回复数，并跟踪发帖人，对舆情信息进行管理、标注和分类，但分析处理功能有待进一步提高；TRS 网络舆情监控系统综合运用大规模文本智能挖掘技术，实现对海量舆情信息的准确、高效分析和管理；方正智思网络舆情监控分析系统整合互联网搜索技术，实现网络舆情监控和新闻专题追踪，但相关的升级功能相对较少。

该时期，我国大多对网络舆情的研究停留于表面，集中于网络舆情的基本概念和思想政治教育方面的应用等，对政府管理方面所提出的应对与引导也较为空洞，规律性、机理性以及实证研究有所欠缺，在核心期刊上刊载的高质量研究文献还不多，没有发现综合应用情报语义关联集成分析的方法，对网络舆情热点发现与倾向分析进行智能信息处理研究的成果发表。情报界的相关理论方法对实践的指导作用有待提升。

三、面向舆情分析的集成情报语义关联研究及路向

1. 情报语义关联集成分析 ISAIA 方法及其主要观点

网络舆情分析还没有一个完整的解决模型，研究注重获取舆情话题的主题内容，缺乏对话题评论焦点、情感倾向、事件关系等深层舆情信息的发现。这方面，其他学科方法难有大的突破，而传统情报分析方法一般利用简单统计方法，缺少基于知识的推理。在主题领域，网络舆情系统大部分以管理者需求为牵引而采用具体针对性的技术进行解决，造成技术整体上不具有连续性和系统性，很难形成一套完整的网络情报分析解决方案，势必影响到网络舆情系统的实用性、先进性和可靠性。

理论上，在综合情报学有着广泛研究的链接分析法、聚类分析法和内容分析法的基础上，提出基于情报语义关联集成分析（Integrated Analysis of Semantic

Association，ISAIA）的新方法，即在知识技术的支持下对链接分析法、聚类分析法和内容分析法进行有机集成，面向网络舆情处理拓展和深入情报学方法的研究；实践上，基于情报语义关联集成分析方法，构建和优化网络舆情系统，将链接分析法、聚类分析法和内容分析法运用在智能网络舆情的热点发现与倾向分析研究中，评价产生的新效能并推进信息分析方法的技术创新。

网络舆情分析中集成情报语义关联主要研究面向网络舆情热点发现的网络情报链接分析（POLA）法、面向网络舆情倾向分析的网络情报内容分析（POTA）法、面向网络舆情热点发现和倾向分析的网络情报聚类分析 POCA 法，研究基于知识技术的情报语义关联集成分析（ISAIA）方法及其智能网络舆情系统，给出网络舆情热点发现与倾向分析的实证研究和评测。

基于情报语义关联集成分析（ISAIA）方法，其研究的主要观点如下：①网络信息计量学方法需要发展。随着互联网与社会生活各个领域广泛的结合，网络信息呈现出急遽增加和极大丰富的态势，而其海量、无序、动态、质量良莠不齐等特点也给人们带来了诸多不便。为了更有效地利用网络信息，运用网络信息计量学方法开展研究成为当前热点之一。②当前链接分析有局限性。支撑链接分析法有效性的理论还不够成熟，链接自身的复杂性带来相当多的障碍，现有的工具存在容纳量有限、测算维度少且结果粗糙、性能不稳定的问题。虽然存在一些有待解决的问题，但链接分析由于其在有效性、科学性和可操作性方面的突出优点，在网络信息计量学等领域得到了广泛应用，并在发展中走向完善。③内容分析法在网络中有很大应用。主要有：描述网络传播的信息，推论网络传播主题的倾向和意图，描述传播内容的变化趋势，评测网络信息资源和网络传播的效果。网络内容分析以大量且无序的网络信息作为分析基础，分析过程中要尽量借助信息技术和智能工具。同时，在做实证研究时应着眼于实际，以真实反映网络舆情的内容为基础原则。④网络舆情的研究有待深入。大多数对网络舆情的研究停留于表面，集中于网络舆情的基本概念，在思想政治教育方面的应用等，对政府管理方面所提出的应对与引导也较为空洞，规律性、机理性以及实证研究有所欠缺，没有发现综合应用情报语义关联集成分析的方法，理论对实践的指导作用有待提升，需要以语义关联的知识技术为统领，集成 POLA、POTA 和 POCA 方法创新架构 ISAIA 方法。⑤高质量的研究尚有欠缺。没有发现按链接、内容、聚类分析的结果，以知识本体方法动态关联舆情主体概念间关系，构建基于 ISAIA 的智能网络舆情系统。大多数文献都来自报纸和普通期刊，在核心期刊上刊载的文献数量还不多，这主要由于网络舆情的研究还刚刚兴起，很多方面还不成熟，但这也为我们提供了良好契机，新兴研究领域更容易产生创新性成果。

2. 在网络舆情系统中实现 ISAIA 方法分析的基本路向

研究的基本思路是先理论方法研究后技术开发,先研发领域知识后进行方法集成与实践,充分借鉴国内外已有成果,根据重大信息系统项目的需求在实际应用研究方面取得突破。在网络舆情系统中,实现情报语义关联集成分析的基本路向是:

(1) 对信息分析中链接分析法进行探索与实践,针对舆情应用的研究推荐链接、内容链接和合作链接等,研究面向网络舆情热点发现的网络情报链接分析(POLA)法。

(2) 对信息分析中内容分析法进行探索与实践,针对主题词或特定词汇进行统计分析,并赋予不同权重,推断其出现的原因和可能的后果;针对舆情应用进行词频分析和语义分析,研究面向网络舆情倾向分析的网络情报内容分析(POTA)法。

(3) 对信息分析中聚类分析法进行探索与实践,针对复杂舆情应用问题进行语义分析、智能化分组,研究面向网络舆情热点发现和倾向分析的网络情报聚类分析(POCA)法。

(4) 以语义关联的知识技术为统领,集成 POLA、POTA 和 POCA 方法创新架构 ISAIA 方法;按链接、内容、聚类分析的结果,以知识本体方法构造语料词典,动态关联舆情主体概念之间的关系。

(5) 构建基于 ISAIA 的智能网络舆情系统,主要功能包括:①舆情信息采集。利用上述情报分析技术和内容抓取技术进行智能采集及内容提取,进行格式转换、数据清理及排重。②舆情信息分析。利用上述情报分析技术和自然语言处理、信息检索和数据挖掘等技术,自动标引摘要、分类聚类、主题检测追踪、关联分析与趋势判断等,对舆论热点的主要观点进行统计和倾向性分析;③舆情信息服务。根据舆情分析结果和信息需求生成报告、简报、图表等,追踪已发现的热点问题并形成趋势分析专报,根据时间段、关键词等指定条件提供信息检索功能,利用关键词统计、语义分析等技术判断舆论观点的倾向性等。

(6) 网络舆情热点发现与倾向分析的实证研究和评测,即综合以上成果,研究与评价产生的新效能,以及推进情报分析方法技术创新的程度。采用知识技术和数据挖掘工具,实现计算机软件功能原型,并验证和评测 ISAIA 方法的优势。

展望新的基于情报语义关联集成分析的方法研究,不仅填补综合信息分析中的链接分析法、聚类分析法和内容分析法进行集成分析研究的空白,而且提出的 ISAIA 方法将大大拓展和深入情报学方法的研究内容,推进学科知识的应用水平。基于情报语义关联集成分析方法,运用国际上领先的信息技术和知识技术,构建和优化网络舆情系统,示例性地将链接分析法、聚类分析法和内容分析法运用在网络舆情的热点发现与倾向分析研究中。这无论是对于促进网络舆情系统方法的研究以及提高网络舆情发现与分析的质量,还是推进信息分析方法的技术创新,都具有重要的应用价值。

第十二章 计算机知识管理本体技术

第一节 文献检索系统本体方法

本节对基于叙词表的领域初级本体的构建进行研究，通过与本体论的交互对检索要求进行语义上的扩充，对检索得到的原文档进行过滤，筛选出能更好匹配检索要求的文档。以此为背景实现一个具有一定推理功能的档案机构名本体试验性检索系统，实践表明本方法提高了信息检索结果的准确度。

网络信息检索方法主要是基于关键词或目录分类的，其查询结果可能产生大量毫无相关的信息，同时又可能丢失重要的信息。互联网上的信息搜索引擎在输入某个关键词后，可能会发现无数的相关信息，真正需要的信息却淹没在其中，需要大量的人工干预而耗费了相当的时间和精力。集成信息系统的跨库检索，用户需要在不同平台上进行反复切换，同样也为信息检索造成了不便。因此需要研究更简单、实用又有效的信息检索新方法和新技术。

一、本体论方法研究概况

国际上的本体论方法已经在智能信息集成或检索等应用中大显身手。如 SciFinder 系统整合了 Sci 以及 CAplus、Mediline 等著名数据库，实现了跨数据库、跨平台的无缝链接检索；开发的生物医学分类系统 BAO 实现了各种异质的生物学数据库的可互操作。国内外许多文献情报机构也在进行着信息资源整合检索的新尝试，并取得了显著的成果。国内有专家也正尝试运用 Ontology 技术在图书分类体系和主题表的基础上建立概念模型，并利用其进行智能导航。

随着计算机技术和人工智能的发展，信息检索的含义更加丰富，其对概念的表达更为灵活。基于知识的文献型信息检索系统的质量和效率还有待提高，以档案领域为背景开展领域本体的研究极为重要。本体是关于知识概念表示和知识组织体系方面的研究，在数字档案馆体系结构的连接、交流和协作三个层面的互操作中能起到良好的作用。将本体的概念引入我国档案领域并加以应用是能够实现的，本体新技术为数字档案信息资源的整合与检索提供了良好的发展契机，同时也为数字档案馆的建设昭示着前进的方向。在研究本体方法应用于档案信息整合检索的基础上,设计并构建了一个具有一定推理功能的档案机构名本体试验性检索系统。

二、本体研究与文献信息检索

1. 文献信息检索中应用本体的研究

在文献信息检索中,本体能够为文献信息和知识层次的互操作提供一种进行数据共享的可行手段,能够使有不同的信息标准和技术实现的文献检索系统间可以通信,能够便捷地复用文献领域的知识,能够为文献的词汇和术语标准化与形式化提供理论基础,能够使文献检索的提问和检索结果更加有效、准确。以档案文献为应用背景,上述主要的功能表现为如下四个方面:

(1) 以档案词汇进行语义关系的基本映射。用户输入的检索词和用户自身的知识背景、检索能力以及检索经验相关,可能只是档案某一概念的若干同义词、近义词或相关术语中的一个,可以利用本体规范概念集自动地将检索词映射到它的同义词、近义词和相关词上,利用一组规范的概念进行检索。另一方面,一个词可以有多个含义,用户进行检索时往往只是针对它的一个含义,如果只进行简单匹配可能造成误检,如用户输入"凤凰",可能会查找到动物凤凰,也可能会找出"凤凰市、凤凰牌自行车"等信息,即使查找"动物"和"凤凰",这两个名词也是用于多种不同科、属动物的别名,这时可以利用本体来分析用户检索词汇和信息资源语义类型以及二者的语义匹配程度。在分析用户检索词的语义时,可以直接向用户提供输入词汇的语义类型或语义关系,让用户通过选择来明确;也可以利用用户模式、用户检索式和用户所选择的信息资源的词汇构成等,根据概念关系来判断具体检索词的语义。

(2) 以知识组织体系进行档案信息的构建。网络环境下用本体的思想重构网上档案信息资源,是建立语义网(Semantic Web)的基础条件。具体表现在:①建立基于本体的信息门户或知识门户;②利用复合(集成)本体从不同角度对信息集合进行标引。这样就可以根据用户的不同需求,按照不同的知识体系进行档案信息的检索和浏览。

(3) 以多态可理解形式来表现档案信息的内容与知识体系。将本体与档案信息系统进行链接,从而使用户更加便捷地利用本体来理解具体的概念,并链接相关概念和相关资源。利用本体可以将档案信息进行可视化组织。并依照本体的分类体系将检索结果进行组织和显示,按照一定的语义关系显示文献集合。

(4) 以智能技术支持跨语种档案信息检索。跨语种档案信息检索依赖于多语种间的准确翻译,因此需要多语种的档案信息叙词表、本体和语义网络的支持。语义标注是根据有关本体为网络资源及其各个部分标注概念类、概念属性和其他元数据的过程，方法主要有专门人员进行的人工标注、利用 DTD 和 Schema 中的内容元素及其与本体中概念的映射关系进行的标注和利用词汇语义分析及其与本体的映射进行的标注。在语义标注的基础上，语义推理利用文献的语义标注和本体中的语义关系及推理规则集合进行推理，从而实现基于本体的智能检索和知识组织。

2. 档案机构名称初级本体检索系统研究

档案信息整合与检索运用本体方法，需要对应用相关技术进行分析研究。如对基于叙词表的档案初级本体的构建进行研究，然后通过与本体论的交互，对检索要求进行语义上的扩充，对检索得来的原文档进行过滤，筛选出能更好匹配检索要求的文档，以提高检索结果的准确度。

对档案机构名称的初级本体检索系统进行研究，构建一个档案领域本体的信息整合检索原型系统，该系统的模块包括本体论服务器、用户需求构建、数据处理、文档分析等。要实现档案信息智能化整合检索的前提，是对数据所包含内容的充分理解。当系统接收到整合或查询请求时，至少应对其进行以下三种情况的处理：①同义词；②概念的歧义；③概念的上下位关系的语义化处理，其中辅以适当的人工干预。系统设计的技术路线为：①当用户输入词条后，由用户需求构建模块与本体论服务器交互，将该词条和本体论库中已有本体进行分解匹配，再按照一定的算法在语义网络图中进行推导演绎，返回当前词条所有的相关概念结果集；②由用户对返回的结果集进行智能化整理或人工选择，确定检索范围，再将处理后的查询请求提交给数据处理模块。

三、基于叙词表控制的档案机构名信息检索

1. 档案机构名知识表示

基于叙词表控制的档案机构名信息检索系统，是一个基于叙词表(Thesaurus)知识的初级本体检索系统，它以词表关于概念间关系的知识为依据，并模拟人类检索专家推理思维的过程，来实现信息检索的智能化。档案机构名中的语义关系可以用图 12-4-1 来表示。

叙词表是信息检索系统中用来反映概念间相互关系的专用词表，反映概念间关系的形式有同义关系(UF)、上位关系(BT)、下位关系(NF)、相关关系(RT)和分类关系(CD)。基于叙词表的知识库应包括两部分：概念关系库和规则库。其中，概念关系库用来存放概念间关系知识，并用语义网络形式来表达概念间关系；规则库用来存放从人类专家检索知识中抽取的解决概念推理及检索策略的一般规则，可用产生式表示方法来表达规则。如：

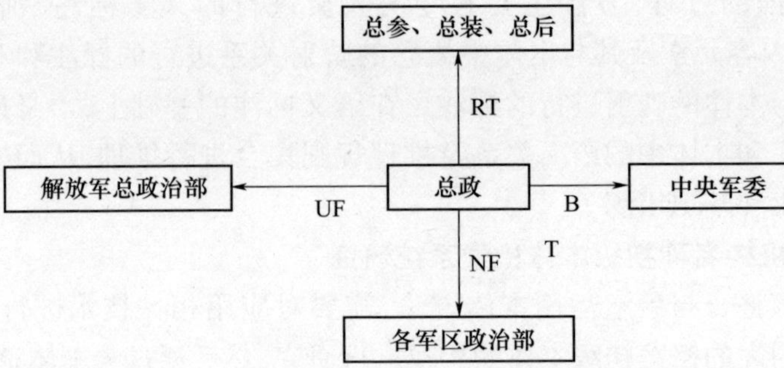

图 12-4-1 档案机构名语义关系图(2007 年)

```
rule7：IF not has(term) THEN search(UF)
rule11：IF not has(term) AND not has(UF) THEN search(BT)
rule22：IF want extend(term) THEN search( RT)
```

通过以上知识的表达在一定程度上实现了对概念间关系的理解,也在一定程度上实现了对档案信息的理解,为检索推理提供了良好的知识基础,从而可提高检索质量。

2. 基于叙词表的知识推理

基于叙词表的知识推理是一种从自然语言的概念及关系出发,对概念及概念间关系进行逻辑演算的过程。它能根据概念间关系,推出未提及的隐概念。推理方法可采用把精确推理与模糊推理结合起来,以深度优先原则作为控制搜索策略。

基于叙词表控制的档案机构名信息检索系统,其推理机制包括以下 4 个方面的推理进程:

步骤 1:从概念关系库中选择检索点的推理搜索过程。即根据档案概念间的相互关系推理出同义词、分类号、上位词、下位词及相关词的过程。

步骤 2:确定检索点的一般经验推理过程。在这一过程中应包括制定档案检索策略的推理机制。

步骤 3:隐含概念的推理过程。即由档案用户给出的已知概念,通过概念分析推理出更为专深概念的过程。

步骤 4:根据引文关系推理出新的相关文献的过程。推理方法可采用正向或逆向推理,也可采用正反向混合推理。

以对“总政”的正向推理为例来介绍其推理过程。首先将用户要检索的概念,如“总政”的上位词“中央军委”放入数据库中作为事实,并从数据库中提取事实“中央军委”进行概念间的关系推理;用事实“中央军委”与知识库中的规则

(本案中为 rule 22)进行匹配,条件被匹配的规则激活。执行规则的右部动作,即检索“中央军委”。

四、基于本体的档案机构名称信息检索系统

1. 信息检索系统的模型

基于叙词表知识的智能信息检索系统的模型,由用户界面、专家系统和数据库管理系统三部分组成。

(1) 用户界面。用户界面主要包括自然语言处理和 I/ O 接口两个互相衔接的模块。采用自然语言处理模块,可以使普通用户用自然语言与计算机进行通信,是使智能信息检索系统社会化、普及化的热点研究问题,它包括自动分词处理、禁用词处理、概念提取处理。I/ O 接口是用户与系统的输入、输出通信接口,它既可向系统输入用户的检索要求、系统提问应答,也可输出推理的解释过程和检索结果。

(2) 知识库与数据库管理系统。知识库是存放叙词表知识及检索推理知识的逻辑结构,其物理结构因系统和开发工具而各不相同。知识库由两部分组成,即概念关系库和规则库。数据库管理系统是传统检索系统的改进,它应具有传统信息检索系统的所有功能,同时应具有与专家系统交互通信的功能。

(3) 推理机。推理机接收自然语言处理模块输入的检索信息,调用知识库进行概念关系的推理,并通过查询构造器向数据库管理系统提出检索要求。数据库管理系统再将检索结果通过内部关系映射程序模块反馈给推理机,并将检索推理结果通过解释机制与用户交互问答,以此来达到提高检全率和检准率的目的。

2. 档案机构名称信息检索系统查询设计

系统查询是档案机构名称初级本体检索系统的主要功能,其流程如图 12-4-2 所示。在用户登录界面中输入用户名和密码登录之后,进入主界面选择信息查询,进入查询界面输入查询条件,系统开始查询。在传统的查询系统中,系统就以输入的查询条件为检索条件,检索相关的信息库,然后得出检索结果。这样的结果,往往由于没有明确用户的需求和用户相关的语境,与用户想要查询的结果相差很远,如用户输入“总政”想查询总政歌舞团的相关内容,但是,一般检索结果可能大部分内容都是总政的相关文件和新闻等。而在档案机构名称初级本体检索系统中,并不是直接使用用户的输入查询条件去相关信息库中进行检索。在用户输入查询条件之后,进入本体检索部分,进行用户需求的细化。

系统主界面的查询功能、用户需求分析和检索结果的示例界面如图 12-4-3 所示。系统首先将用户输入的查询条件与概念关系库中的相关部分进行匹配,

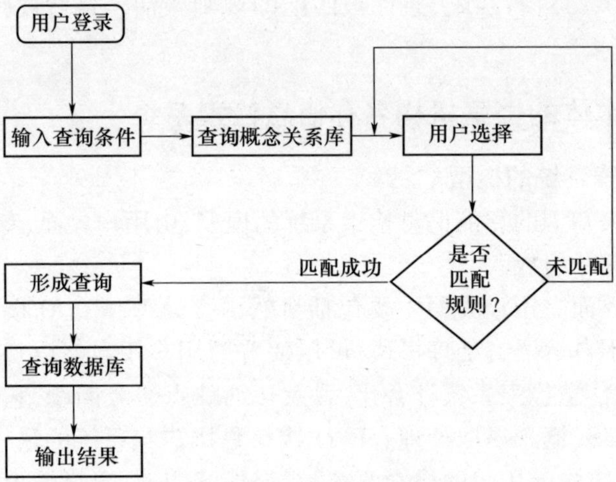

图 12-4-2　系统查询流程图

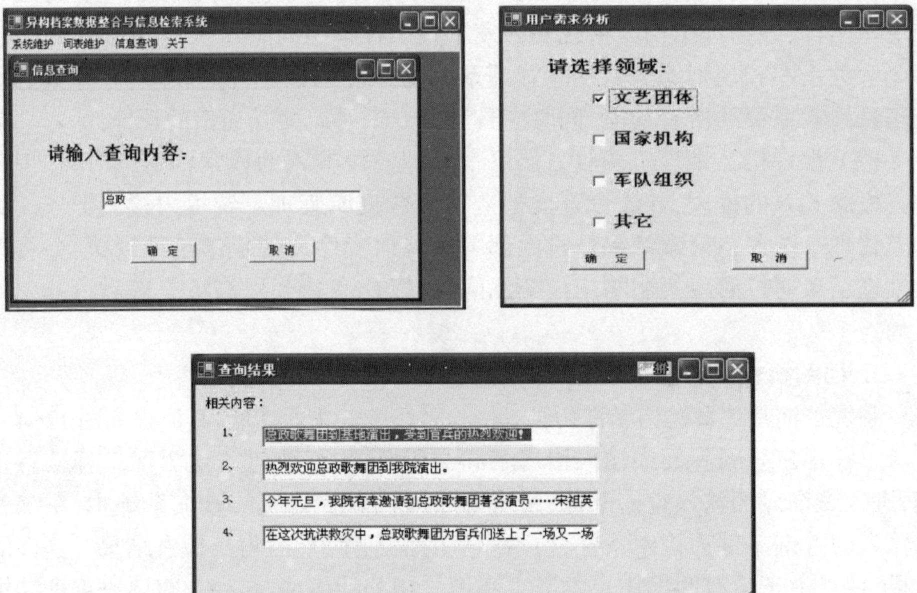

图 12-4-3　查询功能、用户需求分析和检索结果的示例界面

得到用户输入的查询条件对应的各个领域，在用户需求分析界面中，由用户根据用户自身的语境选择对应的领域；然后，根据用户选择的领域匹配规则库得到用户相关的特定的检索条件，形成查询条件，查询相关的信息库，得到检索结果，呈现给用户。以用户输入“总政”想查询总政歌舞团的相关内容为例，在档案机构

名称初级本体检索系统中,对用户需求进行分析,查询概念关系库,得到用户相关的领域之后,由用户根据自身的需求进行选择,在这里用户将在与"总政"相关的几个领域:"文艺团体""国家机构""军队组织"和"其他"中选择"文艺团体";最后,系统根据用户选择的领域,与规则库中的内容进行匹配,形成最终的检索条件"总政歌舞团",查询数据库,得到检索结果,将检索结果显示给用户。

通过与传统的中文信息检索方法比较,表明该文献机构名称初级本体检索系统采用了本体方法,提升了信息检索系统的质量并使检索过程智能化,其应用前景是广阔的,它对中文信息检索系统的建设具有重要的借鉴意义。

第二节 本体知识集成应用系统

本节研究的 OKIAS 是一个具有知识检索服务和知识库管理、知识源管理和本体管理功能的学科数字信息群知识集成及应用系统。该系统总体采用应用层、知识层和数据层的分层设计,具体对领域本体、知识管理、知识导航和知识检索以及系统数据库进行了设计。

国内外研究者在知识集成的理论研究方面已经取得了一定的进展,然而如何将理论应用于实践,尤其如何应用于信息管理学科的数字信息群之知识集成实践仍较为缺乏。国内对知识集成的研究尚处于发展阶段,由于对知识集成本身的研究时间不长,因此在理论和实践中都缺乏系统的研究,涉及的有关知识集成方法、知识表示、知识组织、知识检索、基于本体的知识集成,以及知识集成的其他应用等方面仍需要进一步深入研究。OKIAS(A Knowledge Integration and Application System Based on Ontology)是我们运用本体方法实现的一个知识集成原型系统。

一、系统功能与总体设计

1. 系统的功能结构

OKIAS 系统分为知识应用和知识管理两大部分, 知识应用主要是提供知识检索服务, 知识管理主要包括知识库、知识源和本体管理 3 个部分。系统使用 CJHJ 和 Java 作为开发语言, 在 Windows 平台上完成。软件环境包括平台支撑软件、系统开发软件和开源软件包三类, 平台支撑软件包括 .net Framework、DK、数据库等, 数据库使用 MS SQL Server2003;系统开发软件包括 VisualStudio、Java 开发工具 Eclipse 和本体开发工具 Protégé 3.3.1;开源软件包选用了 Jena, 分别用于 RDF 文档操作和知识管理系统的实现。

2. 总体分层设计

OKIAS 系统总体采用分层设计的思想，分为应用层、知识层和数据层，如图 12-4-4 所示。

（1）应用层。对各类应用请求的初步处理和分析及用户应用请求结果的呈现等。主要包括知识应用和应用解析两部分，知识应用接受用户请求并将请求结果对用户呈现，应用解析将应用层提交的各类应用请求进行分类、细化，并转化成统一的结构化形式之后提交给层间接口。

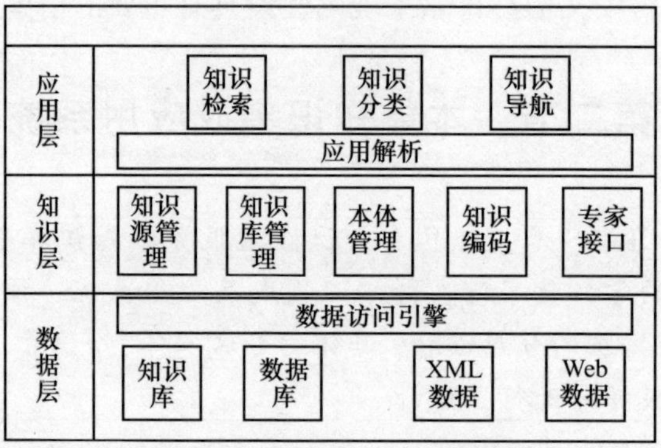

图 12-4-4　OKIAS 系统结构

（2）知识层。系统的核心部分，对原始知识和各类数据进行处理形成统一的知识，并对知识库、知识源进行管理，为应用层提供服务，而且知识层还提供专家接口，通过专家接口可以直接对知识库进行维护。

（3）数据层。一个开放的结构，包括各类知识来源、现有知识库、各种数据库、XML 数据、Web 数据等，这个数据源在系统中注册之后就成为知识源，进入数据层。数据层主要提供一个数据访问引擎，对上层屏蔽各类知识源的差异，为知识层提供统一的知识源访问接口。

二、OKIAS 中领域本体和知识管理

1. OKIAS 的领域本体

OKIAS 系统中设计的鲁迅相关资源知识领域本体概念化模型，其结构如图 12-4-5所示。在建立的领域本体实验中，提供写（Write）、出版（Publish）、描述（Describe）等几个对象属性（Object Property）。其中，对象属性 Write 描述题名和著者之间的写作关系，其定义域为 Person 类，值域为图书资源类；对象 Publish 描述出版者和出版物之间的出版关系，定义域为出版责任者类，值域为图书资源类。在与鲁迅相关资源本体实验中，将图书资源和其他资源又划

分为 4 个层次：著作（Work）、表现方式（ Expression）、表达形式（Manifestation）、文献单元（Item）。

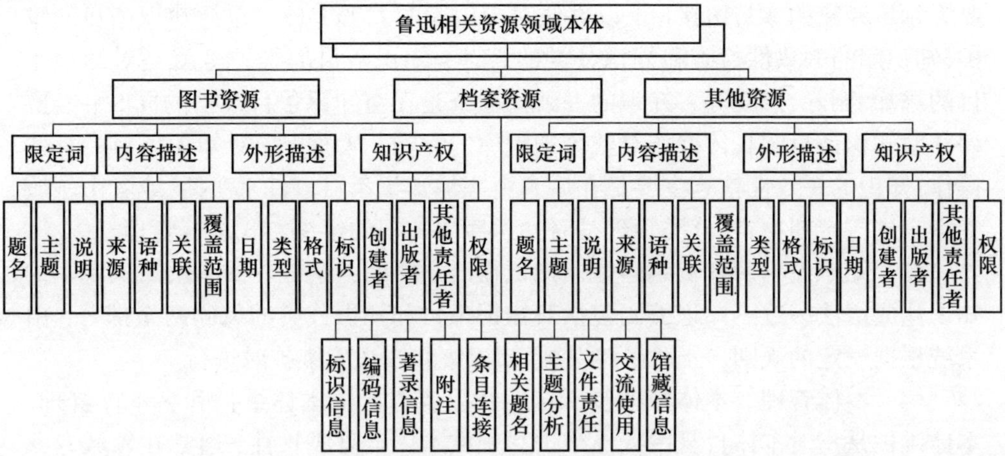

图 12-4-5　OKIAS 系统领域本体概念化模型

2. 知识管理功能

知识管理是 OKIAS 系统的重要部分，负责知识源、知识库的管理和维护，语法层面的知识集成和本体管理，以及运行系统的管理。其功能结构如图 12-4-6 所示。

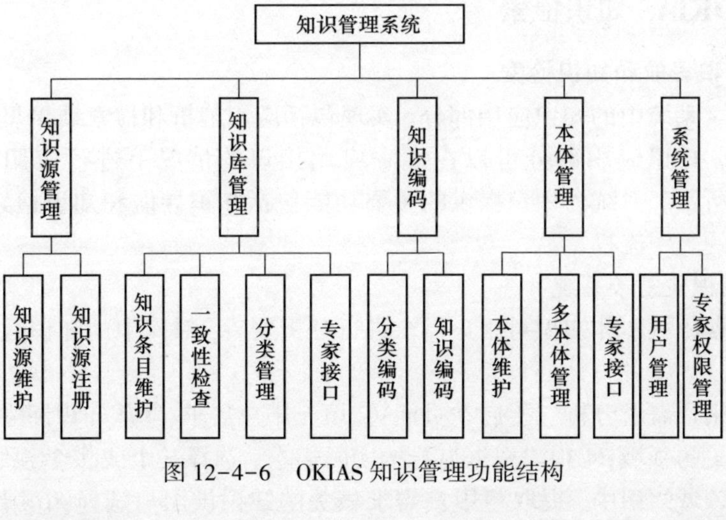

图 12-4-6　OKIAS 知识管理功能结构

（1）知识源管理。负责知识源的注册及知识源信息的更新，保证系统中知识源信息的准确及时。这一部分主要通过对知识源的监控来实现，有知识源加入时，要通过知识源注册，知识源撤销出系统时，就需要在知识源信息库中删除对应的注册信息。

（2）知识库管理。知识管理的核心功能，即在进行知识库维护的同时还需要为领域专家的参与留接口，以方便对知识库的人工干预。包括知识条目的维护、知识库的一致性检查和知识分类的管理，知识条目的维护也就是对知识条目的添加、删除、修改等。知识的一致性检查是在对知识条目维护的同时，需要评估对知识条目的具体操作对整个知识库的影响，从而指导对知识条目的具体操作；知识的一致性检查主要是在后台由添加知识条目事件来激活，或者由领域专家来进行定期检查；分类管理是对知识库中知识的组织方式进行管理。

（3）知识编码。知识编码是让知识在语法层面上达成一致，让知识库中的知识达成语法一致。知识编码包括对知识条目和知识分类的编码两个部分，由系统根据设定的规则，分别在知识源、知识集和知识库维护时进行。

（4）本体管理。本体管理包括自动及手工方式的本体维护和多本体管理。本体维护是指对本体自身一致性维护和领域本体自身成长性，通常在领域专家的参与下进行；多本体管理主要包括本体进化和本体视图的形成。本体视图在需要解决多个领域本体联合问题的时候依据本体视图的形成原则来形成后，解决特定的多领域问题。

（5）系统管理。系统管理主要包括用户管理和专家管理两个部分，是对系统的用户维护和权限分配以及对系统专家用户和专家接口的管理和维护。

三、OKIAS 知识检索

1. 知识导航和知识检索

OKIAS 系统中的知识应用部分，实现包括应用解析和检索结果呈现的知识检索系统，知识应用部分可以在遵守应用接口的情况下进行应用扩展。如图 3-4-7所示。系统为用户提供的主要功能包括知识导航和知识检索，以下是各子系统的工作流程。

1）知识检索子系统

在根据领域本体知识对用户需求进行分析之后，对库中的知识数据进行相关检索。

（1）用户需求分析。①启动页面；②填充用户需求；③从知识库中找出与用户需求相关的领域；④用户根据自身的实际需求，选择一个或多个领域；⑤在用户选择的领域知识中，提取与用户需求相关的知识供用户选择；⑥用户根据自身的实际需求，选择相关的知识；⑦将用户几次选择之后的领域和相关知识组合形成最后相对精确的需求转换为检索条件，完成用户需求分析。

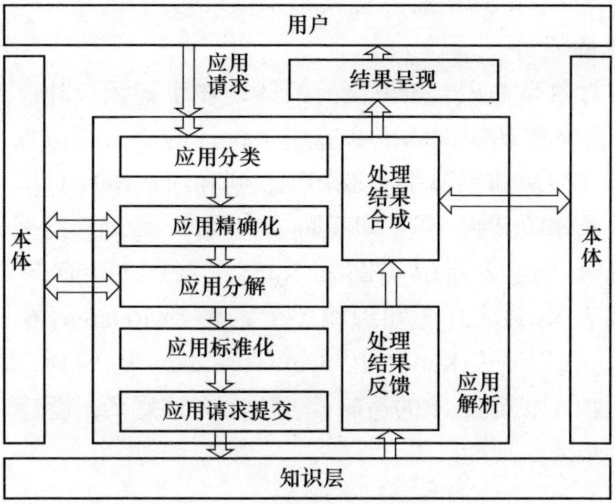

图 12-4-7　OKIAS 知识检索系统的结构

（2）知识检索。①得到检索条件；②根据检索条件中的信息确定检索的分类库；③从相应的分类库中对检索条件进行匹配、推理；④对从分类库中匹配和推理得到的知识进行合成；⑤将检索结果的摘要信息返回给用户；⑥根据用户选择的摘要信息和对应知识条目的位置信息，将详细信息呈现给用户。

2）知识导航子系统

知识导航子系统，为用户提供分类导航和概念导航两种方式。

（1）概念导航。①启动页面；②根据知识库中的知识生成知识导航图；③用户在知识导航图中选择感兴趣的领域；④生成相应领域中的概念关系图；⑤用户在概念关系图中选择感兴趣的概念；⑥将与概念相关的知识呈现给用户。

（2）分类导航。①启动页面；②生成分类、概念树；③点击相应的分类节点；④展开选择的分类节点，将分类中的概念树呈现给用户；⑤点击相应的概念节点；⑥展开选择的概念节点，将与概念相关的知识呈现给用户。

以对“阿 Q 正传”的检索为例来说明知识检索的过程。首先，在知识检索主界面中录入检索条件“阿 Q 正传”。系统通过领域本体的查询和相关的知识推理，对用户需求进行分析。分析完成后，得到与“阿 Q 正传”相关的领域，这里是图书、档案和其他资源等几类；用户选择希望检索的内容，如“图书信息”和“其他信息”；系统根据领域知识，继续对用户需求进行细化。图书资源中又分为著作、表现形式、表达方式和文献单元几个层次。

用户再次根据自己的需求进行选择。这样通过 3 次与用户的交互，得到最后的检索条件，进行知识检索。然后，根据检索条件从知识库中检索到检索结果后，进行结果合成，得到最后的检索结果呈现给用户。

2. 系统数据库设计

知识集成的对象是知识，知识价值的体现在于知识应用。因此，围绕着知识的相关信息，最终实现知识的主要应用来设计的一系列数据表，是该系统数据库设计的主线。在从知识源中获取知识，到利用本体来对从知识源中获取的初级知识进行分析和处理，建立知识库并供用户查询，需要的数据表包括：①知识类表 Knowledge；②知识实例表 KdExam；③知识子类关系表 KdChild；④知识等价关系表 KwEqual；⑤知识相关关系表 KwRelated；⑥知识实例类关系表 KwExaClass；⑦知识源表 KnowledgeSource；⑧Marc 表；⑨DC 表；⑩用户数据表 nuser。有文献给出了该数据库的逻辑模型(含映射关系）设计。数据库概念模型如图 12-4-8 所示。

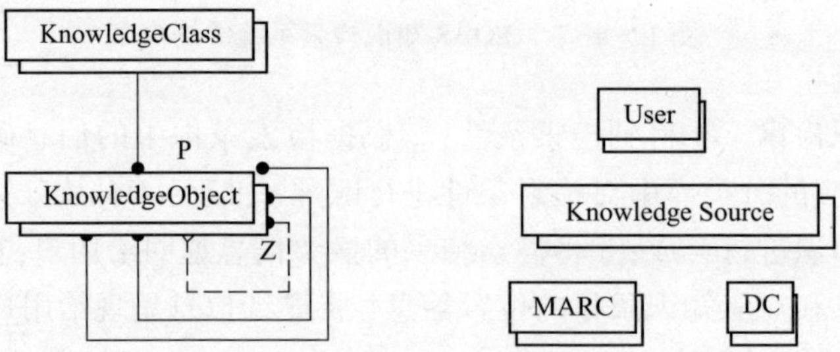

图 12-4-8　OKIAS 数据库概念模型

四、系统实现中的关键技术

1. 基于 Protégé 的本体开发技术

开发过程中采用了当时本体研究和实践领域中较为流行的本体构建工具 Protégé。Protégé 是由美国斯坦福大学开发并免费提供使用的本体构建工具，采用 Java 语言开发，具有友好的图形用户界面，内置了本体推理机并提供与 Jena，Racer 等推理机的调用接口，可以较为方便地实现本体推理。该系统基于 Protégé 的本体开发技术有：①通过使用 Protégé 提供的各项功能，构建了项目所需的信息机构本体 Archive，包括类、属性和个体(实例）的建立等。②通过使用 Protégé 的第三方插件 OWLWiz，实现了本体的图形展现。③在本体构建完成后，通过 Protégé 的本体转换功能，将 OWL 格式保存的本体文件转换为关系数据库，从而方便了程序的调用和检索实现。

2. 基于本体方法论的信息检索系统实现技术

该系统的信息检索功能是构建在本体方法论的基础之上，通过 Protégé 将设计好的信息机构本体库转换为关系数据库的方法实现的。该技术的实现具有诸多难点。首先，由于目前的本体开发工具还不够成熟和稳定，在中文编码、特定格式存储、格式转换方面容易出现错误。其次，如何使用构建好的本体来支持和实现知识检索，也是一个难点。这里采用将本体转换为关系库的方法实现知识检索，其优点是可以利用比较成熟的关系数据库访问和编程模式完成程序设计和开发，但由于关系库表示本体的复杂性比较高，且 Protégé 转换后的关系库经常不符合关系库的范式要求，不易编程实现检索功能。基于语义对转换后的关系数据库进行了拆分，通过对拆分后数据库的访问和操作，实现了基于本体方法的知识检索。系统在开发中大量用到 . net 平台的类库、数据访问和内存管理，采用 XML Schema 模式来定义和描述 XML 文档的结构和内容；系统采用文件存储和关系数据库存储两种方式结合来实现知识和概念的存储，提高了存储和检索的效率以及系统的灵活性。

3. 先进的平台解决方案和开发技术

在开发技术上系统选用 Microsoft. net 的系统构建技术作为系统解决方案，选用用户容易安装、使用和系统容易实现的软硬件及当今先进的可视化开发工具作为系统的开发和运行环境，并采用 B/S 实现前台的知识导航和知识检索以及后台的知识管理系统。. net 平台为连接计算机、设备和服务群组，提供了更广泛、更丰富的解决方案。一方面，计算机、设备和服务能够相辅相成，提供丰富的服务；另一方面，用户能够控制信息的传送方式、时间和内容。为了提高该系统软件开发效率、降低开发成本，系统采用了面向对象和基于数据驱动的软件重用技术，即从数据结构和程序代码出发，基于面向对象分析和设计结果，对对象状态属性集中的部分属性值进行修改，增加部分属性或继承方法，以达到对象的动态控制，使其共享已有软件方法，从而实现生成新的软件功能。实践证明，该技术不仅可以提高软件重用程度，减少工作量，而且可以方便地维护扩充系统，使系统具有较好的可维护性。

本体的各个类(概念)之间包含了丰富的概念语义关系，在检索中调用这些关系对检索词进行基于概念的扩展或约束，可使检索结果从概念上匹配用户的检索式，从而实现概念(语义)检索，使检索结果更符合用户需要。本体的开放性和可扩展性还可保证其概念和领域知识结构是标准且共享的，从而使本体化的概念及其概念间关系用于各种概念系统之中，如数据的语义集成、模式识别等，有效地提高了知识的共享性和系统建设效率。

第三节　本体检索模型知识呈现

本节对知识检索模型进行研究，设计基于本体的知识检索模型；研究知识检索结果的呈现技术，探讨知识组织体系及本体的语义标注问题，给出基于本体的知识检索呈现方法。基于本体的知识检索模型和呈现技术是知识检索研究中的关键问题。

知识检索的产生与发展一方面来源于用户对知识检索的需求，另一方面来源于信息检索理论与实践的发展与完善。知识检索模型和知识检索呈现方法是知识检索的重要研究方面，以本体作为知识组织的方法，能实现基于语义的知识检索。

一、知识检索的研究与发展

在 W3CHINA. ORG 讨论区中呈现了如下的关于知识检索的介绍：①知识检索的基本思想就是模拟扩展人类关于知识处理与利用的智能行为和认识思维方法。②知识检索通过挖掘其深层含义，充分精确地表达知识资源和用户需求，进而在各类异构的数据库、数据仓库、知识库中进行检索，返回最相关的结果的检索机制。③基于 Ontology 的知识检索可以阐述为：在领域专家的帮助下建立领域 Ontology，把收集来的数据按规定格式存储在关系数据库、知识库等的元数据库中。④查询转换器按照 Ontology 把查询请求转换成规定的格式，从元数据库中匹配出符合条件的数据集合；检索结果经过定制处理后返回给用户。⑤知识检索的基本特征有：支持自然语言检索；支持语词、语义内容的处理，实现同义词扩展检索和关联检索；具有概念推理和学习功能；具有强大的人机交互接口。

知识检索是一种全新的信息检索方式，是在现有的信息检索技术以及模型上发展而来的。搜索引擎是当前检索信息的主要检索方式，它们能在短时间内反馈给用户大量的信息，但反馈信息中的信息噪声过大，其中包含了太多的无用信息；目录分类的数据库规模较小，以致某些主题下收录的范围不够全面，检索到的信息数量有限。可以看出，传统的信息检索缺点在于没有从语义层次上对信息进行标引，不能够满足用户在语义和知识上的需求。而知识检索是综合运用信息管理科学、人工智能、认知科学及语言学等多学科的先进理论与技术，基于知识和知识组织，融合知识处理与多媒体信息处理等多种方法与技术，充分表达和优化用户需求，能高效存取文本、图像、视频、声音等媒体类型的知识源，并能准确精选用户需要的结果。知识检索是将信息或知识按照一定的方式组织、存储,并根据用户需求找出相关信息和知识的过程。在这个过程中,被检索的对象是知识资源、知识库。知识检索就是采用一种从语义上标引文章的技术形成知识库,再从知识库中查询用户所需的信息。

知识检索和信息检索的不同在于,知识检索强调了语义,它从文章的语义、概念出发,能够揭示文章的内在含义,而不像信息检索只是基于字面的机械匹配。知识检索提高了查全率和查准率,降低了用户的负担。从检索语言、检索模型、组织方式、搜索方式和检索效率方面进行归纳,如表 12-4-1 所列。

表 12-4-1　不同检索方式的特点

比较项目	信息检索	知识检索
主要检索语言	关键词	自然处理、知识表示
基本检索模型	布尔检索、向量空间	分类检索、多维认知、分布式
网络组织方式	超文本、自由文本、主页、搜索引擎、主题树	知识分类、语义网络、动态控制
网络搜索方式	关键词、目录	机器学习、人工智能
检索效率指标	查全率、查准率、检索时间	内容相关性

与主题词表或分类表不同的是,本体是领域知识规范的抽象和描述,可以构造丰富的概念间的语义关系,能够准确描述概念含义以及概念之间的内在关联;形式化能力最强,同时具有高度的知识推理能力,能通过逻辑推理获取概念之间的蕴涵关系。因此,本体是一种知识组织体系。以本体作为知识组织的技术和方法,能实现基于语义的知识检索。知识检索是传统信息检索的发展,随着人工智能、系统信息管理等相关高新技术的运用,提供个性化、智能化的主动信息服务也将是知识检索的发展方向。当前,图书情报档案的知识检索系统更加注重文本挖掘的功能,如大规模实例描述的汉语分词排歧知识库,主题词典和内容相似性检索功能,自动分类、聚类和自动摘要功能,文本数字理解和新词学习功能等。

二、基于本体的知识检索模型

1. 信息检索模型的发展

经典的信息检索模型包括布尔检索模型、向量空间模型和概率检索模型,目前大多数检索系统往往综合上述各种模型,以达到认为最佳的检索效果。这些检索模型的不足是:在文献的组织与描述上,采用词切分和单汉字或两者结合标引文献,将关键词作为描述文献的基本元素,文献之间是相互独立的;在检索操作方面,是基于关键词的无结构查询,难以反映词语之间各种语义联系,查询能力有限,误检率和漏检率很高;在模型约束方面,要求索引项之间独立性的要求不符合实际情况,计算查询和文档之间相似度的方法也有局限性;虽经不断完善,也难以从根本上适应网络巨量信息的检索。

由此,一些学者从不同角度提出了基于知识的检索模型,如分类检索模型、多维认知检索模型、分布式检索模型、概念检索模型等。特别是概念检索模型克服了以往检索模型中以词及其权值为中心建立相关性而忽略了语义关联的缺点,以概念词典为辅助,采用人工智能技术,增强搜索引擎概念分析理解能力,从概念层面上来处理用户的查询请求,从而实现了特定领域的概念检索。上述检索模型由于没有知识组织体系的支撑,没有实现对检索对象的语义标注,也没有对其语义进行解析,因此被解释为基于知识的信息检索模型。

2. 基于本体的知识检索

基于本体的知识检索模型在资源对象的组织、描述、表示、检索和模型约束等方面都具有自己的特征,主要表现为:

(1) 在检索对象的组织上,知识检索模型利用领域本体作为组织资源的基础。首先构建一个涵盖相关领域概念及概念间关联的领域本体库作为资源描述和知识表示的工具和模型,如各学科领域的主题词表、分类表,在此基础上确定领域知识本体的主要概念和概念间的各种关系,构筑领域本体的概念模型。

(2) 在检索对象的描述上,知识检索模型借助语义标引工具,按照领域本体的概念及关联,对资源对象进行概念分析、分类、标引、描述和处理,形成机器可以理解的带有语义信息的元数据。

(3) 本体概念的优化检索依赖于本体检索语言的功能。在支持本体检索的诸如 RQL、DQL、OWL-QL、SquishQL、RDFQL、RDFPath 和 Versa 等知识语言中,以 RQL 作为知识检索模型的检索语言可以满足知识检索的需要。

(4) 知识检索模型提供了特定领域可控的概念语义体系,并建立与概念体系相对应的具有层次结构的自然语言术语体系,能对自然语言提问和本体概念库的术语进行语义的理解、分析和匹配,依据本体概念间的语义关系实现知识检索。

(5) 在模型约束上,知识检索模型的约束比较少,但要求概念和关系构成一个有向图,关系必须是有方向的;另外,要求每一个概念/实例都需要有一个唯一的标识。

3. Ont-KRM:基于本体的知识检索模型

基于上述约束和所建立的本体原型,这里设计了如图 12-4-9 所示的基于本体的知识检索模型(Knowledge Retrieval Model on Ontology Ont-KRM)。Ont-KRM 分为人机交互部分、知识源部分、检索匹配和本体库等几个部分。

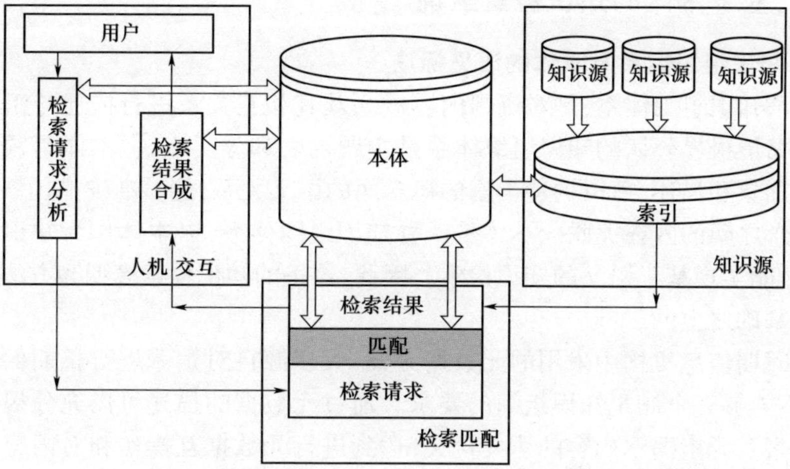

图 12-4-9 Ont-KRM:基于本体的知识检索模型

（1）人机交互部分　主要是分析用户提交的检索请求,返回整理检索结果。检索请求的分析主要是依据本体知识,分析用户的真实检索意图,形成规范、准确的检索请求,提交给检索匹配模块。检索请求的分析主要分为如下几个步骤:①对检索请求进行预处理,提取需要检索关键字(词);②借助本体并在必要时通过和用户再次交互,判断检索请求中关键字(词)的领域、相关概念等,确定用户的真实意图;③将用户的真实意图形成统一、规范的检索请求提交给检索匹配部分;④在对用户意图进行分析和交互的基础上补充和完善本体库中的相关知识;⑤对检索匹配部分返回的检索结果进行处理、合并后返回给用户。

（2）知识源部分　主要对知识源进行收集,并对收集的知识源根据本体库中的知识进行标注和分析,对从知识源中抽取的知识进行转换,对本体库中的相关部分进行补充和完善,对建立对应的索引信息,放入索引库。

（3）检索匹配部分　主要是从人机交互部分收集统一的检索请求,并依据本体库中的相关知识对检索请求和索引库进行语义和语法层面的匹配,并将检索结果返回给人机交互部分。

（4）本体库部分　应该说是整个模型的核心部分,从对检索请求和检索结果的处理,到对检索请求和索引的匹配,再到对知识源的标注、索引的建立都基于本体库中的相关知识。同时,上述各个过程又可以对本体库中的知识进行补充和完善。当然,对本体库中知识的任何修改都要经过领域专家和系统的双重认定。

三、基于本体的知识检索呈现

1. 知识组织体系及本体的语义标注

所谓知识组织体系,是对资源内容概念及其相互关系进行描述与组织的机制。图书情报界公认的知识组织体系是主题词表和分类表,但本体是领域知识规范的抽象和描述,可以构造丰富的概念间的语义关系,能够准确描述概念含义以及概念之间的内在关联。本体是一种知识组织体系,以本体作为知识组织的方法,才能实现基于语义的知识检索。因此,这里的知识检索模型和方法都建立在本体基础之上的。

该时期信息机构中采用的元数据方案,大多源自对馆藏进行长期保存的目的,并不能够完全满足知识组织的要求。通过元数据的描述可以充分揭示元数据的元素及元素揭示内容的语义含义,达到进行元数据互操作和对内容进行知识组织的目的,这里重点研究以下几个问题:

(1) 标注元数据元素的语义。元数据互操作常见的困难是元素间同名异义和异名同义,RDF 的思路是如果不同元数据中的元素指向同一个资源,那么这些元素具有同一语义。根据信息机构的数字资源的特点,选用 DC 元数据作为元素语义的最终解释。即如果说不同元数据中的元素都可以使用 DC 元数据中的同一个字段进行解释,那么这两个元素就认为在语义上相等。操作时将元数据与 DC 元数据元素之间的映射关系放在数据提供者方,当数据提供者在进行注册或者使用的元数据发生变化时,由其管理人员对映射进行定义。

(2) 标注元数据元素内容的语义。在解决了元数据元素的语义以后,采集回来的元数据应该用什么方法进行组织,就和元数据元素内容的语义相关,因此还需要揭示元数据元素内容的语义。我们通过 RDF 的描述方式来对元数据元素内容的语义进行揭示。框架中定义了一个关于元数据元素内容的 ontology,并通过 URI 建立元素与 ontology 中条目之间的关系,以此来标注元素的语义。

(3) 标注知识组织的内容。在对数据源的元数据进行描述时,数据源的管理人员可以根据元数据元素的功能对其进行区分,只提供标注内容的元素。这样,既减少了进行元数据描述的工作量,也为知识组织能够更有效地进行提供了方便。另外,对知识的组织还需要根据系统的实际需要有所选择,在进行元数据采集的时候可以通过定义对 DC 元数据的哪些元素内容进行组织,然后再反向定位到与其相关的元数据元素,来确定知识组织的内容。

2. 知识检索呈现

知识检索呈现要解决的问题就是知识提供的形式和检索结果显示的形式。常见的知识呈现方式主要有概念图(Concept Map)、思维导图(Mind Map)、认知地图(Cognitive Map)、语义网络(Semantic Network)、思维地图(Thinking Map)等。信息检索和知识检索呈现之间虽在呈现方式方面存在相互之间的借鉴,但它们之间的区别还是很大。从呈现对象、呈现目的、呈现方式和交互类型等方面进行区别,如表 12-4-2 所列。

表 12-4-2 不同检索呈现形式的特点

比较项目	信息检索呈现	知识检索呈现
呈现对象	信息	知识
呈现目的	发现新信息;提高检索效率	促进知识传播和创新;方便用户认识和获取知识
呈现方式	图形、图像	知识图表、视觉隐喻
交互类型	人-机交互	人-人交互

从呈现对象看,信息检索呈现的对象是信息,而知识检索呈现的对象是知识,包括知识本身和检索结果中的知识;从呈现目的看,信息检索呈现一是从大量信息中发现新的信息,二是将检索结果直观的呈现给用户以提高检索效率,而知识检索呈现则在于促进知识的传播和创新,方便用户更好的认识和获取知识;从呈现方式看,信息检索呈现的方式通常是图形、图像,而知识检索呈现的方式包括知识图表、视觉隐喻等;从交互类型看,信息检索呈现的交互是人机交互,而知识检索呈现的交互是人人交互。

资源的显示方式取决于资源的组织方式。信息组织线性的、无结构的方式,决定了信息的提供与获取是以关键词和分类目录及索引等途径来实现,检索结果显示的是一组基于关键词层面上的没有语义的文献集合。而知识组织基于领域本体,是对概念关联的组织,所以知识检索显示的应是反映知识内容和概念关联的知识网络(或称知识地图)。简单说,知识网络是对领域知识结构的展示,是对已获取的知识以及知识之间的关系的可视化描述。

3. 基于本体的知识检索呈现技术

基于本体的知识检索呈现,是指通过一定的知识表示技术,将领域知识按照一定方式,清晰有序地在一个统一的界面上展示出来,以供检索者方便地查询与获取知识。基于领域本体的知识网络具有三个特征:①定位知识。给出任何一个概念,都可以显示该概念在知识体系中的位置。②揭示知识关联。知识网络不仅要确定概念的位置,还要揭示此概念和其他概念间的语义联系,描述知识网络中各种关联。③可视化展示。通过直观、形象的模式、模型、图形、图像等方式展现知识地图。

下面,以我们开发的知识集成系统中的“知识检索系统”功能为例,说明知识检索的呈现方式。该系统是一个基于与鲁迅相关资源知识的领域本体原型的知识检索系统。这个领域本体原型的构建以分类/主题一体化词表为基础。由于分类和主题表达的对象都是主题概念,两者之间存在着隐含的概念对应关系。与鲁迅相关资源知识的领域本体概念网络的显示以及对知识的获取,是通过概念浏览和概念检索实现的。

(1) 页面布局。用户界面分为两个部分,概念导航区和概念检索区,概念导航区是领域本体中各类概念的分类导航,点击具体的分类之后就可以在右侧的知识导航区,显示概念的网络关系图。概念检索区在输入需要检索的概念,并进行进一步细化之后,就可以看到以相关的网络概念图和相关的概念实例。

(2) 概念浏览。概念浏览主要实现经济本体概念的分类导航和主题导航,可循着学科等级和概念之间的语义关系进行浏览,起到知识导航作用。分类导航可对领域本体的分类知识树进行逐次浏览,选择一个分类概念,即可同时显示与该分类概念对应的主题概念关系,包括等同关系、等级关系和相关关系。反之亦然,可通过音序对领域本体的主题概念树进行层层浏览,选择一个主题概念,即可同时显示与之对应的学科类目(可以是一个类目或多个类目)。例如,在“分类导航”目录树中选择“阿 Q 正传”,主题概念浏览区便显示“阿 Q 正传”概念关系,点击概念关系就可以显示属于“阿 Q 正传”概念的文献实例,如图 12-4-10 所示。

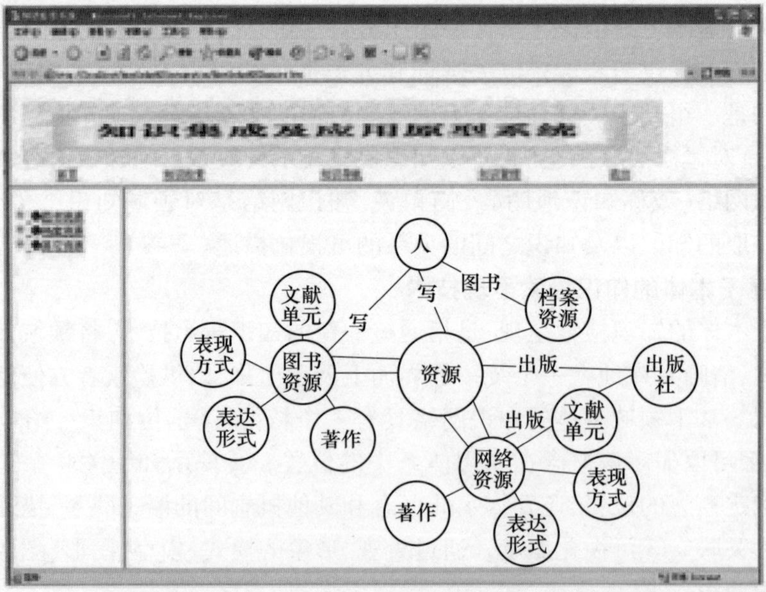

图 12-4-10 知识检索系统“概念-分类导航”界面

（3）概念检索。概念检索可通过自然语言检索本体概念及关联。如果检索词是本体概念，即显示该概念及其概念间关系，同时显示与之相关的学科分类类目，以实现语义的扩展检索和关联检索。对于本体库中没有的检索词，由于系统建立了与本体概念对应的自然语言术语库，在主题概念显示区即显示与该检索词对应的主题概念及关系，分类概念显示区显示与之对应的分类目录。例如，在检索框输入"阿 Q 正传"，主题概念显示区显示"阿 Q 正传"的概念关系，"分类导航"目录树中显示与之对应的类目（图书资源中的《阿 Q 正传》出版物，档案资源中的《阿 Q 正传》手稿，其他资源则是显示讨论阿 Q 精神的各类网络文章和站点等）；关键词浏览区显示与之对应的关键词（阿 Q 正传手稿、阿 Q 精神、阿 Q 话剧等）；文献概览区显示与"阿 Q 正传"相关的资源（题名或关键词含有"阿 Q 正传"的资源）。

知识检索是为了适应知识组织的发展趋势，以解决信息检索机制检索效率低下而提出的一种新的检索理念。在知识组织的基础上，知识检索是从知识库中检索出知识的过程，是一种基于知识组织体系能够实现概念语义检索的智能化检索方式。基于知识的信息检索是指在信息检索的框架下，通过一些智能化手段改善检索效率和效果的一种方式，目前的"概念检索""语义检索"和"智能检索"等都属于这种表述形式；而知识检索不等于知识的信息检索，它是基于某种具有语义模型的知识组织体系，知识组织体系是实现检索的前提和基础，知识检索则是基于知识组织体系的结果；它又是对资源对象进行基于元数据的语义标注，元数据是知识组织体系的语义基础，只有经过元数据描述与标注的资源才具有长期利用的价值。本节研究的基于本体的知识检索，着重解决以下几个问题：对知识检索模型进行研究，在分析信息检索模型和知识检索模型的基础上，建立基于本体的知识检索模型；对知识检索的呈现方式进行研究，探讨基于本体的知识检索呈现方法。

第四节　情感本体舆情倾向性分析

> 本节设计基于文本分类、语义规则模式和情感词的文本倾向性识别分析的实现算法，给出情感本体构建和基于 HowNet 与主题领域语料的情感概念选择方法。同时利用情感本体抽取特征词并判断其情感倾向度，结合句法规则及程度副词的影响，采用特征情感倾向度作为特征权重和机器学习的方法，对主题网络舆情 web 文本进行倾向性分析。

网络舆情倾向性分析的实质是 web 文本倾向性分析，即通过分析 web 文本内容中关于某个事件的看法或评论,来判断该看法或评论对该事件的情感倾向性。

一、web 文本倾向性分析

web 文本倾向性分析的主要任务包括:①标识出 web 文本中能够体现情感倾向的词或短语;②对标识出的情感词的倾向极性及强度进行计算;③对 web 文本的整体情感倾向做出判断。如果将 web 文本倾向性分为褒义和贬义两类问题,可以使用传统机器学习方法进行识别。例如,Pang 等使用贝叶斯、最大熵、SVM 等文本分类方法进行基于语义倾向性的文本分类。除了将分类理论应用于 web 文本倾向性分析之外,有学者还应用语义模式进行文本倾向性分析,如 Yi 提出的情感分析器(Sentiment Analyzer),该分析器首先使用句法分析器对句子进行语法分析,然后利用情感词汇表和情感模式库对句子的语义关系进行分析得到文本的倾向性结果。另一个比较常用的 web 文本倾向性分析方法是对 web 文本中情感词汇的语义倾向进行度量,然后对所有情感词汇的倾向度量值求其均值,以此得到文本的倾向性结果。如 Jaap Kamps 以 WordNet 的同义结构图为基础,通过计算词语与具有强烈倾向性的种子词(Seed Words)之间的相似度得到词语的褒贬倾向度量值,国内也有学者研究基于 HowNet 的词汇语义倾向计算方法。

在基于情感 Ontology 的主题网络舆情倾向性分析中,以上研究还缺乏概念的全面性和领域的针对性。下面以涉华军事网络舆情为主题,研究情感 Ontology 构建和基于 HowNet 与主题领域语料的情感概念选择方法。情感 Ontology 可以充分地表达情感词汇之间所蕴含的语义信息,如词汇的情感倾向性以及词汇间的相似性、递进和转折关系等,以情感 Ontology 为基础计算 web 文本特征的倾向性,可以为 web 文本倾向性分析提供有效依据。

二、网络舆情倾向性的识别算法及比较

国内外对于 web 文本倾向性的分析方法,一般分为以下三类。

1. 基于文本分类的文本倾向性分析

它是一种有指导的学习方法:①训练样本集,对训练集中的文本倾向性进行人工标注作为学习样本;②使用机器学习方法构造分类器;③使用训练好的分类器对待识别文本进行分类得到其倾向性。

[算法 1] 基于文本分类的文本倾向性分析算法

输入:待分类文本 d

输出:倾向性分类结果 C

步骤 1:对训练样本集进行分词;

步骤 2：利用情感词表标识文本中的情感特征词；

步骤 3：利用 TF-IDF 公式和情感词本身的情感权重对特征权重进行计算；

步骤 4：根据文本情感特征和权重得到文本情感向量的特征空间；

步骤 5：对 d 进行分词处理和特征权重计算，得到 d 的情感向量的特征空间；

步骤 6：利用 KNN 或 SVM 分类器对文本 d 进行分类；

步骤 7：返回文本 d 的倾向性分类结果 C。

2. 基于语义规则模式的文本倾向性分析

用语义规则模式作为文本特征，把语义信息体现在语义模式之中。语义模式可以理解为是对自然语言的句法结构进行简化后得到的一种结构，一般表示为：语义模式 =<主体> <行为> <受体>, <语义倾向值> 。其中，<主体><行为>和<受体>称为语义模式的部件，分别对应句子的主语、谓语和宾语，<语义倾向值>表示语义模式的语义倾向权重，取值区间为[-1,1]，(0,1]区间的取值表示正面的情感倾向，[-1,0)区间的取值表示负面的情感倾向。在实际应用中通常将语义模式进行简化，得到以下几个结构：语义模式 =<主体> <行为>, <语义倾向值> | 语义模式 =<行为> <受体>, <语义倾向值> | 语义模式 =<主体>, <语义倾向值>| 语义模式 =<受体>, <语义倾向值>。

[算法 2] 基于语义规则模式的文本倾向性分析算法

输入：待识别文本 d，语义规则模式集合 $S=\{s_1,s_2,s_3,\cdots,s_m\}$，部件集合 $I=\{i_1,i_2,\cdots,i_n\}$，阈值 δ

输出：倾向性结果 C

步骤 1：对 d 进行词法分析；

步骤 2：提取出与 I 中元素相匹配的所有特征；

步骤 3：提取出与 S 中元素相匹配的语义规则模式，得到匹配的语义规则模式集合 $M=\{m_1,m_2,\cdots,m_k\}$ 和集合中每个元素的语义倾向值 w_i；

步骤 4：累加所有匹配模式的语义倾向值，结果作为文本 d 的语义倾向值 $W(d)=\sum_{i=1}^{k} w_i$；

步骤 5：比较 $W(d)$ 与阈值 δ，若 $W(d)>\delta$，则 d 为正面倾向，若 $W(d)<\delta$，则 d 为负面倾向；

步骤 6：返回文本 d 的倾向性结果 C。

3. 基于情感词的文本倾向性分析

根据特征词的情感倾向值来度量文本的倾向值，特征词的情感倾向值通过计算特征词与具有强烈倾向意义的基准词之间的关联度获得。较典型方法是确

定 n 个正面语义的基准词和 n 个负面语义基准词,先计算该词与 n 个正面词的关联度和 n 个负面词的关联度,然后计算两关联度之差作为该特征词的倾向值。其中,特征词与基准词的关联度计算方法有基于互信息的 PMI _ IR 方法,还有以 WordNet 和 HowNet 为工具来计算特征词与基准词的语义距离进而判断特征词的倾向性。

[算法 3] 基于情感词的文本倾向性分析算法

输入:待识别文本 d,情感特征集合 T,阈值 δ

输出:倾向性结果 C

步骤 1:对 d 进行分词处理,提取文本特征;

步骤 2:计算特征在文本中的权重 θ;

步骤 3:计算特征词与集合 T 中基准词之间的关联度 R;

步骤 4:计算特征的情感倾向值 $w = R\theta$;

步骤 5:累加文本所有特征词的情感倾向值,结果作为文本 d 的语义倾向值 $W(d) = \sum_{i=1}^{k} w_i$;

步骤 6:比较 $W(d)$ 与阈值 δ,若 $W(d)>\delta$,则 d 为正面倾向,若 $W(d)<\delta$,则 d 为负面倾向;

步骤 7:返回文本 d 的倾向性结果 C。

以上三种倾向性分析方法各有优缺点,适用于不同的情况。

当主题领域限定时,基于文本分类的方法效果较好,但需要大规模的经人工标注的训练集对分类器进行训练;当主题数目较多或者主题不固定时,训练集人工标注和分类器训练耗时耗力。

基于语义规则模式的方法,充分考虑了语义模式对倾向性识别的影响,当主题领域限定时其分类效果最好,但目前还无法实现自动抽取语义模式,且由于每个语义模式及其语义倾向权重都需要人工完成,工作量较大并有领域限制。

基于情感词的方法,对所有主题使用同一个分类器,实现简单,运行速度快,这种方法对情感基准词的选定要求很高,基准词集合的构造质量和语义关联度的计算方法对倾向性识别的精度有很大影响。

下面以基于情感词的方法为基础,结合基于语义规则模式和基于文本分类的两种文本倾向性分析方法的思路,即在情感基准词选取上充分考虑词汇以及词汇之间的语义信息来构建情感 Ontology,以情感 Ontology 为基础计算特征词的情感倾向度,并结合句法规则考虑程度级别副词对特征情感倾向度的影响,最后将特征情感倾向度作为其权重,采用文本分类方法对 web 文本的倾向性进行分类识别。

三、情感 Ontology 构建方法的研究

1. HowNet 和领域语料的情感概念选择

HowNet(知网)是目前国内倾向性研究首选的基础资源之一,已经标注过的情感分析用词语集分为正面和负面两类词汇,正面词汇共有 4566 个,包括正面评价词语 3730 个和正面情感词语 836 个;负面词汇共有 4370 个,包括负面评价词语 3116 个和负面情感词语 1254 个;此外还有表示程度级别的词语 219 个,并根据其修饰的强度共分为表 2 的 6 个级别。在 HowNet 中选择的情感概念词具有通用性,且是静态的。由于涉华军事网络舆情涉及军事外交等相关领域,其中有一些表达情感倾向的用语比较隐蔽,具有领域相关性。例如,在"美国、欧盟等国家对中国此次军演表示强烈关注"一句中,"关注"一词具有明显的负面倾向;又如,在"美国对中国的军事外交政策持谨慎态度"一句中,"谨慎"一词在外交用语中也具有负面倾向。而以上两词在其他领域中可能定性为不具有情感倾向的中性词,因此为了优化该领域的网络舆情倾向性分析精度,采用基于 HowNet 的通用情感概念和基于领域语料的专业领域情感概念共同构建情感 Ontology。

(1) 在没有专门的涉华军事网络舆情语料库时,利用 TRS 系统网络数据采集雷达,采取定向抓取的方式(10 个军事新闻网站)从互联网军事网站上抓取新闻数据作为语料来源。

(2) 基于涉华军事领域语料的专业领域情感概念是一个动态集合,因此领域语料是动态更新的,专业领域情感概念也不固定。

(3) 表征情感倾向的词语一般是名词、形容词、动词、固定短语和副词等,这里采取先分词再依词性过滤保留这部分词语。

表 12-4-3 基于领域语料的主题情感概念示例

CHI排序	标记为POS的词语	统计	标记为NEG的词语	统计	合计
1～100	相互信任、高度赞赏、受欢迎、增强互信、深切期待	5	严重关切、注意到、深表遗憾、深表忧虑、谨慎态度、公开声明、反应强列	7	12
101～200	抵御入侵、防止冲突、和平解决、和平相处、增强互信、扩大交流、加强合作、军事透明	8	武力镇压、入侵挑衅、军事扩张、武力侵占、武力威胁、武装侵略、武装冲突	9	17
201～300	局势稳定、军事对话、协商一致、加强交流、坚决遏制	5	态势恶化、不容乐观、局势不稳、局势恶化、局势紧张、非正义、严重威胁	7	12
301～400	英勇善战、作风优良、纪律严明、不怕牺牲、政治合格、热爱国家、意志坚强、军事过硬	13	军事独裁、霸权主义、军事霸权、军事制裁、军事同盟、军事图谋、增加军费、军力失衡	11	24
401～500	誓死捍卫、坚决捍卫、亮剑、正义战争、自卫战争、反恐行动、钢铁长城	7	内潜外逃、侵略意图、险恶用心、阴险狡诈、纪律涣散、弃械投降、军心涣散	9	16
501～600	反围剿、优待俘虏、用兵如神、指挥顺畅、奋勇杀敌	5	装备落后、指挥落后、体制缺陷、战斗力低	4	9

(4) 过滤后的词语除了与 HowNet 中情感概念相同部分之外还保留大量的词语,首先从统计学上筛选出最能表征领域情感特征的词语,再对其进行人工挑选。特征选择方法采用 χ^2 统计量(CHI)进行筛选,根据设定的阈值得到一个可控大小初选词集,然后人工进行挑选标注,如表 12-4-3 所列。

2. 基于 HowNet 和领域语料的情感 Ontology 构建

通过情感概念来选择构成情感 Ontology,其中包括基于 HowNet 通用情感概念和该领域语料的专业领域情感概念。图 12-4-11 为构建的情感 Ontology 片段示例。

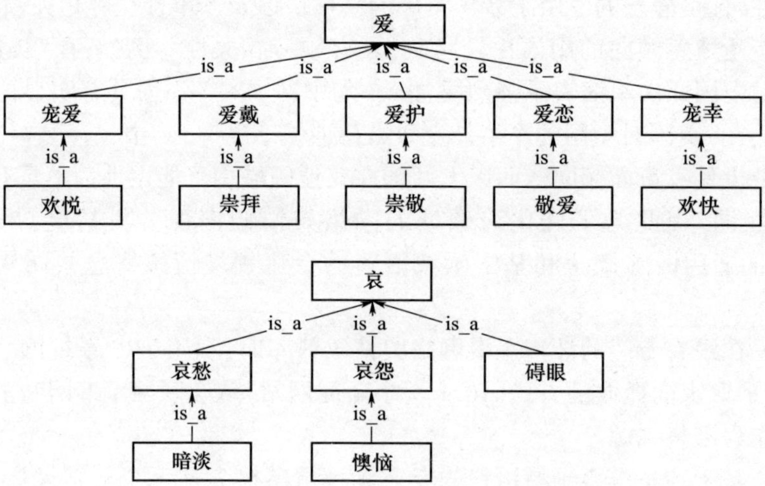

图 12-4-11 情感 Ontology 示例

表 12-4-4 情感 Ontology 概念倾向度示例

编号	概念	倾向极性	情感倾向度
1	爱	正极	1
2	宠爱	正极	0.644
3	爱戴	正极	0.614
4	爱护	正极	0.697
5	爱恋	正极	0.601
6	宠幸	正极	0.598
7	欢悦	正极	0.401
8	崇拜	正极	0.386
9	崇敬	正极	0.215
10	敬爱	正极	0.264

续表

编号	概念	倾向极性	情感倾向度
11	欢快	正极	0.286
12	哀	负极	-1
13	哀愁	负极	-0.416
14	哀怨	负极	-0.423
15	碍眼	负极	-0.386
16	黯淡	负极	-0.286
17	懊恼	负极	-0.213

在情感 Ontology 中,有体现正面倾向和负面倾向的两种情感概念,为了能够利用情感 Ontology 计算特征词的语义倾向度,必须对所有概念进行倾向度赋值。这里将情感概念的倾向度取值区间定义为[-1,1],负面情感倾向度取值区间定义为[-1,0),正面情感倾向度取值区间定义为(0,1]。首先从情感概念中抽出最能代表正面倾向和负面倾向的词汇分别作为情感正负倾向的"两极",赋值为1和-1,然后按照基于 HowNet 的词汇语义相似度计算方法,分别计算所有情感概念与"两极"的相似度,把相似度值作为情感概念的倾向度,以此方法得到情感 Ontology 中所有概念的倾向度。表 12-4-4 为情感 Ontology 概念倾向度的示例。

四、基于情感 Ontology 的主题网络舆情倾向性分析

web 文本特征的情感倾向度可以采用计算该特征词汇与情感 Ontology 的语义相似度的方法来获得。特征词情感倾向度的计算过程中考虑两个因素:一是特征词与情感 Ontology 中所有概念的语义相似度;二是情感 Ontology 中的概念本身的情感倾向度。特征词 t_i 的情感倾向度计算公式为

$$OT(t_i) = \sum_{j=1}^{n} (\mathrm{Sim}(t_i, t_j) \times O_{t_j})$$

其中,n 表示情感 Ontology 中所有概念的个数,$t_j(j = \{1,2,3,\cdots,n\})$ 表示 Ontology 中的概念;$\mathrm{Sim}(t_i,t_j)$ 表示特征词 t_i 与情感 Ontology 中的概念 t_j 的语义相似度;O_{t_j} 表示情感 Ontology 中的概念 t_j 的情感倾向度。其中 $\mathrm{Sim}(t_i,t_j)$ 的计算采用基于 HowNet 的词汇语义相似度计算方法。

web 文本特征词采用基于改进 N-Gram 的特征项选择方法来获得,特征词的情感倾向度作为其权重。但该方法获得的权重值没有考虑表示情感程度级别的副词。这里赋予每个程度词一定等级,若某个特征词前出现一个程度词,则首

先判断该程度词的级别,然后根据程度词的级别对特征的倾向度进行相应的调整。将程度词分为 6 大类,再考虑否定词,在对程度词权重调节强度系数赋值时增加否定词类别,如果将否定词的修饰程度定义为负值,则否定词与它的中心词相结合表达相反的情感极性,在 HowNet 中选取具有否定意义的义原,从中抽取出包含否定义原的概念得到否定词,将否定词和程度词放在一起进行统一处理:类 7,程度级别否(not),权重调节强度系数-1。

在计算特征权重的过程中,用 Stanford Parser 对句子进行句法分析,得到程度词和特征词的搭配关系,生成所需要的数据结构如图 3-4-12 所示,特征链表 TL 中存放 web 文本特征,与该特征相关联的程度词放在程度词链表 EL 中。采用句法分析得到与 web 文本特征相关联的程度词后,可以根据特征的情感倾向度和其程度词的权重调节强度系数对特征词 t_i 的权重 $w(t_i)$ 进行计算

$$w(t_i) = \sum_{k=1}^{m} (OT(t_i) \times e_k)$$

其中,m 为与 t_i 相关联的程度词链表 EL 的长度,e_k 为链表 EL 中每个元素的权重调节强度系数。

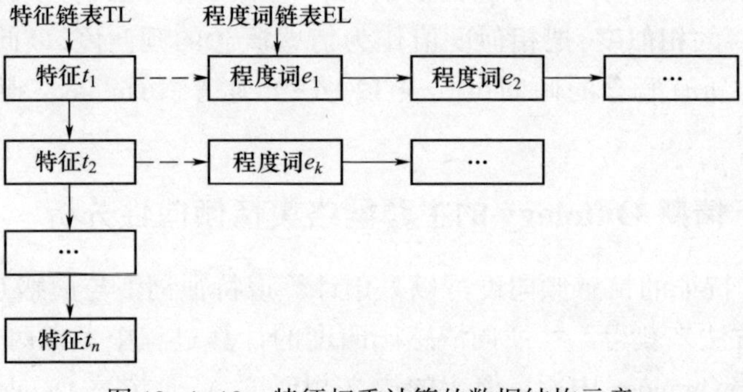

图 12-4-12　特征权重计算的数据结构示意

网络舆情倾向性分析流程主要分为训练过程和识别过程。其中,训练过程的目标是采用机器学习算法对训练样本进行训练,构造出情感分类器,这里采用 SVM 方法对其进行分类。识别过程主要是针对训练过程构造的情感分类器对待识别 web 文本进行情感分类,首先提取待识别 web 文本的情感特征,并通过特征权重计算得到其特征概念向量表示作为分类器的输入,最后根据分类器的计算得到待识别 web 文本的分类结果。具体如图 12-4-13 所示。

五、实验结果与分析

对该网络舆情进行褒贬分类,实验目的是判断构造的分类器的实际分类能

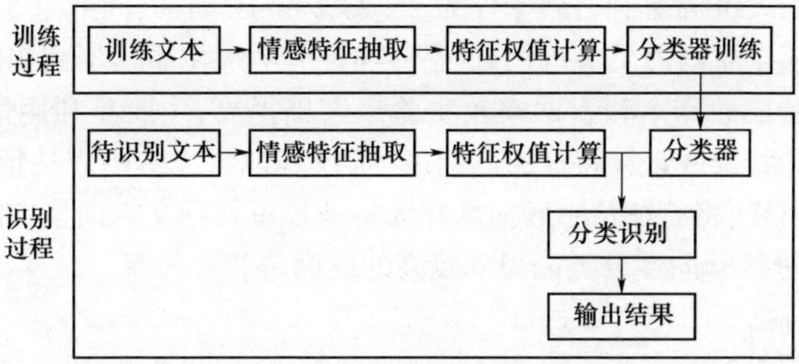

图 12-4-13　主题网络舆情倾向性分析流程

力,因此采用准确率 P(Precision)、召回率 R(Recall)和 F 值(F-Measure)作为测试指标。

$$P = \frac{\text{倾向性识别正确的文档数}}{\text{返回的文档数}}$$

$$R = \frac{\text{倾向性识别正确的文档数}}{\text{实际总文档数}}$$

$$F - \text{Measure} = \frac{2 \times P \times R}{P + R}$$

在已经标注好的 web 网页集合中随机选取 2000 个网页,人工对其进行褒贬倾向性标注,然后将其分成两部分,每部分 1000 个,分别作为训练集和测试集。为了验证基于情感 Ontology 的网络舆情倾向性识别算法的实际效果,在相同数据集上进行了四次实验进行对比。

实验一:基于文本分类的倾向性识别方法,利用 SVM 分类器对测试文本进行倾向性分类。

实验二:采用基于 HowNet 的情感 Ontology 概念选择方法来构建情感 Ontology,抽取情感概念特征,然后计算特征的情感倾向度,并直接将情感倾向度作为特征权重,最后利用本节提出的文本倾向性分析算法对测试文本进行倾向性分类。

实验三:在实验二的基础上,结合基于 HowNet 情感概念选择方法和基于领域语料情感概念选择方法来构建情感 Ontology,抽取情感概念特征,并计算特征的情感倾向度,直接将情感倾向度作为特征权重,最后利用本节提出的文本倾向性分析算法对测试文本进行倾向性分类。

实验四:在实验三的基础上,利用程度级别副词对特征权重进行调整,最后利用本节提出的文本倾向性分析算法对测试文本进行倾向性分类。

根据上述实验方法,四次实验结果如图 12-4-14 所示。

（1）实验一准确率和召回率仅为 25.23%和 35.41%，因此基于文本分类的方法比较适用于主题分类等应用，但在倾向性分类应用中达不到实用效果。

（2）实验二准确率和召回率较实验一大幅提高，主要是利用情感 Ontology 抽取情感概念特征并计算特征的倾向度，可较好地将文本中表达情感极性的概念特征标识出来，将特征情感倾向度作为特征权重得到文本向量空间，因此利用 SVM 分类器进行倾向性分类能得到较高的准确率和召回率。

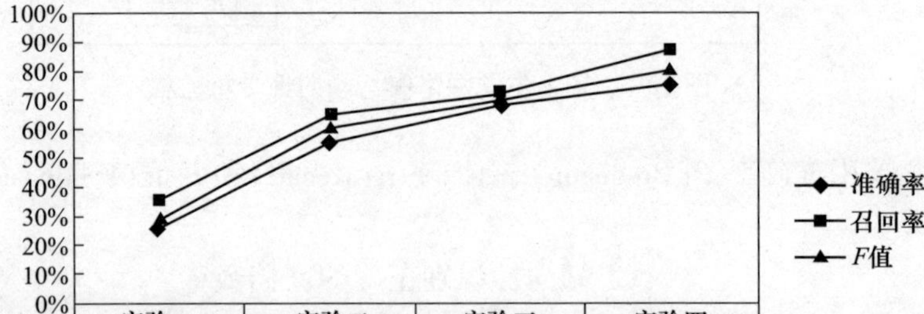

	实验一	实验二	实验三	实验四
准确率P	25.23%	55.65%	68.15%	75.21%
召回率R	35.41%	65.14%	72.38%	87.64%
F值	29.47%	60.02%	70.20%	80.95%

图 12-4-14　倾向性分析实验结果

（3）实验三在实验二的基础上适当改进，其准确率和召回率分别达到 68.15%和 72.38%，比实验二结果有所提高，主要是在基于 HowNet 的通用情感概念基础上增加了基于领域语料专业领域情感概念，这些专业领域情感概念在军事外交领域具有一定的普遍性，将其结合在情感 Ontology 的构建过程中可以使 web 文本情感概念的特征抽取和特征倾向度计算更为精确，因此能提高倾向性分类的准确率和召回率。

（4）实验四在实验三的基础上，融入程度级别副词对特征情感倾向度的影响，利用程度词级别对特征权重进行调整，然后再进行文本的倾向性分类，其准确率和召回率分别达到了 75.21%和 87.64%，可以确定程度级别副词在文本倾向性的识别过程中是一个不可忽视的因素。

第十三章　网络档案信息整理与知识服务

第一节　语义异构档案信息整合

本节针对实现异构档案信息整合与检索涉及方法和技术上的问题，首先研究基于语义的档案信息整合、基于XML EAD的异构档案信息组织及其本体方法的应用，然后研究档案信息检索的平台异构性和语义异构性，语义异构性包括字段映射、数据去重、缩略词统一等，并分别给出解决方案。提高档案信息资源共享与利用的质量，能够促进我国相关标准的制定与完善。

信息集成是将异构的、存在冲突和分散的源数据抽取出来，进行相应的结构和数据转换后加载到目标系统中的过程，它实际上是一个消除源数据和目标数据的差异和冲突，按目标系统要求而进行的一致化的过程，如名称的一致化、数据模式的一致化和语义的一致化等。集成后的数据将在两个或多个同构或异构的数据源之间建立数据的映射和转换关系，为数据应用提供一个一致的、透明的数据访问接口，从而实现各种数据源数据的互操作，以解决不同数据源之间的信息交换和信息共享的问题。

一、档案异构信息整合与检索的研究现状

网络环境下对异构档案数据库信息进行整合与检索具有重要意义和应用价值。国际上对档案置标著录(Encoded Archival Description，EAD)和中文信息的概念检索非常关注，随着计算机技术和人工智能的发展，信息整合和信息检索的涵义更加丰富，其对信息组织、概念表达更为灵活，国外已有实现EAD信息Web发布的档案信息系统。同时，国际上对档案领域进行了本体研究，涉及知识概念表示、知识组织体系和知识检索服务等方面。

我国对数字档案馆的网上异构档案数据库信息共享和开发利用，其质量和效率还存在一些问题。如国内缺少对符合EAD规范的档案共享信息的XML Schema描述理论和方法进行研究，网上档案置标信息的知识检索没有展开实践性的研究，也无法对其技术进行探讨，将本体的概念引入我国档案领域并进行应用的研究还很缺乏等。国内外关于异构信息集成与检索的研究成果不断翻新，

给我们的研究既带来机遇,更重要的是带来挑战。我们迫切需要学习国际档案界的先进理念,真正发挥计算机智能处理技术的作用,通过开创性的研究与实践,建立起我国档案数据库信息整合与检索的标准规范和系统架构。在国家档案局的科研任务支持下,对面向 XML 的档案信息共享机制进行具体研究,提出异构档案数据库信息整合与检索技术方案,研究设计并构建了一个具有一定推理功能的档案对象本体检索原型系统,为我国档案馆网上共享信息的描述、概念自动检索探索一条新路,为增强网上档案检索工具的实用性和提高档案信息检索的质量做出贡献。

实现异构档案信息整合与检索涉及诸多方法和技术上的困难,本节重点论述其信息组织与检索的研究成果,基于 XML 元数据的异构档案信息资源共享的系统认识与实践,以及应用本体方法开展对档案信息资源深度的开发利用研究是其两个基本视角。信息检索技术的改进表现在:①能够提供灵活的检索结果控制机制和良好的反馈机制;②基于主题词表的概念关联模式及优化的智能中文分词方法;③在词素检索技术中引入基于词表的语义层面词素匹配的概念等。

从整个研究过程和学术价值上来看,该研究主要有以下特点:①构建档案共享信息的 XML Schema 描述方案,并与 DTD 描述方案进行比较,通过预处理特义禁用词和短词推进抽词等方法,对档案主题信息进行自动提取和数据挖掘;②研究档案信息的本体方法,通过语义知识和词素分析转换来实现档案信息的概念检索,以新的实现方法自动发掘和利用档案主题信息,对于增强我国网络档案信息的检索质量具有重要的现实意义;③综合已取得的多项研究成果,完善异构档案数据库信息整合与检索技术的深入研究,提高档案信息资源共享与利用的质量,能够促进我国相关标准的制定与完善。

二、异构档案信息整合中信息组织实现技术

1. 基于语义的档案信息整合

传统的基于结构映射的信息集成方法很难适应新的变化和需要,语义集成(Semantic Integration)是传统集成技术与语义处理相结合而产生的,它通过发掘数据源本身蕴含的语义信息,建立特定业务领域数据源的统一语义知识模型,然后通过使用各种知识表示语言建立各个具体的数据源到该领域知识模型的映射,而不是各数据源之间一对一的直接映射。建立好映射关系后,再通过使用本体推理语言对数据进行语义有效性校验和语义完整性的约束。语义集成通过对数据源的知识建模,在信息集成处理过程中引入知识模型的概念,使得数据源的语义映射和推理成为可能。语义集成为提高档案信息集成处理的精度、可靠性

和处理过程的智能化程度而提供了新的、重要的技术和手段。

数字档案馆系统在该时期面临着严峻的信息集成问题,要整合的档案数据库包括目录数据库、摘要数据库、全文数据库、电子文件、档案 WEB 网站等。这些信息分布在不同的服务器,由不同的信息服务机构提供或由档案馆自建,成为各个具有不同特性的异构数据库。其异构特征表现为数据模型异构、数据结构异构、系统控制方式异构、计算机平台异构、通信协议异构、通信结构模式异构、操作系统异构以及网络异构。为了更好地为用户服务,许多档案馆都建立了各式各样的应用系统,也引进了大量的数据库。由于这些应用系统所基于的技术环境和针对的需求不同,彼此之间分离独立,互操作困难,造成了资源浪费,信息得不到有效利用。语义冲突即指参与集成的异构数据源在数据语义上存在差异,如数据项的含义及数据类型、单位、长度、精度等方面的差异。如果使用信息集成技术,将不同的档案信息进行整合,统一到应用需要的全局模式上,可以做到整合已有资源,发挥现有信息的更大作用。一种方法是直接在数据源之间建立连接,其集成工作量大,容易出错,效率也不高。这里在数据源之间增加一个中间层,从而降低数据集成的复杂度,提高系统的可伸缩性,如图 13-5-1 所示。

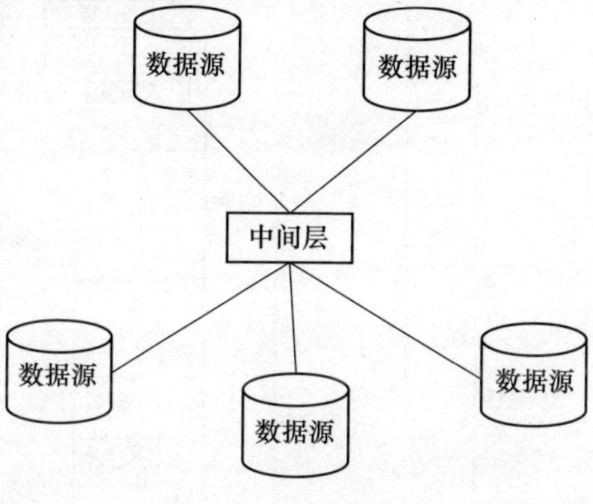

图 13-5-1　基于中心的中间层档案信息集成

2. 基于 XML EAD 的异构档案信息组织

基于中心的中间层档案信息集成,一个关键技术就是中间层上的档案信息组织及其实现的问题。随着信息技术的发展,档案管理的计算机化、网络化正在成为主流。国际档案界及国际标准化组织都非常重视档案置标著录(EAD)标准的制定,实现中国档案置标著录(CNEAD)的标准化,提高档案信息资源的共享水平是我国档案界共同努力的方向。数据以 EAD 形式存储,计算机就能对其进行各种复杂的加工处理,方便快捷地完成信息管理的各项工作,只有通过实践,才能给广大档案工作者提供方便的使用,才能验证和完善 CNEAD 实验标准的正确性，才能真正实现电子检索工具的上网置标。这里研究的数据模式采用 XML Schema，以 CNEAD 标准为数据结构。图 13-5-2 为基于 CNEAD 的 XMLSchema 数据结构图。

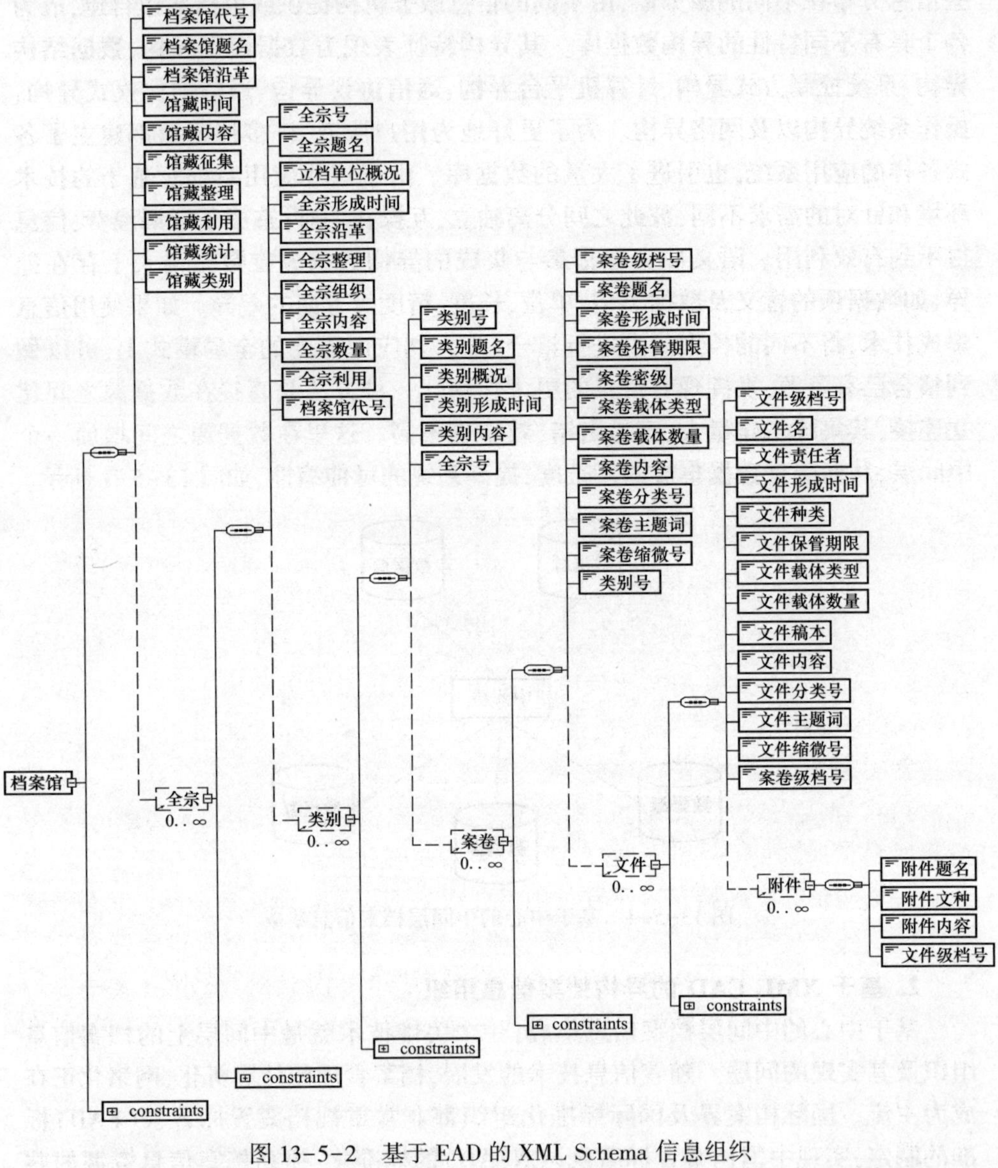

图 13-5-2　基于 EAD 的 XML Schema 信息组织

3. 本体方法的应用

本体与叙词表都是知识组织体系，而且本体的构建通常是以叙词表作为基础和起点的。在国外的研究中，存在一种对叙词表与本体间异同的认识，可以归纳为：①叙词表在本质上是一种知识组织体系，具有层次结构和分类等级，所以叙词表本身是轻量级本体；②利用叙词表可以实现的功能，利用本体全部可以实现；③本体具备知识推理功能，其结构与功能是叙词表无法实现的。本体系统的集成性和开放性保证了其知识库和概念集的更新，虽然现在这种更新还大量依靠手工劳动，但是自动抓取和标引的研究已是大势所趋。

本研究实现的原型系统遵循：①最大效益原则。规定异构档案数据的整合必须与我国档案馆的具体环境相协调，并能在实践中给档案信息资源的开发带来最大社会效益的。异构档案数据整合其本身不是目的而是手段，其最终最根本的目的是为了开发档案信息资源，最大限度地开发档案信息资源是档案领域中的最大“生产力”。②检索效率与检索功能并重原则。规定异构档案检索工具必须以获得最大的检索效率为前提，这是衡量档案检索工具是否成功的标准，但还要在功能和效率之间进行权衡做出最合理的搭配，如果在效率牺牲不大的情况下，可以考虑增加相应的检索功能。

搭建档案本体知识环境的基础是档案本体知识库的建立，知识库要能反映一个档案文件的相关属性来确认其即为其本体，基于此，这里确立了一套“档案馆—全宗—类别—案卷—文件—附件”层级关系，以确保档案本体的构建，让用户在查找档案文件时能够直接找到所需档案。在自动标引技术的研究与实现方面，该系统基于主题或摘要的自动标引，主要利用 Lucene. net 提供的分词组件来进行中文分词，并和主题词表中的主题词进行对照后，将其加入档案文件表的文件主题词字段中，从而大大简化了分词方法和过程，提高了分词和标引的准确率。本体知识库的逻辑层次和格式符合系统要求，系统设计上又采用了 XML 和 . NET Framework 技术，同时与 CNEAD 标准相兼容。因此，该系统具有通用性，可用于多种类电子档案的计算机处理系统中档案目录数据的共享使用。当然，对本体方法还需要在实践中进行不断的完善。

三、异构档案信息整合中信息检索实现技术

1. 档案信息检索的平台异构性及其解决方案

现有的档案整合系统在解决数据异构性问题时，多从其数据库系统异构性出发而没有考虑其平台异构性和语义异构性。而现实情况中，不少档案馆的数据库服务器并非基于 WINDOWS 平台，在数据库结构方面由于档案管理缺乏标准化协议，电子文件系统的数据源结构和归档系统不一致，在进行异构信息整合时就必须重点考虑其平台异构性和语义异构性。基于此，我们对数字档案馆面临的异构数据整合问题进行了较全面的分析，在参考和吸收了国内外关于异构

数据整合研究和实践经验的基础上,针对数字档案馆的特点提出了一个基于 Microsoft. NET 平台,以 XML EAD 为数据交换格式的适合于数字档案馆的异构数据整合架构,并对实现数据整合时的一些问题,如适配器设计、字段映射、数据去重等进行研究,设计了一个基于 B/S 结构的档案概念检索平台,对应用接口进行统一定义,为今后的扩展留下了余地。

该系统的数据转换流程是:①首先用户通过操作界面选择源数据库,系统通过数据库转换类将其读入到一个 DataSet(数据集);②然后将 DataSet 通过应用系统中的数据库操作类直接写入 MLSchema 或者 XML 文件,这样就完成了各种数据库向 XML 文件的转换。同时,可以将整个过程逆转过来:①首先将 XMLSchema 或者 XML 中的数据装入 DataSet;②再将 DataSet 通过数据库转换类装入目标数据库,这样无论用户需要得到什么格式的数据,应用系统都可以直接完成。

2. 档案信息检索的语义异构性及其解决方案

异构档案数据库语义的异构性,是指在两种数据库模型中所存在的各种语法和语义上的冲突。这些冲突在档案数据中主要表现为:①命名冲突。即源模型中的标识符可能是目的模型中的保留字,这时就需要重新命名。如 A 馆中的档案馆数据表,字段代码是 danganguan,而 B 馆中就可能是 dangan-guanID,那么此时想要将 A 馆中的数据全部整合到 B 馆中,传统的 DTS 等工具就无法完成字段映射(Field Mapping);②格式冲突。同一种数据类型可能有不同的表示方法和语义差异,这时需要定义两种模型之间的变换函数。如 A 馆数据库的某字段“0”代表“男”,“1”代表“女”,而在 B 馆中则相反,这就需要定义相关的转换规则来进行数据转换;③结构冲突。如果两种数据库系统之间的数据定义模型不同,如分别为关系模型和层次模型,那么需要重新定义实体属性和联系,以防止属性或联系信息的丢失,事实上这也是平台异构性的一个问题。

针对以上的语义异构性,在数据转换过程中加入一个预处理器,将数据的预处理工作放在与其语境最接近的地方,既减轻了服务器的负担,又能够保证数据转换的准确性。转换过程设计如图 13-5-3 所示。转换之前须进行相应的字段匹配、去重处理以及格式转换,主要设计了字段映射、数据去重处理、字段长度判断、格式统一(时间格式)、度量衡统一、缩略词统一以及默认值处理等模块,并将规则参数化,以方便对规则进行必要的修改。

(1) 字段映射。转换之前让用户选择源表中哪些字段数据需要向目标表中相应字段转换,在字段映射过程中并不是全部字段均须进行选择,可以任意选择字段进行映射(创建局部模式),而其他未选择字段则根据设置好的默认值规则进行填充,如某条记录没有责任者则默认为“不详”;用户完成字段映射后,可以

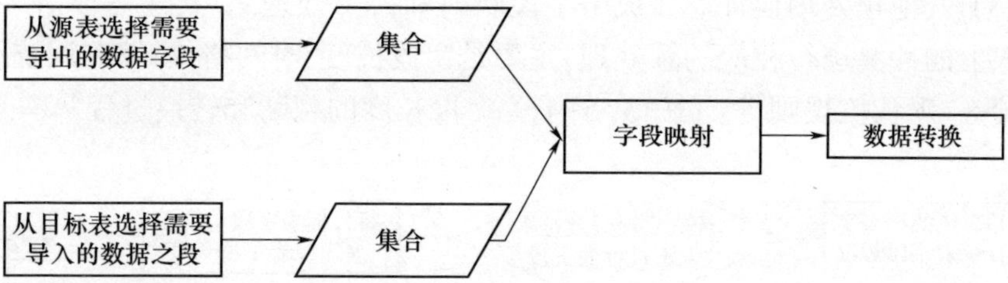

图 13-5-3　数据转换过程

存储字段和字段之间对应关系的转换模式，以便今后更新数据时使用。源表值往目标表对应字段的写入过程（即映射过程）使用一个循环和 insert 语句，以下是代码示意：

```
Sqlstr = "Insert into [aimTableName]([aimTableColumnNameList])
values([sourceTableFieldValue])"
```

设置写入的 SQL 语句，其中 aimTableName 为目标表名，aimTableColumnNameList 为目标字段名列表，sourceTableFieldValue 为源表中每一行的数据列表，和目标表字段进行一一对应关系。For Each row in sourceTable. rows' 表示读出源表中每一行的值；Conn. ExecuteNon-Query()' 执行写入语句，将数据写入目标数据库。

（2）数据去重。在数字档案馆系统中，常常会有很多内容相同而发文机构或收文机构不同的档案记录，也就是说不同的数据源可能收录了相同的数据，将这些相同的数据记录合并起来就非常有必要。一方面可以为用户提供统一的视图，因为对于相同的记录只允许存在一种描述，不会产生相同记录有多种描述的情况；另一方面也可以节约存储空间，使得系统可以提供更高质量的信息。去重的难点是如何判断两个数据是相同的数据。数字档案馆每条档案记录的档号不同，所以根据档号来去重的方法是不现实的，要将责任者、关键字等都算在里面。还有一个比较特殊的情况，就是不同来源但题名相同的记录是否应该算是同一记录，如一个通知是几个单位联合发文，那么有可能多个档案部门都拥有该档案记录，那么这样的记录数据是否算是重复数据。

通过分析可以看出，去重的条件中主观的成分比较重，所以在数据转换中仍然采用了基于规则的方式来进行去重。也就是由系统管理员或者专家定义出去重的规则，这个规则的主要依据是转换的全局模式，即预先设定好的模式，系统根据规则对数据进行去重，并且在系统中尽量采用比较灵活的方式对数据去重的规则进行定义，允许动态的增加和减少规则，并且对于不能判断的数据都予以保留，这样来保证数据去重的正确性。

(3) 其他预处理设计。完成了字段映射和去重处理之后，还需要对一些数据格式上的冲突进行相应的预处理，主要是字段长度、时间格式、缩略词统一、度量衡统一、默认值规则等。图 13-5-4 为字段长度的判断和转换过程。

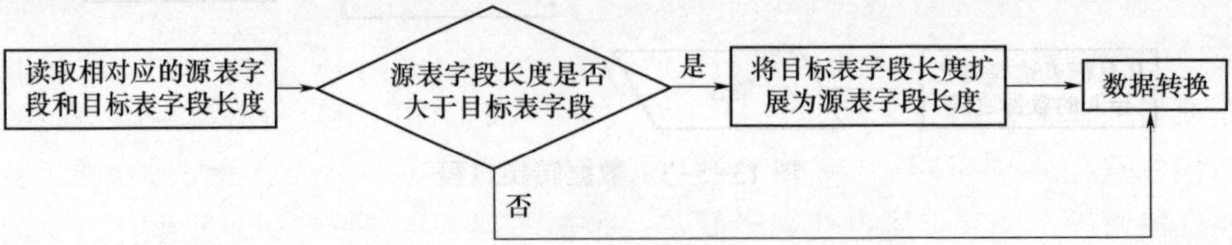

图 13-5-4　字段长度的判断和转换过程

字段长度的判断和转换主要是根据保留较长字段长度的规则来进行的，这种方法虽然在存储空间上有所浪费，但保证了数据的正确性，尤其是对于档案数据的真实性和历史记录性等特性来说，更是非常必要的。同样，针对日期时间型不符的问题，通常将源数据表中的日期时间字段格式转换为目标数据表中的格式，并提供用户自定义规则转换，即手动干预转换格式。

缩略词统一和度量衡统一问题，主要是根据预先设定好的转换规则进行，转换规则由用户设定，将其工作范围中经常遇到的缩略词或者度量衡写入相关的规则文件(XML 格式)，转换时创建或选择相应的规则文件进行转换，上面的代码即为规则文件的 Schema 定义。这项工作将所有非标准的缩略词根据主题-关键词表转换为标准的主题词，为检索系统中关键词的扩检奠定了基础。

第二节　档案敏感信息安全开发

本节针对档案数据库中的敏感信息保护问题，尤其是公开档案信息的敏感数据挖掘威胁，分析档案信息的特征和保护需求，引入敏感元组及其密度的概念，提出以保护档案敏感元组为核心的应对数据挖掘威胁的基本思路，构建档案敏感信息保护的实现框架，探讨基于敏感元组的档案数据库中敏感信息匿名化保护方案。在保证档案敏感信息安全的前提下扩大和深化档案信息资源的共享，需要对档案数据库中的敏感信息保护开展实证研究。

为了在保证档案敏感信息安全的前提下扩大和深化档案信息资源的共享，迫切需要研究面向信息资源共享的档案敏感信息保护问题。档案数据库所面临的敏感信息威胁主要来自三个方面，即未经许可的访问、网络传输的泄露和数据挖掘的结果。其中，未经许可的访问和网络传输的泄露方面的安全手段主要有预防和检测等，包括身份认证、访问控制、加密、审计、入侵检测、安全隔离等传统的信息安全技术。档案学界在讨论档案信息化建设时，也提出要将这些技术应用于档案管理系统安全和档案信息安全保密中。在应对针对公开档案信息的敏感数据挖掘威胁方面，档案学界还未形成真正有效的对策。我们应立足积极应对、主动防御的方针，将隐私保护技术应用到面向信息资源共享的档案敏感信息保护研究领域，对档案信息资源中的敏感信息本身进行保护处理，从源头上防范攻击者对档案信息资源的过度挖掘和恶意攻击，以达到保护档案敏感信息的目的。同时，摈弃直接删除、屏蔽敏感信息的简单做法，保持公布信息的可用性，有利于档案信息资源的共享利用。

一、档案数据库敏感信息的安全

现代信息技术的发展使得搜集和分析信息的能力正以几何级数增长，互联网的交互性和强大的数据传输能力更是大大加快了信息数据库的整合。网络环境下，个人信息被非法利用、敏感信息被攻击截获的情况屡见不鲜，而在档案信息的开放利用过程中，一些敏感信息很容易被恶意攻击者过度收集，以用来进行非法挖掘分析。例如，对从公开档案信息中搜集获取的孤立、零散、微观的个人信息，如健康状况、宗教信仰、行为习惯等，进行相关性分析，经过系统整理或数据挖掘后，就能得到关于某个人或某个敏感事件的深层次、全方位、综合性的信息内容，造成敏感信息的不当泄露。

尽管如此，隐私保护和信息共享之间的矛盾同样体现在对隐私档案的共享利用当中。隐私档案是公民在工作学习、职业活动以及个人生活中形成的，不愿让人知晓或公开的各种秘密文字、文件材料、声像材料等。隐私档案包括个人基本情况、各级组织对个人的考核、评价、定性使用、党纪政纪处分及依据事实。以人事档案为例，对于个人而言，自身的敏感信息无疑是个人隐私，但目前几乎所有的政府部门、企业、公司等不同类型的机构都会对其内部人事状况进行搜集、记录、统计和分析，在此基础上充分挖掘单位人才结构和人力资源状况，以进行科学研究和辅助决策，如选人、用人和人才培养等，应该说，人才信息是国家、政府部门、企业的重要战略资源，对其进行共享利用和挖掘分析能够发现人才建设的规律，进而改进人才培养。同样，包含丰富个人健康医疗信息的电子病历对于个体而言，其病症信息是高度敏感的，一般情况下不希望别人知道。然而这类信息对于医学研究而言是宝贵的信息资源，根据这些真实数据，可统计出某种疾病在不同性别、年龄段、民族或地域人群中的发病概率等。

在档案数据库中，个人隐私信息资料往往表现为关于特定个体的详细而微观的数据记录，这些表达和描述个体信息的数据记录被称为"微数据（Micro data)。”由于它直接表征个体,且包含个体不愿为人所知的隐私信息,一旦泄密,就可能对特定个体造成精神和物质的双重损害。因此,迫切需要研究针对档案信息数据库敏感信息保护的方法和技术。

二、档案数据库中敏感信息的保护

1. 档案数据库中敏感信息保护的要求

档案数据库中大量的个体信息表现为由属性值组成的数据记录,并以关系数据表的形式进行存储和传输,数据表中每个数据记录均包含多个属性值,并与现实中的某一个体相对应。一般来说,数据表中的记录属性可以划分为以下四类:①标识符(ID):可以用来直接标识、识别个体身份的属性,如身份证号码等,这些属性通常在数据发布时被隐匿。②参用标识(IR):能够在其他外部信息或外部数据源构成的背景知识帮助下识别个体身份的属性,如年龄、区号、邮编等。③敏感属性(SA):包含个体隐私信息的属性,如疾病、犯罪记录、所受处分等,个人往往不希望这些信息被别人知晓,因此必须防止这类属性被泄露。④非敏感属性(NSA):除上述三类属性以外的其他属性。

为了使档案数据库中个体敏感信息不被他人获得,一个较为直接的方法就是在公布数据的时候,直接隐匿标识符属性和敏感属性信息,但是这样一来,数据库的共享利用者面对的是一个不完整的数据集合,基于其上的数据统计分析可能无法进行,数据集合也就失去了其共享的价值。所以,这一做法是对隐私信息的过度保护,不足取之。

实际上,保护隐私数据的目的并不是要隐藏数据记录的某一种属性,而是要阻止记录中的敏感属性值与某个特定的人或实体关联起来。也就是说,如果能够使得敏感属性值脱离特定的个人或实体,数据集中的个体隐私就得到了保护。然而,这一过程却并不容易实现。简单的做法是,将数据集合中能够直接标识、识别个人或实体身份的标识符属性字段删除或用代号代替,如“身份证号码”和“姓名”等,但是,这种方法并不能达到个人隐私和敏感信息保护的目的。攻击者可以通过组合查询参用标识属性,同时链接其他公开数据源,来推断出某种敏感信息与个体之间的联系,从而追踪到具体的个人或实体,造成敏感信息泄露。事实上,有学者的研究早就证明,即使发布信息表时隐匿了个体标识符信息,但是通过链接其他一些公开的信息表(如社区选民登记表)的邮编、出生日期等参用标识属性,仍然可以做到唯一标识美国人员身份信息,而且其准确率相当高(87%)。在数据发布之后,数据提供者既不清楚数据接收者所拥有的其他资源(攻击者背景知识),也不能对接收者的数据挖掘行为进行控制,如果在发布前不对数据进行处理,切断或者弱化参用标识属性与敏感属性之间的联系,就不能保障敏感信息的安全性。因此,档案数据库中的敏感信息保护研究的基本要求就是,设法切断参用标识属性与敏感属性之间的关联,以此来抵御外部链接攻击和背景知识攻击。

2. 以保护敏感元组为核心的基本思路

档案数据库中敏感信息保护的基本要求是切断或弱化参用标识属性与敏感属性之间的联系,然而,现有的大部分敏感信息保护方法都是只基于敏感属性的,也就是将数据库中的敏感属性作为保护对象,对敏感属性进行隐私保护处理。但事实上,同一个档案信息数据库的敏感属性值中,含有一些可以接受发布的非敏感值,而真正需要保护的内容是敏感值,而不是整个敏感属性。因此,针对敏感值的隐私保护更为直观和有效。我们可以从敏感属性值所在的记录元组出发,借鉴一些成熟的隐私数据保护方法,给出一种基于敏感元组的档案数据库敏感信息保护方法。

该方法的基本思路是,以档案敏感元组为保护对象,引入部分非敏感元组,形成敏感数据泛化分组,并使每个分组满足 k-anonymity 要求和敏感元组密度限制。与此同时,尽量减少非敏感元组的泛化,提高发布数据的精确度,减少发布数据的信息耗损,如其他元组只需隐去标识符属性,然后与泛化分组合并后即可发布。在此基础上,根据档案敏感属性值对个体的重要性程度,对其赋予不同的权值作加权处理,也就是说,不同的档案敏感属性值在分组中具有不同的密度,这样,敏感信息保护就能够适应不同的保护需求,而提供了一种个性化的隐私保护方案。分析表明,只对敏感元组和部分非敏感元组进行泛化处理的方法,能够降低发布信息的泛化程度,提高所发布信息的精度,也能够节省隐私保护计算的时间和空间开销,提高方法的效率;引入敏感元组密度的概念,则能够在一定程度上提高发布数据的安全性,同时满足个性化隐私保护需求。因此,整体来看,基于敏感元组的档案敏感信息保护方法的优势不仅在于简单易行,而且在于它能够提高发布信息的精度,保证敏感信息的安全度,能够更好地解决保护敏感信息和提高信息可用性之间的矛盾。

3. 基于敏感元组的档案数据库敏感信息保护方法

为了更清楚地表达和描述基于敏感元组的档案数据库敏感信息保护的基本思路和方法,下面以某单位人员信息为例,对档案信息数据库敏感信息保护问题进行说明。

【实证 1】图 13-5-5 为一份虚拟的某单位人事档案信息原始数据表,其中“处分事由”是敏感属性,如果直接共享原始数据,就算隐去“姓名”,也还是会造成敏感信息的泄漏。例如,熟悉这个单位的相关人员,就有可能能够根据“性别”“年龄”和“文化程度”等属性,推断出“打架”的人是谁、“偷窃”的人是谁等。

【实证 2】图 13-5-6 是根据传统的 k-anonymity, l-di-versity 规则($k=2, l=2$)对数据表进行隐私保护处理以后得到的匿名数据表,从一定程度上切断了敏感属性值与个体的联系,起到了隐私保护的作用,但也造成了信息损失。

姓名	性别	年龄	文化程度	处分事由
许亦灿	女	29	研究生	无
李康	男	36	本科	打架
张梅梅	女	28	本科	无
朱亚娜	女	32	本科	打架
刘光	男	41	初中	偷窃
罗玉芳	女	51	初中	无
谢建国	男	42	高中	偷窃
李军	男	53	中专	无
……	……	……	……	……

图 13-5-5　某单位人事档案信息原始数据表

对比原始数据表和匿名数据表,图 13-5-6 能够在一定程度上保持个体隐私,达到隐私保护的目的。然而,仔细分析数据表中敏感属性值的分布及其特点,可以发现,敏感属性"处分事由"中有些属性值为"无",在这种情况下,个体不存在敏感属性值保护需求,只有"打架"和"偷窃"等敏感属性值才需要进行保护。

姓名	性别	年龄	文化程度	处分事由
t_1	*	<30	本科及以上	无
t_2	*	[30,39]	本科及以上	打架
t_3	*	<30	本科及以上	无
t_4	*	[30,39]	本科及以上	打架
t_5	*	[40,49]	高中及以下	偷窃
t_6	*	[50,59]	高中及以下	无
t_7	*	[40,49]	高中及以下	偷窃
t_8	*	[50,59]	专科	无
……	……	……	……	……

图 13-5-6　匿名数据表($k=2, l=2$)

【实证 3】可以只对图 13-5-5 中含有敏感值"打架"和"偷窃"的记录进行保护,得到基于敏感值保护的匿名数据表(图 13-5-7)。

从上述分析和图例可知,图 13-5-6 是对图 13-5-5 中所有记录进行泛化处理的结果,图 13-5-7 则只对图 13-5-6 中 t_2、t_4、t_5和 t_7 这四个记录进行泛化。显然,两种泛化策略的隐私保护程度是一样的,但图 13-5-7 中的结果在数据精

姓名	性别	年龄	文化程度	处分事由
t_1	女	29	研究生	无
t_2	*	[30,39]	本科及以上	打架
t_3	女	28	本科	无
t_4	*	[30,39]	本科及以上	打架
t_5	*	[40,49]	高中及以下	偷窃
t_6	女	51	初中	无
t_7	*	[40,49]	高中及以下	偷窃
t_8	男	53	中专	无
……	……	……	……	……

图 13-5-7　基于敏感值保护的匿名数据表

度和匿名处理时间上优于图 13-5-6，即图 13-5-7 所采用的隐私保护方法具有更少的信息损失和更高的效率。因此，与传统的隐私处理方法相比，由于保护对象更具针对性，因此基于敏感元组的档案数据库敏感信息保护方法，可更好地改善发布数据的质量和敏感信息保护处理效率。

三、档案数据库中敏感信息保护的实现方法

1. 档案数据库中敏感信息保护的实现框架

在上述以保护敏感元组为核心的基本思路和保护方法基础上，这里构建了档案数据库中敏感信息保护的实现框架。图 13-5-8 给出了该框架结构图。

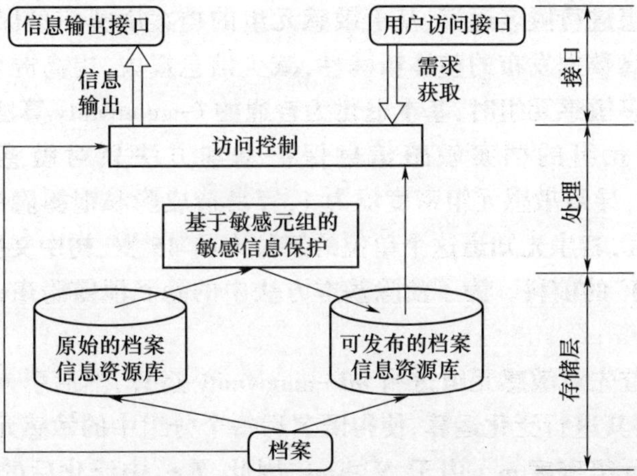

图 13-5-8　档案数据库中敏感信息保护实现的框架结构

从图 13-5-8 可知，该框架自顶向下是一种分层结构，可分成接口层、处理

层和存储层三个层次。

（1）接口层：档案信息数据库敏感信息保护和共享系统与外界的操作界面。用户登录认证以后，接口层的用户访问接口可接受和获取各种访问请求，供后续处理过程使用；信息共享接口则提供最终的信息视图界面，并可提供信息共享的各种辅助功能，如下载、打印等。

（2）处理层：档案信息数据库敏感信息保护整个框架中的核心部分，包括访问控制和基于敏感元组的信息保护处理两个功能模块。基于敏感元组的信息保护处理即是对原始档案信息数据库进行隐私保护处理，形成匿名化以后可发布的档案信息数据库。访问控制模块将访问者输入的访问请求与档案馆制定的隐私保护策略进行比较和匹配，根据匹配结果决定是否授予访问权限，以及授予访问权限的大小。

（3）存储层：主要负责信息的存储管理，即档案信息资源库和经过隐私保护处理的可发布的档案信息资源库，这两类信息资源库都由档案权威机构如档案馆等档案信息拥有者来统一管理和发布。

2. 基于敏感元组的档案敏感信息保护的基本方法

基于敏感元组的档案数据库敏感信息保护的基本方法，也就是有针对性地对需要保护的敏感元组单独进行 k-匿名运算，而非敏感元组的信息不进行泛化。图 13-5-7 采用了基于敏感元组的信息数据保护的基本方法，它与图 13-5-6 所采取的基于敏感属性泛化的方法相比，在数据精度和匿名处理时间上优于后者，具有更少的信息损失和更高的效率。由此分析得出，当敏感元组较少时，由于只对敏感元组进行匿名运算，基于敏感元组的档案敏感信息保护的基本方法能够较好地提高数据发布的整体精确性，减少信息损失，提高匿名化处理效率；当表中含有较多敏感元组时，基本退化为普通的 k-anonymity 算法。

基于敏感元组的档案敏感信息保护基本方法只对敏感元组进行 k-anonymity 运算，导致敏感元组密度恒为 1，容易造成隐私泄露隐患。例如，对于图 13-5-7 而言，若事先知道这个单位的某位人员 45 岁、初中文凭，便可从表中得出他有“偷窃”的前科。为了消除基本方法中的隐私泄露隐患，这里对基本方法进行改进。

【实证 4】首先对敏感元组进行 mk-anonymity 运算，然后引入 $(1-m)k$ 个非敏感元组，并对其进行泛化运算，使得匿名后每个分组中的敏感元组密度满足用户设定的敏感元组密度 m。由于 $N_i \geq mk$，因此，$T*$ 中泛化后的每个等价类中的元组数 $N_i + N_i(1-m)/\mathrm{m} = N_i/m \geq k$。算法满足 k-anonymity 要求，并能保证所有分组的敏感元组密度为 m，从而可以克服传统 k-anonymity 算法中敏感元组密度难以控制的问题，以及基本方法中敏感元组密度为 1 的缺陷。图 13-5-9 即是采用改进的方法($k=4, m=0.75$)对原始数据表进行匿名处理以后的结果。

姓名	性别	年龄	文化程度	处分事由
t_1	女	29	研究生	无
t_2	*	[20,39]	本科及以上	打架
t_3	*	[20,39]	本科及以上	无
t_4	*	[20,39]	本科及以上	打架
t_5	*	[40,59]	高中及以下	偷窃
t_6	*	[40,59]	高中及以下	无
t_7	*	[40,59]	高中及以下	偷窃
t_8	男	53	中专	无
……	……	……	……	……

图 13-5-9　基于敏感值保护的匿名数据表

3. 对敏感元组赋予属性权值的加权保护方法

在上述改进的方法中,每个分组的敏感元组密度都为 m,表示敏感元组被识别的概率均为 m。然而,在实际发布的隐私数据中,个人对不同敏感值的保护要求和担心程度是有差异的。例如,在考虑图 3-5-5 中"处分事由"的属性值"打架"和"偷窃"时,人们可能会希望"偷窃"的元组得到更好的保护。因此,可以根据这种隐私保护具体需求,对不同的敏感值和敏感元组赋予不同的权重,从而实现对敏感元组的区别保护。加权敏感元组保护的思路是,根据敏感元组保护需求的差异性,在重要的敏感元组分组中引入较多的非敏感元组,降低敏感元组的密度,使得重要的敏感元组匿名泛化后的安全性大于一般敏感元组,从而实现更有效的保护。对不同的敏感元组赋予权值进行加权保护的实现与上述改进方法类似,只要将后者中计算每个分组的元组数换成计算敏感元组加权的元组数即可。

姓名	性别	年龄	邮编	疾病
朱亚娜	女	25	413456	骨折
刘光	男	27	413455	艾滋病
张梅梅	女	28	413450	沙眼
许亦灿	女	29	413450	感冒
张俊	男	35	413451	咽喉炎
李康	男	41	413450	牙周炎
罗玉芳	男	44	413454	C传染
谢建国	男	63	413453	胃病
肖晓	女	62	413451	风湿
李军	男	68	413452	癌症
……	……	……	……	……

图 13-5-10　虚拟医疗信息原始数据表

【实证 5】图 13-5-10 是一份从病历档案中抽取出来的、虚拟的医疗信息原始数据表，“疾病”是敏感属性，假设其中的“艾滋病”“癌症”和“G 传染”是敏感属性值，且其重要程度依次递减。由于“艾滋病”“癌症”和“G 传染”是敏感属性值，且其重要程度依次递减，因此，对这些敏感元组的保护力度相应递减，方法实现中具体表现为这些敏感属性值对应的敏感元组密度依次为递增。

【实证 6】图 13-5-11 为采用加权方法处理后的电子病历医疗信息匿名数据表，其中“艾滋病”“癌症”和“G 传染”所在分组中敏感元组密度分别为 0.25、0.5、0.75。由此可见，不同的隐私保护方法有不同的特点，在选择隐私保护方法时，应当充分考虑整个数据集中敏感属性的密度、敏感属性值的具体特征，以及数据拥有者或敏感信息相关人员对敏感属性值的保护要求和担心程度，再选择合适的方法、赋予相应的权值对其进行保护，使得发布的数据在数据可用性和敏感信息保护程度之间实现平衡。

姓名	性别	年龄	邮编	疾病
t_1	*	[20,29]	41345*	骨折
t_2	*	[20,29]	41345*	艾滋病
t_3	*	[20,29]	41345*	沙眼
t_4	*	[20,29]	41345*	感冒
t_5	男	35	413451	咽喉炎
t_6	*	[40,49]	41345*	牙周炎
t_7	*	[40,49]	41345*	G传染
t_8	*	[60,69]	41345*	胃病
t_9	*	[60,69]	41345*	风湿
t_{10}	*	[60,69]	41345*	癌症
……	……	……	……	……

图 13-5-11　采用加权方法处理后的电子病历医疗信息

分析上述几种方法可以得出以下结论：第一，依敏感信息的保护程度，加权方法优于另外两种方法，其在敏感元组数不变的情况下，对重要敏感元组分组中引入了更多的非敏感元组，敏感元组密度小于改进方法中的密度，更加适合对特殊敏感元组的保护；第二，基本方法在信息损失方面优于改进方法和加权保护方法，其发布的数据保留了更多的有用信息，有利于档案信息数据的共享利用和在其基础上的知识挖掘和发现；第三，在方法性能方面，基本方法的时间耗时处于较低水平，改进方法引入相应数量的非敏感元组进行泛化，在针对每个分组统计非敏感元组的过程中，需要多次访问数据库，时间耗费较多。因此，还需进一步改进和优化算法、提高引入非敏感元组时的效率。由此可见,不同的隐私保护方法有不同的特点,在选择隐私保护方法时,应当充分考虑整个数据集中敏感属性的密度、敏感属性值的具体特征,以及数据拥有者或敏感信息相关人员对敏感属性值的保护要求和担心程度,再选择合适的方法、赋予相应的权值对其进行保护,使得发布的数据在数据可用性和敏感信息保护程度之间实现平衡。

目前,档案数据库的建设已经成为档案资源建设的重要部分,尤其是电子档案数据库在各类档案数据库中占据着越来越重要的地位,人事、婚姻、公证、房产、医疗、保险等档案信息系统数据库中包含大量的个人隐私信息,有必要运用敏感数据保护技术对其进行处理,以保护公民个人隐私。在选择敏感数据保护方法、技术和具体参数时,档案馆应该综合考虑特定档案数据库中包含的敏感属性特征和敏感信息保护程度要求。假设敏感属性值在整个敏感属性数据集中所占的比例较小,就可以采用基于敏感元组的基本方法或改进的方法。例如,一般情况下某单位中受到处分的人员数量较小,处分事由属性中的大部分值都是非敏感值,只有少部分需要进行保护,那么就可以采取基本方法或改进的方法进行保护。另外,如果敏感属性值之间存在敏感程度高低差异,则可以采用如对疾病属性的保护处理的加权方式。同时,选择保护方法和技术时还应充分考虑档案数据库所面向的发布环境,如档案数据库是对社会公开发布还是系统内部资源共享等具体情况,区分发布环境和保护程度要求,以对档案数据库中的敏感信息进行安全、合理、适当的保护处理。

第三节　档案登记备份系统工程

本节研究近年来的黑客攻击、软硬件缺陷、计算机犯罪以及自然灾害的威胁,使档案信息安全所面临的严峻挑战。档案登记备份工作是档案安全体系建设的一项重要内容,须以系统工程理论认识档案登记备份工作,运用系统工程方法来进一步搞好档案登记备份的安全体系建设。

在新技术信息环境下,电子文件和数字档案的真实性、完整性、可靠性和可用性维护承受了巨大压力,英美等国进行了相关探索。档案信息安全是国家信息安全工作的重要组成部分,确保我国档案信息安全,既是档案工作始终坚持的主题,也是我国信息安全工作的一项重要内容。实施档案登记备份制度,将最大限度地集中全社会现行档案信息资源,通过技术手段使档案资源共享得以实现,齐全、完整的档案资源可以持续满足服务利用。

一、档案安全体系建设中的登记备份

1. 档案登记备份

档案登记备份是档案信息落实长期安全监管的重要手段。如在浙江电子文件和数字档案备份登记工作中提出了六个方面的重要意义，即真实性、安全性、强化监督、整合资源、带动业务和一线服务。档案安全体系建设中档案登记备份的作用：一是确保档案真实性，强化法律凭证价值；二是确保档案安全性，提高抵御风险的能力；三是为档案部门依法行使行政职能提供有力工作载体；四是有效整合档案信息资源；五是带动档案事业各项业务建设。

档案登记备份是应对电子业务数据管理风险的措施保证。虽然国家和行业标准还不完善，但是各地数字化建设的思路和做法大同小异，标准和手段基本一致。在档案安全体系建设研究方面，建设档案登记备份系统工程实现数字信息长期安全监管，是信息化条件下我国档案事业发展的一个创举。我们应该积极引导将科研成果、知识产权、专利等原始档案向档案部门进行登记并形成完整备份，从而对这部分档案的形成时间及内容进行证据锁定。档案部门在数字化建设中已经逐渐形成了一套完整、成熟的方法，如一旦发生知识产权、专利、工艺等侵权纠纷，可以请档案部门作为非利益相关的第三方机构，出具档案登记证明及备份档案，利用锁定的证据为其提供鉴证服务，从而实现档案信息的长期安全监管。

2. 档案登记备份系统

档案登记备份系统是落实档案信息安全保障的重要工具。档案信息安全体系建设是档案工作的重中之重，是档案事业各项工作顺利开展的基本保障。地震、水灾、泥石流等恶劣灾害发生，严重破坏和威胁档案载体和档案信息的安全，使档案信息安全建设得到进一步的重视和加强。各级档案部门认真贯彻国家关于信息的安全的规定，深刻认识档案信息安全的极端重要性，不断增强使命感、责任感。在档案信息化建设中加强信息安全管理，在采取有效措施和技术手段，保证数字档案信息管理系统运行安全、可靠的同时，建立健全本地区、本行业档案数字化、网站运行、数据库管理等各项涉及档案信息安全的工作环节的规章制度，建立档案数据备份和灾难恢复机制，提高信息化条件下档案信息的安全保障能力。

以我国一些档案馆开展电子文件和数字档案的登记备份工作为例。2006年，江西省直机关进行了电子档案在线报送与集中备份试点，江西省档案局开始建设电子档案管理系统，目的在于接收和管理、异地备份省直机关在公务活动中形成并馆藏未满20年的电子档案，从制度、技术、标准规范及人才培养等各个方面建设电子档案管理体系，逐步实现以凭证性保障、长期可读为目标的规范化管理。2009 年，浙江省全面部署开展电子文件和数字档案登记备份的各项工作，明确要求对具有重要保存价值的电子文件和数字档案进行登记认证，并由同级国家综合档案馆对经过认证的电子文件和数字档案进行数据备份，浙江省公积金中心采取了实时备份的电子档案备份系统形式，即公积金中心的计算机上数据更新，与之连接的档案馆的服务器也会跟着立刻更新；民政优抚管理系统电子业务数据也已实行在线实时备份，并完成婚姻登记、社保医保等业务数据在线登记备份的各项准备工作。实践证明，档案登记备份系统是落实档案信息安全保障的重要工具。

二、以系统工程方法建设档案登记备份的安全体系

档案登记备份工作的推广应用离不开一套科学有效的运行体系，系统工程方法是将事物看成一个系统，强调分析系统的整体性、开放性、层次性、稳定性等特点。“系统工程”一词由“系统”和“工程”构成，当我们所从事的工程是在科学地创造、维持、改善或持续改善一个系统时，就是“系统工程”；或者说，为了创造、维持、改善或持续改善一个系统所从事的活动，在总体上具有一定的规模和复杂性，需要科学地遵循特定的法则、规则，并经由特定的过程或程序来完成，就是“系统工程”。在实践中，系统工程方法注重综合运用自然科学和社会科学中的先进思想、理论、工具和成果，对系统本身的结构、功能、要素、信息和反馈等进行综合的分析，达到最优规划和最优控制的效果。

系统工程思想体现在宏观上，国家档案行政管理部门一直对档案信息安全问题高度重视。在《档案事业发展“十一五”规划》中对档案信息安全提出具体要求：加强档案信息网络系统的管理，保障操作安全、数据安全、接入安全和应用服务安全。建立完备的档案信息数据备份和灾难恢复机制，确保档案信息数据安全。各地档案部门，按照国家和档案行政领导部门关于信息安全的统一要求，将档案信息安全保障体系建设纳入档案事业发展总体规划，提出本地区、本行业档案信息安全体系建设的具体要求，采取建设档案数据灾备中心、省市级档案馆结对子进行档案数据异地备份、重要档案数据异质备份等具体措施，有效开展档案信息安全保障体系的建设。

系统工程思想还贯彻于国家档案局通过科技立项、重点攻关等方式，组织行业和其他相关领域的专家、学者共同开展了档案信息安全保障相关标准、规范性文件的起草制定和相关技术的研究工作，为提高档案安全能力提供技术支撑。国家档案局 2010 年编制《档案馆防治灾害工作指南》等规范性文件，提出档案信息的异质备份、异地备份等具体措施，引导档案信息安全建设工作向规范化、

标准化方向发展。国家档案局在组织档案课题研究中加强引导,涉及档案信息安全建设的课题占有越来越大的比例,高度重视档案信息长期保存策略与技术的应用研究,不断探索解决问题的新技术和新方法。计算机输出缩微品技术、以光盘存储为核心的脱机备份技术、以磁带磁盘存储为核心的大容量存储技术,以及指纹识别、红外报警、磁条防盗、条码管理、数字水印等信息安全技术的成功应用,为实现档案信息的异质备份、异地备份提供了技术支撑,进一步提高了档案信息安全保障能力。近年来开展的"电子文件异质异地备份策略研究""数字档案长期保存功能需求及实现方式研究"和"电子文件长期保存技术方法研究"等重大项目研究成果,为各级档案部门制定有关政策提供了策略选择和智力支持,为解决档案信息安全管理问题提供了有效方法和具体手段。

档案登记备份体系由资源要素、技术要素、管理要素与服务要素组成。

(1) 资源要素。如列入进馆范围的机关、团体、企事业单位和其他社会组织所形成的电子文件和数字档案,重大活动中形成的电子文件和数字档案,与群众利益密切相关的民生领域内形成的档案,其他民营企业、社会组织和个人形成的重要档案。该要素可归纳为系统工程方法的整体性。

(2) 技术要素。包括完全备份与增量备份,在线备份与离线备份,联机备份与脱机备份,采取数据加密技术、数字签名技术和身份认证技术等,地区之间的异地备份,采取脱机载体存储和海量数据在线存储(如磁盘阵列)相结合的办法等。该要素可归纳为系统工程方法的开放性。

(3) 管理要素。建立健全档案登记备份工作的法律法规体系及相关的业务规范和技术标准;坚持统筹单位的档案登记备份工作,并优先安排与群众利益密切相关的民生领域;建立登记备份中心,有条件地区还应实现异地备份;数字档案登记备份工作需要一大批较高业务素质的工作人员;建立登记备份中心与政府网站的对接和集成,避免工作的重复与资源浪费;数字档案馆、电子文件中心和登记备份中心三者进行优势互补。该要素可归纳为系统工程方法的层次性。

(4) 服务要素。开展登记备份工作的咨询服务,提供登记备份工作的业务指导、问题咨询以及信息交流等,为登记备份工作本身提供一个良好的交流平台,以保障登记备份工作的顺利开展和服务水平的进一步提高。该要素可归纳为系统工程方法的稳定性。

三、应用信息系统工程技术开展档案登记备份工作

信息系统工程方法中的技术要求包括"持续集成"和"持续创新"。所谓"持续集成",就是以开放的"集大成"理念对有关档案工作的各种资源进行科学、持

续不断的扬弃和综合集成,以使本地区本部门档案工作在现有的条件下始终与时俱进。所谓“持续创新”,表现在:一是改进型持续创新,即对通过扬弃和综合集成获得的已有成果,进行持续改进,如人才培养、系统优化、资源整合等;二是原创型持续创新,即对已有成果不能解决的问题,探索新的解决之道,如新建机构、新架平台、网通信畅等。“持续集成”与“持续创新”的实质,就是将实现跨越发展或又好又快、最好最快地做好特定工作所需的因素,科学、齐全的集成起来或创造出来,同时正确地建立各因素之间的关系,并将集成和创新的成果科学地整合在统一的系统工程架构中。

信息化环境中使用的信息技术非常广泛,以数字档案馆系统为例,其中运用到的信息安全保护技术,包括数据加密技术、数字签名技术、身份认证和访问控制、系统备份等。应用系统工程方法与技术开展档案登记备份,既有技术层面也有应用层面的工作。在技术层面,第一要求是异地备份的距离做到“远”安全,第二要求是异构备份的统一做到“用”安全,第三要求是异质备份的载体做到“存”安全。在应用层面,第一要求是永久保存的格式要做到“读”安全,如数据格式、应用软件、系统软件,数据库管理系统等;第二要求是保管监管的协同要做到“信”安全,如制度创新、系统工程、工作量大、责任大,做到放心地给‘你’,放心地用‘你’;第三要求是海量动态的数据做到“量”安全,如数据仓库、用户体验、安全共享、统计数据库等新技术研究。以上的技术特征无疑是信息化环境的核心特征之一,在信息化环境下进行档案管理业务活动必须要学习和把握这些新技术,同时,档案信息化的深入发展也将推动信息技术在档案领域的应用向纵深发展。

电子档案来自各个方面,来自各立档单位,往往是在不同的计算机系统上形成的,其内容格式及数据结构不尽相同。这种差异必然导致在利用过程输出时所使用的技术与方法的不同。又由于计算机技术的飞速发展,电子档案形成时所依赖的计算机软硬件技术不久就有可能过时,以致新的软硬件无法读取原先存储的数据,因此为了保证数字信息档案的长期可存取性,特别是登记备份在必要时作为可信第三方提供真实性认证服务,可以采取以下的信息系统工程技术。

(1) 文件格式通用。目前电子文件的形成方式多种多样、极不统一,给利用工作带来许多困难,所以应把属于特殊格式的电子文件转换成通用的文件格式;或将电子文件建立在通用的数据平台上,以消除由于技术不同或技术过时所带来的影响。一般文字型电子文件以 XML 文档和 RTF、TXT 为通用文件格式,图像电子文件以 JPEG、TIFF 为通用格式,影像数据以 MPEG、AVI 为通用文件格式,音频电子文件以 WAV、MP3 为通用文件格式,多媒体音像数据以 MPEG、AVI 为通用文件格式等。

(2) 文件组合保存。打包保存方法就是在登记备份电子文件的同时，将与电子文件相关的软件及其应用系统一并保存，并与电子文件存储在一起。在利用该电子文件时，可运用与该电子文件存储在一起的这些软件系统进行读取。此法一般是针对那些无法转换为通用文件格式的电子文件，如用音频设备获得并经过计算机处理的动态影像文件，应注意收集其非通用格式的压缩算法和相关软件。

(3) 文件复制防护。复制是在原来的技术环境下，适时重写信息数据(即重写备份)，防止由于存储载体的物化性能变化而引起的信息丢失，这也是电子文件长期保存的一种基本方法，此法目前已大量地应用于磁盘、光盘、磁带档案信息的长期保存上，但它不能解决电子文件由于计算机软硬件过时所引起的长期保存问题。

(4) 技术平台转换。平台迁移法就是将数字信息从一种技术平台转换到另一种技术平台上的复制方法。它是计算机软硬件变化适时改变数字信息格式的一种处理过程。这一过程使得数字信息在将来也可以被读取。迁移也意味着数据信息从一个存储载体转移到另一个存储载体上，以进行数字信息的长期保存与读取。采取迁移法，通常是将对软件依赖性强的格式迁移到对软件依赖性低的通用格式上，或将数字信息从品种繁多的格式迁移到易于管理的标准格式中。目前，迁移技术被认为是保护数字信息长期存取的必须和恰当的选择。但随着计算机技术的升级，还应适时再迁移，从而使数字信息随技术更新而向下流存。

综上，实现电子档案数字信息长期保存可取不同的方法和技术。一般来说，对于使用频率很高、软硬件技术未过时、仅是存储载体理化性能发生变化的档案，可采用文件数据复制法；对于使用频率较高、软硬件技术已快过时的档案，可采用技术平台迁移法等。为了适应档案信息化建设的快速发展，需要加强顶层设计，通过业务流程、生命周期、信息技术和资源描述等多重视角把握档案信息化安全建设，注意健全和完善已经发布标准的一些配套规范，如《档案信息控制使用细则》《电子档案异质备份存储管理细则》和《档案信息更新管理细则》等，使档案信息的安全工作落到实处，便于操作。实践上，浙江等省已开展的市、区、县试点工作目前所取得的成效和经验可以借鉴，如杭州市按照系统工程分类思想将劳模档案、公积金档案、婚姻档案、低保档案、移民档案等民生档案数据库接收进馆，嘉兴市按照系统工程分层思想以公积金、企业登记等业务数据为重点推进试点单位工作，绍兴市应用计划协调技术整合政务信息资源推进公共档案登记备份工作等。档案登记备份加工的环节越来越精细，从任务分发到各环节管理，从流程控制到质量监督，都能够通过信息系统工程方法进行更加高效的过程管理、效率管理和质量管理。

第四节 档案知识服务网站建构

本节为了进一步开发和利用档案信息资源，提出对档案信息网站环境进行优化，应用知识技术优化档案网站建设。从档案信息组织论述档案信息中获取知识的基本原理，研究档案知识网站系统的构建方法，给出档案网站知识检索机制及其功能。并对运用知识技术优化档案信息网站的效果进行验证，结合文件多维关系展现与知识导引等功能对档案信息网站进行实证研究。

当前对知识技术的研究应用越来越广泛，为了进一步开发和利用档案信息资源及开展档案服务，必须对网站系统环境进行优化，将知识技术与档案信息网站建设相结合，应用知识技术优化档案网站。实践表明，运用知识技术优化档案信息网站建设能够进一步开发和利用档案信息资源，更好地开展档案知识服务。

一、档案知识服务与网站优化

档案网站信息系统的建设，离不开档案数字化的技术方面问题，知识技术的创新发展和应用为档案网站的优化提供支持。众所周知，档案信息网站使档案工作与服务在时间和空间上得到加强和拓展，提高了档案的利用率。然而，网站作为一个存储大量信息的数据源，与传统意义上的数据管理相比更加复杂，也带来了新问题。如档案用户利用网站进行检索可能产生大量非相关的信息，同时又可能丢失了重要信息。当输入某个关键词检索时，可能会得到很多的相关信息，而真正需要的信息却淹没在其中，档案用户需要大量的精力才能获得其所需的信息。同时，档案用户一般以 Web 浏览，通过关键词或目录分类的检索方式获取信息，虽然档案利用者可以查询到需要的档案文件，但按照这些既定的分类体系，分割了档案文件间的许多事物联系，没有将档案文件间的多维事物联系充分展示，不能从多维角度把档案所记录的各种事物的各种关系呈现给档案利用者，不能将档案资源中蕴含的大量知识提供给用户。

知识技术正是为了解决上述问题应运而生的一类新技术。知识技术体现在操作知识和利用计算机处理知识等方面，包括知识采集、传输、处理、存储、检索、分析、传递等。早期知识技术包括面向知识的系统、文献管理系统、自然语言处理、超文本、分布式人工智能、互联网、知识管理；现在的知识技术包括语义网、概念本体、信息检索方法、自然语言处理、基本代理技术。国际上知识技术已经在智能信息集成、代理等应用中大显身手，如整合了 SCI、Medicine 等学术数据库的检索系统 SCIFinder，生物医学分类系统 BAO 等。国内众多信息机构、提供商与科研教学机构也对知识技术开展了各种研究与应用,如 CNKI 知识网站。根据档案知识服务的发展方向,档案信息网站需要在以下方面进行改进与加强:

(1) 充分考虑档案用户的需求。档案用户的类型众多,不同的档案用户对信息资源的要求不同,使用资源的侧重点也不同。例如,历史研究为某研究需要档案内容面广、时间跨度长,单位因工作需要档案考证要求查找非常具体、准确。档案用户的需求不仅是多样性的,而且具有变化性,要求对档案文件间所蕴含的知识关系不断开发与重组,以及对新的服务方式的需求上。

(2) 进一步组织、挖掘档案信息资源。构建档案知识服务必须重视描述、组织档案的内部联系特征,以体现知识服务的价值。例如,历史事件的相关背景、人物等信息。当前的大多档案机构并没有对此进行有效的组织与开发,大大降低了档案资源的利用效能。

(3) 使用个性化、多样化的服务方式方法传递知识。档案的利用价值是通过服务实现的,档案知识服务必须满足通用的信息检索、资源导航功能,并在研究分析档案用户的个性需求与挖掘档案资源中的知识价值基础上,提供专业化、多样化的服务功能与服务方式,不断使档案用户获取档案信息资源的知识体验。

二、档案信息中获取知识的基本原理

一般意义上的档案信息以及档案内容上的数据都是显性的知识数据,各大档案馆数字化建设的主要任务就是把这些显性信息数字化,过程中档案本身、档案与档案之间有许多隐性知识尚未被发现,因此大多档案网站所提供的数字化档案服务是信息服务层次,不能提供详细的、全面的、结构化的决策支持功能。

1. 档案信息组织

档案界应用比较广泛的元数据格式标准有档案机读目录著录标准(MARC AMC)与档案置标著录标准(EAD)等,如果 MARC AMC 是专门用于纸质档案目录向电子档案的转换,那么 EAD 是对电子版的档案检索工具进行置标的标准,两者都是网络信息资源的元数据管理模型,都属于数据结构标准与数据交换(通信)标准,用于描述档案的一般特征信息,并在对档案目录信息的共享利用等需求的推动下不断修订与完善。因此,为了适应计算机、网络等先进信息技术的广泛应用,配备一个完善的元数据标准模块是必不可少的。

针对档案内容,按照一定的标准对其档案文档的内容特征进行标引和描述,这些标引和描述信息称为“档案内容知识元数据”。同时,为了更好的规范管理这些档案内容知识元数据,从而揭示档案文献本身以及档案文献之间的隐形知识,又另外定义了一种描述档案内容知识元数据的元数据并称之为“档案管理元数据”。根据实现档案原始记录性功能时所发挥的不同作用,可以确定档案元数据是关于档案内容、结构、背景的描述，通过 XML 等标记语言对这些信息进行详细描述是知识挖掘技术得以实现的技术基础。其中，档案内容如标题、档号、分类号、主题词、形成时间、所在馆藏等；档案结构如层次段落、格式、载体、文体、收发文机关、称谓等；档案背景表示文件来源以及发文目的以及与内容信息相关的其他信息，如应用软件、操作平台、文件使用权限、文件的保存与处理方式等，这些元数据能提供档案有效的证明信息。

2. 档案知识推理

数字档案文献的元数据集合不仅包含以检索为目的的信息，还含有知识元数据推理性的描述。例如，相似相关知识元映射、上下文联系、历史环境比较等以详细描述文献资源历史联系为目的的功能。这些知识元及其推理能够描述历史关联的项目，可用于发现、挖掘、组织档案形成过程中隐含于文件实体集合内的背景知识及文件结构信息。目前，涉及的关键技术有档案知识的粒度控制、档案知识元的组织方式、档案知识检索的实现维护等多方面的极具挑战性的课题。

虽然这方面的研究大多停留在理论阶段，但众多专家学者已有共识，在档案信息知识体系上实现推理，对档案网站信息的智能检索和档案编研能提供强大的技术支持。例如，对标引出来的档案文献知识元数据进行知识推理，可以从中获得知识创新，目前通常是以档案文献为单位进行组织和描述，所进行的主题词、关键词的标引深度一般停留在档案标题名称层次，尽管人们使用各种技术途径解决档案信息检索的查全率和查准率问题，但由于没有系统的、更加深入的内容标引机制，导致这种标引至多可看到档案摘要，并不能迅速掌握档案的具体或关联的信息内容，从而影响了编研的质量和效率。

在我国一些档案网站服务功能的调查中发现，档案网站检索在知识技术的应用上显得比较薄弱，除了个别档案网站在检索结果上建立了相关关键词检索外，基本上少有网站能够应用相关知识检索的技术。其原因是：首先，检索源匮乏，基本上是馆藏的目录检索，提供全文检索的很少。即使提供全文检索服务，其实也只能提供少量文献的全文，其主要的检索内容仍是目录检索；其次，检索范围比较狭窄。这里把检索范围划分为站内检索、复合式扩展检索和站外检索三块，其中站内检索提供对本站后台数据库的查询利用；复合式扩展检索是站内检索的延伸，可以提供对本专业领域内的后台数据库的信息扩展查询；站外检索主要是提供一些专业的搜索引擎入口，使用户在利用本站信息之余，可以方便地从浩瀚的互联网上得到相关的背景信息和辅助资料。从抽样分析中看出，站点用以支撑的绝大部分都是站内检索，而复合式扩展检索和站外检索基本上没有。

三、档案知识网站系统的构建方法

档案知识网站是根据档案馆信息化建设,以及档案网站作为档案馆宣传窗口、服务平台的实际需求,针对档案学学科研究领域的核心知识和相关知识,通过对目前的主流档案数据资源进行搜集、整序、分解与重组,按知识体系的关联性和整体性组成相互联系的知识资源系统。

需求分析是档案知识网站的前期预处理环节,包括档案知识信息处理和访问需求、技术需求和个性化需求。其中,知识信息处理和访问需求是对网站知识的创建、发布、组织、访问和维护的需求,档案知识网站中的本体搜索、语义检索、推理驱动等处理需求,以及可能使用到的功能界面设计需求,所提供的领域信息的覆盖面和档案知识网站的安全控制需求等。技术需求是建立档案知识网站过程或运行中对数据库、动态网页语言、动态网页脚本语言,以及本体类型、本体管理机制和基于本体的推理机制等的技术需求。个性化需求是对于档案知识网站的用户个性化功能的设计需求,档案知识网站的用户个性化功能有定制网页显示风格、浏览器类型和各种服务界面控制模板等。对档案文献知识内容进行分析,根据用户需求提取知识单元,并将其与相对应的关联信息背景封装在一个数据描述框架下,建立知识单元和信息访问检索机制,并通过信息技术实现相关知识链接,形成一个知识元层次上的知识网络,能够从不同角度满足对知识信息的不同需求,超越文献组织以文献为本的界限,深化为具体的知识、数据和事实的组织,从而大大减少用户获得知识的工作量,提高发现新知识、创造新知识的效率。

档案知识网站的目标是,使用户快捷地获取知识,并且使得用户间可以进行知识交流,另外还提供某领域某论题内更深层次的知识。因此,档案知识库的模型要具有普遍性,适合不同领域的文献资源及其知识内容的描述,档案知识网站要大规模地增加文献组织结构间的链接、综合概观、内容索引以及大量门户网站内容的不同视角。在确定档案知识本体应用目的和范围的基础上,对客观知识需求及概念关系进行分析,抽象出特定应用层面的档案知识概念体系,建立与需求相适用的本体,以知识本体的概念集对资源进行语义标引。在检索对象的描述上,知识检索模型借助语义标引工具,按照领域本体的概念及关联,对资源对象进行概念分析、分类、标引、描述和处理,形成机器可以理解的带有语义信息的元数据。

档案知识网站通过提供多途径的检索来满足不同的检索需求。图 13-5-12 显示了档案信息的知识检索机制,它既可以满足题名检索、主题词检索、档号检索和责任人检索等一般的档案信息检索,也能够提供以前所没有的知识单元的档案检索服务,使查询结果更能满足用户的个性化档案知识检索要求。同时,根据用户需要还可提供档案全文检索和下载服务。

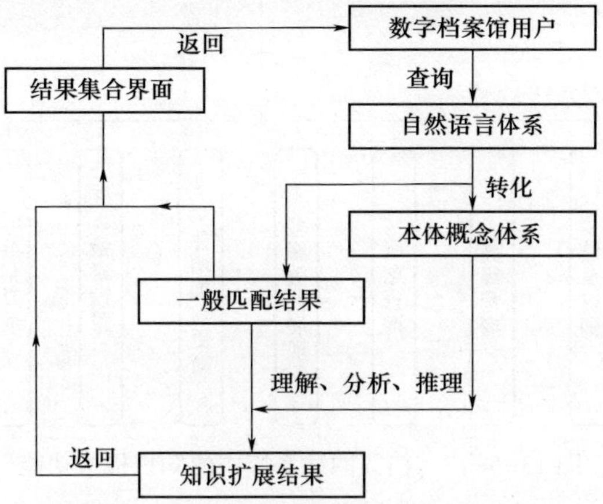

图 13-5-12　档案信息网站的知识检索

许多情况下,用户很难简单地用关键词或关键词串来忠实地表达所真正需要检索的具体知识内容。如果不进行控制,就不能精确理解语义,实现知识检索。以自然语言实现概念查询,特点是易用性强但自由度高,知识检索模型还必须提供特定领域可控的概念语义体系,并建立与概念体系相对应的具有层次结构的自然语言术语体系,能对自然语言提问和本体概念库的术语进行语义的理解、分析和匹配,依据本体概念间的语义关系,实现知识检索。当用户使用"地情信息资源"作检索词时,分析达到检索目的几种可能情况:①查找"地情信息资源"的分析方法;②查找"地情信息资源"如何进行组织运用;③"地情信息资源"对当今社会发展的重要意义;等等。用户直接定义从相关元素中查找所需的档案知识单元,使得检索的精确度及相关性大大提高。

四、档案网站建设中应用知识技术的实践

这里运用若干知识技术对档案信息网站系统进行优化,实现的主要功能如图 13-5-13 所示。以下介绍设计中主要采用的关键技术,然后展示一些典型应用。

1. 分词技术与知识词条的提取

档案信息的中文分词仍然是档案信息智能处理的基础与关键。这里采用当前最好的汉语词法分析器之一——ICTCLAS。系统中采用了在用户词典中加入专有词汇来提高知识词条抽取的性能。但从知识环境而言,这种添加用户词典

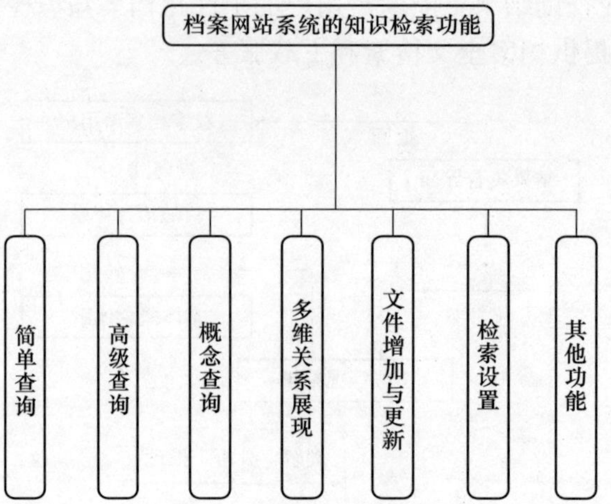

图 13-5-13　档案网站系统中的知识检索功能

的方法,不利于提取出新知识,具有明显的局限性和依赖性。

知识元的抽取一般有基于规则的与基于统计的两种方法,由于档案中包含一些短文本文献,这里主要利用了基于规则的方法,对分词结果进行词性、语法结构分析,进而重组。例如,“建筑/n”和“节能/vn”,更复杂一些的“上海市/ns 第十/m 届/q 人民/n 代表大会/n 常务/b 委员会/n”,将分词结果合并为“建筑节能”和“上海市第十届人民代表大会常务委员会”。当词条组合成短语后,所表达的语义信息更丰富,内容更具体。词汇重组根据分词结果的词性标注,将近邻的多个词语进行组合,形成语义更丰富的概念术语。文献中常出现的模式有双词术语、三词术语与四词术语等,如 AN(形容词+名词)、NA、VN(动词+名词)、AAN、ANN、NAN、NNN、NVN 和 NNNN 等。同时,语句中常常包含一些非概念组合,通常由助词、介词、连词、语气词、方位词等构成,以及内部结合强度较高的普通词汇搭配,如“研究工作”和“非常重要”等。通过对噪声词过滤,并根据以上规则可以从分词结果中提取出描述文献的较完整的概念术语等词汇与短语,举例如表 13-5-1 所列。

表 13-5-1　词汇与短语规则示例

分词结果	词法规则
上海/ns 世博会/n	ns+n
数字化/vn 城市/n	vn+n
上海市/ns 建设/vn 管理/vn 委员会/n	ns+vn+vn+vn

通过这种方法来减少因分词造成的语义损失与用户词典的依赖,提取出词

汇与知识要素。

2. 系统中的知识组织与检索

系统主要通过以下档案内容组织技术来实现档案网站的检索功能:

(1) 基于传统"全宗—案卷—文件"的组织。继承了传统档案馆的信息组织方式,主要利用文件题名、发文机构、形成时间等文件的外部特征进行知识组织。

(2) 基于档案内容的组织。利用主题词、文件内容展开知识组织。

(3) 基于知识链的组织。文件之间有很强的逻辑关系,通过特征词汇之间的关系将文件之间的联系发掘组织起来,如发文机构的上下位关系、引文链关系等。

(4) 基于知识重组的组织。通过聚类、关联技术,发掘档案文件之间的知识联系。系统主要运用了聚类技术,以用户的查询关键词,文件的题名、主题词、知识词条进行聚集,动态地生成相关档案信息集合。

(5) 概念检索。通过对检索词进行基本的词义扩展、转换,以提高检索的查准率与查全率。

检索实现分为查询式转换、知识检索和结果优化三个阶段:

(1) 用户查询式转换。特定用户查询概念在系统概念空间中不存在,或者与系统概念有语义上的差异,需要对用户查询概念及概念空间进行转换。转换过程描述如下:①假设用户的查询概念项集合为 $K(K_1, K_2, \cdots, K_n)$,对于其中的 K_i,在概念名称映射列表中查找与其匹配的记录,获取 K_i 的映射概念集合($X, Y, Z, \cdots$)和映射关系;②根据映射关系执行下面的规则:如果 X 为 K_i 的同义词,则用 X 替代 K_i,如果 X 为 K_i 的上位词,则用 X 替代 K_i;如果 X 和 Y 均为 K_i 的上位词,则用 X 和 Y 替代 K_i;如果 X 为 K_i 的全义词,则用 X 替代 K_i;如果 X 和 Y 均为 K_i 的全义词,则用 X 或 Y 替代 K_i;如果 X 为 K_i 的上位词,Y 为 K_i 的全义词,则用 X 和 Y 替代 K_i;如果 X 同时为 K_i 和 K_j 的全义词,则用 X 替代 K_i 和 K_j($i \neq j$)。

(2) 语义知识检索。系统将用户的查询式进行优化和转换后得到一个相关概念集合,然后应用语义检索方法执行对本体实例对象的检索。其检索算法的描述是:首先建立一个空的相关实例文献列表,对于相关概念集合中的每一个概念 C_i,依次查找索引知识库,获得与 C_i 相关的实例文献,加入实例文献列表,每一篇文献的权重与 C_i 的权重相同,如果待加入的文献已经包含在实例文献列表中,则权重加 1。

(3) 检索结果的优化。用户本体库中的用户模型可用于对知识检索结果进行优化处理,保留符合用户兴趣的数据,去除与用户兴趣相关度不大的数据。假

设初始检索结果集 D_r,对于每一条事实数据,首先通过自动分类学习来选择代表其内容的若干相关概念,然后检查这些概念的用户兴趣相关度,并通过这些相关度的平均值来计算用户对该文档可能的兴趣程度。

3. 文件多维关系的展现与知识导引

文件与文件之间、用户查询词与文件之间以及查询词与查询词之间存在广泛的关联。这种关联将不同的信息、知识点组织联系起来成为知识集合,满足不同的知识需求。系统利用不同的组织方式将这些关系展现出来,为用户在利用档案网站时提供知识导引,在使用过程中提供与用户需求相关的知识线索。根据用户访问网站的习惯与档案资源的内在组织特性,系统主要提供了以下文件关系与知识导引:

(1) 在内容上相关、相似文件之间的关系。通过文件内容上相关性的比较,展示相关文件之间的关系,进一步展示相关文件在不同全宗、案卷、发文机构、所属分类之间的联系。

(2) 相关主题词文件之间的关系。以主题词之间的相关性,展现文件之间的关系。

(3) 引用文件与被引用文件之间的关系。文件中所包含的主要概念、知识要素的序化、表示,如时间、地点、概念名词等。将文件中的知识要素展现给用户,以帮助、引导用户快速获取知识。

(4) 查询关键词与主题词、知识词条之间的关系。通过直接显示在用户界面与用户输入时智能提示的方法,将与用户输入的查询关键词相关、相似的词汇提供给用户。

[应用一]在输入查询词"建筑节能"后,为用户提示出有关"建筑节能"的相关词汇与知识要点,如图 13-5-14 所示。

图 13-5-14　查询词"建筑节能"多维关系展示

[应用二]展示《上海市城镇职工养老保险办法》与查询词、相关文件之间的关系,如图 13-5-15 所示。

图 13-5-15　文件《上海市城镇职工养老保险办法》多维关系展示

[应用三]在建设管理业务公共服务类中输入查询词“管理”后的界面,显示出相关文件集合、当前档案分类下的相关查询词以及与其他分类的链接关系,如图 13-5-16 所示。

[应用四]发文单位/机构查询中的显示界面,如图 13-5-17 所示。

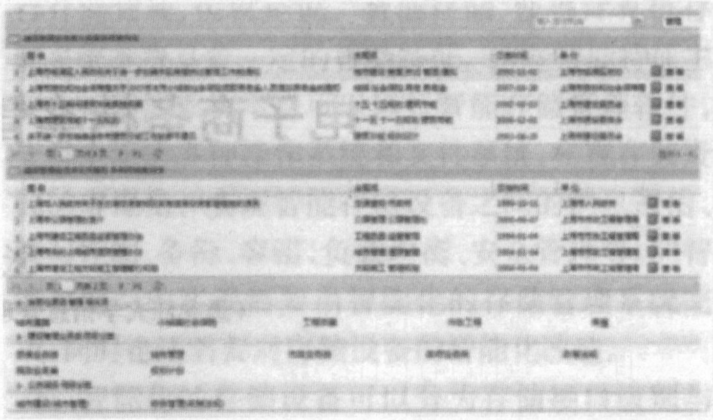

图 13-5-16　建设管理业务公共服务分类中输入查询词“管理”的多维关系展示

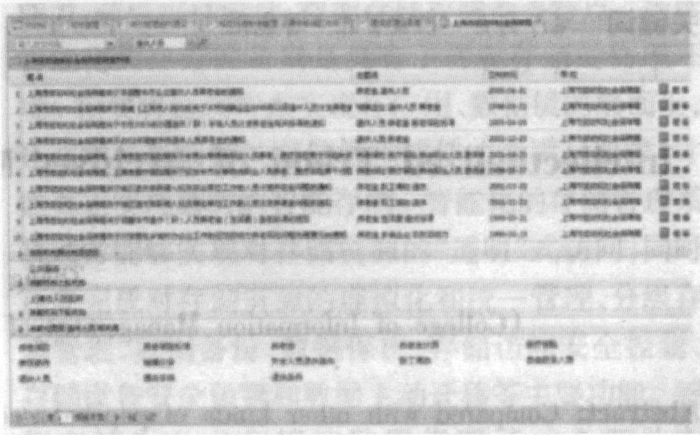

图 13-5-17　发文单位“上海市劳动和社会管理局”中
输入查询词“退休人员”的多维关系展示

【相关学术论文】

[1] 王兰成．图书馆、情报和档案学数字信息群的知识集成研究进展与关键问题[J]．中国图书馆学报,2006,2:3-95.

[2] 王兰成,李超．数字图书馆都柏林核心集网页文本的知识集成与检索研究[J]．中国图书馆学报,2007,2:52-55．

[3] 王兰成．论知识集成环境下的档案信息组织与检索发展[J]．档案学研究,2008,5:45-50.

[4] 王兰成,李小青．知识服务中 Web 信息构建技术及应用研究[J]．浙江档案,2013,4:22-25.

[5] 王兰成. 一种基于数字图书馆的文本信息标引技术的改进研究[J]. 现代图书情报技术,2006,2:5-9.

[6] 王兰成,蒋丹,李超. 基于中文词义概念的 Web 信息分类检索研究[J]. 现代图书情报技术,2005,10:35-37,34.

[7] 王兰成,李超. 结合两种相似度计算的主题信息检索方法研究[J]. 现代图书情报技术,2009,11:53-58.

[8] 王兰成,朱建华. 网络信息采集中链接与主题相关性的判定研究[J]. 计算机应用与软件,2012,5:209-211,240.

[9] 王兰成. MNPOS _军事网络舆情分析系统研究[J]. 图书情报工作,2011,6:49-52.

[10] 王兰成. 增强基于舆情分析系统的军队网络舆论引导的预见力[J]. 军队政工理论研究,2012,1:109-111,119.

[11] 王兰成. 网络舆情情报语义集成分析法的理论与实践探析[J]. 情报理论与实践,2013,2:48-50,67.

[12] 王兰成,曾琼,陈雪强. 本体论方法在文献型信息检索系统中的应用研究[J]. 现代图书情报技术,2007,1:15-19.

[13] 王兰成. OKIAS:一个基于本体的知识集成及应用系统[J]. 情报理论与实践,2009,12:112-115.

[14] 王兰成,曾琼. 基于本体的知识检索模型及呈现技术研究[J]. 图书情报工作,2009,5:98-102.

[15] 王兰成,徐震. 基于情感本体的主题网络舆情倾向性分析[J]. 信息与控制,2013,1:46-52.

[16] 王兰成. 论实现异构档案信息整合的信息组织与检索技术[J]. 档案学研究,2011,2:55-59.

[17] 王兰成. 应对档案数据库中敏感数据挖掘威胁的实证研究[J]. 档案学研究,2013 年第 2 期,54-59.

[18] 王兰成. 登记备份的档案安全体系建设与系统工程方法的应用[J]. 档案与建设,2011,8:5-7.

[19] 王兰成. 在实践中运用知识技术优化档案信息网站建设[J]. 档案学研究,2011,6:64-69 .

第四篇　网络新型资源的挖掘利用与管理——智能化管理系统时期

2014年8月，中央全面深化改革领导小组将推动传统媒体与新媒体融合的工作正式提上社会经济发展日程。至今人工智能和大数据技术的发展和应用，在很大程度上拓展和提升了网络信息资源开发的功能和作用，计算机信息系统已经发展成更强调支持高层决策的智能化系统。这个时期，信息机构的大数据集成服务、社会化媒体资源的信息搜索挖掘、网络舆情的内容分析管理、新型信息资源的建设利用等，都取得了研究成果。当前，网络信息开发新技术拓展了网络新型信息资源的应用深度和广度，网络资源智能化管理信息系统蓬勃发展。智慧化时代的网络信息资源，正朝着管理规范化、开发系统化和利用科学化方向发展，将为社会进步发挥更大的作用。

第十四章　网络新型资源大数据管理

第一节　新型学科资源共享与开发

本节针对信息网站及其学术论坛、专家博客等涌现的大数据研究该时期新型学科资源的共建共享，整体梳理和科学调研网络信息资源并构建知识集成的理论体系；针对其整合开发，研究提取大数据及其属性特征并集成传统资源进行知识挖掘和可视化分析；针对其信息服务系统，通过构建共词网络和绘制知识图谱展示研究热点及共享规律。从而增强网上信息交流与增值服务，提升学科整体信息服务的竞争力，实现对经济社会发展的战略价值和推动作用。

社会进步和信息技术发展持续促进着图书、情报与档案管理（简称“图情档”）学科网络资源的共享与开发。图情档信息网站及其学术论坛、专家博客等新媒体涌现的大数据正成为信息管理学科共建共享的新型资源，对它们的分析处理已由注重因果关系转变为相关关系的挖掘，亟待理论研究与应用探索。

一、Web 学科资源共享与开发现状

国内外，一方面是对图情档为核心的网络信息资源融合的研究方兴未艾，但对 Web 新型学科资源共建共享的理论、方法研究明显不足；另一方面，对图书、情报和档案各学科网络资源运用信息技术开发的研究承前启后，但对 Web 新型跨学科资源的整合开发研究还缺乏技术、系统支撑和应用创新。

国际上就 Web 学科资源共享与开发的热点，已连续召开有关信息整合的学术大会。图情档学科主要研究了基于信息门户的整合方式，如巴西州联邦大学硕博论文数字图书馆、美国考古数字图书馆等；国际图联发布图书馆、档案馆与博物馆“协作与合作趋势”报告，并推荐 7 个最佳公共馆数字资源整合门户；加拿大国家图书馆、档案馆合并，已为政府信息资源的组织与服务工作提供一系列工具和方法体系；2008 年 Alexandra Yarrow 等倡议建立统一综合系统以提供整合和融合的信息服务，目前已有信息资源共建共享、实现一体化管理的数字化馆范例，如英国成立家馆联合理事会以推动和指导机构之间的合作，美国俄亥俄州大学集资 2000 万美元将 18 个重要的图情档部门连成信息网络。在国内，早期

主要实施图书馆与情报所、档案馆的合并,信息网络技术不断推动学科资源新整合服务模式的建立;政府信息开放政策牵引我国社会公众对信息资源共享的需求上升,私家图书档案馆也在民间出现。实践是推动理论发展的基础,图情档一体化研究更加深入,发布的“学科战略规划研究”报告中指出图情档管理学科的研究领域面向经济社会发展需要,可适度拓展学科发展空间;一些专家学者多次提出图情档学科将在巨大社会需求的推动下得到前所未有的发展。近年来,信息网络技术的发展在许多方面改变着传统信息机构的工作与服务机制,从而使以图情档为核心的学科资源在大技术环境中有更多的融合与交叉,展现出 Web 学科网络资源共建共享的丰硕成果。但检索国内外相关信息资源发现,围绕图情档跨学科的学术论坛、专家博客新型媒体的研究鲜有涉及,对其资源共建共享的认识不深并存有争议,因此造成相关理论和方法的研究还远远不够。

在学科网络信息资源的组织方面,涉及了本体与传统工具改造、Web 新媒体资源分类及智能化、跨学科数据转换与映射等技术;在学科网络信息资源的挖掘方面,涉及了多学科 Web 数据自动关联、分类主题概念智能映射、集成化和可视化信息检索等技术。近年来,国外大量研究分类法、叙词表等网络版知识组织系统,如影响较大的杜威十进分类法(DDC)在编辑支持系统上联合美国国会图书馆标题表(LCSH)为 OCLC 完成系列知识组织系统构建方面的项目,OAIS 为馆际联合及联合编研工作提供系统支持而得到广泛应用,日本亚洲资料中心(JACAR)通过协议合作在其检索系统上实现资源的最大限度利用;国内研究在通用分类法、叙词表一体化基础上构建动态知识组织系统,并在互联网环境下开展知识服务,如《中分表》、《中图法》Web 服务版工具等。早期异构数据整合主要是结构化数据,自 Tim Berners-Lee 提出语义网概念后国内外开始研究信息语义整合,Ontology 技术在信息整合中起重要作用;LOD 关联开放数据的出现为数字图书馆关联出版物数据处理提供重要的机会,在美国 58%的图书馆开发或使用问答服务,其中 15%来自对其他学科资源的链接。主题图作为一种新型的语义知识组织模式被用于中国知网,揭示学科知识资源之间的关系,实现专业知识资源的共享重用及体系展示。但上述成果在网络社区有序管理、信息挖掘深度和分类标准系统性等方面需要改进,尤其在复杂多样的跨学科新媒体大数据环境下,有效整合异源数据、提高知识共享系统一致性和新型资源开发智能性等方面亟待全新的研究。

二、大数据背景下的 Web 新型学科资源

在海量的网络信息环境下,人们面临的问题不是信息匮乏,而是信息过载和信息噪音,人们关注的重心已从搜索采集的信息序化变为分析为主的信息转化。

作为网络新媒体大数据核心的“Web 学科源数据”具有以下特点:一是数据量特别大,通常从 TB 级别到 PB 级别,且可达 ZB 级别;二是数据属性、类型特别杂,通常包括了多种类型的结构化和非结构化数据;三是要求的响应处理能力高,需要在能够支持决策的相对短的时间内处理完毕;四是部分数据整合的价值密度低,可用信息隐藏在海量数据中,且通常比例低。因此,需要有针对性地加强分布式数据整合、多维数据组织管理、数据噪音识别、数据一致性分析、大数据挖掘等方面的研究。

1. 学科在相互融合中协同发展并始终与信息网络技术密切相关

任何信息机构不可能仅凭自身资源建设来满足无限的用户信息需求,而蓬勃兴起的 Web 技术正推进信息管理学科从信息共建、共享向知识挖掘、传承发展。图情档是信息管理学科的核心,因为所研究对象不同而造成了各学科研究内容单一、研究者思维定式,甚至对新型资源共建共享的认识还存有争议;但是,它们的研究对象本质上同为“信息资源”,且学科的使命具有一致性。长期以来,信息技术促进和保障了基础理论的创新研究,信息机构依靠网络技术提高了工作效率,定量计算技术使学科研究方法更加科学,显然,学科在相互融合中协同发展,这种发展始终与信息网络技术密切相关。

2. 学科网站、学术论坛和专家博客已成为重要的新型共建共享学科资源

网上学术论坛、专家博客等提供的大数据越来越受到关注而成为当前学科发展的新型资源,共享开发这些资源既是学科信息化建设的战略性步骤,也是新媒体大数据环境下有效建设与利用学术资源的必然选择。目前,仅利用学科网站发布原生信息的服务模式已经难以满足用户和社会的需求,搜索引擎又存在着信息组织与标引缺乏控制、信息挖掘缺乏深度、分类标准缺乏系统性和规律性等问题。构建 Web 学科网站、学术论坛和专家博客服务系统,无论是从广度和深度上挖掘学科信息资源以提高利用效率,还是实现学科信息增值服务和提高信息服务的竞争力,都具有重要的推广应用价值。

3. 大数据分析中的知识挖掘是 Web 学科信息资源开发处理中的核心业务

大数据超出传统方式的处理能力而需考虑新手段和新工具,大数据分析也由注重因果关系转变为注重相关关系的探索和发展趋势的预测。信息聚类通过统计学科新型资源共性特征支持用户发现有价值的信息,利于发掘逻辑联系与隐性价值;信息分类按已有分类标准或抽取关键要素作为类别标签,标引采集信息并用语义知识减少特征稀疏的影响;关联分析挖掘学科资源的大量相关联系并自动关联,为用户多维度地掌握学科信息提供导航。国内外虽然已有一些分散的研究成果和一批有影响力的研究者及其机构,但围绕我国 Web 环境下丰富又广泛的学科资源的共享与开发,相关理论和方法研究还比较空泛,应用研究的实用性不够强,Web 新型跨学科资源开发的实证研究尚属空白。大数据分析中的知识挖掘是 Web 学科信息资源开发处理中的核心业务。

综合以上观点,开展大数据环境下 Web 新型跨学科资源共享与开发的研究,其价值主要体现在三个方面:一是信息管理各学科在相互融合中继续共同发展;二是学科体系建设在网络资源共建共享中协同发展;三是学科基础理论创新研究在新技术支撑下系统发展。因此,开展本领域新研究的意义就在于:第一,研究以图情档为核心的学科 Web 新型资源的共建共享,拓展学术论坛、专家博客等新媒体资源的共享理论和方法,可以探寻网络学科资源功能效用的最大化,实现对经济社会发展的战略价值和推动作用;第二,研发大数据环境下 Web 新型学科资源的整合服务系统,探析学术论坛、专家博客等新媒体资源的开发技术、应用研究,有利于挖掘新媒体学科资源、增强网上信息交流与增值服务,提升学科整体信息服务的竞争力。

三、Web 新型跨学科资源的共享与开发

面向大数据的 Web 新型跨学科资源共享与开发,涉及理论方法、技术应用和信息服务系统三个方面的主要内容。

1. 跨学科 Web 新型资源的共建共享理论与方法研究

针对 Web 新型学科资源的共建共享理论与方法,主要研究包括:一是从总体、功能、数据和环境四个方面,对以图情档为核心的网络信息资源一体化的研究现状进行梳理和分析;二是针对当前图情档信息网站及其学术论坛、专家博客等新媒体资源,展开科学调研和需求分析;三是基于层次分析法构建信息源评价指标,并研究新型资源的信息组织方法;四是探寻 Web 新型学科资源知识集成的理论体系,并提出整合方案。

2. 跨学科 Web 新型资源的整合开发技术与应用研究

图 14-1-1 表示了 Web 新型学科资源的整合开发处理流程。针对 Web 新型学科资源的整合开发技术与应用,主要研究包括:一是对集成学科资源的知识组织技术进行研究(图 14-1-1A);二是提取大数据及其属性特征并整合传统资源载入一体化处理模型(图 14-1-1B);三是采用 Ontology 技术对跨学科新型资源进行知识挖掘(图 14-1-1C);四是运用社会网络分析工具(Pajek)和可视化工具(VOSviewer)对挖掘结果进行研究(图 14-1-1D)。

3. 基于大数据分析平台的 Web 学科资源信息服务系统研究

针对 Web 新型学科资源的信息服务系统构建,主要研究包括:一是利用信息采集、数据挖掘、文本分析、分类聚类等技术,对通用大数据分析平台进行优化设计;二是基于新平台构建跨学科、新媒体的 Web 学科资源信息服务应用系统;

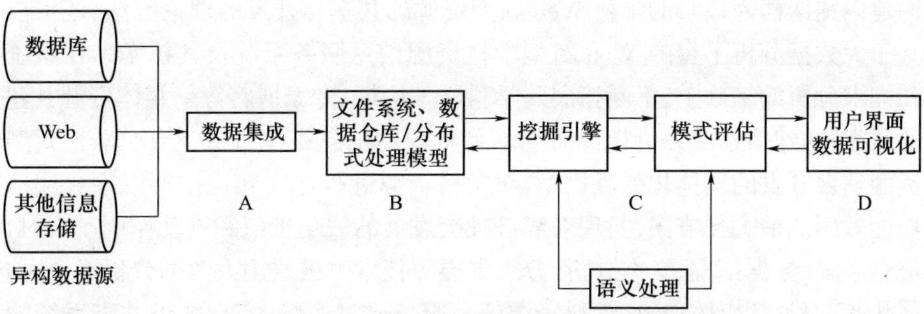

图 14-1-1　Web 新型学科资源的整合开发处理流程

三是开展实证研究，即通过构建概念关键词的共词网络和绘制知识图谱，展示大数据环境下我国 Web 新型学科资源的研究热点及共享规律。

Web 新型跨学科资源的共享与开发必须有清晰的技术路向和科学的研究方法，其基本思路是先研究理论方法后技术开发，先研发领域知识后进行方法集成与实践，充分借鉴国内外已有成果，根据实际情况在实施过程中主要采用比较、建模和综合集成等方法。①比较方法，即采用多种检索工具和检索方法，对现有资源共享开发的理论、方法进行阐述和对比分析；②模型方法，即利用层次分析法研究博客和论坛的评价指标，通过权重计算筛选出需要采集用以集成的数据源，在研究过程中采用建模的思路，对网络信息共享中的资源整合方案用知识技术进行建模；③综合集成方法，面向学科新型资源研究信息采集、数据挖掘文本分析、分类聚类方法，利用社会网络分析理论揭示档案新媒体信息的知识地图和学者之间的关系网络融合多学科技术实现综合集成。图 14-1-2 展示了 Web 新型资源共享与开发的研究过程和技术路向。

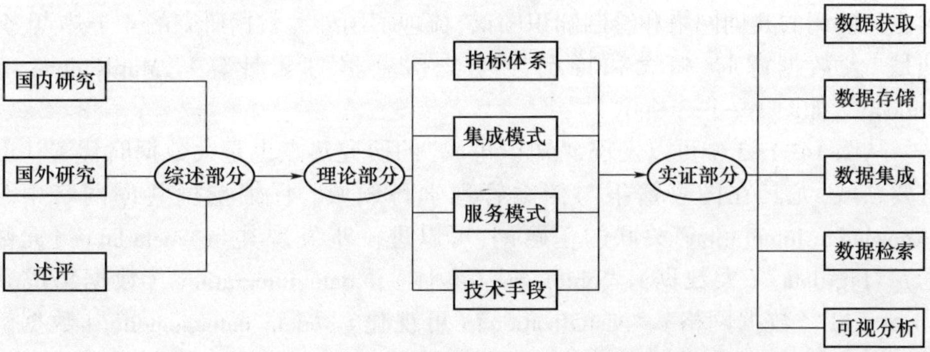

图 14-1-2　共享与开发的研究过程和技术路向

通过理论方法、技术应用和信息服务系统三方面的创新研究和建设，不仅可以构建以图情档为核心的学科 Web 新型资源的共享与开发的理论方法,还可以构建基于大数据分析平台的 Web 新型学科资源信息服务系统及其技术。在系统梳理和需求分析的基础上,不断拓展跨学科学术论坛、专家博客等新媒体资源共建共享的研究,构建信息源评价指标研究新型资源的信息组织方法,给出 Web 新型学科资源整合开发的一体化处理模型,对学科资源进行深度知识挖掘以探寻网络资源功能效用的最大化方案,实现对经济社会发展的战略价值和推动作用。同时,利用信息采集、数据挖掘、文本分析、分类聚类等技术改进通用大数据分析平台,构建一体化跨学科、新媒体 Web 学科资源信息服务原型系统,实现知识共享系统的一致性,提高学术论坛、专家博客新型资源开发的智能性,有利于挖掘新媒体学科资源,增强网上信息交流与增值服务,提升学科整体信息服务的竞争力。

四、大数据知识集成:跨学科 Web 资源共享与开发的关键

知识集成的概念由 Grant 首次正式提出,他认为知识集成是企业创造优势的重要力量。但迄今为止,知识集成仍然没有统一的概念,它在不同的学科和语境中有不同的含义。如从企业管理角度,成思危认为知识集成是为了在已有知识的基础上,通过有机的组织来产生自己的知识产权;顾新建则指出知识集成一方面是对分散在企业中,主要是存在于企业员工头脑中的意会性知识进行集成,另一方面是对分散在不同协作单位之间的知识进行集成。从计算机机器学习的视角,还可以认为知识集成是一种包括对新知识识别、处理、评估及与已有知识之间交互、改造的机制。从图书情报学科整合的视角提出,知识集成是在知识表示、组织、获取、存储、使用和创新等过程中,对各种异构、复杂的知识进行一致化的过程。我们运用社会网络分析工具(Pijek)和可视化工具(VOSviewer)对 Web of Science 数据库中收录的国外研究大数据的相关文献进行分析和综述。通过构建关键词的共词网络和绘制知识图谱,梳理了国外大数据研究的 4 个热点,分别是"大数据源起、概念和特点""生物信息学""云计算""MapReduce 和 Hadoop",如图 14-1-3 所示。

从图 14-1-3 中可以发现,"知识集成"的研究热点也是大数据时代关注的重要领域,尤其在图书情报与档案管理学科领域。仔细挖掘共词网络中与"knowledge integration"关联的主题词,可以进一步发现其与"metadata"(元数据)、"big data"(大数据)、"ontology"(本体)、"data integration"(数据集成)、"data grid"(数据网格)、"visualization"(可视化)、"data management"(数据管理)、"clustering"(聚类)和"semantic web"(语义网)等关联紧密。这些关键词代表着面向大数据的 Web 新型学科资源共享与开发研究的要素。但对新媒体跨学科资源的知识集成的研究成果尚未见到,值得进一步去研究。

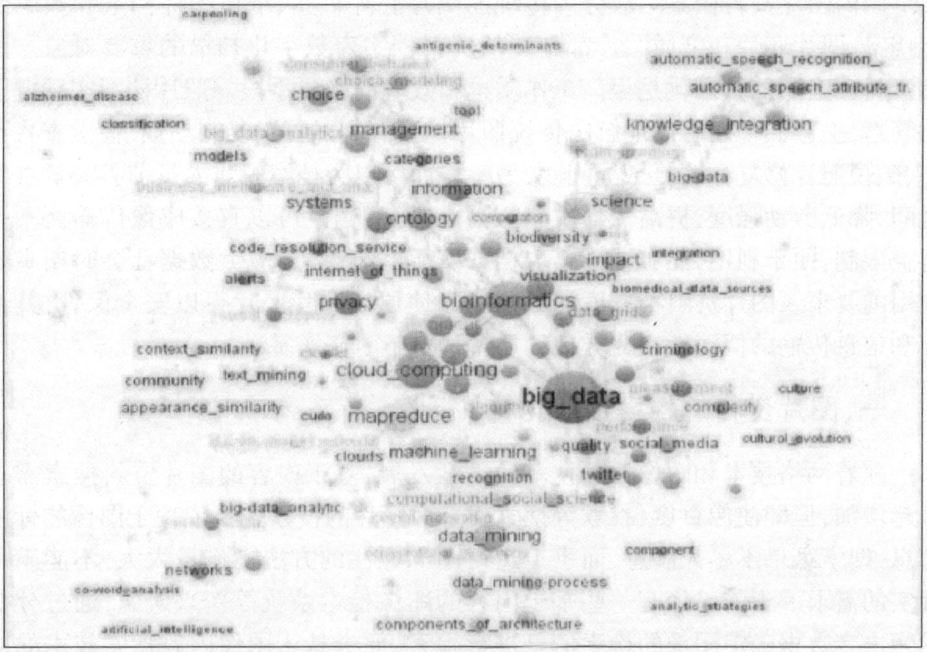

图 14-1-3　大数据研究热点共词网络

以同样方法考察技术方面，大数据很难适用于现有的文献数据库架构，采用传统的软件工具也难以捕捉、存储、管理和分析，大数据的数据获取由传统的抽样转变为所有数据，对数据的要求也由精确性向混杂性转变，其分析处理则由注重 Web 新型学科资源因果关系转变为相关关系的探索，以及对事物发展趋势的预测。因此，图情档学科的 Web 资源知识集成技术也值得进一步研究。

第二节　图片资料加工规范处理

本节采用通用的元数据格式标准以实现数据库之间的互联和互访，制定图片资料档案库的归档及备份转换格式，目的是使图片档案资源得到更充分的共享和利用，提高查询速度和利用效率，提升机构信息化管理水平。图片资料档案的数字化建设要遵循规范，档案库的信息组织与加工要按相关标准进行实施。图片资料档案库的信息组织应尽量多设置自动生成项和选择项，其数据管理系统按图片收集、审查、录入和查询的工作流程进行。图片资料档案库的信息加工按原件整理、检查修补、资料交接、数字化文件、录入信息、处理图片和检查校对的过程进行规范。

国内图片资料档案一般分为传统的图片底片档案、纸质图片档案和数码照片档案,图片底片和纸质图片都是图片资料档案库数字化扫描的重要对象。图片资料档案库的数字化是提高工作质量和效率的必要手段。照片档案实现电子化管理,一方面可以有效地解决传统照片档案利用过程中复制烦琐、检索查找不便、破损照片修复方法复杂等问题,另一方面可以为档案工作人员节省大量查阅时间,降低劳动强度,提高工作效率。另外,照片档案可以直接成像传输而不受时空限制,便于利用,能够充分实现档案资源共享,以适应大数据社会时期高效利用的要求。图片资料档案库的数字化还使原始照片底片得以安全保管,其保存和信息传输的便捷性也为异地异质备份打下了坚实基础。

一、图片资料的档案数字化

随着网络技术和图像处理技术的迅猛发展,基于内容的图片资料搜索需求日趋增加,但即使像百度、谷歌等搜索引擎对图片的搜索主要依赖于图像的标注信息,搜索结果不尽人满意,而手工进行图像标注的方法工作量太大,不能满足现实的需求。当前已经有一些基于内容的图像检索系统等新兴研究,通过分析图像内容数据确定图像的检索信息进行检索,促进基于图像内容搜索技术的应用,带来巨大的经济效益,同时还能使人们的生活方式发生变化产生社会效益。但是,一些应用比较好的图片资料档案数据管理系统,并未提供先进的规范化技术支持。另外,图片资料档案数据库不够标准化。首先现有特色数据库软件平台不一,用户检索界面和检索语言开发平台不统一,给今后的资源整合与共享造成困难;其次,在描述语言和标引语言方面没有严格采用元数据标准,文字资料采用全文扫描,但缺少主题词与摘要。因此,要尽可能采用国内通用的元数据格式标准,以便于实现专门数据库与其他(馆)数据之间的转换、互联和互访,实现数据库共享。

二、图片资料档案库的信息组织

图片档案数据管理系统的一般工作流程是:①图片收集。通过各种途径,对收集来的图片进行整理,包括将数码相机、计算机等设备中的电子文件进行初步分类;对纸质图片,通过扫描仪等设备将其转化为电子文件。②图片审查。根据图片的用途和价值,由专人负责审查准备入库的图片。③图片录入。通过授权,由图片录入人员负责图片的入库工作。④图片查询。提供按入库时间、图片分类等方式的查询,还应具有全文检索和高级查询(通过图片名称、简要描述、类型等多种属性进行查询)的功能。图片归档要对图片进行分类并做出图片信息标注,确认无误后才正式存入图片档案库。信息采集项目齐全,包括序号、底片类型、底片号、密级、类别、时间、地点、单位、人物、事件、作者、发表情况、入库时间、照片尺寸、编辑人、审核人等信息要素。

对各类图片资料进行数字化扫描归档，大致分为：一是底片原有记录形式为感光材料，采用专用扫描转换，以 TIFF 格式存储；二是电子照片光盘原有记录形式为激光蚀刻记录，采用专用设备转换，以 TIFF、JPEG 格式存储；三是纸质图片原有记录形式为纸张，采用扫描、数码相机拍摄，以 JPEG 格式存储。数字化的一般流程是：①将底片图片分类进行数字化扫描，并校对；②利用样片记录本对扫描底片进行标引著录，并校对；③对纸质图片进行数字化扫描，进行文字识别和标引著录，并校对；④添加光盘规范化数据，导入系统进行著录；⑤整理系统全部数据，著录关联数据，并校对；⑥入库资料异质备份，定期进行异地容灾备份。

图片资源管理过程的关键是对图片资料档案库进行信息组织，其中有两个问题需要用正确、科学的方法进行处理：一是胶片图片的数字化整理确实需要采用原始人工方法进行，如深圳报业集团采用两种方法处理，对深圳报业集团旗下主要报纸创刊以来拍摄的各类胶片新闻图片，通过人工扫描底片或照片，使其数字化后编辑入库；对主要报纸以往刊载的具有重要历史价值、原片已无法找寻的新闻图片，通过对见报版面和见报图片翻拍的方式整理入库。将珍贵的历史图片通过翻拍或底片扫描的方法完成数字化过程。二是重要图片内容的真实性问题，如要求标引著录图片编号、大小、作者、拍摄时间、文字说明、EXIF 信息、标引修改痕迹等，在一定程度上确保了图片有据可查。在实际操作中，为了确保已入库图片的真实性，还需要对图片库的图片编辑提出操作上的规范要求。图片档案数据管理系统的规划，应尽量多得设置自动生成项和选择项，少设置填写项，选择项的设置内容要分类合理，并提供有识别矛盾防差错提醒功能。

三、图片资料档案库的信息加工

图片资料档案库的信息加工内容包括：

(1) 原件整理、检查和修补。统一清点和整理原片后检查和修补原片，完成资料交接前的检查工作。

(2) 资料交接。数字化相关资料交接工作由固定经办人员负责，每天当天归还，双方签字确认，确保原片不遗失不损坏。

(3) 清洁底片。扫描底片前需要采用合理方法对底片上水渍、灰尘和手印等污迹进行适当清洁。接触底片的过程中必须小心操作，采取戴手套等手段以确保底片的不受损伤。修补清理过的底片应做好登记，签字确认。

(4) 数字化文件。底片文件和纸质画报由专业扫描人员利用专业先进的扫描仪进行扫描，保证文件扫描质量，禁止扫描后差值放大，确保不造成资料损伤。完成扫描的底片要进行整理，根据底片号按原顺序装入原底片袋。

（5）处理图片。对扫描底片生成的原始照片进行复制，参照工作规范标准，一套封存保管，一套异地备份，另一套供查阅使用，供查阅使用的图片可按转换格式进行旋转、剪裁等必要性处理，并对图片划痕、污点、灰雾、涂改、字迹、破损等瑕疵进行适当修复，同时适度进行亮度、色彩纠偏。不得进行添加、合成、挖补等修改内容的处理，不能运用软件的自动功能进行调整，不能调到极限，要留有余地以备再调整。

（6）录入信息。扫描后的照片资料由专业标引著录人员按照工作规范标准进行著录。为了确保录入准确，要求至少采取"两录一校"的模式，两人著录同一内容，并分别进行校对，最后由第三人或机器系统对著录信息进行校对、归档。

（7）检查校对。由第三方监理对资料的数字化全过程进行监理和控制，操作人员要对清洁底片、数字化文件、处理图片和录入信息等工作进行认真细致的检查校对，不符合标准或有误的，及时返工。

（8）数据备份。为了保证数据安全，要及时完成数据备份工作。备份采取异地备份机制，兼用热备份和增量备份形式。扫描过程实时进行数据热备份，扫描完成后利用光盘迁移数据，同时对光盘数据进行增量备份。数据备份应存储在耐久性好的载体上，一式三套，一套封存保管，一套异地备份，一套供查阅使用。

图片资料档案库的数据著录如图 14-1-4 所示。图片编号的设定一般有两种方式，一种是按照入库的先后顺序编号。先设定一个有效数段，再将图片依次排列。如设定图片编号为 7 位，那么图片将在 0000001～9999999 依次排列。这样的编号方式比较简洁，查找和调用比较方便。第二种是在第一种方式的基础上对编号添加分类或时间的属性。例如，假设 T 代表体育类图片，c 代表为体育类图片下子分类 F1 赛车，如一张 2012 年拍摄的足球比赛的图片编号就是 2012Tc1234567。这样能更直观地表现图片的某些属性，同时对图片的管理有很大帮助。

图片资料档案数字化加工管理系统的服务功能包括流水线管理、数字化加工、数据库管理、查询统计、数据交互、系统管理。主要功能如下：①对数字化加工过程进行流程化管理。根据加工需要可任意建立并管理多条加工流水线，可对加工任务进行分配管理与动态人员配置。②图文加工和元数据加工。提供扫描识别、校对、辅助著录和自动归档等多道工序，将纸质文献加工成数字化的 PDF 文档；可直接从图文中识别提取元数据，也支持人工录入对应的元数据。提供各种电子文档的入库管理，可将图文与元数据建立有效连接。

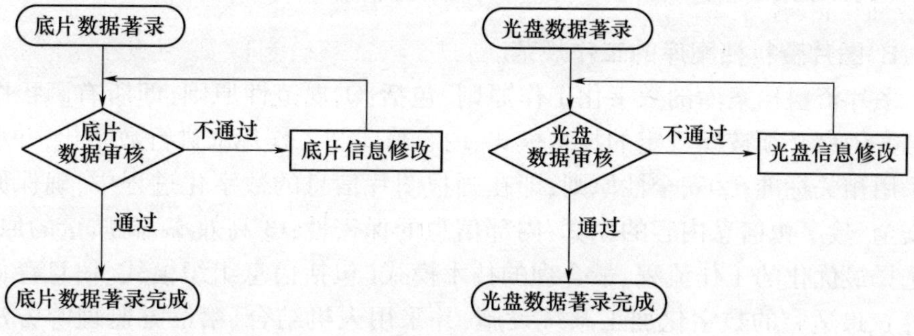

图 14-1-4　图片资料档案库的数据著录

③支持数据库的动态管理与维护，可添加、修改和删除数据库，可修改数据库的表结构等；可对流水线、元数据等与数据库的对应关系进行配置；支持数据库的备份与恢复；支持与数据仓库系统的数据收割。④可从多个角度对流水线、加工任务完成情况、加工元数据和图文等进行便捷查询；对加工人员工作量、元数据加工量、图文种类等各方面以图表等形式进行统计分析；可动态设定查询、统计的维度和限定条件，可将查询统计结果导出。⑤支持数据以标准的格式进行导入和导出，导出格式和内容可以动态设置；提供数据外部访问标准接口，满足第三方系统访问相关数据资源。⑥可对系统中的用户、用户组、操作权限进行管理。

系统的设计开发应选用国际领先技术，达到先进、合理、实用、高效、便捷、稳定、安全、开放、兼容的标准。主要选用 JAVA 开发语言，采用 J2EE 开发技术，满足跨平台技术要求，能在主流的 Windows、Linux、Unix 系统上进行迁移，具备标准、开放、技术成熟等特性。采用 B/S 和 C/S 架构相结合的方式，如查询利用功能可以采用 B/S 架构，对内部数字化采集加工数据 系统管理和维护等可以采用 C/S 架构解决方案。后台数据库系统采用关系型数据库系统，支持 ORACLE、SQL SERVER、DB2 等多种大型数据库系统，特性情况下应使用国产数据库系统。支持 IE、FireFox、Chrome 等主流浏览器，遵循 XML 数据规范，采用可扩展标记语言 XML 作为应用系统标准的数据交换格式，满足其自描绘、结构化、交换性、扩展性特点。系统应提供基于 XML 的数据交换接口，支持与第三方软件的应用集成；提供多种完整、开放数字内容服务接口，如 ActiveX 控件、EXE 接口、DLL 组件接口、XML 接口等，以供第三方系统集成及整合，实现业务系统内部交互式查询与统计。

四、图片资料档案信息的规范化处理

1. 图片资料档案库的工作规范

图片资料档案库的数字化工作原则，包括：①规范性原则，即所有画报图片的档案信息必须按照规定的技术模式、内容格式和工作标准进行数字化，并尽可能采用相关标准；②安全性原则，即在画报图片信息的数字化过程中，确保原件的安全、数字化信息内容的原真、内部信息的保密性；③高效率、高质量的原则，即选择最优化的工作流程、最合理的技术模式（包括信息组织模式、信息存储格式等）、最适宜的数字化加工系统设施，并采用人机结合、第三方监理等方法提高质量。

国内外关于数字化工作推出了许多新的标准规范，包括《数码照片归档与管理规范》（DA/T 50—2014）、《电子文件管理细则 第二部分：电子文件长期保存格式需求》、《光盘存储档案信息技术与管理规》（GJB3865—99）、《纸质档案数字化技术规范》（DA/T3 1—2005）、《照片类电子档案元数据方案》（DA/T 54—2014）、《静态数字图像技术元数据》（NISO Z39.8787）、《特藏档案库基本要求》（DA/T 55—2014）、《档案信息系统运行维护规范》（DA/T 56— 2014）、《档案关系型数据库转换为 XML 文件的技术规范》（DA/T 57—2014）、《电子档案管理基本术语》（DA/T 58—2014）、《档案数字化光盘标识规范 DA/T52—2014》、《电子文件归档与管理规范》（GB/T 18894—2002）、《国际标 ISO9000》（质量全程控制）、《数字档案 COM 和 COLD 技术规范》（DA/T53—2014）、《信息与文献—文件管理通则》（ISO15489/GB/T 26162）、《照片档案管理规范》（GB/T 11821—2002）、《档案著录规则》（DA/T 18—1999）、《归档文件整理规则》（DA/T 22—2000）、《档案交接文据格式》（GB/T 13968—92）、《档案分类标引规则》（GB/T 15418—94），等等。

2. 图片资料档案的扫描加工

扫描图片须完整地与原件内容一致，不得删除或修改任何有用信息。数码照片应是用数字成像设备直接拍摄形成的原始图像文件，除了调整亮度、对比度、饱和度等以提高画面质量、增强画面效果的处理外，一般不能进行修改。经过添加、合成、挖补等操作后的数码照片不能归档。有永久保存价值的数码照片档案，应转换出一套纸质照片同时归档。

在扫描图像字迹和人物时，要确保环境清晰，颜色不宜过浅或过深，不得出现字迹笔画残缺或字迹笔画叠合而影响阅读等的情况。纸质图片扫描留下的墨迹宽度不得超过 0. 5cm，并且指印和黑线不能覆盖或影响正文内容。扫描的内容基本居中显示，不可出现明显的偏左或偏右现象。扫描图像整体倾斜不得超过 3°，不得出现因图像的一部分倾斜或扭曲而影响使用的情况。

亮度、对比度和饱和度是三项重要参数。亮度是根据原件的可视性情况选取亮度参数，通常应选取预扫后的默认值，对于字迹较深的应增强亮度参数，对于字迹较浅的应降低亮度参数，黑白二值图像、灰度图像和彩色图像类型与亮度参数有关。对比度是根据原件的可视性情况选取对比度参数，通常应选取预扫后的默认值，黑白二值图像类型与对比度参数无关，对以灰度图像和彩色图像类型扫描的特殊原件应调整对比度参数。饱和度是根据原件的可视性情况选取饱和度参数，通常应选取预扫后的默认值，黑白二值图像和灰度图像类型与饱和度参数无关，对以彩色图像类型扫描的特殊原件应调整饱和度参数。

3. 图片资料档案的存储备份

图片资料档案的存储备份该时期采用的载体，按优先顺序依次为只读光盘、一次写光盘、磁带、可擦写光盘、硬磁盘等，但不能用软磁盘、移动硬盘作为数码照片档案长期保存的载体。归档、存储备份文件应包含图像文件、图像文件对应的机读目录数据库文件和技术档案文件。

开展图片资料档案库的信息组织与加工规范化方法研究，能使照片档案资源和其他相关的社会资源得到更充分的共享和利用，不仅能提高查询速度和利用效率，还能改善常规管理模式，提升机构的信息化管理水平，基于照片档案管理信息系统的功能使照片档案信息可以超越原有的时空限制，最终形成符合发展特点的实用知识型照片电子档案库，为我国的照片档案信息化事业发展提供借鉴。数字化图片档案资源还可以作为一种财富，更好地满足需求。运用数字化图片资源拓宽发展之路的关键在于，正确认识图片资源数字化以后的功效，并能科学利用与开发这种应用价值。

第三节　文献索引数据标引与检索

本节基于 Python 设计的索引词标引和检索是新一代索引编制系统的重要功能，运用知识图谱工具选取特定文本，智能分析其中热词及主题的演变规律，并以高频词检索智能挖掘索引位置等信息，有助于鉴别出热门词语和潜在主题的变化。图谱分析有助于得出索引研究在某个时期的发展路径，利用 Python 能够实现深入而快捷的索引智能标引与检索。索引工作迎来了互联网+、大数据与人工智能的新时代，利用 Python 技术研发可以更准确、规范和快捷地实现对海量索引信息的整序、分类、检索和挖掘。

新时代索引数据处理的一个重要特征就是网络环境，网络空间中存在着海量的信息源和索引编制知识。利用 Python 可以实现对大部分索引数据的处理，将 Python 脚本应用于传统的索引编制系统程序中，可以对超大量的索引数据进行高效的分析和挖掘，从而为新一代索引编制系统的各项功能提供有力支持。研究发现，基于 Python 设计的索引词标引及检索是新一代索引编制系统的核心功能之一。文本分析有助于鉴别出某段时期内或某学术作者群文章中最热门的词语，通过这种热门词语的变化可以捕捉到潜在的主题变化。我们运用 Python 设计知识图谱分析及应用软件，选取《张琪玉索引学文集》（国家图书馆出版社，2009 年）和《中国索引（第一辑）》（复旦大学出版社，2016 年）为特定文本，分析其中热词及主题演变规律，得出索引研究在一个时期内的发展路径图谱。将 Python 引入索引编制系统研究，获取了一系列可参考的结论，提升了索引词标引和检索的质效，为“地方志索引”和“学位论文索引”等智能化编制系统的实现奠定基础。

一、Python 语言索引编制系统的设计

1. Python 语言及优势

Python 本身具备的大量优势，与计算机领域内的其他语言相比有自己独特的优势，而索引界当前还缺少对该技术的研究和应用。与 Java 和 C++相比，Python 极易操作；与 Visual Basic 相比，Python 的跨平台性能稳定；与 Ruby 相比，Python 更加成熟；与 PHP 相比，Python 简单易懂，应用范围较广；与 Perl 相比，Python 语法简单。而且，Python 的计算生态非常庞大，拥有大量的第三方库。Python 语言是一种广泛使用的通用编程语言，凭借大量优质的第三方模块，能够实现各种复杂的数据分析功能。Python 语言已成为科学计算领域最重要的编程语言之一，尤其是相对于 Matlab 系统，Python 语言具有以下优势：①Python 是一个开源、免费的系统，其应用不受任何法律、政策的限制；②作为一款轻量级的开发语言，Python 语言可以部署到大多数平台上，包括配置较低的嵌入式设备；③Python 语言的生态完全开放，这使得它成为新算法、新工具的主要开发平台之一，现在主流的人工智能工具都将 Python 作为首要支持的语言之一。使用 Python 可以使得新一代的索引编制系统能方便地利用最新的算法和工具。因此，人们在实际的应用过程中更加偏向于 Python，开发者利用其进行软件开发和运行能极大地降低时间成本。为此，尝试基于 Python 设计索引词的标引及检索系统，研究使用 Python 实现上述特定文本的索引分析服务的设计方法和实现途径。

2. 索引编制系统的设计

索引编制系统包括索引收集子系统、索引分析子系统和索引服务子系统，研

究设计旨在构建集索引收集、分析和服务于一体的索引编制系统，以实现数据关联、知识标引和检索编制等功能。

（1）索引系统的收集和分析功能设计。索引收集子系统的设计是索引编制系统的基础，它作为索引系统获取信息的主要媒介，首先选择所捕获的数据，剔除与目标信息无关的数据，对其他子系统而言具有重要作用。网络爬虫程序可以实现数据库的连接和读写，对网页信息的读取和分析以及生成 HTML 程序文档，其设计是基于用户的角度进行考虑的，因此在确定要实现的目标之后将相关的要求分成各种单元实施。②在实现每一个子功能之后，要据此对程序的整体结构进行把握，使实现的子功能可以安放在合适的位置，从而使程序在整体上实现最优化。索引分析子系统将对基于索引收集子系统获取的数据信息进行标引分析等。数据库中表的设计是数据库操作设计的重要依据，在数据库设计中至少需要以下的几个基本表，第一个表用来存储需要提取的网站和抓取页数，第二个表用来存储相应网站的正则表达式和其他信息，第三个表用来存储有关索引的数据信息。

（2）索引系统的关键技术和服务功能设计。索引服务子系统对基于索引分析子系统生成的数据信息进行检索处理等。正则表达式的使用可以实现提取特定字段的功能，设计过程中的关键是要保障正则表达式的正确性。如果一个文本页中包含的索引信息较多，就要利用正则表达式对索引信息进行匹配，从而将匹配的字段和关联信息存入列表；如果要对文献标题的特征进行提取标引，就需要一个专门对题名进行索引词知识匹配的正则表达式；如果数据库频繁地读取和写入，则程序的运行效率就会大大降低。索引系统数据库的设计要利用 Python 中的异常处理机制对数据库进行尝试性操作，如果其中出现错误，则需要对该错误进行相应的处理。另外，多线程的使用可以极大地提高程序的运行效率，Python 支持多线程编程。总之，Python 语言是一种广泛使用的通用编程语言，凭借大量优质的第三方模块，能够实现各种复杂的索引分析功能，同样也可以实现各种应用的索引服务功能。利用 Python 技术可以更准确、规范和快捷地实现对海量索引信息的整序、分类、检索和挖掘。

二、特定文本案例的索引标引与检索

1.《中国索引（第一辑）》索引图谱的分析及检索

（1）《中国索引（第一辑）》高频词汇的图谱统计。这里，对 2016 年复旦大学出版社出版的《中国索引（第一辑）》索引编制进行处理，使用 Python 语言进行程序开发，经过整理获得了以下高频词汇，其中列出了前 13 个高频词及其出现的次数，如表 14-1-1 所列。该集刊词的高频词汇的图谱分析如图 14-1-5 所示。

表 14-1-1 《中国索引(第一辑)》中的高频词及频次

序号	高频词	频次	序号	高频词	频次	序号	高频词	频次
1	索引	1379	6	古籍	403	11	论文	234
2	中国	704	7	研究	379	12	目录	218
3	数据库	666	8	检索	326	13	期刊	216
4	图书馆	598	9	数据	280			
5	文献	491	10	出版	253			

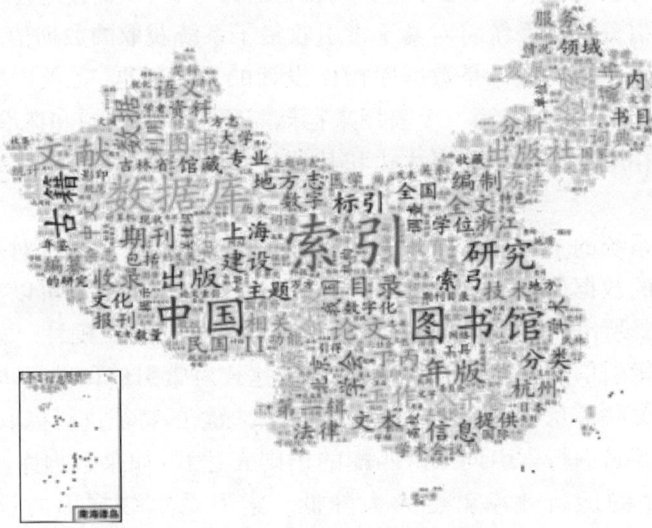

图 14-1-5 集刊高频词汇的图谱分析

(2)《中国索引(第一辑)》高频词"索引"的位置检索。基于《中国索引(第一辑)》Word 文本,以上面排列第 1 位的高频词"索引"(频次 1379)为例编制索引,得到的查询结果 560 个(示例如下)。同时,还标引出了"索引"在该集刊中的各个位置,即段落编号。

《中国索引》集刊第一辑 . docx

<p>检索词:索引 检索时间:2019. 08. 11</p>

查询结果有: 560 个

第 1 个

段落编号:609

内容:关键词索引的功能—中国索引学会。

第 2 个

段落编号：2442

内容：不同类型的文献对索引有不同的要求，各国索引协会年会也不乏各类型文献索引的专题辅导，如教科书索引。

第 3 个

段落编号：532

内容：关键词索引书后著作索引……

第 4 个

段落编号：2424

内容：三、突出索引工具和索引软件

第 5 个

段落编号：1124

内容：二是缺乏有效的索引工具。文献相关关系的挖掘需要原始元数据的关联。索引是进行数据关联的重要工具。

第 6 个

段落编号：1129

内容：机构索引、人名索引、图片索引、音视频索引等。由于索引工作长期以来在我国发展较慢，近几年在中国索引学会的强力推动下获得较大进展，但是索引工作需要众多行业的推动，相对文献元数据的关联需求来说，还有许多的工作要做。

第 7 个

段落编号：2447

内容：各国索引协会年会为索引员提供交流、交友、沟通的平台。

第 8 个段落编号：419

内容：书目式数据库索引最早是对卡片式书目索引的电子化，即将原有手工查询索引方式改进为直接在计算机中制作成索引数据库。

第 9 个

段落编号：418

内容：1. 从书目式索引到语义式索引

第 10 个

段落编号：508

内容：索引技术智能化是指由字顺索引到语义索引的发展趋势。语义索引不像字顺索引只拘泥于检索字段字面本身，而是透过现象看本质，正确捕捉检索用户的实质需求，能够有效地解决字顺索引中同义词和异义词的问题。语义索引的发展与语义网、本体技术密切相关，并在网络数据库和搜索引擎领域取得良好的检索效果。对语义索引的理论、技术研究也是当前索引研究领域的一个热点。

…………

2.《张琪玉索引学文集》索引图谱分析及检索

(1)《张琪玉索引学文集》高频词汇的图谱统计。这里,对 2009 年国家图书馆出版社出版的《张琪玉索引学文集》索引编制进行处理,使用 Python 语言进行程序开发,经过整理获得了以下高频词汇,其中表 14-1-2 列出了前 16 个高频词及其出现的次数。该文集的高频词汇的图谱分析如图 14-1-6 所示。

表 14-1-2 《张琪玉索引学文集》中的高频调及频次

序号	高频词	频次	序号	高频词	频次	序号	高频词	频次
1	索引	4156	7	中国	258	13	工具书	184
2	检索	766	8	图书	254	14	研究	180
3	文献	652	9	标引	248	15	方法	168
4	数据库	622	10	工作	241	16	图书馆	154
5	编制	538	11	功能	236			
6	内容	324	12	关键词	232			

图 14-1-6 文集高频词汇的图谱分析

(2)《张琪玉索引学文集》高频词“索引”的位置检索。基于《张琪玉索引学文集》Word 文本,以上面排列第 1 位的高频词“索引”(频次 4156)为例编制索引,得到的查询结果 1638 个(示例如下)。同时,还标引出了“索引”在该文集中的各个位置,即段落编号。

《张琪玉索引学文集》. docx

<p>检索词:索引 检索时间:2019. 08. 11</p>

查询结果有:1638 个

第 1 个

段落编号:1156

内容:普通题录式索引、分类索引、著者索引、个人著者索引、团体著者索引、题名索引、文献来源索引、文献内容索引、书后索引、普通主题索引、综合索引、人名索引、机构索引、地名索引、会议索引。

第 2 个

段落编号:1157

内容:媒介索引(间接索引〉对照索引式索引……

第 3 个

段落编号:757

内容:索引项来自索引源。

第 4 个

段落编号:2596

内容:笔记索引和日记索引。

第 5 个

段落编号:925

内容:按索引外形,分为书后索引、单行索引、活页式索引;按索引所收录的资料形态,分为书籍索引、期刊索引、报纸索引、非书资料索引、摘要的索引或索引的索引。

第 6 个

段落编号:595

内容:多编索引,多用索引,多研究索引。

第 7 个

段落编号:927

内容:按索引的使用功能,分为数字及代码索引、作者索引、人名索引、团体名称索引、地名索引、题名索引、逐字索引、引文索引、主题索引。

第 8 个

段落编号:750

内容:索引项是索引功能的基础。

第 9 个

段落编号:1842

内容:专著索引的索引项。

第 10 个

段落编号:1162

内容:7.1 索引资源收藏中心 7.2 索引通报 7.3 索引交流 7.4 索引出版 7.5 索引联机服务

…………

三、索引智能标引与检索的 Python 实现

经过算法优化和软件开发,结合关键词共词网络的运算,对上述特定文本的数据从多个维度进行分析,探研索引标引和索引检索的智能实现技术。

1. 基于 Python 设计的索引标引基本技术

(1) 按需求从指定文本中获取文档对象,将文档内容按段落标记依次读入,并存入 doc 待标引文档中。

(2) 用 Python 的 jieba 分词实现中文分词解析器,对输入文档进行分词,使用停用词表实现去停用词,按照词频从大到小排序实现词频的统计,并将统计结果存储至本地的标引文档中。

(3) 用 Python 制作词云,设置字体、背景色、词云形状、最大词汇和最大号字体,产生词云,保存和显示词云图片。

2. 基于 Python 设计的索引检索基本技术

(1) 按需求从指定标引文件中获取文档对象,将文档内容按段落标记依次读入,并存入 doc 待检索文档中。

(2) 用 Python 建立索引文件,读取文档内容,获取中文分词解析器,构建索引字段结构,即每个文档中包含的索引或存储字段;打开索引,按段落编号依次添加到索引位置集合中。

(3) 接收查询请求,用 Python 实现单项常见检索或两个以上联合检索(用"+"进行连接);构建查询式开始检索,显示位置编号和内容摘要。

最后,修订程序中代码设置:

① `filename = "中国索引第一辑 .docx";searchstr = "索引";`

② `filename = "张琪玉索引学文集 .docx";searchstr = "索引"`。

分别调用执行:

```
create_index(filename)
search(searchstr)
```

获得前面的所述结果。

四、两种索引的特点与启示

比较上述结果可以发现,《中国索引(第一辑)》集刊和《张琪玉索引学文集》具有以下特点:①用 Python 实现标引词频统计,两者标引出的排列第 1 位的最高词频词均为“索引”,完全符合集刊和文集的中心主题。②用 Python 实现高频词“索引”的单项检索,集刊的查询结果为 560 个,频次是 1379,占比是 40.6%,而文集的查询结果为 1638 个,频次是 4156,占比是 39.4%,结果非常接近,研究主题非常明确。③用 Python 获得的高频词汇,集刊和文集的前 8 个热词中就有 5 个是相同的,它们是“索引”“中国”“检索”“文献”和“数据库”,比较清晰地说明了索引界当前所研究的热点和路线。④《中国索引(第一辑)》集刊的研究相对比较广泛,覆盖率高,基本反映了全国广大索引工作者的研究重点,除了“索引”和“中国”外,按需求从指定标引文件中获取文档对象,将文档内容按段落标记依次读入,并存入 doc 待检索文档中;用 Python 建立索引文件,读取文档内容,获取中文分词解析器,构建索引字段的结构,即每个文档中包含的索引字段或存储字段;打开索引,按段落编号依次添加到索引位置集合中;接收查询请求,用 Python 实现单项常见检索或两个以上联合检索(用“+”进行连接);构建查询式开始检索,显示位置编号和内容摘要。“检索”和“标引”也作为高频词涵盖其中,恰好是本节所研究的两项关键工作。⑤《张琪玉索引学文集》的研究相对比较集中,“索引”的频次明显高出第 2 位,重中之重非常突出,而且“检索”也是文集的研究重点,这与张琪玉教授长期的研究成果是吻合的。

综上分析,可以得出以下启示:①文本分析有助于鉴别某段时期内或某学术作者群文章中最热门的词语和研究主题,通过这种热门词语的变化可以捕捉潜在的主题变化。②图谱分析有助于得出索引研究在一个时期内的发展路径图谱,将其引入索引编制系统研究可获取一系列重要的结论。③利用 Python 可以实现对索引数据的智能标引和智能检索,从而可以为新一代索引编制系统的各项功能提供有力支持,是新时代智能索引的研究指南。④基于 Python 设计的索引系统智能标引及检索的研究成果,可以作为今后研发“地方志索引”和“研究生学位论文索引”等智能化编制或应用系统的关键技术和实现基础。总之,索引研究进入了互联网+、大数据与人工智能的新时代,利用 Python 等先进技术研发索引编制系统,可以更准确、规范和快捷地实现对海量索引信息的整序、分类、检索和挖掘。

第四节　信息机构大数据集成服务

本节聚焦信息资源管理学科知识集成问题，构建大数据环境下档案与图书情报信息集成服务机制是理论创新的需要；聚焦信息共享与隐私保护协同问题，构建信息集成服务的新模式是现实发展的需要；聚焦信息机构大数据公共获取分析引擎问题，构建信息集成服务的新系统是实现机制研究的最佳实践。实现集成服务有利于挖掘档案信息资源和提高档案利用效率，有利于实现档案增值服务和提高档案信息服务的竞争力。

社会进步和信息技术发展继续改变着以档案馆和图书情报中心为代表的信息机构工作的空间和内容。宏观上，构建大数据时代档案和图书情报信息集成服务的环境、模式和系统是研究数字信息资源集成服务实现机制的重要内容，档案信息的网络共享和隐私保护又是其研究的关键问题；中观上，构建集成服务环境的核心是对档案学和图书馆学、情报学大学科知识集成问题的研究，构建集成服务模式的核心是对大数据时代档案信息共享与隐私保护协同问题的研究，构建集成服务系统的核心是对大数据时代档案和图书情报信息大数据公共获取分析引擎问题的研究。

一、档案与图书情报的信息集成服务

1. 信息集成服务实现机制的理论与方法

20 世纪 70 年代国外信息管理界已提出图书、情报和档案的信息资源共享，在新媒体环境下图书馆和情报中心的发展比较快，档案界近年来受各种条件和环境的影响也有较大的进展。知识管理大师布鲁金指出，档案资源在知识管理中处于核心地位，知识管理为档案管理实现跨越式发展提供前所未有的空间。2006 年英国国家档案馆提出“领导和变革信息管理、为未来保存今天的信息、将历史引入每个人生活”的发展目标，2008 年提出其网站策略要充分利用新技术推动在线服务变革，核心理念是“基于信息技术的服务方法必须围绕公众设计”。美国前副总统戈尔提出的“在‘数字地球’上利用高新技术手段最大限度地利用资源”，正推进着这种资源共享的实现。美国“电子隐私资讯中心”在保护个人隐私方面起着积极的作用；多国的档案馆、图书馆和情报中心正利用和制定标准规范的管理法规，使个人信息安全得到保证并促进隐私保护技术迅速发展。

在国内，冯惠玲指出档案信息资源的综合贡献力在社会发展进程中“是其他资源不能替代的”，提出“只有通过整合档案资源，融入多样化商业和社会生活中，才能缩短档案工作者所追求发挥的作用和实际发挥作用之间的距离。”台湾大学典藏数位化计划包括保护台大自然和文化遗产,其所有者用各自的数字档案系统为特定社群服务。金更达等提出基于元数据的电子文件集成管理与服务模式,梁萍对数字档案馆集成信息服务模式做了描述,袁红军和倪佳认为个性化信息服务模式是档案信息服务机构向网络扩展的必然产物,张卫东构建了一个档案个性化信息服务解决方案。周毅在阐明信息权利内在意蕴基础上探索了档案资源开放与开发的运作机制,张江珊提出要注重对个人隐私权保护和协调好技术与人关系的研究,吕欣分析了电子政务信息共享中面临的隐私保护问题。可见,网络环境下要求集成服务将数字化档案与图书情报信息这些信息资源组合成整体并延伸更大范围,美、英等国家对网络环境下信息的集成服务研究比较成熟。

2. 信息集成服务的实现技术与应用

运用高科技手段是提高数字化档案与图书情报的信息集成服务质量和效果的关键。同样,近年来新媒体技术推动了档案信息集成服务的创新思维,由此快速推进了档案和图书情报整体信息集成服务的工程。澳大利亚国家档案馆在线网展常设“Faces of Australia”和“Pic of Week”栏目。OAIS 为馆际联合及联合编研工作提供技术支持,已得到国外档案界广泛的认可和应用。日本亚洲资料中心(JACAR)是一个共享档案馆,其通过协议合作在一个检索工具上实现了资源的最大限度利用;美国档案文件署组建的档案信息导航系统能检索 200 多个档案馆的数字信息。数字信息机构进一步发展将用户的网络交流和情感需求作为出发点,完善用户的互动性体验,如建立图书馆、情报和档案博客以及网络社区等平台,以吸引用户参与信息交互与资源共享。

在国内,冯惠玲和周毅提出构建一个包括集成服务平台的“五位一体”公共信息服务体系,为档案界指明一条实践路向。国内数字档案馆已开始重视以用户为导向的档案信息服务,金凡提出通过网络会议、问卷和日志等收集反馈信息来完善档案信息服务系统,福建“网上公共档案馆”面向大众提供广泛的档案信息服务,青岛档案馆将网络社区应用于自身的信息服务,上海档案信息网的“档案博客”栏目是档案信息交互服务中的一个亮点,天津市档案馆率先推出了 3D 网上展厅。检索国内外相关信息资源发现,目前国际上已具备较成熟的数字化档案与图书、情报信息集成服务实现的条件,国内有许多上述分散的研究成果,也有一批有影响力的研究者及其机构。但围绕我国整体上研究数字化档案与图书情报信息集成服务实现机制的环境、模式和系统及其关键问题尚不完善,在核心期刊上刊载的成果不多,实证研究存在许多不足,相关理论方法和技术的研究及对实践的指导作用有待提升。

二、大数据环境下档案信息集成服务的实现

1. 深入研究的思考

当前,数字信息资源集成服务实现机制的研究中存在信息资源的组织和挖掘不足、信息服务的针对性不强、信息共享与隐私保护有冲突、集成服务的理念未足够重视、先进信息技术缺少支持应用等问题。因此,当前开展档案信息集成服务实现机制的研究应该包括如下基本观点。

第一,开展大学科关联信息的集成服务的研究,在更高层次上实现档案和图书情报信息资源共享是当务之急。迎合学科发展未来趋势、推动现代档案工作向前发展、获取最大信息量输出使档案大学科一体化建设成为必要;而档案学、图书馆学和情报学的学科信息源自一体,研究内容相似、业务内容与外延相近使网络环境下大学科信息资源共享成为可能。

第二,档案和图书情报信息集成服务依据一定的需要对相对独立的信息系统中的资源、功能及关系进行融合、类聚和重组,重整为一个效能更好、效率更高的新的资源服务系统。在数字信息机构的知识组织中,时序关联、因果关联能够从时间和事件先后顺序、因果及人物关系上挖掘各类信息关联问题,借助先进信息技术取得较好的效果。

第三,基于网络的档案和图书情报信息共享与利用迅速发展并日益成为一种趋势,信息共享与敏感信息隐私保护之间的矛盾变得尖锐;同时,知识技术的迅速发展正推动着信息的搜集、共享、服务和监管机制的智能化。网络信息隐私保护或以信息拥有者的隐私策略为研究对象,或从语义上改进传统匿名保护方法,隐私保护也是云环境下数字信息机构健康发展的前提。

第四,信息机构可以利用博客、微博平台扩大资源开发利用和成果宣传,在通常的搜索引擎基础上构建档案和图书情报大数据公共获取分析引擎非常迫切,目前信息管理界多以管理者需求而采用针对性的技术解决,整体上不具连续性和系统性。充分利用网络舆情分析平台,对信息资源的开发利用有重要意义和应用价值。

2. 当前研究的主要内容

大数据环境下实现档案信息集成服务,有利于挖掘档案信息资源,提高档案利用效率,提高档案信息服务的竞争力。当前开展档案信息集成服务实现机制研究的主要内容包括:

(1) 构建以档案和图书情报信息组成的大学科知识集成研究为核心的集成服务环境。实现大学科信息资源的集成共享是社会前进和信息机构本身向前发展的要求,探讨以档案和图书情报信息牵引大学科的信息集成方法,以档案馆信

息中心、图书馆信息中心或情报资料信息中心建立大学科知识组织框架,构建信息集成服务的实现机制新环境。当前,应加大对以档案信息牵引大学科知识集成问题进行的研究,从档案服务的角度把握大学科的信息共享,从总体、功能、数据和环境等方面对档案知识组织需求进行分析,从而推动数字图书馆、情报和档案整体信息资源建设,提高大学科信息利用的质量。

(2) 构建以档案和图书情报的信息共享与隐私保护协同研究为核心的集成服务模式。系统研究信息共享与隐私保护的协同问题,研究敏感信息的访问控制、隐私信息的匿名保护及推理防范机制,并运用在档案和图书馆、情报信息服务网站上,构建信息集成服务的实现机制新模式。当前,应加大对网络信息共享与隐私保护协同问题的研究,将知识技术引入网络信息隐私保护中,开展信息资源共享和隐私保护下档案和图书情报信息服务新模式的研究,从而为构建信息集成服务提供一个新的模式,同样是档案和图书情报实践创新和现实发展的需要。

(3) 构建以档案和图书情报信息大数据公共获取分析引擎研究为核心的集成服务系统。利用数据关联技术构建以档案馆、图书馆和情报中心为中心的大学科信息集成服务网站,利用信息采集、数据挖掘、文本分析、分类聚类技术建立档案和图书情报网站的博客等的研究交流平台,构建信息集成服务的实现机制新系统。当前,应加大对大数据公共获取分析引擎问题的研究,便于揭示图书情报和档案信息交流各要素以及之间相互联系,促进信息的横向交流以实现信息资源共享,促进用户网络交流需求和完善用户互动性体验。构建信息集成服务系统是数字信息资源集成服务实现机制研究的最佳实践。

三、构建大数据环境档案信息集成服务的新机制

构建大数据环境下大档案信息集成服务的新型机制,其基本思路是:先理论方法研究后技术开发,先研发领域知识后进行方法集成与实践。首先明确大数据不仅是指数据的数量之大,还在于数据的价值之大;其次分析大数据技术实现对动态、异构、庞大数据的存储和管理,并从中提取出简约的数据集,其数据挖掘主要是在数据中发现有潜在价值知识和模式,分析主线是从数据到信息、再到知识和情报逐层萃取的路线。该集成服务实现机制的研究方法归纳如下:

对档案和图书情报相关学科数字信息群的知识集成进行研究,重点是将档案的信息组织置于信息学科整体的知识集成环境中,从多维角度对档案和图书情报中心的关联数据需求进行分析,为知识组织框架的设计建立理论体系,以本体概念集对图书情报和档案信息资源进行语义标引,以基于本体的知识语言检索领域知识,以自然语言实现信息查询。

构建以档案和图书情报信息共享与隐私保护协同研究为核心的集成服务模

式,分步研究信息共享与隐私保护的协同问题、基于敏感信息访问控制的隐私保护策略、基于信息匿名保护和隐私推理防范的隐私保护策略,之后在档案和图书情报信息服务网站上运用隐私保护技术。首先研究基于语义的档案和图书情报信息整合、XML异构信息组织及其本体方法的应用,然后研究图情档一体化信息检索的平台和语义异构性,分别给出新媒体档案资源的信息搜集、信息分析和信息服务解决方案,最后构建以数字化档案和图书情报信息的大数据公共获取分析引擎研究为核心的集成服务系统。

基于取得的研究工作成果,开发计算机软件功能原型,在理论和方法的指导下逐步完善系统。具体而言,该研究具有以下的创新价值:

一是在构建数字化档案和图书情报信息集成服务的实现环境和实现模式上创新。研究以档案和图书情报信息牵引和关联大学科数字信息群的集成服务新环境,研究以协同档案和图书情报信息共享与隐私保护为目标的集成服务新模式,不仅能够填补学界的空白,而且提出了深入研究数字信息资源集成服务实现机制的方向,这将大大拓展和深化档案学、图书馆学及情报学理论与方法的研究内容,跨越式推进信息管理学科,为政府、社会和机构、个人开展集成服务的水平和质量。

二是在构建数字化档案和图书情报信息集成服务系统的实现机制上实践创新。创新研究档案和图书情报信息的大数据公共获取分析引擎,以构建新媒体环境下的集成服务系统,加强数据和信息的集成,注重数据的清洗与过滤,关注新数据类型的分析方法,促进数据分析的可视化以及探索大数据新的分析技术和工具的应用。

构建大数据环境下的档案与图书情报信息集成服务机制,分别从理论方法和技术应用上研究分析了当前存在的档案信息资源的组织和挖掘不足、档案信息服务的针对性不强、档案信息共享与隐私保护有冲突、档案集成服务的理念未足够重视、先进信息技术缺少支持应用等问题,对档案和图书情报信息的大学科知识集成问题进行研究,建立新的研究环境,这是信息管理学理论与实践创新和发展的需要;对档案和图书情报信息共享与隐私保护协同问题进行研究,构建信息集成服务的新模式,这是实践创新和现实发展的需要;对档案和图书情报信息的大数据公共获取分析引擎问题进行研究,构建信息集成服务的新系统,这是数字信息资源集成服务实现机制研究的最佳实践。因此,系统研究信息管理学大学科知识集成构建集成服务环境,则利于从广度和深度上挖掘档案信息资源及图书情报信息资源,提高它们的利用效率;科学研究档案和图书情报信息共享与隐私保护协同构建集成服务模式,则利于档案的信息集成和信息共享,实现信息机构的增值服务;创新研究档案和图书情报信息的大数据公共获取分析引擎构建集成服务系统,则利于减少目前存在的信息不对称、信息资源浪费现象,提高档案信息服务的竞争力。

第十五章　社会化媒体档案信息资源开发

第一节　新媒体档案信息资源建设

本节面向互联网新媒体档案信息资源建设与服务，介绍新媒体数字档案馆的主要特征，阐述新媒体档案信息资源建设的来源构成与特点，分析新媒体网上档案信息资源开发建设中的信息采集、信息处理和信息服务等相关方法、技术及其研究重点，为改进与完善现有档案信息化工作的方法模式提供借鉴与参考。

当前，全球迈入大数据时代，数据的重要性已引起整个社会的极大关注，成为应用服务创新的重要源泉。其主要原因是可以广泛挖掘利用的数据量巨大，并迫切需要将这些数据转换为可用的信息与知识。与以往相比，大数据背景下要求从数量更为巨大、结构繁多的数据中挖掘出隐藏在背后的规律，揭示数据的真实价值，发挥数据的最大化价值。以互联网为代表新媒体中的网站、论坛、博客和微博等提供的海量数据，同样受到广泛关注，成为档案开发与利用的新型资源。

一、新媒体环境的数字档案馆建设

档案信息化初期，档案馆主要通过档案网站来发布数字化加工的档案信息以实现信息服务，这种方式存在信息资源匮乏，服务方式单一，资源利用效率不高，编研工作缺乏成效的缺点。仅利用档案网站发布原生信息的工作服务模式已难以有效满足用户的信息需求。同时，Web 信息激增，搜索引擎应运而生并快速发展，虽然在一定程度上缓解了查阅档案信息不便的矛盾，然而从档案利用的角度，大多搜索引擎的信息组织与标引缺乏控制，冗余重复信息过多，各类信息容易混杂无序；信息涉及面过广，缺乏信息深度挖掘；分类标准缺乏系统性与规律性，都会造成用户使用不便，并不能有效满足档案用户与工作者的需求，特别是档案研究者的需求。大数据背景下，开发利用互联网信息资源既是档案信息化建设中的战略性步骤，也是新媒体环境下有效建设与利用档案信息资源的必然选择，亟须对互联网档案信息资源的开发利用进行理论研究与应用探索。

面向新媒体档案资源建设,对互联网档案信息资源整合与利用过程中的方法技术等相关问题进行研究与分析,为有效开发利用互联网档案资源,改进与完善现有档案信息化工作的方法模式提供参考与启示。

传统档案服务工作通过对档案进行收集、整理和编研等过程,将档案及档案相关产品提供给用户,实现档案信息共享。档案馆作为档案事业的主体,在档案文献(纸质或是电子)的组织与服务方面积累了丰富的经验,为社会服务、科研活动和学术交流提供了有力支持。随着信息交流方式的不断演进,以互联网为代表的新兴媒体涌现出海量的网站、论坛、微博等数据资源,这就要求档案馆构建新型的、分布式的和整合式的具有新媒体信息资源开发与应用功能的数字档案馆。新媒体下的数字档案馆既包括传统数字档案馆的各类处理、管理和检索等服务功能,又包括数据采集、数据可视化、数据抽取、数据集成、信息标引和文本分类聚类等数据分析挖掘服务功能,其基本结构如图 15-2-1 所示。一定程度上,新媒体数字档案馆表现为互联网档案信息资源开发系统及服务平台,并不断向着数据密集型服务范式转换发展,数据的服务支撑作用始终作用于整个档案信息服务。

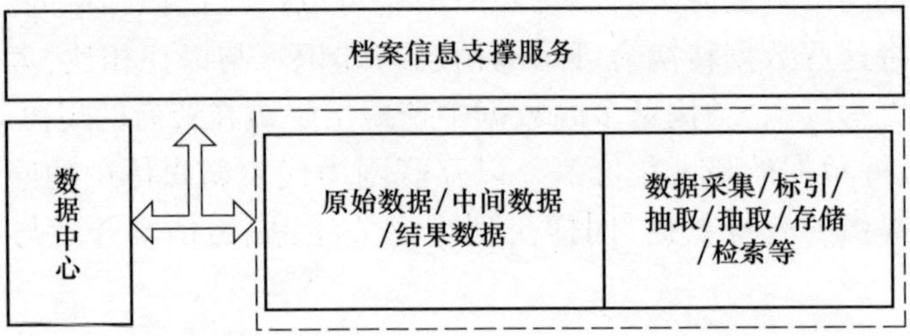

图 15-2-1　数字档案馆系统结构

互联网档案信息资源开发系统及服务平台,一般由档案信息采集工具、档案信息分析工具、档案信息发布平台、档案信息服务引擎(Archive Information Server,AIS)和档案信息集成接口五部分组成,其系统架构如图 15-2-2 所示。整个系统的工作流程是:①信息采集工具从互联网大型(档案)网站、论坛、博客等信息源采集信息,并存储到 AIS;②档案信息分析工具对 AIS 中的档案信息进行智能化分析和加工;③档案信息发布平台将经过加工处理的档案信息发布至 Web 界面;④信息集成接口提供 AIS 与已有档案信息网信息资源间的访问、整合与交互。

二、新媒体档案资源数据中心的构建

数据是档案服务的核心资源,数字档案馆必然是以数据为基础的数据服务

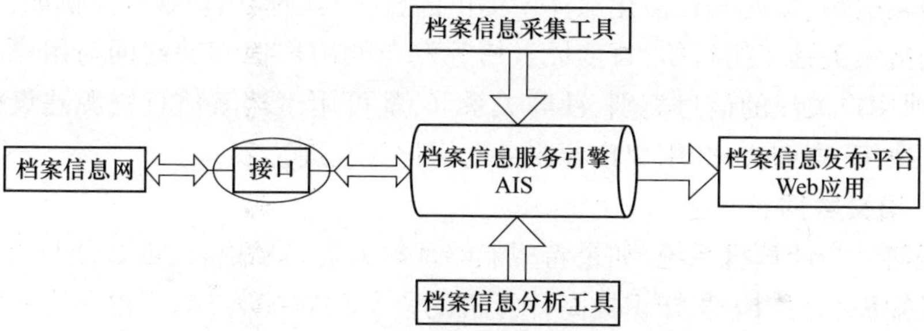

图 15-2-2　新媒体档案信息服务平台系统结构

系统。档案馆的核心竞争力不仅是对档案文件信息的竞争,多种类型数据的拥有、融合、挖掘与利用水平也是档案行业内部以及与其他行业之间竞争的关键因素。新媒体创造了前所未有的数据资源,加强新媒体数据资源的采集与拥有必然是档案馆资源建设的重要工作内容。新媒体的信息数量是海量的,信息类型、来源渠道和获取方式是多元的。面向档案馆信息资源的开发利用,这些数据资源主要可分为业务数据、用户数据和语义数据三种类型。

1. 业务数据

档案形成的根本目的是为了对已经发生的事物进行记录,其根本属性体现为历史记录性,是历史的凭证。不仅档案本身包含着一定特征信息,而且与形成档案文件所描述的活动、事件等历史活动一样,它是与其他档案文件密切联系在一起的。单靠一个档案馆的人力、物力、财力,难以形成具有完备性、系统化的资源体系。例如,上海档案信息网的档案政务中,上海地方政府的档案文件相对较多,但不包含制定这些政策法规依据的各类国家级文件,并且这些文件也只是包含上海地区的部分公开政务文件。档案馆需要借助互联网不断丰富与自身业务服务目标相关的各类信息资源,扩展各类档案业务数据。这些信息资源可以来自国家、地方政府的官方网站,也可以是大型的知名商业网站、新闻网站、论坛与博客等。

2. 用户数据

通过对用户使用行为数据的分析,不仅可以了解用户行为、意愿、业务需求、知识应用的能力,更可以对用户的信息需求与行为过程进行分析和预测,从而获得档案馆所需的决策参考,帮助档案馆应对当前所面临的用户流失、服务方式匮乏等实际问题。用户数据主要是指用户的身份标识、查询关键词以及各种输入流与点击流。这些数据是档案利用者的个人信息与使用记录,体现着用户的信息需求与使用习惯。通过分析这些数据能够发现档案利用者的访问模式,有针对性地进行用户推荐,构建与优化档案资源及各种服务功能。新媒体的不断应用与普及,使得用户数据的来源不单是调查问卷、档案网站,而且包含各类可访问的搜索引擎、微博等社会化媒体中提供的直接与间接用户数据。例如,谷歌全球热门搜索关键字排行榜、百度风云榜等发布的用户搜索关键词与用户行为记录,微博用户关注的信息类别、社群关系等,都可用于档案信息资源建设中的主题信息决策、查询优化、用户推荐服务的优化与改进。

3. 语义数据

任何一个计算机系统,如果希望能够理解人类自然语言,就必须与人一样具备语义知识。利用语义知识提高计算机的语义理解能力,就显得非常必要。在现有的档案信息化研究与实践工具中,语义支持的缺失是一个普遍问题,应用语义资源存在广泛需求。当前著名的本体知识库有 WordNet、FrameNet 等,面向中文的知网 HowNet。虽然这些语义知识的准确程度较高,但存在构建成本高、数量有限、更新慢的问题。互联网时代,信息的来源、数量和形式发生了根本性变化,完全人工方式获取语义知识已经不能满足实际应用的要求。

维基百科、百度百科、互动百科等免费的新媒体资源,由于其覆盖面广、准确度高、结构化信息丰富、获取成本低、动态更新等特点,已经成为知识挖掘、自然语言处理研究以及各种信息处理任务中可替代传统语义知识库的语义知识来源。从百科知识中,能够自动抽取同义词、近义词、相关词、上下位以及属分关系,可广泛运用于信息检索、词义消歧、文本聚类与文本分类等诸多信息处理任务,有效增强信息分析处理的智能化程度,提高用户获取知识的效率。

三、档案信息资源开发处理中的关键技术

数据资源中心的建立为档案信息资源的开发利用提供基础。新媒体数据中所蕴含的档案价值需要利用一定的技术进行分析、处理与重组,才能从中获取数据再利用与创新的价值。新媒体数据来源广泛,应用需求和数据类型也都不尽相同,但是最基本的数据处理流程基本一致。档案信息资源的开发利用处理主要包括以下部分,如图 15-2-3 所示。

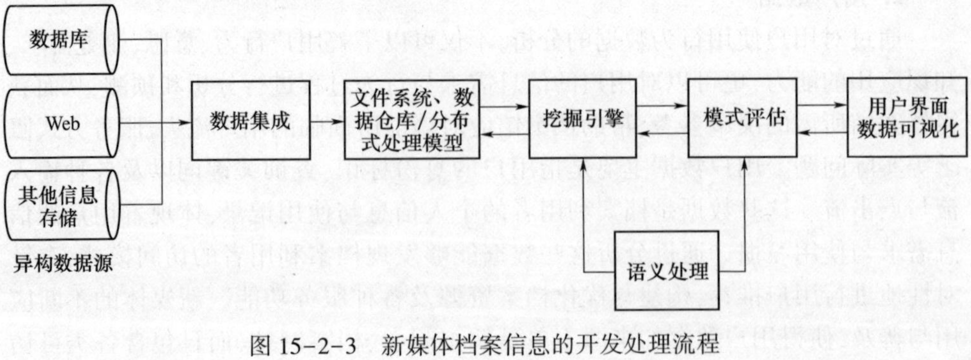

图 15-2-3　新媒体档案信息的开发处理流程

首先,从广泛异构的数据源进行清洗、抽取和集成,按照一定标准存储数据,构成可用于数据分析的原始数据;接着,组织和提取数据及其属性特征,转换数据为易于分析的形式并载入文件系统、数据仓库或分布式存储与处理模型;接着,对数据进行挖掘分析,从中提取有益的模式或知识;同时,结合语义知识库实现数据的语义处理,提高分析质量;最后,在系统与用户之间进行交互评估,并以不同形式对挖掘结果进行可视化,为终端用户服务。

这一处理流程需要综合多种信息技术,利用各种分析挖掘技术处理各类信息,将各种加工分析结果存入档案信息服务引擎,为用户提供信息浏览检索服务以及各类分析挖掘结果,其中的主要技术如图 15-2-4 所示。

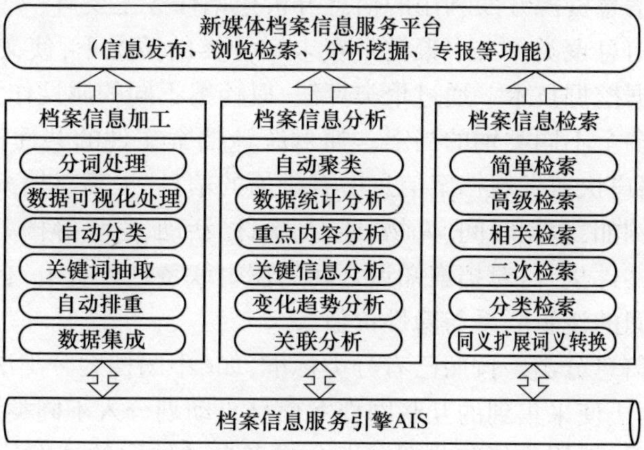

图 15-2-4　新媒体档案信息加工分析中的主要技术

1. 数据集成

数据集成把不同来源、格式、特点性质的数据在逻辑上或物理上有机地集中,从中提取出关系和实体,并经过关联和聚合之后采用指定的标准来存储数据,从而应对数据来源广泛、类型繁杂而给数据处理带来的挑战。为了保证数据质量,同时需要对数据进行清洗。档案信息资源集成的现实目标主要是将采集开发建设的互联网档案信息与现有在线的档案信息网进行对接,整合和规划互联网采集的档案信息资源与现有档案信息网中的数据,使其成为内容集中准确、查询快速简捷、利用方便系统的档案信息资源整体,提高档案工作者研究交流的水平和实现档案网站信息的增值服务。目前,较成熟的数据集成方案有联邦数据库、基于中间件模型和数据仓库等方法。数据集成技术不是一项全新的技术,已有较多且成熟的解决方案,这里不作赘述。

2. 数据存储

传统的数据库比较适合结构化数据的存储,融合新媒体的档案信息资源会远超单机容纳的数据量。并且,在实际的存储处理中几乎不可能“One size fits one”,即一种统一的数据存储方式能够适应所有应用。因此,必须在传统数据库的基础上融合分布式存储方式。例如,典型的 Hadoop 和 NoSQL(Not Only SQL)都属于分布式存储技术的范畴。与传统数据库相互补充,能够更好地适用于不同应用场景。在存储格式上,根据档案文件的特点尽量采用档案界通用的档案编码著录(Electronic Archival Description,EAD)著录标准。按照 EAD 对档案的各种特征进行记录,将题名、形成时间、文种、载体、秘级、主题词和正文等描述特征以元数据格式存储,对于照片、声像档案尽量描述其记录的内容。

3. 信息分析

围绕档案信息资源开发利用的信息分析挖掘任务主要有:

(1) 档案信息聚类。文本聚类是在未知分类的情况下,使文本自动组成有意义分组的数据挖掘技术。通过聚类算法,以档案不同的属性作为聚类特征,使档案文件形成多个不同类别的档案。通过统计档案文件的共性特征、分布模式和频度,帮助用户快速发现档案信息中有价值的信息,提高对档案记载内容的客观认识程度。例如,根据时间、人物、地点、事件、活动、学科等档案特征及其组合聚集为不同的文件集合,对档案知识之间的逻辑联系进行重组,有助于发掘隐藏在档案文件之间的逻辑联系与隐性价值。

(2) 档案信息分类。按照已有分类标准,如《中国档案分类法》和《中图法》等,利用分类算法使采集到的互联网档案信息自动划分入不同类别,自动建立档案资源分类体系;以用户指定关键词组合或者自动抽取的档案信息中的关键要素作为类别标签,标引采集的档案信息。同时,在档案聚类分类时,充分利用语义知识来减少语义特征稀疏对聚分类所带来的影响。

(3) 关联分析。档案文件之间存在紧密的关联关系(泛指各种逻辑关系),利用关联分析来挖掘档案文件中的大量相关联系,发现档案中记录事物之间的相互关联性或相互依赖性。自动将档案的相关文件关联在一起,帮助用户多方位、多角度地掌握档案记录的各种信息。这些关联分析主要包括:①文件注解,按记录事物的发生顺序、因果关系、引用关系、人物关系等有序组织档案文件,从不同角度展现档案文件的内在联系。例如,将某项地方政策法规的形成依据、变化发展相关文件关联起来,为用户提供档案内容上的系统化知识。为档案文件内容中的事件、引用的法规条例进行注解,并与相应概念描述文件进行关联。②文件内容关联,按照内容相关程度显示关联文件。③要素关联,主要处理与显示档案文件记录的地点、人物、机构等要素间的关联关系。

(4) 专报处理。综合以上功能形成经过分析、筛选过的各种档案专题或主题信息,为档案研究工作提供强有力的数据支持。

数据分析挖掘是档案信息资源开发处理中的核心业务。然而,数据的超高维问题对现有的数据分析挖掘技术造成很大的挑战。MapReduce 是 Google 最早采用的应用于批处理大数据的计算模型,实际中可以将一些经典算法,如决策树、K-Means 等移植在 MapReduce 框架,提高处理海量数据与高维计算的效率。同时,新媒体环境下的档案数据体量大、类型复杂且混杂噪声,容易增加分类等计算结果的不稳定性。组合方法对于不稳定的分类器是一个较好的解决方法。例如,聚集多个分类器的装袋和提升方法的计算结果优于单个分类器的性能。同时,这种组合方法易于并行处理,为处理海量数据时提高训练和测试速度提供了一定便利。

4. 查询处理

信息检索是档案信息化服务的最基本功能。档案信息检索需要满足精确性和便捷性的目标需求。例如,提供多种检索入口,能够按照属性字段检索、关键词检索、布尔逻辑组合检索、二次检索(渐进检索)等。同时,实践中需要充分利用查询转换与语义资源以提高检索性能与用户体验。

查询转换包括一系列技术,用于在生成排序文档之前和之后改善初始查询结果,主要包括拼写检查、查询推荐、查询扩展等。拼写检查、查询推荐主要是生成与用户初始查询相似的输出,提供一些候选查询词,这些候选查询是纠正错误或者是对用户信息需求的更规范描述。这些词语的来源可以是查询日志、语义知识库中的同义词等。查询扩展是在用户查询词中增加一些额外的词汇的技术。语义知识是查询扩展的有效智力资源,解决同义词、近义词问题的一个有效方法就是利用语义知识。利用查询词的同义词、近义词,能够提高查询结果的召回率;同时,添加查询的强相关词以限定查询主题范围,并指定扩展查询词各项的权重系数,能够提高查询准确率。这些都是对语义知识的典型应用。另外,相关反馈也是一种常用的扩展方法,利用用户点击的相关文件中出现的词语对查询进行扩展。

5. 分布式索引

超大规模文档集的索引需要考虑分布式处理框架。例如,MPI、OpenMP 等计算平台,其中最典型的计算平台 MapReduce 为并行计算提供了简单、高效的计算模型和运行环境,实际中也较为易用。大规模数据的分布式计算可能需要将一些单机应用的串行算法进行并行化改造,使其能够并行地运行于计算机集群中,加快查询文档结果相关性排序方面的速度,能提升对大规模数据的处理能力。另外,文件索引与内存索引的分布也是影响查询速度的重要原因。分布式索引包含文档式分布与词项分布式,前者每台索引服务器只索引部分文档集,但共享一些词项的全局信息。例如,共享词项在整个文档集合中出现的频率信息;

后者则在整个集群中建立单一索引，每台服务器包含整个文档的部分词项索引信息。词项分布式较为复杂，并且一些研究已经证实词项分布式对于提高检索效率的贡献不大。同时，分布式的存储与索引也符合档案灾备体系的构建要求。

6. 交互式数据可视化

数据分析与处理机制对用户来讲是一个黑匣，用户无法了解分析方法、分析结果的局限性或者有效性。而用户往往更关心数据的分析结果，如果没有采用适当解释方法或形式，处理结果可能让用户难以理解。这类情况会影响档案信息的使用效能，甚至误导用户对各种结果的理解。数据可视化是以图形或表格的形式显示信息，有助于用户直观理解各类数据的分析结果。然而，处理海量数据时，分析结果中的关联关系可能会极其复杂，数据可视化的功效会受到一些制约。例如，文件关联网络太大，并且包含复杂和稠密的链接，用户仅仅利用可视化的网络结构图从中发现感兴趣特征并不是一件容易的事情。

交互式数据可视化是进行知识发现的一种方法，包括数据可视化、挖掘结果与过程可视化和人机交互功能。在一定程度上，让用户了解和参与具体的数据分析过程，利用交互式的数据分析过程来引导用户逐步开展档案查询与分析任务。通过数据立方体、趋势图、标签云等图形、图标等可视化方式使分析过程和结果与用户交互，便于用户定制处理任务，理解挖掘结果。例如，限制文档网络图中节点的数量，显示用户指定的高权重节点，使可视化图形简化趋于用户要求并帮助用户理解。

第二节　数字档案管理技术发展

本节构建新媒体档案信息资源开发系统及研究交流平台，旨在解决档案用户与工作者获取网络新媒体档案信息资源困难的问题，提供一条操作性强、技术先进的途径，并在档案信息化的理论工作上提高信息获取与服务的水平和质量，同时也推动档案信息化的研究和应用创新。

促进档案网络信息和其他网络信息资源的交流、共享，已成为当前开发新型资源和开展深度信息服务的发展趋势，虽然对档案新媒体大数据进行知识挖掘的需求非常迫切，但目前学术界还存在争论，一些争论的话题已经被立项开展研究。

一、信息技术推动档案信息化跨越发展

当前信息化浪潮正席卷全球，计算机技术与现代通信技术相结合，促使世界

各国的档案工作朝着数字化、网络化方向深度发展。国际档案信息化建设通过加快推进档案资源数字化、信息管理标准化、信息服务网络化进程，有力地促进了世界各国档案事业持续、快速、健康发展，进而积累和储备国家信息资源，真实保存社会记忆，从而实现更大范围和更多种类的档案信息资源互补与共享。2010 年，国家档案局公布了《数字档案馆建设指南》；2012 年 2 月，国家档案局提出了“建设与文化强国地位相匹配的档案强国”的目标。随着上述重要法规、规划纲要和战略目标的相继推出，档案信息化建设迎来了跨越式发展，随着物联网、云计算、大数据、移动互联网等新兴信息技术的出现而不断向纵深发展。

“十二五”期间，档案信息化的一项重点工作是围绕“电子文件管理”和“数字档案馆建设”的档案信息化建设，在全国范围内纷纷展开。《全国档案事业发展“十三五”规划纲要》进一步提出“加快档案管理信息化进程”。该纲要在技术和应用方面，突出强调了以下 3 个方面：

一是持续推进数字档案馆的建设。积极响应“数字中国”建设，加快推进信息技术与档案工作的深度融合，到 2020 年全国地市级以上国家综合档案馆全部建成具有接收立档单位电子档案、覆盖馆藏重要档案数字复制件等功能完善的数字档案馆；编制数字档案馆业务系统功能需求标准；采用大数据、智慧管理、智能楼宇管理等技术，提高档案馆业务信息化和档案信息资源的深度开发与服务水平。

二是加快提升电子档案的管理水平。积极参与国家政务信息化工程建设，明确电子文件的归档范围和电子档案的构成要求；加强对业务系统电子文件的归档管理，促进电子政务和电子商务文件的归档管理工作；制订和完善信用、交通、医疗等相关领域的电子数据归档和电子档案管理的标准和规范；探索电子档案与大数据行动的融合；研究制定重要网页资源的采集和社交媒体文件的归档管理办法；加强电子档案长期保存技术的研究与应用。

三是加快档案信息资源共享服务平台的建设。实施国家数字档案资源的融合共享服务工程。建立开放档案信息资源社会化共享服务平台，制定档案数据开放计划，落实数据开放与维护的责任；优先推动与民生保障服务相关的档案数据开放；积极探索助力数字经济和社会治理创新的档案信息服务；拓宽通过档案网站和移动终端开展档案服务的渠道。

从每年的国家社会科学基金项目评审立项和国家档案局、省部级档案馆公布的科研课题来看，关于数字档案管理新技术发展与应用的研究越来越多。大数据网络时代，信息技术正进一步推动着档案信息化的深度和融合发展。

二、数字档案新型信息资源的开发与创新服务

促进档案网络信息和其他网络信息资源的交流、共享，已成为当前开发新型

资源和开展深度信息服务的发展趋势。

1. 网上数字档案的大数据特征

档案网站、论坛和博客等提供着大数据信息,如英国国家档案馆网站设计的虚拟展览、澳大利亚国家档案馆在线网展的常设栏目、日本档案馆通过一个检索工具实现的资源共享利用、美国档案文件署组建的档案信息导航系统等。国内数字档案馆重视以用户为导向的档案信息服务,如福建省的“网上公共档案馆”、青岛档案馆的“网络社区”、上海档案信息网的“档案博客”栏目、南昌市档案局的“微博”等。这些海量档案新型信息资源,同样符合当前大数据的规模性、多样性、高速性等基本特征。

2. 档案大数据知识挖掘的需求与挑战

从数据量而言,大数据常以 GB、TB、PB 为基本处理单位,数据量大并不一定是数据价值的增加,在分析档案数据之前须进行数据清洗,对数据挖掘算法作并行分布式改造。从特征维度而言,未来 Web 档案微博数据等对象属性矩阵中的属性、对象数量很大,超过目前算法所能轻松处理的特征维度级别,可能会造成巨大的维度灾难。从数据关系而言,关注用提取、选择、合并等方法提取档案关联数据,以有效揭示分散于不同数据源中的档案信息与知识。从算法性能而言,如 Google 翻译方法优于计算机语言规则归功于建立在数十亿 Web 训练数据之上,档案大数据挖掘须充分考虑算法的实时性、扩展性、伸缩性。从语义理解而言,当前信息检索、文本聚分类中的知识挖掘方法,在识别词语间语义关联、处理档案微博等短文本时存在质量不高和语义特征稀疏问题,仍需要人工干预。从数据解释而言,目前用可视化视图揭示信息多是一种分析结果的呈现,而档案数据分析与处理过程仍是个黑匣子,会影响知识挖掘的效能,甚至误导用户对一些结果的理解。从数据隐私而言,大数据分析能力的增强给档案数据隐私安全造成严重威胁,可以利用重构算法近似估计原始数据值分布,以达到保护数据隐私的同时进行数据挖掘。

3. 学术界有关数字档案新型信息资源开发服务的争论

虽然对档案新媒体大数据进行知识挖掘的需求非常迫切,但该时期学术界还存在争论。例如,认为“新媒体信息不是档案信息,因而不能属于档案领域”。事实是 Web2.0 已经深入大众,社会记忆是重要信息来源,如新浪微博已超 5 亿用户,大量社会信息、企业、政府、名人利用微博等发布信息,它们是社会记忆的重要组成部分,显然具有归档价值;同时,国际上一些重要的 WA(网页归档)项目,如美国 NDIIPP 项目、中国挪威 Paradigma 项目、澳大利亚 PANDORA 项目、德国 NESTOR 项目、中国台湾数位典藏计划和中国 Web 信息博物馆等,都提出了关注新媒体数据,并对其进行归档。因此,新媒体信息如何归档尚待研究,但极具归档价值已无争议。又如,认为“新媒体信息的数据量大,对档案界而言它们不具有研究价值”。现实是新媒体信息在档案界具有明显研究价值,已有或在建大量的档案论坛、档案学者博客、档案学者微博等新媒体信息源;从档案工作利用的视角,整合后的数据价值体现在能够开展档案利用知识服务,通过整合各类新媒体资源数据进行知识关联,为档案利用提供更好的服务;能够提供档案学术研究及跟踪,利用采集数据来挖掘档案学者的合作关系网络、学术领袖或讨论主题的演化等。再如,认为“相关档案的新媒体数据量小,因此缺少应用意义”。当时我们已调研面向档案领域的新媒体数据,包括档案知网、档案界论坛、档案员论坛、百花论坛等档案领域的论坛22个,中国档案学研究、丁氏花园、D4012工作室、兰台天地等档案学者的博客32个,平台涉及新浪博客、搜狐博客、和讯博客、网易博客等;档案学者微博有56个。因此,相关档案的新媒体数据量不少,从发展趋势看符合大数据的“3V”特征,具有研究和实用价值。

总之,一方面是大档案、大资源的新媒体数据需要知识挖掘,合理的挖掘会产生关联数据,需要基于XML的异构档案数据库信息整合与检索技术的研究成果;另一方面是过度的档案信息挖掘应给予敏感数据的保护,需要档案信息共享中的隐私保护技术的研究成果。在研究基于大数据分析平台的档案信息资源整合时,集成相关的课题成果乃是大数据时代档案信息发掘的便捷途径。

三、新媒体档案信息资源研发平台的构想

1. 建设思路

开发互联网档案信息资源,是档案信息化建设中的战略性步骤,也是网络环境下全面、合理开发并且充分、有效利用网络档案信息资源的必然选择。互联网新媒体档案信息资源开发系统及研究交流平台,旨在开拓实践档案信息资源开发与利用的新方法、新途径,实现互联网档案资源的有效开发利用,以及现有档案信息网资源的增值服务,提高用户获取档案信息的质量与效率,为档案用户集中快速地查找档案信息提供高质量的服务。我们的建设思路:一是实现新媒体档案信息资源开发系统,对互联网上的大型档案网站、档案论坛、档案博客中的信息资源进行动态跟踪和采集;二是实现新媒体档案信息研究交流平台,对采集数据进行挖掘、分析、分类、聚类和整合,形成总报,并在可控范围内予以发布;三是与现有在线的“档案信息网”进行对接,在授权条件下可以利用上述平台数据,提高档案工作者研究交流的水平和档案网站信息的增值服务。

2. 目标功能

针对互联网档案信息资源的整合与利用过程中的方法技术等相关问题进行研究与实践,能够实现对档案信息网页、论坛、博客、新闻等网络资源的精确采集

和解析,提供档案信息关键信息抽取、信息标引、文本信息分类聚类、信息检索、信息集成等多层次、多维度的档案信息服务。建设互联网新媒体档案信息资源开发系统及研究交流平台,其功能要求如下:

(1) 档案信息资源的采集。实现新媒体档案信息资源的开发,对互联网上的大型档案网站、档案论坛、档案博客中的信息资源进行动态跟踪和全面采集。采集功能在支持传统网页采集功能的基础上,为档案信息的分析挖掘提供丰富的数据资源。档案信息的采集过程主要是完成从网络信息源中获取网页页面数据的工作,重点是网络采集器(爬虫)的实现以及优化,具体包括网页脚本解析、更新搜索控制、采集的深度和广度控制等。同时,采集信息预处理是对采集信息进行初步加工和处理,为档案信息中的关键信息抽取和内容分析奠定基础,主要工作包括 Web 页面解析、数据清洗、网页数据的索引、处理结果的存储与初步统计等。其中,由于各数据源之间的结构与格式差异,需要合并处理采集数据的结构信息,提供统一标准的数据著录格式存储异构信息资源。所谓支持档案网页结构自动分析,即互联网信息资源以网页形式表现,类型格式纷杂多样,采集工具能够实现基于档案网页结构的统计分析算法,自动识别档案网页中的信息内容与相关属性,满足档案信息分析的需要。所谓支持基于模板的元数据解析,即支持基于应用模版的档案元数据解析功能,对于采集到的网页可以解析出单位、发文时间、标题、内容等档案元数据属性。

(2) 档案信息的挖掘分析。实现新媒体档案信息研究交流平台,对采集数据进行挖掘、分析、分类、聚类和整合,形成专报,并在可控范围内予以发布。所谓档案信息聚类,即文本聚类是在未知分类的情况下,使文本自动组成有意义的分组的数据挖掘技术。通过聚类算法,以档案不同的属性作为聚类特征使档案文本形成多个不同类别的档案,统计档案信息的共性特征、分布模式和频度,帮助用户快速发现档案信息中有价值的信息,提高对档案记载内容的客观认识程度。所谓档案信息分类,即按照已有分类标准,如《中国档案分类法》和《中图法》等,利用分类算法使采集到的互联网档案信息自动划分入不同类别,自动建立档案资源分类体系,以用户指定关键词组合或者自动抽取的档案信息中的关键要素作为类别标签,标识采集的档案信息。所谓关联分析,即利用关联分析挖掘档案信息中大量数据间的相关联系,发现档案中记录事物间的相互关联性或相互依赖性。自动把档案的相关信息关联到一起,帮助用户多方位、多角度地了解与该档案相关的整天情况,全面地掌握各种相关信息。这些关联信息主要包括:①文件注解,如档案信息网的档案内容中的事件、引用的法规条例的解释说明;②文件间关联,按照内容相关程度显示的关联文件;③要素关联,档案内容中共同出现的地点、人物、机构等要素间的关联关系。所谓档案数据统计分析与可视化，即对分析结果生成各种量化的统计数据与图表，给予档案各级用户的学习研究提供强有力的数据支持，如分析历史和当前的档案信息内容中呈现的统计变化规律；对历史事件、法规条例进行时间顺序与数量上的统计与图形化显示。

(3) 互联网档案信息与档案信息网的集成。将采集开发建设的互联网档案信息与现有在线的“档案信息网”进行对接，用户能够在授权条件下利用档案信息研究交流平台中的数据，提高档案工作者研究交流的水平和档案网站信息的增值服务。对档案信息网站进行功能扩展，通过对网络新媒体档案资源及信息的采集和整理，以全新的档案信息研究交流平为公众提供资源服务。同时，向公众提供新媒体档案资源的共享服务，以及档案网站信息的增值服务，以推动档案事业的发展。整合和规划互联网采集的档案信息资源与现有档案信息网中的数据，成为内容集中准确、查询快速简捷、利用方便系统的档案信息资源整体。提供相应的数据接口，能够在档案信息网中访问互联网档案信息资源。

(4) 档案信息检索。信息检索是档案信息化服务的最基本功能。针对信息内容管理和资源建设的新需求，档案信息资源研究交流平台需要满足精确和便捷的目标检索需求。所谓多种检索入口，即具有档案的属性字段检索、关键词检索、多字段布尔逻辑组合检索和二次检索(渐进检索)等。所谓同义词典主题词典，即检索时能够应用同义词典和主题词典进行档案信息的扩展检索。

(5) 用户及权限管理。系统提供用户和权限管理机制，充分保证信息内容的安全性。实现对档案信息资源的访问权限的分配，实现对档案信息资源的安全保护与利用。

3. 系统的工作流程

互联网新媒体档案信息资源开发系统及研究交流平台由互联网档案信息采集工具、档案信息分析工具、档案信息发布平台和档案信息服务引擎(Archive Information Server，AIS)、档案信息集成接口五部分组成。整个系统的工作流程是：①信息采集器从互联网大型档案网站、档案论坛、档案博客中采集信息，并存储到 AIS 中；②档案信息分析工具对 AIS 中的档案信息进行智能分析和加工；③档案信息发布平台把 AIS 中经过加工处理的档案数据发布到 Web 界面；④用户通过研究交流平台浏览档案信息与通过专报生成等功能完成的深度加工信息；⑤信息集成接口提供 AIS 与档案信息网档案信息资源间的访问与交互。其中，档案信息采集的主要业务流程，是从互联网信息源中获取数据的过程，需要确定档案信息源的采集范围，估计数据规模确定软硬件配置与方案，采集器在 Web 脚本解析、Web 页面清洗等技术支持下完成档案信息的保存存入数据库；档案信息加工分析与服务的业务流程，是利用各种文本挖掘技术来加来工分析档案数据库中的各类信息，并将各种加工分析结果存入档案信息服务引擎，为用户提供基本的浏览检索、各类分析挖掘功能以及全方位的检索功能。

四、预期成果的效益与特点

围绕档案信息资源需求特点，研究网络新媒体档案信息资源的开发与利用方法，探讨大数据档案信息的采集、存储、检索、分析和挖掘等各种理论与技术方法实现，有助于把握档案信息化建设的指导方向，推进档案信息化理论与应用创新，为档案信息化建设中如何构建开发信息资源的关键问题提供实例方法与实践经验，丰富档案信息化理论方法和实践体系。

综上所述，该研究成果将呈现如下特性：①促进互联网档案信息资源的进一步共享和利用。档案信息资源交流共享平台能够提供不同网站、论坛、博客的海量异构信息资源，提高档案信息资源的共享和利用。②提高用户对档案信息获取的专业性与便捷性。通过一系列的数据挖掘技术整合各种档案信息源，充分挖掘信息资源的使用价值，提高档案信息服务的知识化水平，并且对档案信息进行有效组织并提供统一访问入口，以消除档案信息孤岛，达到档案信息无缝集成，大大减少用户获取有效信息的成本。③互联网档案资源与档案信息网信息资源间的有效整合和服务，是信息增值服务的一项必要手段，有助于发挥信息组织与整理的最大性能。④项目中的各项技术具有较好的应用前景。信息采集、信息分类聚类等各项技术可广泛用于档案信息资源的开发与挖掘，具有较好的应用潜力和普适性。新媒体档案信息资源开发系统及研究交流平台投入运行后，将解决广大档案用户与工作者构建与获取网络新媒体档案信息资源困难的问题，提供一条操作性强、技术先进的途径，并在档案信息化的理论和应用上进一步提高信息获取与服务的水平和质量，同时也推动档案信息化的研究和应用创新。

第三节　档案社会化媒体信息挖掘

本节所研讨的大数据背景下媒体信息发掘，既是档案信息化建设中的战略性步骤，也是其有效建设与利用的必然选择。借鉴文件管理体系国际标准和开放档案信息系统参考模型，顶层设计档案社会化媒体整合系统的框架，规范整合过程中的档案信息组织、开发和利用路径；以多种档案社会化媒体信息的异源数据作为分析源，对各内容进行深度挖掘，并利用改进的网络分析法和可视化工具进行揭示，从整合对象、方法和利用形式等构建档案新型资源的整合机制。

随着互联网的迅速发展和变革，社会化媒体成为记录人类社会生活变迁的重要载体,并成为大数据时代热门的焦点。档案社会化媒体也迅速渗透到学界和业界,成为信息交流和知识传播的重要平台,但目前这些网络信息资源没有引起档案界的广泛重视,需要整合和能够整合的档案资源太少也导致整合意义不大。将档案的网络学术论坛、学术博客和档案学人微博作为切入点,在此基础上探索数据源的分布、评测甄选和整合方法,并最终在构建的档案社会化媒体信息获取和分析系统上,有效地整合开发利用档案新型资源,必然是推动和促进现有的档案信息化资源建设与利用的研究内容和方向之一。

一、国内外档案社会化媒体资源的开发现状

社会进步和信息技术的发展继续改变着档案工作的空间和内容,档案社会化媒体信息资源的整合是当前国内外研究档案资源深度建设与挖掘利用的重要领域。新的对象、方法和利用形式影响着档案信息的整合机制,新的组织、开发和利用技术更新着档案信息的整合路径,构建档案新型资源整合系统是必要的技术平台。

1.“大档案”和“社会记忆”拓展档案概念的外延

在“大档案”和“社会记忆”理念驱动下,档案概念的外延不断拓展,档案社会化媒体信息资源的研究逐渐活跃, 而有关整合路径与机制的研究明显不足。2012 年第十七届国际档案大会的主报告以美国国家档案局局长 David S. Ferriero 的《社会化媒体应用背景下的档案》开篇,平行会议的发言中有超过 5 篇论文研究该主题,显然档案与社会化媒体相结合是新的研究领域。国内档案学知名专家冯惠玲教授在 2012 年全国档案工作者年会中以《社交媒体与档案社会化》为主题发表演讲,指出社会化媒体的广泛应用将变革档案管理的平台、理念、对象、管理方式和主体,引发档案资源来源、结构和构建方式的调整,推动档案社会化的进程。经过长期的探索,国外 Web Archive 的研究和实践取得了丰硕成果,国内在起步阶段但还没有引起档案馆等文化记忆机构的足够重视和应有投入。中国人民大学胡鸿杰教授热衷以博客方式记录教学、科研和生活中的感悟,其博文汇编成《胡言》出版而受档案学专业师生的喜爱。可见,信息化条件下要求将档案社会化媒体信息组合成整体并延伸利用范围,显然对活跃学科交流、拓展档案来源、提升档案服务具有重要意义。但是国内数字资源整合的讨论集中于图书情报界,且主要针对学术信息资源。围绕档案社会化媒体信息整合价值的认识仍存有争议,造成相关理论和方法的研究脱节。

2.“大数据”和“知识技术”完善档案信息化的条件

在“大数据”和“知识技术”理念驱动下,档案信息化的条件不断完善,但档案社会化媒体信息资源整合开发的研究鲜有涉及, 有关技术手段的研究明显缺

乏。档案社会化媒体信息整合涉及本体与组织工具改造、媒体资源分类及智能化、数据转换与映射等技术,关联开放数据为文化记忆机构的数据处理提供了重要机会。加拿大卡尔顿大学图书馆 Patti Harper 指出了社会化媒体对档案角色定位的转变;美国弗吉尼亚大学 Daniel V. Pitti 在其项目 SNAC 中研究了利用用户社交网络实现档案访问的权限控制;H. Larry Eiring 研究支撑以用户为中心的数字信息管理的社会化媒体技术;Schefbeck Günther 则分析了社交网站信息归档中面临的挑战;中国台湾大学典藏数位化计划中包含了用数字档案系统为特定社群的服务;国际档案界正借助网络优势建立大资源共享服务平台为用户提供便捷的服务。就国内而言,档案界已注重以用户为导向的档案信息服务,青岛市档案馆将网络社区应用于自身的信息服务;上海档案信息网的"档案博客"栏目是交互服务中的一个亮点;南昌市档案局在微博中发布档案历史事件及档案界最近新闻。由上可见,境外对数字资源的保存、网页信息的归档等技术研究已相当深入,运用高科技手段是提高档案新型资源整合效果的关键;但国内当时建立的档案博客和网络社区等平台或利用系统很少,信息化条件下的整合路径依然不畅,造成相关技术的研发和应用浅于表面。

二、档案社会化媒体资源开发的研究框架

档案社会化媒体主要选取网络论坛、博客和微博作为研究对象。研究的主要目标,一是探索社会化媒体信息的整合,以充实国内档案界在 Web2.0、UGC 和社会化媒体领域的研究;二是总结国际 WebArchive 在数据选择、采集、存储、著录、访问、元数据管理等环节的先进经验,以弥补国内档案学科在这一研究领域的缺陷;三是从系统的角度设计信息集成、分析与服务的框架,以构建科学系统的数据源评价指标和计算方法;四是探索社会化媒体信息整合的模式及关键技术,并展示档案关系网络的知识地图和挖掘意见领袖。

因此,可以制定上述研究的总体框架如图 15-2-5 所示。分析如下:①从信息系统的角度设计档案社会化媒体信息组织、信息开发和信息利用的框架,即明确档案社会化媒体信息资源的整合的体系结构,给出档案社会化媒体信息资源的整合路径。②围绕要整合的档案信息资源开展研究,主要是调研异构数据源的分布状况,引入"影响力评价"概念进而研究数据评估方法,最后得到数据甄选的计算公式。③从档案元数据标准入手对信息整合的模式进行研究,明确整合中涉及的理论问题,针对档案社会化媒体新型资源,以信息采集、信息分析和信息利用等流程进行实验。④从技术上分析涉及和拟采用的技术方案,借鉴 Web Archive 的信息流设计,梳理每个环节中的关键技术和最新方法,针对档案社会化媒体新型资源,以可视化分析、知识服务等流程进行实验。⑤分析档案社

会化媒体信息关系网络，挖掘档案深层信息。综合以上研究，构建档案新型资源的整合系统，建立其整合机制。

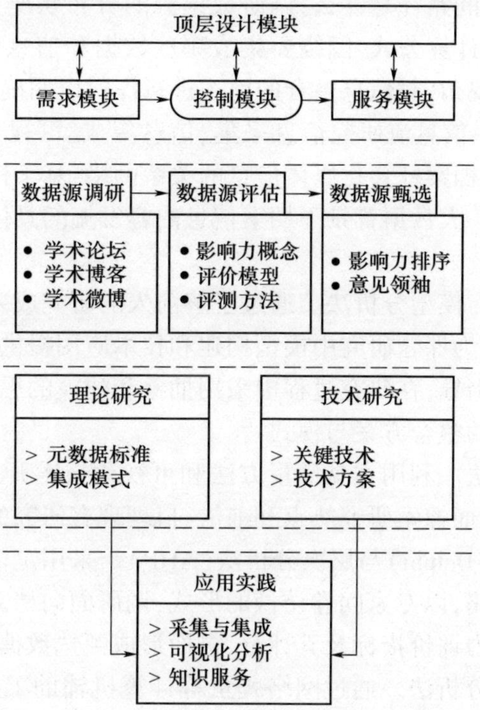

图 14-2-5 档案社会化媒体信息研究的总体框架

显然，该总体框架的研究重点包括：以信息流为主线对整合流程模块化设计，从而规范整合过程；全面调研档案社会化媒体网络信息资源的分布，科学提出数据源的评价模型、评价指标和计算公式，从而构建数据源选择和评估方法；研究 HTML、DC、EAD 和 XML 的映射关系，从理论层面形成档案社会化媒体信息资源的整合模式；利用信息采集、数据挖掘、文本分析和分类聚类等技术建构档案新型媒体的整合平台。国内该时期的相关研究甚少，部分成果仅是阐述档案馆微博开设、学者博客利用、社会化媒体给档案工作带来的机遇和挑战、国外 Web Archive 的介绍等，研究多停留在表层，缺乏科学的数据实证，更缺乏档案与社会化媒体相结合的应用实践。

三、大数据背景的档案信息内容发掘方法

1. 基本思路与方法分析

基本思路即通过“先理论方法研究，后技术应用实践”的基本流程，层层深

入研究以下主题:综析国内外的研究现状,界定研究对象和概念,明确为什么要开展信息整合;从系统的角度设计社会化媒体信息组织、信息开发和信息利用的框架,明确信息整合的路径是什么;调研数据源的分布状况,探索数据的评估方法,得出数据甄选的计算公式,围绕要集成哪些数据和信息开展研究;从理论方法和技术实践两维视角,对信息整合的模式进行探讨以明确涉及的理论问题,分析借鉴 Web Archive 信息流研究信息采集、信息集成、可视化分析、知识服务等各环节的技术,挖掘档案社会化媒体信息的关系网络,基于档案新型资源整合系统建立起整合机制。大数据背景下档案信息内容发掘的具体研究方法应包括以下多种:

(1) 文献调研与模型分析法。通过了解前人的研究成果,明确研究的问题、思路和方法,同时也为课题研究中模型构建和技术应用提供理论支撑;以归纳与演绎的研究逻辑为指导,在研究过程中采用抽象和建模的思路,以形成网络信息共享中的档案资源的整合方案与模式。

(2) 知识图谱法。利用文献计量方法和可视化技术开展文献综述,通过绘制领域知识图谱,从而探索研究热点和前沿,梳理现有研究的问题和不足。

(3) 德尔菲法(Delphi)与层次分析法(AHP)。采用定性分析和定量测算相结合的混合研究思路,以专家问卷访谈的形式,调研面向档案学科的社会化媒体数据源分布和影响力评价指标及其评分,进而形成甄选数据的科学体系。

(4) 社会网络分析法。通过网络爬虫等计算机辅助工具采集数据,借鉴社会网络分析理论探索用户的关系网络、知识地图等,同时利用工具对分析结果进行可视化。

(5) 结构功能分析法。将本研究作为一个完整的系统并以系统论等思想为指导,对信息集成整个环节中信息采集、元数据、文本分析、分类聚类、可视化分析等模块进行整合,同时分析各子模块涉及的重要理论、技术、方法和应用。

2. 研究特色及其成果展望

在理论与方法上,借鉴国际标准中的文件管理体系和开放档案信息系统参考模型,紧密接轨国际“网络信息归档”前沿研究,创新性地提出档案社会化媒体信息资源的整合框架及其顶层设计,通过系统调研档案新型资源的分布得出数据源的评价模型、评价指标和计算公式,以科学组合的研究方法构建拟整合之数据源选择和评估的方法,通过研究 DC、EAD 和 XML 的映射关系及其本体构建,从理论层面形成档案社会化媒体信息资源的语义集成模式,从而规范档案信息组织、档案信息开发和档案信息利用的整合路径。

在技术与应用上,借鉴 Web Archive 的信息流思想和信息系统开发的方法,创新性地提出将社会网络分析方法、网络信息挖掘技术、可视化分析技术和知识服务技术以运用于档案社会化媒体信息资源的开发，研发档案社会化媒体信息整合平台及其利用系统，得出社会化媒体用户关系网络的知识地图及核心用户群体，揭示档案社会化媒体内容的关联、知识的演变等，基于整合对象、方法和利用形式等构建档案新型资源的整合机制，从而增强网上档案信息交流与增值服务，提升社会化媒体信息服务的质量。

四、成果交叉与综合研究

大数据背景下开发利用档案社会化媒体信息资源，既是档案信息化建设中的战略性步骤，也是其有效建设与利用的必然选择。本研究可应用于国家、军队和地方的大中型数字档案馆、综合档案馆的档案资源进一步建设中，也适用于关注档案社会化媒体信息资源整合研究、开展档案社会化媒体信息资源服务的档案信息机构和学术部门。例如，研究“档案社会化媒体信息资源整合框架的顶层设计”和“档案社会化媒体信息整合平台及其利用系统”，均能在综合档案馆的新型资源建设与发展中提高档案利用质量、实现档案信息增值服务。又如，研究“档案新型资源的系统调研及数据源的分布、评测甄选和整合方法”、“基于HTML、DC、EAD 和 XML 映射的档案社会化媒体信息资源的语义集成模式”和“档案社会化媒体信息资源的整合路径与实现机制”，均能在档案信息机构和学术机构的建设与交流中发挥出较高价值。

第四节　社会媒体资源搜索可视化

本节研究社会媒体档案学术资源的可视化应用。为了更直观地展示搜索结果中隐藏的变化趋势以及数据之间的相互关系，使档案人员能够更好地掌握和利用搜索出来的信息价值，需要对搜索结果进行智能抓取和分类，以可视化的形式展示那些有价值的数据关系及变化趋势。

利用信息网络技术对大量无序复杂的数据进行归类，提炼出核心价值内容并整理成有意义的信息或知识，这是大数据时代档案界开展学术资源搜索的过程。目前，大多学术资源搜索引擎仅对搜索结果作简单的逻辑排列，综合性搜索引擎还不能够很好地满足专业检索的要求。

一、档案社会化媒体学术资源搜索

谷歌学术搜索（Google Scholar Search）是国内外有代表性的学术搜索引擎之一，其服务对象主要是科学家和各类从事学术研究的人，用来帮助用户广泛地搜索众多学科学术著作出版商、专业性社团、大学及其他学术组织等经同行评论的文章、论文、图书、摘要等，还可帮助用户在整个学术领域中确定相关性最强的研究。为了保证查询结果的有效性，谷歌学术搜索通过以下方式展示查询结果：一是提供书目信息；二是提供文献被引用情况；三是提供关联信息。如果一种文献被引用，但是这种引用文献没有联机上网，则可通过离线信息机构链接找到保存这项学术成果的信息机构；如果用户未看到这篇文献却又对此类文献感兴趣，可进行同组文章检索以查找同属这组的学术研究成果。相比较，微软学术搜索（Microsoft Academic Search）是近年发展起来的一个强大的学术搜索引擎，使用最新的可视化技术是其一项特色功能，为用户查找学术论文、国际会议、权威期刊、作者和研究领域提供了更加智能、新颖的搜索手段，因而提供了更多有价值的学术资源。微软学术搜索的可视化应用研究，对大数据环境下完善学术搜索服务的发展方向具有指导意义。

借鉴国际上优秀学术信息搜索门户的可视化理念与解决方案，有必要研究档案社会化媒体学术资源搜索的可视化应用。目前的学术资源搜索表现出许多不同的特征，刘如学者归纳为三个方面：一是主界面展示的内容不同。如使用15个大类学科目录并对每一个学科都提供该学科领域的各种信息，使用户轻松获得有影响力的论文、作者、期刊、机构和关键词等信息。二是使用的搜索引擎技术不同。列出的结果是最终对象的集合，而不是杂乱的网页列表，页面结果一目了然，大大简化了后续信息处理的评价过程。三是有多维分析的可视化展示，目标论文均以横向和纵向的可视化形式展示有价值信息。这些学术搜索引擎尽管有优势，但对档案学术信息资源，特别是对档案社会化媒体学术资源的搜索结果展示，并没有提供强适应性的功能。

二、档案学术资源关联的图谱分析

目前，许多信息管理学科的工作者继承传统的文献计量学方法，进行学科领域研究热点和发展方向的分析研究，并通过数据和简单图形来显示研究结果，档案界亦不例外。随着社会信息化和网络应用的日益广泛，档案学术资源急剧增加，数据分析的复杂度呈现出指数发展态势，运用传统计量方法研究态势已经显得力不从心，各种媒体学术资源质量的不平衡性和重复性，使得传统的简单图形不能充分体现档案学术资源的分布规律和发展方向。档案学术资源中的大量关键词构成了一个复杂的网络，可视化分析就是借助复杂的网络理论和数据分析工具，解释其网络的内部结构并将这种内部关系以图谱的形式展现出来。采用可视化方法展现，不仅可以对单个关键词的档案个体属性进行研究，还可以对整个档案关键词网络进行分析。深入挖掘词与词之间的隐性关系，对词团的网络关系具体化,使呈现的知识形象生动,这不仅方便档案人员进行研究,同时也有助于档案用户把握和认识档案学的学科结构。

可视化理念启示我们,档案学术资源搜索的可视化意义在于:一是增强展现,很多讨论所涉及的主题一般有多个要素,其中一个要素会影响到其他的要素,如果不采用可视化则无法看到全貌,也无法进行真正的讨论;二是增强理解,便于对话、探索和交流,简化了复杂性;三是增强审视,争论双方持不同的观点得以记录并展现于众时,情绪会逐渐趋于缓和。知识图谱分析即利用信息计量方法和可视化技术开展档案学术资源的综述,通过绘制档案领域的知识图谱来梳理现有研究的问题和不足,探索相关的研究热点和前沿。

作为我们承担的国家档案局科技项目“基于大数据分析平台的档案资源整合研究”研究成果之一,“档案学人微博的调研与分析”子课题介绍了将档案学人之间的相互关注问题量化为数据矩阵,并利用社会网络分析工具 Ucinet 和 Pajek 软件进行计算和分析,生成了图 15-2-6 的档案学人微博关系网络。这里可以分析出该关系网络的以下结果:

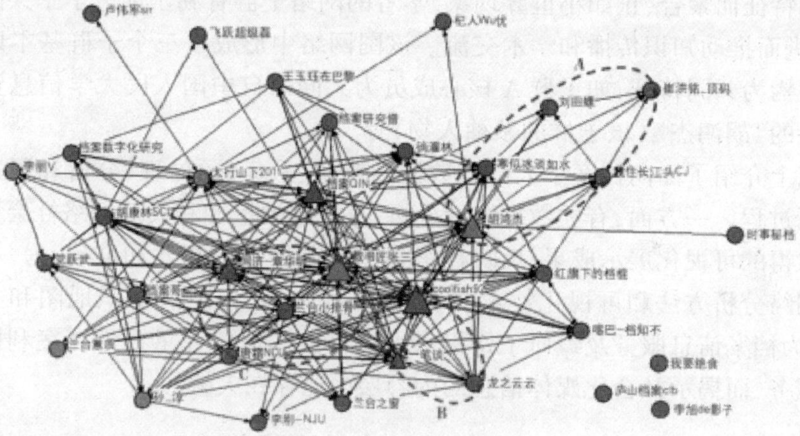

图 15-2-6　档案学人微博关系网络

(1) 整体上呈现汇聚意见领袖中心点的强连通性。首先,单个意见领袖参与的派系数量值高。如将派系计算的最小规模设定为 6 个成员,利用 Ucinet 对网络进行计算可以形成 50 个派系,用户同时参与的派系数量从高到低依次是“教书匠张三”(张会超同时参与 46 个派系)、“coolfish92”(毕牧同时参与 40 个派系)等,表现出他们在多个派系有影响力,且是各派系之间信息流动的关键人物,成为档案学人的意见领袖。其次,多个意见领袖同时参与的派系数量值高。经聚类计算生成派系成员聚类图,计算分析图中聚类关系度,能揭示意见领袖间关联的密切程度，这种意见领袖合作密切的特征有利于增强意见领袖的影响力和号召力，进而带动粉丝参与和引导话题走向。

(2) 意见领袖影响力突出并呈现突破帕累托法则的网络格局。对数据降序排列后，利用 SPSS 等软件对散点进行回归曲线拟合，进一步分析相应的 Cubic 模型拟合曲线，发现该网络已经突破传统的“二八分布”规则。网络中的用户影响力极不均衡，意见领袖既有较强的个人派系影响力，同时又形成了意见领袖的群体影响力。网络中意见领袖起主导作用。这种网络格局有可能埋没许多草根用户的展露，即那些发表的有价值的信息。

(3) 档案馆人员缺乏交流呈现出网络用户关系松散。如图 4-2-6 中“庐山档案 clb”“李旭 de 影子”“我要绝食”三个孤立点十分醒目，综合影响力排名第一的“时事秘档”只单向关注了“胡鸿杰”，反映出档案业界与学界存在交流欠缺的问题，同时也反映出不同档案部门的工作人员缺乏交流的现状，应提高这些关键用户的信息传播影响力。

(4) 以用户机构为向导的部分子群初步成型。网络中子群一般以用户间某一共同特征而聚合，正如小世界现象，学者的网络子群有利于促进学术共同体的形成，进而推动知识传播和学术交流。该图网络中形成了三个子群基本以用户所在机构为共同特征，如子群 A 核心成员为共同来自中国人民大学信息资源管理学院的“胡鸿杰”(该子群的领袖人物)等。

以上介绍了面向档案学人微博数据的调研、采集、预处理、分析和服务的图谱分析过程。一方面，有关数据统计分析、意见领袖挖掘和关系网络社会科学计算所取得的可视化展示成果，反映档案学术资源搜索的高效和准确；另一方面，社会网络分析方法和可视化技术的引入，能揭示信息热点、知识地图和主题演变，以为档案信息服务及编研工作提供方法借鉴。但研究重在为档案利用提供知识服务，而揭示社会化媒体信息的内容层面还存在欠缺。

三、档案社会化媒体学术资源搜索的可视化

社会网络分析方法和可视化技术的引入，为档案学术资源信息利用及编研服务提供便捷。借鉴社会网络分析理论探索用户的关系网络、知识地图等，同时利用可视化工具对分析结果进行展示。基于国家社科基金课题“信息化条件下档案社会化媒体信息资源的整合路径与机制研究”的研究任务，延续上述档案学人微博的应用研究，有必要进一步揭示以档案学为代表的信息管理学科中信息服务关注的知识关联，探索大数据下档案社会化媒体学术资源搜索的可视化应用，最终将档案馆微博、档案信息网、政务网等统一纳入数据采集范围，以实现真正意义上的互联网档案学科相关信息的整合，提供档案知识服务。

1. 档案学术资源搜索中的可视化技术应用

档案学术资源搜索中,搜索结果的排序有两个因素:一是通过属性的计算得出搜索词相关度的影响力;二是通过与其他对象之间关系计算得出搜索对象的影响力。在查询过程中使用档案学术资源搜索平台,以可视化的形式展示搜索结果背后的具有价值的档案信息。如微软学术搜索,其最终的结果显示页面跟Science Direct、IEEE 的显示形式差不多,可获得相关论文的排名列表,每篇论文下方列出了被引用次数、作者、期刊名等信息,当光标移动到"作者"上面时会显示该作者的照片和基本情况。在档案社会化媒体学术资源搜索中,可视化技术根据用户访问网站的习惯与档案资源的内在组织特性,可以帮助用户提供文件关系与知识导引:一是通过文件内容相关性的比较,展示相关文件在不同全宗、案卷、发文机构、所属分类之间的联系;二是通过主题词之间的相关性,展现文件间的关系;三是通过引用与被引用文件间的关系,帮助、引导用户快速获取知识;四是通过直接显示在用户界面与用户输入时智能提示的方法,将用户输入的查询关键词相关、相似的词汇提供给用户。

2. 档案学术资料引用情况的二维图展示

在进入一篇网络资料的详细页面后,显示有关的介绍、供浏览或下载的原始链接及参考资料。在页面合适位置以多种二维线图方式,展示该文被引用的情况和在一定时间范围内的引用趋势。如微软学术搜索平台搜索"钱伟长"的结果如图 15-2-7 显示,当光标移到作者上面时会显示"钱伟长" 的照片和基本情

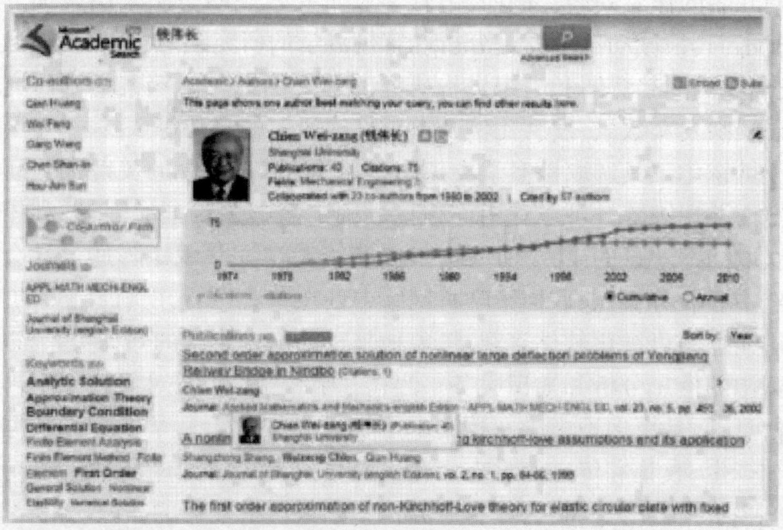

图 15-2-7　搜索到的学术资源的引用二维图

况。档案信息网上的学术资源搜索结果采用可视化分析,可以展示出档案学术资料引用方面的更多信息。

3. 档案学术组织人员分布与作者关系网的可视化展示

学术组织人员分布图的展示主要分为学术的组织分布和研究人员的分布两个方面,前者显示档案领域方向内的研究机构分布及所在地区等信息,后者显示某学术研究领域被不断点击放大地图,直至呈现图中的人物分布,继续单击某头像则显示作者的一个基本信息,点击后就会链接到详细的介绍页上。作者关系网可视化功能可以分为作者群关系图(Co-author Graph)、作者群路径图(Co-author Path)和引用关系图(Citation Graph)三个部分。档案学术作者群关系图可以更具体地了解共同作者的关系,其中每一个作者的节点越大,表示该作者的成果越多,而节点之间的线越短,表示两个作者之间的合作数量越多,移动到某条连线上还可看到他们合作的文章数量;档案学术作者群路径图可以展示作者之间的合作路径,路径中每个节点代表了作者之间的合作关系,通常以树状的可视化形式呈现主要作者和其他作者的关系,当其他作者较多时,按照不同部门或机构进行归类;档案学术引用关系图均在每个引用关系之间显示引用次数,引用某作者的文章越多,离该作者的距离越近。

4. 档案学术研究领域态势图

学术研究领域态势图(Domain Trend)直观地显示了某学术领域的发文动态。可视化的展示功能可以提供每个领域随时间的变化,用户从中获取选定时间段内前几名的作者列表。例如,微软学术研究领域动态图采用叠加分布图进行直观显示,其领域动态主要是分析计算机科学的研究动态,分为发表数量的趋势图、发表比例的趋势图和组织机构研究的趋势图三种。档案学术研究领域动态图可以反映发文数量、发文比例及组织机构研究的趋势等。

基于可视化工具选取档案学类核心学术资源,以其中的关键词为研究对象构建关键词共现矩阵。可以利用词频指数确定高频关键词的限值,利用共词聚类方法获取档案学科的研究知识群;可以基于关键词共现矩阵通过社会网络分析的节点中心性分析,获取档案学科网络中处在核心位置并具控制力的关键词;可以运用先进的可视化软件直观、形象地呈现网络内隐含的知识关系,以推进档案学术资源的信息分析和知识服务。当前,档案学的研究对象已经不再是单一的文献信息,而是更多地集中在档案电子资源的发掘上。学术搜索数据的可视化可以在产生、收集和传递信息方面减少人力投入并缩短时间,而且在分析和解释上能充当更重要的角色,譬如在研究档案学人微博数据的获取、分析和服务的实践基础上,继续探索大数据下档案社会化媒体学术资源搜索的可视化应用。学术搜索数据的可视化还可以根据数据可视化成像做出正确、有效和有依据的决定，譬如借鉴国际上优秀学术信息搜索门户的可视化理念与解决方案，分析档案社会化媒体学术资源搜索的可视化应用，通过档案信息的多元化组织与可视化展示，将无序复杂的数据转化为学界更易利用的形式，从而实现档案学术资源搜索的决策高效和信息准确。显然，档案社会化媒体数据搜索的可视化应用是我国档案学术资源搜索领域发展的必然趋势。

第十六章　网络舆情管理与信息发掘技术

第一节　舆情事件内容关联分析

本节研究基于词跨度的关键词获取算法，对候选关键词进行权重计算；研究计算词汇之间的共现率算法，通过限定范围和结果组配的方法来识别词汇之间的关系，实验测试取得了良好效果对于提高网络舆情事件分析的质量有重要意义和应用价值。基于舆情事件的词汇关联分析，既是面向网络舆情的情报研究中的一项关键技术。

对舆情事件的词汇相关性进行分析，得到与事件密切相关的关键词，也是保证和提高网络舆情分析质量的一个重要途径。

一、词汇之间的关联分析

词汇之间的关联分析是知识挖掘研究中的一项重要工作。面向舆情事件分析，词语之间的关联分析是构建舆情事件中的关键要素及相互关系的一项关键技术，同时也是查询扩展与提高网络舆情分析情报服务质量的有效途径。当舆情事件发生变化时，一些词汇被联系组织起来，产生新的词语语义关系与动态关系。例如，突发事件的发生，本无固有关联的人物与地点、人物与机构之间会产生密切的关联。并且这种基于舆情事件间的词语关联在网络中普遍存在。词汇关联分析主要是通过统计大规模语料库词语的共现频率实现，研究重点主要在于全局性词语概念间的内在关联。由于语料库并不以事件作为分析对象，包含大量无关词语，事件内容中的关键特征容易被大量冗余特征湮没，无法识别围绕事件的一些关键词汇有效特征，难以满足舆情事件分析中词汇关联的处理需求。若以舆情事件网页作为处理对象，则研究关键词的抽取算法与关键词之间的关联分析算法，需要一种面向舆情事件网页内容的词汇关联分析方法。在利用 Web 采集器获取舆情事件的相关网页的基础上，首先统计 Web 文本中的词汇特征抽取关键词，接着确定关键特征之间的关联强度，实现舆情事件页面中的词汇关联分析。

二、基于词跨度的事件内容关键词获取算法

网络舆情事件的网页抓取采用 Web 采集器的程序实现。当前，已有 TRS、天玑、方正智思舆情信息采集系统以及 Larbin、Nutch、Heritrix 等一些开源的 Web 采集器可用来抓取网页，这里分析基于 TRS(www. trs. com. cn)网络舆情信息采集雷达对网页内容进行抓取：首先，指定相关采集站点采用定向抓取的方式从网站抓取主题网页；然后，设置事件关键词对网页内容进行过滤采集；最后，抽取网页信息按字段进行保存。其中，舆情事件的数据来源于主要军事新闻网站，采集站点的设置属性包括 URL、网站名称、频道名称、采集分组和系统分类等。

网页内容抓取完成后，对获得的文本信息内容进行加工处理，其流程如图 16-3-1 所示。首先进行分词处理，使用 ICTCLAS 分词系统，其准确率可达 95%，且通过多层隐马尔可夫模型的应用同时能够保证分词的效率。其基本思路是：先对文本进行原子切分，然后进行 N-最短路径粗切分，找出前 N 个最短的切分结果生成二元分词表，最后根据分词结果同步完成词性标识。在传统的关键词计算方法中，加入词跨度因子，利用词跨度来过滤噪声数据，滤除无关词，同时对候选关键词进行词频统计和位置标注，实现关键词权重计算。具体步骤如下：

步骤 1　候选关键词的抽取。在提取关键词时对词的词性进行标识，并优先选择名词作为关键词。

步骤 2　特征统计。词跨信息，即词汇在文中首次和末次出现的距离，反映词汇在文中出现的范围词跨度越大，说明词汇在该事件信息中涉及的范围越广，与事件关系越紧密。如果在文中仅出现一次，记为词汇所在段落的长度；词频信息即词汇在文中出现的次数，词频越高表示与事件的关联程度越大；词的位置信息包括词在文中出现的区域和词首末次出现的位置，其中区域位置包括标题块、首段字块和正文字块，位置信息可通过对全文词集进行双向遍历获得。

步骤 3　权重计算：采用 $\mathrm{weight}t_i = tf_i \times \mathrm{loc}_i \times \mathrm{pos}_i \times \mathrm{span}_i$ 的权重计算，其中 $\mathrm{weight}t_i$、tf_i、loc_i、pos_i 和 span_i 为候选词权重、词频因子、位置因子、词性因子和词跨因子。具体计算如下：①词频因子 tf_i。采用非线性函数 $tf_i = \dfrac{\mathrm{fre}_i}{1 + \mathrm{fre}_i}$ 计算词频因子 tf_i，式中 fre_i 为候选词 w_i 在文中出现的次数；②位置因子 loc_i。位置因子以 $\mathrm{loc}_i = \dfrac{\mathrm{are}_i - 1}{\mathrm{are}_i + 1}$ 计算，将词语位置分为标题、首段和正文三类，其位置 are_i 分别设为 50、30 和 10。同一个词多次出现在同一个区则采取不重复记录，一个词同时出现在多个不同区中则取最高值；③词性因子 pos_i。大多数关键词是名词，所以这里将名词 pos_i 设为 1，其他词性为 0.6；④词跨因子 span_i。词跨

因子是词跨度在权重计算函数中的反映，其主要作用是滤除局部关键词，计算式为 $span_i = \frac{las_i - fir_i + 1}{sum}$，其中 las_i 为 w_i 在文中最后一次出现的序号，fir_i 为 w_i 在文中首次出现的序号，sum 为经分词计算后的文本分词总数。

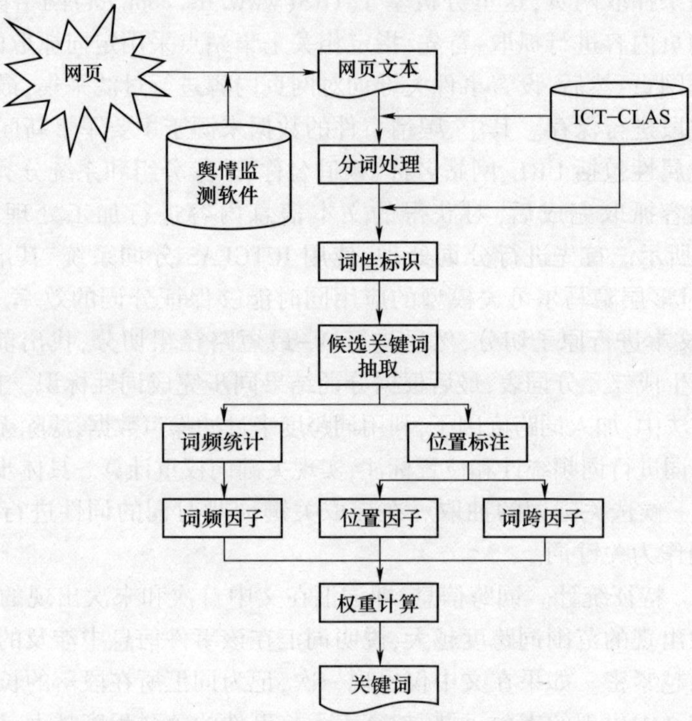

图 16-3-1　基于词跨度的关键词获取的流程图

下面是其中词跨度的计算实现。把一篇网页内容通过分词系统 ICTCLAS 分词后，保存为文本文件，其每行是一个分词，不含词性标注。例如，一篇名为《中方回应菲总统言论：黄岩岛主权属中国毫无疑问》的新闻，利用 ICTCLAS 2011 软件，采用北大二级标注，得到的分词结果为：

中方/n 回应/v 菲/b 总统/n 言论/n ：/w 黄岩/ns 岛/n 主权/n 属/v 中国/ns 毫无疑问/l 中国/ns 外交部/nt 发言人/n 刘为民/nr 14 日/t 表示/v ，/w 中方/n 注意/v 到/v 阿基诺/nr 总统/n 重视/v 中/b 菲/b 关系/n 的/u 表态/vn 。/w 中方/n 同样/d 重视/v 发展/v 中/b 菲/b 关系/n ，/w 希望/v 菲/b 方/d 与/p 中方/n 共同/d 努力/an，/w 推动/v 两/m 国/n 关系/n 健康/an 稳定/an 发展/vn ……

把上述分词结果去掉词性标注，每行一个分词保存为 data.txt 作为测试数据。

算法 1 文本文件的词跨度计算

输入:测试数据用文本文件 data.txt。

输出:分词总数和某个词的词跨度。

```
//初始化程序变量及图形界面(从略)
//实现各触发器接口函数(从略)
//选择分词集合文本文件,并读取到内存中
if (arg0.getSource() == b1) {fc = new JFileChooser();
  fc.setCurrentDirectory(inputFile);
  int selected = fc.showOpenDialog(c);
  if (selected == JFileChooser.APPROVE_OPTION) {
    inputFile = fc.getSelectedFile();
    tf1.setText(inputFile.getPath());}
try {FileInputStream fi = new FileInputStream(inputFile);
InputStreamReader isr = new InputStreamReader(fi,"GBk");
BufferedReader bfin = new BufferedReader(isr);
String rLine = "";
while((rLine = bfin.readLine())! =null){data.add(rLine);}
//计算并输出分词总数
setText(String.valueOf(data.size()));bfin.close();
} catch (FileNotFoundException e) {e.printStackTrace();
} catch (IOException e) {e.printStackTrace();}}
//计算分词总数和某关键词的首末出现位置间距
if (arg0.getSource() == b2) {
if (tf2.getText() == null || tf2.getText().length() == 0)
setText("0");
  else {String target = tf2.getText();
int first, last;
  //计算出首次出现的位置
  for (first = 0; first < data.size(); first++)
    if (data.get(first).toString().equals(target)) break;
//计算出末次出现的位置
  for (last = data.size() - 1; last >= first; last--)
    if (data.get(last).toString().equals(target)) break;……
```

三、基于共现次数统计的词汇关联分析算法

词汇关联分析广义上反映词语语义上的关系强度,这些关系泛指常用于检索和标引词之间的关系,有等同、等级和相关三种关系。词间语义关系的识别算

法有基于字词语义相似度、基于句法模式匹配、基于词聚类和基于词共现分析等。为了获取广泛的语义关联，这里选择基于词共现分析分方法，获取舆情事件中的词汇关联。

在网页文本中，如果两词同现频率超出了人们期望的随机同现频率，那么它们是相关的（称为“相关词”）。两词的同现率越高，它们的含义相关的可能性越大。词共现的分析方法就是根据词语之间的同现特征，计算出词汇之间的共现率，然后通过限定频率范围识别词间关联关系。计算词语共现率的具体步骤如下：

步骤 1　数据的收集与统计。根据舆情事件的主题收集一定数量的相关网页文本，得到每个文本的关键词集并把所有关键词去重后汇总，分别统计关键词 A 和关键词 B 在文本关键词集出现的次数、A 与 B 共同出现的次数。

步骤 2　A 与 B 的共现率计算。利用公式 $R = \frac{(a\ \text{and}\ b)}{(a\ \text{or}\ b)}$ 计算出两词的共现率，其中“a and b”是词汇 A 和 B 同现的次数，“a or b”是词汇 A 和 B 单独出现或同现的次数。当共现率 R 超出某个预定的阈值时，可认为两词相关。

下面实现关键词词频和共现次数的统计。将获取的针对“中国南海维权”100 篇网页文本的关键词集作为测试数据，保存为文本文件“data2. txt”。其部分数据描述如下：

```
1. 中国;黄岩岛;刘为民;中方;法律;主权;菲律宾;总统
2. 黄岩岛;军舰;中方;撤离;刘为民;渔船;军事;渔民
3. 对峙;中国;黄岩岛;总统;阿基诺;渔船;渔民;海监船
4. 黄岩岛;渔船;渔民;警卫队;军舰;德尔皮纳尔号;海洋局;执法
5. 菲律宾;渔船;海监船;黄岩岛;对峙;泻湖;袭扰;琼海
.....
98. 菲律宾;南海;黄岩岛;海域;渔民;对峙;军舰;主权
99. 菲律宾;中国;海域;黄岩岛;领土;主权;对峙;点燃
100. 黄岩岛;中方;南海;主权;湄公河;石油;海域;局势
```

算法 2　关键词单独出现和词集两个词共同出现的次数（共现次数）计算。

输入：测试数据用文本文件 data2. txt，其每个关键词条目以全角或半角分号分隔关键词。

输出：关键词集中某个词单独出现和某两个词共同出现的次数。

```
//初始化程序变量及图形界面(从略)
//选择关键词集文本文件,并读入到内存中(从略)
//统计含有关键词的情况
if (arg0.getSource() = = b2) {
```

```
  String target1 = "", target2 = "";
  if (tf2.getText() ! = null && tf2.getText().length() ! = 0)
  target1 = tf2.getText();
  if (tf3.getText() ! = null && tf3.getText().length() ! = 0)
  target2 = tf3.getText();
  int count = 0;
//当同时输入两个关键词时,结算同时出现改关键词的情况
if (! target1.equals("") && ! target2.equals("")) {
for (int i = 0; i < data.size(); i++) {
Boolean exist1 = false, exist2 = false;
String[] strArray = data.get(i).toString().split(";");
for (int j = 0; j < strArray.length; j++) {
  if (strArray[j].equals(target1)) {exist1 = true;}
  if (strArray[j].equals(target2)) {exist2 = true;}
  if (exist1 && exist2) {count++;break;}}}}
//第一个关键词为空时,计算出现第二个关键词的情况
else if (target1.equals("") && ! target2.equals("")) {
for (int i = 0; i < data.size(); i++) {
  String[] strArray = data.get(i).toString().split(";");
  for (int j = 0; j < strArray.length; j++) {
  if (strArray[j].equals(target2)) {
    count++;break; }}}}
//第二个关键词为空时,用同样的方法计算出现第一个关键词的情况
else if (! target1.equals("") && target2.equals("")) {
  for (int i = 0; i < data.size(); i++) {
  String[] strArray = data.get(i).toString().split(";");
  for (int j = 0; j < strArray.length; j++) {
if (strArray[j].equals(target1)) {
  count++;break; }}}}
  else count = 0;
  l3.setText(String.valueOf(count));}}
```

四、基于网络舆情事件的词汇关联分析算法效果分析

针对“中国南海维权”网络舆情事件,采用词跨度文本关键词提取方法提取关键词、位置因子与词跨因子,计算结果如图 16-3-2 所示,各个词的最后权重计算结果如图 16-3-3 所示。

计算结果按降序排列,得到结果为:{中国,岛,黄岩,主权,中方,刘为民,法律,菲律宾,外交,总统,问题,事件,海域,关系,渔船,领土,国际法,言论,阿基诺,发言人,外交部,其余名词}。根据判断,“黄岩”和“岛”两个词的权重相同,可合并成一个有意义的词“黄岩岛”。最后,选取排在前8位的关键词为:中国、黄岩岛、主权、中方、刘为民、法律、菲律宾、外交。结果表明,单独的位置因子对于关键词的区分度较低,比如图16-3-2中,总统与关键词中国、主权的词频因子相同,甚至高于关键词菲律宾、刘为民。词跨因子的引入能够有效地区分关键词与无关词,表明本方法的有效性。

名词	位置因子	词跨因子
中方	0.961	0.738
中国	0.961	0.929
黄岩	0.961	0.929
岛	0.961	0.929
关系	0.818	0.119
刘为民	0.935	0.667
法律	0.818	0.583
总统	0.961	0.262
主权	0.961	0.929
外交	0.818	0.452
菲律宾	0.818	0.548
领土	0.818	0.071
事件	0.818	0.274
国际法	0.818	0.048
海域	0.818	0.202
渔船	0.818	0.131
问题	0.818	0.321
言论	0.961	0.012
外交部	0.935	0.012
发言人	0.935	0.012
阿基诺	0.935	0.012
其余名词	0.818	0.012

图16-3-2 位置因子和词跨因子的计算结果

名词	权重
中方	0.630
中国	0.781
黄岩	0.765
岛	0.765
关系	0.078
刘为民	0.468
法律	0.358
总统	0.189
主权	0.670
外交	0.247
菲律宾	0.300
领土	0.039
事件	0.149
国际法	0.026
海域	0.110
渔船	0.071
问题	0.175
言论	0.006
外交部	0.006
发言人	0.006
阿基诺	0.006
其余名词	0.005

图16-3-3 基于词跨度的词权重计算结果

利用基于词共现分析的方法识别关键词之间的相关关系。统计网页文本的关键词词频,把词频大于4的关键词作为词间关系识别对象,对这些关键词的语义相关关系进行识别。根据上述基于共现次数统计的词汇关联分析算法中步骤2的计算结果,以椭圆节点表示关键词,取共现率的倒数然后乘以10作为连接边的长度值,单位用毫米表示,“黄岩岛”与其他关键词的相关关系可视化图形,如图16-3-4所示。

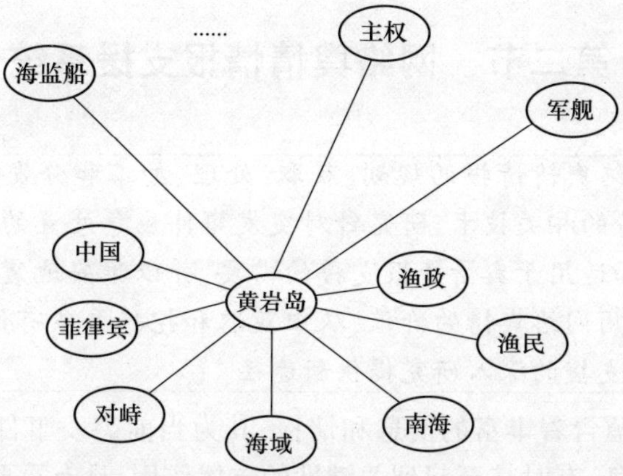

图 16-3-4 “黄岩岛”与其他关键词的相关关系可视化图形

通过对高频关键词在关键词集中的词频统计、共现次数统计以及共现率的统计分析,其所识别的语义特征为确定词间关系提供了依据。通过图 16-3-4 可以发现:①共现率越高则词间关系越专一,两个词之间的距离越近;②共现率越低则词间关系越泛化,甚至没有关系,两个词之间的距离越远。例如,“黄岩岛”与“菲律宾”“中国”的共现率最高,值分别为 0.6832 和 0.6224,可以直接确定“黄岩岛”与“菲律宾”和“中国”相关,这也符合实际,因为“黄岩岛事件”冲突的双方正是中国和菲律宾。另外,“对峙”“海域”“南海”等词与“黄岩岛”也有很强的相关性。

综上,可以通过获得的关键词集了解整个事件的发展动态和发展规律,而不用逐个阅读海量舆情事件的报道,这对于舆情事件的监控和管理有很大帮助。本词汇相关性分析方法的研究体现出如下优势:数据来源于网络,具有动态更新的特点,适用于网络舆情分析;网页抽取和分词均采用一定的算法自动完成,大大减少了舆情情报分析的工作量;构建的关键词集均与事件相关,随着事件的发展可随时更新;词间有较强的语义关系,更适用于网络舆情事件的检索。因此,研究基于事件的词汇相关性分析,既是面向网络舆情分析的情报研究中的一项关键技术,也是保证和提高网络舆情分析情报服务质量的一个重要途径。但研究中也存在一些问题和需要改进的地方,如有关网页抽取站点数量有限,词语关系数量较少;抽取中文关键词中噪声数据比较多,识别的词间关系也存在一定的局限。这些需要进一步构造网络舆情事件的案例库,加强大规模事件中的词汇相关性分析,从而形成具有较强语义关系的完整数据集,以便进行舆情情报分析。

第二节　网络舆情情报支援系统

> 本节基于网络舆情情报的规划、获取、处理、加工和分发五阶段的实现流程,融合网络舆情的相关技术,研究针对突发事件应急处置的舆情情报支援系统架构,使之更加适用于舆情情报支援的需要,并以雅安地震救灾为例探讨其效能。要充分利用网络舆情的价值,从中获取和挖掘更多有价值的专门情报,为突发事件情报支援的深入研究提供新途径。

网络舆情中蕴含着丰富的信息和情报,其为当前突发事件的应急处置提供大量动态情报信息,有时甚至起到关键性的支援作用,具有重要的支援能力。网络舆情的出现为网上情报信息的自动获取带来新的途径,其因具有即时性、多样性、互动性等特点而越来越受到情报工作者的重视,网络舆情业已逐渐成为公开情报资料搜集的重要途径。

一、网络舆情的情报支援及其预警

网络舆情情报是指通过有规划的搜集、整理、分析、挖掘等情报研究方法和手段,对各种网络媒体传播的话题或事件中具有一定影响力和倾向性的舆情信息进行获取和处理,得到具有情报更大利用价值的信息产品。以地震救灾突发事件处置的情报支援为研究背景,其舆情情报的支援过程,就是以各种舆情情报的获取、处理和分发为主线,结合行动背景知识、流程而提供的行动方案和舆情应对策略。地震救灾舆情情报的支援有助于高效快捷地制定出符合行动特点的行动方案,提高指挥效率。针对突发事件处置网络舆情情报的支援,构造以下三维特性的网络舆情情报预警指标。

(1) 舆情情报发布(Release)。包括推断可能发生位置和时间等要素的舆情内容主题、影响力大小决定其关注度的舆情信息发布者、对舆情影响力具有影响的舆情信息发布平台。

(2) 舆情情报传播(Spread)。包括以舆情信息产生最初点和系统获取该信息点间的时间差为依据的舆情传播速度、统计存在相似舆情信息之传播平台数量的舆情传播广度、覆盖受众的用户分布。

(3) 舆情情报反响(Answer)。包括转发量、评论量、反馈量和用户参与度等。追踪舆情信息在不同网络媒介之间的转发和评论,监测对特定舆情信息的转发和评论数量、评论内容的长度,作为用户参与度的标准。反馈量则用来使情报自适应而调整舆情的采集策略。

为了实现网络舆情情报的快速响应，须以网络舆情情报预警为基础，以分级预警指标为依据，建立科学的分级响应与处置机制，在促进网络舆情的情报形成作用的同时，又有效规避网络舆情的负面影响，最终实现突发事件处置的情报支援。首先，建立日常网络舆情情报预警机制，使网络舆情情报预警常态化运行；其次，建立突发事件处置的分级体系和行动分级响应策略，抗震救灾按受灾情况进行分级和确定分级预警指标，地震灾害应急响应分为特别重大（Ⅰ级）、重大（Ⅱ级）、较大（Ⅲ级）和一般(Ⅳ级)。当地震发生在边疆地区、少数民族聚居地区和其他特殊地区可根据需要适当提高响应级别，当地震应急响应启动后可视灾情及其发展情况对响应级别及时进行相应调整，避免响应不足或响应过度。

二、处置突发事件的网络舆情情报支援系统

突发事件应急处置实现的关键在于有一个高效的网络舆情情报支援系统。基于网络舆情情报支援的目标用户与系统功能之间的相互关系，按照情报信息系统开发和运用的流程，给出具有如下 5 项功能的网络舆情情报支援系统，如图 16-3-5 所示。

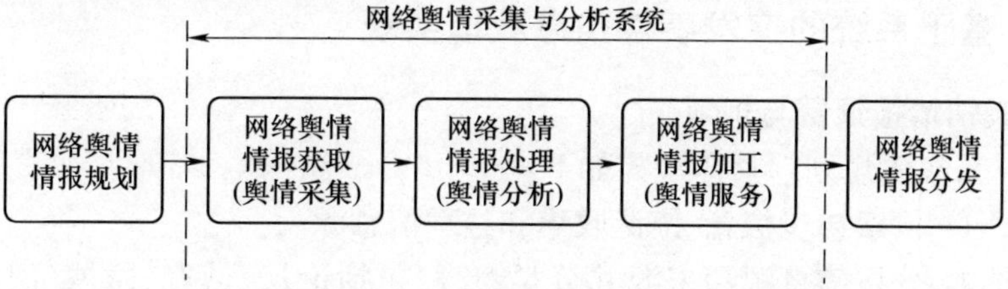

图 16-3-5　网络舆情情报支援系统的 5 项功能

1. 网络舆情情报规划

依据突发事件的主题情报特征，从网络舆情分析中抽取情报要素并进行描述，建成规范的舆情情报库并进一步服务于网络舆情信息采集策略的反馈调整，从而实现舆情情报采集与突发事件处置网络舆情情报支援的主题内容匹配。现有的网络舆情服务具有自动生成舆情简报的功能，但是其内容主要局限为舆情热点信息的罗列，舆情情报支援应能基于对舆情热点信息的判断，提供应急处置行动指挥决策所需的预警情报。

2. 网络舆情情报获取

网络舆情信息采集的目的是充分占有可以获得的一切舆情信息材料，将各种舆情信息源提供的舆情信息进行汇总，自动采集最新的舆情信息。网络舆情信息采集是整个舆情情报实践活动的基础，也是情报分析研究的前提和条件，因

而及时性和准确性是网络舆情信息采集和舆情情报获取的两大要求。

3. 网络舆情情报处理

根据各媒体舆情出处权威度、发帖时间密集程度等参数，结合突发事件相关背景知识，分析理解网页文本的内容语义，关联话题相似的论坛、帖文，从而帮助情报人员有效识别出相关的舆情情报，并对情报信息资源进行组织和整理。

4. 网络舆情情报加工

进一步利用预置敏感信息列表和采取语义分析等方法，识别敏感话题，提取敏感信息的关键情报线索。对舆情情报做好各种加工，目标用户则按规定的方法或规则，通过关键词、主题词等电子化方式来检索情报资料。

5. 网络舆情情报分发

根据目标用户的定制需要，将处理好的舆情情报信息按日期、时间顺序显示热点舆情，并依据用户需求特征和权限以及有关规约将情报发送给用户，以便及时有效地汇集和分析突发事件信息，全面掌握与该事件密切相关的舆情情报。

三、基于系统的突发事件信息获取实现

1. 舆情情报预警与规划

(1) 采集源规划。具体步骤如下：

步骤1：检索初步信息，广泛收集和整理信息源。

步骤2：分析信息源和来源并分类整理，包括论坛、博客、微博、门户网、政府新闻公开网和慈善机构新闻发布网等。

步骤3：构建信息源筛选指标，预警指标包括发布维度、反响维度和传播维度。

步骤4：按照指标筛选、规划采集源，包括：①微博。雅安芦山抗震救灾新浪微博（如某军区救灾官方微博）、雅安市政服务中心和雅安寻人等。②博客。百度博客、新浪博客和搜狐博客等。③门户网。腾讯新闻、新浪新闻、搜狐新闻和百度新闻等。④政务网。雅安市政府网、四川省政府网、人民网和人民日报等。⑤相关机构网站。红十字协会官网和中国国际救援队官网等。⑥其他。百度寻人、搜狗寻人和360搜索等。

步骤5：基本数据收集分析。

【案例】2013年4月20日8时02分，中国四川省雅安市芦山县发生了7.0级地震，震源深度13千米，震中距成都约100千米。之后发生3.5级以上地震37次，最大余震5.4级，受灾人口152万，受灾面积12500千米。雅安地

震发生后,网络舆情异常活跃。国家救灾体系中军队反应最快,军队中武警最先出动,某军区和武警部队数千名官兵即刻赶赴灾区。地震舆情大量涌现,借助系统功能可以实现舆情信息分级获取,并使舆情情报迅速得到处理和分发。地震发生 6 分钟后,震区传出第一条微博,地震后 1 小时（9 时 02 分）就有飞机航拍；社会救援组织里壹基金行动比红十字会快 1 小时,但红十字会调动的资源更多;9 时 30 分网友提出雅安高速免收费,经四川日报官方微博转发,于 10 时 41 分实施,间隔 71 分钟。

步骤 6：进一步规划舆情主题,进行数据采集。

（2）主题舆情情报系统配置。具体步骤如下：

步骤 1：配置硬件设备,包括内存、磁盘和备份硬盘等。

步骤 2：规划主题：①舆情主题设置,包括雅安、芦山、抗震救灾、地震、寻人、救援、某军区和抗震微博等；②构建领域本体,建立数据库和索引库。

步骤 3：配置采集规则,包括主题和采集深度等。

步骤 4：构建安全平台,包括分级加密和身份认证机制等。

步骤 5：搭建舆情分析平台。

步骤 6：搭建舆情展示平台。

2. 舆情信息采集与情报获取

步骤 1：运行网络舆情采集工具,如网络爬虫抓取、舆情分析引擎。

步骤 2：网络舆情信息的一般采集流程。

步骤 3：网络舆情信息和清洗与预处理。

步骤 4：舆情信息和存储。

步骤 5：舆情情报和集成。

步骤 6：信息交互与情报获取。

【案例】地震发生后 4 小时,某军区在新浪微博开设账号@ 雅安芦山抗震救灾。一是发布微博,介绍军队抗震救灾情况;二是获取情报,该军区的救灾出动极为迅速。此次雅安地震的伤亡人数没有出现汶川那样的震后数天持续大幅上升的情况,说明救援抓住了震后 72 小时的黄金时段；三是平台多元化,5 年前的汶川地震是以传统媒体渠道为主导,而在雅安地震救灾中以微信、微博等自媒体为主的“微救援”平台扮演的角色更为重要。网络舆情让信息传播变得更加及时和透明,并且扩展了情报信息的传播渠道。通过某军区微博@ 雅安芦山抗震救灾,机场的旅客能够及时地了解地震灾情,了解家人的安全情况,有效避免了大规模的骚乱。网络舆情大数据的力量变成舆情情报的力量,让整个地震救援从单向的信息传播,变为即时的信息互动和情报分发。

四、基于系统的突发事件信息分析与追踪实现

1. 救援行动舆情信息分析与处理

步骤 1：采集信息并分类整理。

步骤 2：分析信息内容。

步骤 3：聚焦话题。形成的话题包括消防官兵、一线医护、人民子弟兵、特殊婚礼、特别捐款和军车坠崖等主题。

步骤 4：撰写情报产品。

步骤 5：整合情报产品入库。

【案例】网络舆情“提供救援路线”情报支援。

(1) 背景环境。地震等自然灾害往往在一瞬间发生，官方应急响应机制不可能做到全覆盖。位于震中心的芦山县太平镇一度不能打通电话，只能用网络发出被困消息。由于地震引发的剧烈地质变化，通往灾区的道路均有不同程度的损毁，加之恶劣的天气条件，使得地质勘探和难度进一步加大。由灾区网友发出的各种照片成为判断当地受灾情况的重要依据，通过系统的分级分发功能，把不同受灾地区的实时情况精准地分别发送到救灾现场的专业部队，以确保情报支援信息能够达到最需要的决策者手中。

(2) 效果评估。在雅安地震的救援过程中，部队利用网络舆情进行情报支援发挥了很大作用，芦山救援军事力量的调动和使用更加成熟。截至 4 月 24 日 19 时，情报支援系统的统计表明，解放军和武警部队共投入万余人的兵力，组织带领民兵 5900 余人，动用固定翼飞机和直升机数十架，车辆机械千余台，在 18 个乡镇展开救援实现了兵力全覆盖。通过精确的情报从而实现了就近用兵，调动地震灾区附近的部队，提高了救灾效率，也降低了救灾活动的盲目性。从网络舆情中发掘受灾地区的详细情况，从而为救灾部队提供地理信息和求救情报信息。网络舆情情报支援所发挥的作用具有不容忽视的实在价值。

2. 救援行动情报加工与追踪

步骤 1：收集、追踪热点主题（图 16-3-6）。

步骤 2：将新主题作为检索词，重新补充到检索词库。

步骤 3：收集、追踪信息源。

步骤 4：参照指标，将信息源及时更新入库。

步骤 5：循环本节前面各小节的步骤。

步骤 6：加入新补充的数据，与之前的情报产品融合，重新分析、整合。

步骤 7：形成及时的、最新的情报产品，用以辅助救援方案、支持救援行动。

【案例】进行主题舆情情报追踪，“援建板房学校”获情报支援。

4 月 26 日，某军区空军接受上级“援建板房学校”命令，部队工程处立即在网上调研舆情，挖掘和追踪有关情报，奋战 28 小时建成了灾区第一套系统配套的板房学校，在芦山宝盛乡的废墟上竣工并投入使用。

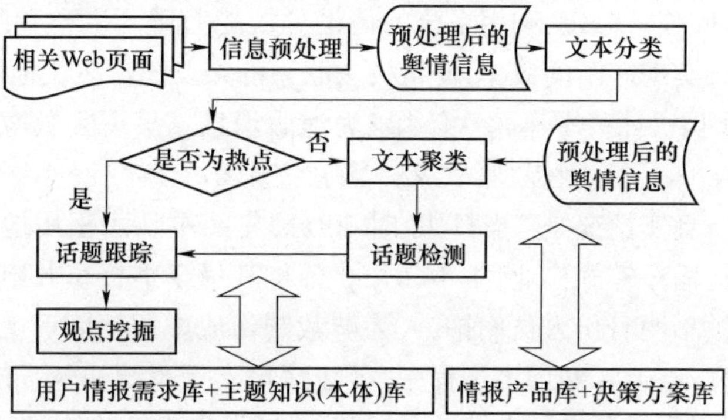

图 16-3-6　舆情情报支援系统中的话题检测与追踪

五、基于系统的行动情报分发与决策支持实现

基于舆情情报支援系统的行动情报分发与决策支持的实现步骤：

步骤 1：分级控制情报用户，包括用户分类、身份认证。

步骤 2：分发控制情报产品，包括内容加密、安全传输。

步骤 3：对以上情报产品，基于已建案例制定应对方案。

步骤 4：增加预警和分发的决策支持，评估情报支援效能。

步骤 5：调整有关策略和方案库，继续上述工作。

【案例】网络舆情“找亲友报平安”情报支援。

（1）基于舆情情报系统建立“地震寻人平台”。“网络寻人”（包括参加救援行动的军人、家属和部队）实实在在地体现了网络舆情正能量。地震发生后不久，部队情报部门结合新浪微博、百度贴吧、腾讯微博和搜狗等网络媒体相继推出的地震寻人公益平台，为那些关心亲人安危的人提供必要帮助。网络寻人平台还为部队的快速救援提供了方向和目标。相比较之前在各种系统架构下，这些互联网企业之间多多少少存在一些利益纠葛，各家的寻人平台之间却不能提供数据集成或共享，从而造成网络寻人平台上的信息缺失与情报滞后。

（2）跨平台舆情情报挖的掘和集中分发。@雅安芦山抗震救灾于 4 月 20 日发布“12 时 40 分，某集团军一辆载有多名官兵的救灾车辆，在赶赴灾区途中翻下山崖，坠入河中，已致×死×伤。目前，伤员已被送入当地医院救治。”通过跨平台舆情情报的挖掘，发布“车祸是为避让私家车导致爆胎而造成的”，赞誉我军“全力以赴”抢救生命的战斗精神。网络舆情情报支援系统利用自身的技术优势，打破了寻人平台之间的结构壁垒。它以语义理解为基础,实时收集汇总平台上的信息,并以统一的格式对社会共享,化解了寻人者在不同平台间辗转切换之难。舆情平台有“寻找亲友”和“报平安”等大类信息,将寻人信息和报平安信息全部纳入系统进行情报处理、统一分发,利用系统的情报分析能力避开平台和语法上的差异,提高了两种信息实现匹配的概率,使得失去联系的亲友能够更快地取得联系。

(3)证实网络舆情“军车再次坠崖”为虚假消息。某军区微博@雅安芦山抗震救灾:4月21日下午,网传“雅安又一辆救灾军车坠崖”,经军区核实此舆情情报为虚假消息。真实情况是:当日13时30分,集团军某团租用地方吊车对前一天翻入河中的运输车实施作业,于16时30分将其吊至平板车并组织加固运返营区。这一过程被不明身份人员偷拍,人为剪裁制作成虚假新闻后上传互联网。在该网络舆情的发现、追踪和预警过程中,舆情情报支援系统快速、准确地分析了该负面舆情,及时报告和分发该舆情情报,部队迅速做出决策并处置救援行动中的突发事件。正是网络舆情的情报支援,最终使流言止于事实,让谣言不攻自破。

针对突发事件应急处置的需求和特点,以上提出了网络舆情情报支援的重大问题,基于舆情情报分析系统又进一步提出了新方法和新对策,得出实现突发事件应急处置的舆情情报支援系统的框架,在实现流程的各阶段中融合并改进了现有网络舆情的相关技术,使之更加适用于舆情情报支援的需要,并以雅安地震救灾为例探讨网络舆情情报支援系统的效能。其明显优势,一是能迅速集成网上出现的各种舆情使信息传播更快、更及时;二是按用户需求能将情报分级分发出去使灾情信息准确地传到既定位置的专业部队;三是具备的语义理解能力有助于识别舆情信息的真假和发现情报内容;四是知识联想和数据关联又提高了该系统的查准率,从而在救灾全程中能够进一步快速定位并做出情报决策。情报工作中的一个重要功能是“信息预警”,尽早地发现征兆并对其进行正确处置就有可能防患于未然,对基于网络舆情平台获取的舆情情报进行深度分析和挖掘,可为突发事件应急处置的情报支援研究提供丰富的理论依据和应用价值。

第三节　网络舆情管理知识图谱方法

本节研究的舆情分析是网络空间安全的特殊领域,人工智能和大数据催生出更为精准和科学的网络舆情管理方法。知识组织下的网络舆情知识图谱(NPOKG)构建是网络舆情管理的重要方法,基于NPOKG的事件抽取和热点发现是舆情管理的重要实践。实践表明,将知识图谱应用于舆情管理,可以简化热点事件的发现过程,提高热点事件的趋势分析能力,提升舆情管理的智能化水平。

网络安全事关国家长治久安、经济社会发展和人民群众切身利益,社交网络的舆情分析管理是网络空间安全的特殊领域。社会发展已然进入人工智能时代,知识管理成为主流的管理方法,因此网络舆情管理也要与时俱进,使用更为精准、科学的方法。大数据环境下,使用传统信息技术已经远不能满足网络舆情管理的现实需求,必须开拓思路创新研究更为科学的知识组织技术和智能化的知识处理技术。

一、网络舆情管理与知识图谱的结合

一方面,知识图谱(Knowledge Graph,KG)是一种先进的知识组织方式,可以表达非常丰富的语义信息,天然具有开放与互联的特性,它为社会计算分析提供了高效的技术手段,正在许多领域得到广泛应用。值得注意的是,计算机科学领域的 KG 研究不同于图书情报学领域,其主要特征已增加了语义化和精准性,关键技术已拓展到信息抽取、数据集成、本体、数据挖掘和机器学习等。另一方面,基于知识图谱的网络舆情研究在国内学术界成果非常少,面向网络舆情的知识图谱构建尚无实质性开展,缺少智能技术的研究和应用导致了当前网络舆情的监控及引导不够及时和精准,基于网络舆情知识图谱的事件抽取和热点发现关键技术研究未见有成果报道。

1. 知识组织技术条件下的网络舆情知识图谱构建

研究知识组织技术条件下的网络舆情知识图谱的构建是当前网络舆情管理的现实需求和科学指向。通过将本体构建技术与知识图谱构建技术有机整合,研究应用于网络舆情的领域知识图谱构建方法,结合专业领域知识库和百科类知识,研究构建网络舆情本体(Network Public Opinion Ontology,NPOO)和网络舆情知识图谱(Network Public Opinion Knowledge Graph,NPOKG),研究设计基于知识图谱的网络舆情管理架构,提高网络舆情管理的智能化水平。只有准确把握舆情传播的特点规律才能够有效地应对突发舆情,通过网络舆情领域本体和网络舆情知识图谱的构建,进一步提升社交网络的舆情分析管理能力。

2. 基于网络舆情知识图谱的事件抽取和热点发现方法

研究基于网络舆情知识图谱的事件抽取和热点发现方法是当前网络舆情管理的关键技术和应用指向。通过利用已有知识图谱提供的有效信息,辅助自然语言处理技术,实现基于构建的网络舆情知识图谱的事件抽取技术(Event Extraction Technology,EET),在保证准确率的前提下有效地减少人工参与量;通过将舆情事件记录到知识图谱中,在动态图视角下实现舆情事件的精确计算,并在应用环境中使用热点发现技术(Hotspot Detection Technology,HDT)深度挖掘,实现舆情事件的自动发现与预警,提高网络舆情管理的精准化水平。只有准确把握舆情的传播特点规律,才能够精准出击突发舆情。在人工智能和大数据条件下,通过基于网络舆情知识图谱的事件抽取和发现技术的研究,进一步提升社会计算的舆情分析管理能力。

二、网络舆情的信息管理方法及相关技术

1. 网络舆情信息组织的研究

网络舆情信息组织方法是舆情管理的基础工作,传统网络舆情信息的组织模式已不能满足用户对信息关联的需求。从知识服务角度研究网络舆情信息的组织是近几年国内学术界出现的新热点,但在国外学术界中没有检索到相关研究。一些学者通过使用空间向量模型来表示网络舆情的需求,通过应用多维主成分分析方法重新整合知识源中的知识片段,通过语义链网络模型理论来研究网络资源重构、语义互联及资源自动聚合等,有的将本体技术与舆情分析相结合构建了基于知识技术的内容分析框架等,提高了研究分析的准确度,有的在对政府网络舆情知识体系进行系统分析的过程中引入系统科学和超网络的理论和方法,构建了基于知识超网络的知识表示模型,并围绕该模型讨论了知识管理的相关应用。

根据与特定领域依赖度由低到高,本体可分为顶级、领域、任务和应用本体4类。顶级本体为异构系统共享知识和互操作提供便利,领域本体表达某学科领域的相关知识,任务本体面向解决特定问题描述某种类型任务中的概念及关系,应用本体使用某领域的概念解决该领域的具体问题。利用规范的语言表达本体可以更为清晰和准确,更便于共享。根据本体构建顺序可分为自顶向下、自底向上和两者结合3种,自顶向下方式依据领域权威知识构建一个框架后不断添加新概念及概念之间的关系,自底向上方式则从领域词汇出发通过计算建立相关关系以逐渐建成较大规模的本体。总之,研究者在网络舆情知识组织方面的研究大多还是基于传统的范式,所提出的策略也多为传统方式的改进完善,虽然取得一定效果,但对现实的指导意义不强。如传统的本体构建方法需要大量人工尤其是领域专家的参与,自动化构建方法远远没有成熟。

2. 网络舆情事件抽取的研究

在网络舆情采集过程中,通常将事件作为基本单位对文本中的信息进行抽取、描述和推理。现有的事件建模大多建立在5W模型基础上,描述事件的各要素不包含语义关联信息,同时也没有建立相互之间的关系,这降低了事件推理能力。有学者提出了一个六元组 event::= $<A,O,T,P,S,L>$ (依次表示动作、对象、时间、地点、状态和语言)的事件形式化表示模型,并严格区分事件的类和个体。事件抽取是从文本中提取特定类型的事件并以规范化的形式呈现给用户,

目前重点关注元事件的抽取,主要研究方法有模式匹配和机器学习两大类。有的通过人工指定表示句型的模板来定义匹配模式,从语料中获取事件要素填补句型模板中的特定位置;有的给出了一个可使用于任何领域的事件抽取模式学习算法 GenPAM;有的将最大熵模型用于元事件任务中,在特定领域任务中获得了验证;有的使用条件随机场对文本标注语义角色来完成该任务,在 Time ML 的事件抽取任务中改善了算法的性能;有的为避免训练语料中反例过多和数据稀疏,将基于触发词的方法改为基于事件实例的方法。还有学者构造二元分类器获得事件的候选句,后续事件分类则使用多元分类模型来完成。可见,为了解决特定领域标注语料少的问题,研究者一方面开始关注半监督以及无监督的机器学习方法,另一方面开始研究如何构造更好的特征来规避正反例失衡和数据稀疏所带来的问题。

3. 网络舆情话题检测的研究

话题检测方法一般是先对文本数据集进行聚类,然后使用得到的每个簇来表示具体的话题。对于在线数据流,研究者们提出了许多改进方法。有专家在实时短文本流中寻找频率较高的词组,然后使用启发式关联算法将词组关联为簇,用以表示检测到的话题;有的使用 LSH 算法发现 Twitter 中的首事件,在保证准确度的前提下大大提升了处理速度;有的结合突发话题固有特征,对微博实时信息流中的关键词赋权,超过阈值的词便被确定为突发话题关键词;有的记录实时数据流时序统计信息的变化率,通过转化为最优化问题来发现突发话题;有的关注数据流中抽取的突发词,通过突发词之间的非对称相似度值作为边的权重构建图,之后把该图划分为强连通子图来表示突发话题;有的建立了针对 Twitter 的实时过滤系统,通过动态更新语料库来解决冷启动问题,实现了在 Twitter 流中的事件追踪。可见,传统话题的检测研究主要使用在静态文本上,随着社交媒体尤其是自媒体的迅猛发展,信息的更迭速度越来越快,人们更倾向于在线话题检测最新发生的热点事件或热议话题。

三、知识图谱的构建方法及其应用

1. 知识图谱的方法与应用

知识图谱(Knowledge Graph)由 Google 最先提出,使其搜索业务实现了智能化,之后学术界和企业界纷纷跟进,使得该技术在智能搜索、情报分析、自动问答等领域中的应用表现出强大优势。知识图谱诞生于人工智能大发展的初期,为人工智能的快速发展提供了重要的动力,如专家系统、自然语言处理、语义 Web 等诸多研究领域。知识图谱与语义网络相比具有显著特点:知识图谱较少关注概念间层次关系而注重描述实体间关系及实体属性,开放知识图谱大多来源于百科然后通过数据挖掘、机器学习等技术快速构建,知识图谱的来源较多则需要进行清洗和融合处理。本体主要描述静态特征,其动态特性可以由知识图谱的动态性提供支持。大多 OWL 描述的本体都可以向知识图谱进行转化,有学者证明了使用 OWLEL 语言描述的本体,可以在保证高效推理的前提下转化成知识图谱。知识图谱在逻辑上可分为模式层与数据层:模式层可以使用本体来进行规范,主要描述概念及其相关知识;数据层存储基本单元是事实,事实通过复杂的关系构成具体的知识,知识图谱的存储方式有很多种,选择图数据库作为存储介质是一种常见的方法,如选择开源的 Neo4j、Twitter 的 F1ockDB、sones 的 GraphDB 等。因此,知识图谱模式层遵守严格的层次结构则可以大大减少数据的冗余程度,在自上而下的构建过程中先于数据层构建,而在自下而上的构建过程中则正好相反。

知识图谱发展到现在,其应用领域已远超出最初提出 Google 时的目的。①在搜索领域,基于知识图谱的搜索引擎以直接给出答案的方式展现查询结果,如谷歌知识图谱融入了维基百科等公共资源以及通过爬虫搜集整理的大量语义数据,微软推出的 Bing 搜索通过站点合作获得用户画像可有针对性地呈现量身定制搜索服务。②在问答领域,知识图谱也获得大量应用,如华盛顿大学的 Paralex 系统、苹果公司的 Siri、亚马逊公司收购的 Evi、Facebook 公司的 GraphSearch、Microsoft 公司的 Cortana、百度公司的小度机器人等。③在情报领域,如基金公司构建上市公司的知识图谱为投资人提供决策支持,公安机关根据企业或个人的交易、通话、出行、税务等信息构建社会活动知识图谱,并应用在案件侦破过程中。目前,在一些军事特定领域已有研究者构建了多个本体:①在仓储领域,有文献介绍了一个基于本体的信息系统集成框架以消除平台在知识理解上的差异,为后勤物流提供保障。②在通信领域,有文献分析了军事指挥一体化建设中对知识模型的使用和共享中遇到的难点,提出基于特定领域构架的本体支持语义检索和互操作。③在医学领域,有学者将军事医学领域顶层本体作为具体研究对象说明构建过程,并对构建效率和结果进行评价。④在训练领域,还有学者引进一些自动化算法实现了本体建立过程中的部分功能自动完成,辅助人为干预为全自动建立本体提供了经验。因此,现实中已存在大量的知识库和领域本体,当前针对如何将它们集成并转化为知识图谱,应用到网络舆情分析管理中的研究还不多。

2. 知识图谱构建的技术

知识图谱的构建方式主要有两种:①自顶向下依靠专家经验从高质量数据中提取模式层,然后使用其他知识库来填充数据层,如 Freebase 项目选择使用维基百科中的大量数据来构建模式层。②自底向上通过使用实体抽取、实体对齐、属性消歧等一系列技术从一些开放的知识库中获得数据来构建数据层,然后通过对数据进行分类整理再构建上层模式层。目前,自底向上的方式是知识图谱选择较多的构建方法。

知识图谱技术涉及信息检索与抽取、知识表示与推理、知识计算、自然语言处理、数据挖掘等多种技术。目前,知识图谱技术主要集中于:①知识表示,研究对客观世界知识的建模以方便机器识别和理解,模型要兼顾可读性与规范性,同时还要考虑存储和计算的便捷性。②知识图谱的构建,研究从各种资源中抽取知识的具体步骤,需要针对各种类型的数据采取不同的方法。③知识图谱的应用,研究如何利用知识图谱建立基于知识的智能辅助系统,针对具体问题提供智能化解决方案。知识图谱的构建技术包括知识抽取、知识融合和知识推理 3 个步骤:知识抽取主要解决如何从各种异构数据源中获取知识,知识融合主要解决将不同来源的知识进行合并、对齐、消歧并构建关联关系,知识推理则主要是根据图谱获得更多隐含知识的同时排除噪声干扰。因此,知识图谱需要从互联网中抽取知识,相关理论是研究者的关注重点,随着机器学习和相关技术的不断进步,构建过程的自动化程度将越来越高。

四、舆论工作中的网络舆情管理和知识图谱结合

1. 舆情热点发现系统的构建与部署

近年来,所建的一些军事网络受到广大官兵的欢迎,成为了解建设情况、交流经验的平台,访问量稳步提升。网络中运行的论坛成为网友建言献策、经验交流的平台,其发帖量和回复量已然成为名副其实的大数据。图 16-3-7 列出了某年论坛的访问量变化趋势(个别数据敏感故图中隐去了横、纵坐标)。

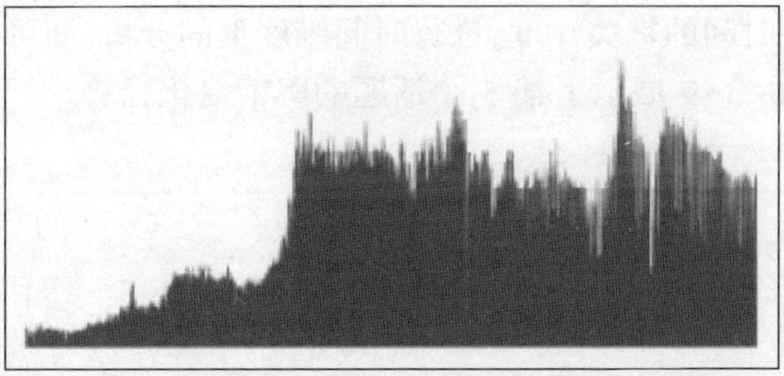

图 16-3-7 年度某网论坛访问量变化示意图

舆情采集主要依托网络舆情采集系统(简称"D"系统),实时进行全网扫描,抓取新闻、帖文以及网友的回复,然后将采集内容分类存储在全文检索数据库中。舆情监测人员定期查看系统抓取的文章,记录工作日志,寻找热点事件,

整理网友跟帖和评论,撰写相关舆情报告。为实现热点事件的自动发现,下面构建了基于知识图谱的舆情热点发现系统。该系统以舆情采集系统为基础,依托涉军领域网络舆情知识图谱,实现重点领域的舆情热点发现。首先,系统从舆情采集系统的舆情事件数据库中检索最新的文章进行主题发现;然后,将主题事件更新到涉军领域网络舆情知识图谱中。系统后台通过基于图的检索方法定时遍历整个图谱,自动发现热点事件,并按照相应的预警等级发出预警。系统的部署架构如图 16-3-8 所示,其中的 NPOKG 即为网络舆情知识图谱。

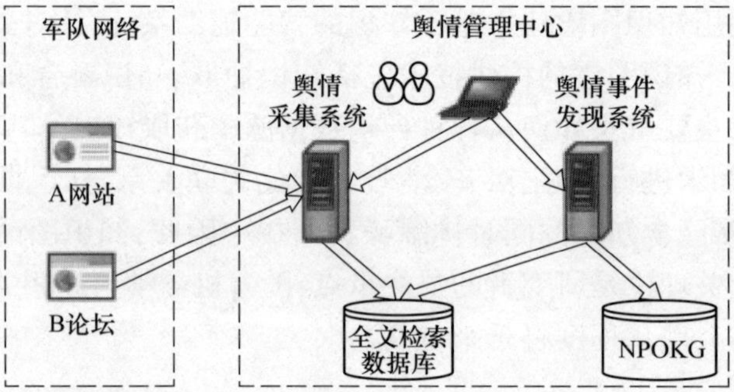

图 16-3-8　舆情事件发现系统的部署架构

2. 舆情事件发现系统的应用与效果

部署舆情事件发现系统后,它与舆情采集系统共同协作,在舆情管理实践中发挥了重要作用。在舆情监控研究实践中,经常需要关注事件及衍生事件的舆情变化趋势,以便及时掌握并上报网民的反映、继而采取具体的引导措施。这里在舆情事件发现系统中,通过加权计算相关事件的点击数、回复数、转发数,来表示某话题在相关时间的被关注度,进行时间维度上的分析,即可得到话题的舆情变化趋势。图 16-3-9 展示了某 5 个话题的舆情变化趋势。

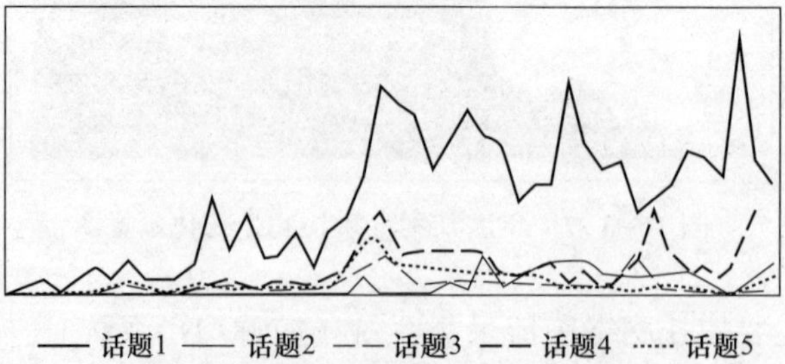

图 16-3-9　不同话题的舆情变化趋势

五、知识图谱应用于舆情管理的优势及展望

从当前的研究成果看，网络舆情知识组织方面的研究开始尝试使用元数据、本体、知识网格等新技术，取得了不少阶段成果，这对网络舆情知识组织方面具有一定的指导意义。但还存在一些问题，如有些研究仅是对原有信息组织方法的有限改进，有些研究构建的知识库需要大量专业人员的参与而缺乏自动化构建方法，推广性不强。

尽管存在一些不足，上述研究与实践已经表明，将知识图谱技术应用于舆情管理有着诸多优势：①丰富的开放知识资源可以降低知识库构建的成本。如百度百科、互动百科和中文维基百科等是目前影响较大的知识库，有着丰富的知识，其中关于某些特定领域的内容也较为全面，是建设相关领域知识图谱的优秀在线资源，这些网站或者提供了数据下载服务，或者开放了访问接口，我们可通过爬虫等技术来获取。②潜在的跨领域集成能力可以降低多系统集成的门槛。网络舆情引导不仅需要特定领域的知识，还需要了解政治、经济、社会、医疗等各领域的知识，开放性的知识图谱为这种领域知识之间的互通提供了基础和便利。网络舆情管理需要跨领域互通与协作，由于各领域的知识图谱大多由开放领域知识图谱扩展得到，因此跨领域的知识集成变得相对容易。③强大的知识计算能力可以提高舆情管理的智能化水平。开放知识图谱有着规范的结构和丰富的语义，支持高效的查询和复杂的知识计算，可为舆情主题发现、热点追踪等提供强大的支持。传统的舆情信息多存储在关系数据库或全文检索数据库中，一般使用文本聚类、文本分类等数据挖掘算法发现舆情，而知识图谱虽然有多种存储方式，但均支持基于语义的检索，基于符号和统计的知识推理均可应用在知识图谱中，能为舆情管理提供辅助决策支持。

第四节　网络论坛特征词权重计算

本节所述的网络论坛是网络舆情汇聚和扩散的重要平台，当前热点话题检测方法对一些主题论坛应用的效果不够满意，需要构建更科学、精准的特征词权重计算方法。具体是引入特征词类别权重、词性权重和位置权重，对 TF-IDF 进行改造形成 TF-IDF-PPC 优化方法，并将其应用到热点话题检测的实例测试中。在相同的数据集中，将各计算方法进行 F1 值比较，表明 TF-IDF-PPC 在论坛文本的特征表达和主题抽取等场景应用有明显优势。

随着互联网的快速发展与普及，从海量数据中挖掘有价值和有组织的信息

需求越加迫切。作为人们抒发情绪、表达诉求和获取信息重要场所的网络论坛（Bulletin Board System，BBS），其开放度高、更新速度快，既是网络舆情的汇聚平台又是扩散平台。热点话题检测是网络舆情监测与引导的研究重点，也是信息检索与自然语言处理领域的重要研究内容，而一些热点话题检测方法无法针对性地检测网络论坛的热点话题，尤其涉及某些主题特色鲜明的网络论坛时，热点话题检测方法的应用效果较差。

一、网络论坛数据的预处理与特征分析

从网络论坛中获取的数据往往是非结构化且有大量噪声的数据，并存在不完整和不一致等问题，需要对文本数据进行数据清理，包括中文分词、停用词过滤以及词性标注等。网络论坛中的内容以主贴为单位组织展开，跟帖的内容通常简明扼要且存在大量重复帖和注水帖，因此对网络论坛内容的分析主要围绕主贴的标题和内容展开。

1. 数据清理

数据清理一般指清除噪声、补充缺失信息和删除离群点等过程。为了进一步了解网络论坛数据的特点，我们从网易论坛、天涯社区和铁血论坛等常见论坛中随机爬取了15万条主贴作为分析的基础语料。直接从网络论坛中得到的数据往往包含大量网页标签信息、特殊符号、表情标志和图片、视频等。利用Python语言及re库，通过正则表达式对文本进行数据清理，下面给出其实现过程：

步骤1：清理数据中所包含的大量'\n'与'\r\n'等对后续处理有影响的特殊字符。

步骤2：在大规模数据中将数据逐条读入内存，清理字段不全、格式不正确以及时间不相符的记录，数据库中时间一般是以时间戳的格式存储，需要转换成日期格式。

步骤3：依次利用正则表达式清理每条记录中的网页属性、网页标签和其他特殊符号，其中涉及的正则表达式分别为：r'\[.*?\]'、r'<.*?>'与r'^0-9A-Za-z\u4e00-\u9fa5]'。

步骤4：将数据以UTF-8的编码格式逐条写入CSV文件，字段数据用“，”隔开，结束。

2. 中文分词与停用词过滤

中文分词是自然语言分析的基础，是通过某种策略或者方法，将输入的中文文本按照信息处理的需求出发，遵循特定的规范，对中文按分词单位进行划分的一般过程。随着中文分词技术的不断发展，较为成熟的分词工具相继出现。基

于 Jieba 分词库应用的广泛性和易拓展性,这里采用的分词策略是将 Jieba 分词库与网络论坛专用词库相结合进行文本的分词处理。Luhn 发现在信息检索中存在很多词出现频率很高但是检索效果很差,后来将出现频率较高而且没有太大检索意义或者区分度的词称为“停用词”。在一般应用中通常会设立通用性较高的停用词集合,又被称为“停用词表”。在分词过程结束后,原来的文本被划分为词的集合,然后过滤掉对文本内容表达相关度低的停用词,如“的”“了”“呢”等;停用词不仅携带信息极少,而且在后续文本处理中存在很大的干扰性。常用的停用词表有哈工大停用词表、百度停用词表等。根据网络论坛用语习惯,基于收集语料对上述停用词表进行了补充,作为本研究使用的停用词表。

3. 特征词词性分布的特征分析

特征词是特征项的一种,通常指对文本表达能力好,具有较高代表性,蕴含内容丰富的词。词特征相对于字特征而言,能够比较完整地表达语义信息,因此通常以特征词作为特征项进行分析。设计被选用表达论坛主贴内容或某些文本内容的词称为“特征词”,在不同需求的文本分析中,分属不同词性的词所起的作用权重往往不同。例如,在表达话题内容方面,叹词、拟声词和助词等通常携带的有效信息很少,这里运用 Jieba 库的词性标注功能对所有词进行词性标注处理。从网络论坛基础语料中随机选择 5000 条论坛主贴,采用由多个专家分别人工标注特征词,最后再集中统一的方式确定代表每个主贴的特征词。例如,一篇标题为《抗洪一线的 26 个最美瞬间》的主贴经分析后,可以用“'官兵','抗洪','图片'”来表示,然后统计 5000 条论坛主贴所有专家标注的特征词的词性分布,从词性角度分析不同词性的词对于表达主贴内容的权重。特征词词性分布结果为:名词占比高达 70.768%,动词占比 29.095%,形容词和其他词性占比极小,不足千分之一,几乎可以忽略不计。以上说明了名词和动词是主贴内容的主要表达,其他词性的词在表达话题内容方面携带的有效信息极少。

4. 特征词位置分布特征分析

在主贴中位置不同的词,往往对于主贴话题内容表达的贡献不同。为了分析词位置对表达主贴内容的影响,以随机选取的 5000 条论坛主贴中专家标注的特征词为基础,在主贴中找到其所处位置并进行标注。因为主贴文本的长短不同,为了方便比较,对词在原文的位置进行归一化表示,计算方法为

$$\text{word\_pos}_i = \frac{\text{pos\_to\_first}_i}{\text{len}(\text{Document})}$$

式中:pos_to_first_i是主贴文本 D 中的任意词 word_i距离主贴文本第一个字符的字符数量;len(Document) 表示主贴文本 D 所有字符的数量。位于标题中的特征词单独计数,得到位置分布如图 16-3-10 所示。由分布结果可知,特征词位

于标题中的数量远远高于在其他位置出现的次数，而且特征词在其他位置出现的次数较为均匀。因此，在利用算法分析文本特征词的权重时，应当提高标题中词的权重。

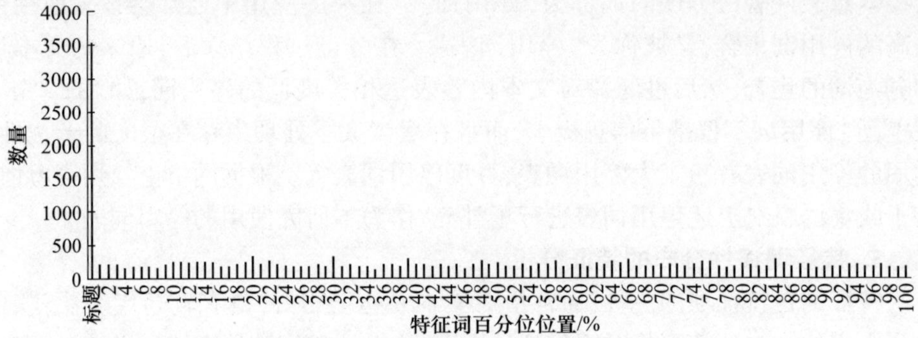

图 16-3-10 特征词的位置分布

二、文本特征词权重计算及优化方法

1. 传统 TF-IDF 算法分析

TF-IDF 由 Salton 等提出，主要思想是“如果一个词在某篇文档中出现的频率较高，但是在其他文档中出现的频率较低，则说明这个词对于区分文档和表达文档的核心内容作用较大，权重较高”。该算法主要由 TF（Term Frequency）和 IDF（Inverse Document Frequency）两部分的乘积构成，TF-IDF 的计算方法为

$$\mathrm{TF-IDF} = \mathrm{TF}_{i,j} \times \mathrm{IDF}_{i,j} = \frac{n_{i,j}}{\sum_k n_{k,j}} \times \log\left(\frac{N}{d_i + 1}\right)$$

式中，$n_{i,j}$表示词 i 在文档 j 中出现的次数；$\sum_k n_{k,j}$表示文档 j 中所有词出现次数的总和；N 为语料库中文档总数；d_i 表示语料库中包含词 i 的文档数，加 1 操作是防止分母为零的情况；$\mathrm{TF}_{i,j}$是词 i 在文档 j 中的词频归一化后的结果；$\mathrm{IDF}_{i,j}$是词 i 对于文档 j 区分能力的度量，它同时也是对 $\mathrm{TF}_{i,j}$ 权值的调整，抑制在所有文档中普遍频率较高的词，如“的”“和”等。

传统的TF-IDF 在特征词提取方面取得了显著成就，但随着时代的发展又显现出如下的一些不足：①传统的 TF-IDF 对所有词性的词一概而论，没有考虑不同词性的词对于表达文档核心内容权重的差异。例如，虚词、叹词、拟声词以及实词中的数词、量词等往往对于表达文本内容的重要程度较小。②传统的 TF-IDF 并未考虑词在文档中的位置信息，不同位置的词对于表达文档核心内容往往具有不同的权重。例如，文章标题中的词汇往往会高度凝练地表达文本的主要内容,应该赋予较高权重。③传统的 TF-IDF 会忽略类别区分度高的词,如果给定词在某个类别中出现频繁,其他类别出现次数较少,那么这个词往往对该类别文档的内容表达较为重要,应该视为该类别区分度高的关键词,但按照传统 TF-IDF 的思想,这类词因文档区别度不高,往往得不到较高的权重。例如,“理论学习”“政治工作”“训练”等词大量出现在军事网络论坛中,却被赋予较低权重。

2. 基于类别、词性与位置的权重计算改进方法

针对传统 TF-IDF 不足,许多学者提出了一些改进方法。How 和 Narayanan 提出 CTD (Category Term Descriptor)来纠正类别数据集偏斜的影响。Deng Zhihong 等提出的 TF-CRF 直接利用 CRF (Category Relevance Factors) 替换掉 IDF,并对 TF 标准化处理。国内学者提出 TW-TF-IDF 直接定义特征词的类别权重 TW 来修正 TF-IDF 的不足,还研究在传统 CHI 基础上引入频度因素与负相关判定,该改进方法在文本分类方面取得一定的效果。我们基于 TF-IDF 构造一种专门针对网络论坛的特征词权重计算方法,不同主题的网络论坛用语习惯具有浓厚的类别特征,需考虑特征词的类别权重 (Category Weight,CW) 。因为词性和位置对特征词的选择影响较大,所以词性权重 (Weight of Part of Speech,WPS) 和位置权重 (PositionWeight,PW)需要涵盖。

(1)类别权重的计算方法 。类别权重主要针对频繁出现在特定类别中但在其他类别中出现较少的词,这类词具有很高的类别区分度,在表达特定类别内容方面贡献较大。以 n_t 表示特征词 t 在特定类别网络论坛的语料中出现的频率,N 表示该类别语料的所有词的数量,则特征词在该类别的重要程度可以用 n_t/N 表达。同理,可以用 m_t/M 表达特征词 t 在全部类别语料中的重要程度,其中 m_t 为 t 在全部类别语料中出现的频率,M 为全部类别语料中所有词的数量。进而,可以用 $\dfrac{n_i/N}{m_i/M}$ 表达特征词 t 对所在类别的专指程度或者类别的区分度,当特征词 t 对类别的专指程度较低时,其在特定类别语料中的分布和全类别语料中的分布类似,词频占比接近,接近于 1; 反之,当特征词 t 对类别的专指程度较高时,t 在特定类别语料中出现的频率较高、词频占比大,则 $\dfrac{n_i/N}{m_i/M}$ 会大于 1,而且 t 对类别的专指程度越高,$\dfrac{n_i/N}{m_i/M}$ 越大。综合考虑多种因素,并经过实测后,最终类别权重的计算为

$$\mathrm{cw}(t)=\log\left(\frac{n_t/N}{m_i/M}+e-1\right)$$

式中:cw(t) 表示特征词 t 的类别权重,通过对 $\dfrac{n_i/N}{m_i/M}$ 值取对数可以在不影响特

征词类别权重相对次序的前提下,让结果更加平稳和可控,更易于后期操作。在对数函数中添加 $e-1$ 可以避免对数函数过小甚至出现负值。可知,当特征词对类别的专指性不强时,特征词在特定类别语料库和全类别语料库中的分布会趋于相同的值,$\frac{n_i/N}{m_i/M}$会趋于1,cw(t) 的值会趋近于1。简言之,特征词 t 对类别的专指度越高,cw(t) 会在可控范围内越大;当专指度低时,特征词 t 的分布与其他类别无异,cw(t)会趋近于1,这样就很好地反映出类别因素对特征词权重的影响。

(2) 词性与位置权重的计算方法 。传统 TF-IDF 存在忽略词的词性与位置因素的问题,结合网络论坛中主贴特征词词性的分布特点,可得出表达主贴内容信息的特征词主要为名词和动词,其他词性的词携带关键信息极少,可在提取特征词时去除,同时为了减少参数个数,设动词的权重为1,名词的权重为 w_{noun} ($w_{\text{noun}}>1$);同理,根据网络论坛中主贴特征词位置的分布特点,可以得出在主贴正文中表达主贴内容信息的特征词位置分布均匀,可视为主贴中词的位置权重相同,又因为标题中表达主贴内容信息的特征词数量占比远大于其他位置的占比,可以设主贴中词的位置权重为1,标题中词的位置权重为 w_{title}($w_{\text{title}}>1$) 。词性和位置权重的计算公式为

$$\text{wps}(t)=\begin{cases} w_{\text{noun}}, t\text{ 为名词} \\ 1, \quad t\text{ 为动词} \end{cases}$$

$$\text{pw}(t)=\begin{cases} w_{\text{title}}, t\text{ 为标题} \\ 1, \quad t\text{ 不为标题} \end{cases}$$

(3) 网络论坛多因子加权算法 TF-IDF-PPC 构建。综合考虑特征词的类别权重、词性权重和位置权重,这里给出基于 TF-IDF 多因子加权的权重计算公式 TF-IDF-PPC(Consider Word Position, Part of Speech and Category Factors),定义为

$$W(t,d)=\text{TF}_{t,d}\times\text{IDF}_{t,d}\times\text{pw}_s\times\text{wps}_t\times\text{cw}_t=$$
$$\frac{n_{i,d}}{\sum_k n_{k,d}}\times\log\left(\frac{N}{d_t+1}\right)\times\log\left(\frac{n_t/N}{m_t/M}+e-1\right)\times\text{pw}_t\times\text{wps}$$

针对给定特征词 t,权重计算公式中存在 w_{noun} 与 w_{title} 两个未知参数,公式的其他部分均是已知常量,所以特征词权重可以看作关于 w_{noun} 与 w_{title} 的函数,即 $W(t,d)=\text{fun}(w_{\text{noun}}, w_{\text{title}})$,而根据每个词的 $W(t,d)$ 大小排名可以得出用以表示主贴的特征词集合,我们根据实测结果用5个特征词构成的集合表示任意主贴的内容。

下一步,需要求解参数 w_{noun} 与 w_{title} 的最优值。两个参数的最优值应该使得通过 TF-IDF-PPC 算法得到的特征词集合具有最高的精准率（P）和召回率（R）,而精准率和召回率往往是一对矛盾的量,这里以综合考量精准率和召回率的 F1 值作为求解参数的决定指标。F1 的计算方法为

$$\mathrm{F1} = \frac{2PR}{P + R}$$

式中：$P = \frac{TP}{TP + FP}$ 与 $R = \frac{TP}{TP + FN}$,TP 为将正类预测为正类数量,即通过 TF-IDF-PPC 算法得到的特征词集合 C_d 中与专家标注得到的特征词集合 C_{std} 中相同词的个数,也可表示为集合交集 $C_d \cap C_{std}$。FP 为将负类预测为正类数量,即集合运算 $C_d - C_{std}$。FN 为将正类预测为负类数量,即集合运算 $C_{std} - C_d$。

通过 TF-IDF-PPC 算法得到表达每个主贴的特征词集合,经计算均可得到相应的 F1 值,F1 值由特征词集合 C_d 的精准率（P）和召回率（R）决定,P 与 R 由 $W(t,d)$ 所确定的特征词权重值决定,而 $W(t,d) = \mathrm{fun}(w_{noun}, w_{title})$,所以 F1 值可以视为由参数 w_{noun} 和 w_{title} 构成的函数所确定,即 $\mathrm{F1} = \mathrm{fun1}(w_{noun}, w_{title})$。参数 w_{noun} 和 w_{title} 每各取一个值,都可以求得 5000 条主贴所对应的 5000 个 F1 值,将其求均值得到 $\mathrm{F1}_{mean}$。简言之,参数 w_{noun} 和 w_{title} 每各取一个值得到一个 $\mathrm{F1}_{mean}$ 值,当 $\mathrm{F1}_{mean}$ 取最大值时,对应的参数值为最优解。

求解参数 w_{noun} 和 w_{title} 的最优解可以视为三维空间求解 $\mathrm{F1}_{mean}$ 最高点的坐标,即通过遍历求值的方式,首先以较大的步长在较大的取值范围内确定最优解的所在区域,然后以较小的步长确定参数最优解的精确值。

首先以 1 为步长确定参数最优解的取值范围,其中 w_{noun} 与 w_{title} 的取值范围为[1,+ ∞ ）。在取值范围内遍历参数,因为篇幅限制仅显示[1,100]范围内的数据,计算 $\mathrm{F1}_{mean}$,其结果如图 16-3-11 所示,为了方便确定 $\mathrm{F1}_{mean}$ 的最优取值范围,将图向 w_{noun} 与 w_{title} 轴所在平面做投影得到结果如图 16-3-12 所示。

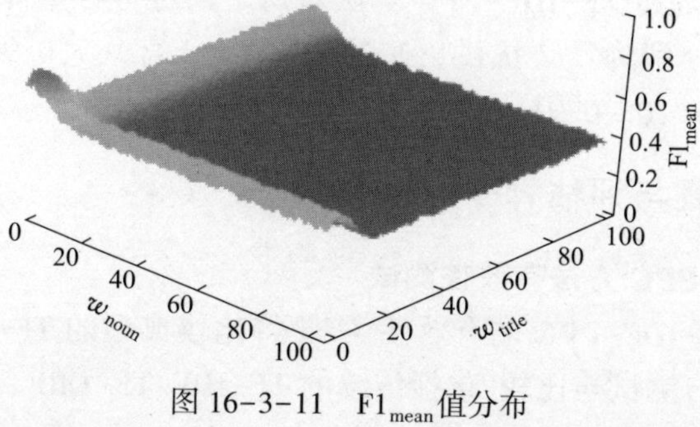

图 16-3-11　$\mathrm{F1}_{mean}$ 值分布

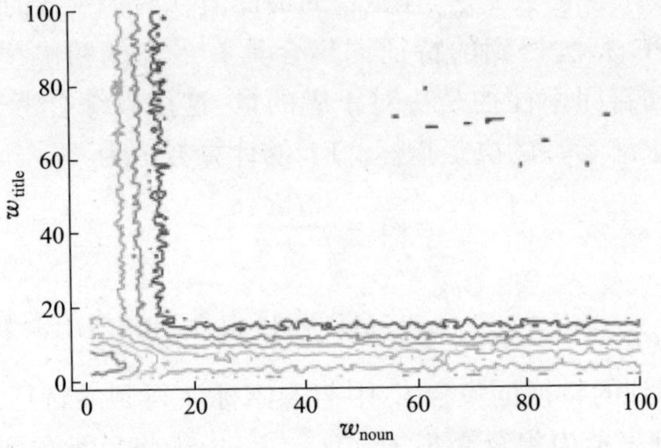

图 16-3-12　$F1_{mean}$值分布投影图

由图 16-3-12 可知,参数最优值的取值范围在[1,10]以内,进一步以 0.1 为步长求参数的精确值。从计算结果中取得最大值 $F1_{mean}$对应的最优解为:$w_{noun}=2.6$,$w_{title}=5.1$。至此,多因子加权算法 TF-IDF-PPC 的构建完成,完整算法为

$$W(t,d) = \mathrm{TF}_{t,d} \times \mathrm{IDF}_{t,d} \times \mathrm{pw}_t \times \mathrm{wps}_t \times \mathrm{cw}_t = \frac{n_{i,d}}{\sum_k n_{k,d}} \times \log\left(\frac{N}{d_t+1}\right) \times \log\left(\frac{n_t/N}{m_t/M} + e - 1\right) \times \mathrm{pw}_t \times \mathrm{wps}_i$$

其中:

$$\mathrm{wps}(t) = \begin{cases} 2.6, & t \text{ 为名词} \\ 1, & t \text{ 为动词} \end{cases}$$

$$\mathrm{pw}(t) = \begin{cases} 5.1, & t \text{ 为标题} \\ 1, & t \text{ 不为标题} \end{cases}$$

同样以标题为“抗洪一线的 26 个最美瞬间”的主贴为例,将标题和主贴文本数据预处理后,通过 TF-IDF-PPC 算法对每个词进行权重计算得到排名靠前的特征词和权重分别为:('抗洪',1.39086),('官兵',0.96492),'逆行',0.89155),('图片',0.70791),('连队',0.70617)。

三、实验过程与评估

1. TF-IDF-PPC 方法有效性测试

为了验证 TF-IDF-PPC 的有效性,实验将比较典型的 TF-IDF 改进算法在相同数据集上进行测试与比较,包括传统的 TF-IDF、TF-CRF、TW-TF-IDF 和结合 CHI 的 TF-IDF。

实验涉及语料库分别是网络论坛主贴文本经预处理后构成的语料库,约 15 万条和维基百科全类别文本语料库约 29 万条(https://dumps.wikimedia.org/zhwiki/20200520/)。测试所用样本为 400 条从网络论坛中随机选取的主贴,并由专家对该 400 条主贴进行特征词标注。实验的具体过程如图 16-3-13 所示。

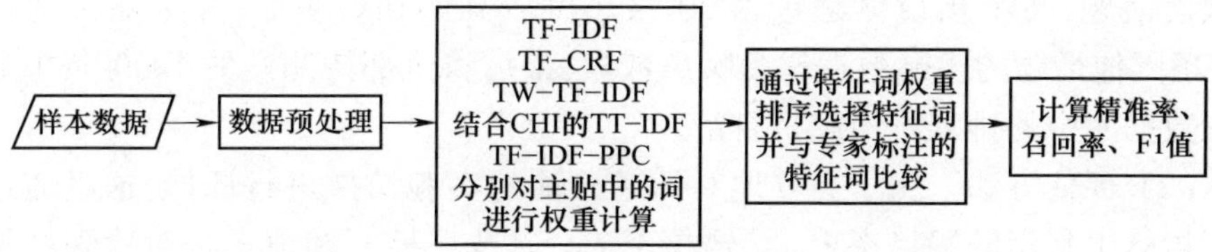

图 16-3-13 实验过程

在数据的预处理过程中,通过 Jieba 分词库和哈工大停用词表,并结合网络论坛专用分词库和停用词表对样本数据进行分词、停用词过滤、词性与位置标注等操作。

预处理结束后,利用典型的 TF-IDF 改进算法在数据集上分别计算主贴中每个词的权重,并按照权重排序选出特征图 16-3-13 试验过程词集合,通过比较算法选出的特征词和专家标注的特征词计算 F1 值。最后,将每个主贴特征词集合的 F1 值进行统计,以 20 条主贴为单位,累计计算 F1 值的均值,其结果如图 16-3-14 所示。由图 16-3-14 可知,实验中的 5 个算法在网络论坛文本特征词提取方面上表现各异,但是随着主贴数量的增多,F1 值均趋于稳定,TF-IDF-PPC 算法在提取特征词的综合效果方面明显优于其他算法,其计算特征词的权重方法更为科学、准确,更适用于网络论坛的数据分析。

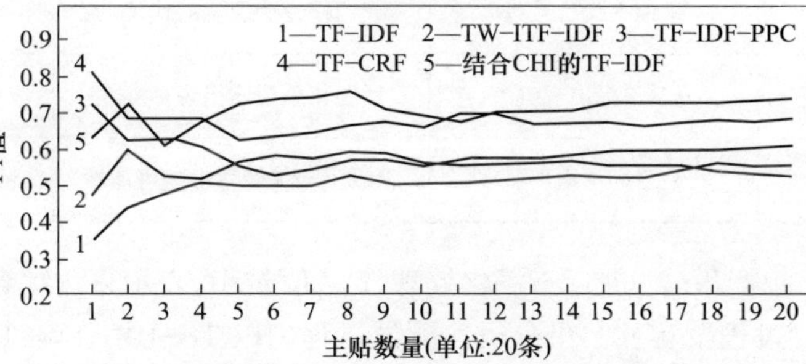

图 16-3-14 F1 累计均值分布

2. 实例应用场景效果测试

为了验证 TF-IDF-PPC 方法在实例场景中的应用效果,这里将其应用到话题检测的实例应用中,分别利用 TF-IDF、TW-TF-IDF、结合 CHI 的 TF-IDF 和

TF-IDF-PPC 计算特征词权重,然后利用 VSM 根据 4 个算法计算的特征词权重值分别对文本进行表示,最后利用热点话题检测领域应用广泛的 Single-Pass 算法分别进行话题聚类。

(1) 实验准备。在网络论坛实例数据中选择了 15 个热点话题作为被检测的预设话题,每个预设话题包含 20 条热度较高的相似主贴,并且随机选择了 700 条其他话题的主贴数据作为噪声数据,最后将全部待测试的 1000 条主贴数据在数据库中的排列顺序随机打乱。

(2) 评估方法。为了更好地对话题检测的实验结果进行评估,这里通过在 TDT 指标中常用的漏检率 P_{Miss}、错检率 P_{FA} 以及误检开销值 C_{Det} 对检测结果进行评估分析。以下是 P_{Miss},P_{FA} 和 C_{Det} 三个评价指标的计算公式为

$$P_{Miss} = \frac{\text{属于该话题未被检索到的线索数}}{\text{属于该话题的所有线索数}}$$

$$P_{FA} = \frac{\text{检索结果中不属于该话题的线索数}}{\text{不属于该话题的所有线索数}}$$

$$C_{Det} = C_{Miss} \times P_{Miss} \times P_{target} + C_{FA} \times P_{FA} \times P_{non\_target}$$

式中,误检开销值 C_{Det} 为 P_{Miss} 和 P_{FA} 的加权和,是用来衡量话题检测方法综合性能的常用评估指标。公式中的参数如表 16-3-1 所列。

表 16-3-1 公式中的参数

参数	名称	含义	预设值
C_{Miss}	漏检率代价系数	漏检一个线索的代价	1.00
C_{FA}	错检率代价系数	错检一个线索的代价	0.10
P_{target}	先验目标出现概率	话题相关线索出现可能性	0.02
P_{non_target}	先验目标不出现概率	话题不相关线索出现可能性	0.98

评估时,通常将 C_{Det} 进行归一化处理,C_{Det} 值越小,表示算法综合性能越好。

(3) 实验过程及实验结果分析。测试过程中以 TF-IDF、TW-TF-IDF、结合 CHI 的 TF-IDF 和 TF-IDF-PPC 为基础的每个话题检测方法都会将 1000 条测试主贴聚类成若干话题组。如果某个话题检测算法聚类的话题 topici 中包含的主贴与某个预设话题包含的主贴重复率达到 50%,并且重复主贴的数量占 topici 包含主贴总数的 50%以上,则认为该预设话题被检测到,然后进一步计算其他评估指标,否则认为该预设话题未被检测到,测试结果如表 16-3-2 所列。

表 16-3-2　实验结果

话题序号	线索数量	TF-IDF	TW-TF-IDF	结合 CHI 的 TF-IDF	TF-IDF-PPC
1	20	未检测到	未检测到	11	15
2	20	11	13	17	17
3	20	未检测到	未检测到	13	16
4	20	14	16	15	17
5	20	未检测到	14	13	15
6	20	10	15	16	18
7	20	未检测到	12	14	15
8	20	15	12	17	17
9	20	13	12	15	16
10	20	未检测到	未检测到	未检测到	18
11	20	12	16	14	16
12	20	12	14	16	18
13	20	未检测到	未检测到	13	16
14	20	10	12	15	17
15	20	15	16	15	18

根据实验结果进一步计算每个预设话题的漏检率、错检率和归一化误检开销值,并将结果进行汇总得出均值,其结果如图 16-3-15 所示。通过图 16-3-15 可以得出 TF-IDF-PPC 特征词权重计算方法在应用时具有更低的漏检率、错检率和误检开销值,该方法在热点话题检测的实例应用场景中表现出的综合性能明显高于其他类似算法。

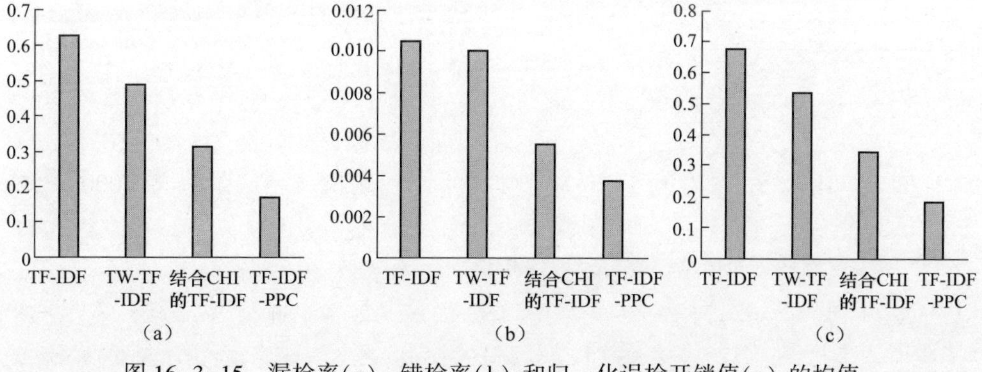

图 16-3-15　漏检率(a)、错检率(b)和归一化误检开销值(c)的均值

综上,在综合分析论坛数据特点后,给出了涵盖类别权重、位置权重和词性权重的 TF-IDF-PPC 特征词权重计算方法,并进行了实验和评估。实验表明,该算法在网络论坛特征词权重计算方面更为科学和准确,在特征词提取的应用方面有明显的优势,为下一步对网络论坛数据进行分析提供借鉴。

第十七章　专门网络信息资源开发利用

第一节　网络政工新型资源开发利用

本节研究新媒体发展催生愈来愈多的政治工作新型信息资源,政治工作信息化建设迈入了大数据时代。须从宏观和微观上把握政治工作网络信息资源的“量质效”问题,高度融合信息技术加快政治工作信息资源开发利用的对策,挖掘舆情数据以实现信息增值,构建关联舆情以拓展服务边界,探索大数据时代信息服务的新模式。

建设信息化政工、大数据政工,就是要超越单纯方法手段的信息化,以实现政治工作思维理念、指导方式和运行模式的整体改革创新。当前借助于互联网的飞速发展,新闻跟帖、论坛博客、微博微信和移动载体等新媒体传播形式极为丰富,社会信息资源的开发利用取得了丰硕成果,为政治工作提供的资源总量越来越大,范围也越来越广。大数据时代,更需推动信息技术与传统政治工作优势的高度融合,加快新型资源的开发利用,以增强政治工作的时代性和感召力,确保其充分融入网络信息体系和联合作战体系。

一、政治工作网络信息开发利用中的“量质效”问题

新媒体环境下信息资源开发利用的问题受到各国军方重视。美军于 2007 年初成立的媒体战部队,任务是能够迅速对突发性新闻做出反应,提升美军在新媒体环境下对抗不准确报道的能力,对不利于美军利益的信息做出快速反应,同时能够利用新媒体制造、提供、引导和传播利己信息。我军政治工作网络信息的开发利用必须从“量”“质”“效”三个方面进行考量。一是根据军队活动的信息需要,对网络信息进行采集、挖掘、筛选、传播,以扩大政治工作网络信息资源的“量”;二是对网络信息进行整合,进行二次目标采集、加工、分类、排序、检索和服务,以保证政治工作网络信息资源的“质”;三是加强对相关人员进行信息素养的教育及运用网络综合能力的培养,使其合理有效地利用网络信息资源,以确保利用政治工作网络信息资源的“效”。“量”“质”“效”三个方面,相互作用,相互影响。政治工作网络信息资源的“量”和“质”,是实现利用政治工作网络信息

资源“效”的前提条件,成为影响政治工作网络信息资源开发和利用的重要环节。

当前,我军政治工作在网络信息资源运用的“量、质、效”方面还存在一些问题。军队网站作为我军网络信息资源的重要组成部分,内容更新慢、资料信息少、资源难以共享和重复建设严重这些问题还没有解决。一些基层单位的网站由于缺乏必要的维护人员,内容长期不变,或者通常是下属单位基本上重复上级网站的内容。有的单位对网上信息资源共享存在一定的疑虑,想看他人的信息又不愿贡献自己的信息,怕出了问题担责任,或怕自己的劳动成果轻易丢失。一些单位满足于创建网站,然后在网站上提供学习资料或转发经验材料,如何利用好和管理好大数据,使其更好地为开展政治工作服务还缺少思考,或者研究办法不多,实效没有充分体现。只有这些问题得以有效解决,政治工作网络信息资源运用的“量、质、效”才能真正提高。

二、加快网络政治工作信息开发利用的途径和对策

针对目前网络政治工作信息资源存在的问题,在开发利用的实现途径上,应该做好如下几个方面的工作。

1. 遵循原则做好专门网络信息资源的采集

政治工作网络信息资源的采集是通过网络来搜索、查找、获取、下载、保存专门网络信息的过程,是实现对网络信息进行开发的第一步工作。网上大数据浩如烟海,信息量庞大,真假混杂,如果不进行选择,不仅工作量巨大,难以承受,而且所采信息良莠混杂,利用价值低。因此,政治工作网络信息的采集必须遵循一定的原则:首先是实用性原则。应对军队活动的信息需求进行分析,将部队的需求和信息利用价值作为资源搜集要考虑的重要因素,确定政治工作网络信息采集的重点和主要范围。其次是系统性原则。主要体现政治工作信息资源的连续性、完整性和各类别之间相互关系。最后是互补性原则。开发利用军队政治工作网络信息资源应在调查研究的基础上,把获取成本比较高而目前又比较缺乏的资源作为网络采集的重点,以实现与自身信息资源的衔接互补,形成布局合理、结构优化、功能齐全的政治工作信息资源保障体系。

2. 分步骤实施专门政治工作网络信息的整合

政治工作网络信息资源的整合是指对采集来的大数据在内容上进行整合。该过程主要包括以下几个步骤:第一步是分析与过滤。采集来的网络信息不可避免地存在重复、虚假、无利用价值等问题,因此必须对它们进行有效的过滤和分析,根据各自的需求进行选择,去掉重复和无用信息,以保证被整合信息的质量。第二步是分类和标引。采集来的各种信息资源可以说是杂乱无序,格式标

准不一，因此必须对它们进行二次加工和有序化，尽可能采用目前比较先进的、操作性强的标准进行统一分类和标引，这样才使其具有实用价值。第三步是存储和检索。完成网络资源的二次加工以后，则需要建立政治工作数据库系统来存储数据并为用户的检索使用提供平台。经过以上整合程序，网络上分散的、零乱的、获得性差的信息资源就变成了集中的、系统的、可获得的高效专门政治工作信息集合，从而大大提高了政治工作网络信息资源的利用价值。

3. 以多种形式开展专门政治工作网络信息的发布

零散的、无序的网络信息资源经过整合后已转化为集中的、系统的数据集合，再通过一定的途径和媒介将开发过的资源提供给用户使用，也就是资源发布工作。在发布提供整合后的专门政治工作网络信息时，可以采用以下三种形式：一是建立集成的政治工作资源检索系统，即在后台建立用来存放经过整合挖掘的政治工作网络资源数据库，然后建立一个检索平台以供检索信息。二是建立一个集成的、可以实现对多个专门政治工作数据库进行互操作的统一检索平台，用于对多个免费的或已获得使用权的政治工作数据库的集中搜索和检索。三是建立专门政治工作网络信息资源导航系统，给用户提供一个快速获取政治工作网络信息的指南和索引，导航系统可以将采集来的、经过过滤整理的专门政治工作信息资源和超链接，根据用途、种类等进行分门别类的汇总排列，以易于访问。

政治工作网络信息资源的开发和利用在军队信息化建设中占据着重要地位，其开发速度和利用效率直接影响军队信息化建设的进程，必须从宏观上把握军队政治工作网络信息资源的"量、质、效"问题的对策。

第一，在观念认识上应统一思想、高度重视。军队政治工作网络信息资源的利用价值，已经得到广大官兵的认同和重视，但也应注意到在网络上获取有用的涉军信息已成为军事部门的首选时，一些从事军事活动的同志仍以传统的观念来指导自己的行为，看不到军队政治工作信息资源的作战指挥意义和利用价值。其原因是有些领导在思想认识上还存在误区，有些干部还存在畏难情绪。这就需要科学地投入人力和经费，以较低的成本获得大量有用的军用网络信息资源，这对进一步搞好军事斗争准备，充分发挥军队政治工作信息的先导作用具有重要的现实意义。

第二，在组织管理上应加强领导、团结协作。要改变我军长期以来存在的信息资源重复建设、各自为政的问题，在政治工作网络大数据的利用方面做一些积极的探索，增加政治工作资源导航系统收集资源的数量，及时更新数据。组织多个相关机构共同参与"顶层设计"，根据各自不同的工作特点分工收集整理跨领域、跨系统的政治工作网络信息，建设一个规模庞大的专门政治工作网络资源"云"服务系统。

第三，在实现步骤上应循序渐进、有所侧重。网络资源浩如烟海，收集整理的工作量是非常大的，在短时间内建成规模宏大的军队政治工作网络资源系统还是比较困难的。因此，可以在“顶层设计”指导下，采取从小规模到大规模、从专题性到综合性、从简单到复杂逐步建设的思路。应在调查研究的基础上，确定目前急需的、最具实用价值的内容和领域作为开发利用的重点。

第四，在运行机制上应严格管理、确保安全。对开辟军事栏目、频道，发布新闻，特别是论坛、博客、微博等新媒体载体进行严格、科学的管理、监测和引导。应依有关规定制定相应的网络信息管理条令和办法，对各类网站从事涉及国防和军队类的信息服务进行严格规范，监督从事涉军信息服务的网站进行登记，提高工作人员的军政素质，同时，还要加强技术手段的更新。

我军专门网站在创建和发展过程中，始终注重学习和借鉴地方网站的好做法，着力发挥军报特有的原创信息丰富、翔实、准确的优势，其信息资源开发以特色取胜，力求“人无我有，人有我精”；其信息资源利用，通过发布英语新闻既满足了有关网民的需求，也使自身的触角在互联网上伸得更远，影响更大。网站以强烈的政治意识、大局意识，牢牢把握舆论导向，正确引导社会舆论，形成网上正面舆论的强势，为我军的网络信息资源建设起到了表率作用。政治工作网站是信息化条件下各级党委和政治机关指导工作、服务部队的重要平台，始终注重特色信息制作，加大原创信息分量，加强媒体间的交流合作。特别是在开发和利用政治工作网络新媒体资源方面所取得的成功经验，为我军政治工作的大数据系统建设提供了实践经验。

三、探索大数据时代军队舆情服务的新模式和新方法

新媒体的运用，对于我军政治工作信息的有效传播有利有弊。我们既不能放任自流，也不能因噎废食，而应把握新媒体的传播规律，充分利用其优势，同时有效规避其风险。一是不断提高广大官兵大数据时代的媒介素养。媒体需营造正面积极的舆论环境，避免强行灌输，在潜移默化中提升人们的媒介素养。只有广大官兵媒介的素养不断提高，才能够在大数据环境下合理有效地辨别新媒体信息、负责任地传播新媒体信息，同时，传播的环境才能得到净化，政治工作的有效性才能得到保障。二是打造整合新媒体资源的政治工作信息传播链。传播学家麦克卢汉认为“媒介之间只有进行相互作用才具有自身存在的意义”，具备信息量和技术优势的新媒体，实现与具权威性传统媒体的融合，则政治工作处在强势传播的位置，也容易保持传播活力，使我军政治工作信息的传播更具实效性。三是建立高素质的舆情分析师和网评员队伍。在对网络舆情的监测和引导中，技术的发展最终无法取代把关人的“把关”，思想政治教育仍需要建立一支政治素质过硬，能够熟练、

灵活运用各种新媒体手段的新型军队政治工作者队伍,同时,要造就一支具备基本的网络传播业务技能、掌握网络编辑加工技术的复合型新媒体人才队伍。四是研发专门新媒体资源服务系统。注意运用新媒体活泼多样的手段来增强互动性,不断创新特色功能,同时,对新媒体的虚拟性所带来的不良、不实信息传播进行监测和引导,制定出符合我军政治工作规律的舆情检测规则。

舆情服务正面临着大数据挑战,尽管我军对新媒体环境下涉军舆情分析做了大量的研究,但从研究深度和应用程度来说还相对滞后。在实际工作中,表现为舆情服务系统无法满足舆情分析人员的特殊需求,或者说舆情分析技术对涉军舆情信息的挖掘能力不足。根本原因在于作为一项跨领域研究,涉军舆情分析在研究上缺乏整体性,对舆情形成、发展和变化机制等基础理论研究不够,技术创新与基础理论研究、技术应用与实际需求之间结合不足,造成技术创新和应用能力受限,进而无法获取全面和有预见性的深层次涉军舆情信息。深挖舆情数据以实现信息增值,构建关联舆情以消除信息孤岛,跟踪关联数据以提高趋势研判,树立大舆情观念以拓展服务边界,这是加快我军政治工作新媒体信息开发利用的关键。通过加工实现数据的增值,要求我军政治工作者提高对信息的鉴别力、萃取力、掌控力;通过搭建舆情基础、关联数据库,丰富和完善舆情预警、研判、应对和决策诸环节的决策软环境;通过注重静态收集向注重动态跟踪拓展,使舆情服务更快更准确;网络舆情分析、部队调查和效果研究相整合,既拓展了舆情服务的边界,又使舆情系统更科学高效。

大数据背景下,政治工作新型资源的开发需全面获取有预见性的舆情信息。一是明确数据搜集、选题确立、内容分析、方法运用和建议提出等主要工作内容,相关人员沟通合作以挖掘潜在涉军舆情信息;二是研究涉军舆情形成、发展与变化过程的内在机制,制定科学化和精准化分析技术以获得更有价值的深层舆情信息;三是提高新媒体环境下涉军舆情分析技术的应用与创新能力,通过话题发现、短文本处理技术的实现涉军舆情的选题、情感倾向性分析等;四是拓展信息技术的应用与创新空间,利用复杂网络分析涉军舆情传播的影响、挖掘意见领袖,采用网络新词语识别技术发现舆论环境等。

大数据背景下,政治工作内容的发掘需由众多研究方法提供支持。一是文献调研与模型分析法,即采用抽象和建模的思路,以形成网络信息共享中的整合方案与模式;二是知识图谱法,即利用网络计量方法和可视化技术探索研究热点和前沿;三是德尔菲法与层次分析法,即采用定性分析和定量测算相结合考量调研媒体数据源分布和“量质效”评价,进而形成甄选数据的科学体系;四是社会网络分析法,即借鉴社会网络分析理论探索用户的关系网络,利用相应的工具对分析结果进行可视化处理;五是结构功能分析法,即对信息整合环节中的各模块分析其涉及的重要理论、技术、方法和应用。

大数据背景下，政治工作新型资源利用对知识挖掘方法产生新的需要与挑战。一是数据量问题，许多数据价值隐匿于海量数据之中，而数据量大并不代表数据价值的增加，在数据分析之前须进行大量数据清洗预处理工作，这对目前的政治工作网络系统的硬件及算法都是严峻的考验；二是特征维度问题，政治工作大数据的多样性能提供更多的特征维度来描述，而微博等超高维数据问题在大数据应用中难以处理，且其大稀疏性不适合用传统的全特征空间方法来建模分析；三是数据关系问题，政治工作大数据的多源性、多样性为构建复杂关系提供了基础，但其简单链接易形成“泛关系”，而导致信息丢失、语义缺失，需要研究提取不同关系中的相互关联模式；四是语义理解问题，为了提高政治工作数据的分析性能，有必要利用语义知识来提高计算机的自然语言理解能力，借鉴大数据理念从社会化网络中自动构建军队政治工作语义知识，通过抽取与重组来提供快速、高效、复杂的信息服务；五是数据解释问题，大数据分析的结果应采用适当的解释方法或形式，而目前一些系统提供的可视化只是对分析结果的呈现，其结果还不便理解，应利用交互式的数据分析过程来引导研究人员逐步开展挖掘任务；六是服务导航问题，根据访问政工网站的习惯与新媒体资源的组织特性，通过内容相关性比较展示不同属性分类之间的联系，通过主题词之间相关性展现文章间的关系，通过引用文章与被引用文章之间的关系引导快速获取知识，通过知识组织方法对用户输入的查询词直接提示相似的词汇等。

大数据的价值已经引起了各界的高度关注，其中所包含的理念和技术将在政治工作信息化建设中带来巨大的挑战与机遇。只有适时把国家经济建设所取得的新成就、文化领域的新创造、艺术领域的新成果、社会发展的新气象等最新信息，源源不断地传递给部队官兵，才能不断增强网络信息资源的时代感和开展工作的有效性，才能推动信息网络技术与传统政治工作优势的高度融合，使我军政治工作充分融入网络信息体系和联合作战体系。

第二节　索引峰会网站信息资源建设

本节回顾了2018年在我国举行的国际索引联盟峰会的网站建设。在分析国际学术会议网站现状的基础上建峰会网站，应加强学术性、系统性、服务性和交互性方面的研究，构建满足管理需求可定制化的学术会议管理系统。从用户角色分析、网站功能需求和网站内容规划方面提出网站需求，从功能设计原则、风格和栏目设置方面提出网站的设计思路。

举办国际学术会议不仅有利于在各国学者之间交流最新的科学技术前沿动向、拓展科学研究的广度与深度，还可以提升主办国家城市的知名度，带动文化和旅游等相关产业的发展，促进各国文化交流。随着我国科技、经济水平的发展，国际影响力的提高，越来越多的国际学术活动和会议在我国成功举办。中国索引学会成功申办到2018年国际索引联盟峰会。

一、2018年国际索引联盟峰会

近年来随着网络技术的快速发展，国际会议索引及论文集也发生了重要变化。一方面是文献信息的传输速度与能力加快，另一方面是文献载体的形式也发生了快速变化。会前出版是当前国际会议论文索引的主要方式，它改变了原来仅有纸质版的样式，多采用了会议网络版论文索引、会议电子版论文索引和会议光盘版论文索引等。在《国际与国内会议索引展示方式的比较与分析》一文中，认为国内外会议内容的报道，主要依赖网站信息索引的展示方式，以及会议论文集、会议电子文献、会议光盘版文献等。网络文献信息主要有大会的会议名称、会议届次、会议时间、会议地点、主办机构、会议负责人等，还有会议主题、会议多个专题、专题主持人、专题报告时间等；会议作者、会议论文篇名、会议论文展板区等，会前学者研讨议题及方式，会后交流等活动安排的展示。会议代表最关注会议论文索引的内容，会议论文以篇名索引的样式展示出来，同时展示各专题参加人和时间。因此，2018年国际索引联盟峰会网站由当届的举办国的主办单位，即中国索引学会发布会议信息，有会前的通知信息，会前会和正式会议的安排，会中的学术交流安排和其他活动安排等的展示。很多国际会议主办方都建立了各自的国际学术会议网站和宣传主页，进行自身宣传、加强学术交流，同时完善了国际学术会议的组织管理手段。

二、国际学术会议网站的现状与趋势

举办学术会议的准备工作一般包括会议前期准备、会议邀请、会员确认、投稿管理、到会确认和住宿安排等。大致的流程则是组织者首先通过电子邮件等方式发送会议邀请函，会务人员在跟进的过程中通过电话确定邀请人是否参会，会议召开前的一到两天接受现场人工签到。如何更好地做好前期安排、组织以及会议签到工作，并没有引起很多人的关注。当参加会议的人员规模较大，传统会议管理办法的局限性就会非常明显，严重影响会议的顺利举办。随着网络技术的发展，利用网络信息处理技术来加强会议的组织和管理，可以大大地减少人力的投入，提高会议组织的效率。

已有许多新兴的学术会议网站，包括国内的中国学术会议在线、Fox Metting

等学术会议系统，国外的 Cyberchair、Suvisoft、START 等商用会议管理系统等，通过网站来实现会议日程安排、会议注册、论文投稿管理和酒店预订管理等综合会议管理功能。图 17-4-1 是某国际学术会议网站的首页。

图 17-4-1　某国际学术会议网站的首页

然而，上述的在线管理系统或商业软件仍然存在一些不足。例如，通用性差、灵活性不足；缺乏与高校、学会等研究机构现有数据资源的整合机制；大部分网站不提供源码因而很难为该系统的用户实现系统的定制化建设；使用成本较高、功能相对复杂；等等。基于以上原因，当前市场上的一些国际学术会议网站系统，无法直接满足 2018 年国际索引联盟峰会网站的需要，因此有必要建设一个能够满足中国索引学会管理需求、轻量级且可定制化的学术会议管理系统。在技术实现方面，国内外典型的相关网站一般较多运用具备优势的 Apache 做服务器，带网络管理相应工具的 MySQL 数据库、可移植性强且独立于架构的 PHP 做网站后台解析语言，即所谓“Apache+MySQL+PH”的黄金组合在越来越多的网站开发中被使用。

三、国际索引联盟峰会网站的功能需求

通过网站信息发布将索引界学术交流活动延伸到互联网空间，有利于宣传国际索引学界的最新发展成果，面向社会、国际，接受各国研究学者，甚至是普通民众的参与和交流。

1. 理论研究方面的思考

要在全面、系统研究国内相关网站的基础上，进一步研究国际索引联盟峰会

网页及中国索引学会网站的定位、特征和作用。

(1) 网站的定位。根据我国索引事业管理体制的实际情况,将中国索引学会网站定位为由中国索引学会主导建设的、向社会提供信息服务的网站。作为全球索引界信息共享的国际索引联盟峰会网站,应能体现索引工作的索引编制、知识储备、文化教育、查询服务等基本功能。

(2) 网站的特征。该网站主要有索引信息共享化和信息利用便捷化的特征。中国索引学会网站是一个现代信息技术的集成体,宜采用高度流行的先进信息技术,特别是高度开放的网络技术,为索引信息实现社会共享提供强大的技术支撑,以保证索引信息共享的现实可行性。网站索引信息利用便捷化主要体现在对于利用者无时空障碍,公众可在网上了解索引工作动态、获取索引信息及相关知识。

(3) 网站的作用。索引网站建设在大学科资源信息化建设中的作用,主要表现在索引网站建设是索引资源信息化建设的重要组成部分。国际索引联盟峰会索引网站为索引信息的整合提供必要条件,网站建设应积极推动和促进索引工作的信息化。中国索引学会网站是索引管理部门开展电子索引编制和服务的平台,也是索引工作者加强索引机构交流的重要中介。

2. 用户角色分析

峰会网站面向会议组织者和参与者,角色上大致可以分为系统管理员、会议主席、普通用户、评审专家以及匿名访问用户这五类角色,如图 17-4-2 所示。

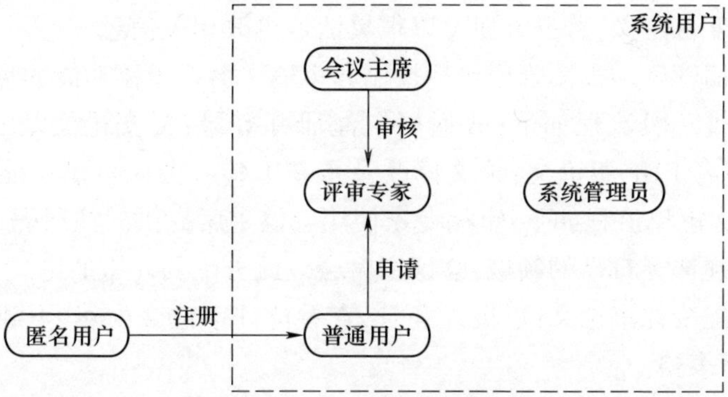

图 17-4-2 系统用户角色分析

系统管理员负责网站系统日常运维、栏目管理、文章管理、用户管理和网站统计等;会议主席可修改会议基本信息和状态、设置会议主题、管理会议网站、管理注册用户的账号信息、管理审稿专家的账号信息、管理论文投递、为评审专家分配论文、管理评审结果、管理用户的参会注册和缴费;普通用户可登录与注册、论文投递、已投递论文管理、参会注册缴费和可申请成为评审专家；评审专家可登录与注册、下载论文并评审和填写评审表；匿名访问用户只能查看会议的前台页面、了解会议相关信息。

3. 网站功能需求

峰会网站的主要功能需求包括会议内容管理功能、投稿管理功能、参会注册功能、国际化模块和网站统计五个功能，如图 17-4-3 所示。

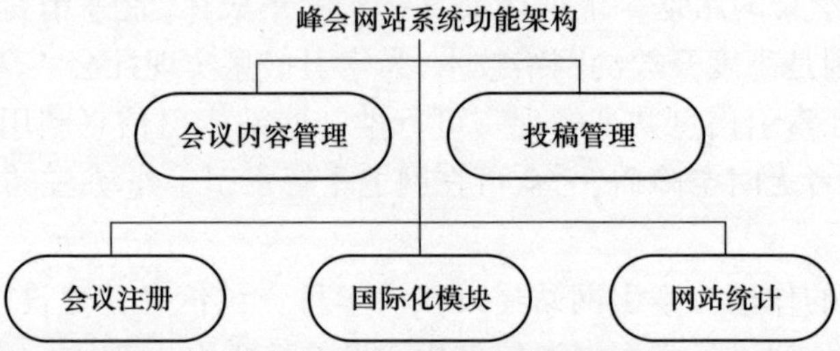

图 17-4-3　系统功能架构

（1）会议内容管理。会议网站内容是指用户直接访问网站所看到的页面，这里展示会议的各种信息，包括会议介绍、相关新闻通知、会议流程、组织结构、时间节点和交通酒店等信息。以上这些信息都是公开的，所有人都可以查看，但是只有系统管理员和会议主席可以对这些信息进行编辑和更改。一个功能齐全的学术会议平台一定要有一个完整的网站内容管理系统，一方面可以对自己的网站进行深度自定义，另一方面可以很灵活地更改相关信息。

（2）投稿管理。投稿管理包括投稿和审稿。会议投稿功能的目标对象是注册作者。投稿一般流程如下：普通用户注册并登录；提交论文基本信息；上传 Word 文件或者 PDF 版论文；论文修改及重新上传。会议审稿功能的目标对象是审稿专家。审稿流程如下：审稿专家使用会议主席提供的注册码进行注册，注册时务必正确选择自己的领域，会议主席会以此分配要评审的论文；会议主席为审稿专家分配待评审论文；审稿人登录，查看待评审论文列表，下载相关论文审阅；填写评审表格。

（3）会议注册。会议开放参会注册后，已录用作者用户可申请参加会议，首先用户需要填写参会注册的表单，该表单需要比较详细的信息，包括论文编号、作者信息、联系方式和酒店预订等相关信息。

（4）国际化模块。为了让各国的论文投稿作者能用自己熟悉的语言访问与查看该系统，本学术会议服务平台系统需要实现国际化。

（5）网站统计。为了便于统计用户注册情况、投稿情况，便于打印名册报表,需要提供网站统计功能,如用户统计,按国家、单位、职称、研究领域,是否投稿进行统计;论文统计,按照数量统计、稿件状态(提交、评审、录用)、研究领域等进行统计。

4. 网站内容规划

峰会网站的受众主要还是各国索引界学者和工作人员,专业性比较强,内容应当比较集中而深入,风格应当国际化,功能主要集中在会议的组织管理和宣传报道上,内容大致分为峰会组织、信息发布、专家和成果和上海印象四个板块内容。具体如下面的峰会网站内容规划表17-4-1所列。

表17-4-1 峰会网站内容规划表

板　块	内　容
峰会组织	国际索引联盟介绍/中国索引学会介绍
信息发布	峰会活动安排/峰会新闻动态
专家和成果	知名专家风采/学术成果展示
上海印象	上海印象

其中,国际索引联盟介绍发展历程、联盟职能、联盟成员、历届峰会举办情况等;中国索引学会介绍学会基本情况、发展历程、主要成就、中国索引事业、发展历史;峰会活动安排包括会场安排、会议日程、会议须知、交通信息;峰会新闻动态包括准备情况、通知发布、开幕、闭幕、峰会直播、专家讲座剪影等;知名专家风采有人物简介、代表著作及访谈实录;举办地在上海的复旦大学,上海印象如复旦大学、上海历史人文、上海名优特产、上海旅游景点等。

四、国际索引联盟峰会网站的功能设计

1. 实践研究方面的思考

要在理论研究的基础上形成国际索引联盟峰会网站建设的技术指标,积极研究和运用当前网站建设的方法和技术,为国际索引联盟峰会网站的应用实践提供指导方案。

(1) 开展国际学术会议网站的建设技术研究。一是充分认清网站建设技术在该网站建设中的重要性。建设一个高质量的国际索引联盟峰会网站、不仅要有丰富全面的信息内容,更要提供完善的功能,满足用户互动和网站管理的需求。“内容、技术、美工”是网站建设的三个中心,技术为内容提供支撑,没有技术的有力支持,即使有再丰富多彩的内容,也往往无法建成一个优秀的网站。当前不少会议网站的建设情况不尽如人意,其一个重要原因在于只重视网站内容建设,而忽视了网站的技术研究。技术落后的结果一般要在网站建设的后期才

会逐步显露出来。

(2) 提出国际学术会议网站的评定方法。在对国内外会议网站进行分析的过程中,比较总结出一套有一定参考价值的“国际会议网站评定标准”,期望以此引起索引界对自身网站的重视,使国际索引联盟峰会网站真正成为索引机构开展宣传、管理、服务的有效工具。国际会议网站按照规模可以划分为大、中和小型网站,不同的网站采用不同的架构方法,具有各自的特点。

(3) 明确国际学术会议网站的规划和设计。网站的开发过程是循环的,它有一个起点,却不要求有一个终点。网站的建设与传统的媒体有重要不同,如网站的内容需要定期更新,这也正是网站的魅力所在。网站的这种动态特性就要求网站的设计是一个循环的过程。

(4) 探讨国际学术会议网站构建技术的发展走向。建设网站的技术已经历了网页设计、内容发布、门户平台的发展阶段,这三个阶段是技术不断演化的过程,后一阶段以前一阶段为基础。门户平台代表了当前索引网站技术的方向,它可以在动态更新网站内容、自由定义网站框架、持续升级网站功能等方面获得明显的质量提升。随着索引信息化的深入以及用户对网站服务需求的提高,网站建设技术在国际会议网站的建设中将会占据越来越重要的位置。

2. 峰会网站功能设计的原则和风格

国际索引联盟峰会网站功能设计的基本原则是实用性、易用性、可扩展性。实用性是指峰会网站面向各国索引界学者和工作人员,专业性比较强,内容比较集中,强调比较实用的功能设计和布局,如突出峰会简介、活动安排、新闻动态,使用户能够方便获取很实用的信息;易用性是指网站功能使用上不复杂、易上手,主要体现在栏目设置、界面布局、内容层次和浏览操作上,能使用户快速达到浏览目标;可扩展性是指要考虑网站在结构、内容以及样式上可以根据实际需要或者技术发展进行扩展变化,做到功能模块调整时不影响整体网站风格和使用习惯。针对需求对网站进行风格规划,以实现良好的运行,实现网站架设目标。

网站的设计主要包括提供用户浏览和查询等操作的操作版块的布局。从实用、生动活泼的角度出发,本着为用户使用提供方便、快捷、高效的目标,所有的内容信息都会以此为依据进行布局,清晰明了的布局会使浏览者能方便快捷地取得所需信息。

网站的内容必须要生动活泼,网站的页面必须具有整体风格,只有这样才能使网站具有生命力。设计应采用现今网络上流行的 HTML5、CSS、Flash、JavaScript 等技术进行网站的静态和动态页面设计,包括动态的按钮、活动的小图标、优美协调的色彩等,使网站达到华而有实的效果。

可以在某些适当的位置摆放一些动态的小图案;在保证浏览速度的情况下,

在网站各栏目之间加入适量的动态连接，网站的互动性会大大加强。

3. 峰会网站栏目的设置和功能设计

根据对网站设计需求的整理和分析，对网站内容和功能进行设计，采用技术型、实用型的垂直型网站设计思路，各栏目设置尽量层次清晰、内容明确，如图图 17-4-4 所示。

图 17-4-4　网站首页信息布局

主要栏目和内容如下面的峰会网站栏目和内容设置表如表 17-4-2 所列。

表 17-4-2　峰会网站栏目和内容设置表

一级栏目	二级栏目
首页	
峰会介绍	国际索引联盟/中国索引学会/峰会活动安排
新闻动态	
专家风采	国际专家名录/国内专家名录
成果展示	
上海印象	复旦大学/历史人文/名优特产/旅游景点
征文投稿	征文启事/论文投稿
网站设置（系统管理员、会议主席）	栏目设置/文章管理/用户管理/稿件管理/网站统计

信息发布类栏目可以设计相同模板，如学会简介、峰会介绍、活动安排、新闻动态、成果展示设计为包含图文信息的统一模板，专家风采设计为个人主页形式，上海印象则音视频内容信息都可播放。投稿管理系统作为峰会网站的独立系统存在，峰会网站与投稿管理系统使用一键登录。网站设置功能仅系统管理员和会议主席可见，主要完成栏目设置、信息发布、信息审核和稿件管理。

2018年国际索引联盟峰会是我国国际学术交流的重要活动之一。以上分析了当前国际学术会议网站的建设现状，针对市场上现有的会议系统通用性差、现有资源无法整合、难以定制化、使用成本较高等局限性，分析了用户角色、功能需求、网站内容等峰会网站设计需求，对峰会网站风格、栏目和功能进行了具体设计。总之，通过分析国际学术会议网站的现状，确定索引峰会网站应加强学术性、系统性、服务性和交互性方面的研究，建设一个满足管理需求可定制化的学术会议管理系统，从用户角色分析、网站功能需求和网站内容规划方面提出网站需求，从功能设计原则、风格和栏目设置等方面提出网站的设计思路，这对我国的科技、经济、文化发展都具有重要意义。

第三节　网络涉军舆情大数据信息服务

本节围绕军事大数据战略开展涉军网络舆情分析知识图谱研究。研究网络舆情知识图谱的舆情事件表达和处理引擎设计，从话题舆情热度分析、用户参与活跃度分析、事件热点词汇云图分析和舆情热点事件发现等方面，阐述涉军舆情大数据的知识图谱服务途径，以进一步推进军事大数据信息服务的创新发展。

知识图谱拥有非常丰富的语义信息，其开放与互联的特性被认为是一种优质高效的知识组织方式，从而在许多领域得到了广泛应用。互联网上的许多涉军论坛是涉军网络舆情集散地，有必要对网络舆情进行大数据分析研究。

一、网络舆情管理中的知识图谱服务

1. 知识图谱的构建

与概念化的传统语义网相比，知识图谱更关注实例、更易于在线更新和利用众包模式。知识图谱的构建首先是获取大量计算机可理解的知识。大数据时代，大量知识存在于非结构化的文本数据、半结构化的网页数据以及各行业的结构化数据中。知识图谱的构建过程主要包括知识抽取、知识融合和知识计算3个步骤。

(1) 知识抽取。知识抽取主要解决如何从各种异构数据源中获取知识的问题。数据源分为非结构化数据、半结构化数据和结构化数据3类。处理非结构化数据，需通过自然语言技术来识别文章中的实体，识别实体之间的关系，有时还需获取事件及其相关属性；处理半结构化数据，是根据不同结构训练出不同包装器，然后进行抽取；处理结构化数据，则需要通过ETL工具对数据进行处理

后,得到符合要求的知识。

(2) 知识融合。知识融合是将不同数据源获取的知识进行整合并构建关联关系。从各个数据源抽取的知识可能还存在不一致性,因此需要使用融合技术将知识使用统一的术语结构(本体) 进行描述,进而整合成一个庞大的知识库。本体不仅提供了统一的概念字典,还表达了各个概念间的关系以及约束。通过实体映射技术,将不同数据源中的实体映射到统一的本体概念中,进而实现不同数据源的实体映射。知识融合的大量运算,需要大数据平台的高性能分布式计算能力。融合后的知识库需要有存储管理方案,如 NoSQL 数据库和关系数据库,应根据不同的应用场景采用不同的存储架构。

(3) 知识计算。知识计算主要是根据知识图谱来获得更多隐含、少噪声的知识,以提高可用性。运用规则推理技术和链接预测技术可以获取数据中的隐含知识,使用基于图的社会计算算法可以在知识网络上补充知识间关联的路径,通过不一致检测技术可以发现数据中的噪声和缺陷等。

2. 知识图谱技术应用于网络舆情管理的优势

将知识图谱技术应用于网络舆情管理,具有开放资源丰富、信息集成域广、计算能力强大的优势。

(1) 开放资源丰富。百度百科是百度公司推出的网络百科全书平台,几乎涵盖了所有已知的知识领域; 互动百科是一个大规模的中文百科知识平台,具有与百度百科相同的规模,覆盖上万人群; 中文维基百科是维基百科的中文版,提供网站全部数据的下载。它们都是当前具有丰富知识的百科类知识库,因内容收集全面而成为相关领域知识图谱的优秀在线资源。此外,CN-DBPedia、Zhishi. me、XLore 等均是在上述百科网站基础上建立的知识图谱,拥有大量的领域知识。这些网站虽然没有提供数据下载服务,但都开放了访问接口,可通过爬虫等技术获取数据。

(2) 信息集成域广。网络舆情引导不仅需要本领域的知识,还需要了解政治、军事、经济、社会、医疗等各领域的知识。如“魏则西事件”涉及互联网、军队医院、医疗等多个领域,涉军网络舆情的信息管理需要跨领域的互通与协作。知识图谱的开放性为这种领域知识之间的互通提供了基础和便利。由于各领域的知识图谱大多由开放领域知识图谱扩展而获得的,因此跨领域的知识集成变得相对容易。

(3) 计算能力强大。开放利用的知识图谱有着规范的结构和丰富的语义,不仅支持高效的查询和复杂的知识计算,而且能够为舆情主题发现、热点追踪等提供强大的支持。传统的舆情信息多存储在关系数据库或全文检索数据库中,使用文本聚类、文本分类等方法可以发现舆情。知识图谱支持多种存储方式下的语义检索，如 Neo4j 数据库，可以通过 Cypher 语言实现基于图的高效检索。基于符号和基于统计的知识推理方法均可应用于知识图谱中，能够为舆情管理提供高效的辅助决策支持。

二、网络舆情大数据分析及其热点事件发现

1. 网络舆情知识图谱

网络舆情热点事件是在公共或局部网络空间内，集中爆发于较短时间的一系列关于某话题的网络舆情事件的总称。网络舆情知识图谱是与网络舆情处理有关的结构化的语义知识库和舆情事件库，其基本组成单元为实体、关系、时间区间、实体四元组和实体、属性、时间、属性值四元组。时间区间是一个形如 $[t_s, t_e]$ 的区间，其中 $-\infty \leqslant t_s \leqslant t_e \leqslant +\infty$。

网络舆情信息是以上述组成单位为基础建立的动态图结构。实体主要包括事件和对象两类，"事件"表示网络舆情事件中的各种话题事件，"对象"表示与事件有关联的各种客体，如地域、任务、机构等。关系主要包括 3 类，分别用于描述"事件-事件""事件-对象""对象-对象"之间的关系。例如，四元组"启动针对 ZX 禁止出口令""发布""[2018.04.16，+∞]"和"美国商务部"表达了最近发生的美国商务部制裁某某通信事件。网络舆情事件在网络舆情知识图谱中的表示如图 17-4-5 所示。

2. 网络舆情处理引擎

网络舆情处理包括舆情监测、主题发现、热点追踪和辅助舆情引导等，可基于网络舆情知识图谱来完成。如某网络舆情的知识图谱为常见的舆情事件进行了分类管理，每类事件中记录了相关的触发词。同时知识图谱中包含了各领域的大量术语以及与抽取事件相关的元素内容，可以直接用于事件的抽取。抽取方法步骤为：①内容采集，通过网络爬虫从各大网络媒体站点和自媒体账号中抓取专门语料；②文本处理，去除数据中的格式信息、广告、超链接等无用信息，然后拆分成段落和句子，使用自然语言工具进行分词、去除停用词；事件发现，从处理好的句子中提取主题句，然后根据触发词进行事件分类、要素填充，最后更新到知识图谱中。

网络舆情知识图谱的事件存储有着良好的结构和细节，包括事件的发生、传播的整个过程，为发现舆情事件提供了极大的便利。网络舆情知识图谱的有向动态图有类、对象和事件 3 种节点。图 17-4-5 中的有向边代表节点之间关系，可以通过社会网络分析法对舆情热点进行分析，还可以利用数据库提供的高效语句直接检索热点事件。涉军舆情处理引擎负责具体的管理活动，主要包括舆情检索和舆情引导。通过预定义 Cypher 语句和 SQL 语句来访问知识图谱数据

库实现舆情检索,如主题发现查询 2018 年 1 月份以来评论数最多的 10 件热点事件,检索语句为

MATCH( )-c: COMMENT]->(e: Event) WHERE e.startTime>="2018.1" WITH e,count(c) AS comments ORDER BY comments desc LIMIT 10 RETURN e

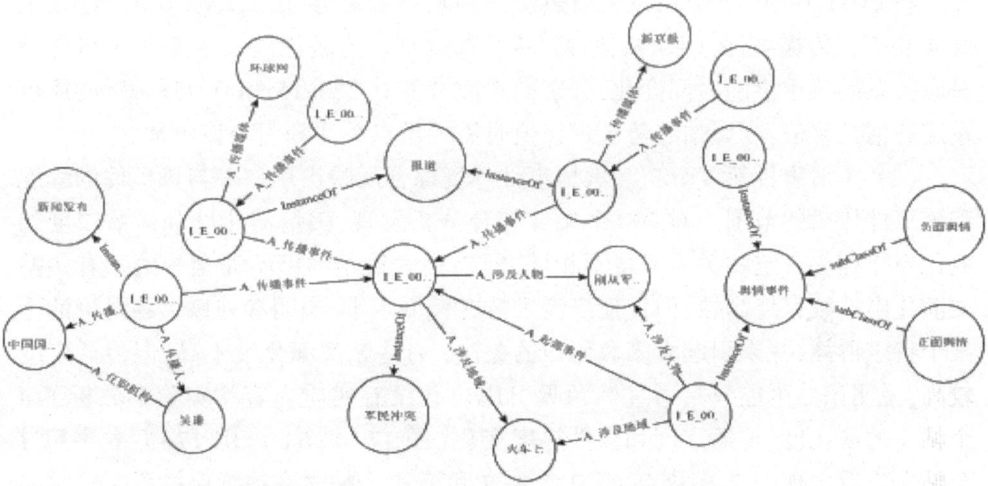

图 17-4-5　网络舆情知识图谱中的舆情事件

例如,事件追踪查询某事件引发的系列事件,检索语句为

MATCH(e: Event)—>(ee: Event) WHERE e.name =“印军越线阻拦中方施工”RETURN e,ee

热点预测可以综合事件评论数和衍生事件数的增加速度来预测可能发生的热点。舆情引导则是提供发布权威消息的接口,可以在官方网站、涉军论坛、微博和微信公众号中发布各类信息。

3. 网络舆情事件演化及数据指标

在舆情形成和高涨初期需要及时发现舆情热点事件。网络舆情事件演化为热点事件的必要条件是关注度(演化度,Evolution)高、传播范围(传播广度,Range)大和受众观点出现分歧。舆情事件热度(Heat)是指在 t 时刻事件演化度和传播广度变化趋势的一种度量。在实际计算中,舆情趋势可以使用差分近似。当舆情趋势大于某一阈值时,表示舆情事件热度增长迅速,可将该事件视为热点事件并加以重点关注;当舆情趋势在一段时间小于阈值时,表示舆情事件热度增长缓慢或者下降,可以取消关注。

4. 主题舆情的热度分析

(1) 数据集构建与参数选择。以铁血网为例,“铁血论坛”有大量的活跃用户和帖文,通过爬虫抓取 2018 年以来陆军板块的 100 篇热帖构建验证数据集。首先确定各模型参数:时间单位选择 0.5 天,时间窗口 Δt 选择为 4(即重点关注近 2 天),事件新鲜度衰减率 α 取-0.01,则最近 4 个时间单位的新鲜度分别为 0.074、0.081、0.09 和 0.1;设舆情热度的加权系数 k_e 取 0.6,k_r 取 0.4。论坛主要涉及 4 类传播事件,即发帖、回帖、转发和浏览。为简化模型令这 4 类事件所对应关系的权重不随时间变化,分别取常数 0.6、0.2、0.15 和 0.05。另外,还可设定舆情预警值,当舆情趋势超过该值时需要重点关注和引导该舆情。

(2) 舆情事件热度分析。舆情事件热度综合反映出用户参与该事件的程度和该事件传播的范围。对 100 个帖文综合分析发现,舆情演化度和传播广度的变化规律存在一定的关系又各不相同,即趋势大致相同但不完全一致。有些帖文演化度持续保持高位,但传播广度维持在较低水平,说明参与该话题讨论的为某个特定群体,并未引起大多数用户的关注;有些帖文演化度不高,但传播广度较高,说明该贴可能只是通过标题吸引用户并没有实质内容。实验中分析了 4 个帖文的演化度、传播广度和事件热度变化(图 17-4-6)。图 17-4-6 中第 1 个帖文先后出现了 2 次热点,第 2 个帖文和第 4 个帖文在持续保持了一段时间的热度后迅速衰减,第 3 个帖文出现多次热点但总趋势是下降的。

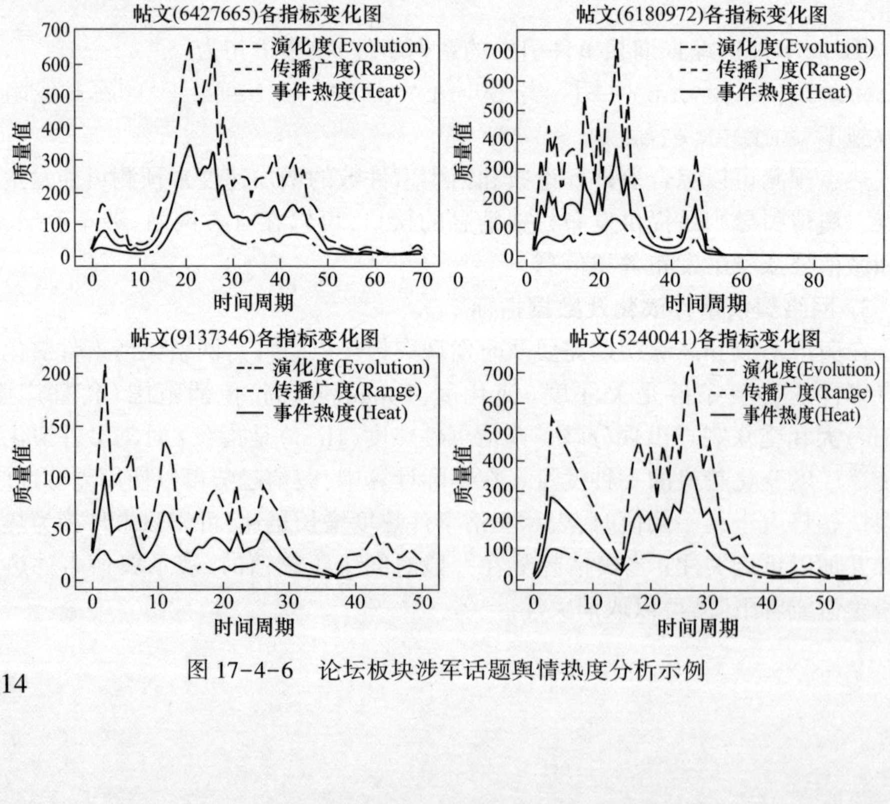

图 17-4-6 论坛板块涉军话题舆情热度分析示例

三、涉军舆情大数据的知识图谱服务

在涉军网络舆情大数据管理中，建立针对不同网络环境的舆情系统，通过不同途径开展知识图谱服务。以某涉军网络环境为研究对象，有关信息在描述中使用了代号表示。

1. 话题舆情热度分析

假设所建的 A 网访问量稳步提升，网中运行的 B 论坛是网友之间进行交流的活跃地，其发帖量和回复量都已成为网上的大数据。舆情事件发现系统首先从存储数据库中检索最新帖文进行事件提取，并存储到网络舆情知识图谱中，然后再通过舆情事件基于算法自动发现热点事件，并按照相应的预警等级发出预警。如关注事件的舆情变化趋势以掌握网友的反映，分析一段时间内某类话题事件的舆情热度等。

近几年，国防和军队改革逐步推进，热点话题不断涌现。这里选取了 5 个与军队改革有关的话题，计算话题的舆情热度（图 17-4-7）。

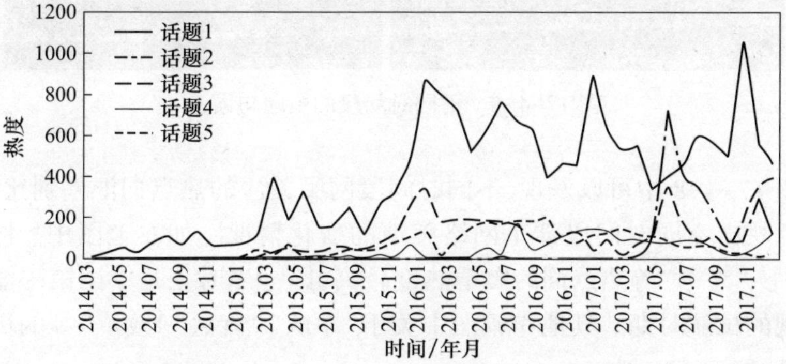

图 17-4-7　不同话题舆情热度的变化趋势

从图 17-4-7 可以看出，同一话题可多次成为热点，同一时段不同话题的舆情热度差别较大。随着时间的推进，热点话题在不断变化，一方面体现了不同阶段有不同的改革内容，另一方面也体现了网友对不同话题的关注度差别比较大。

2. 用户参与活跃度分析

将用户参与的事件按照舆情热度进行累加，可以获得用户的活跃度。按照各个时间单位进行统计，可以获得用户活跃度的周期分布趋势图，如星期周期分布、小时周期分布等。用户活跃度的周期分布趋势图存在一些规律，如上午或下午某个时间点用户很活跃，这对于把握涉军舆情的监测时间有重要指导意义。

3. 事件热点词汇云图分析

事件的主题句基本能够表达事件关注的内容,通过分析主题句可以发现网民关心的内容和习惯使用的词汇。对某涉军事件的主题句进行分词,以舆情热度作为权值进行求和运算,绘制出不同时间段的词云(图 17-4-8) 。如图 17-4-8 所示,词云中字号越大的主题,其舆情热度越高。

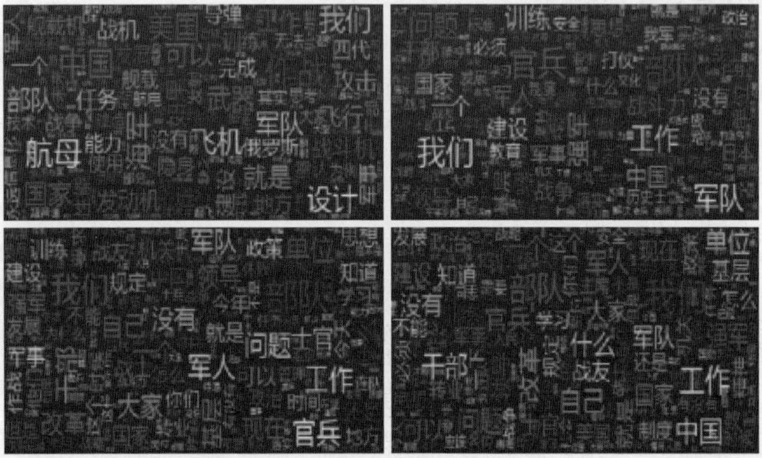

图 17-4-8　不同时间段的主题句词云

从图 17-4-8 中可以发现,不同时间段网民关注的热点词汇差别比较大,这从侧面反映出不同时间段涉军网络舆情的变化情况。如左上图中“中国”“航母”“飞机”“海军”等热点词的舆情热度较高,因为当时正是中国第一艘航空母舰辽宁舰的试航时期。其他 3 幅图中关于“军队”“官兵”“改革”等的舆情热度均比较高。

4. 涉军舆情的热点事件发现

舆情热点事件发现可以通过设定舆情热度阈值来实现。当事件热度大于事件热度阈值时,可以认为该事件是热点事件(图 17-4-9)。如图 17-4-9 所示,某帖文在 18~27 的时间段,事件热度超过阈值,被认定为热点事件。

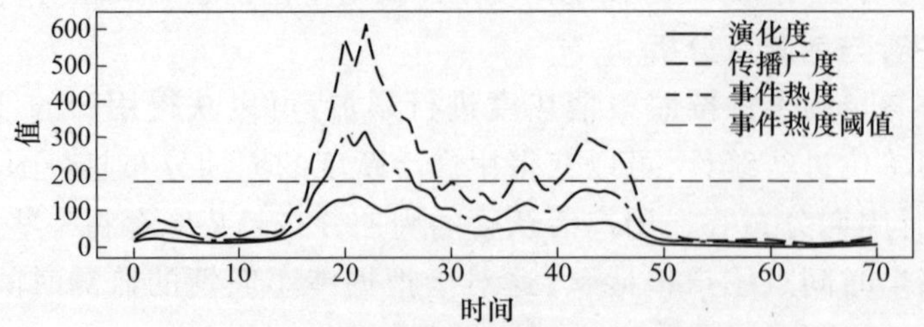

图 17-4-9　通过事件热度判定热点事件

舆情热点的出现时机可以通过舆情趋势预测(图 17-4-10)。如图 17-4-10 显示,在 16~20 的时间段舆情趋势超过预警值,说明该事件为舆情热点。

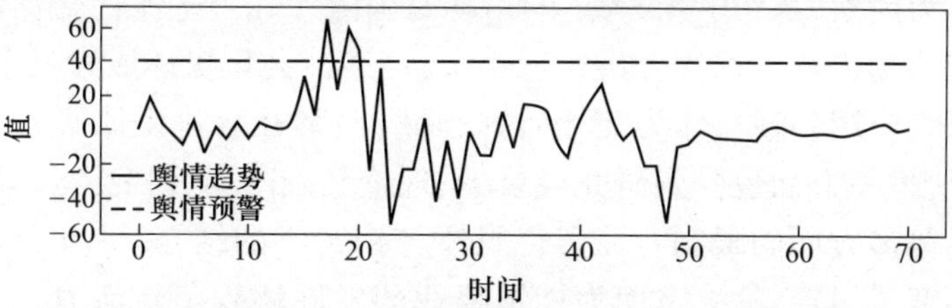

图 17-4-10　通过舆情趋势判定舆情热点

通过对比发现,使用舆情趋势预判比使用事件热度提前了 2 个时间单位(1 天)。经过在某涉军实验数据集上测试,有 87%的论坛帖文成功实现了预测,取得预计效果。以上分析了知识图谱组织的优质高效以及应用于网络舆情管理的优势,给出了网络舆情知识图谱的舆情事件表达和处理引擎设计,并从话题舆情热度分析、用户参与活跃度分析、事件热点词汇云图分析和舆情热点事件发现等方面,研究了涉军舆情大数据的知识图谱服务途径,但目前还缺少大数据的进一步验证。下一步将深化研究,以提高知识图谱服务舆情管理的效能。

第四节　档案网络资源搜索知识图谱应用

本节以新型档案资源整合课题为研究背景,总结采用知识图谱分析软件对主题文献进行关键词共现、社会网络和聚类分析取得的成果,分析当前国内档案社会化媒体研究热点及发展趋势,探究进一步将分散的档案社会化媒体信息资源进行有效整合、集成,形成便于开发、易于服务的新型资源。

档案因蕴涵着丰富的知识和信息而具有重要的利用价值,档案产生于不同载体的分散性特点又影响着人们的高效利用。不同学者对于社会化媒体的理解角度各有不同,档案社会化媒体可认为是互联网以用户为中心,基于用户社会关系和用户生产内容的一系列交互技术、平台工具和应用系统的总称。通过网络归档、关联数据和语义网等信息来聚合理念与方法,对档案社会化媒体的信息内容进行关联融合,用以提高档案社会化的服务质量,提升档案信息社会化的服务效益。

一、档案社会化媒体研究的现状及方法

1. 研究档案社会化媒体的现状进展

关于档案社会化媒体的研究,一些学者介绍了国外档案利用服务社会化的

理论研究和实践情况,在设计档案社会化媒体信息资源整合的基本框架时对档案社会化媒体研究进行了初步探讨,在业务层面讨论了网络环境下影响我国档案利用的行为因素,从“用”和“管”的角度对国内外几个主流社交媒体相关研究文献的研究情况进行了综述分析。近年来,档案社会化媒体成为一个新兴的、快速发展的研究应用领域。作为交叉研究领域,档案社会化媒体研究一方面受到学界的争议,另一方面也受到研究成果少、理论基础薄弱、研究人员缺乏、相关技术手段不足等多方面的限制。社会化媒体与档案学的结合,一方面给社会化媒体的发展拓宽了渠道,另一方面为档案事业的发展注入了新活力。为了掌握国内档案社会化媒体的研究现状及发展趋势,需要利用软件工具对学术期刊数据库和新媒体资源中的相关资料进行数据采集分析,为深入研究档案社会化媒体构建“大数据”,也为该研究领域的进一步发展提供参考借鉴。

2. 研究档案社会化媒体的方法步骤

针对国内相关档案社会化媒体的期刊文献进行分析,以期有一个较为全面的把握。这里利用 Citespace、Ucinet, Bicomb2、SPSS22 和 Excel 等软件工具,对 2007 年以后的国内档案社会化媒体领域 464 篇期刊论文进行分析。方法步骤概述如下:①通过专业检索式来检索相关期刊文献,并通过 CNKI 自带的导出功能,选择 refworks 及 endnote2 种方式,将经过人工筛选的样本论文题名、作者、关键词等数据导出为文本文件格式进行保存;②通过书目共现分析系统 Bicomb2 软件对所需数据进行提取统计,并以 Excel 格式进行保存,运用 Citespace 等工具对数据进行多方面分析探讨;③通过 Bicomb2 构建共词矩阵,借助 Ucinet 绘制关键词知识图谱,并将共现矩阵转换成二值矩阵,进行 k-核分析;④基于 ochiia 系数将共词矩阵转换为相异矩阵,将相异矩阵导入 SPSS22 进行聚类分析,并对核心-边缘关键词进行标注;⑤根据分析结果,聚焦出国内档案社会化媒体领域的研究热点;⑥基于战略坐标理论对热点主题进行分析。

3. 研究档案社会化媒体的数据来源

鉴于中国知网具有较高的权威性和数据可靠性,而且期刊文献的更新速度较快,能够较好地反映一个领域的最新研究成果及发展趋势,因而选择中国学术期刊网络出版总库作为样本数据来源,检索时间为 2018 年 1 月 12 日,基本检索式构成为:SU=(‘社会化媒体’+‘社交媒体’+‘微博’+‘博客’+’微信’+‘社交网站’+‘新媒体’+‘自媒体’+ ‘web2. 0’ +’web3. 0 ‘ +’web archive’+’网页归档’)*(‘档案’+‘档案信息’+‘档案工作’)。为了保证有较高检准率和检全率,又在该基本检索式上构建了多条辅助检索式。经过多次试验,选择得到 667 条记录,经过人工筛选,对结果进行去重、删除无效条目,最终得到 464 篇相关文献作为样本。对发文量进行处理后生成发文量趋势图,表明近 10 年有关档案社会化媒体的文献总体呈现缓慢增长的趋势，是社会化媒体引入档案领域的初始阶段。其中，一些论文介绍了 Web2.0 的概念、特点及主要应用，介绍了借鉴先进思想理念拓展档案信息服务的方法，介绍了美国网络归档项目及进展情况，这是国内较早把社会化媒体引入档案研究的文献。经过分析还发现，10 年里发文量从 12 篇上升到 133 篇，呈“J”形增长趋势，表明这一研究领域已经进入一个发展上升期，可以推测今后几年里，档案社会化媒体领域的研究仍然是一个研究热点。

二、档案社会化媒体文献要素的知识图谱分析

1. 作者群及活跃作者信息的知识图谱

这里对文献机构—作者的聚类进行图谱分析，图谱中用节点大小反映研究机构研究成果的数量，用颜色反映研究的活跃程度。结果是：目前档案社会化媒体领域的活跃研究团队主要有以中国人民大学、上海大学为中心的研究团队，以南京大学、西北大学和安徽大学为主的研究团队，其他的活跃研究机构包括原南京政治学院、山东大学、河北大学、辽宁大学、四川大学、南阳医高专科、郑州大学和郑州航空工业大学等。从以上活跃的研究团队和研究机构可以看出，各研究机构之间合作比较频繁，突破了地缘限制。随着互联网信息技术和社会化媒体的发展，跨地域合作得到了增强，而这种跨地域合作也是科研领域中非常重要的推动力量。

活跃的研究团体和机构关键资源在于拥有一批活跃的研究人员，通过对研究者进行分析，有助于了解该领域的主要研究人员及其分布情况。课题组根据普莱斯定律，将计算得出发文 3 篇及以上的作者定为核心作者，统计得到核心作者共 20 位，发文量达 9 篇排名第一的作者为“黄霄羽”。从研究人员发文情况看，虽然年发文量呈现发展上升趋势，但是核心研究人员的研究成果并不多，尤其是独立的研究成果比较少，只有 39 篇，占比为 8.4%，应与档案社会化媒体的这一新兴研究领域的发展阶段有关。另外，464 篇文献共分布在 109 种期刊上，发文量最高的期刊主要属于档案类。109 种期刊中核心学术期刊占比为 19.23%，所刊载的文献量占比为 61.4%。表明档案社会化媒体的研究领域受到学界的较大关注，尤其是档案学界对该领域给予了较高的重视。因此，可以推断该研究领域总体发展趋势向好。

2. 关键词及其聚类信息的知识图谱

关键词能较为准确地反映文献的研究主题，通过对关键词进行分析，能够挖掘该研究领域的热点问题，并有助于预测未来的研究方向。这里对 464 篇文献进行关键词统计，共得到 1251 个关键词。合并和去除相近或无实际意义的词

汇,根据关键词出现的频次,选取词频≥5 的关键词集作为分析对象。对这些高频关键词进行两两统计,生成一个关键词共现矩阵,将矩阵导入 Ucinet 6.2 中,计算节点的点度中心性,并基于点度中心性的大小对关键词进行显示,得到关键词知识图谱图:图谱中节点大小与关键词度数成正比,节点越大表明关键词中心性越大(即关键词词频越高),反之表明关键词中心性越小(即关键词词频越低);图谱中连线的粗细反映了关键词相互之间关联度的大小,连线越粗表明关键词之间的关联度越大(即关键词之间的共现频率越高),反之表明关键词之间的关联度越小(即关键词之间的共现频率越低)。

在原始共现矩阵中,非零元素的平均值经过计算约为 2.97,共现频次设定为 2,利用 Ucinet6.2 将关键词共词矩阵转换成二值矩阵,以便确定核心关键词和边缘关键词。为了消除词频差距造成的影响以及相关矩阵中 0 值对分析结果的干扰,用 ochiia 系数将共词矩阵转换成相似矩阵,再用 1 减去相异矩阵中的数据后得到关键词相异矩阵。相异矩阵中的数值反映了关键词两两之间的距离,数值越大表明关键词之间的相似度越小,反之则关键词之间的相似度越大。

三、档案新型资源整合的知识图谱研究

1. 档案社会化媒体信息资源的元数据映射

标准化建设是档案新型资源有效整合的前提。只有加快档案信息化标准体系的建设,才能避免各单位各自为政、盲目建设和“信息孤岛”等现象,保障档案信息资源的有序建设和有效整合。档案信息化建设中的标准制订应该有组织有计划地进行,加强档案界与信息产业界以及特定行业的合作,兼顾与国际标准和通用规范的衔接,注重前瞻性、操作性和导向性,从管理、业务和技术等层面上形成一个科学、配套、适用的标准体系。档案社会化媒体研究尚处于发展上升阶段,基于我们承担的国家社会科学基金和国家档案局科技项目的研究任务,有必要进一步揭示以档案学为代表的信息管理学科中信息服务关注的知识关联,探索大数据下档案社会化媒体学术资源搜索的可视化应用,最终将档案馆微博、档案信息网、政务网及微信公众号等统一纳入数据采集范围,以实现真正意义上的互联网档案学科相关信息的整合,提供档案知识服务。

不同社会化媒体平台的不同网页在结构布局方面存在差异,大体上具备与 DC 核心元素中的大部分元素相对应的标签项,根据这些标签项能够实现对不同网页元数据信息的结构化抽取。以论坛、博客和微博的网页信息为例,这些标签项与 DC 元素之间一般遵循如下映射关系:DC 元素名称:=<论坛元数据>+<博客元数据>+<微博元数据>+<微信元数据>+……。例如,Subject:=[帖子关键词]+[博文标签]+[#话题#];Relation:=[相关分类帖子]+[相关链接]+

[@(被提及用户)]。通过上述的知识组织,可以对论坛、博客、微博、微信的元数据元素与DC元数据元素进行映射设计,从而间接实现各社会化媒体信息资源的元数据之间映射。

2. 档案新型资源整合中信息搜索的知识图谱应用

拓展档案信息整合辐射面,能够丰富档案资源的内涵。档案新型资源整合的重要目的,是要通过对多载体、多门类档案信息的聚集,形成内涵丰富的档案大资源库,实现档案社会化媒体信息的统筹管理和共享服务。档案新型资源的整合同样是以对档案社会化媒体信息搜索为基础的。

档案新型资源搜索的结果排序有以下2个因素:通过属性计算得出搜索词相关度的影响力,通过与其他对象之间关系计算得出搜索对象的影响力。在档案社会化媒体资源的搜索中,知识图谱技术可以提供文件关系与知识导引:一是通过文件内容相关性的比较,展示相关文件在不同全宗、案卷、发文机构、所属分类之间的联系;二是通过主题词之间的相关性,展现文件间的关系;三是通过引用与被引用文件间的关系,帮助、引导用户快速获取知识;四是通过直接显示在用户界面与用户输入时智能提示的方法,将用户输入的查询关键词相关、相似的词汇提供给用户。运用知识图谱技术对档案社会化媒体文献进行搜索分析,结果表明:①档案社会化媒体领域正处于发展上升阶段,相关理论还需成熟;②档案社会化媒体已具备较好的科研资源并受到学界较高的关注,目前已形成多项热点,其中社会化媒体环境下的档案价值研究、社会化媒体环境下的档案信息服务有较强的发展潜力;③如何对新型档案信息进行有效整合、集成形成便于开发、易于共享的服务资源,是档案学界关注和努力解决的重大课题。

3. 档案新型资源整合中信息服务的知识图谱应用

档案新型资源整合的目的之一,就是能够开展高质量的档案社会化媒体信息服务。基于知识图谱工具选取档案新型资源,以其中的关键词为研究对象构建关键词共现矩阵。可以运用知识图谱直观地反映发文数量、发文比例及组织机构研究的趋势;可以利用词频指数确定高频关键词的限值,利用共词聚类方法获取档案研究知识群;可以基于关键词共现矩阵通过社会网络分析的节点中心性分析,获取档案信息网络中处在核心位置并具控制力的关键词;可以运用知识图谱软件直观、形象地呈现网络内隐含的知识关系,以推进档案新型资源的信息分析和知识服务。

当前,档案界的研究对象已经不再是单一的文献信息,而是更多地集中在档案网络资源的发掘上。搜索数据的知识图谱已在产生、收集和传递信息方面大大减少了人力投入并缩短了时间,而且在分析和解释上能充当更重要的角色。在档案信息整合中,注重扩展文件收集的范围,凡是反映地方特色、具有典型意义和具有代表性的网上档案信息内容，都应力争纳入档案馆收集范围，作为档案信息资源整合的重要内容。然后，通过开发统一的数字档案管理系统，集中采集新型档案资源信息，以拓展档案信息资源整合的范围和辐射面。我们将继续探索大数据下档案社会化媒体资源的知识图谱的具体应用，如根据研究方向数据成像作出正确、有效和有依据的决定，通过档案信息的多元化组织展示，将无序复杂的数据转化为更易用的形式，从而实现档案资源搜索的决策高效和信息准确。总之，促进档案网上社会化媒体信息的交流共享和研究利用，已成为当前深度开发档案新型资源和创新档案信息服务的发展趋势，档案社会化媒体数据的知识图谱应用是我国档案新型资源整合服务发展的必然趋势。

第十八章　智慧化时代网络信息资源管理

第一节　人工智能信息索引编制技术

本节分析人工智能与自动索引编制的研究现状，提出基于人工智能自动索引编制的可行性，研究面向图书内容索引设计的自动索引编制方案，探讨自动索引编制实施的重难点问题，以对各类索引编制辅助软件、电子索引编制技术等相关研究工作提供参考。人工智能支持下的自然语言处理、信息组织和检索等技术获得了重要突破，我国索引学界一直致力于索引编制的精确化、自动化和智能化研究。

索引又称“引得”“索隐”等，是将文献中的语词、篇目等有关项目标引出来，按一定次序排列，并注明出处的检索工具。索引的目的是要提高信息查询和检索的速度，在计算机发明之前，索引的思想就已经深入我们的生活，在计算机和数据库技术出现以后，利用计算机从事传统索引编制以及数据库索引技术也应运而生，并蓬勃发展，张琪玉教授曾提出“现代索引就是数据库”的观点。为了更好地促进索引事业，中国索引学会编制了《索引编制规则(总则)》的国家标准，自2009年正式实施以来，对于我国的索引事业发展和中文索引编制工作，起到了积极有效的推动作用。

一、人工智能与自动索引编制

随着人工智能技术，特别是机器学习、深度学习和知识图谱等技术的发展，使得自然语言处理、信息组织和检索等领域获得了很多突破。与此同时，自然语言处理、统计学习和知识图谱等应用于索引编制系统中，实现对海量文献数据高效的索引分析和挖掘，也得到了更为广泛的关注和更深入的研究。早在2011年就有研究者指出智能检索环境下智能索引编制问题的重要性，指出智能索引编制过程中涉及的技术有文档预处理技术、元数据与RDF等资源描述技术、语义网技术、机器学习技术等，并形成了中国古籍索引编制软件实践、基于VFP+Word的多文本古籍索引编制实验，以及语义网技术在智能索引编制过程中的应用等研究成果。总体上，智能索引的探索与语义网和本体的研究联系紧密，智能索引不仅为文献数据库检索提供了便利,更为搜索引擎快速、准确、自动地查找Web资源提供了可行性。智能索引已成为数据库索引研究的主流方向。尤其,随着近几年深度学习、知识图谱等技术快速发展,数据库管理和索引研究形成了很多典型成果。例如,有研究者指出人工智能时代,数据库管理将人工智能技术中统计、学习、推理和规划等能力应用到数据库系统和数据管理中,实现减少人力开销和提高性能的目的,基于人工智能技术,对数据库查询负载、数据分布、数据库硬件特性、历史查询性能表现等进行特征抽取和建模,结合机器学习等技术,有效利用海量历史数据和习得模型,对大数据索引和查询技术进行有针对性的优化。

在传统索引编制研究方面,当前主要集中在基础理论、信息检索服务、索引事业和前沿领域的索引创新等,尤其在地方志索引编制、主题索引编制、学位论文索引编制、智能科技检索服务、数据库、互联网、大数据索引研究等方面已有长足发展。例如,有专家在《图书内容索引编制指南》一文中指出图书内容索引是为查阅图书中的知识、信息而编制的检索工具,印刷版图书中的索引均为人工编制,计算机起辅助作用,通过精选可索引内容和索引措辞等手段,可达到较高的查检效率;有学者针对现存问题,以ESIA优化法为理论基础,从整合、补充、规范和半信息化这四个角度进行了优化设计,并与自身的编制实践相结合提出了具体的优化方案,按照优化策略和优化方案的具体指导,产出优化后的书后索引编制流程和具体流程图。一些研究人员从学位论文索引编制、学术专著书后主题索引编制等索引实际工作细节,介绍工作流程,分析和探讨编制问题,提出来很多宝贵实践经验和改进建议。中国索引学会的专家指出索引是一种全新的思维方式,大数据时代索引新功能,能实现分析综合、目录索引、去伪存真、知行合一,“索引-关联数据”是大数据发挥作用的关键,主题词表、规范语义库与知识发现图谱为索引提供全新功用,智能机器人不能创造、生产概念,但是索引员能通过分析综合概括新语汇、新主题与新概念。有学者在分析国内外数据库索引编制研究的进展与趋势后指出,传统索引编制注重规范、规则,追求“全面、精炼”,数据库索引编制在此基础上更注重对索引技术、索引标引层次和信息挖掘深度等的研究,并指出索引内容深入化、索引技术智能化(即语义索引的发展)、索引呈现可视化的研究趋势。

综上研究所述,可以发现数据库索引技术、传统索引编制技术都随着网络技术、信息处理技术以及人工智能技术发展得到长足进步。但从学科分布上也发现,数据库索引技术主要分布在计算机科学与技术等学科,而图书情报学界更多的还是关注传统索引编制以及与索引数据库的结合应用上。人工智能技术是当下较为前沿的热门研究领域,在数据库索引研究方面已有部分成果,但在传统索引编制应用上还很少见。应该说传统索引编制是直接服务于人的，容易理解，比较规范、精炼，对用户需求具有针对性，一般都是通过人工自由编制的，质量较高；而数据库索引更多的是面向机器查询使用的，人只能看到索引检索结果，不能直接看到索引本身，数据库索引一般是计算机通过分词、统计等自动构建的，当前自动编制索引与人工编制索引质量上还存在不少差距。人工智能时代，自然语言处理、知识图谱、机器学习等技术对借鉴人工编制索引成果，提高索引自动编制质量，提高索引编制效率具有重要作用。

大数据时代主题词表、规范语义库与知识发现图谱、智能机器人等技术都是人工智能时代的典型代表，基于人工智能的自动索引编制研究，一方面开发索引的新功用，拓展索引学的研究范畴，深化索引学的理论研究和方法以及技术应用，另一方面，丰富索引工作的实践内容，提高索引工作的信息化、智能化水平，构建一系列索引语料库、规则库，开放索引编制服务，拓宽索引服务面，为广大索引工作者、索引爱好者以及科研学术工作者提供便捷的索引工具，提高索引服务能力。

二、基于人工智能的索引款目自动编制

1. 知识库构建及对索引项的指导

严格遵照索引编制的规定流程，优化各流程数据处理，加强索引词之间的语义关联分析，借助语义知识库、规则知识库、主题知识图谱挖掘索引词之间的关系，并区分同义词、近义词、语义上下位关系。研究重点在于如何通过构建的语义知识库指导索引词的选择、标引和分组、参照处理等。

(1) 知识库的构建方面，采用专家调研法、文献调研法。设计问卷调研索引编制中方案选定、索引类别、标目选择、分组策略、参考系统细则标准，形成调研材料，加工成为知识库中供程序自动处理的索引编制规则；通过文献调研方法收集已有的索引素材、研究文献，加工整理成索引编制语料库。

(2) 索引项选择、分组和参照，采用实验法。通过实验法，技术实现索引项选择、分组和参照的实例，记录各算法策略组合的索引编制自动化效果和质量，选取最优组合算法，实现索引款目的智能化编制。

2. 自动索引编制的研究框架及其功能

给定一个图书内容索引编制的任务场景，结合索引编制规则总则以及细则等标准规定的索引编制的规范化流程和编制规则，设计和开发索引知识库；根据文献内容和索引任务，进行索引设计智能化辅助，同时对文献信息内容预处理；索引设计确定后，根据索引编制规则和参照标引语料库，进行索引标目的智能标引、层级处理和款目编制及校对；智能生成参照系统，完成索引编制并实现多种

格式转换和存盘。编制各个环节都要求能够进行可视化人机交互,研究内容主要集中在索引知识库构建、文献信息内容智能化预处理、索引设计智能辅助、索引标目智能标引、标目层级智能处理、索引款目编制校对、参照系统智能生成以及索引格式智能存盘等。图 18-5-1 所示为基于人工智能的自动索引编制研究总体框架。

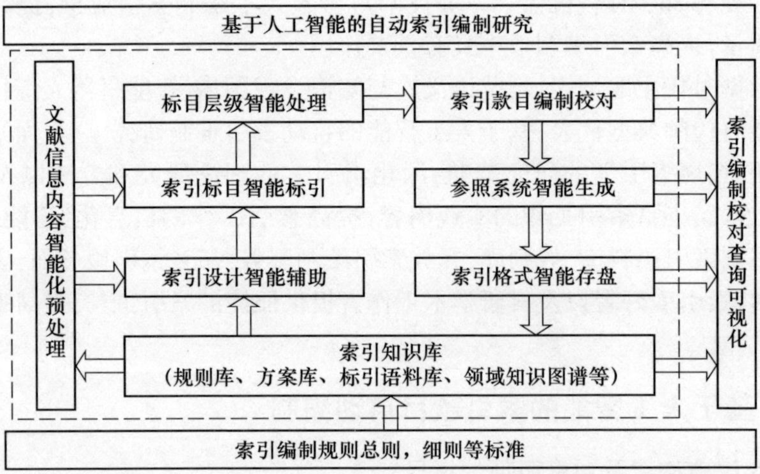

图 18-5-1　基于人工智能的自动索引编制研究总体框架

(1) 索引知识库构建。研究基于索引编制规则总则以及细则等标准规定的索引编制的规范化流程和编制规则,形成索引编制推荐规则库、索引设计推荐方案库;收集现有的索引素材,构建索引标引语料库(词汇库);结合索引语料、中文主题词表、中国知网收录的专业学术文献等构建各领域索引主题知识图谱等,用于索引标引词推荐使用。

(2) 文献信息内容智能化预处理。研究基于规则库的文献元数据提取,基于标引词库的中文分词和停用词过滤,基于知识库的人名、地名、机构名和概念等文献标引候选词标注,出处提取预处理等。

(3) 索引设计智能辅助。研究基于人机交互索引设计辅助方案,根据文献类别和内容特征提供候选索引方案,智能化确定索引范围和深度推荐值,研究预标引自动测试功能。

(4) 索引标目智能标引。研究基于知识库标引规则的索引标目智能选择,基于统计模型的索引标目智能选择,基于机器学习的索引标目智能选择,基于文献上下文语义的索引标目智能选择,自动标引和处理排序。

(5) 标目层级智能处理。研究文献主题脉络自动化分析技术,索引标目自动化分组技术。

(6) 索引款目编制校对。研究索引款目排序,索引款目编印,索引款目回查校对。

(7) 参照系统智能生成。研究索引标目同义词识别,索引标目上下文语义关联识别,基于词义的参照系统规则制定。

(8) 索引格式智能存盘。研究设计索引数据库,各类型索引格式转化,索引语料存盘,索引检索服务等。

三、基于人工智能的自动索引编制实现

1. 自动索引编制设计的重难点问题

(1) 索引知识库的构建。索引知识库不仅涉及索引编制规则细致,还涉及索引编制方案、索引编制语料、各领域索引主题知识图谱等。索引知识库作为索引编制自动化的基础支撑,其内容的局部完备性、可拓展性是影响索引编制自动化效果的重要因素。

(2) 索引标目智能选择和语义分析。索引标目,即标引词,是直接控制着索引的类型、特征、性质,也影响着索引的质量和使用效果。为发挥索引的作用,实际编制索引时以标引出有实质检索意义的标目为主。而实现索引编制自动化,一定程度上需要实现准确的索引标目选择和语义分析,区分标目之间同义、近义、从属、关联等语义关系,以便为款目编制中分组和参照提供依据。

2. 智能索引编制实现的几个关键

(1) 基于索引语料和专业文献的索引主题知识图谱构建研究。知识图谱是近几年比较前沿的知识组织和语义网技术,知识图谱的提出就是为了解决搜索引擎语义分析问题,对索引编制中标目语义分析具有适应性,但目前并未有索引知识图谱相关研究。

(2) 基于索引知识库的索引设计智能辅助策略研究。目前,索引设计还主要以人工的方式进行,通过分析文献、拟订方案、试标引、调整方案的过程实行,对索引员要求高,对后期索引质量影响大,且试标引无法对全篇待编文献进行试验把控,容易遗漏标引问题。通过建议标引规则库、方案库,以及自动化试标引测试评估,提出可行的最优索引设计方案。

(3) 基于知识库和机器学习的索引标目智能选择、分组和参照方法。目前标目的选择仍然多靠人工自由标引,计算机自动标引的准确度还有很大差距。标目选择需要有实质检索意义,而实质检索意义的评估和确定,还需要在不断的标引检索实践中总结积累。索引语料库有丰富的语义积累,机器学习方法可以快速分析这些语义积累,发现语义关联的规律,提供智能化的索引标目选择、分

组和参照。

(4) 基于人工智能的索引多格式存盘和检索服务。传统的索引往往在设计之初就确定了索引编印格式,无法实现不同格式的转换,也无法形成较为统一的索引知识库语料,这极大限制了索引服务的能力。需要研究基于人工智能的索引多格式存盘和检索服务,探寻一种统一的能够进行格式互转的索引服务,以便实现各种场景、各种需求的检索需求。

自动化索引编制技术发展到了一个新阶段,在知识图谱、人工智能、大数据和机器学习等技术推动下不断趋向成熟。我们将不断探索和实践,致力于索引编制的精确化、自动化和智能化的深入研究。

第二节　社会化媒体信息整合元数据集成

本节对档案社会化媒体信息组织的元数据构建开展研究,建立档案社会化媒体信息的元数据及分类设计方法,构建档案社会化媒体信息整合的元数据设计;对档案社会化媒体数据集成的整合系统架构开展研究,组成采集工具、分析工具、检索引擎和数据信息展示平台的档案社会化媒体信息整合系统架构,优化整合中的信息抽取、重复性分析和关联度分析技术。大数据背景下发掘档案社会化媒体信息资源,既是档案信息化建设中的战略性步骤,也是有效开发与利用的必然选择。

随着互联网的迅速发展和变革,档案社会化媒体成为记录人类社会生活变迁的重要载体,并成为大数据时代的热门话题。面向档案学科的各种社会化媒体也迅速渗透到学界和业界,成为信息交流和知识传播的重要平台。但目前这些网络信息资源还没有引起足够注意。大数据背景下开发利用档案社会化媒体信息资源,既是档案信息化建设中的战略性步骤,也是其有效建设与利用的必然选择。通过内容分析发现,档案社会化媒体的信息组织和档案社会化媒体的信息服务具有较强发展潜力,因此需对档案社会化媒体信息组织的元数据构建和数据集成的整合系统架构开展研究。

一、档案社会化媒体的信息组织与信息服务

1. 大数据环境下的档案信息元数据模式

当前社交网络平台层出不穷,早期的学术论坛和学术博客已经发展到微博。在网络浪潮的席卷之下,特别是进入大数据时代,元数据标准在适应数据的 3V (volume、variety、velocity)特征中软肋突显:首先数据量的规模性(volume)和数

据来源的广泛性,要求元数据标准具备充分的可拓展和可复用能力来描述海量的数据。其次,数据类型的多样性(variety)打破了原有平衡,大量半结构化、非结构化和混合结构的数据待整合一体。这种情况下,仅使用一种元数据标准进行描述和组织已不现实,但同时使用多种标准,又面临标准之间互操作性差等问题。最后,数据变化的高速性(velocity)给元数据的实时捕获、更新和管理带来了前所未有的困扰,而对数据的描述,特别是探索数据语义演变将成为大数据时代语义网(Semantic Web)建设中的一个重要内容。

在国外网页归档的具体实践中,元数据元素的丰富程度及生成方法常取决于网络档案馆的规模和归档组织可利用的资源,一般有自动生成和手工创建两种模式。元数据自动生成方法一般在大规模的网络档案馆中较为常见,它们利用爬虫软件抓取网页,进而获取网络资源的时间戳、状态代码、文件类型、URL、MIME 类型等信息,也可通过解析 HTML 网页源代码抽取标签信息,如希腊的网页归档项目通过自动抽取网页和锚文本中的关键词进而对网页分类成集群,美国国会图书馆利用 URL 推荐数据自动生成 MODS 元素目录并以此改进数据质量。元数据手工创建模式迫于资金技术等限制,小规模的网络档案馆常采用此方法,如美国加州大学洛杉矶分校的在线期刊档案馆(Online Campaign Literature Archive)参照都柏林核心元数据标准、美国国会图书馆主题词表和本地自定义权限目录,并结合捕获和审查过程中员工建立的详细注释来管理元数据,中国典藏数位研究网络档案馆(Digital Archive for Chinese Studies Web Archives)则邀请相关学者提供一些元数据的描述,台湾大学网络档案馆针对网页内容架构了一个三层的分类和编目方案,其元数据也可以通过用户标记、注释和评论来创建。

2. 大数据环境下的档案信息集成

档案社会化媒体的信息服务整合离不开整合系统的研发。该系统的主要功能是实时监测分析档案网站的信息内容,如新闻、论坛、博客、微博、微信公众号、百科、问答等,对采集到的信息进行过滤和自动聚类分类处理,发布多个网站来源的最新信息内容,实现统一的档案数据信息展现与导航,同时提供包括全文检索、日期范围检索、标题检索等多维度的查询手段,以及可视化的档案知识展现功能。

系统包括档案资源的精确采集解析、档案数据集成、信息检索、热点发现、统计分析、知识展现等多层次、多维度的档案信息服务,适用于系统全面地了解与学习档案信息及发展状况。

主要功能有:①采集功能。对目标网站的档案信息进行及时采集,实现对档案新闻、论坛、博客、微信公众号、评论等不同类型数据的采集、分析和过滤,存储在本地数据库,为档案数据分析利用提供基础数据资源。采集工作的结果是形成新的网页全息信息集合,包括网页名称、大小、日期、标题、正文内容、关键词等。整合不同类型和来源的数据信息,将这些数据信息存储在数据库中。系统数据库采用 MySQL 数据库。②检索功能。系统提供了强大的检索功能,可以对海量数据进行高效、准确、实时搜索,提供全文检索、日期(范围)检索、标题检索、相关性排序等多维度查询手段。关系数据库可以进行内容检索,但在响应速度要求比较高、数据量过大时,关系数据库不能胜任,系统采用 lucene 作为检索引擎。③分析功能。聚类分类,提供档案数据自动分类聚类功能;热点挖掘,自动识别网络上的热点档案信息;智能关联,档案信息在内容上的相关性分析,找出一篇档案信息的其他最相关信息;关键词抽取,自动抽取档案信息内容的关键词;量化统计图表,为学习利用提供支持。④展示发布功能。根据数据类型种类,分组分栏展现档案数据。提供热点、最新档案信息的展示,提供档案信息的关键词群导图等图形化展示。可以设置检索结果按照相关度、日期排序。

二、档案社会化媒体信息的元数据构建

1. 档案社会化媒体信息的元数据方法

元数据设计遵循现有的元数据标准,有自顶向下的继承方法和自底向上的提炼方法等。继承方法首先选择高层结构的元数据方案,如果资源是可用的则创建低一层结构的元数据,低一层结构的元数据继承高层结构的元数据,具体应用中一些术语级别的元数据则一般很少创建,如文件格式、修改日期等都可被自动提取,国外网络档案馆整合网络信息资源时,一般对"网站-网页-文件(文本、图像、音视频)"逐层分解,而这些层次结构与档案集合的层次结构相匹配,因而这种方法在 WA 实践中常常被使用。提炼方法常适用于对一个新网络环境和信息资源的探索,首先参照现有的一些元数据标准,深入解析底层中某一网络信息源的结构特征,提炼有价值的元数据,然后依据此思路提炼底层中其他同类型网络信息资源的元数据,最后对这些元数据进行二次提炼,形成高层结构元数据,一个高层次的描述单元意味着只能创建很少的元数据,而一个低层次的描述单元能创建更多详细的描述和元数据,底层与高层元数据的合理配置才能更实用,如哈佛大学网络档案馆(Harvard University Web Archive)就为每一个包含多个网站的网络档案馆集合创建一条顶层的 MARC 记录,方便档案馆检索。

针对档案社会化媒体信息的特点,这里采用自顶向下和自底向上相结合的方法,如图 18-5-2 所示。首先以 DC 元数据 15 个核心元素为顶层元素集解析和设计各类网络资源中的底层元数据,进而提炼出网站、学术论坛、学术博客和微博的元数据,最后形成档案信息集成的元数据方案。

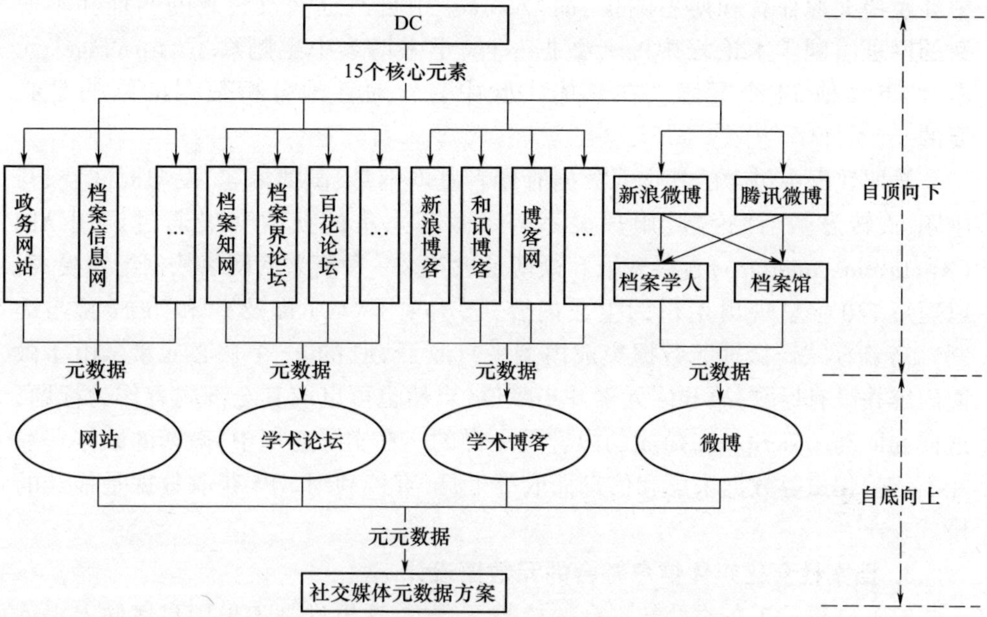

图 18-5-2　档案社会化媒体信息元数据的组织方法

2. 档案社会化媒体各元数据的分类设计

学术论坛信息资源的载体形式一般分为主题页面(版块主题列表)和内容页面(帖子)。主题页面包含的数据项有标题、作者、发布时间、回帖数量等,内容页面包括的数据项有标题、正文、作者、评论者、评论内容、评论时间、评论者信息、相关帖子、内容链接等。同一论坛中,即使不同的主题版块,其数据结构是基本一致的。在不同的网络平台中,学术论坛的网页布局会有所差异,如不少学术论坛中"Relation"和"Subject"等元数据会缺失,许多帖子甚至没有用户评论;其次在同一学术论坛中,不同版块的资源也会有细微的差异,如"档案知网"中"档案社区"和"文章精华"的网页结构就不一样,"文章精华"中增加了"摘要"栏目等。另外,在<head>标签内虽然也会有 Description、keyword 等元数据,但都是粗略地以网页标题进行描述的,并未二次加工。因而,在具体的实施过程中,有针对性地解析网页结构是信息抽取的关键,更是信息集成的基础。

学术博客信息资源的组织类似于学术论坛,包含博客主页与博文页面。博客主页有博文列表、作者信息、访问量、开通时间等;博文页面包含标题、作者、发布时间、内容、评论者信息、评论内容等,同一博客平台中不同博主发表的博文数据结构是基本一致的。同学术论坛一样,不同的博客平台和不同的博主，其博文的网页布局都是不一致的，如有些博文是转载的，“Creator”元素中涉及博文原作者和博主两位，而“Source”中自然也涉及转载的网址和本博文的网址。同学术论坛中的元数据一样，学术博客中也删除了“Coverage”元素，留下其他 14 个元素。在具体实验中有针对性地分析数据的结构是必要的。

微博数据中包含的基本元数据有作者基本信息、微博内容、发布时间、参与主题、被转发数、评论数、用户关系等。微博采集的获取一般通过调用 API (Application Interface)直接获取。微博是近年来一种新兴的网络数据组织模式，以短短 140 字呈现出用户的生成内容，还出现了“@（提及）”和“##(参与话题)”等新模式。微博元数据集成模型中只取了 DC 的 12 个核心元素。由于微博内容并没有标题，故 title 元素并未赋值，当然也可以取其全部内容作为标题，这样 title 与 Description 描述的内容是一样的。在实际应用中，微博的数据获取并不依赖爬虫等数据采集和信息抽取等工具，直接利用 API 获取数据是最佳的模式。

3. 档案社会化媒体信息整合的元数据设计

综上已揭示了各类档案平台的核心元数据，这里进一步采用自底向上提炼的方法，对各平台的元数据进行分析和提炼，整合成档案元元数据(Metadata2)方案，如图 18-5-3 所示。档案元数据的核心元素主要有 14 个，并以描述用户生成内容的元数据为主要构成部分。在具体的信息抽取和整合实践中，不同的档案平台，其网页编码会各不相同，应具体问题具体对待，以确保完整地抽取标题、内容、作者等核心信息。

类别	元素名称	标签	注释	HTML标签示例
用户生成内容描述	Tale	标题	帖子，博文等的标题	＜little＞…＜/little＞
	Subject	主题	用户自定义标签	
	Dearription	内容	帖子、博文、微博具体内容	＜tlxxly＞…＜ tlxxly＞
	Sonver	网址	网页的网址、转载前的网址等	
	Languay	语种	内容描述语言	hrvfm“…”
	Rettion	关联	相关帖子，友情链接等	
	Typm	范畴	所属版块、分类等	
知识产权描述	Conathr	作者	博主、帖主、原文作者	iol “Autbor”
	Pebliaher	网站名		
	Cantriheat	评论者	参与回复用户	
	Bighte	版权	网页版权	Closd “Copy right”
外部属性描述	Date	时间	发文、回帖时间	
	Fannel	编码格式	HTML	jwl “Date”
	Idmtitirr	标识符	网址标识字符串	

图 18-5-3　档案社会化媒体信息元元数据的核心元素

三、档案社会化媒体信息集成及整合系统构建

1. 档案社会化媒体信息整合系统的架构

档案社会化媒体信息整合系统由采集工具、分析工具、检索引擎和数据信息展示平台四部分组成。系统架构如图 18-5-4 所示。

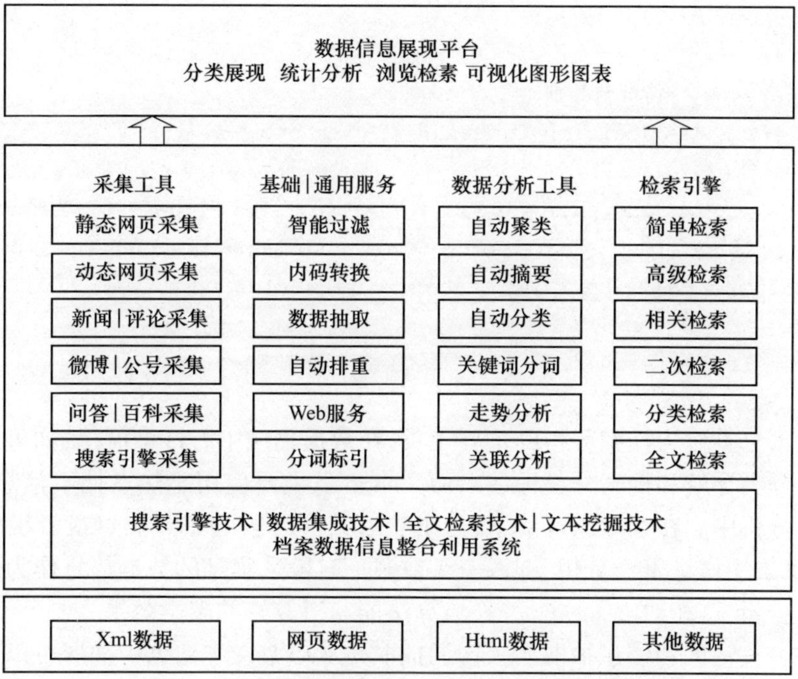

图 18-5-4　一种档案社会化媒体信息整合系统架构

2. 档案社会化媒体信息整合系统的工作流程

档案社会化媒体信息整合,整个系统的工作流程是:

(1) 采集工具从互联网上采集新闻、论坛、博客、微信等档案数据,对这些信息进行统一加工、过滤,存储到数据库中。

(2) 数据分析工具对其中的档案数据进行智能分析和加工。

(3) 数据展示平台把经过加工处理的数据发布到 Web 界面上予以展示。实时发布档案数据的信息,提供分类导航、页面浏览、统计分析和可视化图形图表等。

(4) 检索引擎提供全方位的检索服务。

3. 档案社会化媒体信息整合中的关键技术

(1) 文本的分类和聚类。文本分类是在预定义分类体系下,根据其内容或属性与一个或多个类别相关联的过程。文本分类中有两个关键问题:一个是文本的表示,可采用向量空间模型(VSM),文本特征采用术语逆文档频率(TFIDF);另一个是分类器设计,可采用支持向量机(SVM)作为分类器,它是一系列可用于分类、回归的机器学习算法。文本分类的标签分为两级,一级类目下分为若干子类别,基于SVM的文本分类代码如下:

```
from sklearn import svm
x=features
y=category #特征与类别
clf=svm.SVC(decision_function_shape='ovo')
clf.fit(X,Y)
SVC(C=1.0,cache_size=300,class_weight=None,coef0=0.0,decision_function_shape='ovo',degree=3,gamma='auto',kernel='rbf',max_iter=-1,probability=False,random_state=None,shrinking=True,tol=0.001,verbose=false)
dec=clf.decision_function(Test)#测试数据
dec.shape[1]#测试结果
```

文本分类作为档案分析的重要工具,在数据集成中有许多应用,如可以作为预定义分类导航和档案分类标注。而文本聚类主要应用于热点档案信息、词群图计算分析中。在大数据环境下,为了获取某一时段的热点焦点或者敏感档案数据,可采用增量聚类分析,即以一天或某一时段采集到的数据信息作为样本进行聚类分析,这相对 *k*-means 等经典算法能获得较好的聚类效果。

(2) 关键词和信息抽取。关键词抽取是从档案文本数据中抽取可以代表信息内容中心思想的关键词汇,在层次上分为单文本关键词与多文本关键词。单文本关键词抽取采用基于pagerank的文本图抽取算法,该方法因准确度较高且表现稳定而被广泛应用,即经过分词过滤处理后,以词语作为节点,其相邻的数个词作为连边规则,标题词语的边权重来构建文本图,计算各节点的pagerank值,选取其中的topN作为该文本关键词。多文本抽取主要以各文本中的pagerank值作为测度,聚类文本的综合pagerank值最高的n个词语作为代表该聚类的关键词。面对海量档案信息,很自然地需要一种自动化工具来帮助用户从中快速发现真正需要的信息,并将这些信息自动地进行分类、提取和重构,因而这里采纳了信息抽取技术。这里的文本信息抽取具体是指从档案社会化媒体的内容文本数据中自动抽取指定类型的实体(Entity)、关系(Relation)、机构(Institute)等事实信息,并形成结构化数据输出。例如,从关于档案会议的新闻报道中抽取事件的信息,一般包括会议类型、地点、主题和机构等主要方面。概括起来可以涵盖以下方面:①自动处理非结构化的自然语言文本;②选择性抽取文本中指定的信息;③就抽取的信息形成一定表示关系。问题①在预处理、分词过滤阶段完成,问题②采用分词标注的词性、采摘的 70 余万条实体词库和正则表达式配合完成。方法是:首先匹配已有实体、事件词库,从分词标注结果中筛选地点、人名等实体词;接着从文本中抽取的关键词黏连词周围选取事实信息。如果选取词语包含其他事实信息等词语,根据语句顺序和距离确定是否建立关系,系统中一篇文档的实体关系图表即采用了这种方法。

(3) 关联度分析及语义支持。关联度分析主要计算档案文本间的内容相关性,在浏览阅览单篇文本时显示与之相关的文档列表。传统相关性计算主要以向量空间模型分析两篇文本的相似度,但如果存在语义稀疏,很难较正确地估计两篇文档的相关性。简单地说,如果两篇文档中没有共用词,即使它们关系紧密、主题相关,也无法认为两篇文档相关性较高。如"计算机"和"电脑"是同义词或近义词,但相关度为 0,所以很多研究引入语义知识库、本体方法,从内容上分析词语间的关联性并延伸至文档级的相关度计算。但是本体方法、知识库构建成本较高,需要大量人力操作,所以很多方法通过语料库或百科知识来自动构建词语间的语义关系,如本文以一种深度学习方法的 word2vector 模型构建语义支持资源,能够计算近义词、相关词,以及广泛的语义关联。方法是:①分词处理语料库文本,规格化为以空格分隔单词的文本;分词处理选择中文维基百科(2016 年 7 月镜像 90 万篇)、微信公众号(2016 年 1—9 月 71 万篇)、百度贴吧及档案论坛部分数据(2016 年 4 月—2017 年 3 月帖文及评论 8 万篇)。其中,百科知识包括相对较固定的语义知识与语义关系,当然也包括新闻事件信息;微信公众号信息具有较高的时效性,包含新的知识与语义关系;论坛数据包含一些非正式的词语搭配,可以强化语义关系的广度。②以 word2vec 构筑"输入层—隐层—输出层"三个神经网络,通过训练获得词语在向量空间上的表示。word2vec 构建程序与相关度计算如下:

```
import gensim.models.word2vec as w2v
def construct_word2vec(segment): # 预处理过的语料文本
sentences = w2v.LineSentence(segment)
model = w2v.Word2Vec(sentences,size = 100,window = 5,min_count = 5,
workers=5)
model.save('model'+segment)
model_file=construct_word2vec(wiki_weixin_post.txt)
model=w2v.Word2Vec.load(model_file)
```

```
model.most_similar(word1, topn=10) # 计算最相关的词语
model.similarity(word1,word2) # 计算相关度
```

最后生成 word2vec 模型文件。在计算文本相关度时,利用了 word2vec 生成语义知识,扩展文本 VSM 表示模型,提高相关文本计算的准确性,减少语义稀疏带来的影响。

(4) 内容的重复性分析。一些文档被多次转载,为了避免展现时多篇文档同时出现,需要确认两篇文档在内容上是否相同。我们引入了以下"测度"来分析重复性:文本内容相似度、标题、字数、文字顺序等。其中,文字顺序以计算交集方式完成,即去除特殊字符标记,直接计算重叠度。重复性分析的一个重要作用是获取采集范围内文档最早出处,进行转载分析。

四、档案信息资源整合的初步实现与展望

档案社会化媒体研究领域尚处于发展上升阶段,相关理论研究还不成熟。从研究机构看,主要研究单位或团体已逐渐形成,跨地域性交流较为频繁;从研究人员看,研究人员总体上比较分散,核心研究人员少,高质量研究成果比较缺乏;从期刊刊载来看,该领域在学界的关注度较高,发展前景较好。

目前,大数据已经或正在对社会方方面面产生深刻而持久的影响,档案部门如何适应并借势而上,以作为求地位,是新时期档案工作者们共同面对的问题。大数据背景下发掘档案社会化媒体信息资源,既是档案信息化建设中的战略性步骤,也是其有效开发与利用的必然选择。以上对档案社会化媒体信息组织的元数据构建开展研究,建立档案社会化媒体信息的元数据及分类设计方法,构建档案社会化媒体信息整合的元数据设计;又对档案社会化媒体数据集成的整合系统架构开展研究,给出由采集工具、分析工具、检索引擎和数据信息展示平台四部分组成的档案社会化媒体信息整合系统架构及其工作流程,优化了档案社会化媒体信息整合中的信息抽取、重复性分析和关联度分析、语义支持等技术。下一步,在此基础上探索数据源的评测甄选和整合方法,并最终在构建的档案社会化媒体信息获取和分析系统上有效整合和利用档案新型资源。

第三节　网络舆情事理图谱构建及应用

本节基于网络舆情事件的事理图谱结构分析,阐述网络舆情事理图谱构建的方法。研究网络舆情事理图谱构建的框架及网络舆情事理图谱的应用,针对网络治理、公共安全管理领域的网络舆情监测和分析,结合领域知识图谱获得时效更优、成效更高的产出。

网络舆情是社会现实问题在网络空间的延伸和反映，是人们对于由各类事件刺激而产生并通过网络传播的事件的所有认知、态度、情感和行为倾向的总和。知识图谱是描述现实世界中概念、常识、实体、事件及其关系的结构化的语义知识库，而事理图谱能够表达事件的动态特征，与网络舆情所关注的事件演化趋势非常契合。网络舆情监测、分析和引导，在大数据驱动下结合事理图谱的研究成果，将提供时效长、成效高的决策依据。

一、网络舆情知识图谱的研究现状

大数据时代，有关学者积极推进技术研究，引入了数据科学、人工智能、复杂网络和仿真分析等方法。例如，有学者提出依托大数据社会网络分析，对舆情与情报源进行关联分析以生产更高价值的信息；有学者采用系统动力学建模，结合大数据分析方法，分别从内部因素、外部因素分析了大数据时代网络民意的演化规律；有学者基于空间可视化构建的大数据舆情研判体系，以互动理论和空间分析技术为基础，打造了面向大数据可视化的时空拟合计算模型，实现了研判中的事件空间可视化分析等；有学者利用大数据技术验证了移动端网络舆情传播路径呈现多级传播的特点，利用大数据的方法对网络舆情中网民情绪演化机理和趋势进行了预测，利用神经网络、支持向量机等人工智能方法实现了舆情趋势及热度的预测。

知识图谱已成为互联网知识驱动、语义搜索和智能应用的基础设施，应用较广但有局限性。事理图谱（Event Evolutionary Graph，EEG）基于知识图谱提出，主要用于描述事件之间的顺承关系和因果关系，同时具有开放性，更适用于发现事件的前后关联和演化规律，利于预测后续事件。二者的主要区别是：知识图谱的研究对象主要是名词性实体及其属性和关系，知识图谱中实体间是确定的关系；事理图谱的研究对象主要是谓词性事件及其逻辑关系，事理图谱中事件演化的逻辑关系是不确定的概率。有学者认为事理图谱可以通过分析事件之间的顺承、因果等关系来揭示事件演化的规律与逻辑，以此作为情报判读的支撑；有学者从《人民日报》等新闻文本中抽取大量金融事件和关系，构建了金融领域的事理图谱，并评估了事件关系抽取的准确率；有学者以房地产政策颁布后形成的在线评论为数据源构建了政策影响事理图谱，分析了政策对利益相关者和市场产生的影响。

网络舆情管控不仅需要掌握网络舆情的演化特征、演化规律及传播特点，而且需要准确地分析舆情事件之间的关联关系，把握舆情的演化路径。事理图谱能够表达事件的动态特征，与网络舆情所关注的事件演化趋势非常契合，因而创新研究网络舆情事理图谱的构建和应用，对网络舆情热点事件监测和追踪等研究工作具有非常重要的理论价值和现实意义。当前,事理图谱在网络舆情领域的研究成果还比较少,研究热点事件的发现和追踪明显不够深入,更没有可以投入使用的产品。事理图谱结合领域知识图谱的研究,将促进网络治理、公共安全管理等领域的热点事件追踪获得时效更优、成效更高的产出,丰富复杂系统建模最核心的数据需求,逐步形成一种推动公共治理方式变革的驱动力量。其模型的推演与仿真结果又可以作为舆情事理图谱的知识输入,成为化解舆情危机生成与衍化的感知能力。

二、网络舆情事理图谱的研究内容与方法

1. 动态数据下网络舆情事理图谱的研究方法

知识图谱主要用于存储相对稳定的、静态的知识。例如,在百度知识图谱中搜索“俄罗斯总统”,可以给出“弗拉基米尔·弗拉基米罗维奇·普京”的答案,但若搜索“1987 年俄罗斯总统”就不一定能给出正确答案,这是因为在传统的三元组知识表示(<俄罗斯,总统,普京>)中无法体现时间的概念。显然,这为使用知识图谱来表达网络舆情的动态信息带来极大不便。知识图谱在知识问答、智慧教育、公共卫生等领域应用较多。网络舆情事理图谱(Network Public Opinion Event Evolutionary Graph,NPOEEG)是基于知识图谱和事理图谱构建的与网络舆情管理有关的结构化的语义知识库和舆情事件库,其基本组成单元是<event entity/事件实体,event relationship/事件关系,event entity/事件实体>三元组和<event entity/事件实体,event attribute/事件属性,event attribute value/事件属性值>三元组。网络舆情信息以这 2 种数据单元为基础组织为知识图谱结构。其中,事理图谱可以看作一种事件类的知识图谱,各种新闻事件表示为节点,与事件有关联的如地域、时域、任务、机构等各类名词性客体则可以表示为事件的属性值,关系主要用于描述事件与事件之间的顺承或因果等关系。网络舆情事件知识相对于常识、公理等常规知识,动态演变性更强,如每天都在进行的新闻报道、微博微信发布、贴文发布等新闻活动事件,以及转发、评论、点赞等与舆情传播有关的传播活动事件。网络舆情事理图谱研究的问题涉及事件表示、事件抽取、事理图谱构建、事件追踪等多个内容,采用的研究方法需要综合运用文献分析研究、定性和定量研究、比较分析研究和实例分析研究等。

(1) 文献分析研究。根据关注内容的不同,通过搜集、整理、分析文献获得研究进展、研究方向、存在不足等。因此,可分别从事件知识图谱、事理图谱、开放域事件发现、热点事件追踪等多个方向对相关文献进行分析,以展开网络舆情事理图谱的研究。

(2) 定性和定量研究。定性研究的主要目的是定义研究问题、寻找解决途

径、提出相关假设等,可分析项目中网络舆情管控的特点和规律,提出基于事理图谱的管控架构;定量研究是对相关问题的数量特征、关系及变化规律展开分析,具有较大的说服力和论证力。因此,网络舆情事理图谱的研究可对现有事理图谱和领域知识组织工具,以及具体的算法进行定量分析。

(3) 比较分析研究。比较分析研究法是一种比较对象、算法之间异同的研究方法,经常与定量研究法结合使用。该方法可应用在网络舆情事理图谱研究中,用来对事件抽取的方法、算法及评价指标等研究成果进行比较。

(4) 实例分析研究。实例分析研究主要用来对所提出的理论和方法进行说明和验证,应用于网络舆情事理图谱的研究。例如,使用大量实例对构建的事理图谱进行说明,对舆情大事件的追踪效果进行实例说明等。

2. 网络舆情事理图谱的阶段研究内容

网络舆情事理图谱的构建及应用的研究内容和方法如图 18-5-5 所示。下面从研究思路的 3 个阶段对研究内容、理论技术和研究方法等进行说明。

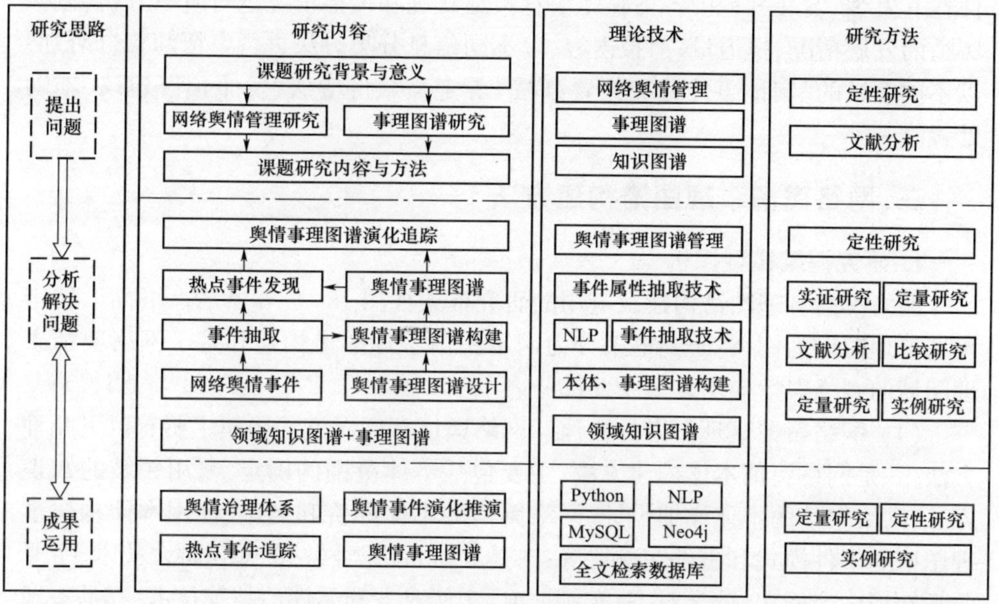

图 18-5-5　网络舆情事理图谱的研究内容与方法

(1) 在提出问题阶段,综合运用定性研究法和文献分析法对网络舆情管控和事理图谱等技术进行综述和比较分析,确定研究的具体内容和技术方案。

(2) 在分析解决问题阶段,综合运用多种方法将问题分解为多个子问题,以网络舆情事件本体构建为起点逐步展开研究,综合运用多种技术对若干关键技术进行研究突破,逐个解决研究中遇到的具体问题,最终完成网络舆情事理图谱构建和应用的实现。具体步骤为:第一,收集整理海量无标注数据集,训练事件抽取模型,实现舆情热点事件的动态发现;第二,将网络舆情事理图谱与领域知识图谱结合,强化数据和知识集成,以丰富复杂系统最核心的数据需求;第三,通过细粒度语义分析,理解不同用户在不同舆情事件追踪中的意图;第四,通过人工智能、机器学习等进行舆情知识图谱的学习扩展,以追踪需求的动态变化;第五,通过实证研究网络舆情事理图谱推演或仿真分析的结果,形成一般性事实知识强化图谱的知识储备,进一步提升舆情危机生成或衍化的感知能力。

(3) 在成果运用阶段,发挥网络舆情事理图谱的推理能力,实现热点事件的追踪和预警,并结合领域知识图谱进一步提升网络舆情事理图谱热点事件智能追踪的效能。一是对重大热点事件进行综合研判分析,包括阶段分析、媒体报道、微博走势、微信传播、焦点关注、传播路径、源头推测、最新报道及舆情推演预测等研究工作;二是在网络舆情事理图谱演化分析模型的基础上,对特定领域事件在其发生、发展过程中各类媒体信息报道状况和传播情况进行阶段分析,概括舆情的发展情况、报道量、播报内容,以不同信息分类方法进行舆情的综合研判,以不同领域的"舆情事件分级处置办法"等定义事件等级、发布预警建议、辅助处置决策等。

三、网络舆情事理图谱构建方法

1. 研究框架模型探析

网络舆情事理图谱构建及应用的研究框架如图 18-5-6 所示。下面以特定舆情事理图谱为例,将研究框架分为网络舆情事理图谱构建和基于网络舆情事理图谱的网络舆情应用 2 个主要部分。

(1) 网络舆情事理图谱的构建。网络舆情事理图谱的构建主要有以下几种方法:一是网络舆情本体构建方法,主要包括本体范围的确定、复用领域的知识方法、网络舆情的本体详细设计、网络舆情的本体评价和利用、使用本体构建事理图谱的事件模式和事件实例层等;二是针对百科类网站的知识融合技术,主要包括知识融合框架、分类对齐、实例抽取、实例对齐和属性消歧等技术;三是事理图谱存储和索引方法,主要包括基于资源描述框架(RDF)的事理图谱存储、基于图数据库的事理图谱存储、结合关系型数据库和图数据库的事理图谱存储、大规模事理图谱信息索引与检索等。舆情事件的采集和采集后的整理方法主要包括舆情事件训练语料的构建、事件抽取框架、主题发现、关键词抽取、摘要抽取等文本处理和事件发现、跨时间、空间域的网络舆情事理推理域的事理推理、基于链接预测的舆情事理图谱关系补全、网络舆情事理图谱可视化分析等。

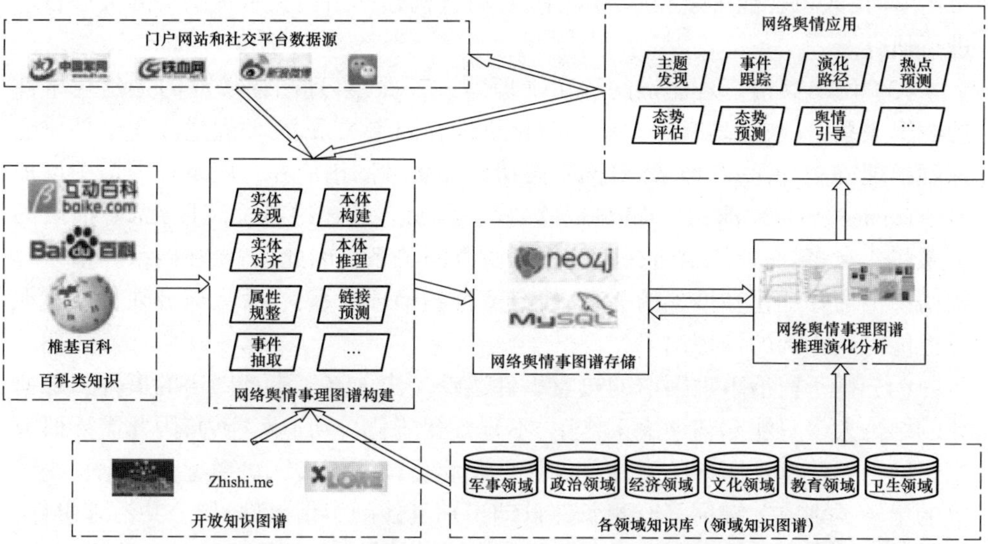

图 18-5-6　网络舆情事理图谱构建及应用的研究框架

（2）基于网络舆情事理图谱的舆情应用。基于网络舆情事理图谱的舆情应用研究是指充分利用事理图谱知识刻画优势和结构优势进行的舆情应用创新，主要包括以下几种：一是舆情热点事件发现技术，主要有网络舆情事理图谱的动态特征、相关指标定义、舆情事件发现算法和热点对象发现算法；二是热点事件的传播分析，主要有情感演化、主要观点、关键人物及态度、传播模式等；三是热点事件推理的交叉检验，即事理图谱推理结果在领域知识图谱及各类事件库中的佐证技术，事实知识进一步更新领域知识图谱的知识储备等；四是网络舆情事理图谱事件追踪实证研究主要包括数据集构建、舆情事件热度分析和特定网络舆情事件追踪的应用研究等。

2. 基于研究框架的主要构建技术

（1）网络舆情事理图谱的结构优化。在事理图谱定义中，节点代表泛化的事件，关系描述事件间的顺承关系和因果关系。这样的定义适合发现事件的演化规律和对后续事件的预测。但是在网络舆情中，事件有可信度、地域分布、传播速度等特征，一般的事理图谱均无法进行描述。因此，有必要设计适合网络舆情事件的事理图谱结构。

（2）网络舆情事理图谱的自动化构建。当前关于事理图谱的研究大多限定在特定领域，而网络舆情事件往往会出现在各个领域，所面临的是开放域文本；同时海量的文本数据难以通过人工处理，需要采取智能化的自动构建技术。因此，可以将开放域事件的抽取技术与事理图谱的构建技术相结合，探讨大数据、机器学习、人工智能等新技术的应用,对适合构建网络舆情事理图谱的关键技术进行研究。

(3) 网络舆情事理图谱的泛化推理。一方面,事理图谱研究的是泛化事件的逻辑关系,反映的是事件背后的演化机理和因果关系,需要通过泛化事件研究深度推理方法;另一方面,针对网络舆情设计事理图谱应在一般事理图谱中增加时空(space-time)、演化(evolution)和状态(state)等多维特征属性,需要抽取的关系将非常多,而训练语料并不能覆盖所有的关系。因此,需要在网络舆情事理图谱中平衡好泛化和推理的关系,研究适合的推理技术,在关系部分缺失或错误时也能得到正确的推理结果。

(4) 基于舆情事理图谱的热点事件追踪。当前基于事理图谱的事件追踪研究的结论大多只能起辅助决策作用,不具备智能化自动追踪能力,因此需要研究基于网络舆情事理图谱的事件热点评估及演化预测模型。该模型能根据预先设置的主题类别或关键词等监测条件自动识别具体的舆情事件,如公共治理事件、公共卫生事件等,预测和跟踪这些事件在时空等维度上的传播过程及传播态势。基于网络舆情事理图谱的应用可为网络舆情的主动监控提供决策依据。

(5) 结合领域知识图谱分析的追踪优化。基于网络舆情事理图谱的舆情演化预测模型,能对热点事件进行跟踪,但无法对传播过程中的各方观点及情感倾向进行精确测量和细节捕捉。不同的对象、背景下,热点事件的演化伴随着网络用户群体观点和情绪的演化,舆情监测任务的业务需求和决策者的决策意图也随着时间追踪进程而动态变化。因此,需要结合领域知识图谱,进一步扩展舆情事理图谱下热点事件追踪的功能,对用户群体的发现和观点、情感进行分析,综合多学科领域的优势及取得的阶段成果,为网络舆情的精准治理和引导提供深度支持。

四、结合事理图谱构建的网络舆情分析

网络舆情事理图谱构建及应用研究的落地需要结合实际业务需求。基于舆情事理图谱,充分利用事理图谱知识刻画和结构优势提高网络舆情监测系统应用效能。结合事理图谱构建的网络舆情分析可以在对新闻、论坛网站文本进行采集和预处理的基础上,通过事件发现、图谱构建、传播分析、情感计算、标签化等技术手段进行舆情事件识别与追踪建模。以下以疫情防控中网络舆情分析为例进行研究,说明结合事理图谱构建的网络舆情分析过程。

1. 面向疫情防控的舆情分析研究问题

对于突发的新型冠状病毒疫情,相关部门对由此产生的网络空间“信息疫情”,即针对疫情产生的虚假、恐慌、不稳定的危害性信息传播和舆情危机十分

警惕。

新冠疫情作为典型的突发公共卫生事件，发生前兆不明显，存在事件要素耦合且演化机理复杂等现象，难以描述事件的发展脉络。因此，在这轮疫情防控工作中，网络舆情分析研究的核心是发现疫情防控中的突发事件，分析引致问题的症结并做出应对。具体方法是以“疫情防控”为条件监控网络上主流媒体、微博、微信等社会化媒体平台的信息流，以相关舆情事件为切入点构建疫情防控背景下网络舆情事理图谱，跟踪和发现新的舆情事件，解析事件背后的利益诉求，在符合政策法规、行业规程及一定情理条件下给出解决问题的意见。

2. 面向疫情防控的舆情事理图谱的构建

以事件为牵引设计面向疫情防控的网络舆情事理图谱，以《国家突发公共事件总体应急预案》和《国家突发公共卫生事件应急预案》等提出的突发公共事件、突发公共卫生事件所属关系，结合当时普遍关注的疫情防控情况，依次定义事件、突发公共事件、突发公共卫生事件、新冠疫情事件、疫情通报事件和疫情防控事件 6 个上层概念；结合网络舆情领域较为关注的国际关系层面、国家行政层面、军队工作层面等设计疫情通报及防控的下层概念，包括国际疫情通报、政府疫情通报、军队疫情通报、国家疫情防控、政府疫情防控和军队疫情防控等。

对于具体事件的表达，则运用何事（what）、何人（who）、何时（when）、何地（where）、何故（why）和如何（how）6 个要素的有机组合（称为“5W1H”分析法），构建网络舆情事件本体。从网络舆情事理图谱的结构出发，将事件概念、具体事件及事件要素抽象为图谱的节点和属性，如图 18-5-7 所示。

事理图谱中的事件节点可由“何事”要素进行编码表征。例如，“海医大官兵除夕夜驰援武汉，医疗队进驻汉口医院全面开展救治工作”等事件编码为“E1（军队疫情防控医疗救治事件）”，其中“1”为事件编码，时间、地点等要素存储为图谱中节点属性。同时，事件可细分或泛化，如“E1”可细分为“海医大官兵除夕夜驰援武汉”“医疗队进驻汉口医院全面开展救治工作”等子事件，也可与“武汉疫情”等其他事件泛化为“新冠防控事件”等。

3. 面向特定舆情的几种应对方法

使用构建好的事理图谱解决具体问题。应对网络舆情的首要任务就是挖掘事件关系、发现和跟踪新突发舆情事件及其风险点。目前，面向舆情的应对方法有基于模式规则、基于概率统计和基于动态网络等。

基于模式规则的分析方法是对事理图谱子图进行分析，发现特定模式的网络结构。例如，在新冠疫情谣言分析中发现，谣言事件或要素不全，或与多个历史事件有重叠，或与近期事件无法形成有效关系，一般是网络中孤立的节点。因此，以此设计规则对事件是否为谣言进行判断。

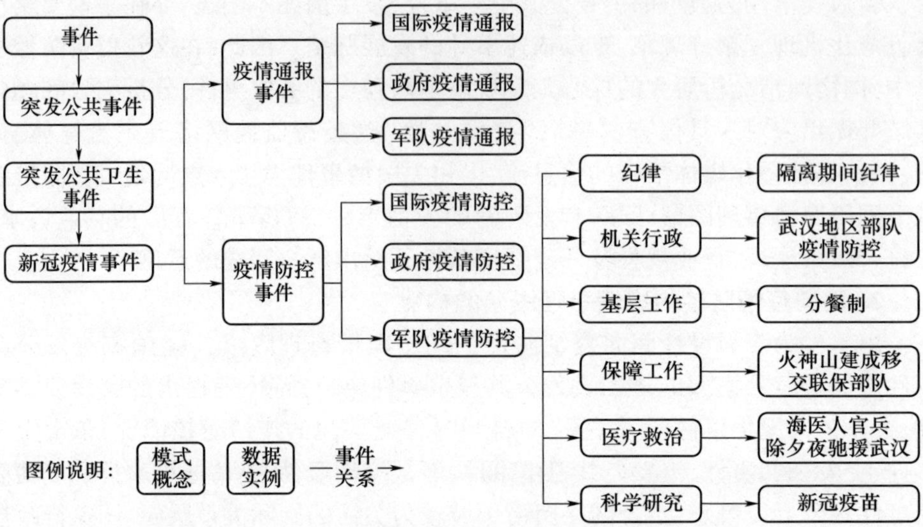

图 18-5-7　面向疫情防控的涉军舆情事理图谱示例

基于概率统计的分析方法包括社区挖掘、标签传播和基于聚类等。社区挖掘算法的目的在于从图中找出一些社区。社区内节点之间关系的密度要明显大于社区之间的关系密度。例如,通过社区可以查询特定类别事件集合或主题舆情,一旦得到这些社区后就可以进一步对社区内和整体网络进行风险分析。标签传播算法的核心思想在于节点之间信息的传递。特定事件具有特定标签,如微博、微信话题标签“#”就是很好的标签应用。基于聚类规则是通过选定规则进行无监督聚类,减少人工处理的难度和工作量。

基于动态网络的分析方法是在静态关系图谱分析的基础上考虑时间的变化。事理图谱的结构是随时间变化的,而且这些变化本身可能存在舆情风险。例如,在新冠疫情涉军舆情事件发生和发展的不同时间区间,网络结构变化剧烈,说明有新的突发事件或敏感话题发生。

五、网络舆情事理图谱的研究展望

知识图谱是人工智能发展的核心驱动力之一,而社交网络舆情的管控需要高效的知识组织技术和先进的智能处理技术,但在网络舆情领域却无法精准描述,导致网络舆情的管控水平低下。事理图谱是基于知识图谱发展而提出的,可以描述事件之间的顺承关系和因果关系,适用于发现事件的演化规律和预测后续事件。因此,需要提出网络舆情事理图谱的概念和结构设计理论,以构建相应舆情事理图谱的理论体系。

网络舆情往往出现在社会的各个领域,所面临的是开放域文本,需要将开放域事件的抽取技术与事理图谱的构建技术相结合。若要在网络舆情事理图谱的构建中增加时空属性、演化属性、状态属性等多维特征属性,则需要抽取的关系非常多,但训练语料不能覆盖所有关系,需要使用深度学习等推理技术对错误的关系进行纠正,并对缺失的关系进行补全。因此,需要提出网络舆情事理图谱的构建方法,以对网络舆情事理图谱的推理机制进行新的研究。

基于网络舆情的事理图谱,通过抽取网络媒体中的各领域热点事件,先对容易触发舆情的事件进行梳理以构建舆情泛化事件分类体系,然后利用公开数据和数据采集技术获取大规模训练语料,最后设计无监督或远程监督神经网络模型并对模型进行训练,获得事件分类抽取模型。中文事件抽取中的语言特性问题可以通过建立勘误表和序列标注方法解决。因此,需要研究基于网络舆情事理图谱的舆情演化模型,以对网络舆情事理图谱下的热点事件追踪进行技术设计。

通过一些舆情系统来筹建多种公共治理、公共卫生等案例平台,以实现各类舆情事件的演化预测,根据输入的具体舆情事件跟踪其传播过程及传播态势,为网络舆情监控提供时效优、成效高的决策依据。因此,需要将舆情事理图谱与领域知识图谱结合,创建应对重大事件的智能追踪系统。

第四节　多学科协同网络舆情创新研究

本节构建舆情事理图谱突显多学科研究的优势,情报学能显著提高舆情研判的客观性,管理学能更加科学地指导舆情研究,传播学分析演化路径能实现对热点舆情的精准引导,智能信息学能在事件追踪中有力提升智能系统的可解释性。网络舆情与知识图谱的结合涉及人工智能和社会科学的多个学科门类,研究网络舆情知识图谱需要把握现状、积累基础成果、加强多学科协同。事件知识图谱基于知识图谱的发展而提出,更适用于发现事件的演化规律和预测后续事件。多学科协同研究形成相互补充和验证的有机整体成果,具有重要的理论价值和现实意义。

网络安全事关党的长期执政、国家长治久安、经济社会发展和人民群众切身利益。治理和引导网络舆情不仅需要掌握网络舆情的演化特征和传播特点,更需要准确地分析舆情事件之间的关联关系,把握舆情的演化路径。

一、网络舆情与知识图谱的研究现状

社会发展已进入人工智能时代，舆情事件的风险治理、传播分析和演化推演都需要运用更为先进的科学方法，网络舆情管控必须创新研究多学科融合的知识组织、内容管理和智能处理技术。网络舆情知识图谱应运而生。一方面，知识图谱（Knowledge Graph，KG）是一种先进的知识组织方式，可以表达非常丰富的语义信息，天然具有开放与互联的特性，它为社会计算分析提供了高效的技术手段，在许多领域得到广泛应用。值得注意的是，情报学领域的 KG 研究不同于计算机领域，其主要特征已增加了语义化和精准性，关键技术已拓展和大量应用了信息集成、数据挖掘和机器学习。另一方面，基于知识图谱的网络舆情研究在国内学术界成果不多又比较散落，各学科成果没有融合，面向网络舆情的知识图谱构建尚无实质性开展，缺少智能化、可视化的情报研究，导致了当前网络舆情的监控和引导不够及时和精准。

从知网空间（www.cnki.net.cn）搜索"网络舆情"和"知识图谱"，当时统计有 444 篇研究论文(图 18-5-8)，按学科分布涉及计算机、新闻传播、图书情报、社会统计、行政管理和教育等多个学科，显然网络舆情知识图谱的研究呈现交叉学科的显著特点。网络舆情和知识图谱的结合，涉及人工智能和社会科学交叉学科领域，包括信息学、情报学、管理学、社会学、传播学、统计学、心理学等多个学科门类，它将过去社会科学研究中一直较易割裂的工具理性和价值理性进行了有机融合。因此，有必要集成多学科的优势面向网络舆情深入开展知识图谱的研究，对社会治理、公共卫生和社会安全等热点事件进行智能追踪，这将极大地丰富情报分析研究的内容方法和应用场域；有必要整合各学科的研究成果，使网络舆情知识图谱获得时效优、范围广、成效高的应用，这对推进舆情治理体系和制度的现代化意义重大。

二、面向网络舆情的多学科知识图谱研究

1. 网络信息管理的知识图谱应用

知识图谱与深度学习、大数据等结合，已经成为促进人工智能发展的核心驱动力。知识图谱在许多领域得到了非常成功的应用。国外一些学者取得了成果。例如，基于知识图谱提出空间知识嵌入学习的一种模型，利用边缘加权 PageRank 和抽样策略建立了知识问答系统；基于娱乐本体构建了 K-POP 知识地图，通过聚合不同的数据源创建知识图谱；给出了一种基于知识图谱的科学元数据集成管理模型，用来分析智能教育中的知识图谱。国内科教、医疗、社会、商

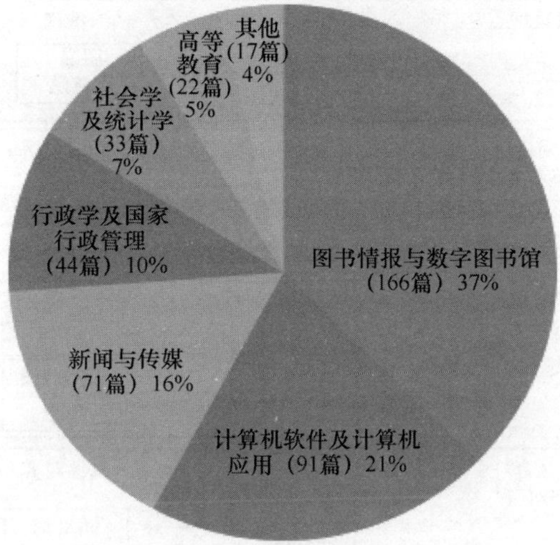

图 18-5-8 有关网络舆情知识图谱研究论文的学科分布(2020 年 9 月 10 日)

业、旅游、娱乐等众多领域也在开展知识图谱的应用研究。阿里巴巴集团旗下的淘宝网建立了海量商品的知识图谱资源(https://www.jiqizhixin.com/arti-cles/2019-04-01-2),其电子商务知识图谱引擎的 4 个层次如图 18-5-9 所示,它对公司业务发展产生了巨大的推动作用。有学者针对图书情报领域的学术信息,以传统网络数据库、学术博客、学术论坛等信息平台为数据来源,采用共现分析方法构建了基于不同信息源的知识图谱。2020 年爆发的新冠肺炎疫情中,人工智能与知识图谱技术得到了更广泛的应用,研发的新型冠状病毒知识图谱模式挖掘系统实现了该病毒不同图谱的前 K 频繁模式高效挖掘,推出的不同方案抗病毒知识图谱系统能够根据防控需求在追踪患者轨迹、发现密切接触者、筛查潜在感染人群等方面发挥了重要作用。

在网络舆情领域,知识图谱同样有许多成功的应用。国内外取得的成果,如有研究者在分析新浪微博数据的基础上构建了一套新的社交网络情感传感器系统,用来分析网络热点话题及话题的情感分布状况;收集网民在 Twitter 平台针对两款存在竞争的手机评论内容,利用文本挖掘、情感分析和自然语言处理方法对网民的购买意向做出分类;通过定量方法分析社交网络用户在灾害响应阶段使用 Twitter 的情况。有学者基于不同舆情主题对微博用户行为数据进行聚类分析,认为信息交互过程中的微博用户可分为一般关注、主动参与和信息传播 3 种类型,在此基础上对用户的转发行为数据进行分析;有学者利用仿真方法推演分析网络舆情演化机理,分析网络用户的个体行为,如舆情传播过程中的传播内容、网民个体属性影响等;有学者使用相关、回归分析等方法采集用户的发布数、

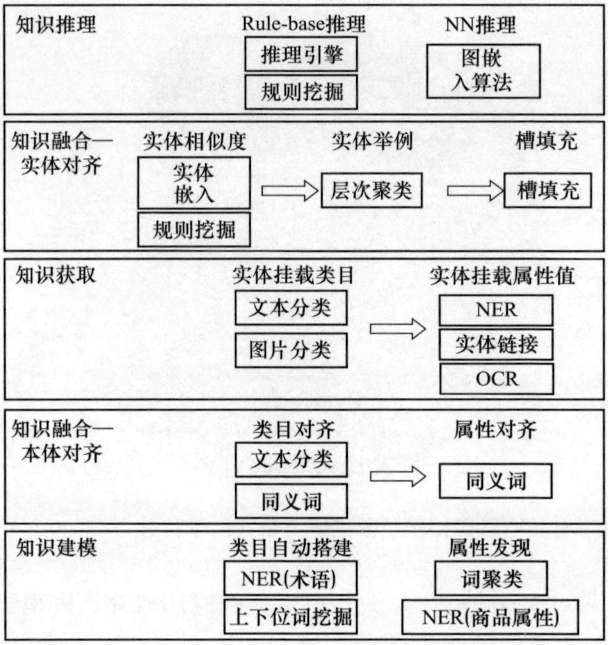

图 18-5-9　阿里巴巴电子商务知识图谱引擎的 4 个层次

评论数和转发数，得出用户信息行为特征；有学者研究社交网络中个体在改进 SEIR 网络模型下的数学表达以及评价个体传播能力的 PageRank 算法，利用数值仿真对新模型进行验证，最终预测用户的转发行为；还有学者使用量化分析方法构建了社交网络环境下网络舆情的特征指标，据此分析舆情的传播过程及传播特征，表明了社交网络舆情传播在一定程度上符合优先权选择、兴趣驱动、兴趣衰减及周期性规律。

综上，一方面，知识图谱给互联网语义搜索带来了活力，已成为互联网知识驱动、智能应用的基础设施；另一方面，知识图谱与大数据和深度学习一起，已成为推动互联网和人工智能发展的核心驱动力之一。这对相关部门加强网络信息管理，尤其对社交网络舆情的监管和引导有一定的指导作用。

2. 基于知识图谱的网络舆情分析

治理和引导网络舆情不仅需要掌握舆情的演化特征、演化规律以及传播特点，更需要准确地分析舆情事件之间的关联关系，把握舆情的演化路径。构建知识图谱可以大大提升对热点事件的舆情管控能力。国外，有学者以韩国政治话题为研究事件，使用社会网络和统计分析方法，构建了 Twitter 平台的舆情信息传播模式，用于分析公众对政治关注度与选举结果、民意调查之间关系的有效性;有学者提出基于知识图谱可视化工具来挖掘社交媒体网络舆情的方法,已用于社交网络舆情的分析;还有学者给出了舆情链接跟踪方法,用来监控网络用户对政治行为者的情绪。国内学者有人采用生存分析方法,以突发事件的网络舆情数据为研究对象,对数十起重大社会安全事件进行分析,得出各类事件网络舆情的生存周期以及影响舆情生存时间的因素;有研究者基于突发事件网络舆情的时间特征指标进行突发词项识别、突发话题图谱构建、语义补充与完善,在事件特征基础上过滤不相关内容,建立含有语义关系的突发话题图,实现热点话题的传播分析。

当前,多学科关于网络舆情演化的研究方法主要包括以下三大类:①基于大数据和人工智能的技术,适用于深度挖掘海量舆情数据中的规律和模式,但这类方法需要在可视化软件和语义分析工具的支持下,才能直观地呈现网络舆情的复杂性与系统性;②基于复杂网络的方法,能够较好地体现网络舆情系统的复杂性,但单纯使用这类方法有时并不能关联事件之间的因果关系,因而无法深入解释网络舆情的演化本质等;③基于仿真的方法,它在探索网络舆情传播特征上具有一定的优势,但其准确性却较多地依赖模型的可靠性。国家社会科学基金近年来十分重视该方向的研究。2018 年度国家社科基金重大项目“大数据驱动的社交网络舆情主题图谱构建及调控策略研究”,拟从信息生态视角构建社交网络舆情知识图谱分析架构,基于知识图谱构建社交网络舆情监测平台,辅助制定社交网络舆情管理机制。从目前发表的成果来看,基本上是在社会科学的多领域框架内开展研究的。

综上,智能管理与社会科学交叉研究的问题应值得探究,目前需要采用深度学习等技术方法挖掘社交舆情数据背后的人际关系网及情感演化问题,也需要研究主题知识图谱构建的新理论和新技术,但这些方面的成果较少。因此,需要综合运用多学科的研究方法以达到网络舆情分析研究的最大效能。

三、网络舆情知识图谱研究的相关成果

1. 网络舆情的知识图谱组织与管理

笔者以国家社科基金有关“知识组织、知识检索”课题的研究成果为背景,提出数字信息群的知识共享是多学科领域协调发展和知识集成的重要基础,重点研究大规模数字信息群的知识组织框架及其元数据理论、基于本体的知识集成框架构建和知识表示及推理的方法,提出知识检索模型及知识集成原型系统的开发。这方面,我们近几年取得了一些成果。我们重新界定了知识图谱的概念范畴,明确知识图谱是一种信息可视化方法,与知识地图之间有交叉但并不完全等同,可用于科学计量学中对科学知识结构特征的揭示;有文献突出网络舆情

背景下的知识图谱构建，提出基于知识图谱的网络舆情知识组织架构，试图提供更为精确化的管理能力以高效地发现舆情热点事件，为网络舆情引导提供决策支持。基于知识图谱的网络舆情管理方法与实践研究，我们认为舆情分析是网络空间安全的特殊领域，人工智能和大数据时代催生着研究更为精准、科学的网络舆情管理方法，网络舆情知识图谱（Network Public Opinion Knowledge Graph，NPOKG）是网络舆情管理的重要方法，其事件抽取和热点发现是舆情管理的重要实践。

网络舆情知识图谱的基本组成单元是<实体，关系，时间区间，实体>和<实体，属性，时间，属性值>四元组。网络舆情信息以这两种组成单位为基础，组织为动态图结构，时间区间是一个形如$[t_s, t_e]$的区间，其中$-\infty \leqslant t_s \leqslant t_e \leqslant +\infty$。实体主要包括事件和对象两类，其中事件表示网络舆情事件中的各种新闻事件，对象表示与事件有关联的各种客体，关系分别描述事件与事件、事件与对象、对象与对象之间的关系。将知识图谱应用于舆情管理可以简化热点事件的发现过程，提高热点事件的趋势分析能力，提升舆情管理的智能化水平。

知识组织体系是实现知识检索的前提和基础，知识检索是基于知识组织体系的结果和服务。这里基于维基关联数据的 Web 搜索主题分类研究，通过建立中文维基百科的文档链接和目录结构关系，在维基目录空间上计算目录间的语义关系计算相关度，利用加权累加各目录标签与分类间的相关度来评分识别分类标签。我们还针对大数据环境下涉军网络舆情的知识图谱服务进行研究，提出网络舆情知识图谱的舆情事件表达和处理引擎设计，从话题舆情热度分析、用户参与活跃度分析、事件热点词汇云图分析和舆情热点事件发现等方面，给出了涉军舆情大数据的知识图谱服务途径。

综上，阐释了改善网上资源的无序难集成、海量难利用的状况，这为研究舆情知识图谱的构建理论和方法建立了重要基础。以上分别阐明了知识图谱概念范畴、网络舆情知识图谱组织和网络舆情知识图谱管理，表明舆情知识图谱研究既有鲜明的需求牵引，又有亟待解决的关键技术，以上研究较好地解决了舆情知识图谱构建中的关键技术。

2. 网络舆情事件的发现与跟踪

（1）受国防科技优秀图书出版基金资助，我们具体研究了网络舆情智能采集、分析与服务的一些先进技术，构建起相应的原型系统，从而为网络舆情分析中的关键技术研究奠定了比较坚实的基础。在网络舆情智能采集方面，需要研究主题网络舆情语义特征抽取、舆情网页内容相关性判定、舆情网页链接相关性判定；在网络舆情智能处理方面，需要研究主题网络舆情的本体构建、语义层舆情信息聚类和分类方法、基于情感本体的网络舆情倾向性分析等；在网络舆情智能服务方面,需要研究舆情事件网页内容词汇关联分析、网络舆情话题追踪方法和技术、舆情检索中查询主题分类技术等。

(2) 相应完成的国家军事学项目和全军研究生专项课题研究中,我们运用军事类话题发现与跟踪技术识别出给定时间段内的热门话题,分析媒体关注程度并获知事件发生的全貌、预测事件发展的趋势,运用倾向性分析技术挖掘出深层观点、态度等信息;我们尝试构建涉军舆情安全评估理论模型,改进部分指标的内部结构与具体算法,该研究为舆情热点事件发现、抽取和跟踪提供了技术保障。

(3) 在基于情感本体的主题网络舆情倾向性分析研究中,我们分别实现了基于文本分类、基于语义规则模式和基于情感词的倾向性分析算法,给出了情感本体构建和基于 HowNet 与主题领域语料的情感概念选择方法,初步采用机器学习的方法实现对主题网络舆情 Web 文本的倾向性分析;基于整合中文维基语义的网络论坛话题追踪方法的研究,我们对主题网络舆情 KM 进行知识化表示:KM={KC,KD,KG},分别表示为舆情主题相关的上下文知识、专业领域知识、公认的基本概念和推理方法等通用知识,研究知识源的分类、描述语言的确定、本体库的架构设计,创建该知识模型中的应用本体并进行实例分析。以上为阐述舆情知识图谱的构建技术和应用打下了比较扎实的基础。

(4) 在基于本体的主题网络舆情知识模型构建研究中,我们借鉴维基百科语义相关度与词语共现关系构建反映词语间静态与动态关联的文本概念图,改进 PageRank (PR) 算法的关键词挖掘方法,利用维基知识解决论坛文本语义特征稀疏问题,减少噪声后提高了论坛文本语义相关度计算的准确性;然后又开展了主题舆情分析中语义 Web 文本分类、基于词跨度的关键词获取算法、对候选关键词进行权重计算的研究,通过计算词汇之间的共现率算法识别词汇之间的关系;最后对舆情事件网页内容的词汇关联分析算法进行了研究,利用特定的领域本体将用关键词表示的文本特征向量表示为与之匹配的语义概念特征向量,给出 Web 文本相似度的计算公式并实现基于语义相似度的 KNN 算法,从而降低文本特征空间维度,减少计算量并提高了分类精确度。

上述研究运用了大数据的"全体、关联、深度"的手段,深入研究和分析网络舆情,为探讨新型的舆情管理及分析技术提出了多学科融合的问题。

3. 网络舆情知识图谱的优势与发展

网络舆情知识图谱涉及信息学、情报学、管理学、社会学、传播学、统计学、心理学等多个学科门类。总体看来,将知识图谱应用于网络舆情管控有着以下诸多优势。

(1) 丰富的开放知识资源可以降低知识库构建成本。百度百科和互动百科是目前影响较大的知识库,有着丰富的知识,其中关于某些特定领域的内容也较为全面,是建设相关领域知识图谱的优秀在线资源。这类网站或者提供了数据下载服务,或者开放了访问接口,可通过爬虫等技术获取。

(2) 潜在的跨领域集成能力可以降低多系统集成的门槛。网络舆情引导不仅需要特定领域的知识,还需要了解政治、经济、社会、医疗等各领域的知识。开放性的知识图谱为这种领域知识之间的互通提供了基础和便利。网络舆情的管控需要跨领域互通与协作。由于各领域的知识图谱大多由开放领域知识图谱扩展得到,因此跨领域的知识集成变得相对容易。

(3) 强大的知识计算能力可以提高舆情管控的智能化水平。开放知识图谱有着规范的结构和丰富的语义,支持高效的查询和复杂的知识计算,可为舆情主题发现、热点追踪等提供强大的支持。传统的舆情信息多存储在关系数据库或全文检索数据库中,通常使用文本聚类、文本分类等数据挖掘算法发现舆情。知识图谱虽然有多种存储方式,但均能支持基于语义的检索。

目前,知识图谱技术主要集中在构建技术,包括知识抽取、知识融合和知识推理 3 个步骤。知识图谱需要从互联网中抽取知识,相关理论是研究者关注的重点,随着机器学习和相关技术的不断进步,构建过程的自动化程度将越来越高。例如,为了解决特定领域标注语料少的问题,研究者一方面开始关注半监督以及无监督的机器学习方法,另一方面开始研究如何构造更好的特征来规避正反例失衡和数据稀疏所带来的问题。又如,传统话题的检测研究主要使用在静态文本上,随着社交媒体尤其是自媒体的迅猛发展,信息更迭的速度越来越快,人们更倾向于利用在线话题检测最新发生的热点事件或热议话题。

总之,网络舆情知识图谱的优势明显,但研究者在网络舆情知识组织方面的研究大多还是基于传统的范式,所提出的策略也多为传统方式的改进完善,虽然取得一定效果,但对现实的指导意义不够强。另外,传统的本体构建方法需要大量人工尤其是领域专家的参与,自动化构建方法还远没有成熟。

四、网络舆情事件知识图谱及事理图谱的构建

1. 以事件为中心的知识图谱应用

以事件为中心的知识图谱,聚焦动态事件及其间的顺承、时序和因果关系,并以结构化的图形式表示实现对海量数据更高效的管理,尤其是对挖掘动态事件信息及逻辑关系、认识客观世界发展规律和助力领域智能应用有着重要的意义。

事件知识图谱的计算和推理能力可为多个领域提供技术支撑。国外研究人员提出一种以事件为中心的知识图谱(Event-Centric Knowledge Graph,ECKG),

从新闻报道中抽取事件,包括事件的时间、地点、参与者等,并建立事件间的因果关系和共指关系,重构事件的历史发展和时间演变;还提出一种以事件为中心的多语言时序知识图谱(Event-Centric Temporal Knowledge Graph,EventKG),从现有大型知识图谱中抽取事件关系并进行融合;有学者提出一种事件知识的语义表示方法,自动处理和分析金融事件并用于辅助决策。我国研究者以事件类型的实体为例,构建了一个以事件为中心、通过事件要素进行关联扩展的网络社区知识图谱,即先从网络社区信息中抓取较高可信度的数据,然后建立一个基于LSTM(Long Short-Term Memory)和注意力机制的事件抽取新模型,以识别其中的事件及相关要素,从而完成以事件为中心的网络社区知识图谱构建。

通过比较发现,事件知识图谱能补充通用型知识图谱关于事件类型实体的知识缺失,可有效记录一个事件实体的发展历程,这对于具体了解某个舆情事件和分析舆情事件的后续发展及影响具有较大的参考价值。事件知识图谱基于知识图谱的发展而提出,更适用于发现事件的演化规律和预测后续事件。

2. 描述事件间逻辑演化关系的事理图谱

事理图谱(Event Evolutionary Graph, EEG)是以事件为节点、事件之间关系为边形成的有向图,用来刻画事件之间的逻辑演化关系,其因果关系能够充分地阐述网络舆情的演化路径,清晰地展示网络舆情演化的方向。事理图谱与知识图谱的主要区别在于:①知识图谱的研究对象主要是名词性实体及其属性和关系,而事理图谱的研究对象主要是谓词性事件及其逻辑关系;②知识图谱中实体间是确定的关系,而事理图谱中事件演化的逻辑关系是不确定的概率。

事理图谱概念于2017年提出,它描述事件之间的顺承关系和因果关系,用于发现事件的演化规律和后续事件的预测。科研人员在《人民日报》新闻文本中自动抽取大量金融事件和关系,构建了金融领域的事理图谱,还评估了事件关系抽取的准确率;有学者比较概念地图、知识图谱、事理图谱的概念内涵,界定了情报事理图谱的概念,认为情报事理图谱可以通过分析事件之间的顺承、因果等关系来揭示事件演化规律与逻辑,以作为情报判读的支撑。事理图谱在情报理论、情报判读和情报预测等方面均具有重要价值。有研究者以医疗领域网络舆情事件为例,利用word2vec训练词向量,通过K-means聚类将相似度较高的事件泛化为一类,分别构建网络舆情事理图谱和抽象网络舆情事理图谱,从两个层次分析网络舆情的演化路径。结果表明,网络舆情事件的演化路径呈现多级性,且事件的演化方向不唯一。有研究者研究航空安全事故因果关系的抽取方法,通过改进传统的注意力机制的双向LSTM方法的基础上,针对显式因果关系抽取采用模式匹配法,针对隐式因果关系抽取提出了基于自注意力机制的双向LSTM方法,生成了航空安全事故事理图谱,为航空安全事故因果关系分析和预测决策提供支持。科研人员以房地产政策“国六条”颁布后形成的在线评论为数据源,基于哈工大语言技术平台来识别和抽取评论中的因果、顺承事件对,采用 Gephi 工具构建政策影响事理图谱,分析政策对利益相关者和市场产生的影响,并以北京“317 新政”为例进行实证研究,得出政策影响事理图谱能够同时刻画政策对利益相关者及市场的影响,相关工作者通过事理图谱可以找出政策影响中的关键节点,有效管控关键节点使政策有效实施。

事理图谱主要用于描述泛化事件之间的因果、顺承等演化关系和概率分布,在金融领域、情报领域、消费领域等均有成功应用的范例。事理图谱与网络舆情应对所关注的事件演化趋势非常契合,因而创新研究舆情事理图谱的构建和演化分析具有非常重要的现实意义。但是,事理图谱所支持描述的演化关系并没有时空概念,而仅是一种概率分布,在应用到网络舆情研究领域时,需要克服以下的缺陷:一是如何应用图谱刻画和展示地域差别;二是如何应用图谱体现事件发布者的权威性和事件传播、演化的关键路径;三是如何应用图谱反映事件演化的速度、速率及先后关系;四是如何应用图谱计算事件传播中用户观点及其情感、倾向等问题。

3. 面向网络舆情的事理图谱构建

知识图谱是人工智能发展的核心驱动力之一,而社交网络舆情管控需要高效的知识组织技术和先进的智能处理技术。事理图谱可以描述事件之间的顺承关系和因果关系,但在网络舆情领域却无法用于精准描述,导致网络舆情管控水平低下。因此,亟须研究舆情事理图谱的概念和结构设计理论,探索创新构建舆情事理图谱的理论体系。

(1) 舆情事理图谱的构建及推理方法。网络舆情往往出现在社会各个领域,所面临的是开放域文本,需要将开放域事件的抽取技术与事理图谱的构建技术相结合。在舆情事理图谱构建中增加了时空属性、演化属性、状态属性等多维特征属性,需要抽取的关系非常多,而训练语料不能覆盖所有的关系,应使用深度学习等推理技术对错误的关系进行纠正,对缺失的关系进行补全。因此,亟须研究舆情事理图谱的构建方法,对舆情事理图谱的推理机制进行创新研究。

(2) 基于舆情事理图谱的舆情演化模型及事件追踪技术。基于舆情事理图谱,通过抽取网络媒体中的各领域热点事件,先对容易触发舆情的事件进行梳理以构建舆情泛化事件分类体系,然后利用公开数据和数据采集技术获取大规模训练语料,最后设计无监督或远程监督神经网络模型并对模型进行训练,获得事件分类抽取模型。中文事件的抽取还可通过建立勘误表和序列标注方法来解决语言特性的问题。因此,亟须研究基于舆情事理图谱的舆情演化新模型,对舆情事理图谱下的热点事件追踪技术进行创新设计。

(3) 结合领域知识图谱构建舆情事理图谱应用系统。通过舆情事理图谱研究网络舆情给社会带来的风险和治理,探讨智能技术对社会问题的解决。原型系统拟筹建多种公共治理、公共卫生等案例平台,以实现各类舆情事件的演化预测,根据输入的具体舆情事件跟踪其传播过程及传播态势,为网络舆情监控提供时效优、成效高的决策依据。将舆情事理图谱结合领域知识图谱,创建应对社会重大事件的智能追踪系统。因此,亟须研究建立起一种新的人工智能与社会科学交叉研究平台,在图谱知识组织和舆情智能处理结合的实证研究中取得较大技术突破。

五、基于舆情事理图谱的多学科协同研究内容

多学科协同开展本课题的创新研究,将形成相互补充、相互验证的有机整体成果,具有非常重要的理论价值和现实意义。作为知识图谱的发展,基于多学科协同研究的面向网络舆情的事理图谱构建如图 18-5-10 所示。以下简要介绍我们多学科研究团队在网络舆情知识图谱的多学科协同研究中所取得的一些进展。

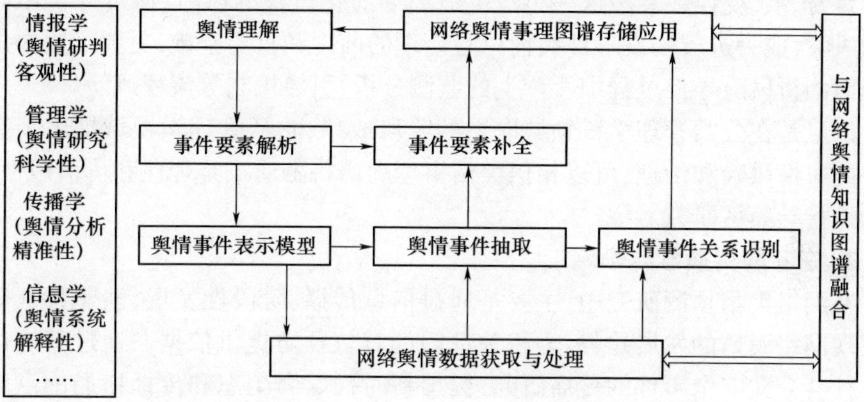

图 18-5-10　多学科协同的网络舆情事理图谱构建

1. 在情报文献学科领域

在网络舆情知识图谱的研究中,情报学主要是利用其在信息处理与分析中的优势,通过数据挖掘、综合评价和情感分析等可视化方法对网络舆情的监测、预测和预警进行研究。通过国内外网络舆情演化、预警和应对理论的研究综述,我们提出对网络舆情基本问题进行研究,舆情的 5 维特征决定了舆情的产生、发展和演化,把引发实现行动作为网络舆情的末端将不利于应对处理;对网络舆情演化规律的理论及分类进行研究,归纳为基于专题舆情、舆情主体、信息传播

和网络行为的网络舆情演化机制研究；对网络舆情预警理论及技术进行研究，核心是自然语言处理，涵盖舆情主题、舆情内容、传播过程、传播媒介、舆情受众的指标体系各有侧重却不够完整；对网络舆情相关理论及评估进行研究，包括网络舆情的演化、预警和应对理论的研究并提出相应的评估方法。

以上是在情报文献学科领域取得的阶段成果，它从情报学视域对网络舆情的演化作了比较深入的理论探讨，可以相信舆情事理图谱的应用将能够显著地提高舆情研判的客观性。

2. 在公共管理学科领域

在网络舆情的监测研究中，主要是围绕动态监测和异常感知构建监测指标、挖掘热点话题，以期为相关部门的引导提供依据。通过突发事件舆情导控中风险决策和行动协同模型建构的研究，我们提出突发事件舆情导控面临的风险源是复杂多维的，因此风险治理的全面性、系统性成为一个关键问题，风险决策和行动协同模型将多个治理主体参与的协同决策和行动，在共同一致的导控目标下构成一个动态闭环系统。通过风险治理视域的突发事件舆情风险生成分析，我们认为风险是有规律性可寻的，从源头入手把握具有原发性质的突发事件舆情孕育、扩散、变换和衰减这一舆情生命周期演化过程的风险，通过分析不同形式的风险，成为进行突发事件舆情风险治理的前提和重要基础，更要运用知识图谱全面剖析风险导控过程中所产生的监测分析、引导机制等流程风险。

以上是在公共管理学科领域取得的阶段成果，它从管理学视域提出了突发事件的舆情风险和治理，可以相信舆情事理图谱将融通工具理性和价值理性，更深入地指导舆情研究。

3. 在新闻传播学科领域

在网络舆情预测研究中，主要是通过信息传播、阶段性发展、演化特征等研究发现网络舆情的发展趋势，为相关部门的有效预防提供依据。通过新媒体环境下社会公共安全事件的传播研究，提出新时代媒介生态和传播格局的巨变使得媒体社会责任的价值内涵、指标体系、履行路径等各方面都发生了深刻变化。开展基于多重视角的新时代媒体社会责任与评价体系的研究。采取内容分析的方法，对过去10年间的《人民日报》关于国内暴恐事件的报道进行研究，通过设置变量并进行编码，运用SPSS及Excel处理相关数据，以获得可靠的研究结果。认为其报道是在“破坏-反应-恢复”的框架下展开的，是一种以维稳为核心的舆论引导框架，一定程度上呈现出重定性宣传轻情节展示、重态度表达轻原因分析等特点，对该框架有必要进行适当的调整。

以上是在新闻传播学科领域取得的阶段成果，它从传播学视域提出了社会重大事件舆情演化和引导的深入研究内容，基于舆情事理图谱的演化路径分析将实现对热点事件舆情的精准引导。

4. 在智能信息学科领域

在网络舆情预警研究中，主要是通过建立相关的评价指标体系对网络舆情的风险进行评估。基于情报感知的网络舆情研判与预警系统的可视化研究，有利于网络舆情数据感知和智能化计算，有利于网络舆情要素提取和语义关联分析，有利于充分发挥关联情报和知识的优势，有利于准确分析研判网络舆情威胁情报和发展态势，有利于情报感知在网络舆情研究领域的应用创新。研制热点话题发现及展示软件，前者是网络舆情的重要研究内容，后者则是运用知识图谱开展研究，该关键技术我们已经获得软件著作权登记，推进了人工智能技术的应用。通过基于智能体和大数据驱动的超大规模社会性突发事件建模与应急仿真推演的研究，提出对网络舆情事件进行建模与仿真，可以分析舆情产生的原因和传播路径，追踪和预测舆情动向，从而提高舆情管控部门的舆情引导能力。当前研究内容主要包含分析网络舆情的演化机制以及研究舆情引导对策的效果，而研究平台主流是基于多智能体理论的类 Logo 语言平台。我们希望将深度学习作为机器学习领域的新课题，引入多种典型的深度学习模型以探讨所面临的机遇和挑战，基于深度学习通过建立逐级提取输入数据特征的模型，能够深刻揭示从底层信号到高层语义的映射关系。

以上是在智能信息学科领域取得的阶段成果，它从智能信息学视域研究社会舆情事件的理论和实践探索，可以相信舆情事理图谱在事件追踪过程中能发挥重要作用，将有力地提升人工智能系统的可解释性。

舆情事理图谱结合领域知识图谱，给多学科协同研究网络舆情知识图谱带来了机遇和挑战。一方面，这个研究将丰富复杂社会系统建模最核心的数据需求，逐步形成一种推动公共治理方式变革的驱动力量；另一方面，这个研究的模型推演与仿真结果又可以作为舆情知识图谱的知识输入，成为化解舆情危机生成与衍化的感知能力。因此，创新研究网络舆情事理图谱构建及热点事件追踪技术，将在人工智能与社会科学交叉研究中取得一定的突破。

六、网络舆情管理与知识图谱分析的融合及展望

开展网络舆情管理与知识图谱分析的融合研究有着非常重要的应用价值，多学科开展网络舆情知识图谱研究具有很大的潜力和优势。客观研判舆情离不开情报学，科学指导舆情研究离不开管理学，热点舆情的精准引导离不开传播学，事件智能分析追踪离不开信息学。通过舆情事理图谱可以进一步研究网络舆情给社会带来的风险和治理，探讨智能技术对社会问题的解决。在结合领域知识图谱构建的社会重大事件的舆情事理图谱应用系统中，筹建多种公共治理、

公共卫生等案例平台,以实现各类舆情事件的演化预测,根据输入的具体舆情事件跟踪其传播过程及传播态势,为网络舆情监控提供时效优、成效高的决策依据。将舆情事理图谱结合领域知识图谱创建应对社会重大事件的智能追踪系统,这是一种新的人工智能与社会科学交叉研究平台,能在图谱知识组织和舆情智能处理结合的实证研究中取得较大的技术突破。舆情分析是当前重大的研究课题之一,人工智能方法成为舆情分析最重要的工具之一,从动态事件为中心的知识图谱(事理图谱)入手研究热点事件追踪技术,是一个具有重要理论意义和技术价值的选题。

舆情事理图谱的建立和舆情因素的智能推断将为舆情分析的发展提供有益的促进作用。针对舆情事理图谱的构建和应用开展研究,涉及信息学科、管理学科、社会学科、传播媒体学科等,且内容中建模的对象与手段具有较好的针对性,也具有鲜明的交叉学科特性。多学科协同开展网络舆情知识图谱的研究,将形成相互补充和相互验证的有机整体成果,有重要的理论价值和现实意义。舆情事理图谱是基于网络舆情知识图谱发展而最新提出的,其描述舆情事件之间的顺承关系和因果关系,更适用于发现热点事件的演化规律和预测后续事件,但目前研究成果少,没有可以投入使用的产品,各学科的研究不够深入,协同研究更是缺乏。对此,情报学界应当抓住这个机遇和挑战,促进网络舆情知识图谱研究的多学科交叉研究与共同发展,推动情报学在国家安全战略、社会经济和科学技术发展方面的应用。

【相关学术论文】

[1] 王兰成,黄永勤. 大数据背景下 Web 新型学科资源共享与开发研究[J].情报资料工作,2015,1:76-80 .

[2] 王兰成,黄永勤. 信息化条件下图片资料档案库规范化建设研究[J].浙江档案,2016,5:7-11.

[3] 王兰成. 基于 Python 设计的索引智能标引与检索研究:以《张琪玉索引学文集》和《中国索引(第一辑)》为例[C]//2019 年中国索引学会年会暨学术研讨会论文集,2019.

[4] 王兰成. 大数据环境下档案与图书情报信息集成服务机制的构建[J].档案与建设,2014,12:4-7.

[5] 王兰成,刘晓亮,黄永勤. 论互联网新媒体档案信息资源的建设与服务[J].档案与建设,2014,1:18-22,68.

[6] 王兰成. 新媒体环境下数字档案管理新技术发展与应用[J].中国档案,2017,1:64-66.

[7] 王兰成,黄永勤. 大数据背景下档案社会化媒体信息的挖掘与利用探析[J].档案学研究,2015,6:73-76 .

[8] 王兰成. 档案社会化媒体学术资源搜索的可视化应用[J].中国档案,2016,6:56-58 .

[9] 王兰成,刘晓亮．舆情事件网页内容的词汇关联分析算法实现研究[J].信息工程大学学报,2014,1:105-110．
[10] 王兰成．基于网络舆情分析的突发事件情报支援研究[J].情报理论与实践,2015,7:72-75.
[11] 王兰成,娄国哲．基于知识图谱的网络舆情管理方法与实践研究[J].情报理论与实践,2020,6:97-101．
[12] 丁晓阳,王兰成．网络论坛文本特征词权重计算优化方法研究[J].情报理论与实践,2021,5 :187-192.
[13] 王兰成．加快大数据时代我军政治工作新型资源的开发利用[J].军队政工理论研究,2015,6:103-106．
[14] 王兰成,张思龙．建构2018年国际索引联盟峰会网站的思考[C]//2017年中国索引学会年会暨学术研讨会论文集,2017.
[15] 王兰成,娄国哲．大数据环境下涉军网络舆情的知识图谱服务研究[J].中华医学图书情报杂志,2018,4:1-6.
[16] 王兰成,黄永勤,余遵成．知识图谱分析下档案社会化媒体现状及信息整合研究[J].中国档案,2018,10:64-66.
[17] 王兰成,张思龙,许和旭．基于人工智能的自动索引编制技术研究[C]//2020年中国索引学会年会暨学术研讨会论文集,2021.
[18] 王兰成,刘晓亮,黄永勤．档案社会化媒体信息整合中元数据构建与集成技术研究[J].档案学研究,2019,5:102-107.
[19] 王兰成,张思龙,许和旭．网络舆情事理图谱构建及应用[J].中华医学图书情报杂志,2021,5:17-23．
[20] 王兰成．多学科视域网络舆情知识图谱研究的现状和展望[J].情报学报,2020,10:1104-1113.

后　记

国防科技图书出版基金已经走过 30 多年的历程,我的科研之路竟然与它相伴 15 余载还在延续。回顾我的科研之路,与我 4 次获得国防科技图书出版基金的资助紧密相关,其过程中的深刻感受令我难忘,我依然充满期待。

我硕士、博士毕业,工作至副教授、评上正教授,从硕士生导师到博士生导师,再到博士后合作导师,自空军政治学院图书档案系到南京政治学院军事信息管理系,再到国防大学政治学院军事信息与网络舆论系,一步步走来,少有人会相信政治学院的老师能写理工管理类的著作,也少有政治学院的老师去尝试与国防科技图书出版基金接轨。我试着去做了,也成功了。当然我是计算机专业毕业的,对申报还是信心满满的。回想起来,4 次接受资助出版的 4 本著作,与我每次转型和研究落脚点是同步的,也与我所在单位的名称及任务使命更换节拍是一致的。

《数字图书馆技术:信息集成与信息检索》:我编写的第一部"重头"著作首获国防科技图书出版基金资助。

我编写的第一部国防科技出版基金资助图书是《数字图书馆技术:信息集成与信息检索》,该书系信息技术类著作,于 2007 年 4 月获得第五届出版基金委的资助批准。那年,数字图书馆的研究和建设已在全球范围内引起了广泛关注,虽然图书情报领域关于信息集成的相关概念还没有取得共识,信息检索的研究还在继续深入,以信息集成和信息检索为研究对象的系统研究还很少,但在实践中已开展了不同层次的网络信息集成和信息检索服务。我的博士论文做的就是数字图书馆关键技术,而我带的研究生方向也是数据库信息处理研究。我向往出书总结一下自己的成果,为之后申报国家和军队科研项目做些准备。那时还真的缺少出版一部专著的经费支持,我"跳出"政治学院的圈子,瞄准了国防科技图书出版基金。2005 年第一次申请并没有获批,从专家的意见书中我意识到存在的问题,之后我在研究过程中不过多追求研究内容的广度,而开始侧重于研究内容的关键点和相关理论的积累。2006 年第二次申报也因积累不够深厚而未能获批,但我看到了专家对我研究内容的肯定和指导,给我很大信心。我不断强化科研方向的凝练,打牢相关的理论积累,直至取得成功。

《数字图书馆技术:信息集成与信息检索》一书设计了信息集中描述机制和基于标准框架的实现模式,改进了传统基于最大匹配方法的自动标引算法,实现了主题分类与主题词族的一体化概念检索,对当时数字图书馆建设中的关键技术做了优化和改进,可以说促进了国内数字图书馆事业的发展,也提高了数字图书馆系统的信息利用和服务的质量。我特别感谢国防工业出版社的责任编辑陈洁，她建议我请本领域的专家再把把关。为此，初稿经历了多位专家的审阅，著名计算机专家、复旦大学首席教授施伯乐在百忙之中欣然为该书作序，我国著名情报检索语言专家张琪玉教授给予了亲切的指导和鼓励。最终，该书获得评委专家的认可，在基金的资助下得以顺利出版。

《知识集成方法与技术：知识组织与知识检索》：我主持的首项国家社科基金项目成果二获国防科技图书出版基金资助。

虽然出版界还有其他基金，但在我心目中，国防科技图书出版基金很有特色，起跑早、起点高，让基础研究成果服务于国家和国防建设，与国内外学术前沿动态有机结合并个别领跑。它已经成为一个学术品牌、一个兼具创新与公平的杠杆。在主持完成第一项国家社科基金项目"面向学科数字信息群的知识集成方法与技术研究"后，我仍然选择了申报国防科技图书出版基金，项目成果也让我有信心获得资助。以项目成果等为基础的《知识集成方法与技术：知识组织与知识检索》于 2010 年获得第六届出版基金委的资助批准。

2005 年这一国家社科基金项目获批立项，目标是实现学科数字信息群的知识集成以促进和推动我国信息资源的建设发展，改善网上资源的无序难集成或海量难检索的状况。当时国际上已具备较成熟的学科知识集成条件，但我国却缺少统一的学科理论和技术体系支持，该研究基本属于空白。随着对课题的研究越发深入、成果越加积累，我开始构想《知识集成方法与技术：知识组织与知识检索》一书的体系架构：一是对知识集成中知识组织的方法与技术进行研究，二是对知识集成中知识检索的方法与技术进行研究。我最早的两位博士生在课题的知识组织和检索研究方面取得了出色的实验结论。实际上，该专著的内容是知识组织和知识检索的实现技术成果经过有机结合后的再一次"知识集成"。在知识组织研究中，基于学科数字信息群构建了知识组织框架，建立了知识组织元数据理论，探索了框架实现方案；在知识检索研究中，构建了基于本体的知识集成框架，探索了应用领域的知识表示及推理方法，建立了相应的知识检索模型及知识集成原型系统。而其中的黏合剂和催化剂，就是国防科技图书出版基金的大力支持。

该研究课题于 2009 年 6 月顺利结项。前期成果的相关研究在与我众多弟子的交流和讨论中受到过一些启发，同样感谢他们。就在我准备出版这本拙著时获悉得到了国防科技图书出版基金的支持，并且得到了评委专家对书稿修改提出的建设性意见和指导。有专家建议"在知识集成研究成果的基础上，把数据、信息、知识进行跨层次集成以形成智慧，在学术思想上站得更高，继续研究智慧集成"。这一下子打开了我的心路，我不断地完善有关内容。通过基金委专家的严格把关，让我思考了很多原来没有来得及思考的部分，也创造了许多原来认为不可能的可能,更收获了原来没有预期到的效果。

《网络舆情分析技术》:我在涉军网络舆情监测分析的快车道上取得成绩助力三获国防科技图书出版基金资助。

我常常感慨自己的幸运,特别是科研方面。随着国防和军队改革的新时代到来,2004 年起我率先进入了涉军网络舆情的“战场”。针对当时在网络信息传播和情报发掘管理研究中,涉军网络舆情分析研判的方法理论与技术实现的多学科融合问题,我希望攻关网络舆情智能采集、分析与服务的先进技术,力争在学术上拓展情报领域的研究空间并提高学科知识的利用水平,在实践上推动网络舆情分析系统中新技术的集成创新,对国防和军队的网络舆情监管、应对及信息安全防护的研究有价值。当时这方面的书不多,尤其是能提供支持涉军舆情信息服务的研究著作还没有。

南京政治学院军事信息管理系此时开始学科转型,不少专家教授努力向“军队政工信息化”的高峰攀爬。同时,我主持的国家社科基金军事学“网络舆情”项目已取得成果,指导的博士后获得了“中国博士后科学基金”项目资助。原总政宣传部通知下达,批准我们组建了全军政工网舆情监测中心,我们研发的舆情系统获得了军队科技进步奖并继续在强军网上运行。2014 年,需要对国家社科基金军事学项目和全军研究生课题的公开性成果进行总结,此时的条件已不同于之前,我不是考虑出版的经费,而是尊敬国防科技图书出版基金的品牌。于是,我再次向国防科技图书出版基金申请对重点图书《网络舆情分析技术》的资助,终又获得了第七届出版基金委的资助批准,著作内容仍然是信息管理类。从探索到实践、再创品牌,我们这个创新研究团队已锻炼出了一批优秀的中青年骨干,驰骋在涉军网络舆情监测分析的快车道上。

我最敬佩国防科技图书出版基金委的专家,认真细致,提出的问题一针见血又高屋建瓴。他们建议我增加“社交网络舆情的传播动力学性质”一章,用网络科学的理论和模型加以指导。后来,我在书中增加了社交网络的舆情传播动力学的研究内容,及时补充了“舆情演化模型及评析”和“社交网络特性与舆情传播控制策略”章节。我要感谢当时参加课题研究的研究生们,他们从不同的视角研究了舆情采集、分析和服务中的知识技术,在反复修改和调整他们的学位论文框架体系和章节内容的同时逐步形成了本书的初稿内容。相关课题前期和交叉研究中,在与我家人和我弟子的讨论甚至争论中受到了不少启发,我要感谢他(她)们。该书出版后,出版社将技术内容部分版权输出,扩大了技术影响。该书还获得了国防工业出版社 2016 年度优秀图书奖。

《网络舆情知识图谱》:我负责的创新研究群体硕果累累助力四获国防科技图书出版基金资助。

自2014年《网络舆情分析技术》专著出版后，我于2021年出版了有关军队网络舆情分析的内部教材。我继续带着这支舆情团队驰骋在涉军网络舆情监测分析的快车道上。从探索到实践，再创品牌，教学科研成果和人才培养都取得了突破。在这个创新研究群体又锻炼出了一批优秀博硕士和年轻科研骨干。期间，2015年再立项的国家社科基金项目和多项全军军事学研究生课题已取得成果，研发的舆情系统上网运行并获得了军队科技进步奖，指导的研究生获得了省部级优秀学位论文，大数据和人工智能及其知识图谱技术得到了更好的应用。在此基础上团队创新开展了网络舆情知识图谱的研究，近年又获批了多项军队和国防大学的重大建设项目，网络舆情知识图谱的研究成果进一步得到了验证。我们力争在学术上拓展舆情情报的研究内容并提高多学科知识的整合水平，在实践上推动网络舆情分析研究的新方法、新技术应用创新，希望对我国的网络舆情监管、应对，精准分析舆情事件之间的关联关系，把握舆情的演化路径。为了系统地总结舆情团队新取得的成果，在国防工业出版社及陈洁主任的支持下，我牵头申报了《网络舆情知识图谱》新的著作出版并参加了国防科技图书出版基金评审。喜讯再次降临，2021年1月我收到了国防科技图书出版基金评审委员会办公室的来函，批准对该书稿的资助出版。

知识图谱应用于网络舆情管理，能简化热点事件发现过程，能提高热点事件趋势分析能力，能提升舆情管理智能化水平。该书对网络舆情知识图谱中的结构关系、数据挖掘进行可视化揭示和智能化处理，通过研究其知识组织方法、突发事件发现跟踪技术，实现更高效的舆情智能管理手段，为舆情分析和引导提供更为及时和准确的研判依据。当年9月，评审委员会和陈洁编审对书稿提出了很好的修改意见，我在书中增加了“自然语言处理的技术与实践”一节，补充了对自然语言处理的技术概况和相关应用实践进行概要性介绍，既包括基本概念、发展历程、基础技术，也包括应用领域和应用场景。如对领域知识图谱研究，可使智能化文本分析技术与知识图谱技术相结合，对数据进行架构标注形成结构化图谱，以快速分析理解信息，有效提高数据中知识内容的利用率。又如对事件事理图谱研究，通过分析事件之间的关系理清事件脉络、掌握潜在的逻辑关系、实现对未来事件走势判断，以有效提高专门情报能力。再如辅助用户高效写作研究，热点事件抽取可以帮助选题，事件脉络生成可以协助文章框架搭建，基于事理图谱的事件预测功能可在文章结尾提炼观点等。我很感谢国防工业出版社。

以上都是我工作38年来各项成果或经验体会的积累，需要总结、继承和发扬，我出版这部著作就是这样的一个考虑。书中的第一篇是数据管理系统时期的信息资源管理与计算机应用、第二篇是信息管理系统时期的信息资源组织与信息处理技术，与《数字图书馆技术：信息集成与信息检索》《知识集成方法与技术：知识组织与知识检索》内容相关；第三篇是知识管理系统时期的信息资源集成与网络知识管理，与《网络舆情分析技术》内容相关；第四篇是智能化管理系统时期的网络新型资源的挖掘利用与管理，与《网络舆情知识图谱》内容相关。该四篇内容基本上与上面所述的基金成果相呼应。本书在广泛吸纳相关研究成果的基础上，对网络信息资源开发的理论、方法、技术和利用等具体问题进行了研究。由于一些课题成果还有待提高水平，恳请大家批评指正。

回想自己与国防科技图书出版基金的缘分，我感到除了在最需要的时候获得了宝贵的科研经费支持外，更重要的是通过专家评议所获得的好建议，对自己不断完善科研目标和拓展科研能力有很大的促进作用，对图书内容质量的提高更是起到了关键作用。回想起前辈和同行长期以来对自己学术生涯的提携过程，我不停地告诫自己：一方面需不断努力，另一方面也有责任把国防科技图书出版基金提倡的许多可贵的精神传承下去。

（根据本人发表在《中国新闻出版广电报》2019 年 1 月 30 日第 4 版专版的“基金与我的转型科研之路”文章进行修订和补充）

参 考 文 献

[1] 莫少强．图书馆自动化集成系统模式的比较研究[J].现代图书情报技术,1992,(4)．

[2] 李德河,等．文献情报管理软件的开发与应用[M].北京:中国科学技术出版社,1991.

[3] 宋瀚涛,等．关系数据库原理与系统[M].北京:北京理工大学出版社,1992.

[4] 史忠植．知识发现[M].北京:清华大学出版社,2002.

[5] 顾耀芳．图书情报计算机应用技术[M].上海科学技术文献出版社,1989.

[6] AHO A V, BEERI C, ULLMAN J D. The theory of joins in relational databases[J]. ACM Trans. on DBS,1979,4(3).

[7] ULLMAN J D. Principle of database systems[M].Computer Science Press,1980.

[8] 陈光柞．论数据库的二次开发与微数据库的建设[J].情报学刊,1991,12(5).

[9] 徐家福．软件笔谈[J].计算机科学,1990,(3).

[10] BATORY D S. Implentation concepts for an extensible data model&data language[J]. ACM Trans. On Database System,1988,13(9)231-262.

[11] 金玺铭．UNESCO Micro CDS/ISIS 系统及其应用[J].四川档案,1988,(5).

[12] 张锦豪．FOXPRO 命令与函数参考[M].北京:希望出版社,1988.

[13] 陈光祚．关于全文数据库结构、检索及文本标引之探讨[J].知识工程,1991,(2).

[14] 王晔,王继成,张福炎．基于元数据的 Web 信息检索研究[J].情报学报,2001,(3).

[15] LOH S, et al. Concept-based knowledge discovery in texts extracted from the web[J]. ACM SIGKDD,2000.

[16] WOLFF J E, et al. Searching and browsing collections of structural information[C]. Proc. Of the IEEE Advances in Digital Libraries. Washington. 2000.

[17] 肖璐等．多 DTD 环境中 XML 的关系数据库存储[J].计算机科学,2003,(10).

[18] 李蕾等,基于语义网络的概念检索研究与实现[J].情报学报,2000,(10).

[19] 朱毅华,侯汉清,沙印亭.计算机识别汉语同义词的两种算法比较和测评[J].中国图书馆学报,2002,28(4).

[20] 黄伟红,张福炎．基于 XML/RDF 的 MARC 元数据描述技术[J].情报学报,2000,(4).

[21] 王知津．创新型的知识机构——新组建的加拿大图书档案馆[J].档案学通讯,2005,(4).

[22] 梁战平,张新民．区分数据、信息和知识的质疑理论[J].图书情报工作,2003,(11).

[23] 冯惠玲．档案信息资源的有效开发[C]//国家档案局《中国档案信息化发展战略论坛》,2005,6.

[24] 周晓英．基于信息理解的信息构建[M].北京:人民大学出版社,2005.

[25] CHRISTINA W.Information Architecture:Blueprint for the Web[M].2nd Edition. Sebastopol:New Riders Press,2009.

[26] 胡昌平,等．信息服务与用户研究[M].北京:科学技术文献出版社,2008.

[27] MARTINEZ-TRINIDAD J F. A tool to discover the main themes in a spanish or english

document[J].Expert System with Applications,2000,19(4).
[28] BECK H,PINTO H S.Overview of approach,methodologies,standards,and tools for ontologies [EB/OL].(2004-11-20).[2009-08-07].http://www. fao. org/agris/aos/Documents/BackgroundAOS. html.
[29] 谢海光,陈中润．互联网内容及舆情深度分析模式[J].中国青年政治学院学报,2006,(3):95-100.
[30] 杨伟杰．面向信息内容安全的新闻信息处理技术[M].北京:机械工业出版社,2011.
[31] 黄晓斌,赵超．文本挖掘在网络舆情信息分析中的应用[J],情报科学.2009(1).
[32] 曾民族．知识技术及其应用[M]．北京:科学技术文献出版社, 2006.
[33] NASUKAWA Y J. Sentiment analysis: capturing favorability using natural language processing [C].In Proceedings of the 2nd International Conference on Knowledge Capture, 2003.
[34] PANG B, LEE L. Seeing stars: exploiting class relationships for sentiment categorization with respect to rating scales [C]. In Proceedings of the Association for Computational Linguistics, 2005.
[35] KAMPS J, MARX M, MOKKEN R J,et al. Using wordNet to measure semantic orientations of adjectives[C].In Proceedings of the 4th International Conference on Language Resource and Evaluation, 2004.
[36] 朱嫣岚,闵锦,周雅倩,等．基于 HowNet 的词汇语义倾向计算[J].中文信息学报,2006,20(1).
[37] TURNEY P D. Thumbs up or thumbs down semantic orientation applied to unsuper-vised classification of reviews [C].In Proceedings of the 40th ACL, 2002.
[38] 葛斌,李芳芳,郭效路,等．基于知网的词汇语义相似度计算方法研究[J].计算机应用研究,2010,27(9).
[39] The stanford parser: a statistical parser [EB/OL].[2011-03-12].http://nlp. standford. edu/software/lex -parser. shtml.
[40] 王智慧,许俭,汪卫．一种基于聚类的数据匿名方法[J].软件学报,2010,21(4).
[41] 许桂清．知识管理与档案科技创新[J].档案学研究,2007,(3).
[42] 吴建华,刘明,王斌,等．中国档案网站建设概况与重点分析[J].档案学通讯,2008(4).
[43] 冯惠玲,马费成,叶继元．高校哲学社会科学管理学部图书情报与档案管理学科战略规划研究报告[R].教育部社会科学委员会,2011.
[44] 张琪玉．张琪玉索引学文集[M].北京:国家图书馆出版社,2009.
[45] HVARE S, HETZLER E, WHITNEY P, et al. Themeriver: visualizing thematic changes in large document collections[J].IEEE transactions on visualization and Computer Graphics,2002,8(1).
[46] 王珊,王会举,覃雄派．架构大数据: 挑战、现状与展望[J], 计算机学报,2011,34(10).
[47] MAYER-SCHÖNBERGER V, CUKIER K. 大数据时代:生活、工作与思维的大变革[M].

杭州:浙江人民出版社,2012.

[48] 孟小峰,慈祥. 大数据管理:概念、技术与挑战[J].计算机研究与发展,2013,50(1).

[49] 肖希明,郑燃. 国外图书馆档案馆和博物馆数字资源整合研究进展[J].中国图书馆学报,2012(3).

[50] 漆桂林,高桓,吴天星. 知识图谱研究进展[J].情报工程, 2017, 3(1).

[51] 徐红磊. 自动识别事件类别的中文事件抽取技术研究[J].心智与计算,2010,4(1).

[52] PERVIN N, FANG F, DATTA A, et al. Fast, scalable, and context-sensitive detection of trending topics in microblog post streams[J].ACM Transactions on Management Information Systems (TMIS), 2013,3(4)

[53] 官琴,邓三鸿,王昊. 中文文本聚类常用停用词表对比研究[J].数据分析与知识发现,2017,1 (3).

[54] 张勤,马费成. 国外知识管理研究范式:以共词分析为方法[J].管理科学学报,2007(6).

[55] 黄霄羽. 国外档案利用服务社会化的理论认识和实践特点[J].档案学通讯,2010(6).

[56] 郭春侠,叶继元. 基于共词分析的国外图书情报学研究热点[J].图书情报工作,2011(20).

[57] 王晰巍,邢云菲,赵 丹. 移动环境下网络舆情信息传播路径及传播规律研究[J].情报理论与实践,2016,39(9).

[58] LI Z, DING X, LIU T. Constructing narrative event evolutionary graph for script event extraction[C]// Proceedings of the 27th International Joint Conference on Artificial Intelligence,2018.

[59] 单晓红,庞世红,刘晓燕. 基于事理图谱的政策影响分析方法及实证研究[J].复杂系统与复杂性科学,201916(1).

[60] MAI G C,YAN B,JANOWICZ K, et al. Relaxing unanswerable geographic questions using a spatially explicit knowledge graph embedding model[C]//Proceedings of the 22nd AGILE Conference on Geographic Information Science. Cham: Springer, 2020.

[61] 常亮,张伟涛,古天龙. 知识图谱的推荐系统综述[J].智能系统学报, 2019, 14(2).

作者近照

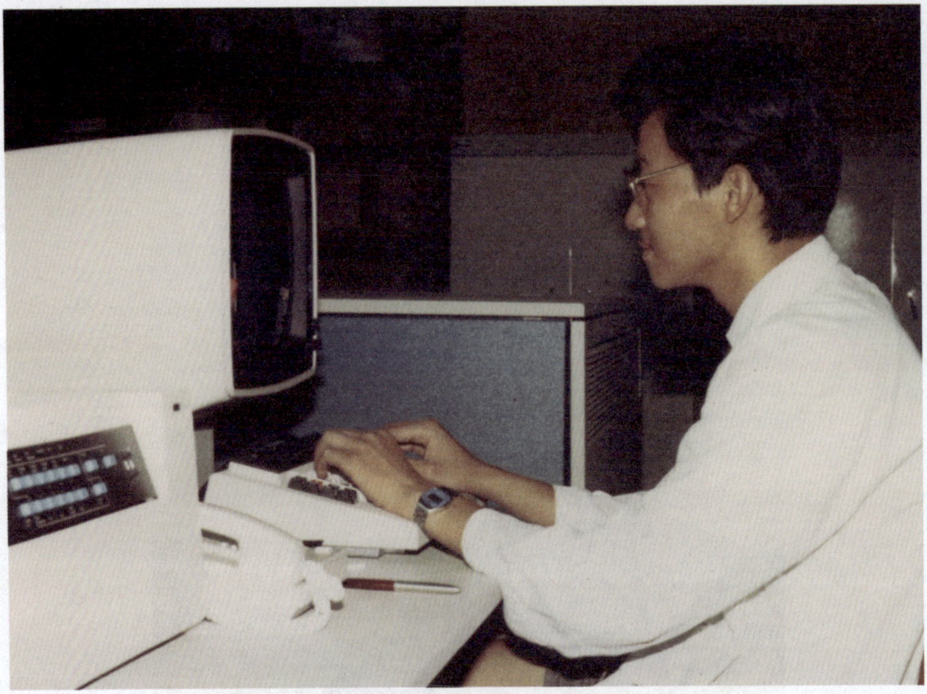

Omninet 局域网实验室工作(1987 年上海)

重点科研项目参加会战(1995 年北京)

第七届联合国际计算机会议发表论文(2000 年汕头)

全国数据库学术会议介绍成果(2004 年北京)

图书馆学情报学专家论坛作报告(2006 年西安)

档案信息化成果专题讲课(2007 年东营)

科学会堂作信息检索技术报告(2009 年上海)

全国计算机信息管理学术研讨会作报告(2010 年南宁)

全国计算机信息管理学术年会宣读论文(2013 年延吉)

中国索引学术年会暨学术研讨会作报告(2015 年成都)

全国图书情报学博士生学术论坛作指导(2017 北京)

老校长钱伟长院士展馆交流学习体会(2022 年上海)

研究团队围绕重大课题开展研讨(2023 年广州)

索引国际学术研讨会暨中国索引学会年会作报告(2024 年北京)